全国高等医药院校药学类第四轮规划教材

U0741805

生物工程

（供生物制药、生物技术、生物工程和海洋药学专业用）

第 3 版

主　编　王　旻

副主编　李泰明　余　蓉

编　者　（按姓氏笔画排序）

　　　　王　旻（中国药科大学）

　　　　李　谦（中国药科大学）

　　　　李泰明（中国药科大学）

　　　　余　蓉（四川大学华西药学院）

　　　　张　芳（南京中医药科大学）

　　　　郑　珩（中国药科大学）

　　　　谭树华（中国药科大学）

中国医药科技出版社

图书在版编目（CIP）数据

生物工程／王旻主编．—3版．—北京：中国医药科技出版社，2015.8（2025.5重印）.
全国高等医药院校药学类第四轮规划教材
ISBN 978－7－5067－7413－0

Ⅰ．①生…　Ⅱ．①王…　Ⅲ．①生物工程—医学院校—教材　Ⅳ．①Q81

中国版本图书馆CIP数据核字（2015）第173095号

中国医药科技出版社官网　www.cmstp.com	医药类专业图书、考试用书及
	健康类图书查询、在线购买
网络增值服务官网　textbook.cmstp.com	医药类教材数据资源服务

美术编辑　陈君杞
版式设计　郭小平

出版　中国医药科技出版社
地址　北京市海淀区文慧园北路甲22号
邮编　100082
电话　发行：010－62227427　邮购：010－62236938
网址　www.cmstp.com
规格　787×1092mm $^1/_{16}$
印张　21 $^1/_2$
字数　439千字
初版　2000年10月第1版
版次　2015年8月第3版
印次　2025年5月第4次印刷
印刷　大厂回族自治县彩虹印刷有限公司
经销　全国各地新华书店
书号　ISBN 978－7－5067－7413－0
定价　**49.00元**
本社图书如存在印装质量问题请与本社联系调换

出版说明

全国高等医药院校药学类规划教材，于20世纪90年代启动建设，是在教育部、国家食品药品监督管理总局的领导和指导下，由中国医药科技出版社牵头中国药科大学、沈阳药科大学、北京大学药学院、复旦大学药学院、四川大学华西药学院、广东药学院、华东科技大学同济药学院、山西医科大学、浙江大学药学院、复旦大学药学院、北京中医药大学等20余所院校和医疗单位的领导和专家成立教材常务委员会共同组织规划，在广泛调研和充分论证基础上，于2014年5月组织全国50余所本科院校400余名教学经验丰富的专家教师历时一年余不辞辛劳、精心编撰而成。供全国药学类、中药学类专业教学使用的本科规划教材。

本套教材坚持"紧密结合药学类专业培养目标以及行业对人才的需求，借鉴国内外药学教育、教学的经验和成果"的编写思路，20余年来历经三轮编写修订，逐渐形成了一套行业特色鲜明、课程门类齐全、学科系统优化、内容衔接合理的高质量精品教材，深受广大师生的欢迎，其中多数教材入选普通高等教育"十一五""十二五"国家级规划教材，为药学本科教育和药学人才培养，做出了积极贡献。

第四轮规划教材，是在深入贯彻落实教育部高等教育教学改革精神，依据高等药学教育培养目标及满足新时期医药行业高素质技术型、复合型、创新型人才需求，紧密结合《中国药典》、《药品生产质量管理规范》（GMP）、《药品非临床研究质量管理规范》（GLP）、《药品经营质量管理规范》（GSP）等新版国家药品标准、法律法规和2015年版《国家执业药师资格考试大纲》编写，体现医药行业最新要求，更好地服务于各院校药学教学与人才培养的需要。

本轮教材的特色：

1. 契合人才需求，体现行业要求　契合新时期药学人才需求的变化，以培养创新型、应用型人才并重为目标，适应医药行业要求，及时体现2015年版《中国药典》及新版GMP、新版GSP等国家标准、法规和规范以及新版国家执业药师资格考试等行业最新要求。

2. 充实完善内容，打造教材精品　专家们在上一轮教材基础上进一步优化、精炼和充实内容。坚持"三基、五性、三特定",注重整套教材的系统科学性、学科的衔接性。进一步精简教材字数,突出重点,强调理论与实际需求相结合,进一步提高教材质量。

3. 创新编写形式,便于学生学习 本轮教材设有"学习目标""知识拓展""重点小结""复习题"等模块,以增强学生学习的目的性和主动性及教材的可读性。

4. 丰富教学资源,配套增值服务 在编写纸质教材的同时,注重建设与其相配套的网络教学资源,以满足立体化教学要求。

第四轮规划教材共涉及核心课程教材 53 门,供全国医药院校药学类、中药学类专业教学使用。本轮规划教材更名两种,即《药学文献检索与利用》更名为《药学信息检索与利用》,《药品经营管理 GSP》更名为《药品经营管理——GSP 实务》。

编写出版本套高质量的全国本科药学类专业规划教材,得到了药学专家的精心指导,以及全国各有关院校领导和编者的大力支持,在此一并表示衷心感谢。希望本套教材的出版,能受到全国本科药学专业广大师生的欢迎,对促进我国药学类专业教育教学改革和人才培养做出积极贡献。希望广大师生在教学中积极使用本套教材,并提出宝贵意见,以便修订完善,共同打造精品教材。

全国高等医药院校药学类规划教材编写委员会
中国医药科技出版社
2015 年 7 月

全国高等医药院校药学类第四轮规划教材书目

教材名称	主 编	教材名称	主 编
公共基础课		26. 医药商品学（第3版）	刘 勇
		27. 药物经济学（第3版）	孙利华
1. 高等数学（第3版）	刘艳杰	28. 药用高分子材料学（第4版）	方 亮
	黄榕波	29. 化工原理（第3版）*	何志成
2. 基础物理学（第3版）*	李 辛	30. 药物化学（第3版）	尤启冬
3. 大学计算机基础（第3版）	于 静	31. 化学制药工艺学（第4版）*	赵临襄
4. 计算机程序设计（第3版）	于 静	32. 药剂学（第3版）	方 亮
5. 无机化学（第3版）*	王国清	33. 工业药剂学（第3版）*	潘卫三
6. 有机化学（第2版）	胡 春	34. 生物药剂学（第4版）	程 刚
7. 物理化学（第3版）	徐开俊	35. 药物分析（第3版）	于治国
8. 生物化学（药学类专业通用）		36. 体内药物分析（第3版）	于治国
（第2版）*	余 蓉	37. 医药市场营销学（第3版）	冯国忠
9. 分析化学（第3版）*	郭兴杰	38. 医药电子商务（第2版）	陈玉文
专业基础课和专业课		39. 国际医药贸易理论与实务	
		（第2版）	马爱霞
10. 人体解剖生理学（第2版）	郭青龙	40. GMP教程（第3版）*	梁 毅
	李卫东	41. 药品经营质量管理——GSP实务	梁 毅
11. 微生物学（第3版）	周长林	（第2版）*	陈玉文
12. 药学细胞生物学（第2版）	徐 威	42. 生物化学（供生物制药、生物技术、	
13. 医药伦理学（第4版）	赵迎欢	生物工程和海洋药学专业使用）	
14. 药学概论（第4版）	吴春福	（第3版）	吴梧桐
15. 药学信息检索与利用（第3版）	毕玉侠	43. 生物技术制药概论（第3版）	姚文兵
16. 药理学（第4版）	钱之玉	44. 生物工程（第3版）	王 旻
17. 药物毒理学（第3版）	向 明	45. 发酵工艺学（第3版）	夏焕章
	季 晖	46. 生物制药工艺学（第4版）*	吴梧桐
18. 临床药物治疗学（第2版）	李明亚	47. 生物药物分析（第2版）	张怡轩
19. 药事管理学（第5版）*	杨世民	48. 中医药学概论（第2版）	郭 姣
20. 中国药事法理论与实务（第2版）	邵 蓉	49. 中药分析学（第2版）*	刘丽芳
21. 药用拉丁语（第2版）	孙启时	50. 中药鉴定学（第3版）	李 峰
22. 生药学（第3版）	李 萍	51. 中药炮制学（第2版）	张春凤
23. 天然药物化学（第2版）*	孔令义	52. 药用植物学（第3版）	路金才
24. 有机化合物波谱解析（第4版）*	裴月湖	53. 中药生物技术（第2版）	刘吉华
25. 中医药学基础（第3版）	李 梅		

"*"示该教材有与其配套的网络增值服务。

前　言

自 1972 年基因工程技术问世以来，现代生物工程又经历了飞速发展的 40 多年，新世纪人们把关注更多地投向了生物工程产业，生物工程产业迅速崛起，特别是现代医药生物工程产业发展迅速，基因诊断、基因治疗、人类基因组计划、生物芯片、转基因动物、RNA 干扰、microRNA、基因工程抗体、人源化抗体、治疗性疫苗和抗体等成果层出不穷，技术日新月异，令人目不暇接。尤其是 1982 年第一个基因工程药物——重组人胰岛素在美国和英国获准使用后，生物药物的种类和数量迅速增加，重组人白介素 –2、重组人干扰素、重组人生长激素、重组人集落刺激因子、重组人组织纤维蛋白酶原激活剂等一大批基因工程药物如雨后春笋般不断涌现，一方面改变着现代药物的传统格局，给人类的现代生活带来根本性的变化，影响着人类的健康和疾病治疗的模式，并产生巨大的社会效益和经济效益，同时赋予生物工程以新的活力。我们有感于现代生物工程在药学中的广泛应用，在再版过程中，力求既体现现代生物工程的飞速发展，又反映其在药学领域的广泛应用，以期为药学学生学习提供合适之教材。

本书以五大生物工程技术为基础，系统介绍生物工程的基本概念、基本原理和技术范畴及其应用，反映生物工程技术在制药领域的新进展。内容包括绪论、基因工程、动物细胞工程、植物细胞工程、酶工程和微生物工程 6 章，力求体现药学特色，使学生能够系统地掌握生物工程及其技术在药物研发和生产过程中的应用，培养和提高学生从事现代生物工程制药的能力。

在本版的编写中，对上版的内容进行了修订，补充了生物工程新的进展，如基因工程抗体等，调整了部分章节内容如基因治疗等。

本书由长期从事现代生物工程及其制药科研工作并具有丰富教学经验的教授及专家编写。王旻教授编写第一章及与张芳讲师编写第五章，谭树华教授、余蓉教授编写第二章，李泰明副教授编写第三章，李谦副教授编写第四章，郑珩副教授编写第六章。他们在繁忙的教学科研工作之余，为本书的编写付出了艰辛的努力，值此新书付梓之际，表示衷心感谢。限于编者知识水平及编写时间较紧，匆忙之中难免疏漏，敬请广大读者提出宝贵意见。

编　者
2015 年 6 月

目 录

第一章　绪论 ／1

一、生物工程（技术）的含义 ···················· 1
二、生物工程的发展过程 ······················ 1
三、现代生物工程的主要内容 ···················· 2
四、现代生物工程与药学 ······················ 3
五、现代生物工程的成就及发展前景 ················ 3

第二章　基因工程 ／5

第一节　概述 ···························· 5
一、基因工程的概念 ························ 5
二、基因工程的诞生与发展 ···················· 5
三、基因工程的基本过程 ····················· 7
第二节　基因工程的理论基础 ···················· 8
一、基因的化学本质 ························ 8
二、蛋白质的生物合成 ······················ 9
第三节　基因工程工具酶 ······················ 12
一、限制型内切核酸酶 ······················ 13
二、T4DNA 连接酶 ························· 17
三、DNA 聚合酶 ·························· 17
四、DNA 修饰酶 ·························· 18
五、核酸水解酶 ·························· 19
第四节　基因克隆载体 ······················· 20
一、质粒载体 ··························· 20
二、噬菌体载体 ·························· 24
三、噬菌体－质粒杂合载体 ···················· 26
四、人工染色体载体 ························ 31
第五节　目的基因的制备 ······················ 32
一、基因文库的建立与靶基因的分离 ················ 33

二、聚合酶链反应技术 ……………………………………………… 38

三、人工合成基因 ……………………………………………………… 41

第六节 目的基因与载体 DNA 的连接 …………………………… 41

一、黏端连接 ……………………………………………………………… 42

二、平端连接 ……………………………………………………………… 42

三、TA 克隆 ……………………………………………………………… 42

第七节 重组基因导入宿主细胞 ……………………………………… 43

一、基因导入微生物细胞 ……………………………………………… 43

二、基因导入动、植物细胞 …………………………………………… 43

第八节 重组子的筛选与鉴定 ………………………………………… 45

一、根据遗传表型差异筛选 …………………………………………… 45

二、根据抗药性筛选 …………………………………………………… 45

三、根据 β - 半乳糖酶显色反应筛选 ……………………………… 45

四、根据噬菌斑形成能力筛选 ………………………………………… 46

五、根据重组子的结构特征筛选 ……………………………………… 46

第九节 目的基因的高效表达 ………………………………………… 48

一、大肠杆菌表达系统 ………………………………………………… 48

二、酵母表达系统 ……………………………………………………… 54

三、昆虫细胞表达载体系统 …………………………………………… 56

四、哺乳动物细胞表达系统 …………………………………………… 58

第十节 基因工程在医药工业中的应用 …………………………… 60

一、基因工程激素类药物 ……………………………………………… 60

二、基因工程细胞因子药物 …………………………………………… 61

三、基因工程溶血栓药物 ……………………………………………… 63

四、基因工程可溶性受体 ……………………………………………… 64

五、基因工程抗体 ……………………………………………………… 64

六、基因工程在药物筛选中的应用 …………………………………… 65

第十一节 基因工程研究新进展 ……………………………………… 66

一、蛋白质工程 ………………………………………………………… 66

二、反义药物 …………………………………………………………… 70

三、RNAi 技术 …………………………………………………………… 74

四、基因治疗 …………………………………………………………… 78

五、新生物技术疫苗 …………………………………………………… 84

六、人类基因组计划与新药研究 ……………………………………… 93

第十二节 基因工程在制药工业上的应用实例 …………………… 96

实例一 大肠杆菌表达 L - 门冬酰胺酶 II …………………………… 96

实例二 毕赤酵母表达人内皮细胞生长抑素 ………………………… 97

实例三 昆虫杆状病毒表达人碱性成纤维细胞生长因子 ………… 100

实例四 哺乳动物细胞表达人促红细胞生成素 …………………… 101

第三章 动物细胞工程 / 104

第一节　概述 ·· 104
　　一、动物细胞工程的概念和研究内容 ·························· 104
　　二、动物细胞工程的发展历程 ································· 104
　　三、动物细胞工程制药的发展前景 ····························· 109
第二节　动物细胞培养特性、营养和培养用液 ················· 110
　　一、动物细胞培养的特性 ····································· 110
　　二、动物细胞的营养及培养基 ································· 113
第三节　动物细胞培养技术 ···································· 116
　　一、动物细胞培养的技术基础 ································· 116
　　二、动物细胞培养技术的概念 ································· 118
　　三、动物细胞体外培养的阶段 ································· 118
　　四、动物细胞培养的一般技术 ································· 122
　　五、培养细胞的测定 ··· 126
　　六、细胞系（或株）的建立 ··································· 128
　　七、动物细胞种质保存及其运输 ······························· 129
　　八、动物细胞培养的应用领域 ································· 130
第四节　动物细胞融合技术 ···································· 131
　　一、动物细胞融合技术的概念 ································· 132
　　二、动物细胞融合技术的原理和步骤 ··························· 133
　　三、动物细胞融合的促融因素 ································· 133
　　四、动物细胞融合及遗传物质转移方式 ························· 135
　　五、动物细胞融合的影响因素 ································· 137
　　六、杂种细胞筛选原理及筛选系统 ······························· 137
　　七、动物细胞融合技术的应用 ································· 142
第五节　抗体工程和单克隆抗体技术 ························· 143
　　一、抗体工程的建立 ··· 143
　　二、抗体工程的概念和研究内容 ································· 144
　　三、单克隆抗体技术 ··· 144
　　四、基因工程抗体 ··· 152
第六节　动物细胞大规模培养技术 ························· 163
　　一、动物细胞大规模培养技术的概念 ··························· 163
　　二、动物细胞大规模培养的条件 ································· 164
　　三、动物细胞大规模培养的培养基 ······························· 164
　　四、动物细胞大规模培养的方法 ································· 164
　　五、动物细胞大规模培养系统的操作方式 ······················· 169
　　六、动物细胞生物反应器 ····································· 171
　　七、动物细胞大规模培养的影响因素和过程监控 ················· 173

第七节　动物细胞工程的应用 ·· 176
　　一、在临床医学与药物研发中的应用 ·· 176
　　二、在畜牧业中的应用 ·· 180

第八节　动物细胞工程的研究进展 ·· 181
　　一、转基因技术 ·· 181
　　二、细胞核移植与哺乳动物克隆技术 ·· 190
　　三、干细胞研究 ·· 193
　　四、组织工程 ·· 201

第九节　动物细胞工程在制药工业上的应用实例 ·································· 205
　　一、利用动物细胞培养大规模生产蛋白质和疫苗 ································ 205
　　实例一　组织纤溶酶原激活剂的生产 ·· 206
　　实例二　抗 HBsAg 单克隆抗体的生产 ·· 208
　　实例三　哺乳动物细胞系统表达基因工程乙型肝炎病毒疫苗 ······················ 210
　　二、转基因动物生产药物 ·· 211
　　实例　利用大鼠乳腺反应器特异性表达人促红细胞生成素 ························ 211
　　三、转基因动物作为药物筛选模型 ·· 212
　　实例　HCV5′ NCR 转基因小鼠模型的建立 ···································· 212

第四章　植物细胞工程　/214

第一节　概述 ·· 214
第二节　植物细胞培养的理论基础 ·· 215
　　一、植物细胞的全能性 ·· 215
　　二、植物细胞的脱分化和再分化 ·· 216
　　三、植物激素的调控 ·· 217
第三节　植物细胞工程一般培养技术 ·· 218
　　一、植物组织培养的概念 ·· 218
　　二、植物细胞培养的特性 ·· 218
　　三、植物细胞培养的培养基及配制 ·· 218
　　四、植物细胞的培养方法 ·· 222
　　五、细胞突变体筛选技术 ·· 224
　　六、植物细胞种质保存 ·· 225
第四节　植物原生质体培养技术 ·· 227
　　一、植物原生质体制备 ·· 227
　　二、植物原生质体培养 ·· 229
　　三、原生质体培养的意义 ·· 230
第五节　植物细胞融合技术 ·· 231
　　一、诱导融合的方法 ·· 231
　　二、杂合体的鉴别与筛选 ·· 233

第六节　植物细胞大规模培养技术 ································· 234
　一、培养基的选择 ································· 234
　二、培养方式 ································· 234
　三、影响细胞培养因素 ································· 236

第七节　植物转基因技术 ································· 237
　一、细胞转化方式 ································· 237
　二、植物基因转化的受体系统 ································· 244
　三、转入基因的表达和分析 ································· 244

第八节　植物细胞工程在制药工业上的应用实例 ································· 245
　一、利用植物细胞培养生产天然药物 ································· 246
　实例一　人参细胞培养 ································· 246
　实例二　红豆杉细胞培养 ································· 247
　实例三　其他细胞培养 ································· 249
　实例四　利用植物细胞培养进行生物转化 ································· 250
　二、转基因植物生产抗体、重组疫苗和多肽类药物 ································· 251
　实例一　利用转基因植物生产抗体 ································· 252
　实例二　利用转基因植物生产疫苗 ································· 252
　实例三　利用转基因植物生产其他生物药物 ································· 254

第五章　酶工程 ／ 255

第一节　概述 ································· 255
　一、酶的定义与性质 ································· 255
　二、酶的分类与命名 ································· 255
　三、酶的结构与特性 ································· 256
　四、酶的来源 ································· 257

第二节　酶工程技术 ································· 258
　一、化学酶工程技术 ································· 258
　二、生物酶工程技术 ································· 270
　三、酶的分离、提纯及活性测定 ································· 279
　四、酶工程研究中的热点问题 ································· 281

第三节　酶反应器与酶反应动力学 ································· 282
　一、酶反应器的概念 ································· 282
　二、酶反应器的类型 ································· 282
　三、酶反应器的设计与选型 ································· 284
　四、酶反应动力学与固定化酶反应动力学 ································· 284

第五节　固定化酶技术在制药工业上的应用实例 ································· 291
　一、聚丙烯酰胺凝胶包埋法制备固定化大肠杆菌（含门冬氨酸酶） ································· 291
　二、包埋法固定化假单胞菌（含 L - 门冬氨酸 - β - 脱羧酶）
　　　生产 L - 丙氨酸 ································· 291

三、卡拉胶包埋法制备固定化黄色短杆菌（含延胡索酸酶）
生产 L - 苹果酸 ·· 292
四、固定化氨基酰化酶拆分 DL - 苯丙氨酸 ·········· 292
五、固定化酵母细胞生产果糖 - 1，6 - 二磷酸 ········ 293
六、固定化大肠杆菌生产 γ - 氨基丁酸 ·············· 293
七、明胶 - 戊二醛包埋法制备固定化链霉菌细胞（含葡萄糖异构酶）······ 294

第六章　微生物工程　/295

第一节　概述 ·· 295
一、微生物工程的概念及发展 ·························· 295
二、微生物工程的一般过程 ···························· 296
三、微生物工程的特点 ································· 298
第二节　微生物细胞培养技术 ······························· 298
一、培养基的组成 ······································ 299
二、培养基的种类 ······································ 301
三、灭菌 ··· 302
四、微生物的培养方法 ································· 303
五、发酵过程的控制 ···································· 303
第三节　微生物菌种选育及原生质体技术 ··············· 308
一、菌种选育的理论基础 ······························· 308
二、菌种选育的经典方法 ······························· 309
三、原生质体融合 ······································ 311
第四节　代谢工程 ·· 313
一、代谢工程的概念 ···································· 313
二、代谢网络理论 ······································ 314
三、代谢工程的研究方法 ······························· 314
四、代谢工程的应用 ···································· 315
第五节　微生物工程的应用与发展前景 ················· 317
一、微生物工程产品的主要类型 ······················· 317
二、微生物工程在医药工业中的应用 ················· 318
三、微生物工程的发展前景 ···························· 320
第六节　微生物工程在制药工业上的应用实例 ········· 322
一、青霉素的生产工艺 ································· 322
二、L - 赖氨酸生产工艺 ······························· 324
三、L - 门冬酰胺酶的生产工艺 ······················· 325

参考文献　/327

第一章 　 绪 　 论

一、生物工程（技术）的含义

20 世纪后半叶，生命科学异军突起，日新月异，产生了巨大的变革。特别是微生物学、遗传学、生物化学、细胞生物学和分子生物学在理论和方法上的突破，使生物工程脱颖而出，成为 21 世纪最有希望和前景的高新技术领域。生物工程是指：利用生物有机体（包括微生物和动、植物）或其组成部分（包括器官、组织、细胞、细胞器）和组成成分（包括 DNA、RNA、蛋白质、酶、多糖、抗体等），形成新的技术手段来发展新产品和新工艺的一种技术体系。也是采用先进生物学和工程学技术，有目的、有计划定向加工制造生物产品的一个新兴技术领域。生物技术在历史上有多种称谓，美国人曾称为 "biotechnology and bioengineering"，意即 "生物技术和生物工程"；欧洲人则称为 "biomolecular engineering"（生物分子工程）；法国人最初称为 "bio-génie" 或 "génie biologique"，即生物工程学；日本人称为 "生物工学"；而英国人则用 "biotechnology" 即生物技术。纵观这些名称，无外乎生物加技术或工程，体现了该领域既强调技术的手段，也重视工程化、产业化的应用。目前，世界上统一称为生物技术（biotechnology）或生物工程（bioengineering），而更普遍地称为生物技术。

二、生物工程的发展过程

生物工程可以说是个既古老又年轻的科学。远古时期，人类即以简单的自然发酵技术生产乳酪、啤酒、酱醋及加工皮革等。相传 8000 年前苏米尔人已掌握制作啤酒技术，6000 年前埃及人已能制作面包，5000 多年以前，我国的酿酒技术已相当精湛。因此，人们将古代已非纯种微生物自然发酵工艺为标志的生物技术称为第一代生物技术。公元 10 世纪，我国就采用活疫苗预防天花。1957 年，Pasteur L 发现发酵过程是微生物作用的结果，随后相继出现了许多纯种微生物的发酵工业，如发酵法生产丙酮、丁醇和青霉素等，形成了生产抗生素、氨基酸、有机酸、酶制剂、核酸和单细胞蛋白等的发酵工业，人们将采用纯种微生物的发酵工艺称为近代生物技术，亦称为第二代生物技术。1972 年 Berg 首先实现了 DNA 体外重组，为从基因水平人工改造物种开创了先河；同时，细胞融合和单克隆技术以及动、植物细胞的大规模培养技术的相继成功；固定化酶、固定化细胞技术在工业上的广泛应用及新型生物反应器不断涌现；近期，基因工程药物的异军突起，动物克隆及转基因技术的不断成功，基因诊断、基因治疗、基因芯片、基因疫苗、转基因动物、RNA 干扰、microRNA、基因工程抗体、人源化抗体、治疗性疫苗和抗体等新技术和新产品的层出不穷，对医药、化工、食品、农业产生了巨大影响，形成了划时代的现代生物技术，即第三代生物技术。

1

三、现代生物工程的主要内容

现代生物工程是依据多学科的理论、技术与工程学原理综合而成。内容广泛，主要包括以下五项工程（技术），即基因工程、细胞工程、酶工程、微生物工程与蛋白质工程。

1. 基因工程 基因工程（gene engineering）是 20 世纪 70 年代兴起的一门新技术，其主要内容是应用人工方法将生物的遗传物质及脱氧核糖核酸（DNA）分离出来，在体外进行切割、拼接和重组，然后将重组了的 DNA 转入到某种宿主细胞或个体，从而赋予它们新的遗传特性；有时还使新的遗传信息（基因）在新的宿主细胞或个体中大量表达，以获得基因产物（多肽或蛋白质）。这种通过体外 DNA 重组创造新生物并给予特殊功能的技术就称为基因工程，也称为 DNA 重组技术。

2. 细胞工程 细胞工程（cell engineering）是指以生物的基本单位——细胞（包括器官和组织）为对象，在体外条件下进行培养、繁殖、再生、融合，以及细胞核、细胞质、染色体及细胞器（包括线粒体、叶绿体）的移植与改造，以达到改良生物品种和创造新品种，或加速繁育动、植物个体，或获得某种有用的物质的目的，内容包括动、植物细胞的体外培养技术、细胞融合技术、细胞器移植技术、克隆技术、干细胞技术等。

3. 酶工程 酶工程（enzyme engineering）是指通过化学方法、酶学方法和 DNA 重组技术改善自然酶的组成、结构和性质，提高酶的催化效率，降低成本，并在大规模工业化生产中应用的技术，包括酶的制备和酶与细胞的固定化，酶反应器的设计和放大，反应条件的控制和优化等。早期酶工程技术主要是从动、植物及微生物材料中提取、分离纯化制造各种酶制剂，并将其应用于化工、食品和医药等工业领域，特别是应用于各种手性化合物及中间体的合成。

4. 微生物工程 微生物工程（microbial engineering），是指微生物单一菌种在需氧和厌氧条件下在培养基中的纯培养，包括深层液体培养、固体培养、现代发酵技术等。由此可以利用微生物的某种特定功能，生产出人类所需的产品。

5. 蛋白质工程 蛋白质工程（protein engineering）又称为第二代基因工程，是指在基因工程基础上，结合蛋白质结晶学、计算机辅助设计和蛋白质化学等多学科的基础知识，通过对基因的人工定向改造等手段，从而达到对蛋白质进行修饰、改造、拼接，以产生能满足人类需要的新型蛋白质的技术。

值得注意的是，上述五大工程虽然各成体系，但不是各自孤立的，彼此间是互相依赖、互相联系、互相渗透的。其中基因工程发展最快、影响最大。因此基因工程是核心技术，是现代生物技术的主要内容，它能带动其他技术的发展。例如，可以利用基因工程方法构建基因工程细胞或菌，由此大大提高细胞或菌中某个（些）酶的量，或从基因水平对酶进行改造，以增加酶的稳定性或提高催化效率，促进酶工程的发展；基因工程中的重要步骤需要酶来完成；通过基因工程改造后获得的"工程菌（细胞）"都依赖于微生物工程或酶工程来生产有用物质等。归纳起来，五大工程相互依存，构成一个完整的整体，其中基因工程起主导作用，细胞工程起支撑作用，微生物工程是产品化、产业化的基础，酶工程是提高工业化水平、实现高效率及高自动化的工具。

四、现代生物工程与药学

现代生物工程发展至今，对农业、食品、轻工、环保和医药等诸多行业都产生了重大的影响，而影响最大、发展最迅速的是医药行业。

首先，基因工程药物的问世开辟了生物工程制药的新纪元。采用基因工程方法可以使微生物或体外培养的动物细胞产生有良好医疗效果、但难以获得的人体蛋白质或其他蛋白质药物。随着1982年重组胰岛素在美国上市，人生长激素、人干扰素、人组织纤维蛋白溶酶原激活剂、人促红细胞生成素、集落刺激因子、人白细胞介素-2等一大批基因工程药物相继投放市场，形成了生物技术药物的新门类。同时，基因工程技术的发展促进了转基因动物制药、基因诊断、基因治疗、基因芯片以及干细胞工程等一批相关技术的发展，为生物医药开辟了一片崭新的天地。

微生物工程可以应用于抗生素的生产。1928年，英国科学家Fleming发现青霉素以来，抗生素在临床上的应用已有50年的历史，年市场销售达到100亿美元，在疾病的治疗中发挥了巨大的作用。而抗生素的生产，则依赖发酵来完成，微生物工程可通过优化培养条件，有效提高抗生素的产量和得率。

细胞工程可以生产单克隆抗体，用于疾病的治疗与诊断。它是利用细胞融合技术，将经免疫的人或鼠淋巴细胞与骨髓瘤细胞相互融合形成杂交瘤，产生出单克隆抗体。

酶工程用于氨基酸、有机酸药物的生产与手性药物的合成；一批药物作用的受体、靶酶和通道蛋白的克隆和表达，为新药的筛选建立了新的模型等。这一切，对药学产生了革命性的深远影响。

五、现代生物工程的成就及发展前景

20世纪50年代Watson和Crick阐明了DNA双螺旋结构，开辟了分子生物学的新纪元。而70年代初DNA重组技术的发现与应用，又宣告了以基因工程技术为核心的现代生物技术的诞生。经过40余年的发展，现代生物技术已成为世界上最令人瞩目的高新技术之一，并形成了新兴的生物工程产业，产生了巨大的社会经济效益。

生物工程约有2/3应用于医药，并给制药工业带来了革命性的变化。生物技术药物已成为制药行业中发展最快、最活跃、技术含量最高的领域。近20年来，全世界研制的生物技术药物超过2200种，1700多种进入临床试验。美国已批准165种生物技术药物和疫苗上市，另有370多种生物技术药物处于临床研究后期，其适应证主要包括肿瘤、感染性疾病、AIDS/HIV感染及相关疾病、心脑血管栓塞性疾病、神经系统疾病、呼吸系统疾病、自身免疫性疾病、糖尿病、器官移植等严重危害人类健康的最大疾病。生物技术药物类别主要包括：重组激素类药物、重组细胞因子药物、重组溶血栓药物、人血液代用品、抗体药物、重组可溶性受体药物、疫苗、反义寡核苷酸药物、基因工程疫苗等。据统计，2005年全球生物制药产业的年销售额已超过550亿美元，其中22个品种成为年销售额超过10亿美元的"重磅炸弹"。预计到2016年，生物技术药物市场将达到约2100亿美元，占全球药品费用总支出17%左右。此外，截至2013年底，国家食品药品监督管理总局（SFDA）也已批准了36种重组蛋白质、治疗性抗体或基因治疗产品上市。近200个生物技术药处于注册审批及临床试验的不同阶段。

美国约有907种生物技术药物处于临床试验阶段，其中在研的抗体药物约占在研的生物技术药物数量的37%。

自20世纪90年代以来，生物技术和生命科学基础研究不断取得重大进展。2006年6月26日，美、英、日、的、法、中六国科学家共同宣布人类基因组工作框架图谱构建完成，2001年2月他们又联合公布了更为精确的人类基因组图谱，这一伟大成就标志着生命科学研究进入后基因组时代，并被称为是继原子弹、人类登月之后世界科技史上的第3个里程碑，同时带动产生了生物信息技术、生物芯片等一批新兴产业的发展。模式生物拟南芥和水稻基因组图谱的公布，为植物改良、培育高产、优质、抗逆的农作物新品种奠定了基础。克隆羊"多利"的诞生，标志着利用动物体细胞进行无性繁殖已成为现实。人胚胎干细胞、组织工程研究的重大进展，为再生医学开拓出了广阔的应用前景。一批重要病原微生物基因组序列图谱的完成及其重要治病性基因功能的阐明，为防治严重危害人类健康的传染性疾病创新药物的筛选与设计提供了新的技术平台。

可以预见，21世纪将是生命科学和生物技术大发展的世纪，生物技术的发展也将为中国乃至世界解决疾病防治、人口膨胀、食物短缺、能源匮乏、环境污染等一系列问题带来新的希望。

（王 旻）

第二章

基因工程

第一节　概　述

一、基因工程的概念

基因（gene）是遗传信息的基本单位，是位于 DNA 分子上编码蛋白质氨基酸序列的一个个离散的片段。基因是生物体遗传信息的载体，也是控制遗传性状的功能单位。几乎所有生物体的遗传信息都蕴藏在基因之中，地球上之所以各种生物间乃至相同物种的不同个体间存在各种各样的差异，都是由于其基因不同所造成的。

基因工程（genetic engineering）是指在分子水平上按照人们的设计方案将 DNA 片段（目的基因）插入载体 DNA 分子（如质粒、病毒等），从而实现 DNA 分子体外重组，产生新的自然界从未有过的重组 DNA 分子，然后再将之引入特定的宿主细胞进行扩增和表达，使宿主细胞获得新的遗传性状的技术。基因工程有时也称为重组 DNA 技术或分子克隆技术。

二、基因工程的诞生与发展

基因工程技术是伴随着分子生物学、遗传学、生物化学和微生物学研究领域的一系列重大突破而兴起的。

1953 年，James Watson 和 Francis Crick 阐明了 DNA 双螺旋结构，为人类揭示生命现象的本质以及整个生命科学的发展奠定了基础。

1958 年，F. Crick 提出了描述 DNA、RNA 和蛋白质三者关系的所谓中心法则（central dogma），该法则认为，生物遗传信息的流向是从 DNA 流向 RNA，再由 RNA 流向蛋白质。

1966 年，经过多位科学家多年的努力，64 个遗传密码被成功破译出来，并证明除了线粒体和叶绿体存在个别例外，所有的生物，包括真核、原核以及病毒都使用同一套遗传密码。遗传密码的通用性是进行基因工程研究的重要理论根据。

1968 年，Meselson 等人从大肠杆菌 B 菌株中首次发现了 I 型限制性内切核酸酶。

1970 年，Smith 和 Wilcox 进一步发现了 II 型限制性内切核酸酶，这类酶能识别特异性核苷酸序列并进行切割，从而为基因工程研究提供了一种重要工具。

随着以上一系列生命科学领域的重大问题的突破，人们已不再仅仅满足于探索生命现象的奥秘，而是设想在分子水平上去改造生命。一个大胆的构思：将一种生物的 DNA 中的某个基因片段连接到另外一种生物的 DNA 链上去，将 DNA 重新组织，不就可以按照人类的愿望，设计出新的遗传物质并创造出新的生物类型吗？这种做法史无前例，很像技术科学的工程设计，即依据人类的需要把一种生物的"基因"与另一种生物的"基因"重新"组装"成新的基因组合，创造出新的生命体。

1972 年，美国斯坦福大学的 P. Berg 领导的研究小组，率先完成了世界上第一次成功的 DNA 体外重组实验，并因此与 W. Gilbert、F. Sanger 分享了 1980 年度的诺贝尔化学奖。P. Berg 等人使用限制性内切核酸酶 EcoRI，在体外对猿猴病毒 SV40 的 DNA 和 λ 噬菌体的 DNA 分别进行酶切消化，然后再用 T4 DNA 连接酶将两种消化片段连接起来，结果获得了包含 SV40 和 λDNA 的重组的杂交 DNA 分子。

1973 年，斯坦福大学的 S. Cohen 等人也成功地进行了另外一个体外 DNA 重组实验。他们将编码有卡那霉素（kanamycin）抗性基因的大肠杆菌 R6－5 质粒，和编码有四环素（tetracycline）抗性基因的另一种大肠杆菌质粒 pSC101 DNA 混合后，加入核酸限制性内切核酸酶 EcoR I，对 DNA 进行切割，而后再用 T4 DNA 连接酶将它们连接成重组的 DNA 分子。用这种连接后的 DNA 混合物转化大肠杆菌，结果发现，某些转化子菌落的确表现出既抗卡那霉素又抗四环素的双重抗性特征。S. Cohen 的工作，是第一次成功的基因克隆实验，其重要意义在于：它说明了像 pSC101 这样的质粒分子是可以作为基因克隆的载体，能够将外源的 DNA 导入宿主细胞。

至此，一项新的 DNA 重组技术诞生了，并以惊人的速度向前飞速发展。人们已经认识到通过 DNA 重组技术（基因工程技术），可以人为地改造生物体的遗传性状。比如，本来大肠杆菌是无法合成胰岛素的，但是通过基因工程技术，只要将哺乳动物中能够合成胰岛素的基因导入到大肠杆菌中，大肠杆菌就能合成胰岛素，而且这个性状是可以遗传的。这样，利用大肠杆菌每 20min 就繁殖一代的惊人速度，培养大量重组后的大肠杆菌，就可从中提取得到丰富的胰岛素。1982 年美国 Lilly 公司率先在世界上将第一个基因工程药物——重组人胰岛素推向市场，这标志着医药领域将进入一个新纪元，同时也向世人展示 DNA 重组技术在医药领域具有无限的应用发展前景和生命力。

1983 年美国 Cetus 公司科学家 Mullis 发明了一种 DNA 体外快速扩增技术，即聚合酶链反应（polymerase chain reaction）技术或简称 PCR 技术。应用该技术可以使极微量的目的基因或 DNA 片段在试管中经数小时的反应扩增至数十万乃至千百万倍，这为基因工程技术乃至整个生命科学的发展提供了一种强有力的技术手段。

基因工程技术从诞生到现在不过数十年，但它对整个生命科学技术的发展起到了极大的推动作用。在基因工程基础上又出现了蛋白质工程技术、基因治疗技术、抗体工程技术、转基因动植物技术、反义核酸技术等新多个新生物技术生长点，所有这些基因工程相关技术又在医药领域得到了广泛应用。

自从 1982 年重组人胰岛素问世以来，基因工程药物已成为生物技术药物的核心，并在危害人类健康的重大疾病防治方面发挥了巨大作用。据统计，至今已有近千种生物技术药物分别处于不同的研究开发阶段（指已完成临床前工作的），这些药物主要针对肿瘤、感染性疾病、AIDS/HIV 感染及相关疾病、心脑血管栓塞性疾病、神经系统疾病、呼吸系统疾病、自身免疫性疾病、糖尿病、器官移植等。如果将正在开发的生物药物按分子类别归类，则主要包括抗体、疫苗、基因治疗、白介素、干扰素、生长因子、重组可溶性受体、反义药物和人生长激素等。

由此可以预见，21 世纪在全球范围内将形成一个以基因工程技术为核心的巨大的生物药物高新技术产业，并将带来巨大的社会效益和经济效益。

三、基因工程的基本过程

基因工程的基本过程是将一个含目的基因的 DNA 片段经体外操作与载体连接，并转入宿主细胞，使之扩增、表达的过程，典型的主要步骤如下。

1. **目的基因（靶基因）的制备** 从特定的生物基因组或 cDNA 库中采用各种方法分离和扩增出足够量的目的基因或 cDNA 序列。

2. **载体的选择与制备** 根据需要选择合适的载体，并对载体 DNA 进行扩增，以制备足够量的达到一定纯度的载体 DNA。

3. **目的基因与载体的连接** 将目的基因插入到相应载体的多克隆位点，构建成重组 DNA 分子。

4. **重组 DNA 转化/转染** 采用合适的方法，将重组 DNA 分子转化/转染入大肠杆菌、酵母细胞、动植物细胞等宿主细胞，使其进行复制扩增。

5. **重组子的筛选与鉴定** 根据载体上所携带的选择性标记对重组子进行筛选和鉴定。

6. **表达产物的鉴定** 采用多种生化和分子生物学实验方法对表达产物进行结构和生物活性分析，以确认表达产物的结构和功能的正确性。

7. **工程菌（细胞）的大规模培养** 通过基因工程菌（细胞）的大规模培养以获得大量的表达产物。

8. **表达产物的分离与纯化** 采用多种生物分子分离纯化手段，对表达产物进行分离与纯化，以得到大量的符合相应纯度要求的基因工程产品。

以上 8 个步骤基本概括了基因工程技术的完整过程，其中，前 6 个步骤主要涉及到各种分子生物学实验技术，因此习惯上称作基因工程菌的构建，亦称作基因工程上游技术（图 2-1），而最后两个步骤主要涉及基因工程菌（细胞）的大规模培养技术和分离纯化技术，因此习惯上又称作为基因工程的下游技术。

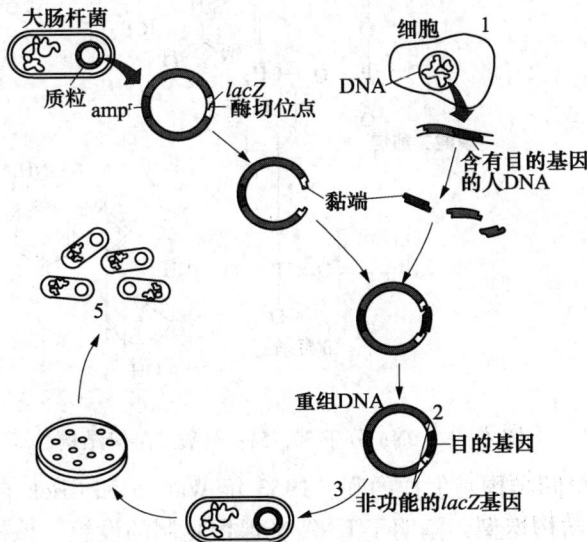

图 2-1 基因工程菌构建流程图

1. 目的基因的制备；2. 载体的选择及 DNA 分子重组；3. 重组 DNA 分子导入宿主细胞；
4. 阳性重组子的鉴定；5. 工程菌的培养扩增

此外，我们可以看到，要完成一个基因工程细胞的构建工作至少必须具有以下四个必要的条件：靶基因、载体、工具酶、宿主细胞。

第二节　基因工程的理论基础

一、基因的化学本质

"基因"一词最早是由丹麦的生物学家于 1909 年提出的，它在希腊文中是"给予生命"的意思。基因既是携带遗传信息的结构单位，同时也是控制遗传性状的功能单位。

基因的化学本质是脱氧核糖核酸（deoxyribonucleic acid，DNA），由脱氧核糖（一种糖）、磷酸和含氮碱基组成。DNA 中的碱基有四种：嘌呤类有腺嘌呤（A）和鸟嘌呤（G）；嘧啶类有胞嘧啶（C）和胸腺嘧啶（T）。这些碱基分别与脱氧核糖、磷酸组成四种脱氧核苷酸（dATP，dGTP，dCTP，dTTP）。这四种脱氧核苷酸便是组成 DNA 的结构单元，它们可以分别按照一定的顺序排列连接起来就形成了一条多核苷酸链，它们之间的连接是通过一个核糖的 $5'$ – 磷酸基团和下一个核糖的 $3'$ – 羟基间形成 $3'$，$5'$ – 磷酸二酯键（图 2 – 2）实现的。

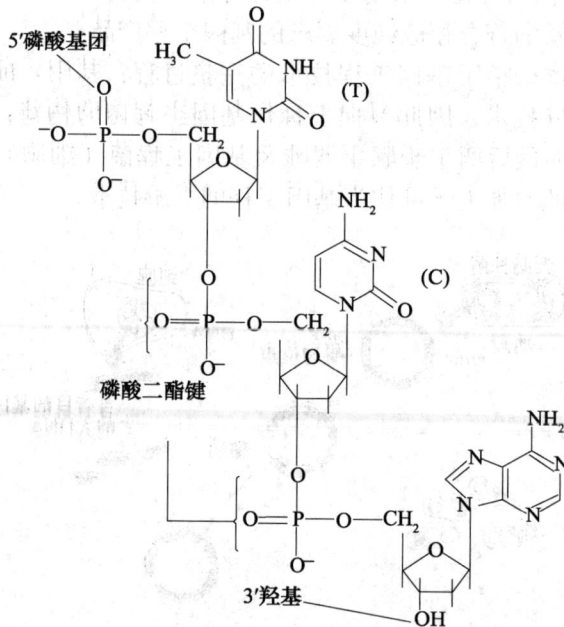

图 2 – 2　DNA 分子 $3'$，$5'$ – 磷酸二酯键结构

然而，DNA 的空间结构是怎样的呢？1953 年 Watson 和 Crick 在前人工作的基础上建立了 DNA 双螺旋结构模型，阐明了 DNA 半保留复制的设想。该模型的提出被认为是 20 世纪自然科学中最伟大的发现之一，也是生命科学发展史上重要的里程碑。根据 Watson 和 Crick 提出的模型，天然状态的 DNA 具有以下特征（图 2 – 3）。

（1）DNA 分子是由两条多核苷酸链围绕同一中心轴相互盘绕成一个双螺旋结构而构成，且这两条链是反向平行的，即如一条链的走向是 $3'{\rightarrow}5'$，另一条链的走向必定是 $5'{\rightarrow}3'$，但两条链均为右手螺旋。

（2）两条核苷酸链的嘌呤和嘧啶碱基位于双螺旋的内侧，并依靠彼此碱基间形成的氢键结合在一起。碱基配对遵循这样的规则：A 与 T 配对，彼此间形成两个氢键；C 与 G 配对，彼此间形成 3 个氢键，因此 GC 间的配对较 AT 配对稳定。

（3）双螺旋结构上有两条螺形凹沟，一条较深，叫大沟，宽度为 1.2nm，深度为 0.85nm；另一条较浅，叫小沟，宽度为 0.6nm，深度为 0.75nm。

（4）双螺旋的平均直径为 2nm，两个相邻碱基之间的高度，即碱基堆积距离为 0.34nm，两个核苷酸之间的夹角为 36°，因此，沿中心轴每旋转一周有 10 个核苷酸，即每一转的高度为 3.4nm。

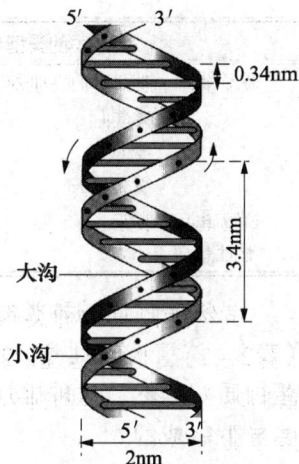

图 2-3 DNA 双螺旋结构

二、蛋白质的生物合成

蛋白质是生命的物质基础，没有蛋白质就没有生命，可以说一切生命现象都是蛋白质的功能。虽然基因中蕴藏着丰富的遗传信息，但这些遗传信息必须通过蛋白质分子的合成才能表现出来，从而最终赋予生物个体的遗传表现形式。自然界的蛋白质种类繁多，其生物学功能也十分广泛。据估计，最简单的单细胞生物如大肠杆菌有 3000 种不同的蛋白质；比细菌复杂得多的人体有 10 万种以上不同的蛋白质；而整个生物界蛋白质的种类约为 10^{10} 数量级。这些不同的蛋白质，各具有不同的生物学功能（表 2-1），它们决定不同生物体的代谢类型及各种生物学特性。因此，有人称 DNA 为"遗传大分子"，而把蛋白质称为"功能大分子"。

表 2-1 各类蛋白质分子的生物功能

蛋白质的类型与举例		生物学功能
酶 类	己糖激酶	使葡萄糖磷酸化
	糖原合酶	参与糖原合成
	脂酰基脱氢酶	脂酸的氧化
	氨基转移酶	氨基酸的转氨作用
	DNA 聚合酶	DNA 的复制与修复
激素蛋白	胰岛素	降血糖作用
	ACTH	调节肾上腺皮质激素合成
防御蛋白	抗体	免疫保护作用
	纤维蛋白原	参与血液凝固
转运蛋白	血红蛋白	O_2 和 CO_2 的运输
	清蛋白	维持血浆渗透压
	脂蛋白	脂类的运输

续表

蛋白质的类型与举例		生物学功能
收缩蛋白	肌球蛋白、肌动蛋白	参与肌肉的收缩运动
	核蛋白	遗传功能
	视蛋白	视觉功能
	受体蛋白	接受和传递调节信息
结构蛋白	胶原	结缔组织（纤维性）
弹性蛋白		结缔组织（弹性）

虽然蛋白质的种类很多，但几乎所有的蛋白质都是由 20 种天然的氨基酸组成的（表2-2），也就是说，20 种氨基酸的不同排列与组合形成了世界上所有物种的不同的蛋白质。当然，这种排列与组合并不是随机的、杂乱无章的，而是在基因的遗传信息指导下完成的。

表2-2 20 种天然的氨基酸名称及符号

名称	三字母符号	单字母符号	名称	三字母符号	单字母符号
丙氨酸（Alanine）	Ala	A	亮氨酸（Leucine）	Leu	L
精氨酸（Arginine）	Arg	R	赖氨酸（Lysine）	Lys	K
天冬氨酸（Aspartic Acid）	Asp	D	甲硫氨酸（Methionine）	Met	M
半胱氨酸（Cysteine）	Cys	C	苯丙氨酸（Phenylalanine）	Phe	F
谷氨酰胺（Glutamine）	Gln	Q	脯氨酸（Proline）	Pro	P
谷氨酸（Glutamic Acid）	Glu	E	丝氨酸（Serine）	Ser	S
组氨酸（Histidine）	His	H	苏氨酸（Threonine）	Thr	T
异亮氨酸（Isoleucine）	Ile	I	色氨酸（Tryptophan）	Trp	W
甘氨酸（Glycine）	Gly	G	酪氨酸（Tyrosine）	Tyr	Y
天冬酰胺（Asparagine）	Asn	N	缬氨酸（Valine）	Val	V

1958 年，F Crick 首次提出分子生物学中心法则，即遗传信息的传递是沿着 DNA→RNA→蛋白质的方向进行。后来，Temin 和 Baltimore 在研究只有 RNA 而无 DNA 地病毒时，发现了逆转录病现象，即在逆转录酶的作用下可以以 RNA 为模板合成 DNA，由此，"中心法则"的内容得到了扩充（图2-4）。

基因表达（图2-5）的第一步是转录，即以 DNA 分子为模板，由 RNA 聚合酶催化合成 RNA 分子的过程。RNA 有 mRNA、tRNA 和 rRNA3 种类型，其中 mRNA 是翻译蛋白质的模板，tRNA 是搬运合成蛋白质的原料氨基酸的工具，rRNA 则参与构成蛋白质合成的"装配车间"——核蛋白体。

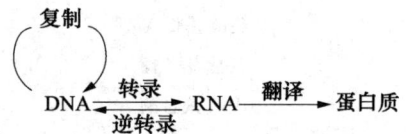

图2-4 中心法则图示

基因的转录具有以下基本特征：①不对称转录。与 DNA 复制不同，基因转录只能以双链 DNA 分子中的一条链作为模板，而另一条链是不能作模板的。其中，作为转录模板的那条链称为有义链（sense strand）或模板链（template strands），而不作为模板的链称反义链（antisense strand）或编码链（coding strands），如果以反义链作为模板，将转录出反义 RNA，又称干扰 mRNA 翻译的 RNA

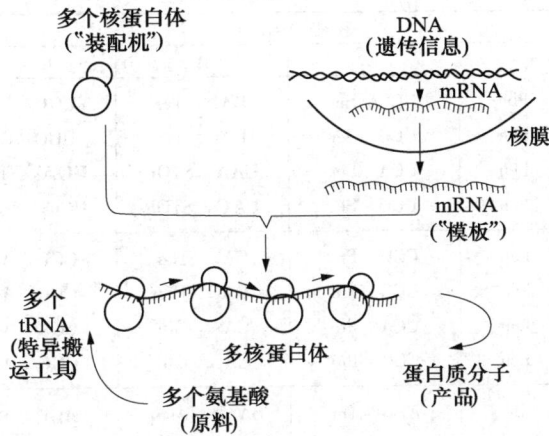

图 2-5 基因的转录与翻译过程

（micRNA）。②基因转录所需的前体是四种核糖核苷三磷酸（ATP、GTP、CTP 和 UTP），除此之外，还要有 Mg^{2+} 或 Mn^{2+} 参与。③RNA 聚合酶不需引物就能起始基因转录。

基因转录的基本过程主要包括以下几个步骤：①RNA 聚合酶识别并结合到 DNA 模板上，并沿着有义链的 3′端→5′端方向移动；②转录的起始与 RNA 链的延长；③转录的终止和新生 RNA 的释放。

基因表达的第二步是翻译。转录只是为蛋白质合成作准备，同时将基因所携带的遗传信息传递给 mRNA，翻译才是合成蛋白质的中心环节。所谓翻译也就是以 mRNA 为模板合成蛋白质，同时将 mRNA 中所携带的遗传信息（碱基排列顺序）传递给蛋白质，即按照一定的氨基酸排列顺序合成蛋白质的过程。那么，mRNA 是如何将其中的遗传信息传递给蛋白质的呢？研究发现，它是通过遗传密码的阅读来实现蛋白质翻译合成的。

每个 mRNA 都有特异的密码区，从 5′→3′方向，每 3 个相邻的碱基形成三联体，即组成一个密码子（codon），而每个密码子则对应着一个氨基酸。从数学的角度看，似乎 mRNA 中 4 个不同的碱基（A，U，C，G）应该具有 $4^3 = 64$ 种组合，可以代表分别代表 64 个氨基酸，然而，事实上 64 个密码子中除了 3 个密码子是终止密码子（TAA，TAG，TGA，只起翻译中止信号的作用），一个是起始密码子（AUG，同时编码甲硫氨酸）外，其余的密码子只负责编码其余 19 个氨基酸，这势必就出现了多个不同的密码子编码同一种氨基酸的情况，这就是密码子的丰余（redundancy）或简并性（degenerate），而编码同一个氨基酸的不同的密码子就称作同义密码子，一般同义密码子之间很相似，它们之间的差异只表现在第三位碱基上，如编码苏氨酸的 4 个密码子 ACU ACC ACA ACG。密码子的另一个特点就是它的通用性，即从细菌等低等生物到植物、动物和人都使用同一套遗传密码，即同一套密码子适用于所有的生物（表 2-3）。

表 2 - 3　遗传密码表

	密码子第二位				
	U	C	A	G	
U	UUU Phe UUC Phe UUA Leu UUG Leu	UCU Ser UCC Ser UCA Ser UCG Ser	UAU Tyr UAC Tyr **UAA STOP** **UAG STOP**	UGU Cys UGC Cys **UGA STOP** UGG Trp	U C A G
C	CUU Leu CUC Leu CUA Leu CUG Leu	CCU Pro CCC Pro CCA Pro CCG Pro	CAU His CAC His CAA Gln CAG Gln	CGU Arg CGC Arg CGA Arg CGG Arg	U C A G
A	AUU Ile AUC Ile AUA Ile AUG Met	ACU Thr ACC Thr ACA Thr ACG Thr	AAU Asn AAC Asn AAA Lys AAG Lys	AGU Ser AGC Ser AGA Arg AGG Arg	U C A G
G	GUU Val GUC Val GUA Val GUG Val	GCU Ala GCC Ala GCA Ala GCG Ala	GAU Asp GAC Asp GAA Glu GAG Glu	GGU Gly GGC Gly GGA Gly GGG Gly	U C A G

密码子的第一位（5'端）　　　　密码子的第三位（3'端）

注：密码子由 5'→3' 方向阅读。

第三节　基因工程工具酶

基因工程技术的建立和发展是以各种核酸工具酶的发现和应用为基础的。比如，要实现 DNA 分子的体外重组，就必须对 DNA 分子进行"剪切"和"缝合"等，然而 DNA 分子很小，其直径只有（1/500 万）cm，要实现这样一些分子操作就必须采用特殊的工具酶。这些工具酶主要包括限制性内切核酸酶、DNA 连接酶、DNA 聚合酶和逆转录酶、DNA 外切酶以及一些修饰酶等。表 2 - 4 列举了基因工程技术中常用的核酸工具酶及其功能。

表 2 - 4　常用核酸工具酶及其主要功能

核酸酶名称	主要功能
Ⅱ型限制性内切核酸酶	在特异的碱基序列部位切割 DNA 分子
DNA 连接酶	将两条 DNA 分子或片段连接成一个整体
大肠杆菌 DNA 聚合酶 I	通过向 3'端逐一增加核苷酸的方式填补双链 DNA 分子上的单链裂口
逆转录酶	以 RNA 分子为模板合成互补的 cDNA 链
T4 多核苷酸激酶	把一个磷酸分子加到多核苷酸的 5' - OH 末端
末端转移酶	将同聚物尾部加至线性双链 DNA 分子或单链 DNA 分子的 3' - OH 末端
核酸外切酶Ⅲ	从一条 DNA 链的 3'端移去核苷酸残基
碱性磷酸酶	催化从 cDNA 分子的 5'端或 3'端或同时从 5'端和 3'端移去末端磷酸
S1 核酸酶	催化 RNA 和单链 DNA 分子降解为 5'单核苷酸，同时也可切割双链核酸分子的单链区
Taq DNA 聚合酶	能在高温（75℃）下以单链 DNA 为模板按 5'→3'方向合成新生互补链

一、限制型内切核酸酶

（一）宿主的限制与修饰

限制性内切核酸酶（restriction endonucleases），简称限制性酶，是一类能识别双链DNA分子中的某种特异核苷酸序列的DNA水解酶。这类酶的发现和应用促进了DNA序列测定和基因工程技术的发展。它们已成为分子生物学研究和基因工程技术中不可或缺的工具酶。最初，限制性内切核酸酶一般是从微生物中分离纯化得到，而现在都基本采用基因重组的方法进行生产。

限制性内切核酸酶是 W. Arber 等于 20 世纪 60 年代研究 λ 噬菌体对大肠杆菌入侵时发现的。在研究中他们发现，来源于不同大肠杆菌（如 K 菌株和 B 菌株）的 λ 噬菌体（简称 λK 和 λB）可以高效率感染它们各自原来的大肠杆菌宿主菌 K 和 B，但是当用 λK 感染 B 菌株或用 λB 感染 K 菌株时，其感染效率却大大下降，这就说明 λK 受到了 B 菌株的限制，而 λB 又受到了 K 菌株的限制，这一现象称作限制。

另一方面，当用 λK 感染 B 菌株时，即便感染效率很低，仍然有极少数 λK 感染成功，而如果将这些感染成功的 λK 从 B 菌株中分离出来以后，再次用来感染 B 菌株时，这些 λK 便可以像 λB 一样高效率感染 B 菌株，而不会出现上述限制，这种现象称为修饰现象。

通过进一步深入研究发现，所谓限制与修饰的本质是指一定类型的细菌可以通过自身限制性酶的作用，破坏入侵的噬菌体 DNA，导致噬菌体的宿主范围受到限制，而宿主本身的 DNA 由于在合成后可以通过自身的甲基化酶的作用被甲基化，从而使得DNA 获得修饰，这样就可以免遭自身限制性酶的破坏，这便是修饰。

大肠杆菌的限制与修饰系统与 3 个连锁基因（*hsd R*、*hsd M*、*hsd S*）有关。其中，*hsd R* 编码限制性内切核酸酶，可以对 DNA 进行切割；*hsd M* 则编码甲基化酶，该酶可以对 DNA 进行甲基化修饰，从而可以保护宿主自身的 DNA 免遭限制性酶的水解破坏；而 *hsd S* 基因则无限制性切割或修饰功能，它的主要功能是负责协调前两种酶的识别位点。

大肠杆菌 K12 限制与修饰系统的遗传分析表明，K12 可以具有以下四种遗传表型：

rk^+mk^+ = 野生型，宿主具有限制与修饰功能。

rk^-mk^+ = 突变体，宿主缺乏限制功能，具有修饰功能。进入这类细胞的 DNA 可以被 DNA 甲基化修饰，免遭 K12 限制性酶切割。为此，这类突变株经常用于转化实验。

rk^-mk^- = 突变体，宿主缺乏限制与修饰功能，不能降解或修饰 DNA。为此，这类突变株也常用于转化实验。

rk^+mk^- = 突变体，具有限制功能，却无修饰功能，被称作自杀性基因型。

（二）限制性内切核酸酶的类型

自从 1968 年科学家 E. Smith 首次从大肠杆菌 K12 和 K13 中提取出了限制性内切核酸酶，至今已发现限制性内切核酸酶 3800 余种，详细信息可见 REBASE 数据库（http://rebase. neb. com/rebase/rebase. html）。

限制性内切核酸酶反应均需要 Mg^{2+}，然而根据其结构功能差异主要可以分为三类，其各自特征可见表 2 – 5。

表 2 – 5　限制性内切核酸酶分类及其特征

特性	Ⅰ 型	Ⅱ 型	Ⅲ 型
限制和修饰活性	双功能酶	内切核酸酶和甲基转移酶分开	双功能酶
酶蛋白分子组成	3 种不同亚基	单一亚基	两种不同亚基
限制作用所需辅因子	ATP，Mg^{2+}，S – 腺苷甲硫氨酸	Mg^{2+}	ATP，Mg^{2+}，S – 腺苷甲硫氨酸
特异性识别位点	非对称序列	回文对称结构	非对称序列
切割位点	在距识别位点至 1kb 处随机切割	识别位点上	距识别位点 24 ~ 26bp 处
序列特异性切割	否	是	是
甲基化作用的位点	宿主特异性位点	宿主特异性位点	宿主特异性位点
识别未甲基化序列并切割	能	能	能
分子克隆中应用	无	广泛	很少

1. Ⅰ 型限制性酶　由 3 个亚基组成，既具有限制性酶活性，也具有甲基化酶活性。该类酶识别两侧不对称 DNA 序列，在识别位点至少 1000 碱基处随机切割 DNA，并在识别位点处进行甲基化，如 *Eco*B、*Eco*K 等。Ⅰ 型限制性酶应用价值不大。

2. Ⅲ 型限制性酶　具有特异性识别位点，但不是回文对称序列。如 *Mbo* Ⅱ 识别 GAAGA 序列，然后在 DNA 的每一条链上从识别序列的一侧距离一定核苷酸数（8 个和 7 个）处进行切割，并产生一个碱基突出的 3′端。Ⅲ 型限制性酶也不具备应用价值。

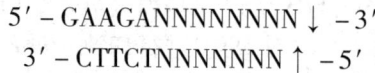

$$5′ - \text{GAAGANNNNNNNN} \downarrow - 3′$$
$$3′ - \text{CTTCTNNNNNNNN} \uparrow - 5′$$

3. Ⅱ 型限制性酶　具有特异性识别位点，且切割核苷酸序列与识别位点序列相同，一般为回文对称结构。Ⅱ 型限制性酶可以在识别位点处进行交错或平齐切割，并产生黏性末端或平齐末端。Ⅱ 型限制性酶已成为基因工程技术中最基本的工具酶，因此又称作"分子剪刀"，广泛应用于重组 DNA 的构建等操作。目前一般的 Ⅱ 型限制性酶均已商品化，可以从生物技术公司（如 Promega、New England Biolabs、TAKARA 等）购买到。以下所提到的限制性内切核酸酶均属于 Ⅱ 型限制性酶。

（三）限制性内切核酸酶的命名

为了对这些酶进行合理地命名，H. O. Smith 和 D. Nathans 于 1973 年提出了限制性内切核酸酶的命名规则：

（1）取该酶的产生菌的属名的第一个大写字母和种名的第一、二个小写字母组成酶基本名称；

（2）若具有不同株，取其株系的第一个字母加于酶名称之后，需大写；

（3）若同一株中发现多种限制性内切核酸酶则用大写罗马字码 Ⅰ、Ⅱ、Ⅲ、Ⅳ 表示分离次序先后，以下是几种常见限制性内切核酸酶的命名情况（表 2 – 6）。

表 2－6　限制性内切核酸酶的命名实例

名称	属名（大写）	种名（小写）	株名	分离序号	来源菌株
*Eco*R Ⅰ	E	co	R	Ⅰ	*Escherichia coli* R 株
Hind Ⅲ	H	in	d	Ⅲ	*Haemophilus influenzae* 株
Hind Ⅱ	H	in	d	Ⅱ	*Haemophilus influenzae* 株
Hpa Ⅰ	H	pa		Ⅰ	*Haemophilus parainfluenzae* 株

（四）限制型内切核酸酶的性质

基因工程技术中使用的酶属于Ⅱ型限制性内切核酸酶，它一般具有以下特性。

1. 识别序列　大多数酶的识别序列为 4 ~ 6 个双重对称（回文结构）的核苷酸，少数酶识别更长的序列。

2. 切割方式

（1）在对称轴两侧相对的位点上，交错切割，形成带有 1 ~ 4 个核苷酸长度的 5′端突出或 3′端突出的黏性末端。黏性末端是指含有几个核苷酸单链的末端，可通过黏性末端碱基互补，使不同的 DNA 片段发生退火，有利于连接酶的连接。

（2）在识别序列双重对称轴上同时切割双链，产生平齐末端或钝端。图 2－6 是几种典型的限制性内切核酸酶的识别序列与切割方式。

5′端突出：

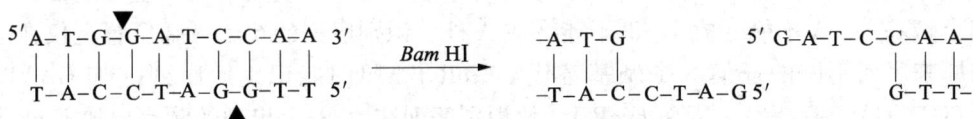

3′端突出：

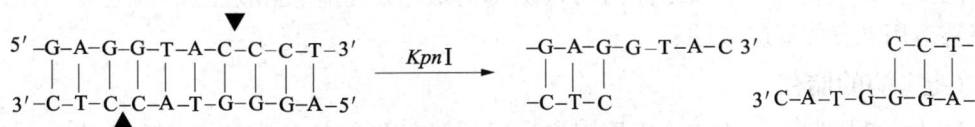

平齐末端：

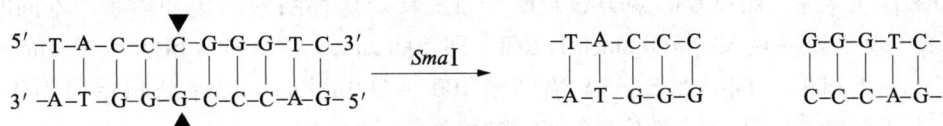

图 2－6　限制性内切核酸酶的 3 种切割方式

3. 反应条件　一般限制性内切核酸酶的最适反应温度为 37℃，但也有例外，如 *Sma* Ⅰ则为 25℃。此外，不同限制性内切核酸酶反应所需的离子强度也不一样，一般分高、中、低 3 种。在进行操作时，可按照供应商所提供的反应体系与反应温度进行。

（五）同裂酶与同尾酶

1. **同裂酶** 同裂酶（isoschizomer）又称异源同工酶。是指不同来源，但识别和切割序列完全相同的限制性内切核酸酶，如 *Hpa* Ⅱ 和 *Msp* Ⅰ（C↓CGG）。

2. **不完全同裂酶** 指识别序列相同，但切割位点不同的酶，如 *Sma* Ⅰ（CCC↓GGG）和 *Xma* Ⅰ（C↓CCGGG）；

3. **同尾酶** 来源及识别序列均不相同，但切割后形成的限制性片段具有相同黏性末端的，当它们消化后产生的片段互相连接后，这两种酶的识别序列一并消失，如 *Sal* Ⅰ（G↓TCGAC）和 *Xho* Ⅰ（C↓TCGAG）。

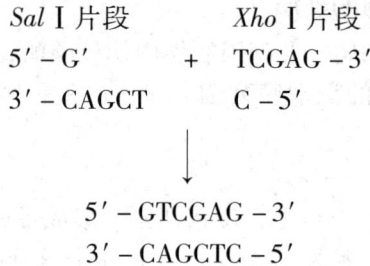

$$\begin{array}{ccc}
Sal\ \text{Ⅰ 片段} & & Xho\ \text{Ⅰ 片段} \\
5'-\text{G}' & + & \text{TCGAG}-3' \\
3'-\text{CAGCT} & & \text{C}-5'
\end{array}$$

$$\downarrow$$

$$\begin{array}{c}
5'-\text{GTCGAG}-3' \\
3'-\text{CAGCTC}-5'
\end{array}$$

（六）星号活力（第二活力）

需要注意的是，迄今所发表的 Ⅱ 型限制性内切核酸酶的识别序列都是在一定消化条件下测出的，当条件改变时，酶的专一性可能会降低，以致同一种酶可识别和切割更多的位点。如 *Eco*R Ⅰ 通常只识别 GAATTC，但是在低盐（<50nmol/L），高 pH（>8）和甘油存在的条件下，*Eco*R Ⅰ 识别序列与原来不同，产生 *Eco*R Ⅰ* 星号酶活，除中间四个碱基——A 不能变成 T、T 不能变成 A 外，识别序列的 6 个碱基位置上仅在一处由与原来序列不同的任何一个碱基替代，*Eco*R Ⅰ* 照旧能识别此序列（如 GAATTA，AAATTC，GAGTTC 等）。因而 *Eco*R Ⅰ* 的识别序列在 DNA 上出现的频率要比 *Eco*R Ⅰ 识别序列的出现频率高 15 倍。此外，*Bam*H Ⅰ 也有类似情况。

因此，为了获得一种限制性内切核酸酶的最适反应速度和理想的消化专一性，必须坚持应用推荐的反应条件。

（七）酶的储存

纯化后的限制性内切核酸酶酶制剂，通常储存在含有 50% 甘油的缓冲液中，保存于 -20℃，不会冰冻，一般可储存 1 年以上。储存酶的温度不能过低，若低于 -20℃，可使 50% 甘油冰冻，而反复冻融会导致酶严重失活。保存酶液的缓冲体系，不同的酶略有差异，但不外乎是 50 ~ 100mmol/L KCl，即 100mmol/L Tris-HCl pH7.5，0.1mmol/L EDTA，1mmol/LDTT，同时加入 BSA 浓度至 100 ~ 200μg/ml，以保护酶蛋白不失活。所用 BSA 质量要求很高，一定不能含有核酸酶类的活性。

（八）酶活力单位的定义

在 50μl 缓冲液中，于最适反应条件和温度下保温 1h，能将 1μgDNA 完全降解所需的酶量即为 1 个酶活单位。需要说明的是，所谓一个酶单位降解 1μgDNA 是指在测活时所用的特定反应体系和 DNA 种类下完成的，若盐浓度、pH 等因素，尤其是 DNA 的种类改变后，并不一定一个酶单位还能完全消化 1μgDNA。如降解 1μg 的 pBR$_{322}$ 所用的酶量要大于水解 1μg λDNA 所用的酶量。

二、T4DNA 连接酶

基因工程最常用的连接酶是 T4DNA 连接酶（T4DNA ligase），它可将两段乃至数段 DNA 片段拼接起来，起到分子"缝合"的作用。该酶是从 T4 噬菌体感染的 *E. coli* 中分离得到的分子量为 68 000 的单链多肽酶，它可催化一个 DNA 片段的 3′ 羟基和另一个 DNA 片段的 5′ – 磷酸基团之间形成磷酸二酯键，连接时需要 ATP 为辅因子。该酶既可连接黏性末端，也可连接齐平末端，是应用最广泛的连接酶。

T4DNA 连接酶最适反应温度为 37℃，但为了增强两段 DNA 片段黏性末端互补碱基之间形成氢键的稳定性，实际反应温度一般为 4℃ ~ 15℃。

三、DNA 聚合酶

分子克隆中经常会使用各种 DNA 聚合酶，从而在有模板存在时催化合成与模板序列互补的 DNA 产物。常用的 DNA 聚合酶有大肠杆菌聚合酶、大肠杆菌 DNA 聚合酶大片段（Klenow 片段）、T4DNA 聚合酶、T7DNA 聚合酶、耐高温的 DNA 聚合酶（如 *Taq* DNA 聚合酶）、逆转录酶等等。不同种类的 DNA 聚合酶来源不同，酶学特性及用途也各异，其应用涉及到 DNA 分子的体外合成、定点突变、DNA 探针的标记、DNA 序列测定、基因文库的构建、聚合酶链反应（PCR）等等诸多方面。

1. 大肠杆菌 DNA 聚合酶Ⅰ 大肠杆菌 DNA 聚合酶Ⅰ是大肠杆菌 *polA* 基因编码由 1000 个氨基酸残基组成的单链多肽，具 3 种酶活性：5′→3′DNA 聚合酶活性；5′→3′ 及 3′→5′ 外切核酸酶活性。

（1）5′→3′DNA 聚合酶活性 以 DNA 单链为模板时，在 4 种脱氧核糖核苷（dNTP）和引物存在下，沿 5′→3′ 合成与模板互补的另一条 DNA 链。当模板为双链 DNA 时，必须在其一条链上有 1 个或数个断裂时才可有效作为模板。

（2）3′→5′ 外切酶活性 沿 3′→5′ 方向识别和切除 DNA 复制过程中 DNA 生长链末端的错配的核苷酸，起到校对作用，从而保证 DNA 复制的真实性。

（3）5′→3′ 外切酶活性 作用于 DNA 双链或 RNA:DNA 杂交体，从 5′ 端降解双链 DNA 或 RNA:DNA 杂交体的 RNA 组分（RNA 酶 H 活性）。

大肠杆菌 DNA 聚合酶Ⅰ主要应用于：①间隙填补。将核苷酸加到 DNA 链的间隙处的 3′ 羟基端，使双链 DNA 的单链间隙填补起来，形成完整的双链。②缺口平移。由 DNaseⅠ在双链 DNA 分子上形成单链缺口，再由 5′→3′ 聚合作用和 5′→3′ 的外切作用协调完成沿 DNA 双链 5′→3′ 方向的缺口移动，将放射性核素标记的核苷酸标记在 DNA 链上。

2. Klenow 聚合酶（Klenow 大片段） 大肠杆菌 DNA 聚合酶Ⅰ的 3 个结构功能域分别对应着 3 种不同酶活性。氨基端（1 ~ 326）具 5′→3′ 外切酶活性；中间区域（326 ~ 542）具 3′→5′ 外切酶活性；羧基端（543 ~ 928 位）具 5′→3′DNA 聚合酶活性。枯草杆菌蛋白酶可将大肠杆菌 DNA 聚合酶Ⅰ水解成大小 2 个片段：N 端小片段包含 1 ~ 326 位残基，具 5′→3′ 外切酶活性；而 C 端大片段包含 326 ~ 928 位残基，只具有 5′→3′ 聚合酶活性和 3′→5′ 外切酶活性，称作 Klenow 聚合酶或 Klenow 大片段。

Klenow 聚合酶主要应用于：①补平限制性内切核酸酶切割 DNA 产生的 3′ 凹端；

②用〔^{32}P〕dNTP 补平 3′凹端，对 DNA 片段进行末端标记；③在 cDNA 克隆中，用于合成 cDNA 的第二条链；④用于 Sanger 双脱氧末端终止法进行 DNA 序列分析；⑤应用 Klenow 大片段 3′→5′外切酶活性降解 DNA 的 3′突出端使成平端，但 T4DNA 聚合酶的 3′→5′外切酶活性远远高于 Klenow 大片段。

3. **TaqDNA 聚合酶** *Taq*DNA 聚合酶是一种耐高温的依赖于 DNA 模板的 DNA 聚合酶，来源于极度嗜热的嗜热水生菌 *Thermus aquaticus* YT - 1，故称作 *Taq* DNA 聚合酶，一般应用于 PCR 反应。*Taq*DNA 聚合酶是一种 Mg^{2+} 依赖酶，反应体系中必须有 Mg^{2+} 存在，然而保持适当的 Mg^{2+} 浓度十分重要，因为 Mg^{2+} 浓度过高或过低均会影响引物与模板的结合、模板与 PCR 产物的解链温度、引物二聚体的形成以及酶的活性与精确性。该酶的优点是：①热稳定性高，92.5℃、95℃、97.5℃ 时的半衰期分别为 130min、40min 和 5~6min；②最适反应温度为 75℃，引物在 50℃~60℃ 退火，72℃ 延伸，可防止引物与模板间的错配及 DNA 二级结构的形成，从而提高了扩增特异性，且有利于扩增较长的片段，70℃ 时延伸速率在 60 核苷酸/秒以上；③可延迟平台区，平台区到达之前即可完成 25 次循环，扩增倍数达 4×10^6，然而该酶存在一个致命的缺点，即缺乏 3′→5′外切酶活性，无法校正错误核苷酸的掺入，错误掺入率达 2×10^{-4} 个核苷酸/循环，对于一个 30 次循环的扩增反应来说，这将导致 0.25% 的总错误率。

为了减少 DNA 扩增过程中的出错率，人们又从嗜热古菌 *Pyrococcus furiosus* 中发现了另外一种耐高温的 DNA 聚合酶，称作 *Pfu* 聚合酶，该酶具有 3′→5′外切酶活性，因此，在 DNA 扩增过程中具有高保真性。

4. **逆转录酶** 逆转录酶是一种依赖于 RNA 的 DNA 聚合酶，也称为 RNA 指导的 DNA 聚合酶。可以 RNA 为模板有效地催化合成互补 DNA（complementary DNA）单链，并进而合成 DNA 第二条链。逆转录酶普遍存在于含 RNA 的逆转录病毒中，目前主要有禽源（AMV）和鼠源（MLV）两种，这两种酶均已被克隆并在大肠杆菌中表达。逆转录酶主要应用于：①以 RNA 为模板，以寡聚脱氧核糖核苷酸为引物，合成互补的 DNA（cDNA），用于基因克隆、cDNA 文库构建和基因表达分析；②标记带 5′端突出的 DNA 片段（补平反应），制备杂交探针；③代替大肠杆菌 DNA 聚合酶 I Klenow 片段或测序酶，用于双脱氧链终止法测序。

四、DNA 修饰酶

1. **碱性磷酸酶** 包括细菌碱性磷酸酶（BAP）和牛小肠碱性磷酸酶（CIP），其作用是去除 DNA、RNA、NTP 和 dNTP 的 5′磷酸基团。在基因克隆时可用于去除载体 DNA 片段的 5′磷酸基团，以防载体自身环化；此外，在用 ^{32}P - ATP 对基因探针进行 5′标记前，可用该酶去除其 5′磷酸基团。

2. **T4 多核苷酸激酶** 该酶可催化 ATP 的 γ - 磷酸基团转移到 DNA 或 RNA 的 5′羟基上，可分为正向反应及交换反应。该酶的一个用途是用放射性核素标记 DNA 片段的 5′端，反应底物包括化学合成的寡核苷酸片段的 5′羟基和 DNA 酶切所得的 5′黏端或平端，后者必须先用碱性磷酸酯酶去除 5′羟基磷酸基团，再加上 γ - 磷酸，这种方法不适用于 3′黏端。另一用途是在化学合成的寡核苷酸片段的 5′羟基上加上磷酸基团，以便进行化学合成基因的拼连。

3. 末端转移酶 又称末端脱氧核苷酸转移酶（terminal deoxynucleotidyl transferase，TdT）。是一种从小牛胸腺中分离得到的分子量为60000的作用方式独特的DNA聚合酶。在二价阳离子存在下，它可以不依赖于模板而将脱氧核苷三磷酸（dNTP）催化添加到DNA片段的3′羟基上。当反应物中只有一种脱氧核苷酸时，就可形成仅有一种核苷酸组成的3′尾巴，这种反应称作同聚物加尾（homopolymeric tailing）。一般当待加入的脱氧核苷三磷酸为嘌呤核苷酸时，Mg^{2+}为首选阳离子，而如果待加入的脱氧核苷三磷酸为嘧啶核苷酸时，Co^{2+}为首选阳离子。此酶倾向于以3′端突出的DNA作为受体DNA。该酶的主要用途如下。

（1）该酶可应用于通过添尾（或同聚体添尾）来构建重组DNA分子，并可省略DNA连接酶 一般操作是：先在载体上打开一个单一酶切位点，把它与末端转移酶和某一dNTP（如dATP）一起反应使其加尾，而另一待插入的外源DNA片段则用互补的dNTP（如dTTP）同法加尾。然后，将上述两个具有互补单链尾的DNA片段进行退火，便可形成一重组DNA分子，转化宿主菌后重组DNA中的裂隙或切口可被宿主菌修复。在构建cDNA文库时，常采用这种方法将cDNA克隆到相应的载体当中。

（2）对DNA3′端进行标记 可采用放射性核素（如^{32}P）或荧光染料标记的dNTP、ddNTP在末端转移酶的作用下对DNA的3′端进行标记。

五、核酸水解酶

核酸水解酶按照底物专一性的不同可分三类：只作用于RNA的叫做核糖核酸酶（简称RNase），只作用于DNA的叫做脱氧核糖核酸酶（简称DNase），既作用于DNA又作用于RNA的叫做核酸酶。

1. S1核酸酶 S1核酸酶属于单链内切核酸酶，来源于米曲霉（*Aspergillus oryzae*），是一种可以高特异性降解单链DNA或RNA的核酸内切酶，也可以降解双链DNA分子中的单链区域（如发夹结构），反应产物为5′-磷酸单核苷酸。也可以降解双链核酸中的单链区域，单链区域甚至可小至仅有1个碱基。如果所用S1核酸酶量过大，则双链核酸可以被完全消化。中等量的S1核酸酶可在切口或小缺口处切割双链DNA。双链DNA、双链RNA及DNA∶RNA杂交体对此酶不敏感。

主要用途：①分析DNA∶RNA杂交体的结构；②去除DNA片段中突出的单链尾，以产生平端；③打开双链cDNA合成过程中形成的发夹结构。

2. 外切核酸酶Ⅲ 大肠杆菌外切核酸酶Ⅲ由大肠杆菌*xthA*基因编码，可催化双链DNA从3′羟基末端逐一去除单核苷酸的反应，在DNA双链上产生长的单链区。作用底物可以是平齐末端、3′端凹陷或有缺口的DNA，但不能降解单链DNA和3′端突出的双链DNA。此外，该酶还有其他3种酶活性：①对无嘌呤DNA的特异性内切酶活性；②RNaseH的活性，可降解DNA∶RNA杂交分子中的RNA；③3′端磷酸酶活性。

主要用途：①利用其3′→5′的外切酶活性使双链DNA产生单链区，然后与Klenow片段配合使用，制备链特异性探针；②经该酶外切修饰的DNA，可作为双脱氧DNA序列分析法的反应底物，即制备单链DNA模板；③从克隆的DNA某一特定部位开始进行单向缺失（unidirectional deletion），构建的亚克隆可不经限制性酶定位直接用于DNA序列测定。

3. **脱氧核糖核酸酶Ⅰ（DNaseⅠ）**　DNaseⅠ为来源于牛胰脏的糖蛋白，是一种需要二价阳离子的内切核酸酶，降解双链DNA产生带3′羟基的寡核苷酸。在Mg^{2+}存在时，在双链DNA上随机产生缺口；在Mn^{2+}存在时，则在断裂双链DNA时产生平齐末端DNA片段。

主要用途：①切口平移；②在Mn^{2+}存在时随机水解双链DNA，用于随机克隆；③用于DNaseⅠ足迹法（DNaseⅠ footprint）分析DNA结合蛋白在DNA上的精确结合位点；④使用无RNase的DNaseⅠ去除转录产物中的模板DNA。

4. **核糖核酸酶A（RNase A）**　RNase A来源于牛胰脏，在C和U残基后特异性水解RNA的内切酶，切割发生在嘧啶核苷酸的3′磷酸基和相邻核苷酸的5′羟基之间。在低盐浓度（0~100mmol/L NaCl）下RNase A切割单链、双链RNA，也能切割DNA:RNA杂合体中的RNA；但NaCl浓度在300mmol/L以上时就只特异性切割单链RNA。该酶可被来源于人胎盘的特异性抑制剂RNasin所抑制。RNase A的反应条件极宽，且极难失活，去除反应液中的RNase A，通常需用蛋白酶K处理，苯酚、三氯甲烷反复抽提和乙醇沉淀。

主要用途：①从DNA:RNA杂合体中去除未杂交的RNA区；②确定DNA或RNA中单碱基突变的位置；③降解DNA制备物中的RNA分子；④与RNase T1联合使用，对RNA进行定量分析和作图。

第四节　基因克隆载体

目的基因（靶基因）自身不能进行复制，必须与载体DNA重组后才能导入宿主细胞并进行复制扩增和表达，从而获得大量的目的基因克隆以及表达产物。这种可以将外源DNA载入宿主细胞进行复制、整合或表达的工具便称为载体（vector）。构建性能优良的载体是基因工程技术中一项十分关键的研究内容，载体的优劣甚至会直接影响到实验结果的成败。基因工程载体按照其用途大致可分为克隆载体和表达载体两类，这里主要介绍克隆载体，而表达载体则在基因表达部分进行介绍。

基因工程克隆载体一般需要满足以下条件：①能在宿主细胞中独立复制繁殖；②有一定的选择标记，易于识别和筛选；③可插入一段较大的外源DNA，而不影响其自身的复制；④有合适的限制性内切核酸酶酶切位点，以便进行DNA重组与克隆。

目前克隆载体主要有：质粒、噬菌体、黏粒及人工染色体等。

一、质粒载体

质粒DNA是微生物细胞中分子量比染色体DNA小得多的共价、闭合、环状双链DNA分子（个别除外，如酵母自杀质粒是RNA），是一种存在于染色体外的能自主复制的遗传因子，质粒通常带有与细胞的主要代谢活动无关的一些基因，例如抗生素抗性基因、产生细菌素的基因、糖类分解代谢的基因和诱发肿瘤的基因等等。由于质粒的存在，宿主细胞往往被赋予新的表型，当把一个含抗药性基因的质粒转入细胞之后，原来无抗药能力的细菌则表现出抗药新表型。

1. 质粒的生物学性质

（1）质粒的复制　具备复制起点（原点）是DNA分子在宿主细胞中进行复制的一

20

个必要条件。根据复制控制类型的不同，质粒分为严紧型质粒与松弛型质粒，前者受宿主细胞复制作用的严格控制，因此，每个细胞中只含有一至几个拷贝；而后者则受宿主细胞的控制不严，它们在每个细胞中的数目可达 10～500 个拷贝，当用氯霉素抑制细胞蛋白质合成时，质粒拷贝数可扩增至数千个。现在使用的质粒载体绝大多数都是松弛型质粒。

（2）质粒不相容性　质粒不相容性（incompatibility）指在没有选择压力的条件下，两种亲源关系密切的质粒不能共存于同一宿主细胞中的现象。原因是它们的复制子相同，所用的复制系统也相同，故在复制和分配到子细胞的过程中互相竞争。细菌生长几个世代后，量少的质粒就完全消失。至今已发现 30 个以上的不相容组，只有属于不同不相容组中的质粒才能共同存在于同一个宿主细胞中。

（3）选择标记　当质粒 DNA 转化宿主细胞时，只有极少部分宿主细胞接受了 DNA，所以需要利用质粒编码的选择标记将转化成功的宿主细胞（阳性克隆）从大量的宿主细胞中筛选出来。

质粒最常用的选择标记是抗生素抗性基因，这些抗性主要包括氨苄西林（Amp 或 Ap）、四环素（Tet）、氯霉素（Cm）、卡那霉素（Kan 或 Km）和新霉素（Neo）等。例如，对氨苄西林有抗性的质粒，一般写作 Amp^r；而对该药敏感的质粒则写作 Amp^s。

含有氨苄西林抗性质粒的细菌之所以对氨苄西林产生抗性是由于氨苄西林抗性基因的编码产物是 β - 内酰胺酶，该酶存在于细菌的细胞膜与细胞壁之间，可将细菌周围的氨苄西林降解，从而使细菌生存下来。值得注意的是：抗生素抗性基因必须完整，才能表达出有活性的酶去破坏抗生素而使宿主菌表现出抗药性，如果把抗性基因切断、分开或改变，如在其中插入一段外源基因，则抗性基因便无法表达出有功能的酶而使抗生素失活，这种现象就叫做插入失活。利用插入失活可使细菌由耐药变为敏感的特点，可以对质粒是否插入了外源基因进行快速筛选。

2. 常见质粒载体的类型　由于野生质粒往往存在许多不足，因此现在使用的质粒载体一般都是人工构建的，从而使其满足以下条件：①其分子结构中带有多个单一限制酶切位点；②构建后的重组质粒必须易于转化；③带有一个以上强选择性标记；④分子量较小，属松弛型复制控制，便于操作；⑤宿主范围小，无感染性。

（1）pBR322 质粒载体　pBR322 是早期基因工程技术中最常使用的载体之一，其pBR322 中的"p"代表质粒；"BR"代表两位研究人员 F. Bolivar 和 R. L. Rodriguez 姓氏的首字母，"322"是他们所在实验室的编号。

pBR322 质粒（图 2－7）主要由三部分组成：第一部分是来源于 ColE1 的派生质粒 pMB1 的复制起始原点（Ori）；第二部分是来源于 pSC101 质粒的四环素抗性基因（tet^r）；第三部分是 pRSF2124 质粒的转座子 Tn3 的氨苄西林抗性基因（amp^r）。

pBR322 质粒载体长 4363bp，其拷贝数为 15～20，具有四环素抗性（tet^r）和氨苄西林抗性（amp^r）两种抗性基因。在四环素抗性（tet^r）基因中，具有 *BamH* I 和 *Sal* II 单一限制性酶切位点，当在其中插入外源基因片段时便会导致四环素抗性基因失活。在氨苄西林抗性基因（amp^r）中主要具有 *EcoR* I 单一酶切位点，当在其中插入外源基因片段时则会导致氨苄西林抗性基因的失活。利用这一原理，可以对 pBR322 重组菌进行双抗性筛选，不过该载体现在已很少使用。

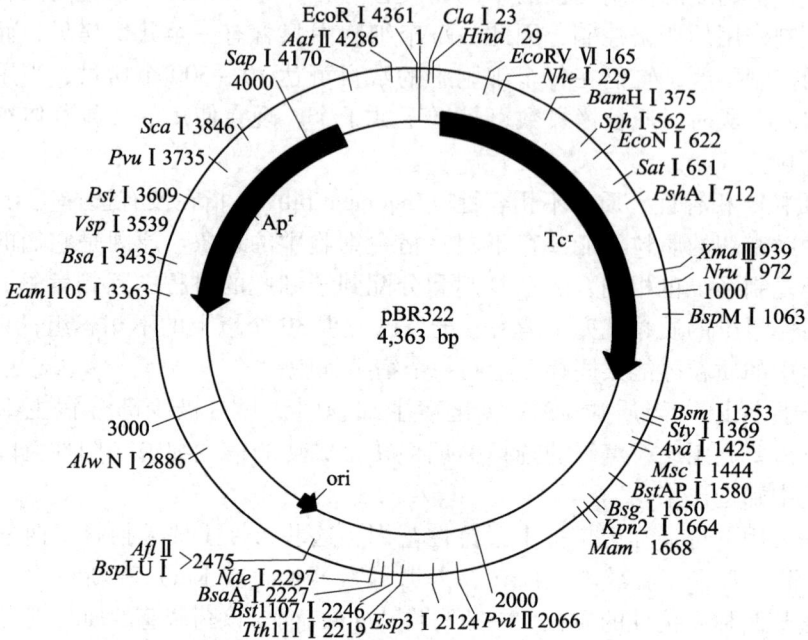

图 2-7　pBR322 质粒图谱

（2）pUC18/19 质粒载体　pUC 系列载体（图 2-8）是目前应用较广的一组可用于克隆、测序和表达外源基因的非常有用的载体系列。这类载体具有以下特征：①高拷贝数，每个宿主细胞中拷贝数可达 500～700 个；②在相应的宿主中可出现 α 互补，便于进行蓝、白斑筛选；③pUC 系列载体是成对出现的，它们之间除多克隆位点排列方向相反外，其他并无区别。

（3）T 载体　T 载体是一种可以直接用于 PCR 产物克隆的人工构建的载体，其结构特征是：T 载体本身是一个线性分子，不可以直接导入宿主菌进行繁殖扩增，T 载体的克隆位点具有一个 3'T 突出。

T 载体的设计原理是：PCR 反应过程中热稳定聚合酶（即 TaqDNA 聚合酶）可以向 PCR 产物的 3'端加上一个不依赖于模板的腺苷酸（A），利用 PCR 产物两端突出的 3'-A，这样 PCR 产物两端突出的 3'-A 便可与 T 载体克隆位点 3'突出的 T 形成 AT 互补。利用这一原理便可将 PCR 产物直接克隆到 T 载体。这种克隆方法通常称作 TA 克隆，只限于 PCR 产物的克隆。TA 克隆是一种直接将 PCR 基因产物进行快速克隆的方法，大大提高了克隆效率。

此外，值得注意的是，当采用 Pfu 酶进行 PCR 扩增时，在 PCR 产物两端不会产生 3'突出的 A，这时就需要先采用 Taq DNA 聚合酶或其他 DNA 聚合酶在其 3'端加上 A 尾巴，然后再进行 TA 克隆。

常见的 T 载体有日本 TaKaRa 公司推出的 pMD18-T/pMD19-T，美国 Invitrogen 公司的 PCR4-TOPO，以及 Promega 公司的 pGEM-T 载体等。

其中，pMD18-T（图 2-9）由 pUC18 载体改建而成，它在 pUC18 载体的多克隆酶切位点处导入了 $EcoR$ V 酶切位点，使用 $EcoR$ V 进行酶切反应后，再在两侧的 3'端添加"T"而成。由于本载体以 pUC18 载体为基础构建而成，所以它具有同 pUC18 载体相同的功能，PCR 产物克隆后仍可以利用 α 互补性进行蓝、白菌落的筛选，挑选阳性克隆。

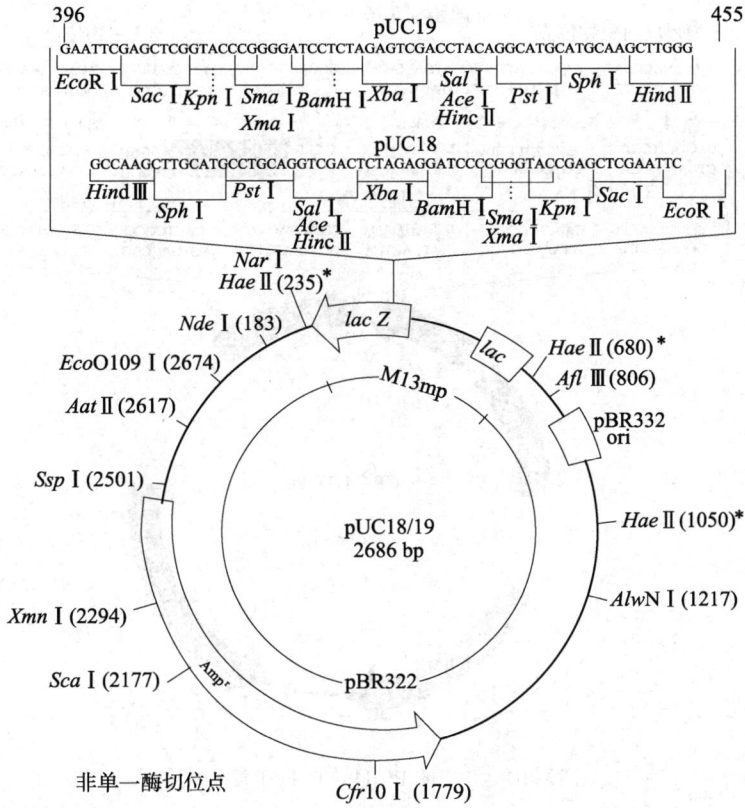

图 2-8　pUC18/19 质粒图谱

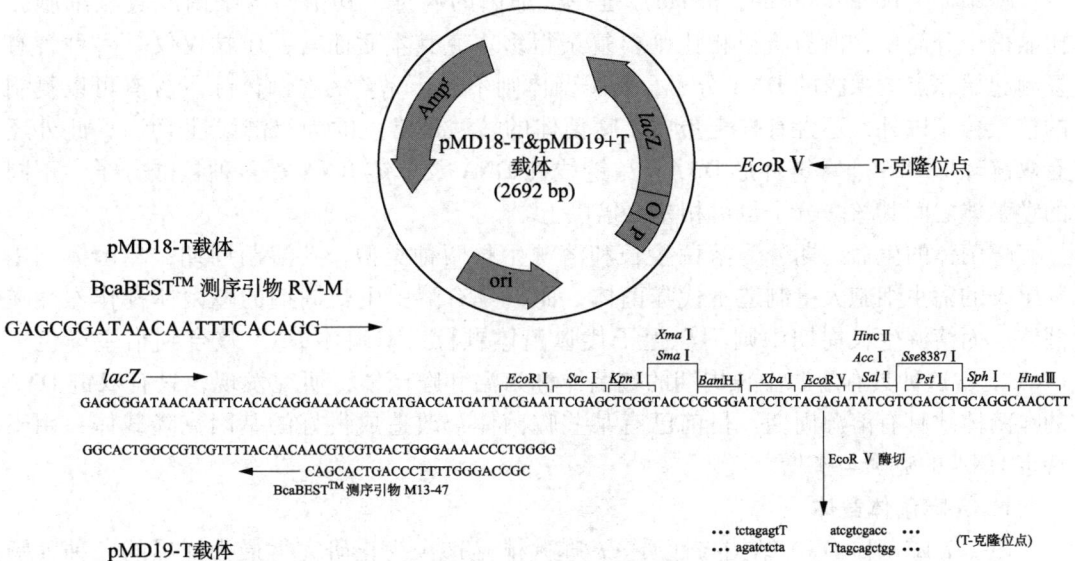

图 2-9　T 载体 pMD18-T 图谱

另一个类似的载体是美国 Invitrogen 公司的 PCR4 – TOPO（图 2 – 10）

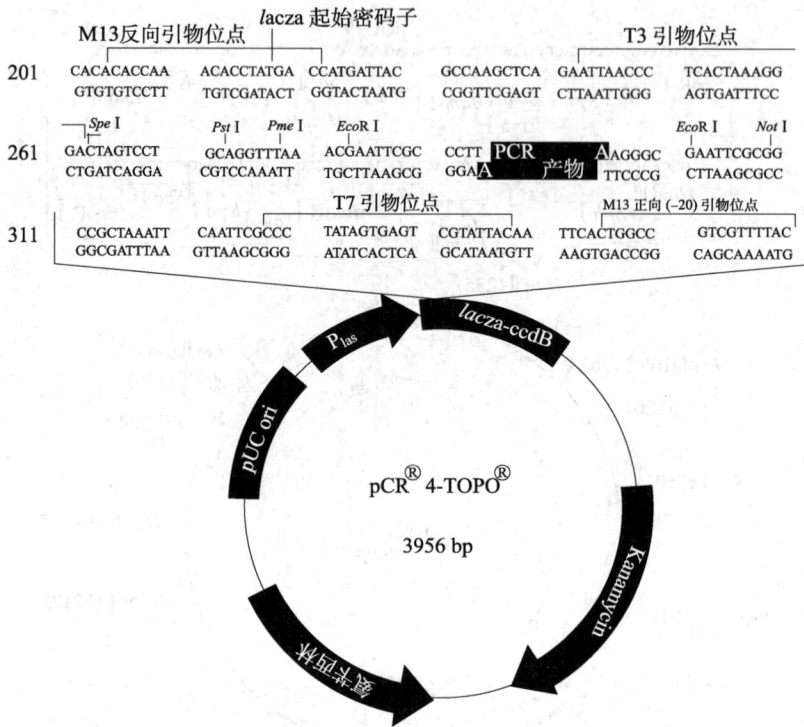

图 2 – 10　T 载体 PCR4 – TOPOT 质粒图谱

二、噬菌体载体

噬菌体（bacteriophage，phage）是一类细菌的病毒，其结构与细菌或真核细胞相比显得十分简单，但与质粒相比则要复杂得多。究其本质而言，质粒仅仅是一种含有复制起始原点的裸露的 DNA 分子，而噬菌体则不然，完整的噬菌体除了含有可以复制的核酸分子以外，还含有外壳蛋白。噬菌体的核酸最常见的为双链线性 DNA，此外还有双链环形 DNA、单链环形 DNA、单链线性 DNA 及单链 RNA 等多种核酸分子。不同的噬菌体之间其核酸分子量可相差百倍以上。

噬菌体的生命周期分为溶菌生长和溶源生长两种类型，在溶菌周期，噬菌体利用其感染的宿主细胞大量制造子代噬菌体，而只具有溶菌生长周期的噬菌体称作烈性噬菌体。而溶源生长周期中则不产生子代噬菌体颗粒，噬菌体 DNA 整合到宿主染色体 DNA 上，这种具有溶源生长周期的噬菌体称为温和噬菌体，研究发现，只有双链 DNA 的噬菌体才具有溶源周期。目前已有某些噬菌体被改造成良好的基因克隆载体，用于特定 DNA 的克隆与扩增。

1. λ 噬菌体载体

（1）λ 噬菌体 DNA 结构与性质　λ 噬菌体是迄今为止研究得最为详尽的一种大肠杆菌双链 DNA 噬菌体，其分子量为 31×10^6，是一种中等大小的温和型噬菌体。迄今为止已经定位的 λ 噬菌体的基因至少有 61 个，其中一半左右参与了噬菌体生命周期的活动，这部分基因是噬菌体的必需基因；另一部分基因当被取代后并不影响噬菌体的生命功能，为非必需基因。

λ噬菌体分头部和尾部，其 DNA 存在于头部，当其尾部附着在大肠杆菌宿主表面时，其 DNA 通过尾部注入宿主菌。λ噬菌体基因组是一线性双链 DNA 分子，长 48502bp，含 61 个基因，其两端各有长为 12 个碱基的互补单链。进入宿主后，黏性末端相连（此处称 Cos 位点）形成环状 DNA 分子，根据噬菌体 3 个编码基因（cI、cII、cro）产物间的平衡情况进入溶菌或溶源生活周期。

在溶菌方式中，环状 DNA 分子被复制许多倍，λ噬菌体基因产物大量合成，并组装成子代 λ噬菌体颗粒，最终宿主细胞裂解，释放出许多成熟的噬菌体颗粒。

在溶源方式中，λ噬菌体 DNA 通过专一位点重组整合入宿主 DNA 分子中，随宿主菌 DNA 一起复制并转入子代细胞中。

（2）λ噬菌体 DNA 克隆载体 λ噬菌体 DNA 可分为 3 个部分：左臂、右臂及中央区（图 2-11）。溶菌生长所需的基因位于基因组的左、右臂，而溶源化生长所需的基因都集中在中央区，若用外源 DNA 置换这个区域的基因，并不影响噬菌体颗粒的形成。这便是 λ噬菌体 DNA 可作为载体携带外源基因的基础。

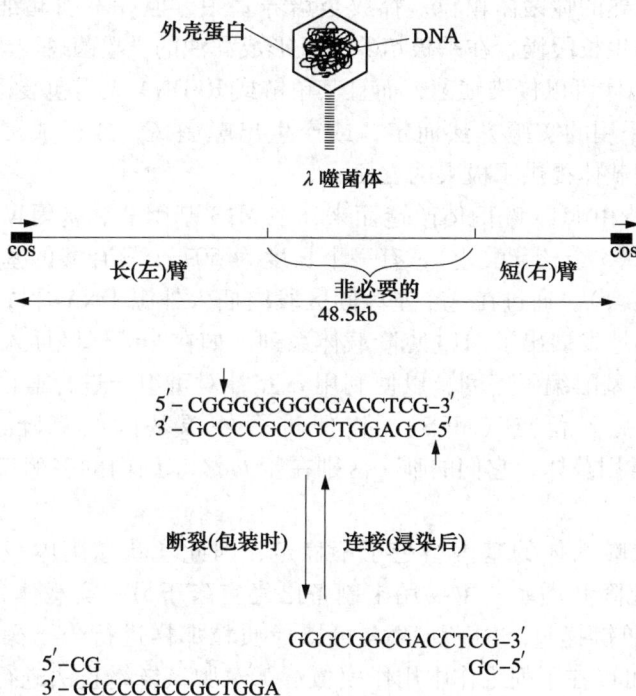

图 2-11 λ噬菌体 DNA 结构图

野生型 λ噬菌体 DNA 上有许多常用限制性酶切位点（如 EcoRI、HindⅢ等），不能直接作为载体，需要经过人工改建才能成为有价值的克隆载体，改建工作包括：①消除或改变 λDNA 必需区的不必要的限制性酶切位点；②在可替代区构建所需的酶切位点；③其他结构上的改建，以提高载体效用，如插入一个外源启动子，使载体具有表达外源基因的功能等等。

（3）λ载体的种类　λ载体可分为插入型和置换型（或替代型）两大类，前者具有单一酶切位点可供外源DNA插入，后者有成对的酶切位点，两酶切位点间的DNA片段可被外源DNA片段置换。常见的载体有λgt系列（置换型载体），常用于cDNA文库构建；Charon系列（分插入和置换两种类型），可容纳0kb～24kb大小的外源基因。

（4）λ载体的特点　λ载体具有以下优点：①可携带较长的外源DNA片段，最长达18kb～22kb；②重组DNA分子包装成噬菌体颗粒后具有更高的转染能力；③重组的噬菌体容易筛选和储存。

除此之外，为获得较高的感染宿主能力，λDNA构建的重组DNA分子必须包装成完整的噬菌体颗粒，这对于保证基因文库的完整性非常重要。体外包装是指人为地将重组DNA分子与高浓度噬菌体头部前体、包装蛋白和尾部蛋白混合，自动包装成完整的噬菌体颗粒。包装蛋白可以自己制备，也可以从商家购买。

2. M13噬菌体载体　M13是一种丝状的大肠杆菌噬菌体，只感染具有F因子的雄性*E.coli*，其基因组是一单链环状DNA分子，全长6407个核苷酸。噬菌体单链DNA（+）链进入细胞后，便复制出与之互补的（-）链DNA，形成复制型双链DNA（RFDNA），RFDNA通过滚环复制可积累100～200个RF拷贝，与此同时，（+）链积累，并被组装成成熟的噬菌体颗粒，释放至培养基中，但并不引起细菌裂解。被M13噬菌体感染的细菌生长缓慢，在平板培养基上形成浑浊的"噬菌斑"。

不仅M13噬菌体可以侵染细菌，而且其单链或RFDNA无需包装也可直接转化雄性*E.coli*，并依据所采用的实验方法而定，或产生出噬菌斑，或形成浸染的菌落，这为M13用作基因工程载体提供了极大的方便。

mp载体系列皆由M13噬菌体改造而来，在M13基因Ⅱ和基因Ⅳ之间（从第5498个核苷酸起到第6005个核苷酸止），有一个长度为507个核苷酸的基因间区段（intergenic region，IG区段）。通过在这个基因间区段内插入外源DNA片段，对M13噬菌体进行改建，并成功地发展出了M13克隆载体系列。如在非编码区插入*lacZ*的调控序列及其N端146个氨基酸编码序列，以便利用α互补对重组子进行蓝白斑筛选。在*lacZ*基因内引入一多克隆位点（MCS），以便进行外源基因的克隆。如M13mp18和M13mp19是一对常用载体，它们的唯一区别在于*lacZ*基因内的多酶切位点顺序正好相反（图2-12）。

由于重组丝状噬菌体的基因组趋于不稳定，因此丝状噬菌体载体并不用于外源DNA片段的常规克隆和增殖，主要用来制备已经克隆于另一类载体（质粒或噬菌粒）中的DNA片段的单链拷贝。RF型DNA可以像质粒那样进行分子操作，而单链DNA（ssDNA）分子则可以在下列工作中用作模板：①双脱氧链终止法进行DNA序列测定；②进行单链DNA探针的标记；③寡核苷酸定点诱变。

三、噬菌体-质粒杂合载体

1. 黏粒　黏粒（Cosmid）又称柯斯质粒，"Cosmid"一词由英文"cos site-carrying plasmid"缩写而成，意思是带有黏性末端位点（Cos）的质粒。究其本质，黏粒是一类人工构建的含有λDNACos序列和质粒复制子的特殊类型的质粒载体。

黏粒是构建真核生物基因组文库的重要载体。λ载体所克隆的外源片段通常不超过

a.

图中标注：

Bgl I 6431
Eco81I 6508
Oli I * 8573
Nsb I 6425
Tst I 6618
Smi I 6783
Bgl II 6935
Bts I 6088
Pvu I 6405
Ehe I , Hin1 I 6001
Bfi I 6317
Bsp1407I 1021
Esp3 I 5971
MCS
Eco105I 1268
Eco47 I 5914
lacZ 6217
Pag I 1299
Ppi I 5766
Alo I 5765
6723
Aas I 5759
ori(-) ori(+)
Ade I 5716
5781
5756
Cfr10I, Pdi I 5613
M13mP18/19
7250 bp
Mva I 269I 1746
BseR I 2008
BseS I * 2088
Cai I 2187
Mls I 5080
Alf I 4843
Pac I 4132
Eco47III * 3039

II V X VIIIX VII III IV I

M13/pUC 反向测序引物(−20),17mer
CAG GAA ACA GCT ATG ACC ATG ATT
Met Thr Met Ile

6231 EcoR I | Ecl136II | Sac I | Acc65I | Kpn I | Ch9I | Sma I | BamH I | Xba I | Hinc II / Sal I / Xmi I | Pst I / Sda I | Pae I | Hind III 6287
ACG AAT TCG AGC TCG GTA CCC GGG GAT CCT CTA GAG TCG ACC TGC AGG CAT GCA AGC TTG
Thr Asn Ser Ser Ser Val Pro Gly Asp Pro Leu Glu Ser Thr Cys Arg His Ala Ser Leu

GCA CTG GCC GTC GTT TTA CAA
M13/pUC 测序引物(−20),17mer
Ala Leu Ala Val Val Leu Gln ⟶lacZ

M13/pUC 测序引物(−20),17mer
CAG GAA ACA GCT ATG ACC ATG ATT ACG
Met Thr Met Ile Thr

6234 Hind III | Pae I | Pst I / Sda I | Hinc II / Sal I / Xmi I | Xba I | BamH I | Cf9 I / Sms I | Acc65I / Kpn I | Ecl136II | Sac I | EscoR I 6290
CCA AGC TTG CAT GCC TGC AGG TCG ACT CTA GAG GAT CCC CGG GTA CCG AGC TCG AAT TCA
Pro Ser Leu His Ala Gys Arg Ser Thr Leu Glu Asp Pro Arg Val Pro Ser Ser Asn Ser

CTG GCC GTC GTT TTA CAA
M13/pUC 测序引物(−20),17mer
Leu Ala Val Val Leu Gln ⟶LacZ

b.

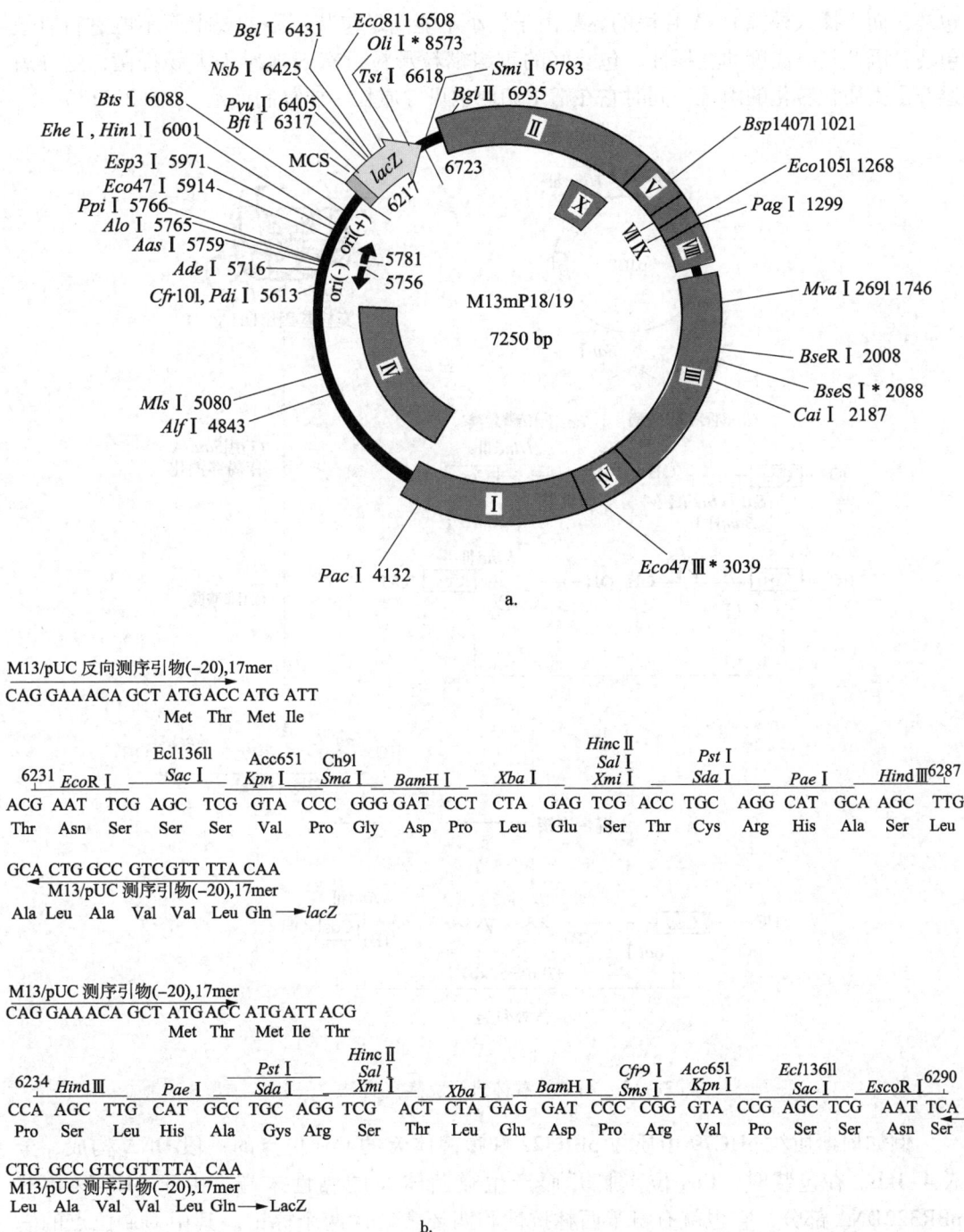

图 2 – 12 M13 噬菌体载体 M13mp18/19
a. M13 噬菌体载体 M13mp18/19 质粒酶切图谱 b. M13 噬菌体载体 M13mp18/19 多克隆位点序列的酶切图谱

15kb～20kb，然而有些真核基因含有多个内含子，长度超过 20kb，为满足克隆大片段的需要，于是构建出黏粒载体。黏粒大小为 4kb～6kb，而插入片段则可大至 29kb～45kb。

黏粒是由质粒和 λ 噬菌体 DNA 的黏性末端构建而成的载体。重组的黏粒可进行体外包装，而未插入外源 DNA 片段的黏粒由于大小不能满足包装下限的要求而不能进行有效包装，因此具有高度的选择性。包装好的重组黏粒颗粒可有效地感染大肠杆菌，这样就避开了大质粒转化的困难，同时它在宿主菌内也可像质粒一样复制增殖。（图 2-13）

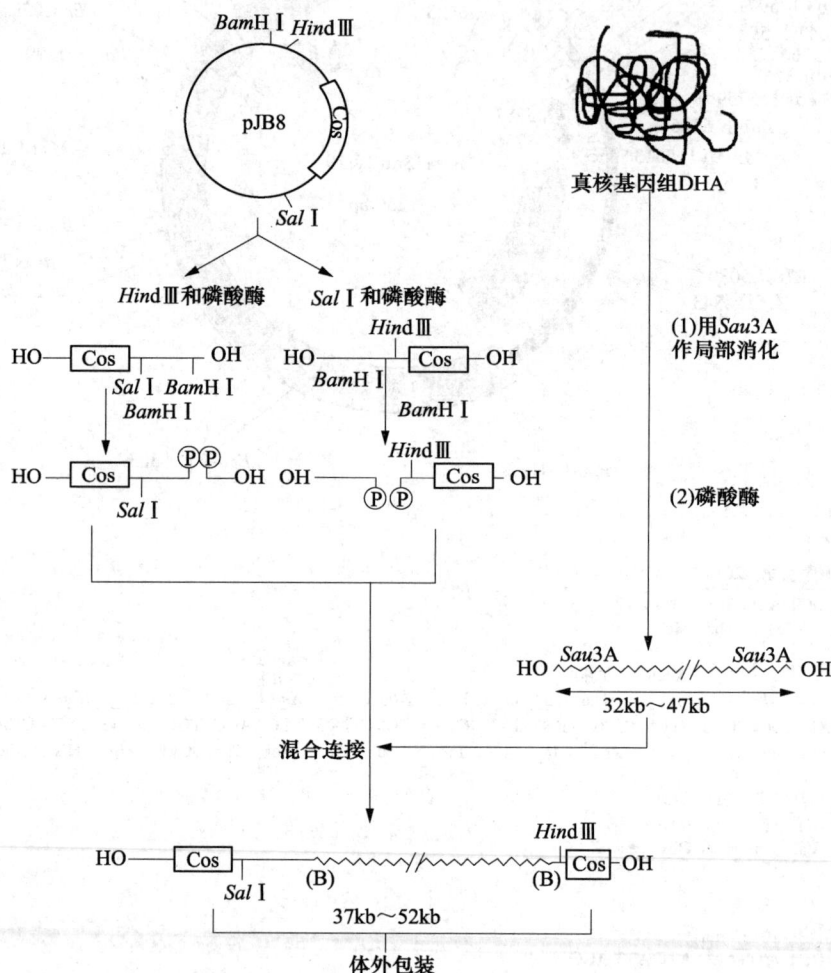

图 2-13　用黏粒载体进行克隆（方法之一）

例如柯斯质粒 pHC79 由质粒 pBR322 和噬菌体 λ 的 Cos 位点的一段 DNA 构成，全长 4.3kb。在包装时，Cos 位点打开而产生噬菌体 λ 的黏性末端。由于 pHC79 含有 pBR322DNA 部分，它也就有氨苄西林抗性和四环素抗性两个标记。其中 Cos 位点的一个重要作用是识别噬菌体的外壳蛋白，凡具有 Cos 位点的任何 DNA 分子只要在长度上相当于噬菌体基因组，就可以同外壳蛋白结合而被包装成类似 λ 噬菌体的颗粒。重组的柯斯质粒如同 λ 噬菌体一样感染大肠杆菌，并在细菌细胞中复制。如将含黏粒的宿主菌在含氯霉素的培养基中生长，柯斯质粒可以扩增到宿主细胞 DNA 总量的 50% 左右。

黏粒是包含 Cos 序列的质粒，不能裂解宿主菌形成噬菌斑。在筛选重组子时，菌落筛选比嗜菌斑筛选所需实验步骤多，一次筛选的菌落数也远不及嗜菌斑多。因此，在构建基因文库时，首选 λ 噬菌体载体，一般只有在克隆大片段基因组文库时才选用黏粒。

黏粒是构建真核生物基因组文库的重要载体，在使用方法上与 λ 噬菌体载体也有所区别。以黏粒 pJB8DNA 为例，首先建立两个酶切反应，分别用 *Hind*Ⅲ 和 *Sal* Ⅰ 进行消化。由于这两个限制酶切位点分别位于 Cos 位点的两侧，所以切割后便形成了"右边" Cos 片段和"左边" Cos 片段。用碱性磷酸酶进行处理以去除 Cos 片段的 5′端磷酸基团，以防止载体自连或载体与载体之间的连接，然后对上述去磷酸基团的 Cos 片段反应物再用 *Bam*HⅠ进行消化，这样便可以得到具有 *Bam*HⅠ黏性末端的 Cos 片段（一个为大片段，另一个为小片段）。将这两个大小 Cos 片段与 *Mbo*I 或 *Sau*3A 部分消化并做了脱磷处理的真核生物 DNA（32kb～47kb）进行混合连接。结果便会形成一种由"左边" Cos 片段、一条长度为 32kb～47kb 的插入片段和"右边" Cos 片段组成的可包装的重组 DNA 分子。转化大肠杆菌宿主菌后便可以像质粒一样进行复制，并赋予宿主细胞氨苄西林抗性。

2．噬菌粒载体　M13 噬菌体作为基因工程载体虽然有其独特的优点，即可以很方便地用来克隆某一基因并得到其单链 DNA，然而 M13 噬菌体载体也存在一些明显的不足，如 M13 载体克隆外源基因的长度比较有限，只能克隆 1.5kb 的基因，这在很大程度上限制了这一载体的使用。其次，随着插入外源 DNA 片段的分子量的增大，其遗传稳定性也会显著下降。再有，从理论上讲外源 DNA 片段在克隆时可以按正、反两种取向插入到 M13 载体中，但在实际应用时却发现外源基因通常会按照一种主要的插入方向插入。为了克服 M13 的上述缺点，人们又在质粒和 M13 单链噬菌体载体的基础上发展了兼具质粒和丝状噬菌体两者各自优点的噬菌粒（phagemid 或 phasmid）载体。

噬菌粒实际上是带有丝状噬菌体大间隔区的质粒载体，它既具有质粒的 ColE1 复制起点及抗生素抗性选择标记基因，同时又具有丝状噬菌体的大间隔区（intergenic region，IR），间隔区主要包括噬菌体 DNA 复制起始区、终止区及噬菌体颗粒形态发生所必需的全部顺式作用序列。

噬菌粒载体既可以作为常规质粒载体使用，也可以用于克隆外源单链 DNA 分子。噬菌粒载体大小一般只有 3kb 左右，但却可以用来克隆长达 10kb 的外源 DNA 的单链序列。转化大肠杆菌宿主细胞后，可以按正常的双链质粒 DNA 分子形式复制，也可在辅助噬菌体感染后，基因 Ⅱ 蛋白可作用于噬菌粒的间隔区，从而启动按滚环方式复制产生单链 DNA，并在包装成噬菌体颗粒后释放出宿主细胞，进入周围的培养基中。

（1）pUC118 和 pUC119　pUC118 和 pUC119 噬菌粒载体是一对分别由 pUC18 和 pUC19 质粒与野生型 M13 噬菌体的基因间隔区重组而成的噬菌粒载体，其大小为 3162bp，可以很方便地进行体外操作。这一对载体的区别在于多克隆位点排列顺序相反，其余结构完全相同。除了具有 pUC18 和 pUC19 质粒载体所具备的优点之外，其显著优点是：①可克隆高达 10kb 的外源 DNA 片段；②可直接对克隆的 DNA 片段进行核苷酸序列测定，免去了从质粒载体亚克隆到噬菌体这一烦琐步骤；③拷贝数含量高，每个宿主细胞可高达 500 个，所以只要用少量的大肠杆菌细胞培养物，便可制备出大量的载体 DNA；④存在着一个多克隆位点区，因此许多种不同类型的外源 DNA 限制片段，不经修饰便可直接插入到载体分子上；⑤由于多克隆位点区阻断了大肠杆菌 *lacZ* 基因的 5′端编码区，故可通过 Xgal－IPTG 蓝白斑试验筛选重组子；⑥含有一个质粒的复制起点，因此在没有辅助噬菌体的情况下，克隆的外源基因可以像质粒一样按常规方法复制形成大量的双链 DNA 分子；⑦具有一个 M13 噬菌体的复制起点，在有辅助噬菌体感染的寄主细胞中，可以合成出单链 DNA 拷贝，并包装成噬菌体颗粒分泌到培养基中；⑧pUC118 和 pUC118 这两个载体中，多克隆位点区的核苷酸序列取向是彼此相反的，于是它们当中的一个可转录克隆基因的正链 DNA，另一个则可转录负链 DNA。

噬菌粒载体 pUC118 和 pUC119 的两种复制方式如图 2－14 所示。

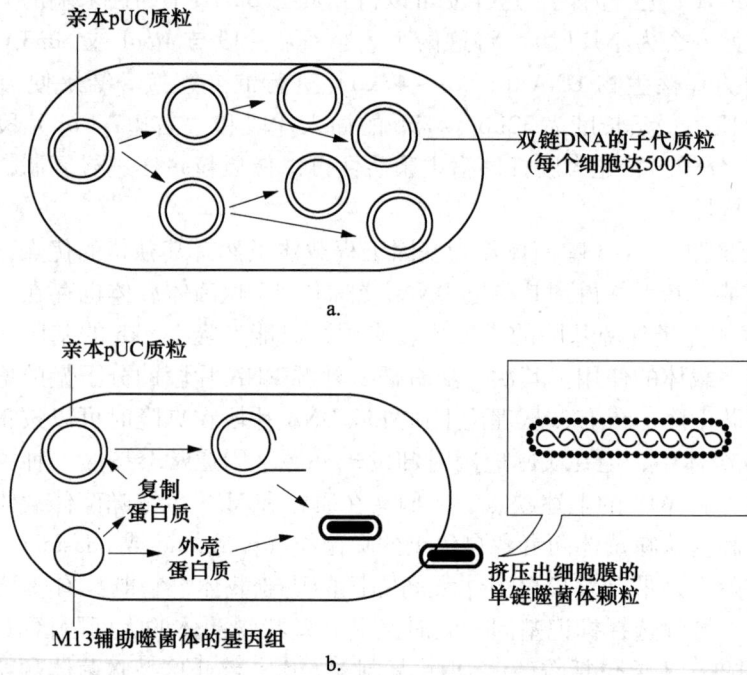

图 2－14　pUC118 和 pUC119 噬菌粒的两种复制方式

a. 无辅助噬菌体 pUC118 和 pUC119 的复制　b. 有辅助噬菌体 pUC118 和 pUC119 的复制

（2）pBluescript Ⅱ KS（±）"pBluescript" 是美国 Stratagene 公司从 pUC 载体改造而成的另一类噬菌粒载体，主要应用于体外转录，因此又称为体外转录载体（*in vitro* transcription vector）。其设计原理是将 T3、T7 或 SP6 噬菌体的启动子置于噬菌粒载体的多克隆位点（MCS）两侧，这样，当在体外系统中加入相应的噬菌体 RNA 聚合酶时，就可以使插入多克隆位点的基因发生转录作用。由于噬菌体 RNA 聚合酶只能特异性地识别其相应的噬菌体启动子，故只有插入载体多克隆的基因发生转录，而噬菌粒上的其他基因则不会发生转录。这类载体可以用来制备具有放射性核素标记的 DNA 杂交分子探针，用于筛选基因组文库或 cDNA 文库，进行基因组结构的 Southern 分析及基因表达的 Northern 分析。此外，还可以用来体外翻译克隆基因编码的蛋白质，以便快速地对所研究的基因进行功能性分析。噬菌粒载体 pBluescript Ⅱ KS（±）基因图谱如图 2－15 所示，其中 "KS" 代表多克隆位点区的一种取向，即 *lacZ* 基因是按照 *Kpn*I→*Sac*I 方向转录的，反之亦然。"＋/－"代表单链噬菌体 f1 复制起点的两种相反的取向。

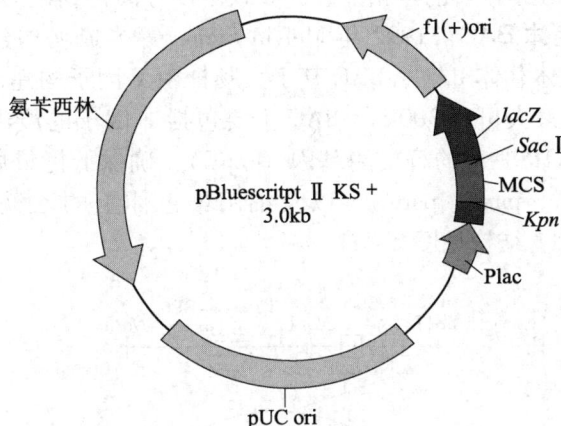

图 2－15 噬菌粒载体 pBluescript Ⅱ KS（±）的基因图谱

四、人工染色体载体

人工染色体载体是指利用天然染色体的复制元件构建而成的载体系统，其特点是可携带超大外源 DNA 片段在体内进行复制，主要应用于高等生物的基因组文库的构建。最常见的有酵母人工染色体（yeast artificial chromosome，YAC）和细菌人工染色体（bacterial artificial chromosome，BAC）。

1. **酵母人工染色体 YAC** YAC 中包含有酵母染色体着丝粒、端粒、复制起始点和必要的选择性标记基因。其中，复制起始点保证酵母染色体载体的复制，着丝粒保证了酵母染色体载体分离进入子细胞，端粒可使染色体载体末端稳定。此外，载体中还包括大肠杆菌质粒的复制起始原点。YAC 的克隆容量在所有各类载体中容量最大，插入片段一般可达到 800kb～1000kb，最大可达 2Mb。YAC 在构建高等真核生物基因组文库方面具有重要应用价值，Olson 等于 1987 年构建了第一个人类基因组 YAC 分子克隆库，此后，英国、法国和美国也相继构建了人和小鼠基因组的 YAC 分子克隆库。YAC 的基本结构见图 2－16。

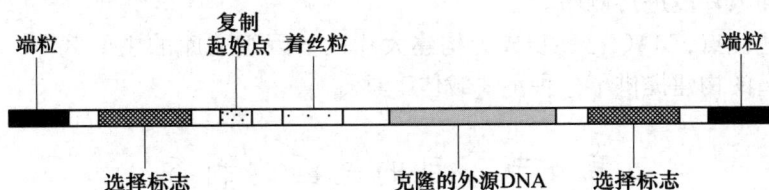

图 2－16 酵母人工染色体 YAC 基本结构

虽然 YAC 具有克隆容量大的优点，但它也存在着两个主要缺陷：第一，在构建的克隆库中含有大量的嵌合体克隆（40%～50%），这些嵌合体克隆是指不同染色体来源的 DNA 片段连接在一起构成的克隆，它是由于两个不同的 YAC 在同一个细胞内经同源重组产生的。如果采用双重重组缺陷的酵母细胞作为宿主构建 YAC 克隆库，可以使嵌合率下降到 3% 。第二，YAC 克隆由于其大小及性质与酵母染色体无明显差异，因此，在脉冲凝胶电泳上会与酵母染色体相重叠，导致难以分离得到纯的 YAC 克隆 DNA。

2. 细菌人工染色体 BAC 1992 年 Melvin Simon 等人成功构建了可以克隆大片段 DNA 的细菌人工染色体载体 BAC，BAC 基于大肠杆菌 F 因子构建而成，其克隆容量平均为 125kb～150kb，最大可达 300kb。BAC 主要包括 F 因子的严谨型复制区（ori S），促进 DNA 复制的由 ATP 驱动的解旋酶基因（repE），确保低拷贝质粒精确分配至子代细胞 3 个基因（parA、parB、parC），以及细菌染色体上的乙酰基转移酶抗性基因（CM^r）。如 pBeloBAC11 结构见图 2 - 17。

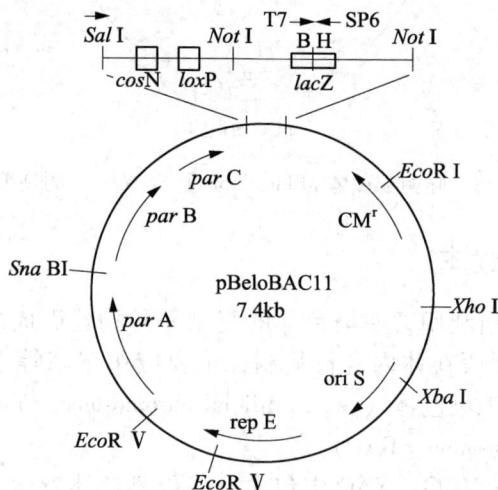

图 2 - 17　细菌人工染色体 BAC 载体 pBeloBAC11 图谱

BAC 的克隆容量虽然没有 YAC 大，但 BAC 具有以下主要优点：①BAC 以大肠杆菌为宿主，转化效率高，构建 BAC 文库比构建 YAC 文库更容易；②BAC 以环形超螺旋状态存在于大肠杆菌中，比从酵母中分离容易；③BAC 复制子来源于 F 因子，可稳定遗传，嵌合及重组现象少；④可以通过菌落原位杂交的方法筛选目的基因，方便快捷；⑤BAC 载体的克隆位点两侧具有 T7 和 Sp6 聚合酶启动子，可以用于转录获得 RNA 探针或直接对插入片段进行测序。

基于上述优点，BAC 已逐步成为构建大片段基因组文库的主要载体，为基因组测序及物理图谱的构建提供了一种重要载体工具。

第五节　目的基因的制备

要实现某一目的基因（靶基因）的表达，首先就必须克隆得到该基因。基因克隆的方法很多，即使是同一类的方法也有可能在技术路线或细节技巧上有所差异。但无论怎样，目前应用较多的基本方法主要有：①基因文库的建立与筛选；②通过聚合酶链反应（PCR）方法得到；③人工化学合成方法制备。以下就对这 3 种方法分别加以简单介绍。

一、基因文库的建立与靶基因的分离

如果我们得到了一个功能蛋白，要克隆出这个未知基因，最常用的办法是从含该基因的生物材料中分离出所有基因，建立基因文库（gene library 或 gene bank），然后再根据该蛋白质的结构性质设计出筛选该靶基因的技术路线，从基因文库中筛选得到。

基因文库主要分两类：基因组文库和 cDNA 文库，两者获取核酸的来源不同。

（一）基因组文库

基因组文库是通过机械剪切或限制性酶消化将某种生物的基因组切成一定大小的片段，然后与合适的载体（λ 噬菌体载体或黏粒）连接，并导入宿主细胞中进行扩增，从而获得一群重组 DNA 克隆的混合物，其中包含了该生物的各种基因或基因组。当需要这一生物的某一基因时，可通过特定手段，筛选出目的基因所在的克隆。原核生物和低等真核生物，由于基因结构简单，基因组文库可以作为直接提供目的基因的来源。

1. 构建基因组文库需要满足的条件 构建基因组文库时，一般需要考虑以下几方面因素。

（1）基因组文库的完整性 即构建好的基因组文库应该包括该生物基因组所有的原初序列。为了达到这一目的，一般在构建基因组文库时首先需要对基因组 DNA 进行片段化，以获得一系列覆盖这个基因组的 DNA 片段，最简单的方法是采用限制性酶切，随机产生具有黏性末端的 DNA 片段。

（2）基因组文库的代表性 它是指基因文库中所包含重组 DNA 分子能否反映出该生物体染色体 DNA 的所有序列信息，它是反映基因文库质量好坏的重要指标。一般采用文库的大小或库容量来进行衡量，即文库中所包含的独立的重组子的数目。文库的大小主要由基因组的大小、从文库中分离得到特定分子克隆的期望值以及克隆片段的大小来决定。文库的大小可以根据 1976 年 Charke – Carbon 所提出的经验公式进行计算：

$$N = \ln\ (1 - P)\ /\ [\ln\ (1 - L/G)]$$

式中，N 为文库中应该包含的重组子的数目；ln 为自然对数；P 为从文库中分离得到某一目的 DNA 片段的期望值（概率），通常设为 0.95 或 0.99；L 为克隆片段的平均大小；G 为该生物体单倍体 DNA 的总长度。

比如，在给定期望值为 99% 即 0.99，插入片段为 20kb 的情况下，构建大肠杆菌 *E. coli*（基因组大小为 4.6×10^6bp）和人（基因组大小为 3×10^9bp）的基因组文库所需的独立的重组子数目分别为：

N（大肠杆菌）$= \ln\ (1 - 0.99)\ /\ [\ln\ (1 - 2 \times 10^4/4.6 \times 10^6)] = 1.1 \times 10^3$

N（人）$= \ln\ (1 - 0.99)\ /\ [\ln\ (1 - 2 \times 10^4/3 \times 10^9)] = 6.9 \times 10^5$

由此可以解释，采用插入片段大小为 5kb ~ 10kb 的质粒就可以构建高质量原核生物基因组文库，因为只需要几千个重组子即可以满足库容要求。而对于较大的真核基因组的基因文库则需要采用可以容纳较大的 DNA 片段的载体如噬菌体载体、黏粒乃至 YAC 载体来进行构建，这样可以适当减少文库的大小，从而方便文库的筛选。此外，由于无论采用什么方法都无法实现基因组 DNA 的理论上的随机切割，为了使基因组文库具有真实的代表性，构建的基因组文库实际克隆数一般要比上述经验公式的计算值要高 2 ~ 3 倍。

理想的基因组文库一般具备以下特征：①以一种稳定形式贮存着某一生物整个染色体组或基因组的 DNA 序列；②克隆的总数不要过大，以减少筛选工作量；③克隆片段的大小必须足够包含一个完整的基因，以便从单一的克隆中获得完整的单一的基因；④含有相邻 DNA 片段的独立克隆间，需要有部分序列的重叠，以便利用"染色体步查"（chromosome walking）技术了解不同克隆的片段之间的连接顺序；⑤克隆片段易于从整体上切下而不带有任何载体序列；⑥重组克隆能稳定保存、扩增和筛选。

2. 基因组文库的构建 用于构建基因组文库的载体主要有 λ 噬菌体载体、黏粒、YAC 等，采用不同的载体，其构建过程也有所差异。以 λ 噬菌体载体构建基因组文库为例，其构建过程（图 2-18）主要分为以下步骤。

（1）基因组 DNA 的制备 选择合适的方法制备高质量的染色体 DNA 是构建基因组文库的前提，所制备的染色体 DNA 结构应该完整，无其他大分子物质（如蛋白质、多糖及 RNA 等）污染，不含任何对酶有抑制作用的有机溶剂及离子等。

（2）基因组 DNA 的片段化 通常用于基因组文库构建的 DNA 片段必须满足以下几个要求：①DNA 片段长度符合所选载体的要求（λ 噬菌体，约 20kb；黏粒约 45kb）；②DNA 片段是随机切割产生的群体；③不同 DNA 片段间有一定程度重叠；④片段两端易于与载体连接。

为了满足上述要求，染色体基因组 DNA 制备后必须进行片段化处理，其方法主要有两种：一是物理方法，如高速搅拌剪切、超声波处理等；二是生化方法，如采用识别序列为 4 个碱基对的限制性酶（如 *Alu* I、*Hae* II、*Mbo* I 和 *Sau*3A II等）进行部分消化。

（3）载体的制备 目前置换型 λ 噬菌体载体广泛应用于基因组文库的构建，如 λEMBL 及 λDASH 等。这类载体由左、右两臂和中央区 3 个部分组成。左臂具有编码噬菌体头部和尾部蛋白的全部基因，右臂包含有 DNA 复制起始点、转录启动子和其他必需基因，两臂末端为 Cos 位点，即带有 12 个核苷酸单链的黏性末端，且两黏性末端互补，可以环化后彼此黏合形成 λDNA 环形分子，中央区不含有噬菌体颗粒生存必需的基因，其功能是维持其基因组的长度，以便噬菌体颗粒的包装，因此，中央区可被外源 DNA 替代。

λ 噬菌体载体的制备实际上是指 λ 两臂的制备，如 λEMBL3A 的中央区两侧各加入了一个多酶切位点，且这两个多酶切位点的方向是相反的，即 *Sal* I-*Bam*H I-*Eco*R I-中央区-*Eco*R I-*Bam*H I-*Sal* I。当载体用 *Eco*R I 和 *Bam*H I 酶切时，可得到 19.99kb 的左臂、9.24kb 的右臂、13.11kb 的中央区片段以及两个大小为几个碱基的小片段，回收后即可去除那些只有几个碱基的小片段。这样，当三段较大的片段与外源 DNA 片段混合时，只有载体两臂（具 *Bam*H I 黏性末端）可与外源片段（具 *Sau*3A 黏性末端）相连，而中间区片段由于其末端为 *Eco*R I 黏性末端而无法与外源片段相连接。这样，就大大减少了非重组体的出现。

（4）连接、体外包装和扩增 将制备好的 λ 噬菌体载体两臂和长约 20kb 的已随机片段化的基因组 DNA 进行混合，通过 NDA 连接酶的作用，即可形成重组 DNA 的多联体（黏性末端所致）或单体，经体外包装并感染适当的大肠杆菌增殖后便可产生大量的克隆，这些克隆就是这种生物的基因组文库。理论上讲，基因组文库应该覆盖了该生物的各种基因，但实际上有时会造成目的序列的丢失，如当采用限制性酶对基因组

DNA 进行片段化时如果酶切位点存在于目的序列中或其附近，会影响到目的序列的存在，此外，如果真核生物基因组 DNA 的某些区域对 λ 噬菌体生长有害，这些区域会从文库中丢失，再有，真核基因中的一些正向或反向重复序列也会造成分子内重组而使一段 DNA 丢失。

　　在进行基因组文库的扩增和筛选之前，需要测定基因组文库的效价，以确定文库的完整性。所谓效价是指每毫升培养液中所含的活噬菌体的数量，一般通过测定其噬菌斑形成单位（plague-forming units，PFU）进行表示，每个噬菌斑就是一个克隆。如果基因组文库的完整性达到了要求，就可以对其进行扩增和筛选。通过感染大肠杆菌重组噬菌体可以在宿主细胞中复制增殖并形成噬菌斑，将噬菌斑进行洗脱混合收集就形成了扩增后的文库，其效价更高。但基因组文库在扩增时可能会出现重组分子不均等增殖的现象，从而影响文库的质量，为了克服这一问题，往往在 λ 噬菌体载体中引入 chi 位点（5－GCTGGTGG－3），以增加重组分子复制的均等性。

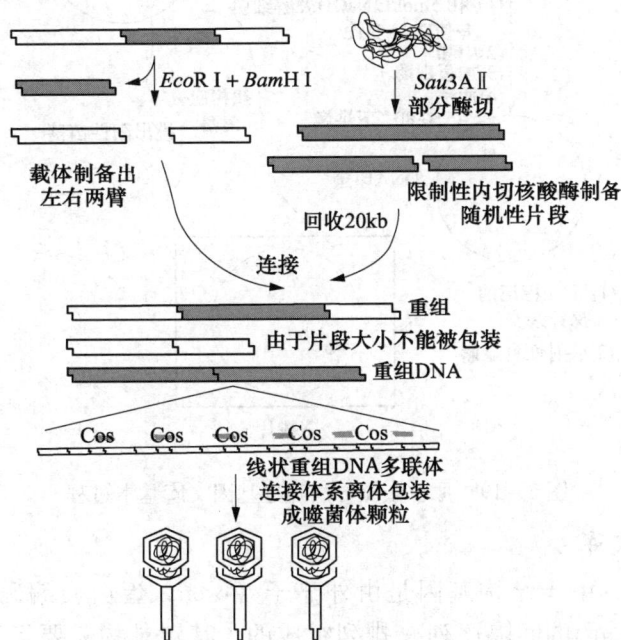

图 2－18　λ 噬菌体载体构建基因组文库的基本过程

　　3．基因组文库的筛选　原位杂交（insitu hybridization）也称菌落杂交或噬菌斑杂交，它是根据核酸分子杂交原理，即具有一定同源性的两条核酸单链在一定条件下可按碱基配对的原则退火形成双链（这一过程非常特异），利用基因探针检出培养板上阳性重组子菌落位置的技术。

　　其基本过程（图 2－19）是：采用印迹技术将平板上的菌落或噬菌斑转移至一种支撑膜（如硝酸纤维素滤膜）上，碱处理裂解滤膜上的细菌并使其 DNA 变性，并原位结合于滤膜上（变性的 DNA 与滤膜间具有很强的亲和力）。真空烘烤固定滤膜上 DNA。将带有 DNA 印迹的滤膜与放射性标记的 DNA 或 RNA 探针杂交，杂交后洗去未杂交的探针，干燥后进行放射自显影，含有与探针互补的 DNA 的菌落，在 X 线片上出现黑色斑点，根据斑点位置与原平板对照，即可从平板上挑出阳性重组菌落。此法稍加修改后，就可适用于重组体噬菌斑的筛选。

原位杂交法的优点在于可进行大量筛选（1次可筛 $5 \times 10^5 \sim 5 \times 10^6$ 个菌落或噬菌斑），因此，该法是从基因文库中筛选阳性克隆的首选方法。

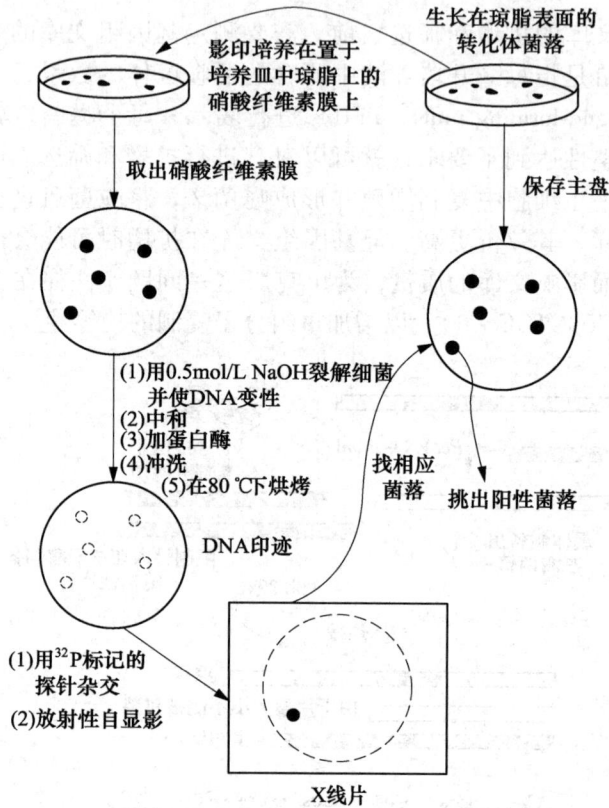

图 2 - 19　原位杂交方法筛选基因文库基本过程

（二）cDNA 文库

在高等生物中，由于结构基因是由外显子（exon，蛋白质编码序列）与内含子（intron，非蛋白质编码的间隔序列）排列组成的，其转录物需要经过剪接（splicing）去除内含子，使外显子连接加工产生成熟的 mRNA，为获得完整的能直接进行表达的真核生物编码目的基因，就必须构建 cDNA（complementary DNA）文库。

cDNA 是指以 mRNA 为模板，在逆转录酶作用下合成的互补 DNA，它是成熟 mRNA 的拷贝，不含有任何内含子序列，可以在任何一种生物体中进行表达。

所谓 cDNA 文库是将细胞总 mRNA 逆转录成 cDNA，然后与适当载体连接重组后导入宿主细胞并获得克隆，由此得到的 cDNA 克隆群体便称为 cDNA 文库，它代表了某种生物的全部 mRNA 序列，即蛋白质编码信息。

cDNA 文库分为表达型和非表达型两类，表达型 cDNA 文库采用表达型载体构建而成，插入的 cDNA 可表达成具有免疫活性或生物活性的融合蛋白，这类文库只能采用可与表达产物发生特异性结合的抗体或化合物进行筛选；而非表达型 cDNA 文库一般采用核苷酸探针进行筛选。

1. cDNA 文库的构建　构建 cDNA 文库主要包括以下几个步骤（图 2－20）。

（1）mRNA 的分离　真核细胞 mRNA 分子是单顺反子，具 5′端帽子结构（m^7G）和 3′多聚腺苷酸 Poly（A）尾巴，这为 mRNA 的提取提供了极大的方便。目前，以利用寡聚脱氧胸苷酸（Oligo dT）－纤维素柱色谱法提取最为常用，其原理是 Oligo dT 与 Poly（A）之间可形成氢键，从而将 mRNA 分子有效吸附。值得注意的是，提取的 mRNA 愈完整，构建的 cDNA 文库质量也就愈高；其次是，提取的 mRNA 不能有 DNA 污染。

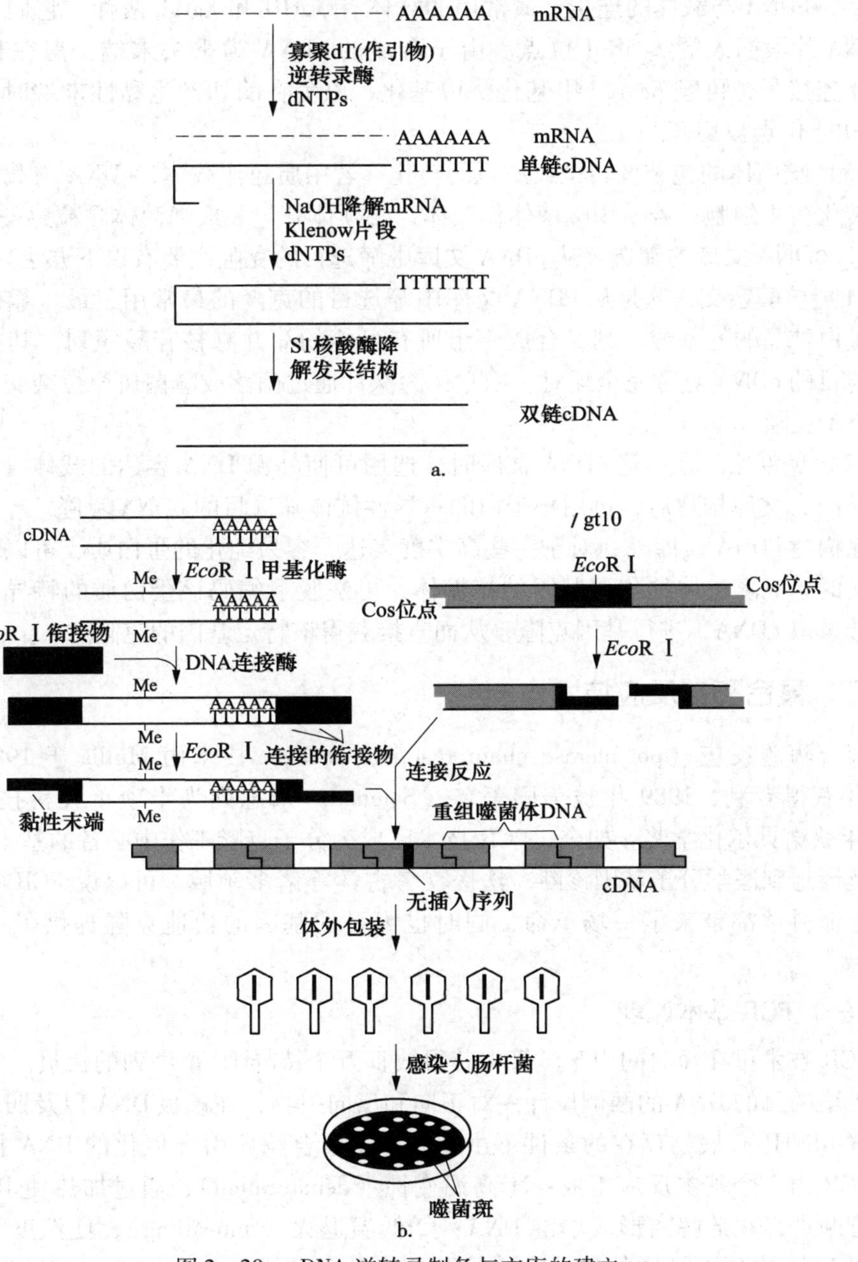

图 2－20　cDNA 逆转录制备与文库的建立

a. cDNA 的逆转录制备　b. cDNA 文库的建立

（2）cDNA 第一条链的合成　利用 Oligo－dT 或 6～10 个核苷酸长的寡核苷酸随机

引物与 Poly（A）mRNA 杂交，形成引物，在逆转录酶 AMV 或 MLV 作用下，以 mRNA 为模板，利用 4 种脱氧核苷三磷酸（4dNTPS），从引物 3′端羟基开始合成 sscDNA。

（3）cDNA 第二条链的合成　碱处理去除 DNA/RNA 中的 mRNA，sscDNA3′端自身环化，形成发夹结构，以此为引物在 *E. coli*DNA 聚合酶Ⅰ或 Klenow 片段和逆转录酶的共同作用下，利用 4dNTP$_s$ 完成 cDNA 第二条链的合成。在 S1 核酸酶作用下，将发夹结构和另一端的单链切除。

（4）cDNA 与载体的连接　最常用的载体有 λgt10 和 λgt11 两种。它们都具有供外源 cDNA 片段插入的 *Eco*RⅠ位点。由于合成的 cDNA 为平头末端，需在其两端加上 *Eco*RⅠ连接子，再经 *Eco*RⅠ甲基化酶甲基化，以免在酶切产生黏性末端时 cDNA 内部的 *Eco*RⅠ位点被切开。

（5）噬菌体的包装及转染或质粒的转化　若用质粒作载体，cDNA 与载体连接后可直接转化宿主细胞；若采用噬菌体作载体，必须体外包装成噬菌体颗粒感染宿主菌。

2. cDNA 文库的筛选　从 cDNA 文库中筛选目的克隆主要有以下方法。

（1）核酸杂交　这是从 cDNA 文库中筛选目的克隆的最常用、最可靠的方法。根据靶蛋白纯品的氨基酸序列，合成一组所有可能的简并寡核苷酸序列，其中至少有一条会与目的 cDNA 克隆完全配对。用它作为探针通过菌落或噬菌斑原位杂交可筛选出目的 cDNA 克隆。

（2）免疫法　在构建 cDNA 文库时，选用可使外源 DNA 表达的载体（如 λgt10 和 λgt11 等），文库构建后，可用靶蛋白的特异性抗体筛选目的 cDNA 克隆。

除构建 cDNA 文库外，对于一些高丰度表达、容易纯化的蛋白质，可以直接通过该蛋白质的单克隆抗体纯化该基因的核糖体，再洗脱下编码该蛋白质的特异 mRNA，直接逆转录成 cDNA，进行基因克隆，从而直接获得该特定基因的克隆。

二、聚合酶链反应技术

聚合酶链反应（polymerase chain reaction，PCR）技术由 Mullis 于 1985 年创立，1987 年获得专利，1989 年被美国著名《Science》杂志列为十项重大科技发明之首，1993 年获诺贝尔化学奖。如今，PCR 技术已成为分子克隆工作中必备的基本技术之一，并广泛渗透到医学分子基因诊断、法医、考古学等诸多领域。可以说 PCR 技术发明给整个生命科学都带来了一场革命，同时也为目的基因的快速克隆提供了一种有效的手段。

（一）PCR 基本原理

PCR 技术可在短时间内于试管中获得数百万个特异 DNA 序列的拷贝。它实际上是在欲扩增的目的 DNA 的两侧设计一对正向和反向引物，在模板 DNA 以及四种脱氧核糖核酸（4dNTPs）底物存在的条件下由 *Taq*DNA 聚合酶所引导催化的 DNA 扩增酶促反应。PCR 由 3 个基本反应组成：①高温变性（denaturation），通过加热使 DNA 双螺旋的氢键断裂，双链解离形成单链 DNA；②低温退火（annealling），使温度下降，引物与模板 DNA 中所要扩增的目的序列的两侧互补序列进行配对结合；③适温延伸（extension），在 *Taq*DNA 聚合酶、4dNTPs 及 Mg^{2+} 存在下，引物 3′端向前延伸，合成与模板碱基序列完全互补的 DNA 链。以上变性、退火和延伸便构成一个循环，每一次循环产物可作为下一次循环的模板，数小时之后（25~30 次循环），介于两引物间的目的 DNA 片段便可扩增 10^5 ~ 10^7 拷贝（图 2 – 21 ）。

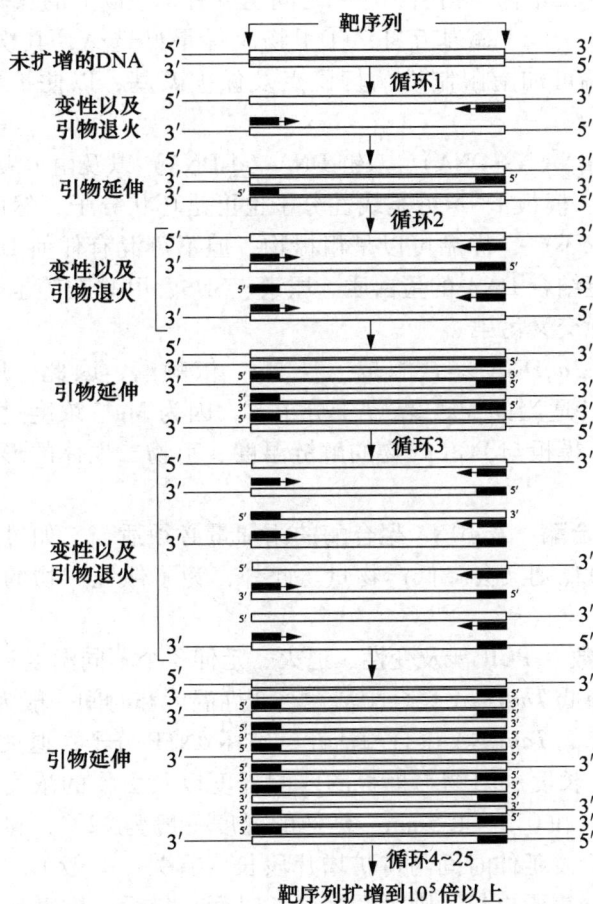

靶序列扩增到 10^5 倍以上

图 2 – 21 　PCR 基本原理

　　由此可知，我们可以利用目的基因两侧的核苷酸序列，设计一对和模板互补的引物，十分便捷地以基因组 DNA、mRNA 或已克隆在某一载体中的基因为模板扩增出所需的目的基因片段。如以真核生物总 RNA 为模板则可获得无内含子及不带调控序列的结构基因。此外，通过在引物的 5′ 端添加额外的与模板不互补的所需 DNA 序列，如限制性酶切位点、核糖体结合位点、启动子、终止密码子及终止子等，便可以将其引入目的基因中，从而方便进行目的基因的克隆、表达与调控研究。

　　（二）PCR 反应的影响因素

　　PCR 反应成功与否影响因素很多，概括起来主要有以下几种。

　　1. 引物　它在整个 PCR 扩增体系中占有十分重要的地位，为了提高扩增效率和特异性，引物设计一般遵循下列原则：①引物长度以 15~30 核苷酸为宜，过短会使特异性降低，过长则成本增加，而且也会降低特异性；②碱基应尽可能随机分布，避免出现嘌呤、嘧啶堆积现象，引物 G + C 含量应在 45% ~ 55% 左右；③引物内部无发夹结构（发夹是指发夹柄至少有 4 个碱基，而发夹环至少有 3 个碱基），这种结构尤其应避免在引物 3′端出现。两引物间应避免出现二聚体，因为一旦出现二聚体，引物就不能很好地与模板结合（二聚体是指引物序列之间至少有 5 个以上的碱基互补配对），尤其在引物 3′端不应有 2 个以上碱基互补；④引物 3′端最好选 A，其次选 G、C，而不要选 T；⑤在引物 5′端可加上限制性酶切位点及保护碱基，以便扩增产物进行酶切和克隆。

2. **模板**　单链 DNA（ssDNA）、双链 DNA（dsDNA）以及由 RNA 逆转录成的 cDNA 均可作为 PCR 模板。模板 DNA 可是线性分子也可是环状分子，然而前者略优于后者。PCR 对模板纯度要求不严，样品可以是粗提物，但不可混有任何 DNA 聚合酶抑制剂、核酸酶、蛋白酶及能结合 DNA 的蛋白质。尿素、SDS、甲酰胺等也会严重影响 PCR 反应效率。此外应避免交叉污染。

3. **Mg^{2+} 浓度**　TaqDNA 聚合酶是一种 Mg^{2+} 依赖酶，因此，反应体系中必须有 Mg^{2+} 存在，然而保持适当的 Mg^{2+} 浓度十分重要，因为 Mg^{2+} 浓度过高或过低均会影响引物与模板的结合、模板与 PCR 产物的解链温度、引物二聚体的形成以及酶的活性与精确性。

4. **TaqDNA 聚合酶**　TaqDNA 聚合酶的添加量必须适当，如过高会增加非特异性产物扩增，而酶量过低则又会降低产物量。此外，为了保证产物的正确率，可以采用高保真酶如 Pfu 酶等。

5. **温度循环参数**　PCR 涉及变性、退火、延伸 3 个不同温度和时间，每步反应时间不宜过长，以免降低 TaqDNA 聚合酶活性。变性温度和时间一般为 94℃和 30s，温度过高、时间过长会降低 TaqDNA 聚合酶活性，破坏 dNTP 分子；退火的温度和时间取决于引物的碱基组成、长度、引物与模板的匹配程度以及引物的浓度，典型的退火温度和时间为 50℃ ~ 55℃和 0.5 ~ 1.5min，延伸的温度一般为 72℃，接近 TaqDNA 聚合酶的最适反应温度 75℃。延伸时间与待扩增片段长度有关，一般 1kb 以内的片段，延伸时间为 1min，如扩增片段更长，则可适当延长时间。最后一次循环的延伸时间一般都再适当延长（7 ~ 10min），以便所有 PCR 扩增产物合成完全。其他参数确定后，PCR 循环次数主要取决于模板 DNA 浓度。一般循环 25 ~ 35 次为宜，循环次数过多会使 PCR 产物严重出错，非特异性产物大大增加。

（三）PCR 反应体系

普通的 PCR 反应体系已趋于标准化，一般可建立体积为 50 ~ 100μl 的反应体系，如表 2 – 7 所列的反应体系即可以满足一般 PCR 反应的要求。

表 2 – 7　普通 PCR 反应的反应体系

反应物	体积（μl）	终浓度
H_2O	75.5	
10×缓冲液*	10	1×
dNTP（各 10mmol/L）	20	各 200μmol/L
引物 1、2（10pmol/μl）	各 5	50pmol
模板 DNA（μg/μl）	1	20ng
TaqDNA 聚合酶	0.5	2.5U

* 10×缓冲液：500mmol/LKCl；100mmol/L Tris-HCl（pH8.3）；15mmol/L $MgCl_2$；0.1%明胶

反应条件一般为94℃变性30s，55℃退火30s，70℃～72℃延伸60s。需要说明的是，退火温度一般根据引物的T_m值来定，通常设定比引物的T_m低5℃，合理的退火温度范围为55℃～70℃。延伸时间则根据待扩增DNA片段的长度而定，一般为1min/kb。循环次数一般控制在30次左右，最后一次循环70℃～72℃延伸10min，以使所有PCR产物合成完全。

三、人工合成基因

自从1983年美国ABI公司研制的DNA自动合成仪投放市场以来，通过化学合成寡核苷酸链获得某些真核生物小分子蛋白质或多肽的编码基因已成为一种重要的基因克隆手段。然而，由于DNA自动合成仪只能合成单链的寡核苷酸链，如何才能获得双链的目的基因DNA呢？最简单的办法就是首先利用化学合成法分别合成两条互补的寡核苷酸链，然后让这两条链在适当条件下退火，形成双链。但是这种方法仅限于合成组装较短的基因（60～80bp），这是由于随着寡核苷酸链合成长度的增加，出错率也会增加，同时产物的得率也会下降。为了获得较长的双链DNA，人们尝试采用了多种人工基因组装方法。

一种方法是先将设计好目的基因进行分段，每一片段间设计成4～6个bp互补的黏性末端，寡核苷酸链合成后先以T4多聚核苷酸激酶对其5′端进行磷酸化，彼此对应互补的寡核苷酸链退火后再以T4DNA连接酶连接（图2-22a）；另一种方法是合成一套包括一系列具有重叠区域的短的（40～100bp）寡核苷酸链，在适当条件下退火，这样就得到了包括全长基因但每条单链上都有缺失的双链DNA，然后再用 *E. coli* DNA聚合酶Ⅰ补足缺失的片段，并用T4DNA连接酶将它们之间的切口连接起来就得到了完整的目的基因（图2-22b）。

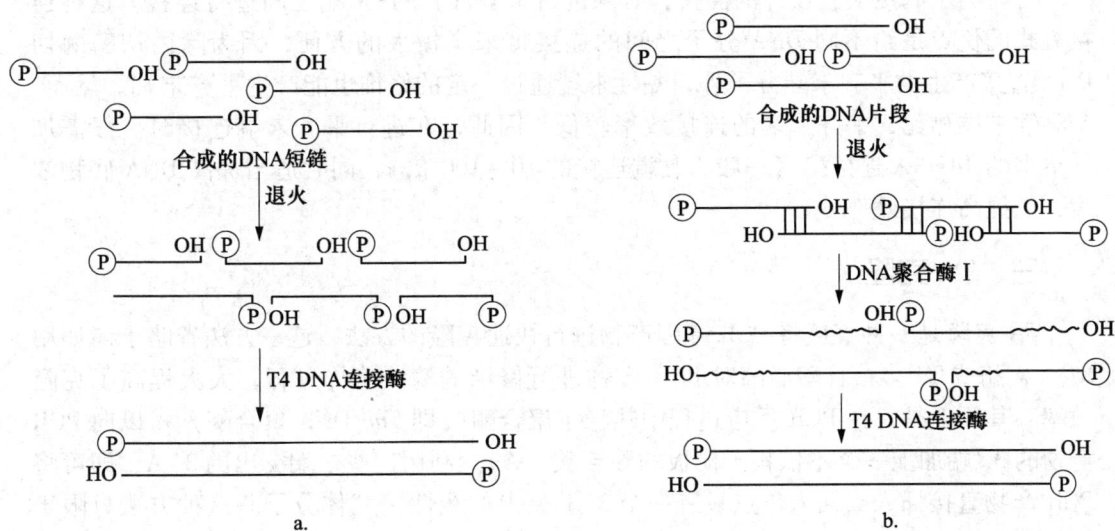

图2-22　人工合成基因的两种方案
a. 目的基因的分段　b. 具重叠区域的寡核苷酸链

第六节　目的基因与载体DNA的连接

目的基因必须与载体连接形成一种重组DNA分子，并转入相应的宿主细胞后才能实现目的基因的克隆与表达。根据目的基因片段的来源与类型不同，可以采取不同的连接策略，目前应用较多的连接方式大致分为3种：黏端连接、平端连接和T-A克隆。

一、黏端连接

黏端连接是指目的基因与载体之间具有彼此互补的黏性末端，在较低的温度下可以形成氢键，再通过T4DNA连接酶便可以连接成完整的重组DNA分子。

为了让基因连接上载体之后保持正确的方向，连接时一般采取定向克隆的策略，即对基因和载体分别采用不同的限制性酶进行切割，这样载体就无法自连，且外源基因只能按照正确的方向插入载体才能形成重组DNA分子。

有时限于条件，如果只能用一种限制性酶对基因和载体进行切割，为了防止载体自连，酶切后可以先对载体进行脱磷酸处理，即用小牛肠碱性磷酸酶（CIP）或细菌碱性磷酸酶（BAP）对其进行处理，脱除其5′磷酸基团，这样并不影响其与目的基因的连接。

为了方便重组子的筛选，有时将外源基因插入载体的某个选择性标记基因，使其失活，这种策略称为插入灭活法。

二、平端连接

有时为了满足实验设计的需要，必须进行DNA的平齐末端之间进行连接。这种连接方式的优点是给不同DNA分子之间的连接带来了极大的方便，因为除内切酶酶切DNA直接产生的平齐末端分子外，黏性末端通过一定的修饰也能产生平齐末端。然而，与黏性末端相比，平齐末端的连接效率较低。因此，在进行平齐末端连接时一般需加入更多的T4DNA连接酶（一般为黏端连接的10~100倍），同时适当提高DNA底物浓度，以提高连接效率。

三、TA克隆

TA克隆是一种直接将PCR基因产物进行快速克隆的方法，这一方法省略了诸如用Klenow酶或T4多核苷酸激酶对PCR产物进行修饰的酶法修饰过程，大大提高了克隆效率。其原理是，在PCR反应过程中热稳定聚合酶（即Taq DNA聚合酶）可以向PCR产物的3′端加上一个不依赖于模板的腺苷酸（A）。利用这些末端突出的3′A，即可将PCR产物直接插入到插入位点只有一个3′T突出的线性T载体分子。这种方法只限于PCR产物的克隆，且必须采用3′T突出的T载体（如TaKaRa公司的pMD18-T/pMD19-T，Invitrogen公司的PCR4-TOPO，以及Promega公司的pGEM^R-T载体等）。需要注意的是，当采用高保真DNA聚合酶、Pfu聚合酶进行PCR扩增时，在PCR产物两端不会产生3′突出的A，这时需要先采用Taq DNA聚合酶在其3′端加上A尾巴，然后再进行 TA 克隆。

第七节　重组基因导入宿主细胞

重组 DNA 分子必须导入合适的宿主细胞中才能进行复制、增殖和表达。根据不同的转移对象与宿主类型，目前已发展出许多种转移方法，下面主要介绍一些常见的和有代表性的方法。

一、基因导入微生物细胞

1. 转化作用　转化（transformation）是指微生物细胞直接吸收外源 DNA 的过程，而通过转化接受了外源 DNA 的细胞称为转化子。在分子克隆中，宿主细胞需经人工处理成能吸收重组 DNA 分子的敏感细胞才能用于转化，这时的细胞称为人工感受态细胞。Cohn（1972 年）证实，将细菌处于 0℃ 的 $CaCl_2$ 低渗溶液中，细胞膨胀成球型（感受态），经 42℃ 短时间热冲击后，细胞可吸收外源 DNA，在丰富培养基上生长数小时后，球状细胞复原，并分裂增殖。在选择性平板上即可选出转化子。Ca^{2+} 处理的感受态细胞，一般每微克 DNA 可获得 $10^7 \sim 10^8$ 个转化子。此外，还发展出氯化钙/氯化铷法、氯化钙–氯化锰法、氯化镁法等。

除化学法转化细菌外，还可采用高压脉冲电击转化法，电穿孔法不需要预先诱导细菌的感受态，依靠短暂的电击，促使 DNA 进入细菌。

2. 转导与转染作用　λ 噬菌体载体所构建的重组 DNA 分子可以直接感染进入 *E.coli* 宿主细胞内，这叫转染（transfection），但转移效率很低，难以达到实验要求。为了提高转移效率，重组的 λ 噬菌体 DNA 或重组的黏粒 DNA 必须被包装成完整的噬菌体颗粒，通过温和噬菌体颗粒的释放和感染将重组 DNA 转移至宿主内，这称为转导（transduction），而通过转导接受外源 DNA 的细胞则称为转导子。所谓温和噬菌体是指既能进入溶菌生长周期，又能进入溶源生长周期的噬菌体，而烈性噬菌体是指只具有溶菌生长周期的噬菌体。

二、基因导入动、植物细胞

随着高等动、植物细胞基因工程的发展，人们发明了多种基因转移技术，根据原理不同，主要可分为物理方法、化学方法和生物学方法三大类，见表 2-8。

表 2-8　真核细胞基因导入方法

方法	优点	缺点
物理方法		
显微注射法	很有效	技术困难
基因枪法	很有效	需专门仪器
电穿孔法	适用于悬浮细胞	需专门仪器
化学方法		
磷酸钙共沉淀法	简单	不适合悬浮细胞

续表

方法	优点	缺点
脂质体法	简单，很有效	不适合悬浮细胞
二乙氨乙基葡聚糖转染法	简单	仅用于瞬时表达
生物学方法		
逆转录病毒法	很有效	宿主范围限制
原生质体融合法	适用于悬浮细胞	结果不稳定

1. 显微注射法 显微注射技术是利用显微操作仪（micromanipulator）通过显微操作将外源基因直接注入细胞核内的一项技术，它常用于制备转基因动物。注射时首先用口径约 $100\mu m$ 的细玻璃管吸住受精卵细胞，然后再用口径为 $1\sim2\mu m$ 的细玻璃针刺入细胞核将 DNA 注入。

2. 基因枪法 基因枪（gene gun）技术是将外表附着有 DNA 的、高速运动的微小金属颗粒射向靶细胞，金属颗粒穿过细胞壁和细胞膜，同时将 DNA 分子引入受体细胞，这种颗粒直径为 $0.2\sim0.4\mu m$，由钨或金制成。基因枪技术可应用于动物细胞、真菌，尤其是植物细胞的转化。它可以转化植物细胞的悬浮细胞、愈伤组织、未成熟胚，甚至是未成熟的花序。

3. 电穿孔法 电穿孔（electroporation）是指在高压电脉冲的作用下使细胞膜上出现微小的孔洞，外界环境中的 DNA 穿孔而入，进入细胞，最终进入细胞核内部的方法。该方法既适合于贴壁生长的细胞，也适用于悬浮生长的细胞，既可用于瞬时表达，也可用于稳定转染。对于不同的细胞，需要采用不同的电击电压和电击时间。

4. 磷酸钙共沉淀法 磷酸钙共沉淀法（calcium phosphate co-precipitation）是通过使 DNA 形成 DNA – 磷酸钙沉淀复合物，然后黏附到培养的哺乳动物细胞表面，从而迅速被细胞捕获的方法。基本过程是将溶解的 DNA 加在 Na_2HPO_4 溶液内，再逐渐加入 $CaCl_2$ 溶液，当 Na_2HPO_4 与 $CaCl_2$ 形成磷酸钙沉淀时，DNA 被包裹在沉淀之中，形成 DNA – 磷酸钙共沉淀物，当该沉淀物与细胞表面接触时，细胞则通过吞噬作用将 DNA 摄入其中。该法的优点是方法简单，且可以进行共转化，即将不含选择标记的 DNA 和含选择标记的 DNA 放在一起形成混合的共沉淀物，一起导入细胞；其不足在于不太适用于悬浮细胞的转染。

5. 脂质体法 通过脂质体（liposome）包裹 DNA 并将其载入细胞的方法，具有方法简单、实验结果可靠、可重复性强的优点。目前市场上已有多种脂质体转染试剂出售。这些试剂都是基于合成的阳离子脂质形成一薄层脂质体，它与 DNA 形成复合物，这些复合物迅速被细胞吸收。应用这种方法，已成功地将外源 DNA 在多种不同的细胞中进行了有效表达。

6. 二乙氨乙基葡聚糖转染法 二乙氨乙基葡聚糖（DEAE-Dextran）是一种高分子量的多聚阴离子试剂，它能促进哺乳动物细胞捕获外源 DNA，但其机制还不清楚，可能是由于葡聚糖与 DNA 形成复合物而抑制了核酸酶对 DNA 的作用，也可能是葡聚糖与细胞结合而引发了细胞的内吞作用。它与磷酸钙共沉淀法比较有 3 点不同：①它一般用于克隆基因的瞬时表达，不易形成稳定转化细胞系；②由于它对细胞有毒性作用，造成有些细胞系转染效率很高，而其他细胞转染效率则不理想；③DEAE－Dextran 可用于转染小量 DNA。

7. 逆转录病毒感染法 通过逆转录病毒（retrovirus）感染可以将基因转移并整合到受体细胞核基因组中，它是各种基因转移方法中最有效的方法之一，具有转移率高、感染率高和高度整合的特点，尤其适用于处于多细胞发育阶段的胚胎。但逆转录病毒载体容量有限，只能转移小片段 DNA（≤10kb），因此，转入的基因很容易缺少其相邻的调控序列。

8. 原生质体融合法 植物细胞和微生物细胞具有坚韧的细胞壁，首先需要用酶将其去除后制得原生质体，然后再将外源基因与原生质体混合，在 PEG 作用下经短暂的共培养，即可将外源基因导入细胞内。1982 年，Kren 首次应用该法将一段 T－DNA（植物冠瘿瘤 Ti 质粒中的可整合在植物细胞核基因组上决定植物形成冠瘿瘤的 T 区段，占 Ti 质粒 10% 左右）转入烟草原生质体中，并获得转化植株。至此，在 PEG 作用下已实现多种植物细胞原生质体的转化。

第八节 重组子的筛选与鉴定

当重组 DNA 分子通过转化或转染等手段导入宿主细胞后，必须从大量的宿主细胞群体中筛选出我们所需要的阳性重组子，并对其进行进一步鉴定与分析。为了提高筛选效率，减轻工作量，降低成本，建立一个好的筛选模型十分重要。因此，在进行基因克隆实验设计时首先必须考虑重组子的筛选方案，根据目的基因的特性，选择合适的载体与宿主细胞。重组子的筛选与鉴定方法很多，现分述如下。

一、根据遗传表型差异筛选

由于外源基因的插入使得载体分子上的一些筛选标记基因的失活，从而导致宿主细胞的某些遗传表型的改变，通过在平板中添加一些相应的筛选物质，便可直接筛选出重组子菌落。

二、根据抗药性筛选

在含有两个抗药性基因的载体中，插入失活其中一个基因，再用两个不同抗性平板对照筛选出重组子。如 pBR322 载体含有 Tc、Amp 双抗药性，在 Pst I 位点插入外源基因后，会导致 Amp 抗性基因失活。因此，重组子表型为 Tc^r、Amp^s，而含 pBR322 的细菌表型为 Tc^r、Amp^r。

三、根据 β－半乳糖酶显色反应筛选

某些质粒如 pUC、pGEM 系列载体，质粒含一来自 *E. coli lac* 操纵子的 DNA 片段（其中含一多克隆位点，以便插入外源基因），在诱导物 IPTG（异丙基－β－D－硫代半乳糖苷）存在下，位于诱导型启动子 P$_{lac}$ 下的编码区可表达 *lacZ'* 基因产物——β－半乳糖苷酶的 N 端片段（α 肽，含 145 个氨基酸），而相应的宿主细胞可编码 β－半乳糖苷酶的 C 端片段，虽然它们各自都没有酶活性，但融为一体后便具有酶活性（α 互补），

从而可将无色的 X－gal（5－溴－4－氯－3－吲哚－β－D－半乳糖苷）水解变成蓝色。因此，当多克隆位点插入外源基因时，宿主菌菌落显白色（阳性克隆）；反之，显蓝色（阴性克隆）。

四、根据噬菌斑形成能力筛选

以 λ 噬菌体载体进行克隆时，重组 DNA 分子大小必须在野生型 λDNA 长度的78%～105%范围内，才能在体外包装成具有感染力的噬菌体颗粒，感染宿主菌后形成清晰的噬菌斑。没有外源 DNA 插入的载体不能包装成噬菌体颗粒，不能感染细菌形成噬菌体，从而达到初步筛选的作用。

五、根据重组子的结构特征筛选

（一）快速裂解菌落比较重组 DNA 分子大小

本法是初步筛选插入片段较大的重组子的常用方法。具体过程是直接从平板上挑取菌落裂解获得质粒后，不经限制性内切核酸酶消化，直接进行凝胶电泳，与原载体比较电泳迁移率，根据其他电泳迁移率的差别进行鉴定，初步判别是否有插入片段存在。

（二）限制性内切核酸酶分析

即快速提取质粒 DNA，用限制性内切核酸酶进行双酶切，将酶切产物进行凝胶电泳分析，与分子量标准作对照，根据片段的大小和酶谱特征判断是否为阳性克隆。

（三）原位杂交

这是一种普遍适用的方法，也是从基因文库中筛选阳性克隆的首选方法，在基因组文库的筛选部分已介绍。

（四）PCR 筛选

根据目的基因两端已知核苷酸序列设计合成一对引物，依据实验目的与要求的不同快速抽提宿主细胞质粒 DNA 或染色体 DNA 作为模板进行 PCR 扩增反应，将扩增反应产物进行凝胶电泳分析，若出现特异片段的扩增条带，即说明该克隆为阳性克隆。该法快速、灵敏、简单易行，广泛应用于阳性重组子的筛选。

（五）DNA 序列分析鉴定

基因的功能以及调控取决于其碱基排列顺序，因此，对目的基因进行测序是研究该基因的结构、功能的前提，同时也是发现异常基因的依据。通过 DNA 序列分析可以精确构建出 DNA 限制酶谱；了解蛋白质编码区上下游调控序列，研究目的基因的表达；可以确证基因诱变后特定的碱基变化，从而进一步了解蛋白质结构和功能的关系等等。

DNA 序列测定（DNA sequencing）就是通过一定的实验方法确定 DNA 上核苷酸的排列顺序。测序技术主要有 Sanger 等（1977 年）创立的双脱氧链末端终止法以及 Maxam 和 Gilbert（1977 年）创立的化学降解法，而前者是目前应用最为广泛的方法，其发明人 Sanger 也因此突出贡献而荣获诺贝尔奖。

1. 双脱氧链末端终止法的原理 DNA 序列测定是建立在高分辨率变性聚丙烯酰胺

凝胶电泳的基础上的，该电泳系统可以分辨仅相差一个碱基的寡核苷酸链。该方法以单链 DNA 为模板，在 DNA 聚合酶的作用下，一条与单链 DNA 为模板特定区域结合的引物（测序引物）就会向 3′ 端延伸，即按碱基互补的原则将 2′ - 脱氧核糖核苷酸（dNTPs）添加到引物的 3′ - OH 末端，准确合成出单链模板的互补链，但同时由于 ddNTPs（其 5′ 磷酸基团正常，3′ - OH 由于脱氧而不存在，因此它可以加到正常的核苷酸的 3′ 端，但不可以通过与下一个核苷酸形成 3′，5′ - 磷酸二酯键）的存在，如果在某一位点掺入了 ddNTP，DNA 链的延伸便会在该处被终止。由于双脱氧核苷酸的种类不同，掺入的位置也不同，因而就造成了在不同的位点终止的长度不同的互补链。这样在高分辨率的聚丙烯酰胺凝胶电泳上就可以将它们区分开来，从而判读出互补链的序列。双脱氧链末端终止法的基本原理见图 2 - 23。

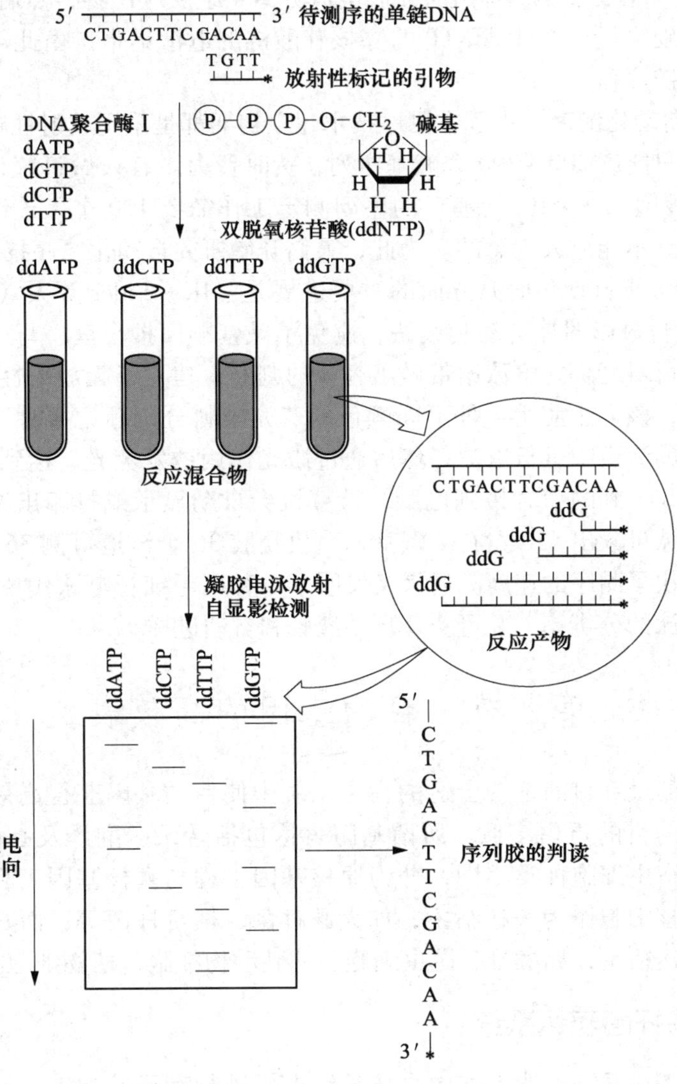

图 2 - 23 双脱氧链末端终止法的基本原理

2．双脱氧链末端终止法的方法步骤

（1）分离单链 DNA 模板。可通过 M13 噬菌体载体克隆过程制备，也可由双链 DNA 变性获得。

（2）在 4 只试管中加入适当的引物与单链模板结合，加入 4 种 dNTP（包括一种放射性标记 dNTP，如以 ^{32}P 或 ^{35}S 标记的 dATP 作为示踪物）和 DNA 聚合酶，再在 4 只试管中分别加入一种一定浓度的 ddNTP（双脱氧核苷酸）。

（3）与单链模板结合的引物，在 DNA 聚合作用下从 5′端向 3′端延伸，^{32}P 或 ^{35}S 随引物延长掺入到新合成链中，当 ddNTP 掺入时，由于其脱氧核糖 3′位上缺少羟基，故不能继续与下一个 dNTP 形成磷酸二酯键，链的延伸就终止。由于 ddNTP 是随机掺入的，因而可以产生一系列不同大小的终止于该特定碱基的核苷酸链。

（4）高分辨率变性聚丙烯酰胺凝胶电泳分离 4 组反应产物，然后进行放射自显影，便得到四组分别终止于 4 种 ddNTP 的寡核苷酸链的电泳谱带，由此可读出与模板链互补的寡核苷酸链序列。

3．DNA 自动化测序

由于在测序技术建立初期都是采用放射性核素标记，手工测序，这样每次只能读 200～300 个碱基序列，费时费力。有人做过统计，按这样的速度要完成人类基因组（3×10^9 碱基）的序列测定工作需要 100 个人连续工作 100 年，显然这样的速度是不能令人满意的。为此，人们开始研究自动化测序技术。

DNA 序列分析自动化研究方面的重要进展是：JK·Elder 等人（1988 年）提出了 DNA 序列放射自显影图片自动判读法，避免了碱基顺序抄、读、写过程中可能出现的人为错误，并可对复合的电泳谱带做出客观的判断；建立了无放射性标记的 DNA 序列自动分析系统，该方法使用 4 种不同颜色的荧光染料分别标记 4 种不同的碱基，并在一个凝胶电泳的泳道中进行电泳，然后通过激光作用诱发荧光，达到检测碱基的目的。激光检测器把收集到的信息传到电脑，计算机会自动显示或打印出碱基顺序，这样一个泳道一次电泳可读出 450 左右个碱基，一块凝胶 36 个泳道可测 36×450 约 16200 个碱基，大大加快了测序的速度。后来又发明了一种用毛细管电泳代替凝胶电泳的方法，可大大加快电泳的分辨率，并可实现自动灌胶和自动进样。

第九节　目的基因的高效表达

基因工程的最终目的是在合适的宿主系统中使目的基因获得高效表达，从而生产出有重要价值的目的蛋白多肽。所谓基因表达包括转录、翻译及翻译后加工等过程。基因工程根据宿主细胞种类不同，分为原核基因工程与真核基因工程两大类。原核基因工程则以原核细胞作为表达宿主，如大肠杆菌、枯草杆菌等；而真核基因工程则以真核细胞为表达宿主，如酵母、昆虫细胞、哺乳动物细胞、植物细胞等。

一、大肠杆菌表达系统

大肠杆菌表达系统虽然不能像真核系统那样进行翻译后加工，但它具有遗传背景比较清楚、使用安全、技术操作简便、研究周期短、大规模发酵经济等优点，因此仍是目前使用最广泛、最成功的基因表达系统。

（一）转录与翻译水平上的基因调控序列（元件）

1. 启动子与终止子 启动子是 DNA 链上一段能与 RNA 聚合酶结合并启动 mRNA 合成的长 40~50bp 的序列。它是基因表达不可缺少的重要调控序列，没有启动子就不能实现基因的转录。原核生物启动子包括两个高度保守区域，一个是 Pribnow 框，位于起始位点上游 5~10bp 处，由 6~8bp 组成，富含 A、T，故又称为 TATA 框或 −10 区，来源不同的启动子，Pribnow 框的碱基序列稍有变化；另一个是 −35 区，位于转录起始位点上游 −35bp 处，一般由 10bp 组成。−35 区提供了 RNA 聚合酶识别信号，−10 序列则有利于 DNA 局部双链解开。

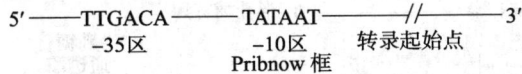

$$5'——TTGACA——TATAAT——//——3'$$
$$\text{−35区} \qquad \text{−10区} \qquad \text{转录起始点}$$
$$\text{Pribnow 框}$$

启动子有强弱之分，强启动子与 RNA 聚合酶结合紧密，可使基因获得高水平转录，而弱启动子则相反。原核生物 RNA 聚合酶不能识别真核细胞启动子，因此只有将真核基因置于原核生物强启动子下游才能实现高效转录。大肠杆菌常用的强启动子有 *lac*（乳糖启动子）、*trp*（色氨酸启动子）、*tac*（乳糖和色氨酸的杂合启动子）、λP$_L$（λ 噬菌体左向启动子）、T7（T7 噬菌体启动子）等。

终止子是指一个基因或操纵子 3′端能有效终止转录的一段特定的 DNA 序列。在构建基因表达载体时，为了防止过度转录而引起载体不稳定以及杂蛋白的合成，一般在外源基因下游插入一强转录终止子（rrnb 核糖体 RNA 转录终止子）。大肠杆菌的转录终止有依赖与不依赖ρ蛋白两种形式，在构建表达载体时最好选用后者。

2. SD 序列 大肠杆菌核糖体结合位点对外源基因的高效表达十分重要。在翻译过程中，mRNA 必须先与核糖体结合才能进行蛋白质合成。mRNA 分子上有两个核糖体结合位点，一个是起始密码子 AUG，另一个是起始密码子 AUG 上游3~11bp 处的序列，后者由 Shine J 及 Dalgarno L 发现，故称为 SD 序列（Shine-Dalgarno 序列）。SD 序列富含嘌呤核苷酸，刚好与 16S rRNA 3′端的富含嘧啶的序列互补，可促进 mRNA 与核糖体结合，提高翻译效率。

$$\text{mRNA } 5'——AGGAGGU–UUGACCU–AUG—$$
$$\text{UCCUCCA}$$
$$\text{rRNA } 3'–AU \qquad CUAG—$$

SD 序列与起始密码子之间的距离，也是 mRNA 翻译效率的重要因素。有人指出，SD 序列与 AUG 之间的最佳距离为 9bp ±3bp。Marqiusv 等发现当 *lac* 启动子的 SD 序列距 AUG 7 个核苷酸时，IL−2 表达量最高，为 2581 单位，而间隔 8 个核苷酸时，表达量不足 5 单位。另一个影响外源基因 mRNA 翻译效率的重要因素是 mRNA 二级结构，尤其是 mRNA 5′端 TIR（翻译起始区域：指 SD 序列 AUG 之间及其上、下游附近的部位）的二级结构。通过减少二级结构的形成（尤其是 TIR 前后 100~200bp 范围内的二级结构），可以提高 mRNA 翻译水平。

（二）原核表达系统强启动子

目前在原核表达系统中，使用最普遍的可调控强启动子主要有以下 4 个。

1. lac 启动子 *lac* 启动子来源于 *E. coli* 乳糖操纵子（图 2−24）。乳糖操纵子由阻遏蛋白基因（*lacI*）、启动子（*P*）、操纵基因（*O*）和编码 3 个与乳糖利用有关的酶（β−半乳糖苷酶、半乳糖苷通透酶、半乳糖苷转乙酰基酶）的结构基因组成。在启动子区域内还有一个能与 CAP – cAMP（活化蛋白 – cAMP）复合物结合的部位，称作 CAP 结合位点，位于 *I* 基因和 *P* 基因之间。

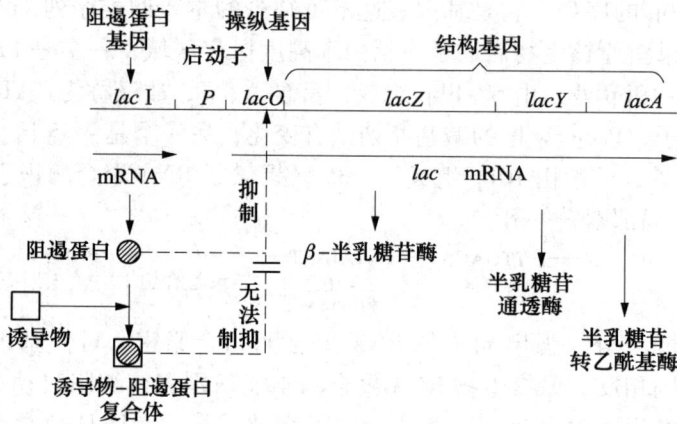

图 2 – 24　*lac* 启动子结构图谱

乳糖操纵子参与分解代谢系统中的负调控和阻遏物负调控。一方面，在缺乏乳糖（或其他诱导物如 IPTG）时，*I* 基因产物（Lac 阻遏蛋白）与操纵基因结合，转录受抑制。但在乳糖存在下，可解除转录的阻遏作用。另一方面，在葡萄糖缺乏时，cAMP 的浓度上升，与 CAP 形成复合物，该复合物与启动子上游区域结合，刺激转录。野生型 *lac* 启动子要启动转录，需具备两个条件，即要有活化蛋白和 cAMP 等正调控因子，以及乳糖或 IPTG 等解除负调控的物质的同时存在。但在实际应用时常用 *lac* – UV5（一个突变的乳糖启动子），它比野生型的 *lac* 启动子更强，且对分解产物抑制不敏感，可以不需要活化蛋白 CAP 和 cAMP，在仅有乳糖或 IPTG 存在时，就可进行转录。

当 *lac* 启动子以多拷贝存在于 *E. coli* 宿主中时，宿主菌产生的 *lac* 阻遏物不足以抑制其转录，然而在产生过量阻遏物的细菌（I^q）中，*lac* 启动子的转录则可以被抑制。

2. *trp* 启动子　*trp* 启动子来源于 *E. coli* 色氨酸操纵子，具有两种调控方式：一种调控方式是调节基因产生阻遏蛋白，与色氨酸结合成为活性阻遏蛋白，它与操纵基因结合即可阻止转录。缺乏色氨酸时阻遏被解除，作用机制类似于对 *lac* 的负调控。另一种调控方式是通过启动子与结构基因间的衰减子实现的，当宿主内色氨酸缺少时，转录可以通过衰减子所在区域直接进行到结构基因，反之当细胞内色氨酸丰富时，转录则进行到衰减子区域则停止。β – 吲哚丙烯酸是色氨酸的竞争性抑制剂，可与阻遏蛋白结合，阻止色氨酸与之结合而使转录顺利进行。用于原核表达的 *trp* 启动子通常去除衰减子基因，这样可提高其转录水平，成为强启动子。

3. *tac* 启动子　*tac* 启动子是来源于 *lac* 和 *trp* 的一组杂合启动子，是非常强的启动子。*tac*I 由 *trp* 的 – 35 区域和 *lac* UV5 的 – 20 区域构成；*tac* II 由 *trp* – 35 区（一段合成的包括 Pribnow 框在内的 46bpDNA 片段）和 *lac* 操纵基因构成；*tac*12 由 *trp* 的 – 35 区与 *lac* 的 – 10 区域构成。所有 *tac* 启动子都可被 IPTG 诱导，同时受 Lac 阻遏蛋白的调控。

4. λP_L 和 P_R 启动子　λP_L 和 P_R 启动子是来源于 λ 噬菌体的早期转录左向和右向强启动子，其活性比 *trp* 高，故可用来构建许多表达载体。λP_L 和 P_R 启动子都受 λ 噬菌体 *cI*

基因的负调控，cl 基因的表达产物是一种阻遏蛋白，当与 P_L 和 P_R 启动子结合时，可阻止转录。但 CI 阻遏蛋白是温度敏感蛋白，在 28℃ ~ 32℃ 时，CI 阻遏蛋白具有抑制作用，当温度升至 42℃ 时，CI 阻遏蛋白被破坏，λP_L 和 P_R 阻遏被解除，开始转录。

（三）原核表达载体及表达方式

基因工程表达载体是指在宿主细胞中表达外源目的基因的载体，它是表达系统的核心所在，表达载体一般都具有一个松弛型复制子，可使所携带的外源基因在宿主细胞复制扩增。

根据不同的表达方式，主要分为非融合表达载体、融合表达载体及分泌表达载体。

1. 非融合表达及其载体 表达蛋白的 N 端不会有任何其他原核生物肽段的蛋白质称为非融合蛋白。为了实现非融合表达，必须将带有起始密码子 ATG 的外源基因插到原核启动子和 SD 序列的下游，组成一个杂合的核糖体结合位点，经转录翻译，表达出非融合蛋白。

非融合表达的优点在于，表达的非融合蛋白与天然蛋白在结构、功能以及免疫原性等方面基本一致。缺点是表达产物 N 端不可避免地带上一个甲硫氨酸，一级结构与天然蛋白存在差异；其次，当进行高表达时表达产物易形成包涵体，虽然包涵体的形成给表达产物的下游处理带来某些方便，但包涵体的处理非常麻烦，往往需要采用强变性剂将其溶解，然后再进行产物复性，最后才能得到具有生物活性的目的重组蛋白，但复性时体积很大，不易处理，且复性得率很低。

pKK223 - 3 是一种非融合表达载体，质粒图谱见图 2 - 25，它含有一个 tacp 强启动子，核糖体结合位点下游是一个含有 $EcoR\text{I}$、$Pst\text{I}$ 和 $Hind\text{III}$ 等单一酶切位点的多克隆位点，最后是 rrnB 的转录强终止子。

2. 融合表达及其载体 当在原核系统中表达小分子外源蛋白或多肽时，表达产物往往易被宿主细胞内的蛋白酶降解，产量低，为解决这一问题，采用融合表达是一种有效途径。所谓融合表达就是通过基因重组技术，将外源基因拼接于原核多肽编码基因下游进行的表达。为了能得到正确编码的蛋白质，在拼接外源基因时应使其阅读框架与原核多肽基因阅读框架保持一致。这样表达出的融合蛋白 N 端为原核多肽序列，而 C 端为目的蛋白序列。

融合表达的优点在于：①分子量较小的外源蛋白以融合方式进行表达，可增强 mRNA 及表达产物的稳定性；②融合表达载体中，SD - AUG 已优化并固定，翻译起始信号组织合理，利于翻译起始；③蛋白质分离纯化工艺简单；④某些蛋白质通过融合表达可产生可溶蛋白。

下面以 Pharmcia 公司的融合表达载体系统 pGEX（图 2 - 26）加以说明。pGEX 含 tac 启动子、lac 阻遏蛋白基因等外，与其他载体不同之处是 SD 序列下游是谷胱甘肽巯基转移酶（GST）基因，外源基因可插入多克隆位点而与 GST 相拼连，当进行基因表达时，表达产物为 GST - 目的蛋白融合体。pGEX 载体具有许多优点：表达效率高，表达的融合蛋白纯化方便，使用凝血酶（thrombin）和凝血因子 Xa 即可从表达的融合蛋白上切下所需要的目的蛋白或多肽。此外，pGEX 载体系统包括 3 个载体，其多克隆位点分别含有 3 种不同阅读框架，这样不管外源基因阅读框架如何，都可找到与之相匹配的表达载体。

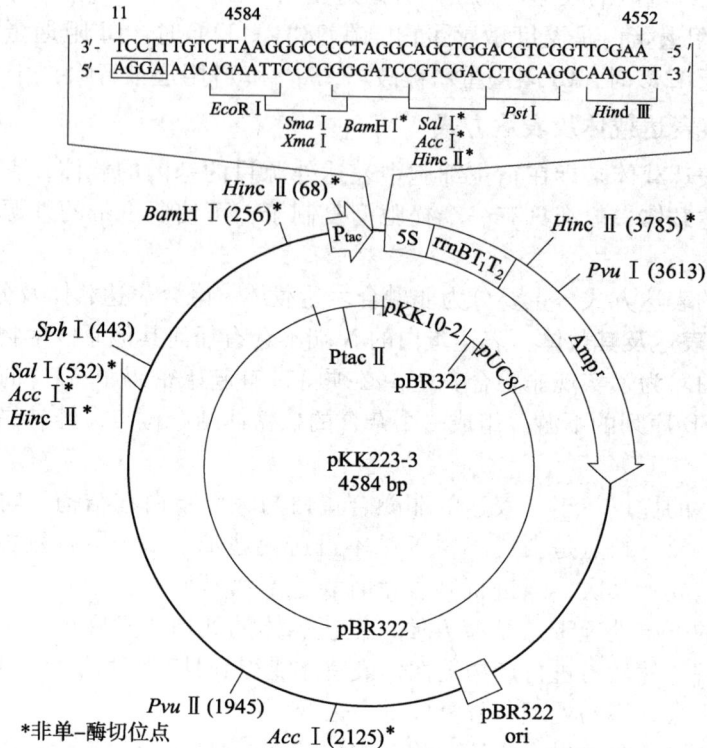

图 2-25 原核非融合表达载体 pKK223-3 质粒图谱

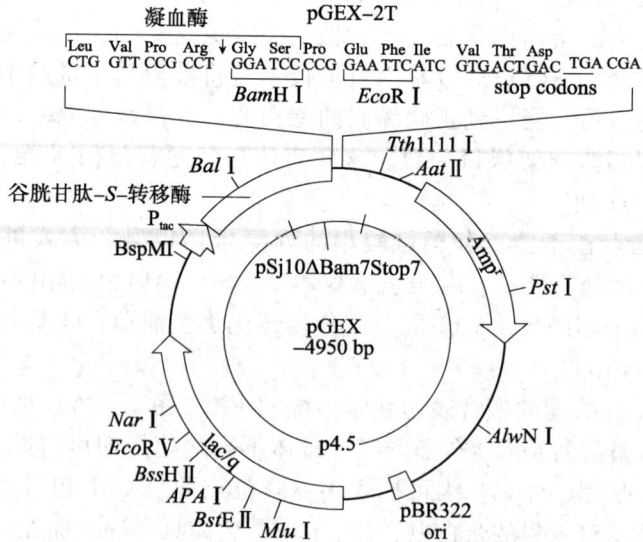

图 2-26 原核融合表达载体 pGEX 质粒图谱

3. 分泌表达及其载体 所谓分泌表达是指将目的基因嵌合在信号肽基因下游进行表达，目的产物在信号肽介导下分泌至细胞外周质或培养基中，同时信号肽被信号肽酶识别并切除，从而可以直接获得成熟的活性蛋白或多肽产物。

分泌表达可以防止宿主细胞对目的产物的降解，减轻宿主细胞代谢负荷，有利于直接形成具有天然构象的活性产物，同时避免了 N 端非融合表达中出现的甲硫氨酸延伸的情况。但分泌表达的主要缺点是表达量不高，且有时信号肽不被切割或不在特异位置上切割等，且并非所有的蛋白质都可以在 *E. coli* 中进行分泌表达。

E. coli 中用于构建分泌表达载体的信号肽主要有外膜蛋白 A（OmpA）、碱性磷酸酶（PhoA）等。图 2-27 是分泌表达载体 pINⅢ-ompA1 的质粒图谱。

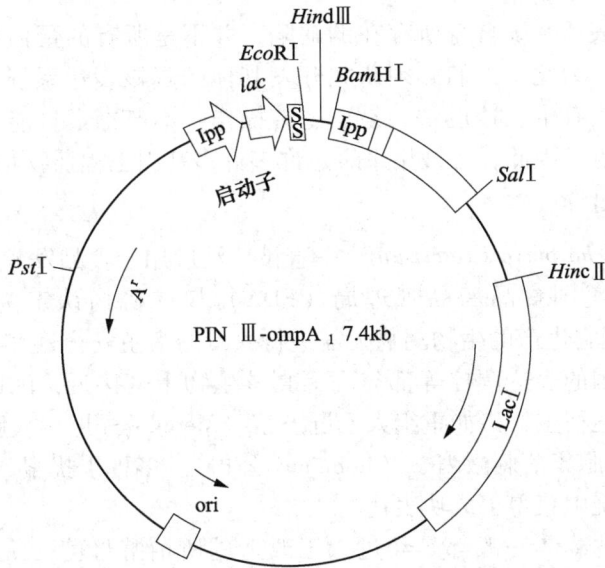

图 2-27　原核分泌表达载体 pINⅢ-ompA1 质粒图谱

pINⅢ载体系统由 3 个载体组成：pIN-ompA1、pIN-ompA2 和 pIN-ompA3，它们的多克隆位点阅读框架不同，可以与任何外源基因的阅读框架相匹配。该载体是以 pBR322 为基础构建的，带有 *E. coli* 中最强的启动子之一，即 *IPP*（脂蛋白基因）启动子，在其下游装有 *lacUV*-5 的启动子及其操纵基因，且 Lac 阻遏蛋白基因（*lacI*）也克隆在这个质粒上，这样，目的基因的表达就可进行调节。该载体信号肽基因取自 *E. coli* 外膜蛋白（OmpA）编码基因，信号肽基因下游是多克隆位点，其中包含 *Eco*RⅠ、*Hind*Ⅲ、*Bam*HⅠ 3 个酶切位点。

（四）大肠杆菌表达的几个问题

影响目的基因表达效率的因素很多，必须针对目的蛋白的结构特性与理化性质选择合适的表达系统，在此基础上综合考虑各方面的因素并进行优化，才可以获得满意的结果。综合起来，必须注意以下问题：①选择强启动子组建表达载体，以提高目的基因的转录水平，同时为了避免质粒的不稳定性，还应在目的基因下游安装强终止子如 rrnB1B2 等；②适当增加表达质粒的拷贝数，以增加基因剂量；③使用大肠杆菌偏爱的密码子，同时调整优化 SD 序列和 AUG 之间的距离，消除 mRNA 可能存在的二级结构，以提高 mRNA 的翻译水平；④采用蛋白酶缺失的宿主菌，以尽可能降低表达产物的降解；⑤采用诱导表达，使细菌的生长与外源基因的表达分开，这在表达对细胞有毒性的目的产物时尤为重要。

此外，大肠杆菌也具有自身的缺点，即大肠杆菌表达不能实现翻译后修饰，如糖基化、C 端酰胺化等。这使得大肠杆菌只能用来表达不需要翻译后修饰的蛋白质，而不能表达需要翻译后修饰才具有生物活性的真核蛋白。此外，大肠杆菌在培养过程中会产生细菌内毒素，这给产物的下游分离纯化增加了难度。

二、酵母表达系统

由于大肠杆菌表达系统自身所存在的缺陷，并不是所有的蛋白质都可以在该系统中获得有效的表达，为此，人们必须研究开发其他的真核表达系统。酵母是最原始的单细胞真核生物，具有生长速度快、易于遗传操作、不产毒素且能对外源蛋白进行多种翻译后修饰的优点，因此，已被用来表达许多许多基因工程药物与疫苗。

（一）啤酒酵母

啤酒酵母（Saccharomyces cerevisiae）一直被广泛应用于食品发酵与酿造业，具有很高的安全性，并被美国食品药品管理局（FDA）权威机构认定为一种安全的生物（GRAS），因此，用它生产的生物药物无需进行大量的宿主安全性实验。另外，其蛋白质翻译后加工、基因的表达调控等都与高等真核生物十分接近，因此啤酒酵母是一种较为理想的真核表达宿主，诸如重组人乙肝疫苗（Merck 公司）、人胰岛素（Novo-Nordisk 公司）、人粒细胞集落刺激因子（Immunex 公司）、多种干扰素、人表皮生长因子、水蛭素等都在该系统中获得了成功表达。

啤酒酵母的表达载体一般都是经过人工改造的所谓酵母菌 - 大肠杆菌穿梭载体，因为大肠杆菌转化方法简单、转化效率高，从大肠杆菌中制备质粒 DNA 也较方便，这样构建重组质粒就大大简化了手续，缩短了时间。一般酵母载体都具有以下的一些构件：①DNA 自主复制序列（ARS）；②选择标记，如亮氨酸（Leu⁻）缺陷型标记和尿嘧啶（Ura⁻）缺陷型标记等；③整合介导区，这是与宿主菌基因组具有同源性的一段DNA 序列，它能有效介导载体与宿主染色体之间发生同源重组，使载体整合到宿主染色体上；④有丝分裂稳定区，它可在宿主细胞进行有丝分裂时帮助载体在母细胞和子细胞之间平均分配；⑤表达盒，它是酵母表达载体最重要的元件，主要由启动子和终止子组成，有时还包括分泌信号序列。

酵母载体可以根据载体在酵母细胞中的复制形式、载体的用途、载体表达外源基因的方式等来进行分类，但最常见的是按复制形式进行分类，一般分为 YIp、YRp、YCp、YEp 和 YAC 五类。YIp 是一种整合型载体，它不含 DNA 复制起始区，不能在酵母细胞中进行分裂，但它带有整合介导区，可整合入酵母基因组随同染色体一起复制；YRp 是一种自主复制型载体，含复制起始区，可在酵母细胞中自主复制；YCp 质粒中增加了一段酵母染色体着丝粒的一段 DNA，使得载体表现出高度的稳定性，可在母细胞与子细胞间向染色体一样平均分配，常用于构建基因文库和克隆或表达那些多拷贝时会抑制细胞生长的基因；YEp 是一种附加体载体，其转化率很高，10^5 转化子/μgDNA，在酵母细胞中的平均拷贝数为 20 ~ 100，是构建酵母表达质粒中最常用的；YAC 又称为酵母人工染色体，常用于高等真核生物基因组大片段 DNA 的克隆，可克隆 1Mb 以上的

DNA 片段，其中最常用的是 pYAC4。

常用的酵母启动子有醇脱氢酶（ADH）、磷酸甘油酸激酶（PGK）、3 - 磷酸甘油醛脱氢酶（GAP）、蔗糖酶（SUC）、碱性磷酸酶（PHO）、酵母交配因子 α（MFα）、半乳糖降解酶（GAL）等，利用这些启动子所构建的表达型质粒可分为两类：一类是不可调控型表达质粒，含一个不可调控的启动子（例如 ADH 启动子）；另一类是可调控型表达质粒，含有一个可调控启动子（例如 SUC 启动子），它受到外源物质或表达所需遗传位点控制，主要用于调节基因产物的表达量及表达基因产物的时间。

酵母表达一般有两种方式，一种是直接表达外源基因，表达产物积累在细胞质中且不能实现糖基化，如人的超氧化物歧化酶的表达；另一种为分泌表达，表达产物分泌到培养基中，且能实现糖基化。

值得注意的是啤酒酵母也有其不足之处：①大量表达时即使采用诱导型启动子，也容易发生质粒丢失现象；②表达蛋白常发生超糖基化，即糖基侧链太长，影响蛋白质的生物活性和免疫原性；③分泌表达时分泌能力不强；④发酵时产生乙醇，影响酵母本身的生长，较难实现高密度发酵。针对上述问题人们一方面对其进行遗传改造，改善其特性；另一方面又开始研究开发寻找其他的酵母表达系统。

（二）巴斯德毕赤酵母

巴斯德毕赤酵母（Pichia pastoris）表达系统是近 20 年来发展起来的应用较为广泛的高效表达系统，该系统克服了酿酒酵母缺乏强启动子、分泌效率低、表达菌株不够稳定以及表达质粒易丢失的缺点，可以生产可溶性的、具有正确折叠的重组蛋白，并可对表达蛋白进行翻译后加工。据统计，目前已有 500 多种蛋白质在该系统中实现了有效表达，胞内表达最高可达 22g/L，而分泌表达最高可达 14.8g/L。

毕赤酵母是一种甲醇利用型酵母菌，在缺少抑制性碳源（如葡萄糖、甘油）时，它可利用甲醇作为惟一碳源，而甲醇代谢的第一步是在过氧化物酶体中被乙醇氧化酶（alcohol oxidase，AOX）氧化成甲醛，并产生过氧化氢。由于乙醇氧化酶对氧的亲和力很弱，巴斯德毕赤酵母就会代偿性地大量表达这种酶。虽然毕赤酵母中具有两个乙醇氧化酶编码基因 AOX1 和 AOX2，但绝大多数乙醇氧化酶活力来自于 AOX1 基因的表达，原因是 AOX1 基因启动子很强，在甲醇专一诱导下可促使该酶高水平表达。为此，AOX1 强启动子被用来构建毕赤酵母表达载体，用于高水平表达异源蛋白。

毕赤酵母表达载体属于整合型载体，一般包括 AOX1 强启动子、多克隆位点，选择性标记（如组氨酸脱氢酶基因 HIS4）。此外，载体一般还包括大肠杆菌复制起始原点及氨苄西林抗性基因或卡拉霉素抗性基因，以便于在大肠杆菌中进行基因操作。用于分泌表达的载体还包括信号肽序列，其中最常用的是酿酒酵母的 α 因子信号肽，某些载体上还带有用于快速筛选的抗性基因，如 Zeocin、G418 等。美国 Invitrogen 公司已有商品化的毕赤酵母表达试剂盒出售，常见载体有 pPIC3.5K、pPIC9K、pAO815 等，其中，pPIC9K 为分泌型载体，pAO815 及 pPIC3.5K 为非分泌型载体。载体 pPIC9K 及 pAO 815 结构见图 2 - 28。

毕赤酵母转化有四种方法：电转化法、原生质球法、氯化锂法和 PEG1000 转化法。其中，电转化法最常用，转化效率也最高，最容易产生多拷贝整合。线性化的重组载体通过与宿主基因组的同源序列发生同源重组产生稳定的酵母转化子。

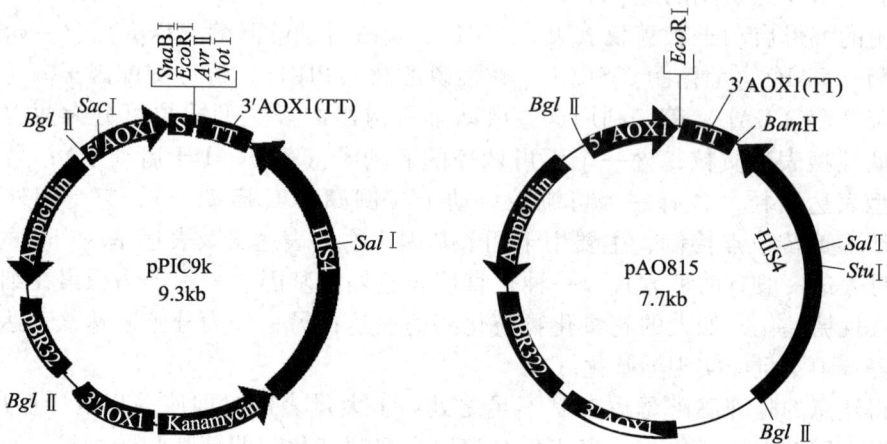

图 2-28　毕赤酵母表达载体 pPIC9K 和 pAO815 质粒图谱

　　毕赤酵母表达系统虽然可以使发酵密度达到很高的水平，分泌外源基因表达产物的能力也强，糖基化修饰功能更接近高等真核生物，但它也有其缺点：①分子生物学的研究基础差，要对其进行遗传改造困难较大；②不属于食品微生物，发酵时又要添加甲醇，因此，用它来生产药品或食品还没有被广泛接受；③发酵虽然能达到很高的密度，但发酵周期太长，一般为 4~7d。

三、昆虫细胞表达载体系统

　　昆虫杆状病毒表达载体系统（baculovirus expression vector system，BEVS）由于具有表达水平高、表达产物可进行翻译后加工，并可通过感染昆虫幼虫而实现大规模低成本生产基因工程产品等优点而成为当今基因工程四大表达系统之一。该系统的建立和发展，被誉为 20 世纪 80 年代真核表达研究领域的一个重大进展。

　　昆虫杆状病毒表达载体系统中最具有代表性的两个表达系统包括：家蚕核型多角体病毒（BmNPV）-家蚕（Bombyx mori）表达系统和苜蓿尺蠖核型多角体病毒（AcNPV）-秋黏虫细胞（Spodoptera frugiperda，sf）表达系统。

　　由于杆状病毒环状双链 DNA 基因组很大（约 $1.3 \times 10 \ bp^5$）且酶切位点太多，很难直接对其进行基因重组操作。因此，传统的 BEVS 需要将外源基因先克隆到专门的转移载体中，然后与野生型病毒共转染昆虫细胞，通过空斑筛选，纯化得到重组病毒。然而，这种方法重组率较低（通常只有 0.5%~1%），并需经多轮空斑纯化才能获得重组病毒，这对利用该系统进行基因表达研究很不便利。

　　从 20 世纪 90 年代起，又开发了病毒线性化技术，即将将一个限制性酶切位点引入野生型 AcNPV 多角体蛋白基因内，用限制性内切核酸酶消化野生型病毒 DNA，这种线型化的病毒 DNA 不能在昆虫细胞内复制出成熟的病毒颗粒，只有与转移载体通过同源重组，成环状的病毒 DNA，才能在昆虫细胞中复制并形成病毒颗粒。因此，当它与转移载体共转染昆虫细胞时，如果不发生同源重组理论上就无野生型病毒背景出现，该技术较好地降低了非重组病毒背景，提高了重组效率。然而，由于很难保证病毒

DNA100%的线性化，仍需要空斑分析，以彻底去除非重组病毒，再有就是病毒DNA经酶切线性化后，其本身的感染能力要比环状病毒DNA低15~150倍，这会降低共转染效率。因此，近年来又开发了一些新技术，主要包括家蚕的Bac-to-Bac技术、利用PCR产物直接构建重组病毒、Gateway技术等，大大简化了病毒重组构建和筛选的过程。

　　Bac-to-Bac技术意思是指从细菌（bacterium）到杆状病毒（baculovirus），美国In-vitrogen公司利用Bac-to-Bac原理开发了一系列昆虫杆状病毒供体质粒，如pFastBac™ Dual（图2-29），它具有两个杆状病毒强启动子 P_{P10} 和 P_{PH} 及两个多克隆位点，可用于同时克隆和表达两个外源基因。其原理是，首先将外源目的基因克隆到供体质粒的多克隆位点中，然后转化到一个含有杆状病毒穿梭载体（baculovirus shuttle vector，又称为病毒质粒baculovirus plasmid，其首尾合写成为Bacmid）的大肠杆菌如 *E. coli* DH10Bac™中，在辅助质粒的帮助下通过位点特异性转座，将供体质粒（如pFastBac™ Dual）上的外源基因表达盒整合到Bacmid上，最终实现在大肠杆菌中快速完成重组病毒的构建工作，该技术革命性地改变了重组杆状病毒的构建方法。

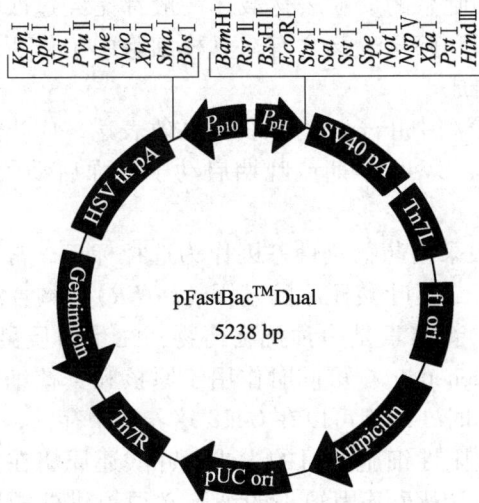

图2-29　昆虫杆状病毒供体质粒 pFastBac™ Dual 图谱

　　昆虫杆状病毒表达载体系统具有以下几个方面的优点：①可容纳的外源基因片段较大；②启动子强，表达水平高，外源基因在多角蛋白启动子控制下蛋白质表达量可达细胞总蛋白质的50%以上；③能有效进行翻译后加工，如糖基化、N端乙酰化、C端酰胺化等；④宿主严格，对脊椎动物和植物无害，安全性好；⑤细胞可于25℃~30℃进行连续传代培养，无需二氧化碳；⑥昆虫细胞可以规模化悬浮培养，也可通过饲养重组病毒感染的家蚕，以大量表达外源基因产物；⑦可用于有细胞毒的重组蛋白表达；⑧同时表达抗体的轻链和重链基因可得到具有生物活性功能的抗体蛋白。但是，昆虫杆状病毒表达系统也有一些缺点，如表达产物的翻译后加工与哺乳动物细胞翻译后加工有时会存在差异。

四、哺乳动物细胞表达系统

哺乳动物细胞是一种非常重要的基因工程表达系统，原因是在该系统中表达产物可实现正确的翻译后加工，包括二硫键的精确形成、糖基化、磷酸化、C 端酰胺化等，从而表达出结构与天然蛋白相一致的活性目的蛋白，这一点对于表达结构复杂程度较高的药用蛋白是非常关键的，同时也是其他系统所无法比拟的。据统计，目前已经上市和正在进行临床试验的药用蛋白，70% 来自哺乳动物细胞。

早期的哺乳动物细胞表达系统的载体来自动物病毒，如 SV40、多瘤病毒、疱疹病毒和牛乳头瘤病毒等，当时主要是用于研究基因的功能与调控的，它们一般并不适合表达重组蛋白的，因为它们的宿主范围有限，而且只能进行瞬时表达，产率较低，克隆步骤烦琐，某些病毒的 DNA 片段还有潜在的致癌作用，因此早期的载体不能用于表达药用蛋白。

（一）哺乳动物细胞表达载体

用于建立哺乳动物细胞系的质粒表达载体一般都是经过改造过的穿梭载体，它们既可以在原核细胞中复制和筛选，又含有在真核细胞中工作所需的序列元件。这类载体一般由以下几个部分组成。

（1）启动子、增强子和中止子　为了获得高效表达，应当选用强启动子，常用的有 CMV 即时早期启动子、SV40 早期或晚期启动子等强启动子以及 CMV、SV40 的增强子。

（2）选择标记　一般采用药物抗性基因作为选择标记，常用的选择标记有新霉素磷酸转移酶基因（*neo*）、二氢叶酸还原酶基因（*DHFR*）、胸苷激酶基因（*TK*）等。新霉素抗性选择最为常用，新霉素是一种抗菌药物，在蛋白质翻译水平干扰细菌代谢。新霉素的衍生物 G418（geneticin）可同时作用于原核和真核细胞，当细胞内的新霉素磷酸转移酶基因得到表达时，细胞可以在 G418 培养基中存活，没有该基因表达的细胞则会死亡，从而达到筛选阳性细胞的目的。二氢叶酸还原酶在真核细胞的叶酸代谢核苷酸合成中起重要作用，*DHFR* 基因缺失的细胞必须提供外源胸腺嘧啶、嘌呤和甘氨酸，否则细胞不能存活，在 *DHFR* 缺乏的细胞中导入带有 *DHFR* 基因的质粒后，二氢叶酸还原酶得到表达，细胞能够合成四氢叶酸，从而能够在缺乏胸腺嘧啶、次黄嘌呤的选择培养基中生长，没有表达此基因的细胞则在选择培养基中死亡，从而达到筛选的目的。用 *DHFR* 作为选择标记的最大优点是 *DHFR* 基因可以在 MTX 的压力下扩增，而和 *DHFR* 基因在同一质粒上的目的基因就可以同时得到扩增。经过 MTX 扩增，外源蛋白的表达量可以提高 100~1000 倍，但是该系统只能在 DHFR⁻ 的细胞中使用。

（3）mRNA 剪接位点和多聚腺苷序列　前者可防止使用的外源基因中可能存在的内含子（在插入片段的两端如果存在内含子，有助于提高表达效率），后者可以帮助 mRNA 从细胞核内进入到胞质，提高 mRNA 在细胞内的稳定性，哺乳动物细胞表达载体常在多克隆位点的 3′ 端带有一 poly（A）序列，一般为 200 个左右的多聚腺苷。

（4）可使载体在细菌体内进行复制的质粒复制起始位点及多克隆位点，前者多来自 pBR322。

（二）动物病毒载体

病毒载体在昆虫细胞及哺乳动物细胞的基因工程中应用较多，常见的哺乳动物细胞病毒载体有 SV40（猿猴病毒）、BPV（牛乳头瘤病毒）、逆转录病毒、痘病毒等；昆虫病毒载体有杆状病毒等。

SV40 病毒基因组为共价闭合环状 DNA（cccDNA），长 5243bp，基因组分早期和晚期两个功能区，两功能区间含 DNA 复制起始位点（图 2 – 30）。早期区在整个裂解周期都被转录，并通过不同剪切方式产生大 T 和小 t 抗原的两种 mRNA；晚期区仅在 DNA 复制后才进行转录，编码病毒外壳蛋白 VP1、VP2、VP3。

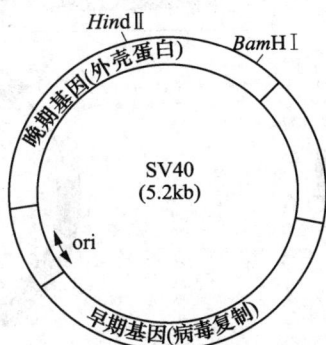

图 2 – 30　SV40 基因组图谱

完整的 SV40 病毒粒子不需要改造便可作为克隆载体。一般以早期区取代与晚期区取代两种取代方式构建重组子。若晚期区被取代，则需用早期区域缺失的 SV40 突变种作为辅助病毒与之混合感染宿主，辅助病毒产生的晚期基因产物与重组病毒产生的早期基因产物一起形成完整的病毒颗粒，反之亦然。

直接用 SV40 作为载体有以下缺点：①容量小，外源片段不大于 2.5kb；②感染宿主范围有限，只能在猴细胞中复制；③用辅助病毒进行混合感染时，有可能发生重组产生野生型的 SV40 带来危险。

（三）动物病毒质粒载体

目前绝大多数实验室所使用的 SV40 载体都是经过改造的病毒质粒载体。如 pSV 就是由 SV40 衍生出来的载体系列，同时将 *TK*、*DHFR*、*neo*、*cat* 等标记基因与 pSV40 质粒重组，构建出适用于不同目的的表达载体（pSV2 – gpt、pSV2 – neo、pSV2 – dhfr），这类载体适合在哺乳动物细胞中瞬时表达克隆的外源基因。

类似的载体还有用 CMV 病毒启动子构建的质粒载体，如 pCDNA6 及 pSecTag（图 2 – 31），它们既可以用于瞬时表达，也可用于构建稳定表达的工程细胞系。pCDNA6 可用于胞内表达，而 pSecTag 则可应用于分泌表达。

（四）宿主细胞

不同的表达载体对宿主细胞的要求也不一样，如 SV40 病毒载体的受体细胞是猴肾细胞 COS1、COS3、COS7，COS 细胞有一段已整合在基因组中的 SV40 DNA，它编码 T 抗原，可以支持含有 SV40 复制起始点而不含 T 抗原基因的 SV40 病毒载体的复制，它们已被广泛应用于外源基因的瞬时表达；含有二氢叶酸还原酶基因（*DHFR*）选择标记的病毒质粒表达载体一般选用 DHFR⁻ 缺陷型的细胞如 CHO 细胞/DHFR⁻（中国仓鼠卵巢细胞），它们已被广泛用于多种重组药物的生产；而痘苗病毒载体选用小鼠 L 细胞（小鼠皮下结缔组织培养的细胞），腺病毒载体选用 HeLa 细胞（人子宫颈癌细胞）。

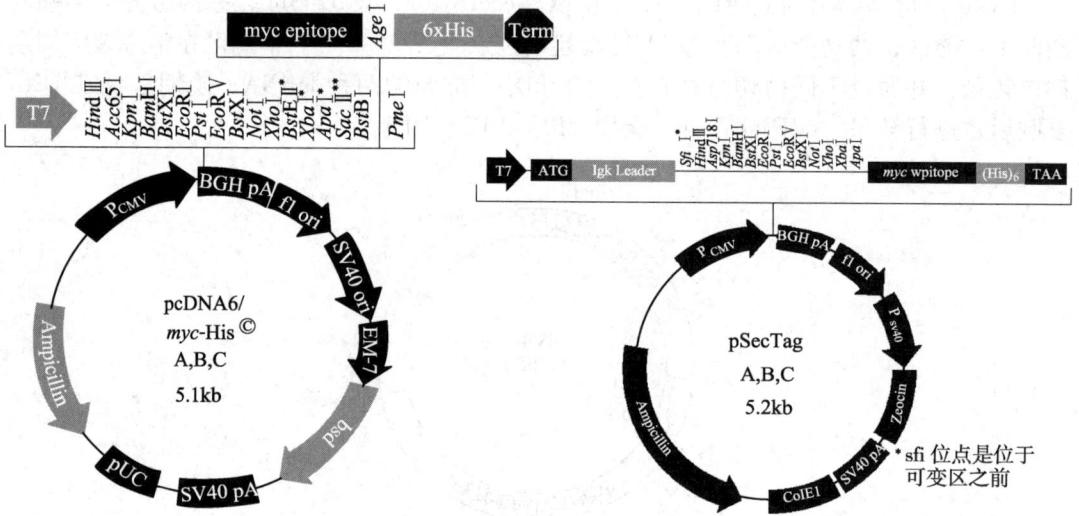

图 2-31　哺乳动物细胞表达载体 pCDNA6 和 pSecTag 图谱

哺乳动物细胞表达系统大规模生产基因工程药物的缺点是培养基昂贵，细胞生长缓慢，大规模培养技术难度大，生产成本偏高，培养和筛选细胞株的周期长。

（五）工程细胞的构建

为了获得大量的重组药用蛋白就必须采用稳定的表达系统，建立稳定的表达外源基因的工程细胞系，其程序一般是：①克隆所要表达的目的基因，并进行验证；②选择表达载体，并将目的基因克隆到表达载体中；③对宿主细胞进行筛选药物的耐受性实验，确定能杀死所有细胞所需要的最低药物浓度，以确定筛选药物的最佳筛选剂量；④转染哺乳动物细胞；⑤用合适的药物筛选阳性克隆（如用 *DHFR* 基因作为选择标记，可用 MTX（methotrexate，氨甲蝶呤）扩增；⑥鉴定表达产物；⑦保存表达外源基因的工程细胞。

第十节　基因工程在医药工业中的应用

一、基因工程激素类药物

激素（hormone）是一类由内分泌腺或特异细胞产生的含量极低的生物分子，经血液循环至靶组织，作为一种化学或信号分子引发专一的生理效应。根据激素的化学结构，激素可以分为三类：多肽蛋白质类激素、类固醇类激素和脂肪酸类激素。其中多肽蛋白质激素可以采用基因工程技术生产，并开发为基因工程激素类药物。20 世纪 80

年代初第一个上市的基因工程药物——重组人胰岛素便是激素类药物，此后又相继开发成功了人生长素、人降钙素、人心钠素、人脑利钠肽、人胰高血糖素、人促甲状腺素、人甲状旁腺素、人促滤泡素、人绒毛膜促性腺激素。

1. **胰岛素**　是由胰岛 B 细胞合成和分泌的由 A、B 两条多肽链借助两个链间二硫键连接而成的含有 51 个氨基酸残基的多肽激素。在临床上，胰岛素可用于治疗糖尿病，尤其是 1 型糖尿病，重组人胰岛素上市后，在多数发达国家已取代了猪或牛胰岛素应用于临床。近年来，通过基因工程技术，研究人员又开发了一系列胰岛素类似物药物，如 3 种速效胰岛素：赖脯胰岛素（Insulin lyspo）、门冬胰岛素（Insulin aspart 和 Insulin glulisine）；两种长效胰岛素：甘精胰岛素（Insulin glargine 和 Insulin determir）。

2. **生长激素**　生长激素（GH）是腺垂体合成与分泌的一种蛋白质类激素，人生长激素的主要形式是由 191 个氨基酸组成的单链球蛋白，在 53～165 及 182～189 氨基酸之间有两个分子内二硫键，不含糖。重组人生长激素可用于治疗生长激素缺乏症、其他原因引起的身材矮小症（如 Turner's syndrome）、慢性肾功能不全导致的生长缓慢、衰老引起的人生长激素减少等疾病的治疗。

3. **降钙素**　降钙素（Calcitonin, CT）是由哺乳动物甲状腺滤泡旁细胞即 C 细胞或低等动物的后腮体产生的激素，主要功能是调节钙、磷代谢，维持内环境稳定。在临床上，重组人降钙素与鲑鱼降钙素主要用于治疗以骨量减少、骨更新功能障碍为特点的疾病，如骨质疏松症、Paget's 疾病、高钙血症等。

4. **人心钠素**　人心钠素（hANP）又称心房利钠因子。是一个由 28 个氨基酸组成的多肽，对高血压、肾功能不全、充血性心力衰竭等疾病具有治疗作用。

5. **胰高血糖素**　由 29 个氨基酸组成，在临床上主要用于治疗糖尿病患者因胰岛素治疗引起的严重低血糖反应和新生儿低血糖，还是一种疗效确切的低血糖休克急救药。

6. **甲状旁腺素（PTH）**　是由甲状旁腺分泌的含 84 个氨基酸残基的单链激素，其生理功能是维持血钙浓度平衡。2002 年由美国 Eli Lilly 研制的基因工程重组 hPTH（1～34）完成了Ⅲ期临床试验，由 FDA 批准上市，用于防治骨质疏松症，其产品名为 Teriparatide，商品名为 FORTEO。

7. **促滤泡素**　又称为卵泡刺激素（FSH），是一种腺垂体产生的糖基蛋白激素，由 α 和 β 两个亚基组成，为卵巢滤泡发育所必需。由 Serono S A 公司利用 CHO 细胞表达的人促滤泡素 α 于 1998 年在美国上市，商品名为 Gonal – F。由 Akzo Nobel 公司利用 CHO 细胞生产的人促滤泡素 β 于 1997 年在美国上市。两者均用于治疗不孕症。

8. **人绒毛膜促性腺激素（hCG）**　是一种高度糖基化的蛋白质，糖含量占其分子量的 30%。由 Serono S A 公司利用哺乳动物细胞表达的 rhCG 于 2000 年获 FDA 批准上市，商品名为 Ovidrel，主要用于治疗不孕症。

二、基因工程细胞因子药物

细胞因子（cytokine）是细胞分泌的能调节机体的生理功能，参与细胞的增殖、分化、凋亡和行使功能的小分子多肽物质。绝大多数细胞因子是分泌型的小分子多肽，少数结合在细胞膜表面。细胞因子通过与细胞表面的受体结合后发挥作用，其生物学功能主要包括：调节免疫应答、抗病毒、抗肿瘤、调节机体造血功能、促进炎症反应等。

　　自从 1957 年从病毒感染的细胞上清液中发现了第一种细胞因子——干扰素以来，已有数百种细胞因子被发现，其中数十种基因重组的细胞因子处于临床研究阶段，用于治疗肿瘤、感染、造血功能障碍等疾病，10 多种已被批准上市，这些细胞因子主要包括干扰素（Interferon，IFN）、白细胞介素（Interleukin，IL）、集落刺激因子（Colony stimulating factor，CSF）、促红细胞生成素、干细胞因子、血小板生成素、肿瘤坏死因子（Tumor necrosis factor，TNF）、表皮生长因子、碱性成纤维细胞生长因子、血小板衍生生长因子、角质细胞生长因子等。

　　1. 干扰素　主要分为 IFN - α、IFN - β、和 IFN - γ 三类。IFN - α 主要由白细胞产生，IFN - β 主要由成纤维细胞产生，IFN - γ 主要由 T 细胞和 NK 细胞产生。重组 IFN - α 主要用于治疗白血病、Kaposi 肉瘤、病毒性肝炎、癌症和 AIDS；重组 IFN - β 主要用于治疗多发性硬化症；重组 IFN - γ 主要用于治疗慢性肉芽肿、生殖器疣、过敏性皮炎、传染性疾病和类风湿关节炎。

　　2. 白细胞介素　是指由各种白细胞产生的介导细胞之间相互作用的免疫调节因子。至今已发现的人白细胞介素有 33 个，分别命名为 IL - 1 ~ IL - 33，已开发成药的有 IL - 2 和 IL - 11，其他还有 IL - 3、IL - 6、IL - 10、IL - 12、IL - 15、IL - 18 和 IL - 24 正处于开发中。IL - 2 主要用于治疗肿瘤、免疫缺陷和感染性疾病。IL - 11 主要用于治疗肿瘤患者化疗导致的血小板减少症。

　　3. 促红细胞生成素　促红细胞生成素（erythropoietin，EPO）的成熟蛋白由 165 个氨基酸组成，高度糖基化，且糖基化对其生物活性至关重要，因此需要采用哺乳动物细胞（如 CHO）进行表达。天然的 EPO 主要由肾脏产生，少部分（10% ~ 15%）由肝脏产生，其功能是刺激造血祖细胞分化为红细胞，维持外周血正常红细胞水平。Amgen 公司及 Ortho Biotech 公司开发的 rhEPO（商品名 Epogen 及 Procrid）全世界年销售额达数十亿美元，成为开发最成功的基因工程药物之一。国内也有多家单位生产。该药物在临床上主要用于治疗肾衰竭导致的贫血、肿瘤放化疗导致的贫血、骨髓增生异常综合征贫血、类风湿关节炎和红斑狼疮导致的贫血、艾滋病患者使用叠氮胸苷（AZT）导致的贫血。

　　4. 干细胞生长因子　干细胞生长因子（stem cell factor，SCF）是于 1990 年发现的一种作用于最早期造血干祖细胞的造血细胞因子，在维持造血细胞存活，促进造血细胞增殖和分化，调控各系造血细胞的生长发育中起重要作用。Amgen 公司开发的人重组 met - SCF（商品名 STEMGEN）主要用于治疗放化疗肿瘤患者的骨髓衰竭。

　　5. 血小板生成素　血小板生成素（thrombopoetin，TPO）主要可应用于肿瘤患者放化疗导致的血小板减少症。

　　6. 肿瘤坏死因子　肿瘤坏死因子（tumor necrosis factor，TNF）是一类能直接造成肿瘤细胞死亡的细胞因子，可直接导致肿瘤细胞凋亡，主要有 TNF - α 和 TNF - β 两种，前者由单核巨噬细胞产生，后者由活化的 T 细胞产生。国内外研制的 rhTNF 均已进入临床试验阶段，用于肿瘤治疗。

　　7. 表皮生长因子　表皮生长因子（epidermal growth factor，EGF）临床上可促进外科手术伤口及创面（包括烧伤等）愈合，促进眼角膜创伤的愈合，治疗胃溃疡。

8. 其他的生长因子 如碱性成纤维细胞生长因子（bFGF）可作为外用药治疗烧伤、外周神经炎。血小板衍生生长因子可用于治疗糖尿病引起的下肢溃疡。角质细胞生长因子（KGF）用于自体造血干细胞移植前接受化疗患者的口腔黏膜炎。

三、基因工程溶血栓药物

溶血栓药物通过激活无活性的血浆纤溶酶原生成有活性的纤溶酶，将血栓主要基质纤维蛋白进行水解，从而溶解血栓。这类基因工程药物主要有：链激酶（streptokinase，SK）、尿激酶（urokinase type plasminogen activator，uPA）、组织型纤溶酶原激活剂（tissue type plasminogen activator，tPA）及其衍生物（如 rPA、TNK – tPA）、葡激酶（staphylokinase，SAK）等。

1. 链激酶 是从溶血性链球菌培养液中发现的纤溶酶原激活剂，由 415 个氨基酸组成。早期的链激酶采用传统的生化方法制备得到，但残存的溶血素对心肌和肝脏有损伤。我国的汤其群于 1994 年从链球菌染色体 DNA 上扩增了该基因，并在 *E. coli* 中进行了高效表达，其产品于 1998 年获批上市。临床上用于治疗急性心肌梗死（AMI）、肺栓塞（PE）、深部静脉血栓（DVT）和周围动脉栓塞（PAO）等。由于它为异体蛋白，具免疫原性，易引起过敏反应。

2. 尿激酶 是一种从人胚肾细胞培养液及尿中发现的溶栓药，分高分子尿激酶和低分子尿激酶两种，分别由 410 个和 276 个氨基酸组成，两者溶栓特性相同，可直接激活纤溶酶原，但对血栓中的纤溶酶原和血液中游离的纤溶酶原无选择性，易引起出血等不良反应。目前已有基因重组的尿激酶进入临床试验。

3. 组织型纤溶酶原激活剂 tPA 是一种含 527 个氨基酸的单链糖蛋白，具有 17 对二硫键和 3 个糖基化位点。tPA 属于第二代溶栓药物，与第一代的链激酶和尿激酶相比，其优点在于对血栓的特异性溶栓作用，原因是游离的 tPA 与纤溶酶原亲和力很低，而 tPA 与纤维蛋白却有很高的亲和力，与纤维蛋白结合后的 tPA 对纤溶酶原的激活作用比游离的 tPA 强 100 倍。由于正常人血液中极少有纤维蛋白生成，因此一般不会产生非特异性全身性纤溶状态。由于血栓中存在大量纤维蛋白，故 tPA 主要结合于血栓中的纤维蛋白，从而促进了 tPA 对纤溶酶原的激活作用，使其形成纤溶酶，溶解血栓。美国 Genentech 公司用 CHO 细胞生产的 tPA 于 1987 年上市，它也是第一个被 FDA 批准的用动物细胞大规模生产的基因工程产品。

然而，tPA 用于溶栓治疗时也有一定的局限性，例如它进入血浆后大部分与纤溶酶原激活剂抑制物（plasminogen activator inhibitor – 1，PAI – 1）形成复合物，并迅速失去活性。肝细胞膜上的特异受体能识别 tPA 分子，快速与 tPA 结合，使 tPA 血浆半衰期仅为 4～6min。因此，tPA 溶栓治疗急性心肌梗死的剂量较大，为 100～150mg。当接受治疗的患者血浆中 tPA 浓度上升到生理水平的 1000 倍时，可引起血浆纤维蛋白浓度下降 30%～50%，多次持续用药易引起内出血。

4. rPA 为野生型 tPA 基因经缺失突变，去除了整个指形区、生长因子样区和 K1 三角区等结构域，只剩下重链的 K2 三角区和轻链结构域的编码顺序。rPA 为单链非糖化分子，分子量为 39000，与肝细胞膜受体亲和力显著降低，血浆半衰期明显延长，为 11～14min。临床数据表明，rPA 的治疗效果和不良反应与重组 tPA 无统计学差异。rPA

生物工程

用大肠杆菌表达，成本比 rtPA 明显降低。由于半衰期延长等原因，其临床治疗剂量比 rtPA 明显减少，静脉用药 10min 内完成，比 rtPA 快 9 倍，因此使用方便，易于推广。

5. TNK－tPA　为野生型 tPA cDNA 基因经以下多重突变后，由哺乳动物细胞表达。

（1）Thr103 替换为 Asn103，从而形成一个新的糖基化位点。

（2）Asn117 替换为 Glu117，从而去除了一个原有的糖基化位点。由于此处原有的糖链能够促进 tPA 从血浆清除，因此突变后能降低血浆清除率，延长血浆半衰期。

（3）PAI－1 结合位点处的 Lys296－His297－Arg298－Arg299 替换为 4 个 Ala，有效地对抗 PAI－1 的抑制作用。TNK－tPA 的血浆清除速度明显减慢，其清除速度比 rtPA 慢 4 倍，对 PAI－1 抗性增加 80 倍，血浆半衰期 17min，对纤维蛋白的选择性作用增强 14 倍。TNK－tPA 体外溶栓速度比 rtPA 快 3 倍，溶解兔血栓能力比 rtPA 强 13 倍，用药剂量为 rtPA 的 1/3 时，两者冠状动脉再通率无显著差别。由于不出现胶原诱导的血小板聚集，再梗塞发生率低。因出血等不良反应少而轻，TNK－tPA 可在 5s 内一次性用药。TNK－tPA 已于 2000 年由 FDA 批准上市。

6. **葡激酶**　是从溶源性噬菌体感染后的金黄色葡萄球菌中分泌的一种蛋白质，具 163 个氨基酸残基。它与链激酶一样，本身没有纤溶酶活性，需与纤溶酶原结合形成葡激酶－纤溶酶原复合物后才具有纤溶活性。国内研制的重组葡激酶已于 2003 年上市，主要用于治疗急性心肌梗死和外周动脉血栓。

四、基因工程可溶性受体

可溶性受体（soluble receptors）是指细胞膜受体胞外与配基结合的膜外区，由于多种原因自胞膜脱落但仍保留和配基结合能力的受体。

1. **肿瘤坏死因子可溶性受体**　由美国 Immunex 和 Wyeth-Ayerst Laboratories 公司研制的重组肿瘤坏死因子受体 Stnfr75－Fc 是第一个用于临床的基因工程可溶性受体，于 1998 年获 FDA 批准上市，商品名 Enbrel，用于治疗类风湿关节炎。治疗慢性心衰也正在进行 I 期临床研究。

2. **IL－可溶性受体**　美国 Immunex 公司研制的 IL－1 可溶性受体 sIL－1R 已在进行 I／II 期临床治疗哮喘、类风湿关节炎的研究。IL－4 可溶性受体 sIL－4R 可在治疗哮喘、器官移植抗异体排斥方面得到应用。

五、基因工程抗体

1986 年第一个治疗性抗体鼠源性单抗——抗 CD3 单抗 OKT3 获准上市，用于治疗移植排斥反应，从而在世界范围内掀起了治疗性抗体研究的第一次浪潮。然而，鼠源性单抗在治疗过程中会出现严重的副作用，这主要表现在：① 鼠抗体具有免疫原性，使用时人体会产生人抗鼠抗体（human anti-mouse antibody，hAMA），除了会降低疗效外，严重时会导致患者产生超敏反应，危及患者生命；② 鼠抗体恒定区糖基化类型及程度与人抗体不同，因而不能有效激活人体的生物效应功能，如补体依赖的细胞毒（CDC）作用及抗体依赖的细胞毒（ADCC）作用，因此，在人体中只能发挥部分抗体效应功能，疗效颇受影响；③ 鼠抗体在人体中半衰期短，疗效无法达到预期水平。为了克服以上问题，基因工程抗体应运而生。

64

　　基因工程抗体属于第三代抗体，主要包括嵌合抗体、人源化抗体和人源性抗体。随着人源化技术、抗体库技术及抗体体外亲和力成熟技术的日趋完善，基因工程抗体已成为治疗性抗体研发的主体。基因工程抗体的优势在于：①免疫原性大大降低甚至消除；②分子量一般较小，更易穿透进入病灶核心；③可以对抗体分子进行改造，设计出不同的抗体片段和类型，以提高抗体的治疗效果。

　　赫赛汀（Herceptin）是第一个在乳腺癌中显示有确切疗效的抗体药物，它是一种重组 DNA 技术生产的人源化单克隆抗体，选择性地作用于人表皮生长因子受体 – 2（HER – 2）的细胞外部位。此抗体属 IgG1 型，含人的框架区及能与 HER – 2 结合的鼠抗 – p185HER – 2 抗体的互补决定区。体外及动物实验中均显示，可抑制 HER – 2 过度表达的肿瘤细胞的增殖。

　　Humira 是 Abbott Laboratories 公司研制的第三代治疗类风湿关节炎的抗肿瘤坏死因子 TNF – α 的全人源性单抗药，它是 Abbott Laboratories 和剑桥抗体技术公司 CAT 采用噬菌体展示技术研制成功的。Humira 于 2002 年 12 月获得 FDA 批准。

　　Avastin 是美国遗传技术研究公司开发的抗 VEGF 的基因工程抗体抗癌新药，它主要通过抑制能够刺激新血管形成的 VEGF，使肿瘤组织无法获得所需的血液、氧和其他养分而最终"饿死"，以达到抗癌功效。FDA 于 2004 年 2 月 26 日批准了该药。

　　截至 2008 年，美国 FDA 已批准了 26 个抗体药物，多数为人源化或全人源性抗体，其中抗肿瘤药物占 53.8%，免疫性疾病 19.2%，器官移植 11.5%，感染性疾病 7.7%，心血管疾病 3.8%，其他 3.8%。其中，Rituxan、Remicade、Herceptin、Avastin 和 Humira 五个药物在治疗淋巴瘤、乳腺癌、结肠癌等恶性肿瘤中显示了良好的疗效，并取得了巨大的经济效益。截至 2007 年，我国也已有 10 个抗体药物批准上市。

六、基因工程在药物筛选中的应用

　　采用基因工程技术制备受体或将其他药物作用靶分子应用于药物筛选是基因工程技术应用的一个重要领域。受体是存在于细胞膜上或细胞内能够特异性地与其配体（如激素、神经递质、药物、毒素等）相识别和结合，从而激活或启动一系列生化反应，最后导致该信号物质特定的生物效应的大分子物质，多为糖蛋白。受体在药物作用中起着非常关键的作用。受体含量往往很低，很难采用传统的生化方法进行制备。然而，采用基因工程技术却可以将受体或受体亚型的基因从人体组织中克隆出来，再在微生物或哺乳动物细胞中进行表达，并应用于药物筛选。与传统的受体制备技术相比，重组受体应用于药物筛选具有以下优点：①可以得到重组人的受体，而不是动物的受体，应用于药物筛选试验更接近人体的自然状态；②可大量制备只在特定组织中存在、用传统制备方法难以得到的受体；③采用基因工程技术可以表达制备得到相对较纯的重组受体；④重组受体更为经济便利。目前已成功克隆表达了亲代谢型谷氨酸受体、神经肽 Y 受体、A3 肾上腺素受体亚型等多种重组受体并应用于药物筛选。此外，采用酵母系统表达 G 蛋白偶联受体应用于药物高通量筛选也取得了重要进展。

第十一节　基因工程研究新进展

一、蛋白质工程

1983 年，美国生物学家 Ulimer 首先提出了"蛋白质工程"的概念。蛋白质工程是在基因工程的基础上发展起来的，在技术方面有诸多同基因工程技术相似的地方，因此蛋白质工程也被称为第二代基因工程。

（一）蛋白质工程的概念

蛋白质工程是以蛋白质的结构及其功能为基础，借助计算机辅助设计通过基因修饰和基因合成等技术对现有蛋白质加以改造，或直接从头设计全新的蛋白质序列从而获得更符合人类需要的新型蛋白质的现代生物技术。其基本实施目标是运用基因工程的 DNA 重组技术，将克隆后的基因编码加以改造，或者人工组装成新的基因，再将上述基因通过载体引入挑选的宿主系统内进行表达，从而按照人工设计产生符合人类需要性状的"突变型"蛋白质分子。

（二）蛋白质工程原理和研究内容

蛋白质工程是以蛋白质结构功能关系的知识为基础，通过合理的分子设计，把蛋白质改造为满足人类需要的新的突变蛋白质。蛋白质工程实质是依据 DNA 指导合成蛋白质，故可根据需要人为地对负责编码某种蛋白质的基因进行重新设计，使合成出来的蛋白质更加符合人们期望。基因工程通过分离目的基因重组 DNA 分子，使目的基因更换宿主得以异体表达，从而创造生物新类型，但这只能合成自然界固有的蛋白质。蛋白质工程则是运用基因工程的 DNA 重组技术，将克隆后的基因编码序列加以改造，或者人工合成新的基因，再将上述基因通过载体引入适宜的宿主系统内加以表达，从而产生数量几乎不受限制、有特定性能的"突变型"蛋白质分子，甚至全新的蛋白质分子。

蛋白质工程的研究内容包括任何旨在将蛋白质知识转变为实践应用的理论研究和操作技术研究。主要包括 4 大类研究内容：①利用已知的与生物信息中有关蛋白质结构的信息进行开发应用研究；②定量确定蛋白质结构与功能关系，包括蛋白质三维结构模型的建立、功能性质预测、蛋白质折叠和稳定性研究、蛋白质变异的探讨等；③依据按照特定结构功能关系所设计的蛋白质，采用基因工程技术有目地有在特定位点上使蛋白质产生变异，然后研究其结构与功能关系，最终筛选出具有预期特定结构与功能关系的蛋白质；④根据已知结构与功能关系的蛋白质，用人工方法合成它和它的变异体，完全人为控制蛋白质的性质。

（三）蛋白质工程基本操作程序

蛋白质工程的"施工"程序是：首先将蛋白质纯化结晶，经 X 射线衍射，分析蛋白质空间结构，分析选择（设计）需改变的氨基酸顺序位点。通过基因定点诱变，在了解蛋白质三维结构与功能的基础上，对突变后的线性肽链进行折叠与分子设计，从而构建全新的蛋白质分子。（图 2 – 32）

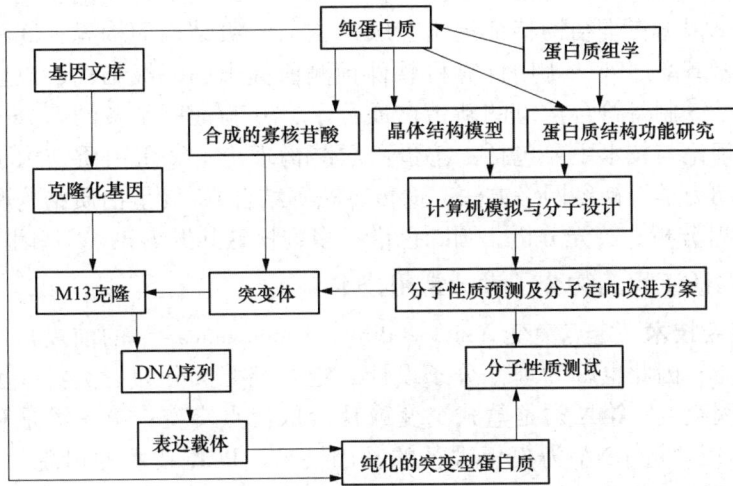

图 2 - 32　蛋白质工程的基本流程

1. **蛋白质结构分析**　蛋白质工程的核心内容之一就是收集大量的蛋白质分子结构信息，以建立结构与功能之间关系的数据库，为蛋白质结构与功能之间关系的理论研究奠定基础。三维空间结构的测定是验证蛋白质设计的假设（即证明是新结构改变了原有生物功能）的必需手段。结晶和 X 射线衍射分析、荧光分析、圆二色谱、多维磁共振、生物质谱等技术在确定蛋白质结构方面发挥很大作用，上述技术与计算机结合，可以有效地分析并直接模拟出蛋白质的空间结构、蛋白质之间相互作用的情况以及动态机制，以开发具有高度专一性的药用蛋白质。

2. **基因定点诱变**　根据三联体密码，编码 DNA（目的基因）的确定位点，改变其组成核苷酸的顺序或种类，使基因发生定向变异，使其控制合成的氨基酸种类、顺序发生改变，合成出具有预期氨基酸序列的修饰蛋白质。基因定点突变的基本过程是：首先使目的基因由环状载体拆成单链，再对指定的位点用寡聚核苷酸诱导或置入合成的寡聚核苷酸产生定点突变基因，最后将突变基因导入适宜的表达系统产生突变体蛋白质。这是目前广泛用于定向改造蛋白质的基本常规技术手段。基因定点突变已经发展成为可在任意位置更换、插入、删除所期望的氨基酸。

3. **蛋白质三维结构与功能关系的研究**　研究表明，功能上千差万别的蛋白质，结构上却只存在着有限的若干种类型，其中有些可用作蛋白质分子设计的基本模式。探讨蛋白质三维结构与其功能的关系，以确定在什么位置改变何种氨基酸可以保证新合成的蛋白质性能更优良预期从而达到目标。此外，对蛋白质结构形成和影响结构稳定因素的深入探讨，以及新型蛋白质的设计和构建均有重要意义。而蛋白质三维结构、分子动力学过程、热力学原理必须连成整体来研究设计蛋白质分子突变异体。

4. **蛋白质折叠与分子设计**　要成功地设计新型蛋白质分子，就必须深入研究特定的氨基酸序列作为一维线性肽链是如何卷曲折叠形成相应特征的三维结构的，活性蛋白质都具有特定的三维结构，全新蛋白质的设计应不是盲目的，首先预想出所设计的蛋白质的功能，然后根据该功能再来设计可能具有该功能的结构，因此必须将结构设计与功能设计相结合。设计的基本思路和步骤如下：①提出与预期功能可能相关的三维结构特征；②根据三维结构特征提出三级结构与二级结构的构思；③根据构思提出一系列可能的氨基酸序列；④用计算机软件预测所提出的一级结构，以验证是否符合高级结构构思；⑤制备符合构思的新蛋白质分子；⑥验证所制备的新分子的结构与功能。所涉及的理论与技术主要包括：①蛋白质结构理论；②蛋白质结构预测技术（分子力学、分子动力学、神经网络方法、遗传算法等结合）；③蛋白质结构测定技术（结晶和 X 射线衍射分析、荧光分析、圆二色谱、多维核磁共振等）；④基因工程技术。

（四）蛋白质工程药物分子设计常用技术

1. 定点突变技术 定点突变（site - directed mutagenesis）的前提是已知蛋白质分子的结构和功能，因此也称为理性分子设计。定点突变又分为三类：一类是通过寡核苷酸介导的基因突变；第二类是盒式突变或片段取代点突变；第三类是利用聚合酶链反应（PCR），以双链 DNA 为模板进行的基因突变。PCR 技术的出现为基因的突变、基因的剪接开辟了一条极其有效、极其敏捷的道路。除此之外，还有一种称为定点饱和突变技术，即靶位点的氨基酸被其他不同种类的氨基酸代替而得到突变子的方法。此方法着重在于寻找靶位点的最适氨基酸。

2. 体外定向进化技术 体外定向进化（directed evolution *in vitro*）是蛋白质工程的新策略。它不需要事先了解蛋白质的三维结构信息和作用机制，而是在体外模拟自然进化的过程（随机突变、重组和自然选择），使基因发生大量变异，并定向选择出所需性质或功能，从而在几天或几周内实现自然界需数百万年才能完成的事情。

体外定向进化属于非合理设计，定向进化 = 随机突变 + 高通量筛选，它适宜于任何蛋白质分子，大大地拓宽了蛋白质工程学的研究和应用范围。特别是它能够解决合理设计所不能解决的问题。目前体外定向进化技术有：①易错 PCR（error prone PCR，EP PCR）；②DNA 改组（DNA shuffling）；③化学诱变剂介导的 DNA 随机诱变；④随机引物体外重组（random priming *in vitro* recombination，PRP）；⑤交错延伸（stragger extension process）。

3. 蛋白质分子的展示及筛选技术 利用上述各种重组方法得到的是包含有益突变体的群体，如何快捷有效地从中筛选得到目的蛋白还需行之有效的筛选系统。因此在蛋白质工程技术中最引人注目的是筛选技术，它已受到人们的广泛关注。目前建立的筛选系统中，常见的有噬菌体表面展示技术、酵母展示技术、大肠杆菌展示技术、细胞表面展示技术、核糖体表面展示技术、mRNA 展示技术。

（五）蛋白质工程应用

自从人类第一次采用定点突变技术对已知结构和机制的一种酶活性位点进行改造以来，蛋白质工程已经历了 30 多年的发展历程，蛋白质工程在开发产品的同时，基础研究也在不断加强，研究对象由单一蛋白质扩大到糖蛋白、蛋白质－核酸复合物以及核酸等生物分子和复合体。研究内容从蛋白质修饰延伸到分子设计、构象设计、药物设计等。研究技术手段日新月异，基因资源的积累和计算机应用软件的大量涌现，促成了生物信息（bioinformation）研究技术的形成，为加强蛋白质工程的高效、理性和创造性奠定了基础，大大加快了研究和开发进程。进入 20 世纪 90 年代以后，对天然蛋白质进行改造的技术越来越成熟，从头设计合成新的蛋白质途径已取得突破性进展，为蛋白质工程树立了新的里程碑。蛋白质工程在近十几年里取得了长足的进步，成为研究蛋白质结构和功能的重要手段，同时广泛用于新药设计及其他领域中。现在该技术已能够对蛋白质的活力、特异性、稳定性和折叠性进行预期的设计改造，工程化的蛋白质已成功地应用于制药工业和许多重大疾病的治疗。蛋白质工程技术在生物新药的研究中的应用大致有 8 个方面：①提高药效活性；②提高靶向性；③提高稳定性，改善药代动力学特性；④提高工业生产效率；⑤降低蛋白质类药物引起的免疫反应；⑥获得具有新功能的蛋白质分子；⑦获得特定蛋白的拮抗物或类似物；⑧模拟原型蛋白质分子结构开发小分子，模拟肽类药物。

蛋白质工程药物发展经历了 3 个阶段：第一阶段许多未经修饰的天然蛋白质被开发为药物，像胰岛素、EPO（人促红细胞生成素）、IFN（干扰素）、G－CSF（粒细胞菌落刺激因子）和凝血因子Ⅷ等。第二阶段是在第一代的基础上加以简单的工程技术修饰，如已经上市的由 Amgen 公司生产的超糖基化的人促红细胞生成素 Aranesp，由 Roche 公司生产的经过聚乙二醇修饰的干扰素－α PEGasys 和由 Amgen 公司生产的经过聚乙二醇修饰的粒细胞集落刺激因子 Neupogen。它们较未修饰的天然蛋白质有着更优良的药代动力学性质，然而经过这样改造修饰的蛋白质，药效有很大幅度的降低，为了克服这些缺陷，第三代蛋白质工程药物应运而生。它们的出现旨在优化蛋白质药物的生物学性质和理化性质。优化的机制包括：一级结构的优化处理，化学和蛋白质翻译后的修饰以及融合蛋白的应用等。经过改造后的第三代蛋白质工程药物在保留很高活力的同时，理化性质（如溶解性、稳定性）、药代动力学性质、生物学性质（亲和力、底物特异性、免疫原性）方面都有显著的改善。

蛋白质工程不仅是药物新的研究手段，也是先进的生产技术，它在药学的研究开发中起着重要的作用。蛋白质工程药物分子设计是第三代蛋白质工程药物的特征，研究蛋白质结构、功能、活性间的相互关系，设计蛋白质空间结构，并以蛋白质分子的结构规律及其与生物功能的关系为基础，通过有控制的基因修饰和基因合成，对现有蛋白质加以定向改造、设计、构建，随后可通过高通量筛选技术的应用及加工工艺的发展等策略来获得有新药开发价值的生物分子，在这基础上设计新型蛋白质、多肽或其他代谢分子，包括疫苗、酶、抗体、治疗肽及其他一些生物分子，并最终生产出性能比自然界存在的蛋白质更加优良、更加符合人类社会需要的新型蛋白质。运用这些方法基本上均可对所有的蛋白质序列和结构的修饰达到异常惊人的可控水平。随着蛋白质工程技术日新月异的发展，点突变技术、融合蛋白技术、DNA 重组、定向进化、基因插入及基因打靶、展示技术、DNA 或蛋白质芯片、药物生物信息学和计算机技术的运用，使得蛋白质工程药物研究的不断深入和完善，蛋白质工程药物新品种迅速增加，蛋白质工程药物将占据越来越大的市场份额。在被批准的新药中，小分子药物所占的比例在不断减少，而蛋白质工程药物所占比例却呈稳定趋势上升，现研究成功的蛋白质工程药物已达几十种，且在不断迅速增加（表 2－9），已成为新型生物技术药物的快速发展前沿。

表2-9　已批准上市的部分蛋白质工程药物

产品名称	蛋白质名称	蛋白质工程技术特点	改构物特性
Retavase（Boehringer Mannheim/Centocor）	tPA 改构物	除去天然 tPA 5 个结构域的 3 个结构域（N 端指形结构域、EGF 结构域和 Krigle 2 环结构域）	加速血栓溶解作用，延长半衰期
Ecokinaee（Galenus Mannhein）	改构 tPA	保留天然 tPA 2 个结构域	急性心肌炎，延长半衰期
Novo Rapid（Novolog）（Novo Nordisk）	快速胰岛素	B 链 28 位的 Pro 改为 Asp	解聚六聚体，快速起效
Lantus（Aventis）	长效胰岛素	A 链的 Asp21 突变为 Gly，B 链 C 末端加了 2 个 Arg	在真皮内凝结，缓慢释放，产生长效作用
Proleukin（Chiron）	IL-2 突变体	Cys 125→Ser，缺失 N 端 Ala，非糖基化	降低聚集作用增加特异性
Ontak（Seragen/Ligand）	IL-2 与白喉毒素融合蛋白	IL-2 与白喉毒素融合蛋白	将毒素靶向表达 IL-2 受体的细胞，治癌
TNKase（Genentech/Roche）	tPA 突变体	Thr103 替换为 Asn，Gln299 替换为 Asn	延长半衰期，增加特异性，治疗急性心肌炎
Refludan（Aventis）	突变型水蛭素	Ile→Leu 去除 C 端 Tyr 的磺酸基团	改变结合活性，治疗肝素诱导的 II 型血小板减少症
Ziv-aflibercept/阿伯西普	重组人融合蛋白	血管内皮生长因子 A（VEGF-A）和胎盘生长因子（PLGF）紧密结合融合蛋白	与内源性配体结合，抑制其结合与活化，减少心血管的生成、降低血管通透性
Adalimumab/阿达木单抗	全人源 TNF-α 单抗	人单克隆 D2E7 重链和轻链经二硫键结合的二聚物	特异性与 TNF-α 结合，阻断其与 P55 和 p75 细胞表面 TNF-α 受体的相互作用
Tbo-Filgrastim	重组粒细胞集落刺激因子（G-CSF）短效剂	重组粒细胞集落刺激因子（G-CSF）	刺激骨髓产生白细胞，化疗相关中性粒细胞减少症
Ocriplasmin/玻璃体腔注射液	重组人纤维蛋白溶酶	重组截短型人纤维溶酶	溶解造成玻璃体黄斑粘连（VWA）的蛋白基质
Glucarpidase/羧肽酶	羧肽酶	DNA 重组技术在经遗传工程修饰的大肠杆菌中产生的酶	将甲氨蝶呤转化成无毒性的代谢产物 DAMPA 和谷氨酸，治疗肾衰竭所致甲氨蝶呤中毒

二、反义药物

（一）反义药物的定义

反义技术（antisense technology）是根据碱基互补原理，用人工合成或生物体合成的特定 DNA 或 RNA 片段抑制或封闭基因表达的技术，是一种新的药物开发方法。利用反义技术研制的药物称为反义核酸药物（简称反义药物，antisense drugs），包括反义 DNA（antisense DNA）、反义 RNA（antisense RNA）、核酶（ribozyome）、反义寡聚核苷酸（antisense oligodeoxynucleotide，ASODN）、多肽核酸（peptide nucleis acid，PNA）五类。

1. **反义 DNA** 反义 DNA 是指能与基因 DNA 双链中的有义链互补结合的短小 DNA 分子。反义 DNA 与基因 DNA 双螺旋的调控区特异结合形成 DNA 三聚体（triplex），或与 DNA 编码区结合，终止正在转录的 mRNA 链的延长。

2. **反义 RNA** 反义 RNA 是指能和 mRNA 完全互补的一段小分子 RNA 或寡聚核苷酸片段，通过碱基对氢键的作用与靶 mRNA 形成双链复合物。一方面通过与靶 mRNA 结合形成空间位阻效应，阻止核糖体与 mRNA 结合，另一方面其与 mRNA 结合后激活内源性 RNase 或核酶，降解 mRNA，这样影响基因的转录、翻译和加工过程，从而调控基因的表达。

3. **核酶** 是具有酶催化活性的、可精确地自我切除某些片段并重新连接的 RNA。其与靶 RNA 特异互补结合，相当于一种反义 RNA，功能区则可通过降解 RNA 的磷酸二酯键而分解消化靶 RNA，而核酶本身在作用过程中并不消耗。核酶裂解分子依赖严格的空间结构形成，裂解部位总是位于靶 RNA 分子中 GUX 三联体（X：C、U、A）下游方向即 3′ 端，核酶能特异切割 RNA 分子，阻断基因表达，特别是使阻断有害基因的表达成为可能。如果已知靶 mRNA 中 GUX 三联体的位置，可将核酶的编码基因插入反义表达载体的适当位置，这样转录所产生的含有核酶的反义 RNA 具有双重功能：一方面具有反义抑制作用，另一方面具有切割靶 mRNA 的催化作用。由于核酶是催化性分子，一个核酶分子可以裂解与之结合的靶向 mRNA，将其释放，然后再裂解其他靶向 RNA；而一个反义 DNA 分子只能"自杀性"地阻止一个 RNA 分子发挥生物活性。核酶除天然存在外，也可人工合成。根据核酶的作用位点、靶 mRNA 周围的序列和核酶本身高度保守序列，可方便地人工设计合成核酶的特异性序列。此外，利用基因工程将核酶的编码基因克隆，通过转录合成所需核酶。所以与反义 RNA 相比，核酶药物具有治疗剂量小，药物毒性小等优点。同时，由于病毒基因组的变异很快，所以病毒对大部分针对单一靶向的治疗方法会很快地产生耐受性，可将多种针对不同 RNA 靶向序列的核酶同时用于抑制病毒 RNA，病毒就较难产生耐受性。鉴于核酶序列专一性很高，对与之结合的靶向 mRNA 具有高度的选择性。核酶主要被用来治疗癌症、病毒感染等。

4. **反义寡聚核苷酸** 反义寡聚核苷酸是一种合成的、短且与 mRNA 互补的，以 mRNA 为目标，抑制翻译的反义分子。根据 Crick 的中心法则，正常情况下，在细胞核中 RNA 聚合酶以 DNA 的有义链为模板转录成 mRNA，mRNA 通过核孔进入细胞质与核糖体结合形成复合物，载有氨基酸的 tRNA 以自身的反密码子与 mRNA 上的密码子配对，前一个 tRNA 上氨基酸的羧基和相邻后一个 tRNA 上氨基酸的氨基发生脱水反应形成酰胺键，随着肽链的延长最后形成 N→C 的蛋白质分子。在用反义药物处理的情况下，当 mRNA 进入细胞质后，特定 ASODN 分子与 mRNA 上的特异位点杂交形成 DNA - RNA 复合物，抑制 mRNA 与核糖体的结合，同时激活 RNase H 降解 mRNA，从而阻断蛋白质翻译进行。同时，还能将反义寡核苷酸（ASO）技术引入到 miRNA 的功能研究中，这种沉默 miRNA 的 ASO 被称为 AMO。目前，这种技术被认为是 miRNA 功能研究中最为行之有效的方法，也是最常用的方法。

5. **多肽核酸** 多肽核酸（peptide nucleic acid，PNA）是一种以肽为骨架的 DNA 类似物，它是将反义寡聚核苷酸的磷酸 - 糖骨架以肽链取代后得到的一类新型化合物。PNA 的优点是能与互补的 DNA 或 RNA 杂交，亲和性比相应的寡核苷酸高很多，能像正规的寡核苷酸一样区分错配碱基，能抗核酸酶降解，能以较低的费用大量制备。多肽核酸的作用机制为：PNA 与 DNA 的结合能导致限制性内切核酸酶所需的特征结构发生改变，从而序列专一性地抑制内切酶对 DNA 双链的切割。PNA 还能对转录进行正和负调节，分别实现对转录的序列专一性的终止或者启动。一般只需单个 PNA 分子和处于模板链上的较短靶序列的相互结合即可实现对转录的抑制，而转录的启动需要较大的或多个 PNA 靶序列位于非模板链，所以有可能在控制不同条件下，利用 PNA 进行序列专一性的转录人工的正负调节。PNA 与 mRNA 中互补序列的结合。也可产生序列专一性的翻译抑制作用。

上述不同种类的反义核酸通过碱基互补原则与被感染细胞内部的某个靶标 mRNA 或 DNA 结合，抑制或封闭该基因的转录和表达，或切割 mRNA 使其丧失功能。反义核酸对基因表达的有效调控给人类疾病治疗带来了新的希望，将反义核酸作为一种生化药物，有希望在征服人类的大敌如癌症、艾滋病和遗传性疾病中发挥重要作用。根据核酸杂交原理，反义药物能与特定基因杂交，在基因水平干扰致病蛋白的产生过程。蛋白质是维持生物体结构和功能的主要物质，在人体代谢中扮演非常重要的角色，几乎所有的人类疾病都是由蛋白质的异常引起的，无论是宿主疾病（肿瘤等）还是感染疾病（肝炎等）。传统药物主要是直接作用于致病蛋白本身，反义药物则作用于编码致病蛋白的基因。已知许多种难以治愈的棘手疾病，如肿瘤及艾滋病、乙型肝炎等病毒性疾病均与细胞中 RNA 的某对碱基发生变异有关。目前应用人工合成的反义核酸药物抑制真核细胞基因、癌基因、病毒基因及其他内源基因的表达，其已经成为一种重要的抗肿瘤、抗病毒候选药物，可以应用于多种疾病的治疗。

（二）反义药物的作用机制

根据基因组学与蛋白质组学理论，人体内的任何细胞均含 RNA（核糖核酸）与 DNA（脱氧核糖核酸）等核酸类物质。它们系由 20～22 对碱基所组成的一股"双螺旋"状物质。只要其中有一对碱基出了问题（发生变异）就会引起病变（如肿瘤）的发生。因此假如能设法开发出一种新药，它能干扰 RNA 病变碱基，防止其复制及翻译成为新蛋白质。这样就能在"源头"阻止 RNA 病变所引起的疾病（如肿瘤等）以及由此产生的症状。反义核酸是指与目的 DNA 或 RNA 以碱基配对原则互补结合的能够抑制目的基因表达的核酸，反义核酸通过 Warson-Crick 碱基配对或通过与基因上特定序列形成三股螺旋来下调某一特定基因的表达，可以在 mRNA 的转录、剪接、加工转运、翻译及降解等各个环节起作用。其机制为：

（1）在细胞核内与基因组 DNA 结合，阻止 DNA 的复制与转录。

（2）与 mRNA 的 5′端的 SD 序列或 5′端编码区（主要是起始密码子 AUG）结合改变 mRNA 的二级结构，阻碍核糖体的结合，从而阻碍翻译，或使反义 RNA 与 mRNA 形成双链，诱导水解酶水解。

（3）与引物结合，改变 DNA 的三级结构，从而在复制水平上阻止基因表达。

（4）结合到前体 RNA 的外显子和内含子的连接区，阻止其剪切成熟。

（5）作用于 mRNA 的 poly（A）形成位点，阻止成熟和转运。

（6）作用于 mRNA 的 5′端，阻止帽子结构的形成。

（7）与 mRNA 结合，激活核酸酶（RNase H），加速杂合链中 mRNA 的降解，从而大大缩短 mRNA 的半衰期。

（8）由于带电性等影响，非特异性地与某些蛋白质结合，阻止蛋白质行使功能或诱导酶降解蛋白质。

（三）反义药物的制备

利用反义技术研制反义药物，通常是指反义寡核苷酸，即人工合成的 DNA 或 RNA 单链片段。反义核酸的制备既可以采用化学合成方法，也可以采用生物技术方法，基因工程制备反义核酸的方法一般与基因克隆方法类似，包括 cDNA 的制备、反义 RNA 表达载体的构建及将表达载体导入细胞三步骤。通过人工合成反义 RNA 的基因（cDNA），并将其导入细胞，转录出反义 RNA，能抑制特定基因的表达，封闭基因功能。

反义药物与常规药物相比，有许多优点：如疾病的靶基因 mRNA 序列是已知的，因此，比较容易合成与设计；反义寡核苷酸与靶基因能通过碱基配对原则发生特异和有效结合。调节基因表达。缺点是天然寡核苷酸难以进入细胞内，而一旦进入又易被胞内核酸酶水解，很难直接用于治疗。

（四）反义药物的用途

反义核酸作为基因治疗药物之一，与传统药物相比具有诸多优点。①高度特异性：反义核酸药物通过特异的碱基互补配对作用于靶 RNA 或 DNA，犹如"生物导弹"。②高生物活性、丰富的信息量：反义核酸是一种携带特定遗传信息的信息体，碱基排列顺序可千变万化，不可穷尽。③高效性：直接阻止疾病基因的转录和翻译。④最优化的药物设计：反义核酸技术从本质上是应用基因的天然顺序信息，实际上是最合理的药物设计。⑤低毒、安全：反义核酸尚未发现其有显著毒性，尽管其在生物体内的存留时间有长有短，但最终都将被降解消除，这避免了如转基因疗法中外源基因整合到宿主染色体上的危险性。

反义药物的分子基础及其作用机制决定了它在治疗上的专一性、高效性和低毒性的特点，可广泛用于肿瘤、心血管系统疾病、抗感染、抗病毒或其他传染病等的治疗。从理论上说，反义药物可用于治疗任何由基因表达或者基因缺失引起的疾病，而且，与直接作用于致病蛋白的传统药物不同，反义药物能与特定基因结合，从基因水平上干扰致病蛋白的产生过程，从而达到治疗疾病的目的。反义药物比传统药物更具有选择性，且效率较高，因此也更高效低毒。就反义核酸基因治疗来说，目前就有 20 多个针对卵巢癌、乳腺癌、前列腺癌、结肠癌、实体瘤等肿瘤发生的相关基因的反义核酸药物进入Ⅰ～Ⅲ期临床研究，核酶药物也已有进入临床阶段试验。mRNA 是最理想的基因药物靶标，目前所见的基因药物大多数为反义 mRNA 药物。研究功能基因 mRNA 的结构，发展针对 mRNA 的各种核酸药物：即反义寡核苷酸、特异水解 mRNA 的核酸酶（核酶和 DNAzyme）以及具有干扰作用的双链 RNA（siRNA）是目前研究基因药物的最佳策略之一。反义药物已经成为近年来新药研究和开发的一个热点。

（五）反义药物存在的问题

由于体内广泛存在的核酸酶（DNase、RNase），非天然寡核苷酸而极易被降解。因此需要大剂量和多次给予反义核酸，才能使病变细胞内的反义药物达到阻遏靶 mRNA 的浓度。到目前为止，尽管人类基因组的完整序列测序已经完成，但对于基因产物影响疾病进程的整个过程仍然存有许多不明之处。某些反义药物无法使靶基因（即所谓"致病基因"）序列完全沉默，与疾病真正有关的靶基因尚不明确等等。同时，反义技术的推广应用也面临着许多挑战：如何大量制备反义核酸？如何提高反义核酸在体内的稳定性？近年来研究发现，无论是在药物靶标的确认，还是在先导候选药物的筛选方面，直接靶向于信使 RNA（mRNA）的反义治疗策略都具优势，从理论上讲，RNA 干扰（RNAi）技术比传统的反义技术更适合用于抑制 mRNA 序列的功能相关性表达，RNA 干扰剂在治疗作用方面比反义药物更为先进可靠。它是改进型的"反义药物"，RNAi 技术在新药开发领域的应用引人注目。

三、RNAi 技术

"RNA 干扰剂"（RNA interfering agents）与"反义药物"既有相似之处，亦有不同之处。相似之处在于两者均作用于 RNA，不同之处在于 RNA 干扰剂的用药量仅为反义药物的 1/100 或更低，且作用更为专一和安全有效。RNA 干扰作用（RNA interference，RNAi）是由双链 RNA（double-stranded RNA，dsRNA）引发的转录后基因沉默机制（post transcriptional gene silencing，PTGs）。RNAi 主要是指 dsRNA 分子进入细胞内，特异性降解与之同源的 mRNA，从而特异高效地抑制相应基因表达活性的现象。它不但是研究基因功能的有力工具，而且为特异性基因治疗提供了新的技术手段。

在多种生物中，外源或内源性的双链 RNA（dsRNA）导入细胞中，与 dsRNA 同源的 mRNA 则受到降解，因而其相应的基因受到抑制，这种转录后基因沉默机制首先在线虫（C. elegans）中得以证实，由于这是一种在 RNA 水平的基因表达抑制，故也称为 RNA 干扰，简称 RNAi。RNAi 同时也是体内抵御外在感染的一种重要保护机制。作为一种简单有效的代替基因敲除的遗传工具，RNAi 将大大加速功能基因组学的研究进展，被《Science》评为 2002 年最重要的科研成果之一。2006 年度诺贝尔生理学或医学奖被授予两名美国科学安德鲁·法尔和克雷格·梅洛，以表彰他们发现了 RNA 干扰现象。

（一）RNAi 的作用机制

通过生化和遗传学研究，产生了现有的 RNAi 作用机制模型，包括起始阶段和效应阶段。在起始阶段，不同来源的 dsRNA 通过各种转基因技术转入、植物或线虫细胞内，与 Dicer 酶（dsRNA-specified endonuclease，Dicer）的 C 端结构域结合产生 21~23nt siRNA 片段。每个片段的 3′端都有 2nt 核苷酸突出。在效应阶段，Dicer 酶通过 PAZ 结构域与含有 PAZ 结构域的 Argonaute 蛋白互相作用，核酸内外切酶、解旋酶与 Argonaute 蛋白相连进而与 siRNA 一起形成具有多个亚单元的核糖核苷酸蛋白质复合物（RNA-inducing silencing complex，RISC）。激活 RISC 需要一个 ATP 依赖的将 siRNA 解双链的过程。激活的 RISC 通过碱基配对定位到同源 mRNA 转录本上，并在距离 siRNA 3′端 12 个碱基的位置切割 mRNA。被切割后的断裂 mRNA 随即降解，从而使目的基因沉默，产生 RNAi 现象。此外，解开 siRNA 的双链后，反义 RNA 链能作为双链 RNA 合成的一个引物，以 mRNA 为模板，在 RISC 中的 RNA 依赖的 RNA 聚合酶（RNA dependent RNA polymerases，RdRPs）的作用下形成新的 dsRNA，再次被 Dicer 酶识别并切断，形成新的 siRNA 再循环作用于另外的靶向 mRNA。这种不断放大的作用形成大量新的 siRNA，使

RNAi 作用在短时间内达到迅速并有效地抑制 mRNA 翻译形成蛋白质或多肽，从而有效地沉默了靶向基因。（图 2 – 33）

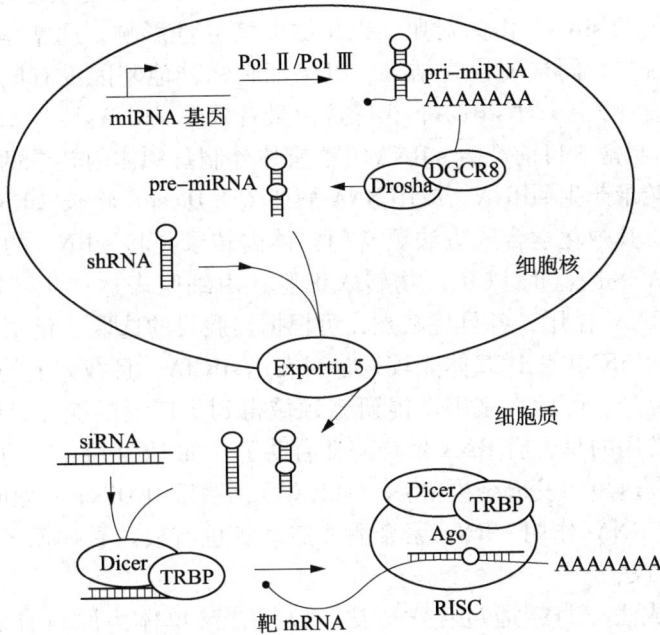

图 2 – 33　RNA 干扰的细胞生物学途径

（二）RNAi 的作用特点

1. 基因序列的高度特异性　RNAi 具有同源基因依赖性。高度的序列特异性使 dsRNA 能够非常特异地诱导与之序列同源的 mRNA 降解，避免降解与目的 mRNA 同家族的其他 mRNA，从而实现对目的基因的精确沉默。因此，RNAi 具有重大的医学价值。

2. 高稳定性　以 3′端悬垂 TT 碱基的双链尤为稳定，无需像反义核酸技术那样进行广泛的化学修饰，以提高半衰期。

3. 高效性　RNAi 存在级联放大效应。仅需极少量的 dsRNA 分子（数量远远少于内源 mRNA 的数量）就能产生强烈的 RNAi 效应（每个细胞仅需几分子 siRNA 就可产生 RNAi 效应），并可达到缺失突变体表型的程度，比传统的基因敲除技术更快更简单。

4. 抑制作用迅速　RNAi 可使细胞中同源 mRNA 快速降解，从而使目的基因缺少 mRNA 而无法产生蛋白质产物。

5. 双干扰系统　哺乳动物细胞对 dsRNA 的反应存在两条途经：一条是由 >30nt 的 dsRNA 引起的可导致整个细胞非特异蛋白质合成抑制及 mRNA 降解，另一条是由 19 ~ 23nt 的 dsRNA 介导的可逃避非特异性干扰系统的监视，只特异性地降解与其序列相应的单基因的 mRNA。

（三）RNAi 的步骤

1. siRNA 的设计　首先检索感兴趣的核苷酸序列，并了解各个片段的功能。通常在下游 50 ~ 100 nt 以后寻找氨基酸（N19）TT 或 AA（N21）序列作为潜在的 siRNA 靶位点。G/C 含量在 35% ~50% 之间为最佳，应该避免选取高 G 含量或连续的 G 区段。在 EST 文库或特定组织内的 mRNA 序列中，用 BLAST 检索所选序列的同源性，确保该 siRNA 只针对靶基因。对所选序列进行二级结构分析，去除有复杂结构的序列。另外选取一些与序列无关的 siRNA 作为对照，以排除非特异性影响，通常是将选中的 siRNA 序列打乱后重新排列，同样要检查结果，以保证它和其他基因没有同源性。一般我们针对靶向基因先设计 3~4 对 siRNA，再筛选出最有效的 siRNA。

2. siRNA 的制备 目前产生 siRNA 方法有体外制备和体内转录两类。体外制备是化学合成或体外转录产生 siRNA，或用 RNA 酶Ⅲ（如 Dicer）将长 dsRNA 消化成 siRNA，然后转入细胞内，其中化学合成方法更常用；体内转录是将 siRNA 的质粒或病毒表达载体或带有 siRNA 表达盒的 PCR 产物转入细胞，由细胞表达产生。这些方法制备的 siRNA 均能产生 RNAi 作用，各具优缺点，可根据实验目的选取。化学合成的 siRNA 的作用是短暂的，而 siRNA 表达载体能较长时间表达 siRNA，且载体上的抗性标记有助于快速筛选出阳性克隆，因此在基因功能研究领域得到更广泛的应用，并有可能用于基因治疗。目前最常用的是含有 RNA 聚合酶Ⅲ启动子（如 U6 和 H1）的载体，能在哺乳动物细胞中有效表达短的发卡结构 RNA（shRNA），然后由 Dicer 处理成 21 个核苷酸的 siRNA，进而产生 RNAi 作用。RNA 聚合酶Ⅱ启动子也有效。具体而言，目前主要有 5 种 siRNA 的制备方法。

（1）化学合成法 直接通过化学方法，以核苷酸单体为原料合成 2 条互补的长 21~23bp 的 RNA 单链，然后退火形成双链 siRNA 复合体。该方法主要用于将已经找到的最有效的 SiRNA 进行大量合成。

（2）体外转录法 设计针对靶序列的正义链和反义链，分别在其上游接上 T7 启动子，进行体外转录获得单链 RNA，杂交后形成 dsRNA，然后在体外用 RNA 酶消化，从而获得 siRNA。该方法适用于 siRNA 有效片段的快速筛选。

（3）RNA 聚合酶Ⅲ家族体外消化法 将 200~1000bp 的靶 mRNA 作为模板，用体外转录的方法制备针对此序列的长片段 dsRNA，然后用 RNA 聚合酶Ⅲ（或 Dicer）在体外消化，得到各种不同的 siRNA 混合物。该方法的主要优点是跳过了检测和筛选有效 SiRNA 序列的步骤，适用于快速研究某个基因的功能。

（4）siRNA 表达载体法 通过转染含有 RNA 聚合酶Ⅲ启动子 U6 或 H1 及其下游一小段特殊结构的质粒或病毒载体到宿主细胞内，转录出短发夹 RNA（shRNA），shRNA 在胞内被 Dicer 酶剪成 siRNA 而发挥作用。该方法主要适用于长时间基因功能的研究。由于病毒载体能解决质粒转染效率低、效果不稳定和某些类型细胞不能转染等问题，病毒载体介导的 RNAi 近年来受到广泛的关注。近来慢病毒载体因其独特的优势，逐渐成为表达载体中的热点，其最大的优势在于能够感染分裂和非分裂细胞，容纳大的目的基因片段且免疫反应小，可以特异性抑制哺乳动物各类细胞中的基因表达。

（5）siRNA 表达框架法（SECs） 利用引物延伸法进行 PCR，产生包含 1 个 RNA 聚合酶Ⅲ启动子 U6 或 H1、一小段编码 shRNA 的 DNA 模板和 1 个 RNA 聚合酶Ⅲ终止位点的表达框架，然后直接转染到细胞内表达 shRNA 而发挥作用。该方法是筛选 siRNA 最有效的工具。

3. RNAi 作用的检测 RNA 干扰效果的检测方法是多种多样的，如检测转染细胞上清液或动物血清中靶基因表达产物可以用 Western blot 和 ELISA 方法；检测转染细胞和组织中靶基因表达水平可以用免疫组织化学方法；检测靶基因 mRNA 水平可以用 Northern blot、斑点杂交技术及 RT－PCR 方法；检测靶基因 DNA 水平可以用 Southern blot、斑点杂交技术及 PCR 荧光定量分析方法等等。

（四）RNAi 在基因治疗方面的应用

RNAi 技术通过 siRNA 引起互补 mRNA 降解，特异性抑制靶基因表达，其特点是特异性高和作用强，前者表现为一个碱基的错配便足以明显降低或消除抑制作用，后者表现为能达到 90% 以上或接近基因敲除的抑制效果，比反义寡核苷酸技术强 10 倍以上，因此可以特异性治疗多种疾病，目前人们已开展对肿瘤、病毒感染和显性致病基因引起的遗传性疾病等多种疾病的基因治疗研究。

1. 肿瘤性疾病的基因治疗　抑制肿瘤相关基因的表达一直是研究新型抗肿瘤疗法的一个重要思路。许多体外实验已证实 siRNA 治疗肿瘤具有巨大潜力，利用 RNAi 发生过程 siRNA 必须与靶位 mRNA 严格互补配对的原则，可针对杂合体缺失肿瘤细胞中具有个体差异的多态性等位基因点设计合成相应的 siRNA，或针对单一位点突变的原癌基因转录子设计 siRNA，以阻止这些变异基因的表达，使癌细胞生长受到抑制，达到治疗的目的。对过度表达凋亡抑制因子而产生的肿瘤，亦可使相应的 siRNA 降低其表达，缓解或消除肿瘤的发生。利用 RNAi 技术可抑制肿瘤基因的表达，使肿瘤细胞增殖速度减慢，恶性程度降低，治疗效果提高。

2. 病毒感染的基因治疗　艾滋病是人类应用 RNAi 技术进行治疗研究的最早疾病。RNAi 可以直接和有效地抑制人类疾病相关 RNA 病毒的复制，研究主要集中在 HIV－1 和丙型肝炎病毒（HCV）。此外，也见于乙型肝炎病毒、呼吸道合胞病毒、脊髓灰质炎病毒、流感病毒、疱疹病毒等的研究。例如，针对 HIV 病毒复制所必需的病毒基因和宿主基因的多种 siRNA 都具有抗 HIV 活性，特异性地抑制 HIV 病毒复制和病毒产生，使细胞能抵抗 HIV 感染。

3. 其他疾病的基因治疗　由于 RNAi 能特异性抑制突变的等位基因，而不影响野生型等位基因的表达，因此也能用于治疗显性致病基因表达引起的其他疾病。显性遗传疾病发生通常是由于一个等位基因突变造成的。特异性地去除突变的等位基因而保留正常的另一个等位基因以维持正常细胞功能，已经成为该疾病的治疗目标之一。

（五）RNAi 基因治疗的优势及存在的问题

1. RNAi 基因治疗的优势　RNAi 与传统的基因抑制相比具有更强大、更持久的抑制基因表达的能力，其效能是反义寡核苷酸的 100~10000 倍；具有高度的序列特异性，若与目的 mRNA 的序列不完全匹配，将会大大削弱 RNAi 基因沉默的效应，从而大大提高了其作用的安全性；无免疫原性，因而不会引起机体的免疫反应；不易被核糖核酸酶（RNase）降解，因此具有更强的稳定性；由于其无需同基因组整合发挥作用，因而无需进入细胞核内，也就不需要复杂的转移系统；另外，由于其体积小，可以使用一个转移系统同时转移多个 siRNA 分子靶向于不同 mRNA，这就为治疗诸如癌症这类由多基因表达失调导致的疾病提供了可能。与传统的小分子药物相比，首先，siRNA 研发周期短；其次，RNAi 的作用具有高度特异性，这就减少了发生毒副作用的可能性；再者，RNAi 可以成为对抗耐药性的更加有效的方法。由于耐药性通常是由靶蛋白的编码基因发生点突变引起的，在这种情况下，很难针对每一个突变点分别设计合成一种新药，而且相应新药上市也需要很长时间，然而，siRNA 分子可以被很快设计出来，靶向于突变位点，使之发生沉默。

2. RNAi 基因治疗存在的问题

（1）非特异性问题　siRNA 在细胞内的非特异性作用主要包括脱靶效应与免疫副反应，会直接影响其安全性。研究表明，siRNA 作用的特异性与其序列及其作用于mRNA 的位点有关。因此，对于同一 mRNA，应该检验多个与之具有序列同源性的siRNA 片段对其的作用，并且应该将合成的序列和相应的基因组数据库进行比较，排除与其他编码序列具有同源性的 siRNA，从而减少其非特异性作用，提高其作用的安全性。

（2）体内转移问题　尽管在向体内转移 siRNA 方面取得了一定的进展，然而现有的载体系统是否可以安全、高效地向人体内转移 siRNA 片段，使之发挥预期作用，如病毒载体是否会诱发癌变，以及临床治疗时反复多次的使用，是否会使机体产生免疫反应等，对于诸如此类问题，还需要临床和实验室的进一步观察和验证。

（3）稳定性问题　尽管 siRNA 分子对核酶具有更高的抗降解能力，然而一些血浆中的核酶仍可将其降解。因此，目前许多研究试图通过采用化学修饰的方法来改善其稳定性。有研究表明，通过使 siRNA 与聚乙烯胺或胆固醇形成复合物的方法能改善siRNA 的稳定性及其在体内的转移能力。

鉴于 RNAi 技术是一项快速、高效和便于操作的使靶基因失活的新技术，据此设计出的 siRNA 可以使某些特定的基因沉默。这是研究疾病机制和鉴定候选药物的关键步骤，也可为将来可控地打开或关闭某一特定基因奠定基础。RNAi 为疾病的基因治疗开辟了新途径，有望在将来成为一种高度特异的以核苷酸为基础的基因治疗技术，治疗肿瘤及其他某些疾病。近年来，随着 RNAi 分子机制的进一步阐明，RNAi 技术的发展有着日新月异的变化。但迄今为止，RNAi 作为一种新兴的沉默特异基因序列的方法仍然面临着许多严峻的挑战。例如为什么作用于靶 mRNA 上不同位点的 siRNA 具有不同的 RNAi 效率？如何将 siRNA 安全导入细胞并在细胞内稳定表达？肿瘤细胞是否会对RNAi 介导的序列特异性 mRNA 降解产生抵抗性？对上述问题的深入探讨将会大大推进人类基因组计划的研究进程，也将会为病毒性疾病、遗传性疾病、恶性肿瘤等疾病的根治开辟新的途径。所以尽管 RNAi 技术的研究具有广泛的应用前景，但目前仍在不断探索中，利用 RNAi 的方法来实现疾病的基因治疗仍尚需时日。

四、基因治疗

（一）基因治疗的概念

基因治疗是近 24 年来随着现代分子生物学技术的发展而诞生的新的生物医学治疗技术。基因治疗有广义和狭义之分，广义的基因治疗包括了狭义的基因治疗和利用基因药物进行的治疗。而狭义的基因治疗即通常所说的基因治疗（gene therapy），是指通过基因转移技术将外源正常基因直接导入患者病变部位的靶细胞，通过控制目的基因的表达，抑制、校正、替代或补偿缺陷或异常基因，从而恢复受体细胞、组织或器官的正常生理功能，进而达到治疗疾病的一种新型医疗方法。基因治疗的治疗方式不同于基因工程药物治疗，它是通过导入人体内的基因产生特定的生理活性分子（如某些调节因子）而起作用，即相当于向病变部位导入一个给药系统，因此，可将导入的外源基因看作广义的基因药物。基因治疗既是一种新的治疗方法也是一种新的治疗药物，利用该技术可将人的正常基因或有治疗作用的基因通过一定方式导入人体靶细胞以纠正基因缺陷或者发挥治疗作用，从而达到治疗疾病的目的（图 2 – 34）。基因治疗是一项高度集成、综合性和高难度的生物高技术。它集中了基因分离、基因导入人体、基因在人体内的高效表达及其调控，既要求有效而又需确保安全。因此，其难度远远高于基因在体外（细菌、酵母、哺乳动物细胞）表达的基因工程技术。

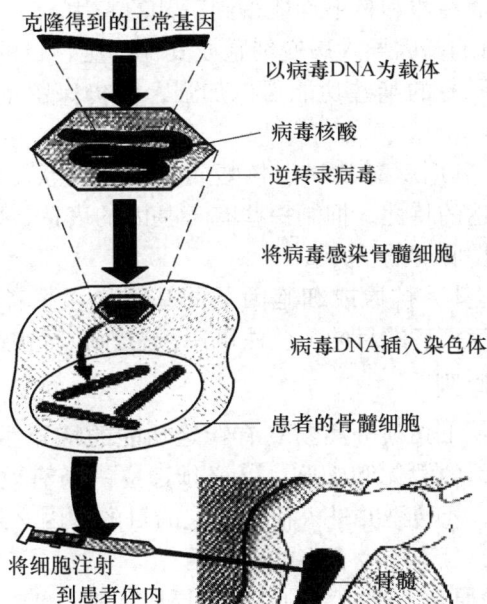

图 2 – 34 基因治疗基本过程

基因治疗将基因直接导入人体用于治疗（甚至预防）疾病。基因治疗按靶细胞类型分为体细胞基因治疗（somatic cell gene therapy）和生殖细胞基因治疗（germline cell gene therapy）。体细胞基因治疗是应用体细胞基因工程技术将外源基因植入人体，进而校正该患者的遗传缺陷，目前开展的基因治疗只限于体细胞。生殖细胞基因治疗以精子、卵子和早期胚胎细胞作为治疗对象。由于当前基因治疗技术还不成熟，因能引起遗传改变以及涉及一系列伦理学问题而受到限制。生殖细胞基因治疗仍属禁区。

（二）基因治疗的途径

基因治疗有两种途径：即体外疗法（*ex vivo*）及体内疗法（*in vivo*）方式。①体外疗法：将受体细胞在体外培养，转入外源基因，经选择后回输到患者体内，让外源基因表达，以改善患者症状。该法基因转移途径比较经典、安全，效果较易控制且较为可靠，但操作复杂、步骤多、技术复杂、难度大，不容易推广。*ex vivo* 途径：是指将含外源基因的载体在体外导入人体自身或异体细胞（或异种细胞），经体外细胞扩增后，输回人体。②体内疗法：即将外源基因直接导入受体体内有关的器官组织和细胞内，使其在体内表达而发挥治疗作用。这种方法比体外疗法更简单、直接和经济，疗效也比较确切，但其缺点是基因转染率较低，目前尚未成熟，存在疗效持续时间短、免疫排斥及安全性等一系列问题。

（三）基因治疗的策略

目前基因治疗的策略概括起来大致有以下几种。

1. **基因置换** 以正常的基因通过同源重组技术原位替换病变细胞内的致病基因，使细胞内的 DNA 完全恢复正常状态。

2. **基因修复** 也称原位修复。按照野生型基因的结构，对缺陷的基因进行修复，使该基因恢复正常，从而在质和量上均能得到正常的表达。

3. **基因修饰** 将目的基因导入病变细胞或其他细胞，目的基因的表达产物能够弥补缺陷细胞的功能或使原有的某些功能得以加强，但仍保留了原缺陷细胞。目前基因治疗多采用此方式。

4. **基因失活抑制** 利用反义 RNA、核酸或多肽核酸等反义技术及 RNA 干涉技术等特异性地封闭基因表达的特性，抑制一些有害基因的表达，以达到治疗疾病的目的。如利用反义癌基因对恶性肿瘤的治疗。

5. **免疫调节** 将抗体、抗原或细胞因子的基因导入患者体内，改变患者免疫状态，从而达到预防和治疗疾病的目的。此法可用于恶性肿瘤和感染性疾病等的防治。

（四）基因治疗的原则

基因治疗的前提是：①必须分离出具有特定功能的特异性基因；②必须能够获得足够数量的携带有该基因的载体和细胞；②必须建立一条有效的途径，将该外源基因导入体内，转染靶细胞；④转染并进入宿主细胞的目的基因必须能产生足够量的产物，可以维持适当长的时间，且不产生有害的副作用。

1. **选择目的基因的原则** 选择目的基因的原则包括：①待研究基因的异常是疾病发生的根源；②该基因遗传的分子机制已经研究清楚；③基因已经被克隆，且表达调控机制较为清楚，④转移的基因在受体细胞内最好能够完整地、稳定地整合到宿主细胞的染色体中，并能适量表达功能性蛋白质。基因治疗中选择的目的基因可以来自染色体的基因组，也可以来自来源于 mRNA 的互补 DNA（cDNA），而且以后者居多。另外，目的基因必须置于合适的启动子控制之下，且必须含有完整的信号肽，只有这样，目的基因才可能获得适当的表达。

2. **选择受体细胞的原则** 选择受体细胞的原则包括：①最好选择组织特异性细胞，以便使外源基因只在该特异性组织细胞中表达，在其他组织中不表达或表达水平很低；②细胞要易于从体内取出，有增殖趋势，且生命周期较长；③离体的细胞应能接受外源基因转染；④细胞经过体外基因操作后能够存活下来，并能安全输送回体内。遗传病的基因治疗研究较多的细胞是造血干细胞、皮肤成纤维细胞、肌细胞和肝细胞；而肿瘤的基因治疗多采用肿瘤细胞本身，其次是淋巴细胞和造血干细胞。

3. **基因载体的选择原则** 基因载体的作用主要有两个方面：①基因载体中含有调节控制基因复制、表达的调控元件，使目的基因在宿主细胞内能够复制且表达；②基因载体作为一种携带目的基因的工具，便于导入宿主细胞。基因载体主要有质粒载体和病毒载体两类。质粒载体一般采用物理或化学方法导入靶细胞；含有外源基因的病毒载体在基因治疗中首先是将重组载体以不同方式进行包装，获得重组的病毒颗粒，再感染靶细胞。

（五）基因治疗的载体

基因治疗依赖于外源基因在受体中高效、稳定的表达，而这在很大程度上取决于基因治疗所采用的载体系统。基因治疗载体可分两大类：病毒性载体和非病毒性载体。

1. 病毒性载体 逆转录病毒是一类已知的 RNA 病毒，该载体系统的最大优点是转染谱广，可以感染各种细胞类型；对细胞转染率高，被转染细胞不产生病变，且转入的外源基因可完全整合，可建立长期持续表达外源基因的细胞系。逆转录病毒载体应用最早，研究也相当深入，目前仍被广泛应用。腺病毒（Ad）载体是目前基因治疗最为常用的病毒载体之一，宿主的范围比较广，可以感染非分裂期细胞，而且由于感染细胞时 DNA 不整合到宿主染色体上，不存在激活致癌基因或插入突变等危险，制备容易，操作简单。腺相关病毒（AAV）是单链 DNA 病毒，转染效率高，免疫原性低，长时稳定表达，能将外源基因定点整合至宿主细胞上且无致癌隐患，因而具有一般病毒载体所不具有的优良特性。此外，痘苗病毒、疱疹病毒和噬菌体等也可用作基因治疗的病毒载体。

2. 非病毒性载体 目前常用的为脂质体、裸露 DNA、DNA 包装颗粒及多聚阳离子型载体等，其特点是能进行自我复制，且无免疫原性。与病毒载体相比，非病毒载体可大量生产，毒性及免疫方面的问题少，应用范围广。近来，研究者尝试使用羟基磷灰石作为基因治疗载体，其具有很好的生物相容性和生物降解性，不仅可作为载体携带目的基因，靶向治疗缺陷组织，而且纳米羟基磷灰石本身对肿瘤细胞的生长具有遏制作用，对正常细胞没有负面作用。因此，通过化学合成纳米羟基磷灰石并应用于基因治疗的研究逐渐成为热点问题之一。

不同的载体各有长处，但也具有各自的缺点，如非病毒性载体显示出了基因转移组织特异和靶向性较差，以及转染效率较低等不足之处。所以，如何选择与改进基因治疗载体是未来基因治疗研究和临床试验的热点问题。

（六）基因治疗实施的具体环节

基因治疗的实施包括目的基因和靶细胞的选择及获得，目的基因的导入，外源基因在体内的高效表达等阶段。

1. 特异性外源基因的获得 目的基因的获取必须遵循以下原则：即保留基因自身的编码区、调控区和特殊启动子等元件，以保持基因结构的完整性。目前，获取目的基因的主要方法有利用分子生物学手段分离与克隆目标基因，如利用酶切或逆转录等方法，或采用人工手段合成目的基因片段。随着分子生物学和基因重组技术的发展，基因获取的手段也逐步成熟。

2. 靶细胞的分离与体外培养 靶细胞（又称受体细胞）是接受外源基因的细胞，来源于被治疗的对象。基因治疗的实施过程中需要从患者体内选取合适的靶细胞进行体外培养、增殖，以获得足够的靶细胞来接受外源基因。合适的靶细胞是基因治疗成败的关键之一，选择时应考虑疾病的性质和部位、取材的容易程度，便于体外培养和遗传操作，以及要有可行的转移方法。目前，T 淋巴细胞为较常用的靶细胞。近年来，新生儿脐带血中的干细胞被用作靶细胞，成功地治疗了婴儿的 ADA 缺陷的 SCID 病。

随着技术的进步，其他类型的细胞如骨髓细胞、角质细胞、肝细胞、皮肤成纤维细胞和血管内皮细胞等也越来越多地被用于基因治疗。

3. **目的基因的导入方式** 基因治疗时应选择适当的基因转移方法，将外源基因转移到受体细胞核内，使其在染色体上整合或成为不整合的游离基因。随着各种动物基因转移技术相继问世，目的基因导入的方法也越来越多，主要如下。

（1）化学方法 磷酸钙沉淀法、DEAE 葡聚糖介导转染法、脂质体介导法等。

（2）物理方法 包括电脉冲穿透法、显微注射法、基因枪法等。

（3）生物学方法 主要是以病毒或质粒为载体进行基因转移，如逆转录病毒（Rt）、腺病毒（Ad），疱疹病毒（HSV）和腺相关病毒（AAV）载体等。研究表明，以逆转录病毒为载体的基因转移的成功率最高。其主要优点是：对靶细胞感染率高，具有组织特异性，并可与细胞染色体整合，可人为选择启动子等。

4. **目的基因的表达与调控** 目的基因的表达是基因治疗的关键之一。目前为止，外源基因导入体内并在靶细胞中表达已获得成功，但外源基因的表达量与正常生理水平依旧有较大的差距。因此，外源基因的表达与调控是目前基因治疗的难点与研究热点。目前正研究通过定点插入以及连接强启动子等方法来提高导入基因的表达水平。也可运用连锁基因扩增等方法适当提高外源基因在细胞中的拷贝数。在重组病毒上连接启动子或增强子等基因表达的控制信号，使整合在宿主基因组中的新基因高效表达，产生所需的某种蛋白质。

5. **基因治疗的安全措施** 为避免基因治疗的风险，在应用于临床之前，必须保证转移－表达系统绝对安全，使新基因在宿主细胞表达后不危害细胞和人体自身，不引起癌基因的激活和抗癌基因的失活等，尤其是在将逆转录载体用于基因转移时，必须在应用到人体前预先在人骨髓细胞、小鼠体内和灵长类动物体内进行类似的研究，以确保治疗的安全性。在临床试验之前，必须在动物研究中达到三项基本要求：①外源的基因能导入靶细胞并维持足够长期有效；②该基因要以足够的水平在细胞中表达；③该基因应对细胞无害。

（七）基因治疗的应用

目前对各种影响人类健康的主要疾病，特别是遗传病及恶性肿瘤的致病机制的研究进展，使基因治疗的应用成为现实。基因治疗的治疗范围已从单基因隐性疾病扩展到复杂因子决定的疾病，如肿瘤、艾滋病、乙型肝炎等传染病，Parkinson's、Alzheimer's 病、脊索损伤等神经退化性疾患，视网膜变性、动脉硬化等心血管疾病，糖尿病，自身免疫病等。目前，基因治疗在黑色素瘤、镰状细胞贫血、LDL（低胆固醇血症）、囊性纤维化、血友病等疾病的治疗方面已有显著的疗效。此外，基因治疗还被用来预防病毒性疾病和肿瘤，以及人类亚健康状态的治疗，如肥胖、秃顶、疲劳、衰老等。基因治疗不仅可以用于儿童、成人的疾病治疗，还可以用于孕妇腹中患病的胎儿，让疾病消失在胎儿出生之前。

1. **遗传病的基因治疗** 随着对遗传疾病致病机制研究的深入，通过纠正变异基因和异常表达基因的表达，使从根本上治愈遗传疾病成为可能。1990 年 9 月，美国科学家 Andersond 等首次对两位因腺苷脱氨酶（ADA）基因缺陷而导致严重免疫缺损的女孩子进行了基因治疗，获得了令人满意的结果。1991 年，血友病 B 成为世界上第二个进入遗传病基因治疗临床试验的病种，2003 年美国进行了囊性纤维化（CF）基因治疗的临床试验，结果表明试验中没有任何显著的不良反应，患者对治疗具有很好的耐受性。

2. 肿瘤的基因治疗 研究表明，肿瘤的发生与某些原癌基因的激活、抑癌基因的失活及凋亡相关基因的改变有关。肿瘤的基因治疗是根据肿瘤发生的遗传学背景，将外源基因引入肿瘤细胞或其他细胞以纠正过度活化基因或补偿缺陷的基因，从而达到治疗目的，目前主要有以下几种方法。

（1）抑癌基因治疗 细胞内抑癌基因的丢失或突变将导致细胞发生恶变。抑癌基因治疗就是用野生型的抑癌基因替代失活的抑癌基因，从而达到治疗肿瘤的目的。现阶段研究比较多的抑癌基因有 *p53*、*APC*、*p16*、*RB*、*DCC* 基因等，其中以 *p53* 基因的应用最常见，很多以 *p53* 基因为靶点的治疗方案已进入临床试验或已经被批准用于临床。

（2）癌基因治疗 癌基因是指细胞基因组中具有能够使正常细胞发生恶性转化的一类基因，当这些基因改变时，就会导致基因异常活化而启动细胞生长，从而发生恶性转化，目前癌基因治疗常见的靶点有 RAS、survivin、c－myc 等。这些基因在人类许多恶性肿瘤组织中都存在，是很有代表性的肿瘤基因。因此，封闭癌基因，抑制其过表达是抑制肿瘤的另一种策略。

（3）免疫基因治疗 策略是通过增强免疫反应而获得有效的抗肿瘤效应。可通过导入细胞因子、肿瘤相关抗原和其刺激分子来实现。目前的报道表明，如 IL－1、IL－12、IL－3、IL－24、IFN－γ 还有各种趋化因子等许多细胞因子都能增强机体对肿瘤的免疫能力。

（4）自杀基因治疗 自杀基因是指一些酶的基因，通过它们在肿瘤细胞内的表达，可以产生细胞毒性物质，以达到杀死肿瘤细胞的目的，同时增强肿瘤免疫反应。目前常用的自杀基因有大肠杆菌胞嘧啶脱氨酶基因、单纯疱疹病毒胸苷激酶基因、水痘带状疱疹病毒胸苷激酶基因、细胞色素氧化酶 P－450 基因等。

（5）核酶的应用 核酶是指由 RNA 组成的酶，能够序列特异性地抑制靶 mRNA。近年来，核酶在抑制癌基因的表达、增强肿瘤对药物的敏感性及抑制肿瘤血管的生成等方面的应用得到了广泛的研究。

3. 基因治疗的其他方面 基因治疗技术的发展同时为其他疾病的治疗提供了新的思路。基因治疗在病毒病防治中的应用主要体现在病毒性肝炎和艾滋病的基因治疗研究中。此外，基因治疗在组织修复、心血管疾病、脑缺血、肝纤维化和肝硬化等疾病的治疗中都开展了广泛的研究。

（八）基因治疗的现状和存在问题

1990 年，美国国立卫生研究院（NIH）的 Blast R. M. 和 Anderson W. F. 将腺苷脱氨酶（ADA）基因导入一位由于 ADA 基因缺陷导致严重免疫缺损的 4 岁患者的淋巴细胞中，成为基因治疗的首次成功实例。此后，世界各国都掀起了基因治疗研究的热潮，基因治疗研究经历了两个历史性阶段：一是从 1989 年至 1994 年的盲目阶段；二是从 1995 年开始的理性阶段。基因治疗已从理论走向实践，其有效性已在体外及动物实验中得到证实，部分临床试验亦取得了令人鼓舞的结果。1991 年 NIH 连续批准了包括肿瘤坏死因子（TNF）基因导入肿瘤细胞在内的 11 项人类基因治疗的试验方案。2001 年法国巴黎内克尔儿童医院利用基因治疗使数名有免疫缺陷的婴儿恢复了正常的免疫功能，成为基因治疗开展近 10 年来科学家取得的最大成功安全。目前基因治疗主要集中在美国，其次是欧洲。基因治疗的施用范围也越来越广，其中癌症居基因治疗的首位，其次是单基因疾病、心血管病、传染性疾病（主要是 HIV）和其他疾病。我国的基因治疗的研究工作在基因导入和基因治疗临床试验等方面都取得了很大进展，1991 年就开展了 B 型血友病的基因治疗获得了很好的疗效，此后恶性脑胶质瘤、恶性肿瘤、梗塞性外周血管病等 6 种基因治疗方案已进入临床研究。我国在基因治疗的关键技术研究方面也取得重大突破，建立了靶向性高效非病毒型导入系统、通用性病毒载体 – AAV、HSV 载体，人造血干细胞的扩增、定向分化及基因导入技术，这些技术均获得了国内与国际专利。

基因治疗针对性强，疗效好，与传统的治疗方法相比较，具有不可比拟的优越性。它能够治愈威胁人类健康的多种疾病，包括遗传病（如血友病、囊性纤维病、家庭性高胆固醇血症等）、恶性肿瘤、心血管疾病、感染性疾病（如类风湿等）等，对 AIDS 病也有一定的作用。基因治疗的最大优点在于通过机体自身细胞分泌转基因产物，避免了使用重组蛋白的昂贵费用；细胞分泌的转基因产物剂量接近人体生理量，有助于避免使用重组蛋白过程中剂量过大引起的细胞毒作用。另外，重组蛋白半衰期短暂，而转基因细胞可持续分泌，治疗效率明显提高。但是基因治疗作为一种新的治疗手段，还有许多问题有待解决，当前的基因治疗研究中的急需解决的问题：①提供更多可供利用的基因。目前有治疗价值的基因太少。基因治疗是导入外源基因以达到治疗目的的新型医疗方法。发现新的治疗基因，尤其是对疾病相关基因还不十分清楚的肿瘤基因治疗。②设计定向整合的载体。目前导入基因的手段不理想。基因治疗的基因导入手段要求是高效导入，而且能定向地导入体内某种细胞。目前基因导入系统缺乏靶向性，效率也较低；病毒载体的安全性问题，特别是遗传病基因治疗的载体要求更高，因而发展可控性、安全性与有效性于一体的新型载体系统是当今及未来的研究方向。必须考虑基因治疗载体的安全性和有效性，基因载体本身及外源基因的随机整合，即基因治疗中治疗基因的定向运输和定点整合等问题。这是体内直接转导基因中最关键的问题还很难解决。③如何高效持续表达导入基因。导入基因现有的表达量还太低，设法改进技术提高治疗效果。④导入的基因缺乏可控性。机体是一个非常精细的有机体稳态，任何一种蛋白质的表达都受到严格的调控。引入的治疗基因也需要对其进行精细的表达调节，否则会产生新的疾病。

基因治疗是一把双刃剑，它在施展其优越性的同时，也面临上述最主要有效性和安全性的问题，并带来诸多的社会问题，如伦理问题、安全问题、滥用问题及基因专利问题等。

五、新生物技术疫苗

（一）多肽疫苗

随着对机体免疫系统研究的不断深入，新型治疗与预防用疫苗层出不穷。大多数传统的疫苗虽然有效，但由于疫苗抗原成分复杂或存在病毒变异和毒力回复的可能等原因，严重影响其应用。分子生物学和免疫学研究的快速发展，使得 DNA 疫苗、基因工程疫苗、抗体疫苗等崭新形式的疫苗不断出现。20 世纪 80 年代 Strohmaier 等发现口蹄疫病毒（FMDV）的 146～154 及 200～213 氨基酸肽段含有免疫性位点，从而找到了这种新型的疫苗，即多肽疫苗。

1. 多肽疫苗的概念 多肽疫苗也称为亚单位疫苗、基因工程疫苗，它是利用现代基因工程的手段，通过克隆病毒的一段序列到表达质粒中，使其在体外系统中进行表达，纯化出病毒抗原作为疫苗。它是由病毒的一段 DNA 序列（大部分为无毒性区）表达出的多肽制作而成，不具有感染力。由于它不能激活 MHC-Ⅰ分子，结果是很难激活 T 杀伤细胞，所以激活免疫的能力也差。

研制多肽疫苗需要经历 3 个步骤。首先，选定免疫性抗原决定簇的基因编码片段；其次，将片段引入细菌、酵母或哺乳动物细胞内；最后，以基因工程技术生产大量抗原，用于制备只含免疫性抗原的纯化痘苗。

由于多肽疫苗是选择整个蛋白质结构中一些具有抗原决定簇功能的部分来研制的疫苗，所以也可用化学合成的方法来生产多肽疫苗，并可在构建合成多肽疫苗时保留具有免疫保护作用部分而去除不需要的部分，如与宿主具有交叉反应的部分氨基酸序列。多肽疫苗的缺点是其结构为线性，不像天然或重组蛋白质具有构象及抗原决定簇。

多肽疫苗与核酸疫苗一样是目前疫苗研究领域内较受重视的研究方面之一，尤其是对病毒多肽疫苗进行了大量研究。目前对人类危害极大的两种病毒性疾病艾滋病和丙型肝炎均无理想的疫苗，多肽疫苗的研究结果令人鼓舞。

2. 短肽疫苗的机制 病原微生物侵入机体，诱导机体产生特异的免疫反应，其分子机制是抗原经抗原提呈细胞（APC）的摄取加工与处理，分别由 MHC-Ⅰ和 MHC-Ⅱ分子呈递给淋巴细胞，有些微生物如病毒、立克次体等感染机体，进入机体的细胞内，依赖细胞内酶和物质合成场所进行它们的复制与合成。而这些外源蛋白也会被细胞内蛋白酶体（proteasome）降解，这些蛋白质被降解为 8～11 氨基酸的短肽表位，在 TAP（transporter associated antigen processing）的协助下，转运至内质网，与新生的 MHC-Ⅰ结合，经高尔基体最后表达在细胞膜上，识别淋巴细胞，MHC-Ⅰ由单个跨膜多肽的重链和 β2 微球蛋白（β2M）非共价结合形成异二聚体，重链由 α1～3 的胞外区，一个穿膜区及羧基端的胞质尾组成，α3 和 β2M 具有免疫球蛋白样结构，连接在细胞膜上，结合 Tc 细胞的 CD8 分子。α1α2 形成可结合肽的沟槽，形成的沟槽长 3nm 宽 1.2nm。两个侧面为 α 螺旋，底面是 β 片层，两端为封闭状，它与多肽的结合有以下特点：①多肽只能为 8～10 个氨基酸，最适为 9 个氨基酸；②序列特定位置间隔一定距离出现 1～3 个保守性氨基酸，能与 MHC-Ⅰ的"锚定"位点结合，任意等位基因的 MHC-Ⅰ分子结合的多肽均要求含这些特定氨基酸；③羧基端总是由脂肪族氨基酸（Leu、Val、Ile、Met），碱性氨基酸（Arg、Lys）和芳香氨基酸（Tyr、Phe）占据；④多肽内存在某些辅助结合位点，称为 MHC-Ⅰ等位型特异的多肽结合基序（peptide binding motif）。

另一些微生物，如细菌、寄生虫等侵入机体，被单核-巨噬细胞等吞噬后，与溶酶体融合并消化，在溶酶体及内体（endosome）中加工，在溶酶体/内体区与 MHC-Ⅱ结合，最后表达在细胞膜上，识别 CD4$^+$ 淋巴细胞，MHC-Ⅱ由 α 和 β 亚基非共价结合而构成，它们分布于某些称为"抗原提呈细胞"的膜表面，如巨噬细胞，树突状细胞，B 淋巴细胞，其中 α1β1 形成沟槽，槽的两端是开放的，可允许多肽的两端伸展。

α2 和 β2 形成 Ig 样区，可结合 T_H 细胞的 CD4 分子。MHC－Ⅱ与多肽结合的特征是：①肽的长度为 12~48 氨基酸（最适为 15 氨基酸）；②MHC－Ⅱ分子中有几个保守的氢键，需与多肽主链结合；③最 N 端的第一个锚定点（P1）只接受芳香族或大的脂肪族多肽，其沟的深凹与特定氨基酸侧链结合，亲和力最高；④其他的锚定点是 4，6 位和 9 位，这些位点与 β 链多型性残基形成的浅凹结合。

基于以上机制，可应用一些短肽模拟 B 细胞 T 细胞的抗原决定簇，与 MHC 分子结合，产生特异的免疫反应，从而达到预防和治疗的目的，

3. 多肽疫苗的分类与设计　多肽疫苗可分为三大类，第一类是抗病毒相关多肽疫苗，包括 HBV、HIV、呼吸道合胞病毒等；第二类是抗肿瘤相关多肽疫苗，包括肿瘤特异性抗原多肽疫苗、癌基因和突变的抑癌基因的多肽疫苗；第三类是抗细菌、寄生虫感染的多肽疫苗，如抗结核杆菌多肽疫苗、血吸虫多抗原多肽疫苗和恶性疟疾的 CTL 表位多肽疫苗。不同类型的多肽疫苗设计方法和思路有所不同（表 2－10）。

表 2－10　多肽疫苗的设计思路

类型	设计思路	应用举例
抗病毒相关多肽疫苗	筛选短肽疫苗，以促进诱导 CD8[+] 淋巴细胞的产生；或利用多肽表面展示技术以筛选中和疫苗的抗体	诱导呼吸道合胞病毒（RSV）中和抗体的疫苗开发
抗肿瘤相关多肽疫苗	利用抗肿瘤 T 细胞筛查互补 DNA 表达库或肽片段，或用以识别多肽抗原决定簇，以设计多肽疫苗刺激抗肿瘤的细胞毒淋巴细胞（CTL）和辅助 T 淋巴细胞（HTL），产生有效的抗癌免疫性	肿瘤抗原多肽冲击树突状细胞（DC），诱导特异性杀伤性 T 细胞（CTL）治疗消化道肿瘤
抗细菌及寄生虫感染的多肽疫苗	筛选多肽以诱导 MHC－Ⅱ结合的特异免疫反应	血吸虫多抗原肽疫苗、恶性疟疾疫苗的设计

抗原决定簇的鉴定是短肽疫苗设计的关键问题，有很多筛选方法，其最终目的是有效获得相应的 T 细胞和 B 细胞抗原决定簇用于疫苗的制备。噬菌体随机多肽库是模拟肽筛选技术中的强有力的武器。它由特定长度的随机短肽序列组成，理论上文库中包括某一固定长度短肽所有的氨基酸排列组合方式，即这一长度的所有抗原决定簇。用抗体筛选随机多肽库得到与其高亲和力结合的小分子模拟多肽，进行短肽的序列确定后，可根据此序列进行短肽重组合成和进一步修饰，以获得最佳的抗原提呈，得到高特异性的新型疫苗，刺激机体产生有效的细胞和体液免疫反应。但应避免用某一单克隆抗体筛选随机肽库，那样虽可得到具有与目的蛋白相同抗原性的抗原决定簇模拟多肽，但该抗原决定簇模拟多肽也可能结合于同一抗体中的不同 CDR 区。所以，可视为候选疫苗的模拟的抗原决定簇多肽必须具有与识别天然抗原决定簇的抗体结合的抗原性及诱导与天然抗原决定簇有交叉反应的抗体的免疫原性。国内外很多学者利用配体的特异性亲和力，将具有某种功能的蛋白质或多肽筛选出来，作为结合多肽或小分子多肽疫苗。

4. 多肽疫苗优点、存在的问题及改进方法　多肽疫苗克服了传统疫苗的许多缺点，其特征有：

（1）可大规模化学合成，易于纯化；

（2）具有良好的生物安全性，在人体中应用非常安全，如 HIV 的短肽疫苗在美国

已应用于临床，尽管其疗效不是很理想，但在人群中应用是安全可行的；

（3）可制备多价疫苗，如将多个微生物的抗原决定簇连接在一个载体上，接种后可同时预防多种疾病，如将链球菌 M 蛋白、白喉毒素、疟原虫环子孢子蛋白及 HBsAg 用戊二醛交联，免疫动物后产生多种相应的免疫球蛋白及 CTL 反应；

（4）可制备非常限定的单一功能的中和抗体，排除非相关抗体的产生，从而大大降低副反应；

（5）在短肽上连接一些化合物制备成内在佐剂，大大提高免疫效应。

由于多肽疫苗具有安全、廉价、特异性强、易于保存和应用等特点，对多肽疫苗的研究已越来越受到重视。但多肽疫苗也存在功效低、免疫原性差、半衰期短等不足，因此，近年来对多肽疫苗的研究主要致力于提高多肽疫苗的免疫原性及体内的稳定性。多肽疫苗与天然蛋白的主要区别在于，缺乏天然的三维结构，因此，研究多肽疫苗需要考虑一些特殊的因素，主要包括分子小、免疫原性差，因而需要提高免疫原性；②半衰期短，抗原决定簇选择困难，因而需要提高亲和力并提高体内稳定性；③克服肿瘤细胞的免疫逃避机制；④克服 MHC 限制性。面对以上的因素可应用多种措施，以针对性地解决这些困难。（表 2－11）

表 2－11 影响多肽疫苗的因素及应对措施

目的	应对措施	举例
改善免疫原性，提高稳定性	添加适当的佐剂，以促进多肽疫苗向树突状细胞（DC）传递，同时活化抗原提呈细胞（APC），触发相应的 T 细胞应答	将肽结合或连接形成微粒子，如明矾沉淀物、微球体、脂质体、免疫刺激复合物或加入到油水乳剂中，以避免肽被迅速清除
改善免疫原性	使用树突状细胞（DC）负载多肽疫苗，以诱导强的抗癌免疫性	小鼠脾脏的 DC 负载 HPV1 6E7 的抗原决定簇氨基酸 49～57 肽段
改善免疫原性	修饰空间结构	多抗原性肽（multiple antigen peptide，MAP），将若干条抗原决定簇相同或不同的单体肽偶联在一起，形成树枝结构
提高与 MHC 细胞的亲和力	对多肽中氨基酸残基进行置换	黑色素瘤相关抗原 gp100 的 CTL 抗原决定簇多肽中 MHC 分子识别位点的氨基酸残基替换
提高稳定性	对多肽片段进行修饰	黑色素瘤抗原 MAGE－1 的 CTL 抗原决定簇多肽不同位点的氨基酸残基修饰
克服肿瘤细胞的免疫逃避机制	复合肽疫苗	两种或多种抗原肽的联合应用
克服 MHC 限制性	复合肽疫苗	将病毒不同的抗原决定簇连接，PCR 后插入痘病毒载体，制备多聚体短肽

重组多肽疫苗的直链结构缺乏天然蛋白的三维结构，因此多肽疫苗的功能不同于天然蛋白，亲和力较低；重组肽分子小，免疫原性差，而且半衰期短，一般仅需几分钟就可被蛋白酶水解。因此，近几年对重组多肽疫苗的研究主要着重于通过构型的改建、增添分子等修饰，以提高其免疫原性及在体内的稳定性。解决该问题传统的方法是连接到大分子载体上，一般用 MBS 法、戊二醛法、碳二亚胺法、亚胺酸酯法及卤代硝基苯法等偶联载体与重组多肽疫苗。蛋白质类载体有人血清白蛋白（HSA）、牛血清白蛋白（BSA）、牛甲状腺球蛋白（BTG）、匙孔蛴血蓝素（KLH）或其他 γ-球蛋白。

重组载体有多聚赖氨酸、二软脂酰赖氨酸、三软脂酰 – S – 甘油半胱氨酰 – 丝氨酰基丝氨酸、多聚谷氨酸及多聚混合氨基酸等。这些传统修饰方法效率低，短肽与载体间结合力不强。因此，近年来已经创立不少新的化学和基因工程修饰方法，以保存目的蛋白特异免疫原性，同时提高多肽疫苗的免疫原性及在体内的稳定性。采取的策略有：①修饰空间结构，以增强免疫原性；②修饰肽段，以降低蛋白酶水解；③构建融合蛋白，以提高免疫原性。

多肽疫苗应用时还必须考虑其安全性、临床效果评价和接种方法等问题。就免疫原性的临床评价而言，证明一个疫苗具有致免疫的构造，可用量化的特异 T 细胞抗原的数目，以及该疫苗的每一个抗原决定簇所起的作用来评价；就安全性而言，肿瘤相关抗原（TAA）也在一些正常组织中表达，免疫耐受性、自体免疫和其他毒副作用是必须考虑的因素；就接种方法而言，多肽疫苗脂溶性差，一般只能注射给药。

5. 多肽疫苗应用 短肽疫苗是在分子免疫学发展的基础上提出的，MHC 分子结合 T、B 细胞的抗原决定簇后呈递给淋巴细胞，从而激活免疫系统。短肽疫苗通过模拟 T、B 细胞的抗原决定簇，与 MHC 分子结合，激活细胞和体液免疫，达到预防和治疗的目的，而疫苗制备的关键问题在于抗原决定簇的筛选及佐剂的使用。应用基因工程或化学合成的方法制备的短肽抗原决定簇通过结合 MHC 分子，诱导机体特异的体液和细胞免疫。应用于动物病毒的短肽疫苗在动物实验中获得良好结果，而人的短肽疫苗也在大量研究中。由于多肽疫苗的设计方法有效避免了传统疫苗的缺陷，它是在确定产生特异反应的免疫原或抗原决定簇后，合成免疫原的抗原决定部位的肽。作为一种新型疫苗，多肽疫苗越来越受到关注和认可。多肽疫苗克服了传统疫苗的许多缺点，可大规模化学合成，易于纯化，在人体应用非常安全。如在短肽上连接一些化合物制备制成内在佐剂，可大大提高免疫效应。另外可制备多价疫苗，接种后可同时预防多种疾病。尤其在肿瘤治疗应用广泛，可降低由放疗、化疗带来的巨大副作用，对肿瘤细胞具特异性杀伤。这些特点预示着多肽疫苗是疫苗学的发展方向。

（1）抗肿瘤相关多肽疫苗 在免疫反应中，抗原需在细胞质内降解为短肽，最后形成多肽 – MHC – TCR 复合体最终激发 CTL 反应，这就为抗肿瘤多肽疫苗提供了理论依据。抗肿瘤多肽疫苗主要包括肿瘤特异性抗原多肽疫苗、病毒相关多肽疫苗和癌基因、抑癌基因突变多肽疫苗。肿瘤特异性抗原多肽疫苗特异性高，作为多肽疫苗是最为理想的选择，目前较明确的为黑色素瘤的 MAGE 抗原家族多肽疫苗。病毒相关多肽疫苗多是指利用一些人类肿瘤的发生发展的病毒相关抗原作为机体免疫攻击的靶抗原。HIV 疫苗基础研究证实，在 HIV 各种肽抗原中，含有中和抗体决定簇的位于 Gp120 第 3 可变区（V3）序列是研究较多的区域，按照 V3 序列，用化学方法合成 25 ~ 35 个氨基酸多肽（V3 肽），使用单一的或多聚体的 V3 肽进行免疫，以求诱导出相应的中和抗体。由于仅靠化学合成，工艺简单，无安全性顾虑，因而是最先进入人体试验的 HIV 疫苗。但有临床试验发现，多肽疫苗刺激中和抗体和细胞免疫能力很低，究其原因是因其结构和天然 HIV 相差甚远，其刺激机体产生的抗体通常不能中和感染者自身携带的病毒，基本不能诱导细胞免疫，而目前有研究证实，清除体内的 HIV 的主要是细胞免疫，而不是抗体或体液免疫。

（2）白血病多肽疫苗 普遍存在的白血病相关抗原（LAA），可作为激发白血病免疫应答潜在的靶抗原。白血病多肽疫苗已从基础实验阶段进入临床研究，其中，BCR - ABL 疫苗和 HSP70 肽复合物疫苗都诱导 CML 患者出现免疫反应，但其确切疗效仍有待进一步的研究观察。

6. 多肽疫苗的发展前景　多肽疫苗，不论是化学合成还是 DNA 重组技术的产物，在理论上均可取代常规疫苗中复杂的蛋白质混合物，具有常规疫苗不可比拟的优点和商业上的优势，近年来得到广泛研究，产品质量大大提高。它与核酸疫苗一样，是目前疫苗领域内较受重视的研究之一，尤其是对病毒多肽疫苗已进行了大量研究并已取得了良好结果。

（二）核酸疫苗

核酸疫苗（nucleic acid vaccine）又称基因疫苗（gene vaccine）或 DNA 疫苗（DNA vaccine），是指将含有编码蛋白质基因序列的质粒载体，经肌内注射或微弹轰击等方法导入机体内，通过机体细胞的转录系统合成蛋白质，产生的蛋白质作为抗原诱导免疫系统产生免疫应答，即通过细胞和体液免疫反应产生抗体，从而达到预防和治疗疾病的目的。核酸疫苗是利用现代生物技术、免疫学、生物化学、分子生物学等研制成的，分为 DNA 疫苗和 RNA 疫苗两种。但目前对核酸疫苗的研究以 DNA 疫苗为主。DNA 疫苗又称为裸疫苗，因其不需要任何化学载体而得此名。DNA 疫苗导入宿主体内后，被细胞（组织细胞、抗原提呈细胞或其他炎性细胞）摄取，并在细胞内表达病原体的蛋白质抗原，通过一系列的反应刺激机体产生细胞免疫和体液免疫。

1. 核酸疫苗的发展过程　DNA 疫苗是 20 世纪 90 年代发展起来的新型疫苗，是继减毒疫苗、基因工程疫苗之后的第 3 代疫苗。核酸疫苗的发展史真正开始于 20 世 90 年代。Wolff 等（1990 年）注意到给小鼠直接肌内注射质粒 DNA、质粒及纯化的 DNA 或 RNA 重组表达载体，可使载体上的基因在局部肌肉细胞内表达，这种表达可持续数月，甚至持续终生，且没有检出注射的外源核酸与宿主染色体的混合。William 等（1991 年）发现输入的外源基因在体内的表达产物可诱导免疫应答。Tang 等（1992 年）进一步证实了 William 等的这一发现。Ulmer 等（1993 年）直接给小鼠肌内注射含有编码流感病毒核蛋白的重组质粒载体，使小鼠产生了对该病的抵抗力。1994 年世界卫生组织（WHO）将其正式统一命名为核酸疫苗（nucleic acid vaccine）。自此以后许多学者对核酸疫苗做了大量研究，并取得了可喜的成果。

2. DNA 疫苗的组成　DNA 疫苗（DNA vaccine）是由插入一种或多种外源基因的质粒 DNA（来自细菌）和真核启动调控基因等元件构成的，载有外源抗原的质粒 DNA 在一种真核启动子和加尾信号以及相关增强子等基因单元的控制下，可在哺乳动物的各类细胞中表达出相关的抗原蛋白。将重组有外源抗原编码基因的质粒，利用某种方法直接导入人或动物的细胞内，通过宿主细胞的转录系统，在被免疫对象机体的活体细胞中合成抗原蛋白，从而诱导机体产生免疫应答。

DNA 疫苗由病原抗原编码基因及质粒载体包括调控基因元件三部分组成。抗原基因可以是单个基因或完整的一组基因，也可以是编码抗原决定簇的一段核苷酸序列。DNA 疫苗载体一般以质粒为基本骨架。

（1）编码特异抗原基因　可以是完整的一组基因或单个基因的 DNA，也可以是编码一个或多个抗原决定簇的核苷酸序列。它们可以来自同一病原体的不同基因，也可以来自不同的病原体，由此可以将两个或多个抗原基因构建在同一表达载体上，形成多价或多联 DNA 疫苗，达到一种疫苗预防多个血清型／基因型或多个病原体的目的。该外源编码特异性抗原基因的表达产物可以引发宿主保护性免疫反应。

（2）质粒骨架部分　质粒 DNA 在真核细胞内不能复制，不能含有能整合于宿主细胞染色体的 DNA 序列。带有细菌复制子（ori），能在大肠杆菌内高效稳定地复制，但不能在哺乳动物细胞内复制，拷贝数高：带有抗生素抗性基因，作为在细菌内生长的抗性选择，常用的有氨苄西林（在人体应用还未被批准）和卡那霉素（适用于人用疫苗）。在质粒骨架部分含有未甲基化的胞苷鸟嘌呤二核苷酸序列（CpG），具有重要的免疫调节增强免疫应答的特性，可以作为核酸疫苗内在的佐剂。用于构建 DNA 疫苗的载体质粒有多种，但多以 PUC 或 pBR322 为基本骨架，如 PC1、pSV2、pcDNA3.0、PcDNA 3.1、pcDNA4.0、VR1320、pBK 和 pGFP 等。

（3）调控基因部分　含有启动子，大多使用病毒的启动子，如人巨细胞病毒早期启动子（CMV/m）、劳氏肉瘤病毒（RSV）、长末端重复（LTR）启动子、猿猴病毒 SV40）早期启动子，使其在多种细胞中产生抗原的组成型表达，也有采用来自哺乳动物的启动子如主要组织相容性复合体（MHC）I 或 H 的启动子、人 β - 肌球蛋白启动子、人肌间蛋白启动子等，其中以 CMV 启动子的转录活性最高。调控基因部分大多数还含有增强子、内含子，以增强抗原基因的表达，以及使 mRNA 和表达蛋白的 3′端不翻译区与转录终止/多聚腺苷酸序列。

3. DNA 疫苗作用原理　DNA 质粒被导入宿主细胞后，病原体抗原的基因片段在宿主细胞内得到表达并合成抗原，再经过加工、处理、修饰递呈给免疫系统，激发免疫应答。这一过程类似于病原微生物感染或减毒活疫苗接种，所以 DNA 疫苗能有效地激发体液免疫和细胞免疫，尤其是其具有激活杀伤性 T 淋巴细胞的作用。（图 2 - 35）

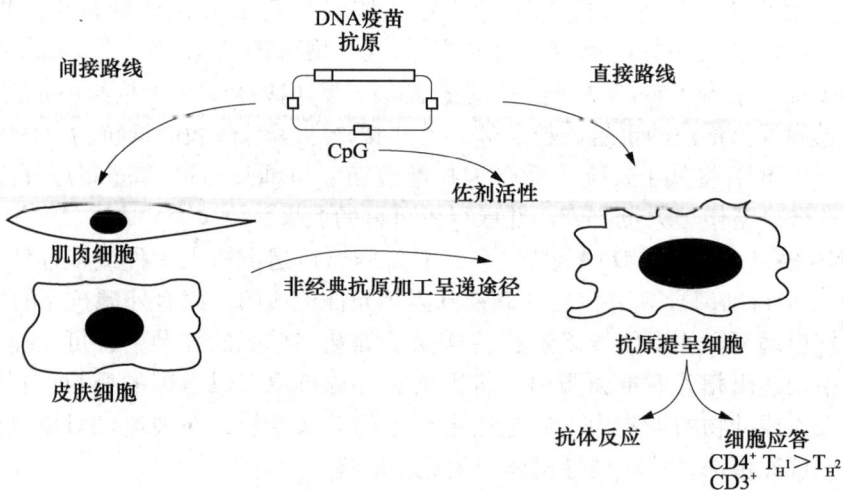

图 2 - 35　DNA 疫苗作用

核酸疫苗的作用机制多限于一些理论的推测。目前认为，抗原的呈递过程可能有以下 3 种途径：

（1）认为肌细胞可能作为一种中心成分直接参与目的基因 DNA 的摄入和表达，并呈递给免疫系统，产生免疫应答。

（2）肌细胞通过 T 小管或细胞膜内陷将外源基因纳入，在该基因所携带的强启动子的作用下表达相应的抗原蛋白，表达产物被细胞内的水解酶降解成小分子抗原多肽。这些多肽含有不同的抗原决定簇，分别与主要组织相容性复合物（MHC）Ⅰ类和Ⅱ类分子结合，诱导细胞毒性 T 淋巴细胞（CTL）前体、B 细胞和特异性辅助 T 细胞，产生细胞免疫和体液免疫应答。

（3）认为用核酸疫苗进行免疫时，肌细胞和抗原提呈细胞均被传染，引起 CD4$^+$、CD8$^+$ T 细胞亚群的同时活化，产生特异性免疫应答。

4. 核酸疫苗的构建　研制重组疫苗的步骤与研制其他基因重组产物相似，包括：目的基因的确定和目的 DNA 片段的获取；确定目的基因表达系统的受体细胞（生物）和相应的表达载体，将目的 DNA 片段插入载体，构建重组表达载体；将携带目的基因的表达载体引入受体细胞，按照载体预先设计的筛选标记分离获得基因工程菌株（或细胞株）。通过基因工程菌株（或细胞株）的培养，获取大量的目的基因表达的产物；进一步分离、纯化目的产物。

（1）目的抗原基因的选择与获得　目的基因的选择是核酸疫苗构建的基础。目的基因是编码保护性抗原的基因，能诱导机体产生特异性抗体，因此应选择能诱导宿主产生强烈免疫应答的基因片段。目的基因可以是针对某一种抗原的单基因或基因片段，也可以是多个目的基因或嵌合基因，同时为使抗原基因在哺乳动物体内获得高效和正确的表达，在选择基因时应考虑基因内部是否含有稀有密码子以及抗原基因在动物体内是否能得到正确剪切。当前主要选用病毒的主要保护性抗原基因，构建同一病毒不同基因的融合基因或者分别构建各个基因各自的表达质粒后进行联合接种，常可收到最佳的免疫保护效果。

目前对目的基因的获得通常采用以下几种方法：①构建 cDNA 文库，以筛选获得候选基因；②通过 PCR 法扩增获得候选基因；③人工合成获得候选基因。

（2）选择合适的表达载体　载体包括启动子、增强子、翻译起始序列、mRNA 的加工信号、mRNA 的终止信号、多个限制性酶切位点、选择性标记、质粒骨架序列等几部分，任何一部分都可影响外源基因的表达。其中启动子是影响外源基因表达的主要因素之一。为了使目的基因序列高效表达，应有针对性地选择表达载体。

（3）对在载体上表达基因的序列进行测定　对于克隆到表达载体上的候选基因，需要验证此基因的正确性。必须确保此基因序列与需要的序列完全一致。

5. 核酸疫苗的免疫接种方法和途径　核酸疫苗根据具体的免疫对象和免疫用途，接种的方法分别有直接注射、基因枪导入、鼻腔、口腔、生殖道等黏膜表面涂布或喷雾和 DNA 导入等。免疫途径可以是骨骼肌、皮内、皮下、静脉、腹腔、鼻腔及经口消化道等组织器官等。肌肉组织的抗原提呈效率较低，但对质粒 DNA 的摄取和表达效率较高，是目前应用最为广泛且十分有效的免疫途径。

6. DNA 疫苗的优点与安全性　DNA 疫苗是将编码特异性抗原多肽或蛋白质的基因构建在含有调控元件的表达性 DNA 质粒中，可直接导入机体并在机体内表达目的抗原多肽或蛋白质，诱导机体产生针对目的蛋白的免疫应答以达到预防和治疗的目的。

由于 DNA 疫苗可直接将核酸导入机体并在机体内表达目的蛋白，不需要在体外对蛋白质进行表达和纯化，而且 DNA 载体本身也具有其特殊性，因此，普遍认为 DNA 疫苗和传统的减毒活疫苗、灭活疫苗以及蛋白质亚单位疫苗相比，具有很大优势。

（1）核酸疫苗的优点　①DNA 疫苗只含部分病原体的基因序列，不会因病原体毒力回升或灭活不彻底而导致疫苗病例，安全性好，没有感染的危险；②免疫效果好，核酸疫苗能在自身细胞中产生与自然抗原接近的外源性蛋白质，能诱导产生类似自然抗原的免疫应答；③制备简单，只需对编码抗原的基因进行免疫克隆，不需在体外表达和纯化蛋白质；④核酸疫苗的本质是核酸分子，因而不同于蛋白质和活疫苗，可以在室温条件下保存，不存在疫苗的冷藏和低温运输问题，从而保证 DNA 疫苗的高效接种率；⑤免疫应答持久，外源基因的不断表达可持续提供抗原；⑥克服了 MHC 限制性。DNA 免疫不仅可诱导对同类 MHC 的细胞毒性 T 细胞（CTL）应答，同时也可诱导在不同 MHC 间交叉的 CTL 应答。

（2）DNA 疫苗存在的问题　DNA 疫苗在人体内的免疫反应仍然很弱，目前情况下为提高人体对 DNA 疫苗的免疫反应往往通过增加接种剂量以及接种次数来实现。提高 DNA 疫苗免疫原性的策略之一是运用各种核酸免疫佐剂，以达到增强核酸疫苗靶抗原免疫原性。常见的佐剂有：①DNA 佐剂，如免疫刺激序列（ISS）、CpG 寡脱氧核苷酸（ODN）等；②遗传佐剂，即应用质粒载体编码细胞因子、共刺激分子或配体，调节免疫反应类型和增强免疫反应，这类活性分子称为遗传佐剂，如 GM－CSF、IL－2、IL－4、IL－12、IL－21、TGF-β、CD40L 等；③免疫增强剂，最常用的是脂质体，包括阳离子脂质体和由阴离子磷脂螺旋双层构成的螺旋体等；④生物黏附性多聚物、CT 和 LT、细菌脂多糖等黏膜免疫佐剂，提高黏膜 DNA 疫苗的免疫原性。同时，近年来的大量研究发现，核酸疫苗本身存在着多种限制因素，其免疫原性低、动物实验和临床结果不一致等都限制了本身的发展。不仅如此，近年来有文献报道 DNA 疫苗造成了肾脏损失的自身性免疫疾病的发生，通过研究发现 DNA 免疫后持续产生的抗原－抗体复合物的沉积诱发了肾小球基底膜病变。

（3）DNA 疫苗的安全性及展望　尽管核酸疫苗有许多优点，但它也存在一些安全性问题，如：①核酸疫苗刺激机体产生免疫反应的能力比自然感染病原体引起的免疫反应弱，免疫原性低；②核酸疫苗目的基因的表达水平不太理想；③有引起免疫耐受的可能性，外源 DNA 可引起抗 DNA 抗体产生，并可能导致自身免疫性疾病和免疫交叉反应；④DNA 有整合到宿主染色体上的潜在危险；⑤核酸疫苗在不同动物个体中免疫效果存在较大差异，具有种属、个体特异性；⑥在疫苗生产过程中的某些因素会对人类健康存在直接或间接的危害，例如抗生素抗性选择标志在质粒提纯时，残留的微量抗生素会对接种者体内的微环境不利。DNA 疫苗具有传统疫苗所没有的优越性，但是真正运用于人体还有许多问题有待解决。目前 FDA 已批准艾滋病、流感、结核、乙肝等 10 余种核酸疫苗进行临床试验，其中有的已进入临床 Ⅱ、Ⅲ 期试验阶段，有望在不久的将来安全地应用于人类疫病的防治，但有关核酸疫苗在理论上的安全性问题，还需通过长时间的实验加以克服，并不断进行优化，进一步提高其免疫效力，这也是今后核酸疫苗研究的主要方向。

六、人类基因组计划与新药研究

（一）人类基因组计划

人类基因组计划（human genome project，HGP）是由美国科学家率先提出的，旨在阐明人类基因组30亿碱基对的序列，发现所有人类基因并阐明其在染色体上的位置，并破译人类全部遗传信息的全球范围内的科学计划。人类基因组计划（HGP）全部基因测定的完成，标志着分子生物学已跨入后基因时代，包括单一的核苷酸多态性（SNP）分析、功能性的基因组的变异分析和蛋白质组学分析。

人类基因组是所有染色体或基因位点的总和，人类基因组30亿碱基对的序列以一种特殊方式排列形成人体的2.2万个基因。人类个体的基因位点是相同的，因而人类只有一个基因组，不同个体之间差异的根本原因是每一基因位点上的等位基因并不是完全相同的，如果基因结构变异导致关键蛋白质数量或质量的异常，则可引起疾病。因此HGP的实施极大地带动了人类疾病相关基因的定位、克隆与结构及功能等的研究，通过对每一个基因的测定，可以找到它的准确位置，从而为预防、诊断、治疗6000多种人类单基因遗传病和一批多基因病（如恶性肿瘤、心血管疾病）提供了准确依据。

1. 基因组与新药靶点　目前治疗药物的作用靶点共483个，其中受体占45%，酶占28%，激素和细胞因子占11%，DNA占2%，核受体占2%，离子通道占5%，其余7%为未知。随着人类基因组研究的进展，大量的疾病相关基因将被发现，这将使得药物作用的靶标分子急剧增加，目前已有大约500个基因用于药物开发，将来这一数字将增加6~20倍，达到3000~10 000个。

HGP已改变了新药开发模式。现代医学研究证明，人类的多种疾病直接或间接地与基因有关。人类疾病是基因组信息与环境因子相互作用结果的概念已经确立。现代疾病研究的核心是阐明疾病的发生机制，为临床提供新的诊断、治疗和预防手段，为新一代药物的开发提供科学基础。6000多种单基因遗传病和多种多基因疾病的致病基因和相关基因的定位、克隆和功能鉴定是HGP的核心部分，它将彻底改变传统的新药研究开发的被动模式。现有基因工程研制和生产基因工程药物的方法，是利用DNA重组技术生产蛋白质，对于蛋白质新药的发现仍然局限于常规药物的发现模式，这种新药发现模式的缺点是发现新药的概率低，只有那些人体内较高表达的蛋白质因子才有可能被发现，进而先认识功能，然后弄清蛋白质结构，再从结论推理到基因序列，逆转录生成cDNA，然后通过DNA重组技术的方法步骤，得到所需药物。而基因组药物则是指利用基因序列数据，经生物信息学分析、高通量基因表达、高通量功能筛选和体内外药效研究开发得到新药候选物。这一新的技术路线不同于常规的生物技术药物开发的手段。基因组药物是利用反向生物学原理，沿着从基因序列到蛋白质到功能到药物的途径研制新药，其优势是以庞大的人类基因资源及其编码蛋白质为原材料，具有巨大的开发潜力，可大规模增加新药的数量，缩短新药开发的时间，降低新药开发的成本。据估计，人类基因组约有10万个基因，其中至少5%即5000个基因编码的蛋白质可能具有药物开发前景，而目前利用常规技术开发的人类重组蛋白质药物已上市的只有50余种，进入临床实验的约300种，而基因组研究最终可能导致上千个新药的问世。

药物是利用基因序列数据，经生物信息学分析、高通量基因表达、高通量功能筛选和体内外药效研究开发得到的新药候选物。这种新药开发模式直接从致病基因找出药靶，通过功能研究和药物筛选，改变了新药的传统开发模式，缩短了新药开发的时间。过去新药发现过程大多数是随机的、偶然的和被动的，而基因组研究使新药开发变为主动的、有明确目标及靶点的过程，其依据在于：①疾病病因的阐明更加清晰。HGP的顺利实施使得人类致病基因越来越多被发现，同时这些基因及基因产物作为药物作用新靶点的可能性越来越大。②分子水平上药物新靶点的发现大大加快。在现代药物研究中，新靶点的建立往往是新药创新的前提和保障。③动物模型的建立加快。越来越多的与人类疾病相似的动物模型可通过转基因动物或整体基因剔除建立起来，解决了许多过去难以解决的问题。

尽管分子生物学革命性地改变了药物研究开发的过程，但仍有两个问题需要解决：①克隆基因的数目制约了潜在药物作用靶标的数目；②药物作用靶标与治疗效果关联的过程即靶标的确认。前者将得益于HGP如高通量EST基因测序，后者将得益于后基因组研究和生物信息学。药物基因组学给药物的开发带来了一次突破性的革命，基因筛药新技术将基因数据库和基因芯片技术用于新的药物筛选，可在很短时间内对数千甚至上万种待筛样品进行筛选，从而使筛药成本大大降低，新药推出速度明显加快，并且由于基因芯片能同时对全部基因进行跟踪检测，那些在传统方式下难以察觉的副作用也会立即表现出来，使新药的安全性明显提高。

2. 药物基因组学 药物基因组学（pharmacogenomics）是药物遗传学（pharmacogenetics）的发展，它是在应用基因组信息和方法，在整个人类基因组水平上研究药物代谢和反应的遗传学本质。人类基因组具有广泛的多态性，药物基因组学研究个体的遗传背景，预测其药物代谢特点和反应，实施"个体化"合理用药，并可以根据不同人群及不同个体和遗传特点设计、开发和研制新的药物。药物基因组学是分子药理学与分子生物学的有机结合，它应用基因组学来对药物反应的个体差异进行研究。大体包括：药物效应的基因型预测和基因组学在医药工业上的应用，在分子水平证明和阐述药物疗效以及药物作用的靶位、作用模式和毒副作用。

在药物基因组学的研究中，大规模地确定治疗意义上的多态性基于基因组的单核苷酸多态性（SNPs）等遗传标志。阐明SNP与药物反应之间的关系已成为目前基因组学的一个重要研究方向。遗传多态性是药物基因组学的基础，药物遗传多态性表现为药物酶的多态性、受体的多态性和药物靶标的多态性等。这些多态性的存在能导致许多药物治疗中药效和不良反应的个体差异。药物基因组学从基因水平揭示这些差异的遗传特征，鉴别基因序列中的差异，在基因水平研究药效的差异，并以药物效应和安全性为目标，研究各种药效与安全性间的关系。药物基因组学的研究不以发现新的基因、探明疾病的发生机制、预见发病风险及诊断疾病为目的，而是研究遗传因素对药物效应的影响，确定药物作用的靶点，研究从表型到基因型的药物反应的个体多样性。药物基因组学将基因的多态性与药物效应个体多样性紧密联系在一起。药物基因组学根据不同药物效应对功能基因的分类，运用人类基因组计划的研究结果和DNA阵列技术、高通量筛选技术，以及先进的生物信息学手段，大大加速了新药的开发。同时，基于药物基因组学的全基因组候选基因筛选技术的应用可从大样本临床研究中发现影响药物毒性的新候选基因，区分特异质人群，指导不同遗传背景的人群安全用药，避免药物被错误淘汰。药物基因组学的研究为寻找新药提供了更多更有效的药物靶标，在新药临床前研究中使更多的新化学实体进入试验。未来制药业的发展方向就是研发药物的个体化，即根据基因特性为某一群体，甚至某一个人设计药物，药物作用的专一性不仅是指作用的靶位，而且是作用的个体。"个体化"已成为新药研发的必然趋势，药物基因组学的研究正向着标准化的方向发展。药物基因组学可科学指导临床合理用药，以药物基因组学为基础的药物靶向治疗，即一开始就根据患者的基因特异性，为患者开出"基因处方"，真正实现个体化给药，最大程度上增加药物的有效性，减小药物不良反应，节约医疗费用，实现临床合理用药的最终目标。

目前，药物基因组学研究仍大多集中于单基因或单位点的多态性研究，但由于药物的总体效应由多个效应阶段和蛋白质的多个基因相互影响的综合结果决定，要想将基因的多态性的位点的基因型作为临床治疗决策的依据尚有一定的距离，多基因和多SNP联合、SNP连锁和关联分析等综合性研究还非常必要。同时，药物效应的差异还受到很多非基因因素的影响。因此，未来的研究方向除了需同时考虑多基因多位点的综合分析外，还应结合基因与环境的交互作用等方面来综合考虑药物的疗效。

3. **蛋白质组学和药物蛋白质组学** 蛋白质组是指基因组表达的所有相应的蛋白质，是指细胞或组织或机体全部蛋白质的存在及其活动方式。蛋白质组学是从整体的蛋白质水平上，从生命本质的层次上，研究和发现生命活动的规律和重要生理、病理现象的本质。由于疾病的发生和发展，药物的作用大多是在蛋白质水平上进行的，因此蛋白质组学研究克服了蛋白质表达和基因之间的非线性关系。蛋白质组具有多样性和可变性，同一机体的不同细胞中，蛋白质的种类和数量是各不相同的，即使是同一种细胞，在不同时期、不同生理条件下，其蛋白质组都是在不断变化，在病理过程或药物作用下，细胞蛋白质的组成及其变化，与正常生理过程也是不同的。药物蛋白质组学的重要研究内容在临床前包括新药靶点的发现、药物作用模式、毒理学研究，在临床研究方面包括将疾病特异性蛋白质作为有效患者选择的依据和临床试验的标志。

疾病的发生、发展与某些蛋白质的变化有关，通过蛋白质组学研究可以揭示与疾病密切相关的蛋白质，构筑蛋白质芯片，它能够同时检测生物样品中与某种疾病或环境因素损伤可能相关的全部蛋白质的含量变化情况，即表型指纹（phenomic fingerprint）分析。用这样的蛋白质芯片对众多候选化学药物进行筛选，直接筛选出与靶蛋白作用的化学药物，将大大推进药物的开发。化学探针可用于包括从蛋白质表达、鉴定到细胞定位和调节的蛋白质组学研究的所有层面。化学探针在新药开发中的应用主要是寻找、鉴定药物的新靶点。采用靶点鉴别的方法，初筛出易被小分子药物抑制的蛋白质，作为药物的靶点。另外，蛋白质阵列芯片有助于了解药物与其效应相关蛋白质的相互作用，并允许在对化学药物作用机制细节不够清楚的情况下，直接研究蛋白质谱，这可能将化学药物作用与疾病联系起来，以反应物是否具有毒副作用、判定药物的治疗效果，为指导临床用药提供实验依据，并能进一步建立和发展外源化学药物与蛋白质表达谱的数据库，促进药理学和毒理学的研究，并显现筛选疫苗、开发蛋白质组技术在临床诊断试剂以及药物筛选方面的强大优势。

第十二节 基因工程在制药工业上的应用实例

实例一 大肠杆菌表达 L-门冬酰胺酶 II

大肠杆菌 L-门冬酰胺酶 II 在临床上被广泛用于治疗儿童急性淋巴细胞白血病（ALL）、霍奇金门病、淋巴肉瘤、黑素肉瘤和胰腺癌等疾病，是一种重要的抗肿瘤药。其作用机制是：L-门冬酰胺酶（EC3.5.1.1）可以催化 L-门冬酰胺水解生成 L-门冬氨酸和氨，由于白血病和淋巴瘤患者其肿瘤细胞必须依赖外源性 L-门冬酰胺才能生存，用药后该酶快速消耗掉血液循环中的 L-门冬酰胺，从而消耗肿瘤细胞合成蛋白质所必需的底物而快速抑制蛋白质合成，最终导致肿瘤细胞死亡。相比之下，正常细胞的生长由于其自身可以合成 L-门冬酰胺而不受影响，此即天冬酰胺酶的选择性细胞毒作用。

大肠杆菌可以产生两种 L-门冬酰胺酶，即 L-门冬酰胺酶 I 和 L-门冬酰胺酶 II，它们分别由 *ansA* 和 *ansB* 两个基因编码。然而，只有 L-门冬酰胺酶 II 具有抗肿瘤活性。

（一）工艺流程

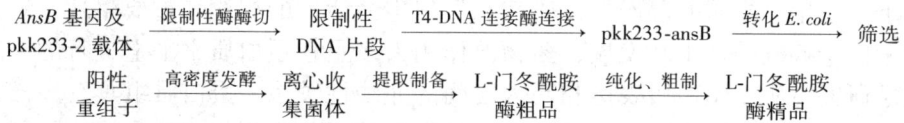

（二）工艺过程

1. PCR 扩增 *AnsB* 基因

（1）制备模板 用接种环挑取 *E.coli* CpU210009 菌体少许，在裂解液（1% TritonX-100，2mmol/L Tris-HCl pH8.5，2mmol/L EDTA）1ml 中振散，95℃加热处理 10min，吸取处理液 5μl 作为 PCR 反应模板。

（2）PCR 反应 应用以下引物对建立 PCR 反应体系，并进行 PCR 反应，反应条件为 94℃变性 1min、60℃复性 2min、72℃延伸 1min，循环 28 次。

I1：5′-GGCCATGGAGTTTTTCAAAAAGACGGCACTTGC-3′；

I2：5′-GGAAGCTTAGACTGATTGAAGATCTGCTGG-3′。

2. 重组质拉 pKK233-ansB 的构建 PCR 扩增后的 DNA 片段及质粒 pKK233-2 分别用限制性内切核酸酶 *Nco* I 和 *Hind* III 消化并用琼脂糖凝胶电泳分离和回收质粒大片段；将消化后的 DNA 片段和电泳回收的质粒大片段用 T4DNA 连接酶连接，连接产物经琼脂糖凝胶电泳回收后转化 *E.coli* HB 101、71/18、ATCC 9637、JM107、CPU 210009，筛选获得相应的阳性转化子。

3. 阳性转化子的筛选 将涂布在含氨苄西林的 LB 平板上生长出的单菌落用牙签逐个挑入方格化的新鲜 LB 平板上，并对每个克隆编号。平板置 37℃温箱中培养过夜，待菌落形成后，用灭菌牙签逐个挑取少量菌体，移入预先加有 0.1mol/L 硼酸缓冲液（pH 8.4）50μl 的酶标板反应孔内，待菌体分散后，每孔各加入 0.04mol/L 门冬酰胺底物溶液 50μl，37℃保温 15min，加奈氏试剂 50μl，呈深棕红色孔内对应的单菌落即为阳性转化子。

4. L-门冬酰胺酶活力测定　取 0.04 mol/L L-门冬酰胺 1ml，0.1mol/L pH8.4 硼酸-硼酸钠缓冲液 1ml，细胞悬液或酶液 0.2ml 于试管中，于 37℃水浴保温 10min，加 15% 三氯乙酸 0.5ml 终止反应，经 4000r/min 离心，取上清液 1ml，加奈氏试剂 2ml 和蒸馏水 7ml，放置 15min 后于 500nm 波长比色测定生成的氨。在上述条件下，每分钟催化 L-门冬酰胺水解释放 1μmol 氨的酶量定义为 1 个酶活力单位。

5. 工程菌的中试发酵　将在斜面 37℃培养 16h 的种子接入 10L 种子罐发酵，37℃培养 10h，接入 500L 发酵罐发酵。发酵结束后立即通冷却水冷却，管式离心机离心收集菌体。

6. 酶的提纯

（1）提取　将菌体悬浮于破壁液（45% 蔗糖，10mmol EDTA，200mg/L 溶菌酶）中，30℃搅拌 100min，倾入大体积水中，搅拌 15min，加入 $MnCl_2$ 沉淀菌体碎片和核酸，继续搅拌 15min，离心取上清液即得酶提取液。

（2）硫酸铵分级沉淀和乙醇分级沉淀　向提取液中加入硫酸铵至 55% 饱和度，离心除去沉淀。上清液中加入硫酸铵至 90% 饱和度，离心收集沉淀。沉淀物溶解透析脱盐。在冷却条件下向脱盐酶液中加入体积分数为 33% 的乙醇，离心除去沉淀的杂蛋白。上清液部分加体积分数为 40% 的乙醇，得沉淀 A。沉淀 A 部分用 50mmol/L 的 PBS（pH6.4）悬浮。离心后得上清液，加体积分数为 45% 的乙醇沉淀 B，沉淀 B 用 5mmol/L 的 PBS（pH6.4）溶解即得纯度较高的酶。

（3）DEAE-Cellulose 柱色谱分离　DEAE-Cellulose DE52 柱 10cm×45cm 经 5mmol/L 的 PBS（pH6.4）洗脱，收集显示酶活性组分，冷冻干燥后即得高纯度的 L-门冬酰胺酶Ⅱ冻干粉。

实例二　毕赤酵母表达人内皮细胞生长抑素

内皮细胞生长抑素（endostatin）是由哈佛大学 O'Reilly 等于 1997 年发现的一种内源性新血管生成抑制因子，它是胶原蛋白ⅩⅧ的 C 端非胶原蛋白特征结构域的水解产物，由 184 个氨基酸组成，分子量为 22 000。内皮细胞生长抑素能促进肿瘤内新生血管内皮细胞凋亡、抑制新血管生成及抑制肿瘤生长和转移，最终使肿瘤缩小或者消失。

作为肿瘤治疗药物，它具有以下特点：①静脉注射重组人内皮细胞生长抑素能有效治疗各类肿瘤疾病，且不产生耐药性；②即使达到 300mg/（kg·d）的高剂量，患者都无明显毒副反应；③可显著地影响肿瘤的血管血流率、新陈代谢以及诱导内皮细胞和肿瘤细胞发生凋亡；④内皮细胞生长抑素与肿瘤内的新生血管生成及密度变化无显著关联，使用内皮细胞生长抑素不会干扰正常组织伤口愈合。

（一）工艺流程

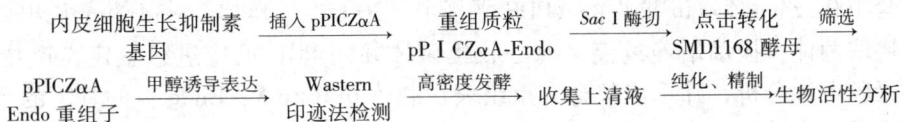

（二）工艺过程

1. 菌株和质粒　大肠杆菌 TOP10F′、酵母菌株 *Pichia pastoris* SMD1168、表达载体

pPICZαA 等购自 Invitrogen 公司。

2. 酶和试剂 各种限制性内切核酸酶、T4 DNA 连接酶以及 pfu *Taq* DNA 聚合酶均购自大连 TaKaRa 公司；DNA 胶回收试剂盒、PCR 片段回收试剂盒以及质粒少量回收试剂盒均购自上海申能博彩生物工程有限公司；人内皮细胞生长抑素抗体购自 Onco-gene 公司；MTT、SDS、TEMED、过硫酸铵、丙烯酰胺以及 *N*，*N*′ - 甲叉双丙烯酰胺等购自 Promega 公司；离子交换色谱凝胶和肝素亲和色谱凝胶购自安玛西亚公司。用于扩增的 PCR 引物由上海生物工程技术公司合成；其余常用试剂均为市售国产分析纯。

3. 基因设计与合成 根据毕赤酵母中密码子的使用情况，将内皮细胞生长抑素成熟多肽序列转换成相应的使用毕赤酵母中偏爱密码子组成的 DNA 序列。在内皮细胞生长抑素基因序列的 5′端加上部分 α 信号肽序列，同时将 TAA 以及 TCTAGA（*Sac* Ⅱ酶切位点）添加于内皮细胞生长抑素基因序列 3′端。（图 2 - 36）

> CTC GAG AAA AGA GAG GCT GAA GCT
>
> *Xho* I
>
> GCT CAT TCT CAT AGA GAT TTT CAA CCA GTT TTG CAT TTG GTT GCT TTG AAC TCT
> CCA TTG TCT GGT GGT ATG AGA GGT ATT AGA GGT GCT CAT TTT CAA TGT TTT CAA
> CCA GCT AGA GCT GTT GGT TTG GCT GGT ACT TTT AGA GCT TTT TTG TCT TCT AGA
> TTG CAA GAT TTG TAC TCT ATT GTT AGA AGA GCT GAT AGA CCT GCT GTT CCA ATT
> GTT AAC TTG AAG GAT GAA TTG TTG TTT CCA TCT TGG GAA GCT TTG TTT TCT GGT
> TCT GAA GGT CCA TTG AAG CCA GGT GCT AGA ATT TTT TCT TTT GAT GGT AAG
> GAT GTT TTG AGA CAT CCA ACT TGG CCA CAA AAG TCT GTT TGG CAT GGT TCT
> GAT CCA AAC GGT AGA AGA TTG ACT GAA TCT TAC TGT GAA ACT TGG AGA ACT
> GAA GCT CCA TCT GCT ACT GGT CAA GCT TCT TCT TTG TTG GGT GGT AGA TTG
> TTG GGT CAA TCT GCT GCT TCT TGT CAT CAT GCT TAC ATT GTT TTG TGT ATT GAA
> AAC TCT TTT ATG ACT GCT TCT AAG TAA
>
> GCCGCC
>
> *Sac* Ⅱ

图 2 - 36 合成的人内皮细胞生长抑素基因

根据上述基因序列相应合成 11 条引物，然后进行 DNA 聚合酶链式反应（包括链延长反应和扩增反应），得到的 DNA 片段经割胶回收后进行酶切反应，最后将人工合成的内皮细胞生长抑素基因直接克隆到表达载体 pPICZαA 上，构建出含内皮细胞生长抑素基因的重组质粒 pPICZαA-Endo。将重组质粒转化感受态大肠杆菌 TOP10F′，Zeocin 抗性平板筛选阳性转化子，并进行 DNA 序列分析。

4. 酵母转化和重组子的筛选 提取 10 ~ 20μg 测序正确的 pPICZαA-Endo 质粒，用 *Sac* I 单酶切。酵母菌 SMD1168 按 Invitrogen 公司说明书制成感受态菌，按说明书用 Bio - Rad 电转仪，在 25μF、1500V 条件下用酶切产物转化感受态的 SMD1168 酵母菌，转化产物涂布在含 100μg/ml Zeocin 抗性的 YPDS 平板上，30℃温箱培养 2 ~ 3d 直至长出单菌落。用牙签挑取菌体，振荡培养过夜，离心收集菌体并用 PCR 反应进行鉴定，产物经 1% 琼脂糖凝胶电泳分析，筛选出整合有重组表达载体 pPICZαA - Endo 目的基因的重组子。经过抗生素梯度筛选获得高抗性表达株。

5. 表达菌株的筛选和诱导表达 挑取若干个经鉴定的转化子，分别接种到 5ml

YPD 培养基中 30℃振荡培养 24h 至 $A_{600} > 2$，然后按 5% 的比例转接到 10ml BMGY 液体培养基中，于 30℃、250r/min 培养 16 ~ 24h。无菌条件下 $6000 \times g$ 常温离心去掉 BMGY 培养基，加入 10ml BMMY 诱导培养基继续培养，每隔 24h 加入 100μl 甲醇，摇瓶发酵 72h 后进行表达产物分析。

6. 表达产物分析　离心取发酵液上清液进行 15% SDS-PAGE 电泳检验，发现所筛出的高抗性重组酵母均能表达分子量为 20 000 的内皮细胞生长抑素蛋白，且约占上清液总蛋白质量的 15% 左右。此外，Western 印迹法分析表明，表达产物能与内皮细胞生长抑素多克隆抗体成阳性反应，条带位置也与目的蛋白带一致。电泳凝胶薄层扫描结果表明，上清中内皮细胞生长抑素表达水平达 80mg/L。

7. 工程菌高密度发酵　高表达菌株 *P. pastoris* Endo – V 按 Invitrogen 公司的发酵方法在 5L 自控式发酵罐中进行。重组酵母株在菌体生长阶段利用甘油作为碳源，每隔 6h 测定细胞密度，待菌体密度达到 $A_{600} > 200$ 后，改换甲醇进行诱导表达，期间适当通入纯氧，以增加溶氧量。诱导阶段则每隔 24h 测定细胞湿重以及取样。实验结果表明，在培养 72h 后，重组内皮细胞生长抑素蛋白表达达到最高，菌体的湿重达到 350g/L，密度约为 $A_{600} = 287$。而纯化后，计算内皮细胞生长抑素的可溶性表达约为 125mg/L，产量达到大肠杆菌以包涵体表达的水平。

8. 内皮细胞生长抑素蛋白的分离和纯化　离心收集表达上清液，缓慢加入硫酸铵至终浓度 70%，4℃均匀搅拌 1h 后，将悬浊液放置于离心管中，15 000r/min，4℃离心 20min，弃上清液，收集沉淀。用 0.05 体积的磷酸盐缓冲液（PB，20mmol/L）重悬并装入透析袋中，然后用 PB（20mmol/L）4℃透析 24h，期间换透析液 3 次。用肝素交换色谱凝胶装填色谱柱，用 5 倍柱床体积含 0.05mol/L NaCl 和 20mmol/L PB pH 7.4 的结合缓冲液以流速 8cm/h 平衡柱子，透析后的样品按 6cm/h 速度上样，然后用大量的结合缓冲液洗柱。最后，分别用含 0.1mol/L、0.6mol/L、1.2mol/L 和 1.5mol/L NaCl，PB pH 7.4 的洗脱缓冲液洗脱。收集各个洗脱峰，取样并用 15% 的 SDS – PAGE 分析鉴定目的蛋白所在的峰。纯品内皮细胞生长抑素大部分位于 0.6mol/L NaCl 洗脱峰中，而 1.2mol/L 和 1.5mol/L NaCl 的洗脱峰则没有。将含有目的蛋白的洗脱液用 PB 透析并冻干浓缩。所有样品保存于 – 70℃，以备分析。

9. 重组内皮细胞生长抑素蛋白的活性测定　将培养至对数生长期的小鼠血管内皮细胞用 0.25% 的胰蛋白酶溶液消化，计数后按 10 000 个细胞/孔加入到 96 孔细胞培养板中，加入含 10% 小牛血清的 DMEM 培养液于 37℃、5% CO_2 培养。24h 后去培养液，换入含 10% 小牛血清的 DMEM 培养液于 37℃、5% CO_2 继续培养 48h。去掉培养液，加入用含 10% 小牛血清的 DMEM 培养液稀释成不同浓度的内皮细胞生长抑素蛋白和 10ng/ml αFGF 的混合溶液（200μl/孔），37℃、5% CO_2 培养 24~48h。培养结束后，加入 20μl MTT（5mg/ml）溶液，充分摇匀，37℃、5% CO_2 培养 4h。去上清液，加入二甲基亚砜（DMSO）100μl，室温放置 0.5h 后，振荡 1min，用酶标仪测定其吸光度，测定波长为 570nm，对照波长为 630nm。每个浓度设 5 个重复。

结果表明，重组内皮细胞生长抑素蛋白可以有效地抑制 αFGF 刺激的小鼠血管内皮细胞增殖，而且随着浓度的增加，其抑制内皮细胞增殖的现象越明显。此外，通过 MTT 法测定，重组内皮细胞生长抑素蛋白的 ED_{50} 值为 7.5μg/ml。

实例三　昆虫杆状病毒表达人碱性成纤维细胞生长因子

碱性成纤维细胞生长因子（basic fibroblast growth factor, bFGF）由 154 个氨基酸组成，分子量为 18 000，等电点 pI 为 9.6。虽然 bFGF 在体内含量甚微，但其作用靶细胞非常广泛，具有促进各种软组织损伤修复的作用，可用于创伤、烧伤、溃疡等的治疗，改善局部组织的微循环。此外，它还可以促进神经组织的再生，加速神经损伤的修复。

（一）工艺流程

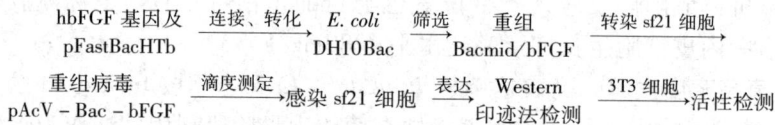

（二）工艺过程

1. 重组杆状病毒转移载体的构建　将重组质粒 pcDNA /b（含人 bFGF 基因）和 pFastBacHTb 载体质粒分别经 *Hind* Ⅲ 酶切，电泳分离回收目的条带。T4DNA 连接酶将纯化的 *hbFGF* 基因（447 bp）与 pFastBacHTb 载体片段连接后，转化 *E. coli* DH5α 感受态细胞，挑取阳性菌落，提取质粒 DNA。*Hind* Ⅲ 酶切筛选的重组质粒，再经 *Bam*H I 酶切鉴定基因片段的插入方向，筛选出正向连接的重组质粒，并测序验证。

2. 重组 Bacmid 的构建及鉴定　重组转座载体转化 *E. coli* DH10Bac（含辅助质粒 pMON7124，提供反式作用使 *hbFGF* 基因转座到 Bacmid 上）感受态细胞，转化产物涂在含有卡那霉素、四环素、庆大霉素 3 种抗生素以及 X - gal、IPTG 的 LB 平板上进行蓝白筛选，得到阳性克隆。利用 *hbFGF* 结构基因上下游引物进行 PCR 鉴定（94℃ 预变性 2min；94℃ 45s，68℃ 3min，30 个循环；末次反应于 72℃ 延伸 8min），得到大小约 447bp 左右的产物，与预计的结果吻合，表明 bFGF 结构基因已转座到 Bacmid 上，得到了重组 Bacmid /bFGF。可用于下一步的重组病毒构建。

3. 重组 Bacmid/bFGF 转染 Sf21 细胞　昆虫细胞的培养：Sf21 细胞复苏后接种于 25cm² 培养瓶中，用含 10% 胎牛血清的 Grace 完全培养基 27℃ 培养，待长满 80% 单层后传代。

Sf21 细胞的转染及病毒扩增：在 6 孔培养板中，每孔种植 $9×10^5$ Sf21 细胞，培养至少 1h，使细胞贴壁，重组穿梭载体经 LipofectAM INETM Reagent 介导转染 Sf21 细胞。转染后 72h 收获上清液即为第 1 代重组病毒。将对数期生长的 Sf21 细胞接种于 25cm² 的培养瓶中，向其中接种 100μl 第 1 代病毒，27℃ 培养 5d，收集上清液即为第 2 代重组病毒。相同方法感染 Sf21 细胞，直至获得第 3 代重组病毒。

取第 3 代病毒液 100μl，加入 100μl 病毒裂解液，20μl RNaseA /蛋白酶 K，55℃ 水浴 45min，然后采用苯酚/三氯甲烷/异戊醇法提取病毒基因组 DNA。取第 3 代扩增病毒液提取的病毒基因组 DNA 为模板，以 bFGF 的上下游引物进行 PCR 鉴定获得大小约 447bp 的产物；以 bFGF 上游引物和鉴定 Bacmid DNA 的 M13 下游引物，进行 PCR 鉴定，获得大小约 1000bp 的产物，与预计的 1044bp 的结果吻合。而对照 Sf21 细胞基因组 DNA 经 PCR 没有得到特异性产物。这进一步表明获得了正确的重组病毒 pAcV - Bac - bFGF。

4. 重组病毒空斑分析及病毒滴度测定　在 6 孔培养板中每孔接种 $1×10^6$ 的 Sf21 细

胞，27℃培养 4~6h，使细胞贴壁且达到 50% 满度。用无血清 Grace 将第 3 代病毒液稀释为 10^{-3} ~ 10^{-8} 共 6 个梯度，各取 1ml 依次加入 Sf21 细胞培养 6 孔板中，每一稀释度均设复孔，于 27℃ 下孵育 5~10d，计数每孔的空斑数，并按公式计算病毒液的 PFU 值。重组病毒在 10^{-7} 稀释度出现 4 个空斑，根据公式：PFU/ml = 1/稀释度×空斑数×接种量（ml），计算重组病毒的滴度为：$4 \times 10^7 ml$，再除以感染细胞数 5×10^6，MOI 值≈8。

5. 重组蛋白质表达时相分析及 Western 印迹法检测　第 3 代重组病毒液与细胞培养液以 1:50 的比例接种于 50% 满度的 Sf21 细胞培养瓶（$25cm^2$）中，分别在 24h、48h、72h、96h、120h 收集细胞，同时以未感染重组病毒的 Sf21 细胞为对照。收集各时相及对照样品的细胞培养液、细胞裂解液样品。样品处理后，分别加入 2 块聚丙烯酰胺凝胶中，同时进行电泳。电泳结束后，1 块凝胶用于 SDS-PAGE 分析；将另 1 块凝胶蛋白条带转移至硝酸纤维素膜上，按 Western 印迹法常规操作依次进行封闭、一抗反应、二抗反应和显色反应。

pFastBacHTb 载体在外源基因插入的多克隆位点前有 6 个连续的 His-tag 序列和 TEV 切点的识别序列，与目的蛋白融合表达。SDS-PAGE 及 Western 印迹法结果显示，重组病毒 p-AcV-Bac-bFGF 感染 Sf21 细胞 48h、72h、96h、120h 的细胞培养液和细胞裂解液样品中均有目的蛋白表达，在 Western 印迹法检测结果中约 23000 附近有 1 条特异条带。而未感染重组病毒的 Sf21 对照细胞培养液和细胞裂解样品在 Western 印迹法检测结果中均未见到特异条带。证明所表达的 hbFGF 成熟蛋白具有免疫学活性，且重组病毒 pAcV-Bac-bFGF 感染 Sf21 细胞后 48h 开始表达 bFGF 蛋白，72h、96h 表达量较高，120h 蛋白质表达量下降。

6. 表达产物刺激 3T3 细胞增生　3T3 细胞按 1×10^4 接种于 24 孔板中，待细胞长至 50%~80% 的单层。取第 3 代病毒液、未感染重组病毒的 Sf21 细胞培养 72h 的上清液各 200μl 加入 3T3 细胞中，每组样品各 3 个重复。同时以 100μg/L 的 bFGF 标准品为阳性对照。37℃、5% CO_2 培养 72h 后，PBS 清洗 24 孔板中的细胞。每孔加 MTT 反应液 500μl，37℃ 孵育 4h，加 DMSO 500μl 使沉淀溶解，24 孔板中的样品每一孔取 100μl 样品，分别加入 96 孔酶标板中，每 4 个孔为 1 个重复，酶标仪读取 A_{570} 值。结果显示，表达产物能够明显刺激 3T3 细胞对 MTT 的摄取，促进 3T3 细胞的生长活性与天然 bFGF（100μg/L）标准品相近。

实例四　哺乳动物细胞表达人促红细胞生成素

人促红细胞生成素（human erythropoietin，hEPO）是一种糖蛋白激素，能刺激红系祖细胞分化发育成成熟的红细胞。hEPO 产生于人的肾及胎儿的肝脏。早期的 hEPO 主要从尿中提取，随着重组 DNA 技术的发展，通过中国仓鼠卵细胞（CHO）表达 hEPO，临床上主要用于治疗肾衰竭、恶性肿瘤、艾滋病和化疗引起的贫血。

（一）工艺流程

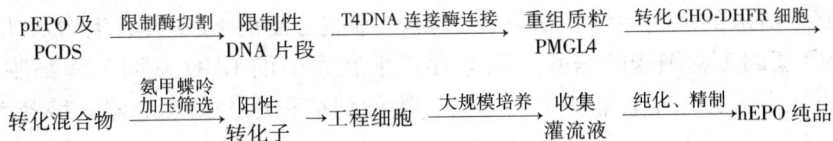

（二）工艺过程

1. hEPO 真核表达质粒的构建 用 *Ava*Ⅱ和 *Taq*Ⅰ分别切除原始克隆质粒 pEPO 上 hEPO cDNA 5′和 3′端的非编码部分，Klenow 酶补平后平端插入表达载体 pCDS 的 SalⅠ 的位点（图2-37）。为了挑选有外源目的片段插入的重组子，用 ^{32}P 标记的 hEPO cDNA 探针进行菌落原位杂交，对杂交阳性质粒进行酶切鉴定，酶切产物的电泳图谱表明得到了 hEPO cDNA 插入方向正确的重组真核表达质粒 pMGL4。

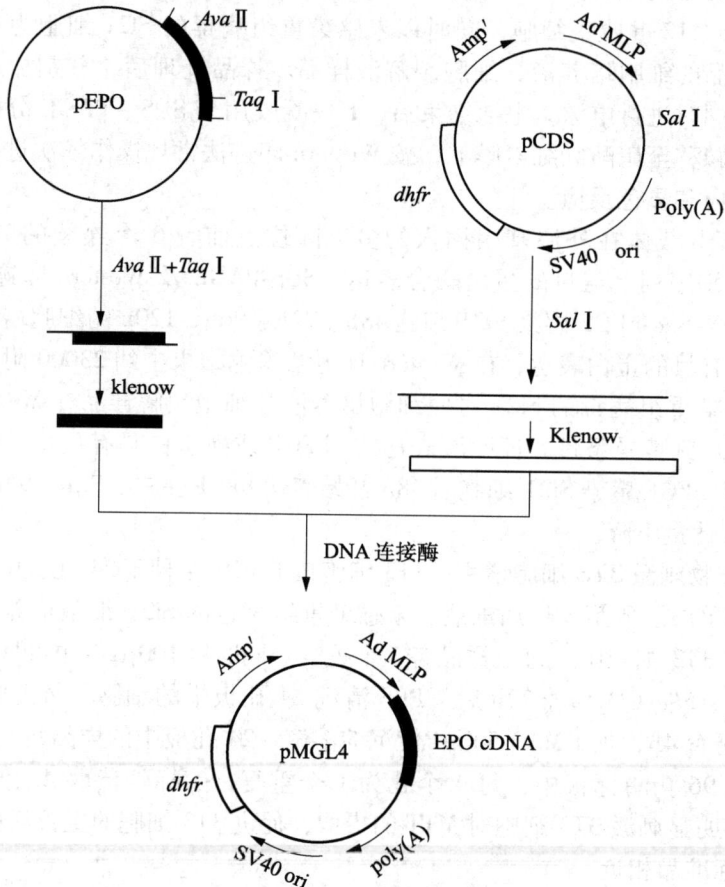

图2-37　重组质粒 pMGL4 的构建流程图

2. 重组表达质粒在 CHO 细胞中表达 采用电穿孔法用 pMGL4 转染 CHO 细胞，将所得氨甲蝶呤（MTX）抗性克隆混合培养，并用浓度逐步提高的 MTX 加压扩增外源目的基因的拷贝数。在不同时期 ELISA 检测 28cm^2 玻璃细胞瓶中混合细胞 24h 上清液的促红细胞生成素浓度。随着 MTX 浓度的升高，细胞表达水平随之提高。在 MTX 浓度为 2×10^{-7} mol/L 时，细胞平均表达水平为每 24h 2～3μg/10^3cells。用 ^{3}H-TdR 掺入法检测了混合细胞上清液的生物活性，结果表明 CHO 细胞分泌的 EPO 具有生物活性。

3. CHO 基因工程细胞的培养 取冻存于细胞库中的 CHO 基因工程细胞株，复苏后经由小方瓶、大方瓶至转瓶扩大培养后，接种到堆积床生物反应器，培养 5～7d 后，开始用无血清培养基进行灌流培养。

4. 纯化

（1）收集灌流培养液，经冷冻离心沉淀去除颗粒，收集上清液。

（2）DEAE – 离子交换柱色谱 DEAE Sepharose Fast Flow 经用 0.1mol/L 的磷酸缓冲液平衡后，柱体积约 0.8 L。取 18 L 灌流培养上清液，经连续流冷冻离心除去细胞碎片后，直接上样。上样流速约为 60ml/min，上样完毕后用含 20mmol/L NaCl 平衡缓冲液淋脱至基线，再用 150mmol/L 的 NaCl 洗脱，收集 hEPO 洗脱峰，收集峰体积 1100ml。

（3）反相色谱 将上述离子交换色谱收集的 hEPO 洗脱峰，经以 10mmol/LTris – HCl（pH7.0）缓冲液平衡的 Sehphadex G – 25 柱脱盐后，上样于以 pH 7.0 的注射用水平衡的 Source 反相柱上。柱床体积约 300ml，上样流速为 20ml/min。上样完成后，先用注射用水（pH 7.0）淋洗至基线后，分别用 20%、60% 乙醇洗脱，流速为 10ml/min，收集 60% 乙醇洗脱峰，并用注射用水稀释后，超滤浓缩至 50 ml。

（4）分子筛色谱 将上述反相色谱后浓缩样品上样于流动相为 10mmol/L 的枸橼酸钠、100mmol/L NaCl 的 Sephadex S – 200 柱上，上样量小于柱体积的 5%。上样洗脱速度为 5ml/min，收集 hEPO 活性峰。

（谭树华 余 蓉）

第三章 | 动物细胞工程

第一节 概　述

一、动物细胞工程的概念和研究内容

细胞（cell）是生物体的结构单位和功能单位，生命过程必然首先表现在细胞里。细胞的最外面为细胞膜（植物细胞膜外还有细胞壁），膜内是细胞质，它维持细胞里的适当的生理环境，细胞质里有细胞核，细胞核控制各种细胞器协同作用以完成各种生理功能。细胞理论被恩格斯誉为是 19 世纪三大发现之一，是细胞工程（cell engineering）的理论基础。

细胞工程是应用现代细胞生物学、发育生物学、遗传学和分子生物学的理论与方法，借助工程学的试验方法或技术，按照人们的需要进行设计，在细胞水平上研究改造生物遗传特性和生物学特性，即通过细胞融合、核质移植、染色体或基因移植以及组织和细胞培养等方法重组细胞的结构和内含物，以获得人们所需要的特定的细胞、细胞产品或新物种的生物工程技术。广义的细胞工程包括所有的生物组织、器官及细胞离体操作和培养技术，狭义的细胞工程则是指细胞融合和细胞培养技术。根据研究对象不同，又可以把细胞工程分为植物细胞工程（包括植物组织、器官培养技术、细胞培养技术、原生质体融合与培养技术、亚细胞水平的操作技术等）和动物细胞工程两大类。

动物细胞工程是指按照人们预定的设计，根据细胞生物学及工程学原理定向改造动物细胞遗传性，创造新物种，通过工程化为人类提供名贵药品及服务的技术。其主要研究内容包括动物细胞培养技术（包括组织培养、器官培养）、动物细胞融合技术、单克隆抗体技术（即杂交瘤技术，hybridoma technology）、动物细胞大规模培养技术、动物细胞反应动力学、动物细胞反应器、染色体及染色体组改造与转移技术、转基因动物技术及生物反应器、胚胎工程技术（核移植技术、胚胎分割、胚胎移植、胚胎发育、试管婴儿技术、胚胎冷冻技术和借腹怀胎技术等）、动物克隆技术（单细胞系克隆、器官克隆、个体克隆）和干细胞工程等。动物细胞工程中最基本的四项技术是动物细胞培养技术、动物细胞融合技术、单克隆抗体技术和动物细胞大规模培养技术。

二、动物细胞工程的发展历程

动物细胞工程虽然是在细胞生物学、实验胚胎学、生殖发育生物学、遗传学和细胞生理学等学科的理论和实验的基础上逐渐发展起来的理论和实验性均很强的新型学科，但其发展历史相当久远。

（一）细胞培养的建立与发展

1. 早期细胞培养 1839 年，德国动物学家 T. A. H. Schwann 指出动物体也是由细胞组成的。1859 年，法国解剖学家 Valpian 最早尝试了蛙胚尾部组织的体外培养，观察到了组织在水中生长和分化的现象。1885 年，W. Roux（德国人）培养鸡神经板时首次使用了"外植培养"（explantation）和"组织培养"（tissue culture）的概念，他取出鸡胚神经板，培养于温暖的生理盐水中，能存活一段时间（数月之久），被认为是组织培养的萌芽试验。1887 年 Arnold 年把一小块木片置入青蛙腹腔，过一段时间取出木片放入温盐水中，发现白细胞从木片中游离出来，生存了数小时。1898 年 Ljunggren 的实验前进了一步，他把取自人体的皮肤小块先在腹水液中贮存多日，再移植到人体，结果活了很长时间。1903 年 Jolly 使体外培养的两栖类白细胞存活 1 个月，并对其在体外培养条件下的细胞分裂做了一系列观察。1906 年 Beebe 等以动物血清培养犬的传染性淋巴肉瘤达 72h。人们从上述试验得出一个结论，即组织或细胞离体以后，在人工培养条件下，仍然能够存活。这些早期的培养方法，今天看来虽然简单，却为今后组织培养方法的建立和发展提供了依据。

2. 组织细胞培养 一般认为组织细胞培养的建立与发展是从 Harrison 和 Carrel 两人开始的。20 世纪初，人们不知道神经纤维是由神经细胞的细胞质向外突出形成的，还是由神经细胞周围的其他细胞融合而成的，生物学家们就这个问题展开了激烈的争论。1907 年，洛克菲勒研究所的美国胚胎学家 R. Harrison 将蛙的胚神经管区的一片组织移植到蛙的淋巴液凝块中，将外科无菌手术的观念贯穿到细胞培养实验中，避免了培养过程中的细胞污染，这片组织在体外不但存活了若干星期，而且还从细胞中长出了轴突（神经纤维）细胞。哈里森的实验不仅解决了当时关于轴突起源的争论，而且表明利用体外存活的组织进行实验研究的可能性，开创了动物组织培养的先河。他所采用的把培养物放在盖玻片上并置于凹玻片腔中培养的无菌的盖玻片悬滴法（图 3-1），一直沿用至今。

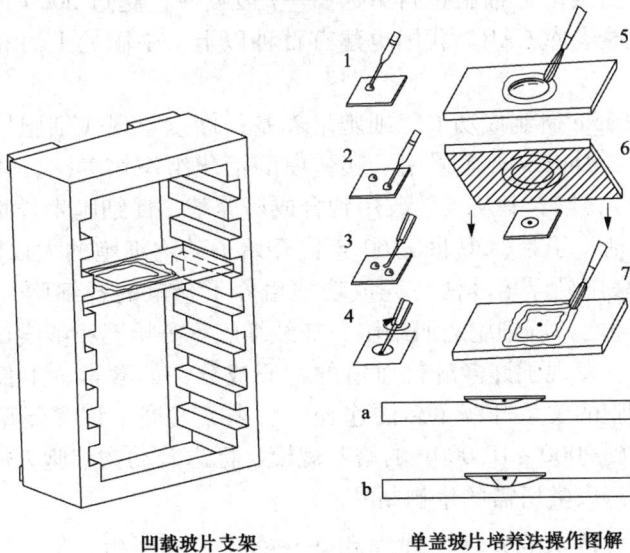

凹载玻片支架　　　　　单盖玻片培养法操作图解

图 3-1 单盖玻片悬滴培养法

1~2. 将培养液滴于盖玻片上并铺展开 3~4. 将待培养的组织块铺展于培养液中央 5~7. 将盖玻片翻转放于凹载玻片上，密封 a~b. 贴壁 24h 内，细胞就能从组织块四周游走；适用于组织量少的原代培养

　　此后，在许多科学家的不懈努力下，动物组织培养不断改进并逐渐发展成为动物细胞培养。1909 年 Harrison 和 Carrel 完善了动物组织或细胞培养的技术体系，奠定了今天动物细胞培养体系的理论和技术基础，他们的开创性实验研究工作具有里程碑的意义。

　　1912 年 Carrel（美籍法国人）特别注意到了实验中的无菌操作，并发现鸡胚胎抽提液有促进细胞生长的作用，他改用血浆加鸡胚胎汁的培养方法，培养了各种动物的组织块，并且从组织块向外生长的生长晕内观察到细胞有丝分裂相。他用这种方法曾维持一鸡胚心组织细胞培养生存达 34 年之久，先后继代 3400 次。Carrel 的创造性工作揭示，离体的动物组织细胞在培养条件下具有近于无限生长和繁殖的能力，也证明组织培养是一种研究活细胞和组织的好方法。1914 年，Thomson 创立了另一条完全不同的体外组织培养途径——器官培养法，以后又被 Strangeways 和 Fell 发展。1923 年 Carrel 设计了卡氏培养瓶，使细胞和外部环境隔离开来，在一定程度上避免了细胞的污染，而且克服了因培养容积狭小而不能扩大细胞培养的局限，使细胞的培养规模大幅提高，为后来动物细胞大规模培养方法的建立提供了基本模式。1940 年，Earle 建立了可以无限传代的一个 C3H 小鼠的结缔组织细胞系——L 系。1948 年 K. Sanford 体外培养单层细胞并成功地从中分离出单个细胞，创建了单细胞分离培养法（细胞克隆培养法），获得了克隆细胞株，为以后细胞系技术的建立奠定了基础。1951 年，Gay 建立了第一个人体细胞系－人体宫颈癌 HeLa 细胞系。1981 年建立了小鼠的胚胎干细胞系，后又有猴和人干细胞系相继建立。中国科学院上海生命科学研究院生物化学与细胞生物学研究所采用诱导多能干细胞技术建立获得了两株符合多能干细胞标准的大鼠 iPS 细胞系，形态类似小鼠胚胎干细胞，为这些历史上难以建立胚胎干细胞系的物种建立多能的干细胞系奠定了基础。当前世界上已建的各种细胞系（株）已难胜数，并在不断增长中。由此建立细胞库，如美国的细胞银行 ATCC——最大库；超过 5000 种；人遗传突变细胞库 HGMR；细胞衰老库 CAR。我国也建有百种以上，中国的上海和昆明有小规模储存细胞库。

　　1955 年，H. Eagle 研制成功人工细胞培养基，标志着现代细胞培养体系的进一步趋于成熟。1957 年，Dulbecco 等采用了胰蛋白酶消化组织培养法，获得了单层细胞培养（细胞贴壁生长），培养基从天然改用到合成培养基，促细胞生长物质从胎汁过渡到使用各种动物的血清。于是，20 世纪 60 年代开始了动物细胞的大规模培养。1962 年，Capstick Telling 等采用悬浮培养法首先成功地培养了仓鼠的肾细胞（baby hamster kidney cell，BHK）。随之，肝细胞、肌细胞、神经细胞等等培养相继尝试成功。无血清培养液的研制和使用，发现了许多替代血清的物质成分，如激素、生长因子等，为研究生物活性因子与细胞的关系开辟了新的途径。后来又发展了许多新型动物细胞培养反应器，可以一次达到 2000 ~ 10 000L 的培养规模，标志着动物细胞大规模工业化生产技术的成熟，可以生产人类所需的生物制品。

（二）细胞融合技术的发现、建立和杂交瘤技术的诞生

　　19 世纪 30 年代，Muller、Schwann、Virchow 等相继在肺结核、天花、水痘、麻疹等病理组织中观察到多核细胞现象，但当时并没有引起人们的关注，认为这只是一种特殊现象。1849 年 Lobing 在骨髓中也发现了多核现象的存在，1855 ~ 1858 年，科学家

们在肺组织和各种正常组织及发尖和坏死部位都发现了多核细胞。至此，自然界中广泛存在着多核细胞的事实，才被生命科学工作者接受。

1859 年，A. Barli 在研究黏虫的生活史时发现，某些黏虫存在着由单个细胞核融合形成多核的原生质团的情况。据此，他认为多核细胞是由单个细胞彼此融合而形成的。1958 年，Okada 发现紫外线灭活的仙台病毒能稳定地诱发艾氏腹水瘤细胞彼此融合。1964 年，Lifflefield 根据亲本细胞的酶缺陷型，利用 HAT 选择性培养基能使亲本细胞死亡而只留下异型融合细胞，并能不断地增殖，从此形成了细胞融合到杂种细胞选择、培养的一整套技术。1965 年 Harris 和 Watkins 用灭活的仙台病毒诱导小鼠和人的体细胞融合，其杂交细胞可以培养存活。这一技术此后被广泛地应用于遗传学、病毒学、免疫学、细胞学等多种学科的研究工作中。1975 年免疫学家 K·G 和 Milstein C 也用仙台病毒诱导绵羊红细胞免疫的小鼠脾 B 淋巴细胞（antigen stimulated B lymphoblast）与小鼠骨髓瘤细胞（myeloma cell）融合，选择到能分泌单一抗体（单克隆抗体）的杂种细胞，即杂交瘤细胞（hybridoma cell）。该杂交瘤细胞具有在小鼠体内和体外培养条件下大量繁殖的能力，并能长期地分泌单克隆抗体，从而建立了小鼠淋巴细胞杂交瘤技术。这一技术的诞生把细胞融合技术从实验阶段推向了应用研究阶段，促进了动物细胞工程的蓬勃发展。

（三）动物克隆技术的建立

1891 年，Heape 等人首次报道了家兔胚胎移植成功的结果，他们把安哥拉家兔胚胎移植给比利时兔，得到了 4 只安哥拉家兔。20 世纪 30 年代以后，先后在羊、猪、牛等动物的胚胎移植上获得成功。经过几十年的不断完善和充实，已成为一项比较成熟的繁殖生物学技术。首例克隆动物成功的报道是在 1962 年，英国学者 Grudon 把非洲爪蟾小肠上皮细胞的核注入同种或异种非洲爪蟾未受精卵（经紫外线照射杀死卵细胞核）中，约有 1% 的重组卵发育成为成熟蛙。这一成功开创了由体细胞培育动物个体的新型实验途径，证明了完全分化的肠细胞仍然具有未分化细胞的全部遗传信息，并能在一定的条件下发育成动物个体，从而证明了动物细胞仍然具有全能性；初步建立了体细胞核移植的实验体系，证明在体细胞核转至胚胎发育方向的早期，卵细胞质对体细胞核的发育功能起着关键性的调节作用，其作用因子可能是细胞质中的 mRNA 与有关的蛋白质。1997 年 2 月，英国科学家 Wilmut 等在世界权威杂志《Nature》上首例报道了世界第一只克隆羊的诞生，说明哺乳动物高度分化的细胞同样含有全套遗传信息，亦能在一定条件下发育成动物个体，进一步证明了动物细胞的全能性。多利诞生的技术路线：取 6 岁供体羊乳腺细胞，进行血清饥饿培养，使细胞处于 G_0 期，经 GnRH 处理取卵细胞，移去卵细胞的细胞核，将培养的乳腺细胞的核移植到去核的卵细胞中，重组细胞植入第一受体羊输卵管中培养至胚泡期（桑椹胚），桑椹胚再移植入第二受体羊子宫内发育至分娩。

（四）转基因动物技术

转基因动物研究始于 20 世纪的 70 年代。1974 年，Jaenisch R 和 Mintz B 通过逆转录病毒转染小鼠着床前胚胎，首次获得了整合 SV40（simian virus 40）DNA 的转基因小鼠。1980 年 Gordon 等人首次报道用 DNA 显微注射法获得了转基因小鼠。1982 年 Palmite 将大鼠生长激素基因与金属硫蛋白基因启动子拼接成融合基因，导入小鼠受精卵后，世界上首个转基因"超级"小鼠——"硕鼠"诞生，从此揭开了转基因动物研究的新篇章。1985年，Hammer 等最先将小鼠金属硫蛋白（MT-1）基因的启动子/人生长激素的重组基因（MThGH）分别注射到绵羊、兔和猪的受精卵中，结果在所获得的转基因猪和兔的血液中检出了人的生长激素。1986年，Church 获得了首例转基因牛。1987年，Gordon 等应用显微注射法成功获得了在乳腺中分泌人组织纤溶酶原激活剂（tissue plasminogen activitor, tPA）的转基因小鼠，建立了乳腺生物反应器小鼠模型。表达具有功能性血红蛋白的人β-球蛋白基因和人α_1-球蛋白基因的转基因小鼠也相继问世。尤其是世界上第一只能从乳腺中分泌凝血因子IX或α_1-抗胰蛋白酶（α_1-antitrypsin, α_1-AT）的转基因绵羊的诞生（Simons 等 1988年），标志着大型乳腺生物反应器的研究开始进入实用性阶段。进入90年代以来，转基因动物——羊、牛、鸡、猪等相继培育成功。1991年第一次国际基因定位会议公认转基因生物技术是遗传学中继连锁分析、体细胞遗传和基因克隆之后的第4代技术，被列为生物学发展史上126年中第14个转折点。英国科学家首开利用转基因动物提取药物先河。1992年，英国爱丁堡医药蛋白公司，培育出一头叫"特蕾西"的转基因绵羊，这种羊的奶中含有一种抗胰蛋白酶，有控制人体组织生长的作用，由于这种蛋白酶只存在于人体，无法用化学方法合成和进行工业生产，所以"特蕾西"在医药界轰动一时，德国拜尔化学公司不惜重金买下了这种羊的使用权。不久，英国爱丁堡罗斯林生理与遗传研究所培育出一只转基因公鸡。它的雌性后代所产的蛋中，含有治疗血友病的凝血因子和治疗肺气肿的一种人体蛋白质。1996年1月，以色列科学家成功地培育出一头名叫"吉蒂"的山羊，羊身上带有人类的血清白蛋白基因。这种白蛋白可用以治疗烧伤、休克，或者在外科手术后用来补偿血液损失。1997年年底，英国 PPL 治疗学公司率先利用克隆"多利"所采用的"细胞核转变"法，培育出200头携带人体基因的绵羊，并成功地从乳汁中提取了α-1抗胰蛋白酶。这是科学家首次从遗传工程培育的绵羊的乳汁中，提取可用于治疗人类疾病的药物成分，为建立"动物药厂"打下了基础。随后，芬兰科学家将人体的促红细胞生成素基因，植入乳牛的受精卵中，创造了一种能生产出促红细胞生成素的乳牛。从理论上说，这种乳牛一年可提取60~80kg促红细胞生成素，比目前全世界的使用量还多。现在已先后建立了许多整合有外源药物基因的转基因小鼠和大鼠，转基因鱼、兔、猪、羊、牛等也已诞生。目前，转基因动物技术已成为生命科学领域十分活跃的研究前沿。转基因动物研究热点包括建立疾病动物、基因治疗动物模型、疫苗研究、哺乳动物生物反应器生产药物等。

（五）动物干细胞工程

根据发育阶段的不同，干细胞（stem cells, SC）分为胚胎干细胞（embryonic stem cells, ESCs, 简称 ES 或 EK 细胞）和成体干细胞（somatic stem cells）。

1. **胚胎干细胞** 胚胎干细胞（Embryonic stem cells, ES）是在小鼠畸胎瘤细胞体外培养研究的基础上发现的。1958年 Stevens 最早发现了畸胎瘤干细胞，并将小鼠的早期胚胎移植到睾丸或肾脏的被膜下，首先获得了畸胎瘤干细胞。继之，Brinster（1974年）和 Stewart（1982年）获得了畸胎瘤干细胞嵌合体。1981年，英国剑桥大学的 Evans & Kaufman 从小鼠延迟着床的囊胚中分离获得了小鼠的内细胞团并获得第一株小鼠 ES 细胞系。1998年，美国 M. J. Shamblott 等人从人原始生殖嵴分离得到 ES 细胞系。取得突破性进展的是 1998 年，美国威斯康星大学的 J. A. Thomson 等人从人胚泡中分离培养出 ES 细胞系。1999 年，美国 Goodell 发现，小鼠肌肉组织干细胞可以"横向分化"成血液细胞。2001 年，开始利用干细胞诱导分化成不同类型的细胞，如神经细胞、皮肤细胞、软骨细胞等。我国开展胚胎干细胞的研究始于 20 世纪的 80 年代末，进入 90 年代小鼠胚胎干细胞的分离和建系研究取得了显著的成效。丛笑倩（1990 年）、柴桂萱等（1996 年）、徐洁（1991 年）成功地建立了小鼠的 ES 细胞系，并获得了嵌合体小鼠。赖学良（1995 年）获得了 ES 细胞的嵌合体兔。窦忠英等（1995 年、1996 年、1998 年）分离获得了猪、牛、山羊等的类 ES 细胞。

2. 组织干细胞 近几年来，研究发现干细胞不仅存在于早期胚胎内细胞团，而且在成体各器官组织中也广泛存在。存在于成体组织中的干细胞被称为成体干细胞，且是多能或专能性的。已证明由内胚层、中胚层和外胚层发育而来的组织均存在干细胞，已分别从中枢神经、软骨、胰腺、视网膜、肌肉、骨髓、肝脏、脐带血、皮肤组织、性腺等组织分离获得了干细胞。除果蝇之外，几乎所有动物体组织如斑马鱼、海鞘、原口动物等都有组织干细胞的存在。2006 年加拿大学者 Dyce 等将猪胎儿皮肤干细胞体外诱导分化生成了类卵母细胞。同年德国学者 Karim Nayernia 等体外诱导小鼠胚胎干细胞分化生成精子，显微注入卵母细胞并移植到受体后，成功地产生了活的后代。后又诱导小鼠骨髓干细胞分化成精子细胞。

组织专一干细胞的发育潜能已超越了胚层的界限。这是 20 世纪末和 21 世纪初干细胞研究的重大发现，并赋予了干细胞研究以宽广的外延和新内涵。其中导致干细胞分化的诱导因子及干细胞的分化机制和干细胞的鉴定是干细胞研究领域的重要内容。研究发现不同的诱导因子会导致干细胞向不同的功能类型的细胞分化，并已发现了许多种不同的诱导因子，包括化学的、物理的和生物的因子。目前研究人员致力于干细胞的诱导模式和标志物及分化调控机制的研究。

干细胞提供了新药的药理、毒理及药物代谢等细胞水平的研究手段，ES 细胞最诱人的前景和用途是生产特定的细胞和组织用于"细胞疗法"，治疗许多相关疾病，如心肌细胞治疗心脏疾病，白细胞治疗白血病，胰岛细胞治疗糖尿病，肝细胞治疗肝炎，软骨细胞治疗骨关节炎，皮肤细胞治疗烧伤和创伤，骨细胞治疗骨质疏松症，神经细胞治疗帕金森病等。

三、动物细胞工程制药的发展前景

根据我国动物细胞工程制药的现状，今后应该将重点放在以下方面。

（1）建立动物细胞大规模培养的技术平台 该技术是转基因工程药物、单克隆抗体及疫苗等产品的关键技术，主要由以下几个要素构成：①高效的真核细胞表达系统。中国仓鼠卵巢细胞（CHO）作为宿主细胞表达的外源蛋白最接近其天然构象，是生物制药最为理想的表达系统，但也存在一些问题，如表达量低、大规模培养困难、生产成本高昂。我们应从工程细胞本身着手，对细胞本身的生理特征进行改造，除了要求目的蛋白的表达量高外，还必须适应无血清培养基培养，即具有抗细胞衰老凋亡能力。②性能优越的、个性化的细胞培养基，包括低血清培养基、无血清培养基。③先进的生物反应设备。

（2）减少污染风险，提高产品质量和安全性。

（3）实行"动物药厂"计划，尽快实现转基因动物乳腺生物反应器的产业化。

（4）发展下游工程，主要是转基因表达产物及产品的分离纯化，在提高产品的纯度和产量同时，降低成本。

总之，我国动物细胞工程制药目前仍处于起步阶段，与欧美国家相比还有很大差距，虽然目前可生产多种有重要价值的蛋白质生物制品，如病毒疫苗、干扰素、单克隆抗体等，但大部分还处于实验和临床阶段。随着生命科学的发展和细胞工程技术研究的深入，将会有更多的细胞工程药物出现，具有广阔的应用前景。

第二节　动物细胞培养特性、营养和培养用液

一、动物细胞培养的特性

除单细胞原生动物外，其他动物均为多细胞生物，细胞是其生命活动的基本单位，细胞培养过程具有以下特性。

（1）动物细胞比微生物细胞大得多，无细胞壁，机械强度差，适应环境能力差。

（2）倍增时间长（15~100h），细胞生长缓慢，易受微生物污染，尤其是支原体污染，培养时需用抗生素（链霉素、青霉素等）。

（3）培养过程需氧量少（比微生物少 40~100 倍），不耐受强力通风与搅拌，常采用5%二氧化碳培养箱。

（4）在机体中，动物细胞相互粘连以集群形式存在，在培养过程中，具有群体效应、锚地依赖性（贴壁依赖性）、接触抑制性、密度抑制性及功能全能性特点。

1）群体效应　是指单个细胞难生长而需聚集成团才易生长的特性。

2）贴壁依赖性　根据在瓶皿中生长时是否贴壁的性质，离体细胞可分为贴壁型与悬浮型两类。大多数动物细胞只能附着或贴在固体或半固体表面上培养才能生长的特性为贴壁依赖性，也称锚着依赖性细胞（anchorage-dependent cells）。细胞贴壁后，分化现象常变得不显著，易失去原有组织特征，形态上表现单一化，而且提供组织的原机体年龄越幼稚，这种现象就越明显，并能反映其胚层起源，如源于内、外胚层的细胞多呈上皮样细胞，源于中胚层的多呈成纤维细胞，由于细胞形态趋于单一化，因此在判定细胞类型时很难按体内细胞标准确定，根据细胞形态大致分成如下 4 类（图 3-2）。

①成纤维细胞型　胞体呈梭形或不规则三角形，胞质向外伸出 2~3 个长短不同的突起，呈放射状。起源于中胚层的细胞，如心肌、平滑肌、血管内皮细胞等常呈成纤维细胞型，是最容易培养的动物细胞类型之一。

②上皮细胞型　细胞呈扁平不规则多角形，中央有圆形核，细胞彼此紧密相连成单层膜。生长时呈膜状移动，处于膜边缘的细胞总与膜相连，很少单独行动。起源于内、外胚层的细胞如皮肤表皮及其衍生物、消化管上皮、肝胰、肺泡上皮等皆成上皮型形态。

③游走细胞型　细胞质常伸出伪足或突起呈活跃的游走或变形运动，贴附于支持物上散在生长，一般不连接成片。但其形状很不稳定，有时与上皮样细胞或成纤维细

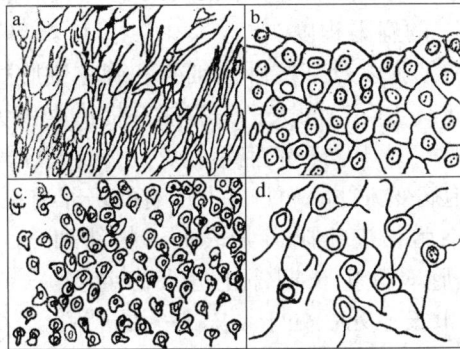

贴壁依赖型细胞的形态

图 3 – 2　不同类型贴壁依赖型动物细胞形态示意
a. 成纤维细胞型　b. 上皮细胞型　c. 游走细胞型　d. 多型性细胞型

胞难以区别。

④多形型细胞　像神经细胞，有时呈多角形，并伸出较长的神经纤维。

大多数动物细胞在体内和体外均附着于一定的底物而生长，在体外时这些底物可以是其他细胞、胶原、玻璃或塑料等。细胞的贴壁和伸展可以分为几个阶段，以成纤维细胞为例，一般在细胞接种后，未贴附于底物之前一般均似球体样；一些特殊的促细胞附着的物质（如基膜素、纤维连接素、E 型胶原、血清扩展因子等）参加细胞的贴附过程。这些促细胞附着因子均为蛋白质，存在于细胞膜表面或培养液尤以血清之中。在培养过程中，这些带阳电荷的促贴附因子先吸附于底物上，悬浮的圆形细胞再与已吸附有促贴附物质的底物附着，当与底物贴附后，细胞将逐渐伸展与底物形成一些接触点，很快形成伪足（5～10min）；随后细胞逐渐呈放射状地伸展开，细胞体的中心部分亦随之变为扁平；最后，细胞成为成纤维细胞的形态（图 3 – 3）。

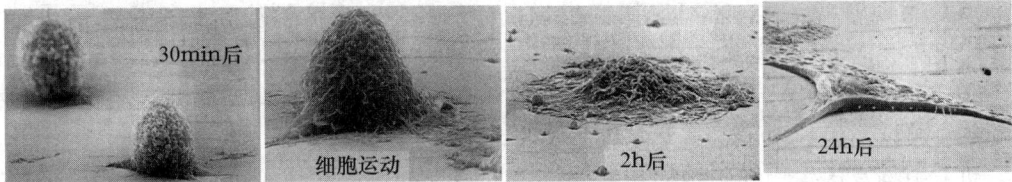

图 3 – 3　细胞贴壁过程

当细胞布满表面后即停止生长，这时若取走一片细胞，存留在表面上的细胞就会沿着表面生长而重新布满创面。从生长表面脱落进入液体的细胞通常不再生长而逐渐退化，这种细胞的培养称为单层附壁培养。附壁培养的细胞可用胰蛋白酶、酸、碱等试剂或机械方法处理，使之从生长表面上脱落下来。一般来说，从底物脱离下来的贴附生长型细胞，不能长时期在悬浮状态中生长而将逐渐退变，除非这是一些转化细胞或恶性肿瘤细胞。

细胞的贴附和伸展受许多因素的影响，例如离子的作用。细胞的伸展需要有钙离子的存在，而含低浓度钙的培养液不利于细胞的伸展；机械、物理因素也可影响细胞的附着，如低温或培养液的流动过快均可妨碍细胞的附着。有些生物因素对细胞的伸展可能有影响，如表皮生长因子可刺激神经胶质细胞的皱褶活动，成纤维细胞生长因子能减少 3T3 细胞在底物上的扁平程度。

血液中的淋巴细胞、白细胞以及某些肿瘤细胞和确立细胞株或系细胞呈悬浮状态生长，在瓶皿内不贴壁，因此其生存空间大，具有能够提供繁殖大量细胞、传代繁殖方便（只需稀释而不需消化处理）、易于收获细胞等优点，并且适于进行血液病的研究。缺点是不如贴壁生长型观察细胞病变方便，而且并非所有的培养细胞都能悬浮生长。

3）接触抑制性　当细胞长满于附着物表面，相邻细胞表面间相互接触，使细胞对数生长期停止进入稳定期，细胞生长大大减慢，细胞生长、死亡处于动态平衡的特性为接触抑制性（contact inhibition）。

接触抑制是体外培养中某些贴附型细胞生长特性之一。一般情况下，正常的细胞不停顿的活动或移动，其外周的细胞膜呈现一些特征性皱褶样活动。但是，当两个细胞由于移动而互相靠近发生接触时，细胞不再移动，在接触区域的细胞膜皱褶样活动将停止，从而使细胞停止运动。因此，一般正常细胞并不互相重叠于其上面而生长，但是肿瘤细胞由于无接触抑制能够继续移动和增殖，导致细胞向三维空间扩展，使细胞发生堆积（piled up）。因此接触抑制可作为区别正常细胞与癌细胞标志之一（图 3 - 4）。

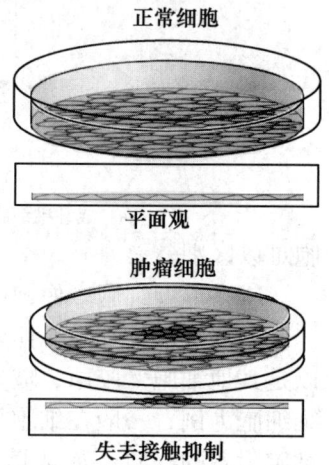

图 3 - 4　正常细胞与癌细胞接触抑制的区别

4）密度抑制性　细胞接触汇合成片后，虽发生接触抑制，只要营养充分，细胞仍然能够进行增殖分裂，因此细胞数量仍在增多。但当细胞密度进一步增大，培养液中营养成分减少，代谢产物增多时，细胞因营养枯竭和代谢物的影响，而发生密度抑制（density inhibition），导致细胞分裂停止。

（5）大规模培养时，不可套用微生物反应的经验；反应器应密封性好，需进行移植继代培养，对 pH、溶解氧要求高。

（6）培养过程中产生的产物分布于细胞内外，反应过程成本高，但产品价格昂贵，如疫苗、单抗、生长因子、甚至是细胞本身。

动、植物及微生物细胞结构与培养特性见表 3 - 1。

表 3 - 1　常见微生物、哺乳动物细胞及植物细胞在培养过程中的特点及差异

项目	微生物细胞	哺乳动物细胞	植物细胞
大小 （μm）	球菌 Φ 0.5 ~ 1 杆菌 Φ 0.5 ~ 3.2 11.2 ~ 7 放线菌菌丝为 Φ 0.5 ~ 1.4 酵母 Φ 1 ~ 5 15 ~ 30 霉菌菌丝为 Φ 3 ~ 10	淋巴细胞 Φ 6 ~ 8 其他统称大小为 10 ~ 100	Φ 20 ~ 40 1100 ~ 200
细胞壁	有细胞壁，细菌的细胞壁由氨基糖及磷壁酸为主组成	无细胞壁，其细胞膜由类脂和球蛋白组成	有细胞壁，由纤维素、果胶为主组成

项目	微生物细胞	哺乳动物细胞	植物细胞
液体培养生长形式	悬浮，但部分微生物会分泌黏性物质而形成菌絮式菌膜；部分霉菌菌丝能结球	除淋巴细胞和杂交瘤细胞可悬浮培养外，其他一般都要求贴壁培养，且是单层生长	悬浮，但一般呈凝聚体
营养要求	简单，以糖类、无机及有机氮源、微量元素为主	很复杂，要求有多种氨基酸、维生素、无机盐、葡萄糖、血清（如不同血清，要用多种生长因子）	较复杂，要求有多种无机盐、维生素、蔗糖、植物生长调节剂（包括植物生长素、细胞分裂剂等）
环境影响	一般，可耐受较粗犷的环境条件	非常敏感，仅能耐受很苛刻的环境条件	较敏感，对培养条件有较严格的要求
繁殖方式	细菌及放线菌以繁殖为主；酵母以芽生为主；霉菌以形成孢子繁殖为主	进行间接（有丝）分裂，即先有染色体的纵裂	间接分裂
倍增时间（h）	0.5～5	15～50	24～72
代谢控制	由外界环境条件控制	由外界控制及生长激素共同控制	由外界控制及生长激素共同控制
对剪切敏感性	低，但对丝状菌较敏感	非常敏感	较敏感
摄氧率 r [mmol/(L·h)] 呼吸强度 Qo_2 [mmol/(g·h)]	30～200	在 10^6 细胞/毫升时，0.05～0.6	0.01～4
氧传递系数 K_{La} 的要求（每小时）	100～200	1～25	20～30

二、动物细胞的营养及培养基

（一）动物细胞营养需求

动、植物及微生物细胞培养时，所需营养因素基本类型皆为水、碳源、氮源、维生素、激素及无机盐等。动物细胞在胚胎期即已高度分化，而且这种分化是不可逆转的，活体内的动物细胞按照分裂能力可以分为三大类：第一类是能保持继续分裂能力的细胞；第二类是永久失去分裂能力的细胞；第三类是静止细胞，即所谓的 G_0 细胞，其对于培养的环境适应性更差，培养时间要求更长，所需营养要求更高。

动物细胞培养的一个突出特点，是其碳源不可为无机物，大多为葡萄糖，氮源亦不可为无机物，主要为各种氨基酸，此外在很多情况下尚需添加5%～20%的小牛血清或适量的动物胚胎浸出液，血浆，水解乳蛋白等。血清是一种很好的营养物质，绝大多数细胞在含有胎牛或新生牛血清的培养基中生长得最好，但血清来源难而昂贵，而且它的成分不确定，使得生长过程不易检测控制，增加了细胞分泌产物分离纯化的难度，故开发无血清培养基成为动物细胞工程的重要内容之一。近年来，对血清中有关成分进行了分析研究，发现其所含的激素和某些多肽为生长因子，只要在基本培养基中增加某些起血清作用的各种激素和多肽，如纤连蛋白、转铁蛋白、胰岛素和表皮生长因子等，既能给细胞提供一个近似于体内的生存环境，又便于控制和提供标准化体外生存环境。不少细胞能在无血清供应的情况下生长，尤其是 CHO、杂交瘤及重组骨髓癌细胞等，其中胰岛素是无血清培养基中促进动物细胞生长的最重要的多肽，CHO细胞仅在人胰岛素一种蛋白质成分的无血清培养基中连续传代，亦可采用渐适法使本来在含小牛血清培养基中才能生长的细胞在无血清培养基中亦可生长。在人类细胞培养中，应用无血清培养基还能有选择性地控制及避免成纤维细胞的过度生长，某些细胞在无血清的条件下，其生长和抗体的产量甚至较有血清培养时高出数倍。

　　动物细胞培养的另一个突出特点，是对环境条件（温度、pH、渗透压、溶解氧及气体环境）要求严格，所以对这些条件严加控制，可以大幅度促进生长。例如，二倍体成纤维细胞在控制 pH 的情况下，比在可变 pH 的情况下生长得好。此外，动物细胞生长缓慢，它们受环境的影响又比微生物大，因此常用空气、氧、二氧化碳和氮的混合气体进行供氧和调节 pH。这不仅增加了培养的代价，也给过程的检测控制带来了困难。动物细胞培养还需要注意防治污染，细菌、真菌、病毒或细胞均可致动物细胞培养物污染。而生物的组织材料、操作者自身、培养基、各种器皿以至环境均可引起污染。显著污染的标志是培养基 pH 值迅速改变，外形模糊，甚至出现漂浮的集落。污染通常表明操作者技术上的失误或设备及用具出了毛病，特别是小牛血清的支原体污染及组织材料的污染问题更难以对付。

（二）动物细胞培养基及其配制原则

　　动物细胞培养基是培养动物器官、组织及细胞的营养液体，其化学成分为氨基酸、葡萄糖、蛋白质、核酸类物质、维生素、辅酶、激素、生长因子、微量元素及缓冲系统，如 Eagle 培养基含有 13 种氨基酸、9 种维生素、6 种无机盐及葡萄糖；HamF10 培养基含有 20 种氨基酸、10 种无机盐、次黄嘌呤、类脂酸、丙酮酸及葡萄糖等；199 培养基含 21 种氨基酸、17 种维生素、7 种无机盐、4 种嘌呤、2 种嘧啶、谷胱甘肽、ATP、腺苷酸、胆固醇、聚山梨酯 80、去氧核糖、核糖、葡萄糖及醋酸钠；Waymouth 培养基 MB752/1 含 8 种氨基酸、11 种维生素、8 种无机盐、谷胱甘肽、次黄嘌呤及葡萄糖等；NCTC109 培养基含有 25 种氨基酸、18 种维生素、7 种辅酶、8 种核酸类物质、6 种无机盐、葡糖苷酸酯、乳酸、葡糖苷酸酯钠、醋酸钠、聚山梨酯及葡萄糖等。

　　根据培养基组成及血清含量，培养基大致分为以下几种类型。

　　1. 天然培养基　主要包括生物性体液（如血清）、组织浸出液（如胚胎浸出液）、乳蛋白水解物、酪蛋白水解物等，常用血清中含有蛋白质、生长因子、金属离子、激素、促贴壁物质等，亦可在基本合成培养基中加入组织抽提物质而构成代血清培养基。其优点是营养成分丰富、培养效果好，有利于细胞生长和贴壁，保护细胞，中和毒物；缺点是成分复杂、个体差异大、来源有限。

　　2. 基本合成培养基（基础培养基）　只能维持细胞生存。含低浓度或不含小牛血清；常用培养液有 DMEM、Eagle、PMI－1640 等。

　　3. 完全培养基　主要由基本合成培养基和血清组成，血清含量 5%～20%。血清质量是实验成败的关键，以胎牛血清最好。血清的灭活（消除补体活性）采用 56℃ 30min，血清的除菌采用滤器过滤。

4. 无血清培养基　是目前重点开发培养基，是在基本合成培养基中加入起血清作用的各种激素和多肽生长因子等补充因子，补充因子分为必需因子（细胞生长因子与激素，表3-2）、特殊因子，如贴壁因子（纤粘连因子、层粘连因子）和蛋白酶抑制剂等。目前已研制出多种无血清培养基，对动物细胞工程的发展起着重要的促进作用。

总之，动物细胞培养基成分相当复杂，该用何种培养基视具体培养的组织或细胞而定。

表3-2　常用促细胞生长因子与激素

因子名称	常用浓度	适宜细胞株
表皮生长因子（EGF）	$1\sim100$ng/ml	HeLa，MCF-7，TM-4，HC84S，BHK 等
成纤维生长因子（FGF）	$1\sim10$ng/ml	GH_3，HeLa，C6ZR-75-1，BHK 等
神经生长因子（NGF）	$1\sim10$ng/ml	M_2R
血小板生长因子（PDGF）	$1\sim10$ng/ml	
胰岛素	0.1g/ml	全部细胞株
生长激素	$0.05\sim10$g/ml	TM_4
胰高血糖素	$0.05\sim5$g/ml	HC84S，HLE，222，MDCK
促卵泡素	$0.05\sim0.5$g/ml	TM_4，M_2R
三碘甲状腺素（T_3）	$1\sim100$pmol/L	GH_3，MDCK，ZR-75-1，BHK 等
甲状旁腺激素（PHT）	$1\sim10$g/ml	GH_3
氢化可的松	$10\sim100$nmol/L	HL，MDCK，ZR-75-1，HC84S
转铁蛋白（Tf）	$0.5\sim100$g/ml	除 L_6 外的全部细胞株

动物细胞培养基的配制原则基本上与微生物培养基一致，但不能采用高压法灭菌。将各种成分按一定比例配成母液，再按要求配合与稀释，然后微过滤除菌、分装、储存。配制培养基的溶液为生理平衡盐溶液（BSS），由含钠、钾、镁的盐酸盐，硫酸盐，磷酸盐，碳酸盐及葡萄糖等成分组成，可维持培养基的 pH、渗透压及提供必要的无机离子。任何血清使用前必须经过鉴定，只有无菌、无细菌内毒素、无溶血或低溶血、蛋白质以及营养素达一定标准以上的血清才能使用。常用的生理平衡盐溶液有 Hanks 溶液及 Earle 溶液两种。有时亦用有较强缓冲作用的 HEPES 溶液。PBS 常常用来配培养基和清洗组织细胞（表3-3）。细胞培养中其他常用液还有：消化液，如胰蛋白酶和 EDTA 及胶原酶等，调节 pH 常用 $NaHCO_3$ 溶液及 HEPES 缓冲剂。

表3-3　常用的生理平衡盐溶液（g/L）

	Ringer（1985 年）	PBS	Earle（1948 年）	Hanks（1949 年）	Dulbecco（1954 年）	D-Hanks
NaCl	9.00	8.00	6.80	8.00	8.00	8.00
KCl	0.42	0.20	0.40	0.40	0.20	0.40
$CaCl_2$	0.25		0.20	0.14	0.10	
$MgCl_2\cdot6H_2O$					0.10	

续表

	Ringer (1985 年)	PBS	Earle (1948 年)	Hanks (1949 年)	Dulbecco (1954 年)	D-Hanks
$MgSO_4 \cdot 7H_2O$			0.20	0.20		
$Na_2HPO_4 \cdot H_2O$		1.56		0.06		0.06
$Na_2HPO_4 \cdot 2H_2O$			1.14		1.42	
KH_2PO_4	0.20			0.06	0.20	0.06
$NaHCO_3$			2.20	0.35		0.35
葡萄糖			1.00	1.00		
酚红			0.02	0.02	0.02	0.02

第三节　动物细胞培养技术

一、动物细胞培养的技术基础

（一）细胞培养室的设计与规划

细胞培养室的总体布局主要包括以下几个部分：准备室、缓冲间、培养室，各室的工作内容不同，对无菌要求程度不同，所以房间的设计和安排也不同。

1. 准备室　准备室是培养用具清洗、消毒和做实验准备的场所，一般建在通风和光线充足的地方（在向阳面）。通常包括：①水槽；②盛清洁液的陶瓷缸或玻璃缸；③清洗后器皿的晾干架和贮存柜；④高温干燥消毒箱和高压蒸汽消毒锅；⑤消毒后器皿的晾干架和贮存柜；⑥重蒸水装置；⑦电炉；⑧工作台；⑨污物桶等。

2. 缓冲间　保护操作室的无菌环境，避免空气对流。通常包括：①培养箱；②离心机；③显微镜；④更衣室等。

3. 培养室　培养室内要完全密闭，保持恒定的温度，在设计上要注意以下几点：①培养室的位置最好设在阴面，阳光不能直接照射的地方，防止室内温度增高；②天花板的高度不要超过 2m，以保证紫外灯的有效杀菌效应；③门一般用拉门，以防止空气流动；④天花板、地板和四周墙壁要光滑无死角，要镶瓷砖或涂油漆，这样设计，一是便于清洗和消毒，另外也不易在墙角堆积灰尘。

培养室内无菌操作要求很高，要求：①紫外灯无人时就要打开；②进无菌室要穿无菌服、戴帽子和口罩；③每周清洗消毒一次；④所用物品要以外科手术方式严格消毒；⑤室内台面要保持洁净；⑥所用物品要一次性准备好；⑦瓶口要用乙醇火焰消毒；⑧每次使用净化工作台时，应先用 75% 乙醇擦洗台面，并提前以 30～50min 紫外线灭菌灯处理净化工作区内积累的微生物。在关闭紫外灯后应启动送风机使之运转 2min 后再进行培养操作。每次使用净化台要及时清除工作台面上的物品，并用乙醇擦洗台面使之始终保持洁净。

（二）细胞培养室的设备

1. 电热恒温培养箱　哺乳动物的离体培养细胞和体内细胞一样，都需要在恒定的温度下才能生存，人类细胞要求在37℃，温度变化不超过±0.5℃。其他物种细胞依体温不同而有差异，但温度变化要求相同。隔水式和晶体管自控恒温装置灵敏度高，机械控温装置稍差。

2. **二氧化碳培养箱**　①一定浓度的CO_2对细胞生长，尤其是原代培养和单细胞培养有促进作用（5%）。②一定浓度的CO_2可维持培养液恒定的pH。适用于开放培养，培养箱封口后，可在一般恒温培养箱内培养，但是采用培养皿或多孔板培养时，则需要高湿度和高CO_2含量的空气。③箱体内装有水浴，可以保证培养箱内的湿度。④培养箱内装有紫外灯。⑤通过气体流量计可以调节CO_2和空气的比例。⑥在水中可加入防腐剂（二氧乙酸）。可防止因二氧化碳培养箱中湿度较高，易长霉菌。

3. **电热干燥箱**　用于烘干和干热消毒玻璃器皿。消毒时，温度高达160℃，一般不要随意打开箱门，以免玻璃器皿突然遇到冷空气而破裂。要等温度降低到50℃以下时，才能打开箱门。

4. **蒸汽消毒器**　实验室常用的为手提式。

5. **冰箱**　4℃~20℃，用于储存培养液、生理盐水、Hanks液、试剂等培养用物品及短期保存组织标本。-70℃，用于需要冷冻保存生物活性及较长时间存放的制剂，如酶、血清等。细胞培养冰箱最好是专用。

6. **离心机**　培养细胞经常需要制备细胞悬液、漂洗，需离心分离细胞，一般小型台式离心机即可，开展复杂研究如细胞脱核、DNA、RNA抽提等，则需高速、大容量和能进行调温的离心机，如微型离心机、冰冻高速离心机。

7. **真空泵**　用于液体除菌过滤的负压装置。使用时为了防止泵体内进入水分或酸性气体和滤瓶内进入泵油或其他有毒气体。在泵体和滤瓶之间有一个吸收装置。

8. **蒸馏器**　组织培养对水的质量要求极高，一般都要用3次蒸馏的水。培养用各种器皿的清洗最后一步都要用三蒸水冲洗，各种培养基及缓冲液的配制都要用三蒸水。不宜使用存放数日的三蒸水，以免影响培养用水质量。

9. **滤器**　（1）玻璃滤器　以烧结玻璃为滤板固定于玻璃漏斗上。可用于过滤除血清等黏稠液体以外的各种培养液体。只能采用抽滤式。根据滤孔板孔径的大小，分为G_1~G_6六种规格型号，其中只有G_6可用以滤过除菌。其缺点是速度较慢，清洗过程比较繁琐。

（2）蔡氏滤器　是一种金属滤器，中间夹有一层石棉滤板，适用于血清等较黏稠的液体滤过除菌。用后以肥皂水刷洗，清水和蒸馏水洗净即可。

（3）微孔滤膜滤器　金属或塑料结构，中间为一种一次性的混合纤维素滤膜。可用于包括血清在内的各种培养液体的过滤除菌，速度较快，效果较好。

10. **液氮容器**　细胞培养工作中常需储存细胞，常用的是液氮容器。液氮容器有不同的类型及规格。选择购置液氮容器时要综合考虑容积的大小、取放使用方便及液氮挥发量3种因素。液氮容器的大小可自25~500L，可以储存1ml的安瓿250~15 000个左右。可分为窄颈瓶及宽颈瓶两大类，前者主要属液氮运输容器，液氮挥发慢，故较经济，一般能维持1个月，但取放不方便，后者取放方便，但挥发率上升了3倍，只能维持7~10d左右。液氮温度很低，可达-196℃，使用时要注意冻伤。

11. **显微镜**　倒置显微镜是细胞培养室必备的设备，因为细胞培养过程中常需要用倒置显微镜观察，一是要了解细胞生长情况，二是检查细胞是否发生污染。为了开展研究，尚需购置质量较好并且带有长焦距相差装置和摄影或摄像装置的倒置显微镜，如附有荧光装置，则更为理想。

12．**天平**　现在培养室配备的一般为电子分析天平，可精确到万分之一克。

（三）实验室器械和器皿

1．**金属器械**　金属器械主要用于解剖动物、取材和原代动物切割组织。各种器械一般配置几套，灭菌后保存，操作时随时拿取，每次一套。常用的手术器械有：解剖刀、白内障刀、解剖剪、眼科剪、镊子、蚊镊、持针器、止血钳等。各种金属器械使用后，要及时刷洗干净，再用酒精棉球擦拭晾干，以防生锈。

2．**玻璃器皿**　①培养瓶；②玻璃瓶；③培养皿；④吸管；⑤抽滤瓶；⑥消毒筒；⑦匀浆器。

3．**其他杂品**　包括：①酒精灯；②煮沸锅；③铝饭盒；④胶塞；⑤胶帽。

（四）细胞培养的工作方法

1．**标准化的工作方法**　为了防止操作不统一造成细胞生存环境的差异，最大限度地稳定工作条件和减少外界因素的干扰，使实验结果更加可信，应将所有操作程序如刷洗、配液、消毒等，制定出统一的规范和要求，并在一定时间内相对稳定，要求人人遵守。

2．**培养液的管理**　培养用的液体极多（如培养液、胰蛋白酶、Hanks 液及抗生素等），应由专人负责，并按规程行事，配制浓度准确，灭菌可靠，所有配好的溶液瓶上都要标明名称、浓度、消毒与否和制备日期等。

3．**培养用品的存放**　一切培养用品都要有固定的存放点，尤其重要的是：培养用品与非培养用品应严格分开，已消毒品与未消毒品应分别存放。

二、动物细胞培养技术的概念

近20年来细胞生物学的一些重要理论研究的进展，例如细胞全能性的揭示、细胞周期及其调控、癌变机制与细胞衰老的研究、基因表达与调控等，都是与细胞培养技术分不开的。

所谓动物细胞培养技术，是将动物机体的细胞或某一部分组织取出一小块，在体外经过表面消毒处理后，将其分散成单个游离的细胞，并放置在人工配制的培养基中进行培养，使之生长、分裂、繁殖的技术。以组织块为材料的培养方法为组织培养。细胞培养包括细胞及细胞团块单层培养及单细胞克隆培养。

三、动物细胞体外培养的阶段

体内细胞通过不断的生长繁殖，不仅数量增加，而且形态与功能会发生由一般向特殊的分化，最后导致各种组织的形成与器官的发生。但人工培养条件下的细胞，尽管目前模拟体内环境的技术已很高，但毕竟尚未洞悉人体一切生命活动的内在联系，所以模拟的培养条件与体内的情况存有很大差异。

进行正常细胞培养时，不论细胞的种类和供体的年龄如何，群体细胞大致有 3 个生长阶段（图 3-5），分别是原代培养、传代培养、衰亡或发生转化。

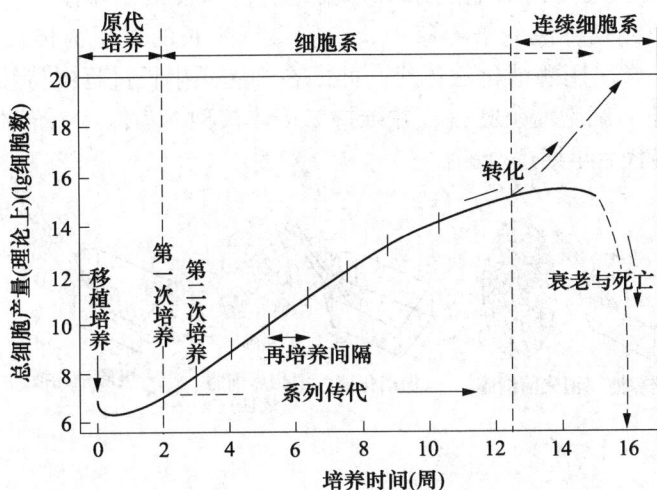

图 3 – 5 培养的群体细胞的生命期

（一）原代培养

原代培养（primary culture）即初代培养，是指直接从机体取材（细胞、组织或器官）或经各种酶（常用胰蛋白酶）、螯合剂（常用 EDTA）或机械方法处理，将其分散成细胞后置于体外合适条件下生长到第一次移植继代培养（图 3 – 6）。一般持续 1~4 周。此期细胞移动比较活跃，可见细胞分裂，但不旺盛。原代培养细胞与体内原组织相似性大，更能代表其来源组织的细胞类型及组织特异性，因此是药物测试的对象。

原代培养细胞特点：①一定程度上反映体内状态；②具二倍体遗传性状，至少 75% 细胞与来源动物的细胞核型（数目形态）相同；③生物性状未发生很大变化；④用于研究基因表达，药物测试；⑤由多种细胞组成。

（二）传代培养

传代培养（subculture）是几乎所有细胞生物学实验的基础。根据细胞生长的特点，传代方法有 3 种。

1. 悬浮生长细胞传代培养

（1）离心传代法 离心（1000r/min），去上清液，沉淀物加新培养液后再混匀传代。

（2）直接传代法 悬浮细胞沉淀在瓶壁时，将上清培养液去除 1/2~2/3，然后用吸管直接吹打形成细胞悬液再传代。

2. 半悬浮生长细胞传代培养（HeLa 细胞） 此类细胞部分呈现贴壁生长现象，但贴壁不牢，可用直接吹打法使细胞从瓶壁脱落下来，进行传代。

3. 贴壁生长细胞传代培养 当初代培养的贴壁细胞相

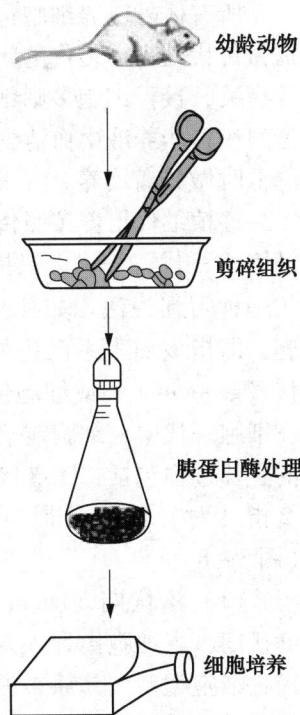

图 3 – 6 原代培养过程

互接近汇合而铺满瓶底时，细胞由原培养瓶经消化、收集、稀释，计数后，转移一部分初代培养物到含新培养液的培养瓶中，细胞继续生长的过程为传代培养即移植继代培养（图3-7），常采用酶消化法传代。此期在细胞系生长过程中持续时间最长，在培养条件好的情况下，细胞增殖旺盛，并维持二倍体核型。为保持二倍体细胞性质，细胞应在原代培养或传代后早期进行冻存。

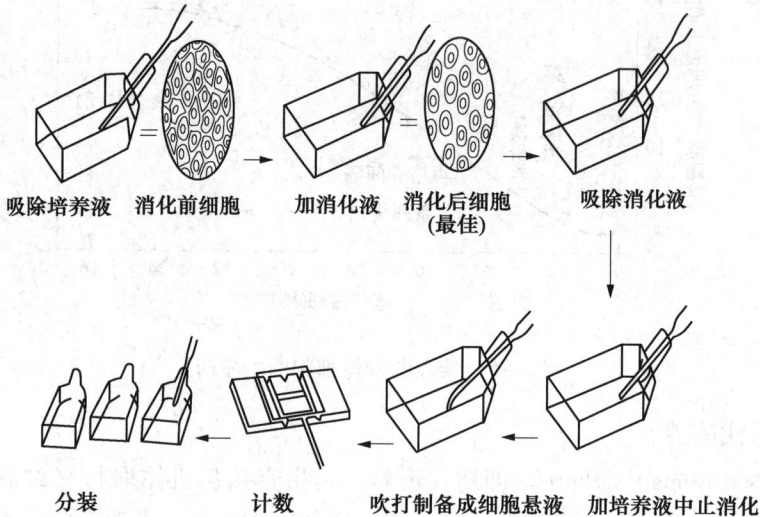

吸除培养液　消化前细胞　　加消化液　　消化后细胞　　吸除消化液
　　　　　　　　　　　　　　　　　　　（最佳）

分装　　　　　　　计数　　　吹打制备成细胞悬液　加培养液中止消化

图3-7　移植继代培养过程

　　所有体外培养细胞包括原代培养和各种细胞系（株），生长达到一定的密度后，都需做传代处理。传代的频率和间隔与接种细胞数量、细胞生物学性质以及营养液性质等有关。接种细胞多则细胞数饱和速度快；连续细胞系和肿瘤细胞系比原代培养细胞增殖快；培养液中血清含量多时，细胞增殖快。一般是在细胞长满瓶壁，培养液 pH 稍降低时做分离培养。

　　移植继代培养按照传代次数分别称为初代、二代、三代……N 代细胞培养。所谓细胞"一代"一词，仅指从细胞接种到分离再培养的一段时间，这已成为培养工作中的一种习惯说法。如某一细胞系为第 153 代细胞，即指该细胞系已传代 153 次。它与细胞世代（generation）或细胞倍增（doubling）不同；在细胞一代中，细胞能倍增 3~6 次。一代细胞的生长过程包括：①潜伏期含游离期，贴壁期；②指（对）数生长期；③稳定期；④衰亡期（图3-8）。

　　（1）潜伏期（latent phase）包括悬浮期及潜伏期。当细胞接种入新的培养器皿，不论是何种细胞类型，其原来的形态如何，此时细胞的胞质回缩，胞体均呈圆球形。悬浮于培养液中短时间后，那些尚可能存活的细胞，即开始附着于底物，并逐渐伸展，恢复其原来的形态。

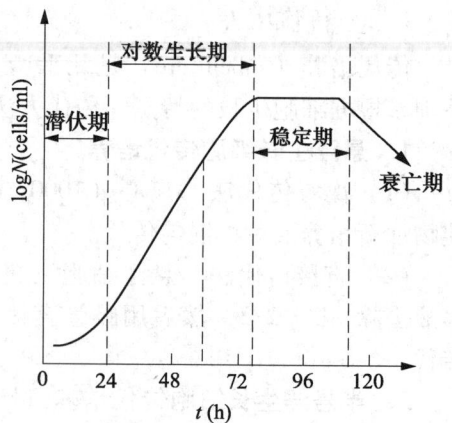

图3-8　培养的动物细胞一代生长曲线

再经过一潜伏期，此时细胞已存活，具有代谢及运动但尚无增殖发生。以后出现细胞分裂并逐渐增多而进入指数生长期。一般细胞潜伏期为 24～96h。肿瘤细胞及连续（生长）细胞系，则更短，可少于 24h。

（2）指（对）数生长期（logarithmic growth phase） 又称对数期。此期细胞增殖旺盛，成倍增长，活力最佳，适用于进行实验研究。细胞生长增殖状况可以细胞倍增情况（细胞群体倍增时间）及细胞分裂指数等来判断。在此阶段，若细胞处于理想的培养条件，将不断生长繁殖，细胞数量日渐增加。细胞因接触而连成一片，渐次长满培养器皿底面，提供细胞生长的区域逐渐减少甚至消失。因接触抑制而细胞运动停止，密度抑制而细胞终止分裂。此期时间的长短因细胞特性及培养条件而不完全相同，一般可持续 3～5d。

（3）稳定期（stagnate phase） 又称停止期、平台期，此期可供细胞生长的底物面积已被生长的细胞占满，细胞虽尚有活力但已不再分裂增殖，停止生长，但仍存在代谢活动并可继续存活一定的时间。若及时分离培养，进行传代，将细胞分开接种到新的培养器皿并补充新鲜培养液，细胞将于新的培养器皿中成为下代的细胞而再次繁殖。若传代不及时，细胞将因中毒而发生改变，甚至脱落、死亡。

传代步骤：①将长满细胞的培养瓶中原来的培养液弃去。②加入 0.5～1ml 0.25% 胰蛋白酶溶液，使瓶底细胞都浸入溶液中。③瓶口塞好橡皮塞，放在倒置显微镜下观察细胞。随着时间的推移，原贴壁的细胞逐渐趋于圆形，在还未漂起时将胰蛋白酶弃去，加入 10ml 培养液终止消化（观察消化也可以用肉眼，当见到瓶底发白并出现细针孔空隙时终止消化。一般室温消化时间为 1～3min）。④用吸管将贴壁的细胞吹打成悬液，分到另外 2～3 瓶中，置 37℃下继续培养。第二天观察贴壁生长情况。

每次传代接种后，若对细胞的这些生长繁殖过程进行检测计数，可以绘制成曲线，称为生长曲线。各细胞的生长曲线各具特点，是该细胞生物学特性的指标之一。

目前世界上常用细胞系在不出 10 代内冻存。如不冻存，则需反复传代，这样有可能失掉二倍体性质。当传 30～50 代，相当于 150～300 个细胞周期后，细胞增殖缓慢以至完全停止。人胚肺成纤维细胞可传 50 代 ±10 代；人胚肾只有 8～10 代；人胚神经胶质细胞 15～30 代；人胚胎成纤维细胞即使 20 代冻存，复苏后，30 代仍会死亡。如供体为成体或衰老个体，则生存时间更短。离体细胞培养若不能呈二倍体化，即使取材于胚胎细胞，原代细胞培养也只能传 2～3 代便衰老死亡。由不同年龄供体取材建立的二倍体细胞系可供研究衰老之用，为保持二倍体细胞能长期被利用，一般在初代或 2～5 代即大量冻存作为原种（stook cells），用时再进行繁殖，用后再继续冻存，可供长期使用或延缓细胞的衰老。只有当细胞发生遗传性改变，如获永生性或恶性转化时，细胞的生存期才可能发生改变，能进行无限传代，以上均与体内的分化过程完全两样。

一旦已进行传代培养（subculture）的细胞，便不再称为初代培养，而改称为细胞系。原代培养经第一次移植继代培养成功后形成的多种细胞的群体，生存期有限，为有限细胞系（finite cell line）。人们发现，各种动物细胞系的细胞虽然在体外保持了许多起源细胞的功能和形态分化的特征，如正常细胞从接种到长满培养瓶皿底面，会出现接触抑制。当细胞达到一定密度后也不再增殖，称为密度抑制等。由此可看出培养细胞和体内组织一样，仍可视为整体而相互作用与依存，调控着细胞的分化过程。但由于所处环境的改变，细胞分化的表现与在原体内是不同的，这种相异之处不但在体外培养的早期阶段即可出现，而且在长期稳定传代的过程中还会由于变异而不断变化，甚至产生起源细胞所没有的特征。因此，体外动物细胞在形态结构上均程度不同地与原来的细胞有所差异，活动度较大。

（三）衰亡或转化

细胞被置于体外培养环境，失去了神经、激素等体液的调节和细胞间相互影响，生长在缺乏动态平衡的相对稳定环境中，大多数细胞系在有限的代数内以不变的形式增殖，当超过有限世代后，则发生如下变化：失去原有组织结构和细胞形态，分化逐渐减弱或不显，出现类似返祖现象；表现为细胞形态与功能趋于单一化，有可能发生两种情况：一是传一定代数后衰老死亡；二是发生转化，获不死性而成为能无限传代的永久细胞系或称连续细胞系（infinite cell line）。连续细胞系的形成主要发生在传代期。有限细胞系转换成永久细胞系的过渡期称为转换期（crisis），其转换过程在动物细胞培养中称为体外转化（in vitro transformation）。转化的标志之一是细胞获得永久性增殖能力。永久细胞系有如下特征：细胞形态变化，如细胞变小，黏附性减少，具有较高的核质比；生长速率增加，倍增时间缩短；对血清的依赖性减小；贴壁依赖性降低；细胞异倍体和非整倍体增加，具异倍体核型。因此本质上已是发生转化的细胞系。转化后的细胞，有的只有永生性（或不死性），但仍保留接触抑制和无异体接种致癌性；有的不仅有永生性，异体接种也有致瘤性，说明已恶性化。这两种不同性质的无限细胞系，在国内外文献中对这些名词的应用也不十分严格。为明确概念，对有恶性的无限细胞系采用"恶性转化细胞系"一词表示更妥，其可永久性移植继代培养，有致癌性，不具群体效应、锚地依赖性、接触抑制性，可悬浮培养。而对那些只具永生性而无恶性的细胞系，则用无限细胞系或转化细胞系表示，NIH3T3、Rat-1、10T1/2 等均属这类细胞系。由某一细胞系分离出来的、在性状上与原细胞系不同的细胞系，称该细胞系的亚系（subline）。从一个经过生物学鉴定的细胞系用单细胞分离培养或通过筛选的方法，由单细胞增殖形成的单一类型细胞群，称细胞株（cell strain），具有特殊性质或标志物。当超过有限世代后，可发育成无限细胞株。再由原细胞株进一步分离培养出与原株性状不同的细胞群，称之为亚株。

离体细胞在体外环境生长，必然对体外环境有一个适应过程，其形态与功能也会随之有所改变，如肌纤维的形态会细胞化，腺细胞的分泌功能会逐渐丧失等。因此体外培养的细胞状态与体内细胞有较大差别，不能完全反映体内情况。但事实上细胞离体后其遗传基因未变，所表现出形态与功能的变化可能系基因表达的改变，如导致很多基因关闭，致使细胞分化停止或特殊功能丧失。当然在某些条件培养基作用下也会使细胞染色体发生变化，尤其单细胞培养下易受培养环境的影响，这种变化正好为研究该基因的表达和调控提供了线索和条件。

四、动物细胞培养的一般技术

动物细胞培养材料有胚胎及成体的组织和器官，胚胎组织如 10～12 日龄鸡胚、人工流产胎儿等，成体组织如动物肝脏、肾脏、脾脏、心脏、白细胞及人体各种手术和活体检查所取的各组织、器官等等。胚胎组织细胞生命力强，细胞间粘连作用弱，易于酶消化分散，易于培养和繁殖；而成体组织则相反。大多数动物细胞尤其是正常细胞，包括非淋巴组织的细胞、许多异倍体体系细胞，多半采用附着于带适量正电荷的固体或半固体表面进行培养。血液、淋巴细胞、肿瘤细胞，包括杂交瘤细胞和一些转化细胞的培养可采用微生物培养方式进行悬浮培养，但非很易适应悬浮生长的环境。肿瘤细胞增殖力强，可在体外长期培养和繁殖。

根据培养材料的差异具体可分别采用下列方法。

（一）组织块培养法

将动物组织切成直径 $1\sim2mm^3$ 立方小块，放在盛有培养液的玻璃或塑料培养器皿中，待组织块粘着后，沿底面平面移动生长进行培养的方法谓之组织块培养。从组织块中生长出来的仍然是细胞，细胞在生长的同时也发生移动，致使组织中的培养难以长时间维持其原有结构，结果也就成了细胞培养。适宜用于消化分散甚难的培养材料如人皮肤细胞。组织块培养法又分为：①血浆凝固培养法；②胶原固着培养法；③无基质固着培养法。分别采用血浆凝固、胶原固着或将组织块直接固着于培养器壁上，翻转瓶底朝上，将培养液加至瓶中，培养液勿接触组织块，于37℃二氧化碳培养箱中，通入含5% CO_2 空气，静置培养 $3\sim5h$，轻轻翻转培养瓶，使组织浸入培养液中（勿使组织漂起），37℃继续培养，即可在组织块周围长出新的细胞单层，培养过程进行旋转或振荡效果最佳。

（二）细胞单层培养法

动物组织块经机械方法或酶解法消化分散成单个细胞或细胞团块后，黏附于培养容器表面培养成新生细胞单层的培养法谓之为细胞单层培养法（图3-9）。其过程包括组织块分散及培养。

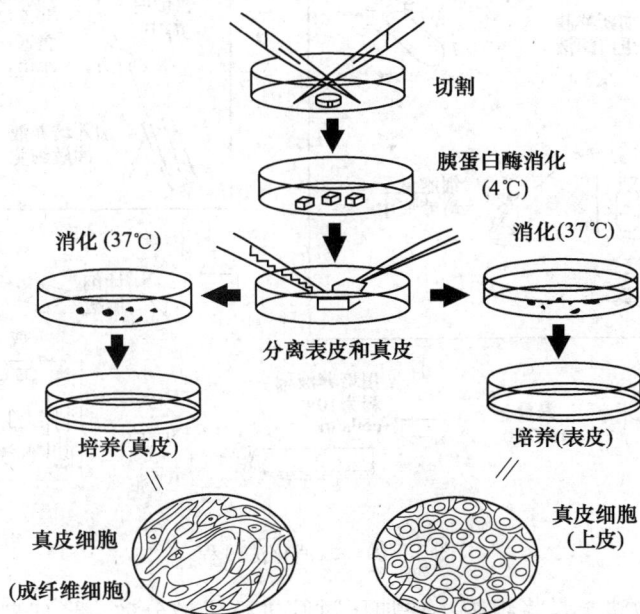

图3-9 细胞单层培养法操作过程

1. 组织块分散法 指将组织中粘连在一起的细胞分散成单个细胞,方法如下。

(1) 酶消化法 是将组织切成 1 ~ 2mm³ 立方小块。置蛋白酶溶液中于适当条件下反应一定时间,离心收集细胞并经生理平衡盐溶液洗涤,加培养基后于 4℃ 贮存,以备接种培养。本法常用的蛋白酶有胰蛋白酶、链霉蛋白酶及胶原酶等。胰蛋白酶法(图 3 – 10)应用最多,适用于大多数组织的消化,胚胎与脏器组织易于消化,后期胚胎及成体组织难于消化,酶浓度一般为 0.25%,对继代细胞的酶浓度为 0.1% ~ 0.25%,残留酶对细胞有毒害,但小牛血清有保护作用;链霉蛋白酶亦可用于分散多种组织和细胞团块,但是残留酶对细胞毒害大且小牛血清无保护作用;胶原酶适用于肝脏及心脏等胶原纤维组织的细胞分散,毒害小,若与胰蛋白酶合用,分散效果更佳。此外,Ca^{2+}、Mg^{2+}、温度及 pH 对细胞分散效果均有影响。

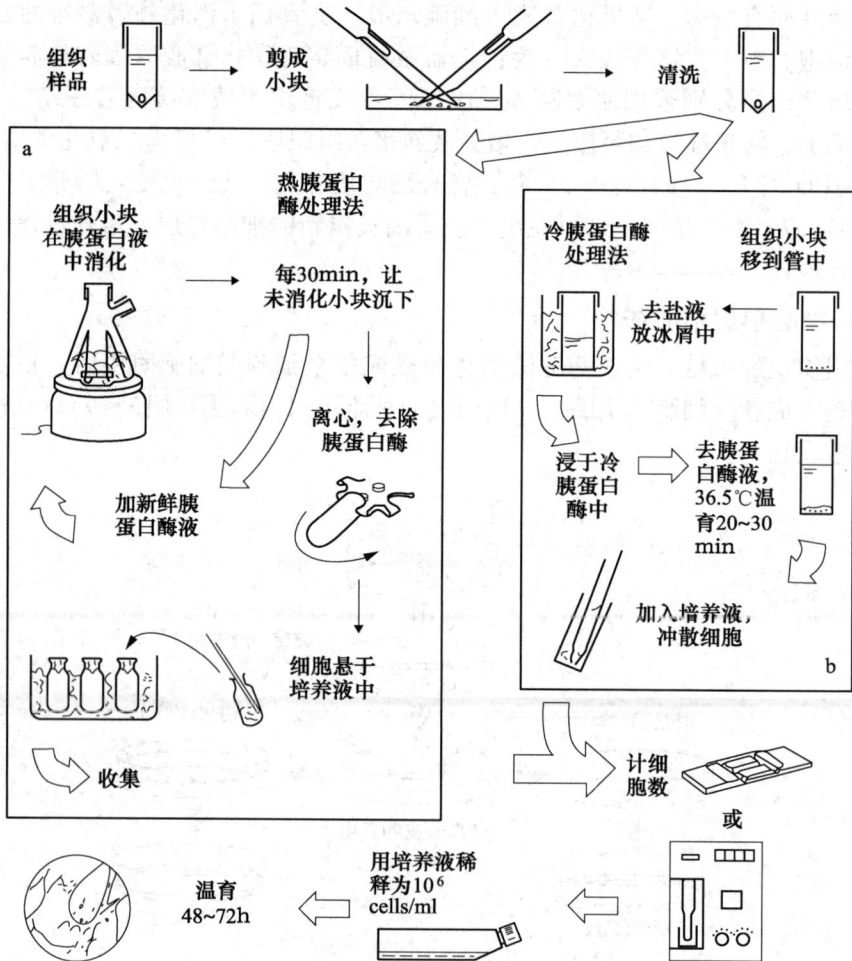

图 3 – 10 酶消化法过程

(2) 物理分散法 是将组织小块加压过筛进行机械分散,形成单个细胞及细胞团块(图 3 – 11),细胞不受化学物质影响,但细胞损伤大,不适于分散胚胎组织。

(3) 酶消化和物理分散结合法 是将动物组织小块先经酶消化 5 ~ 10min 后,再用电磁搅拌（200r/min）或经吸管吹打分散，收集细胞悬液，余下组织再依次消化与收集细胞，直至消化完全，每次消化后立即离心收集细胞，并洗涤去酶，加培养基4℃贮存，最后合并分散的细胞，用于计数、稀释和接种。此外，在肾脏细胞分散中也可采用灌注分散法。其过程是将肾脏连同肾动脉及静脉一起剪下，动脉口通过玻璃管连接乳胶管，将胰蛋白酶压入肾脏，每对肾脏用酶液 500 ~ 1000ml，以一定流速在 20 ~ 30min 内流完，经消化的肾脏膨大松散呈糊状，再切碎移入消化瓶，经电磁搅拌分散，1000r/min，离心10min，弃上清液，加入培养液直接制作细胞悬液。

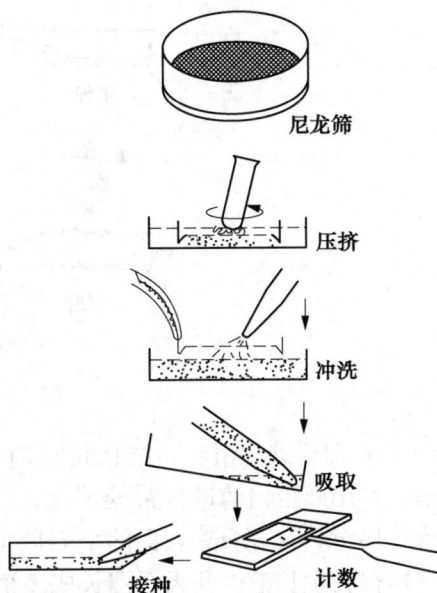

图 3 - 11　物理分散法过程

2. **细胞培养**　上述细胞悬液经血细胞计数板计数稀释到 $5 \times 10^5 cells/ml$ 左右，接种至25ml细胞培养瓶中，37℃、5% CO_2 空气下进行原代培养，细胞即开始生长并逐渐形成单层。接种浓度依不同组织而定，一般为 $2 \times 10^6 ~ 7 \times 10^6 cells/ml$ 的浓度，成纤维细胞加倍，年老及成体组织应高于胚胎组织，细胞活力高者应少些。培养时间亦因不同组织而定，类上皮细胞以 5 ~ 7d 形成单层为宜，成纤维细胞以 3 ~ 4d 为宜，应该适时进行传代培养。

（三）细胞克隆培养法

即单细胞分离培养，是将动物组织分散后，将一个单细胞从一个群体中分离出来单独培养，使之重新繁衍成为一个新的细胞群体的培养技术。初代细胞具有异质性，经过细胞克隆后，后代细胞群来源于一个共同的祖细胞，即形成纯系细胞集群，为细胞株。

由于动物细胞的群体效应，单个细胞在最优良的培养基中也难以生长。故克隆培养过程中常用条件培养基，或者在培养基中加饲养细胞。饲养细胞（滋养细胞）为细胞培养中加入的活细胞（如小鼠胸腺细胞或腹腔细胞），其能促进单个或少数分散细胞的生长增殖，本身无分裂能力，克隆形成后自身死亡。饲养细胞制备过程见图 3 - 12。或者尽可能减少浸浴细胞的培养基量，以满足细胞克隆条件。本法要求获得单个细胞，观察方便，能有效地维持培养基的 pH 值及防止培养基蒸发，更换培养基方便。为满足上述条件，常采用有限稀释法及微量板克隆技术。

微量板是指孔径为6mm，容量为0.3ml的多孔培养板。常用的为96孔板，亦有用55孔和24孔者。进行细胞克隆培养时，先将细胞稀释成 10cells/ml 以下的悬液，再向培养板的每个孔中加入 0.1ml 悬液，使每孔的细胞数平均为 1 个，培养24h 左右，用2.5 ~ 3X 物镜检查细胞生长情况。然后置于含5% CO_2 空气的培养箱中培养数日，取下盖板，再将板孔向下，置于吸水纸上，吸去板面余液，再向每孔中加新生长液0.2ml，每培养 4 ~ 8d 换液一次，直至形成单克隆，再进行移植继代培养。一般培养

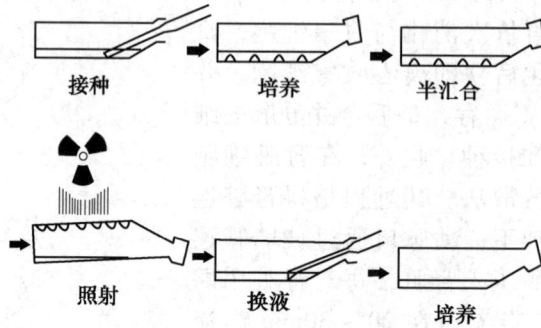

图 3-12 饲养细胞制备过程

8～10d 即可继代培养。继代培养时，吸除生长液，用无 Ca^{2+}、Mg^{2+} 的平衡盐溶液冲洗，再用胰蛋白酶进行常规消化，并用 0.2ml 生长液进行吹打分散成悬浮液，每孔细胞转移至具有 $25cm^2$ 表面的培养瓶中，加 3ml 生长液培养 3d，除去一半生长液，再加等体积新生长液，几天后即长成多个成片新克隆细胞。

微量板细胞克隆过程中每个克隆一定是来源单个细胞，因此本法是分离混杂细胞的优良方法，传代过程也不易交叉混杂，故细胞克隆培养可靠性与重复性良好。本技术可用于建立纯细胞系，检查细胞遗传性的一致性，分离细胞变种，评价药物及毒物对细胞生长的影响，筛选淋巴细胞杂交瘤及基因工程细胞，制备单克隆抗体并用于病毒学研究等。

总之，在实际操作中，选择哪一种培养类型，则依实验所需要回答的问题、实验材料的特性和现有实验条件所决定。如有的组织，当直接采用胰蛋白酶消化法做细胞培养时，细胞受损严重，不易生长，或者虽然受损不严重，但由于不适应体外环境也不易生长。这样可以先进行组织块培养，使之逐步适应体外环境后，再用胰蛋白酶消化，做细胞培养。如果要观察细胞与细胞之间的关系时，可将培养的细胞，通过一定技术使同种或不同种细胞聚成类组织，进行器官培养。

五、培养细胞的测定

1. **常规细胞计数法** 培养的细胞在一般条件下要求有一定的密度才能生长良好，所以要进行细胞计数。计数结果以每毫升细胞数表示。细胞计数的原理和方法与血细胞计数相同。

采用常规细胞计数法测定细胞总数及活细胞数，并计算细胞存活率。步骤：①将血球计数板及盖片用擦拭干净，并将盖片盖在计数板上。②将细胞悬液吸出少许，滴加在盖片边缘，使悬液充满盖片和计数板之间。③静置 3min。④镜下观察，计算计数板四大格细胞总数，压线细胞只计左侧和上方的。然后按下式计算：细胞数/ml = 4 大格细胞总数/ 4 × 10 000 。镜下偶见由两个以上细胞组成的细胞团，应按单个细胞计算，若细胞团占 10% 以上，说明分散不好，需重新制备细胞悬液。

在细胞群体中总有一些因各种原因而死亡的细胞，总细胞中活细胞所占的百分比叫做细胞活力，由组织中分离细胞一般也要检查活力，以了解分离的过程对细胞是否有损伤作用。复苏后的细胞也要检查活力，了解冻存和复苏的效果。

　　2. 台盼蓝染色法　测细胞活力。死细胞能被台盼蓝染上色，镜下可见深蓝色的细胞，活细胞不被染色，镜下呈无色透明状。另外，活力测定可以和细胞计数合起来进行，但要考虑到染液对原细胞悬液的加倍稀释作用。步骤：①将细胞悬液以 0.5ml 加入试管中；②加入 0.5ml 0.4% 台盼蓝染液，染色 2～3min；③吸取少许悬液涂于载玻片上，加上盖片；④镜下取几个任意视野分别计死细胞和活细胞数，计细胞活力。

　　3. MTT 法　测细胞相对数和相对活力。计数法中的细胞存活率的测定虽能显示细胞的生长活力，但误差大，故常采用 MTT 法或 ^{3}H－TdR 掺入法可准确地显示细胞的代谢状态和生长繁殖的活力。

　　四唑盐商品名噻唑蓝，是一种能接受氢原子的染料，化学名 3－(4，5－二甲基噻唑－2)－2，5－二苯基四氮唑溴盐。测定原理为活细胞中脱氢酶能将四唑盐还原成不溶于水的蓝紫色产物，沉积在细胞中，死细胞无此功能。二甲基亚砜（DMSO）能溶解细胞中的蓝紫色物，颜色深浅与所含蓝紫色物的量成正比，然后用酶标仪测定吸光度值。

$$细胞存活率 = （试验组光吸光度/对照组吸光度）\times 100\%$$

　　此方法简单快速、准确，广泛应用于新药筛选、细胞毒性试验、肿瘤放射敏感性实验等。一般步骤为：①细胞悬液以 1000r/min 离心 10min，弃上清液。②沉淀加入 0.5～1ml MTT，吹打成悬液。③37℃下保温 2h。④加入 4～5ml 酸化异丙醇（定容），打匀。⑤1000r/min 离心，取上清液于酶标仪或分光光度计 570nm 比色，酸化异丙醇调零点。

　　4. 细胞活性间接测定法　细胞活性间接测定法是基于测定细胞代谢活性之上的。最为普通的参数是葡萄糖的利用及生物氧化后的代谢产物，如乳酸或丙酮酸产物等。

　　5. 遗传学特征检测法　离体细胞体外培养过程中，有时会发生细胞遗传学改变，掌握其细胞遗传学动向，是了解细胞性状的一个重要方面。

　　（1）染色质与染色体　根据 Schaeffer（1979 年）和国内有关会议及国内外杂志常用名词，体外培养细胞有二倍体细胞、遗传缺陷细胞和肿瘤细胞系或株。

　　人体体细胞具有二倍体核型，染色体数目为 46（2n）。原代培养细胞多呈二倍体，经传代成细胞系后，细胞可保持二倍体状态。细胞群染色体数目具有与原供体二倍体细胞染色体数相同或基本相同（2n 细胞占 75% 或 80% 以上）的细胞群，称二倍体细胞培养。如仅数目相同，而核型不同的即染色体形态有改变者为假二倍体。二倍体细胞在正常情况下具有限生命期，故属有限细胞系。但经长期传代可能发生偏离二倍体现象，即染色体数多于或少于 46。当细胞发生转化或成为肿瘤细胞，大多失去二倍体核型，成为多倍体或异倍体。在各类培养细胞中，有时会见到异常的染色体，如双着丝点、环形染色体、长臂或短臂上部分缺失等。

　　从有先天遗传缺陷者取材（主要为成纤维细胞）培养的细胞，或用人工方法诱发突变的细胞，属遗传缺陷细胞。这类细胞可能具有二倍体核型，也可呈异倍体。

　　（2）细胞性别　在 23 对染色体中有一对性染色体，女性的两个 X 染色体中有一个在间期呈明显的异固缩状态，呈半月形或三角形小体，称 Barr 小体，紧贴在核膜内面。男性 Y 染色体在间期形成颗粒状 Y 小体，位于胞核近中央位。培养细胞的细胞核超微结构与体内细胞无大差别，仍保持性别特征，尤其原代培养细胞易于显示，用特殊染色法均可观察到 Barr 小体和 Y 小体。

六、细胞系（或株）的建立

（一）细胞系（或株）建立的要求

关于什么样的体外培养细胞群，可被确认为是已被鉴定的细胞（certified cells），国际上也尚无统一的规定，一般依具体情况而定。用作初代培养的细胞，只要供体性别、年龄等均一，取材部位及组织种类等条件稳定，做鉴定的项目无需很多，有几项能说明细胞的相关性状的即可。如能长期保存并可供其他研究室使用，特别是做反复传代的细胞，习惯上有以下一些要求，并在刊物上报道时应加以说明。

1. 组织来源 应说明细胞供体所属物种，来自人体、动物或其他；供体的年龄、性别、取材的器官或组织；如系肿瘤组织，应说明临床病理诊断、组织来源以及病例号等。

2. 细胞生物学检测 应了解细胞一般和特殊的生物学性状，如细胞的一般形态、特异结构、细胞生长曲线和分裂指数、倍增时间、接种率、特异性；如为腺细胞，有无特殊产物，包括分泌蛋白质或激素等；如为肿瘤细胞，应力求证明细胞确系来源于原肿瘤组织而非其他，并仍保持性状，为此需做软琼脂培养、异体动物接种致瘤性和对正常组织浸润力等实验。

3. 培养条件和方法 各种细胞都有自己比较适应的生存环境，因此应指明使用的培养基、血清种类、用量以及细胞生存的适宜 pH 等。

（二）若干细胞建株的要点及基本过程

1. 肿瘤细胞建株 肿瘤细胞系或株是现有细胞系中最多的一类，我国已建的细胞系主要为这类细胞。肿瘤细胞系多由癌瘤建成，多呈类上皮型细胞，常已传几十代或百代以上，并具有不死性和异体接种致瘤性。

对已建成的各种细胞系或细胞株习惯上都给予名称。细胞的命名无严格统一规定，大多采用有一定意义缩写字或代号表示。以下是几种代表性的细胞名称，HeLa：为供体患者的姓名（来源于宫颈癌）；CHO：中国地鼠卵巢细胞（Chinese hamster ovary）；宫 – 743：宫颈癌上皮细胞，1974 年 3 月建立；NIH3T3：美国国立卫生研究所（National Institute of Health）建立；每 3 天传代，每次接种 3×10^5 cells/ml。

2. 肿瘤细胞培养技术要点

（1）取材 材料主要来源于外科手术或活检瘤组织，取材时避免用坏死组织，要挑选瘤细胞集中和活力较好的部位，瘤性转移淋巴结或胸腹水是较好的培养材料。取材后尽快培养，因故不能立即培养者，可冻存。其培养方法及冻存方法同前述正常组织。

（2）成纤维细胞排除 在肿瘤组织中常混杂有一些成纤维细胞，培养时能与瘤细胞同时生长，并常压过癌细胞，导致癌细胞生长受阻以致消失，应仔细排除。排除方法常有：机械刮除法、反复贴壁法、消化排除法、胶原酶消化法等。

（3）提高肿瘤细胞培养存活率和生长率 根据实验经验，肿瘤细胞在体外不易培养，建立能传代的肿瘤细胞系更为困难。一般当肿瘤组成或细胞被原代培养后，要经过对新环境的适应才能生长，因此不能局限于一般培养法，须采用一些特殊措施，如采用适宜底物，如鼠尾胶原底层及饲养细胞底层等。用细胞生长因子，根据细胞种类不同选用不同的促细胞生长因子，如胰岛素、氢化可的松、雌激素等。也可以考虑动物媒介培养。

（三）已建立细胞系或株的鉴定、管理和使用

国际上美国、英国和日本等国已建有细胞库。美国已有美国标准细胞和胚胎干细胞库或细胞银行（ATCC）、人遗传突变细胞库（HGMR）及细胞衰老细胞库（CAR）等，其中 ATCC 不仅是美国也是世界最大的细胞库。ATCC 下属有一组协作实验室和一个由众多专家组成的咨询委员会。ATCC 也是美国国立癌症研究所（NCI）和美国卫生研究所（NIH）的资源库，尤与 NCI 有密切的关系。ATCC 也是世界卫生组织的国际培养细胞文献中心。ATCC 现液氮冻存的 3000 多个已经鉴定的细胞系（1992 年），其中包括来自正常人和各种疾病患者的皮肤成纤维细胞系以及来自不同物种的近 75 个杂交瘤细胞株。ATCC 接纳来自世界各国已经鉴定的细胞，并予以贮存，同时也向世界各国的研究者或实验室免费提供研究用细胞（做盈利性研究时收费）。

ATCC 接纳入库细胞时，必须符合其入库标准，ATCC 入库细胞要求检测项目如下。

（1）培养简历 组织来源日期、物种、组织起源、性别、年龄、供体正常或异常健康状态、细胞已传代数等。

（2）冻存液 培养基和防冻液名称。

（3）细胞活力 融解前后细胞接种存活率和生长特性。

（4）培养液 培养基种类和名称（一般要求不含抗生素）、血清来源和含量。

（5）细胞形态 类型如为上皮或成纤维细胞等。

（6）核型 二倍体或多倍体，标记染色体的有无。

（7）无污染检测 包括细菌、真菌、支原体、原虫和病毒等。

（8）物种检测 检测同工酶，主要为 G - PD 和 LDH，以证明细胞有否交叉污染，也可检测逆转录酶。

（9）免疫检测 一两种血清学检测。

（10）细胞建立者 建立者姓名、检测者姓名。

杂交瘤入库标准尚有所不同，详细情况请参阅 ATCC 的 "Catalogue of Cell Lines and Hybridomas"。

我国未建立统一的细胞库时，对已建立的细胞系（株）多由作者单位自行保管。目前已初建成多个小规模贮存细胞机构，如中国科学院上海生命科学研究院细胞资源中心、武汉细胞库和昆明细胞库等。

七、动物细胞种质保存及其运输

1. **动物细胞种质保存** 动物细胞种质保存的形式有组织块、细胞悬浮物及细胞单层培养物等。保存方式有常温、低温及超低温冰冻法 3 种。目前超低温冰冻法是保存种质细胞最有效和最重要的方法。

常温法是将特定种质形式保存于 20℃ ~ 30℃ 的方法，如人肾及猴肾细胞单层于 25℃ ~30℃ 可保存 1 个月以上，人二倍体细胞单层可保存两周，中间换液可保存30d 以上，若生长液中有小牛血清，则减至 0.5% ~1%，于37℃培养并有规律地更换培养基，

则可长期保存。低温法是将特定种质形式保存于4℃的方法，如原代猴肾细胞悬浮液于4℃生长液中可保存3周。超低温冰冻法系将种质细胞保存于−70℃以下冰箱或液氮中的保存方法。在此条件下，种质可长期保存，如二倍体细胞2BS自1973年保存至今仍无遗传性变化。但是本法需用保护剂，常用的保护剂有二甲基亚砜（DMSO）及甘油等。甘油使用浓度为5%~20%，DMSO使用浓度为5%~12.5%，DMSO因起作用更快、毒性及黏度更低、膜透性更高、抗冻伤能力更强而应用最多，细胞在DMSO中30s左右即达到内外平衡，但在甘油中2h才能平衡。

在冻存过程中，先配制含8%~10% DMSO、15%~20%小牛血清及适量$NaHCO_3$的保护液，再采用：①消化细胞，将细胞悬液收集至离心管中。②1000r/min离心10min，弃上清液。③沉淀加含保护液的培养液，计数，调整至5×10^6cells/ml左右。④将悬液分至冻存管中，每管1ml。⑤将冻存管口封严，如用安瓿瓶则火焰封口，封口一定要严，否则复苏时易出现爆裂。⑥贴上标签，写明细胞种类、冻存日期。冻存管外拴一金属重物和一细绳。⑦按下列顺序降温：0℃~4℃放置2~4h→低温冰箱−30℃放置7~10h→液氮中保存。

2. 冻存细胞复苏 冻存细胞在继代培养前需复苏，复苏步骤：①从液氮中取出冻存管，迅速置于37℃温水中并不断搅动。使冻存管中的冻存物在1min之内融化。②打开冻存管，将细胞悬液吸到离心管中。③1000r/min离心10min，弃去上清液。④沉淀加10ml培养液，吹打均匀，再离心10min，弃上清液。⑤加适当培养基后将细胞转移至培养瓶中，37℃培养，第二天观察生长情况。保护液所含DMSO浓度应降至1%以下，若保护液含甘油，则应离心除去甘油，以防影响细胞增殖。加生长液后可通过台盼蓝染色法计算活细胞数，然后用于培养。

3. 动物细胞种质运输 动物种质细胞进行长短距离不一的异地转移过程称为运输。细胞活力和存活力与种质保存形式和运输时保存方法有关。目前多采用悬浮细胞培养物或单层细胞培养物的形式进行远距离转移。运输时保存方式也多种多样，可于常温下运送，亦可于4℃下密封转移，也可在超低温冰冻条件下运送。如猴肾组织块经胰酶消化和分散后制成的细胞悬浮物于4℃下可在国际间转移。通常细胞单层培养物加满生长液后可原封不动地于常温下密封包扎转移，至目的地后需进行移植继代培养，最好将待转移的种质细胞于液氮中保存，通过火车或飞机运送，至目的地后无需进行继代培养，仍可继续保存，细胞活力及存活率均较高。

八、动物细胞培养的应用领域

1. 病毒学 由于很多病毒疾病可用抗体血清疗法，因此需要能生长大量的病毒以用于生产疫苗及鉴定。这些工作可以利用细胞培养进行。

2. 免疫学 最突出的例子就是单克隆抗体技术，杂交瘤——单克隆抗体技术极大地促进了免疫学的发展，而这种技术就是在细胞培养技术基础上发展起来的。

3. 遗传学 可以利用细胞培养技术进行染色体分析。将用羊膜穿刺技术获得的羊水中胎儿细胞进行培养，便可在妊娠早期诊断胎儿是否患有先天性遗传病。少量胎儿脱落细胞是能分裂的，经2~4周生长，形成显著单层上皮样细胞，可按常规制备染色体，另可检测AFP等，可于产前检测出几十种代谢病与遗传病，较准确地指导优生优育。

4. 肿瘤学　利用细胞培养进行的细胞转化作用可改变细胞原来的性质，被认为是研究肿瘤的良好方法。

5. 分化及发育

6. 细胞毒试验　虽然体外细胞培养的结果尚不能完全地反映整个动物的情况，但可以说如果某一物质对几种不同的细胞系均产生有害的影响，当把这物质使用于整个动物时，预期产生不良效应的可能性极大。

7. 临床医学及生物技术方面　从子宫中取出细胞作染色体分析，可揭示尚未出生胎儿的遗传性疾病，检测药物效应。利用细胞融合及杂交技术进行细胞工程的研究与开发。如生物反应器的开发研究，将生物活性物质的基因导入动物受精卵，随后从动物组织或体液分泌物中获得外源基因的表达产物，如获取人生长激素，先制备人生长激素的 mRNA，互补成 cDNA 再合成 dsDNA，插入 SV40 病毒中感染猴肾细胞中，经大量扩增培养，以 10^7 cells/ml 浓度计算，每日从培养液中收获近 1mg 生长激素，而用生化提取法生产生长激素时，用羊脑为材料，从 50 万只羊脑中仅能提取 5mg，且不是纯生长激素。

第四节　动物细胞融合技术

20 世纪 60 年代，法国的国家病毒学和细胞融合实验室，在进行两种小鼠肿瘤细胞的研究实验时，观察到一种新类型细胞的形成。这种新型细胞具有与亲本细胞不同的形态特征以及不同的生长方式。特别是这种新型细胞的核所含的染色体数目等于亲本细胞染色体数的总和。这个结论被进一步的重复实验观察所证实。在被推广到其他非肿瘤小鼠细胞上也得到类似的结论。实验表明，这些细胞的融合率非常低，介于 1×10^{-4} 和 1×10^6 之间。

后来，研究者采用日本血凝病毒（JHV）提高了动物肿瘤细胞的融合率。这时研究人员进行新的实验时发现，JHV 病毒可受紫外线辐射而完全失活，尽管如此，它仍然保持诱发细胞融合的能力。接着，日本的科学家在这方面研究又取得了新的进展，他们通过实验证实，可使用减活仙台病毒诱发人体 HeLa 细胞和小鼠肿瘤细胞进行融合，说明不同目的脊椎动物细胞之间都能诱发体细胞融合。专家们在评审这些实验新发现时指出，这既是细胞工程技术上的一项重大突破，也是生命科学理论上的一大发展，它给遗传育种、人为促进生物快速进化找到了一条新路。在这一新技术、新理论的推动下，细胞工程的新成果接踵出现。

英国科学家于 1975 年研制成功了淋巴细胞杂交瘤技术，KoMer 和 Milsten 利用淋巴细胞与骨髓细胞进行融合并从中筛选出杂交瘤细胞株。英国科学家还把免疫的小鼠 B 细胞，即能够分泌某种特殊抗体的细胞与小鼠骨髓瘤细胞融合产生杂种细胞。它既能像 B 细胞那样产生并分泌免疫特异抗体，又像骨髓细胞那样无限繁殖，这种纯系产生的抗体叫单克隆抗体。单克隆抗体问世后很快就被应用于临床实践，被称之为 20 世纪 80 年代的"生物导弹"。因为它能够引导药物定向和有选择地攻击癌细胞。目前已用于治疗、诊断癌症及艾滋病等多种疑难疾病，用于快速诊断人类、动物和农作物病害等，成为细胞工程在医学上最重要的成就之一。

新近细胞重组（cell reconstitution）在细胞工程开发与应用研究方面发展较快，成果颇多。细胞重组是由不同细胞的核体与细胞质在融合子介导下合并形成完整细胞，在研究真核细胞的核、质相互关系及基因转移等方面具有重要价值。核体与胞质体在仙台病毒或聚乙二醇的诱导下能合并成为完整的重组细胞。目前不仅能使大鼠核体与小鼠胞质体合并成新细胞，还能使人的核体与小鼠的胞质体合并成为重组细胞。若将胞质与完整的细胞融合，构成一个含有亲本核和两个亲本胞质的杂种细胞则称为"胞质杂种"，就可以把一个亲本细胞的胞质基因（如线粒体基因）转移到另一个亲本细胞内，这样又成了基因重组育种新技术。这在细胞工程的研发上也取得了很多成果。

细胞融合（cell fusion）技术已经成为近年来细胞工程领域最引人注目的研究，取得一些突破性研究进展。目前细胞融合技术不仅可以把不同种类的植物细胞、不同来源的动物细胞进行融合，而且还可以把动、植物细胞融合在一起。该细胞工程的实施对于创造动物、植物、微生物新品种以及在医学领域都具有重要的应用价值。

一、动物细胞融合技术的概念

在外力（紫外线灭活的病毒，如仙台病毒或以聚乙二醇和溶血卵磷脂）作用下，两个或两个以上异源动物细胞细胞质膜发生改变，导致细胞互相合并为一个多核细胞的过程（图3-13）。同时表达两者或两者以上细胞有益性状；同种细胞的融合称为同核体，不同种细胞的融合称为异核体；异核体在以后的继续培养分裂过程中，多核细胞核融合成为单核融合细胞（杂种细胞）的过程，谓之动物细胞融合技术，亦称为动物体细胞杂交技术。其克服了存在于物种之间的遗传屏障，从而能够按照人们的主观意愿，把来自不同物种的不同组织类型的细胞融合在一起，这不仅对遗传育种有利，而且也可为遗传学研究提供新的手段，可以分析细胞的质核关系、基因表现的调节和基因在染色体上的定位，大量培育新的生物类型。

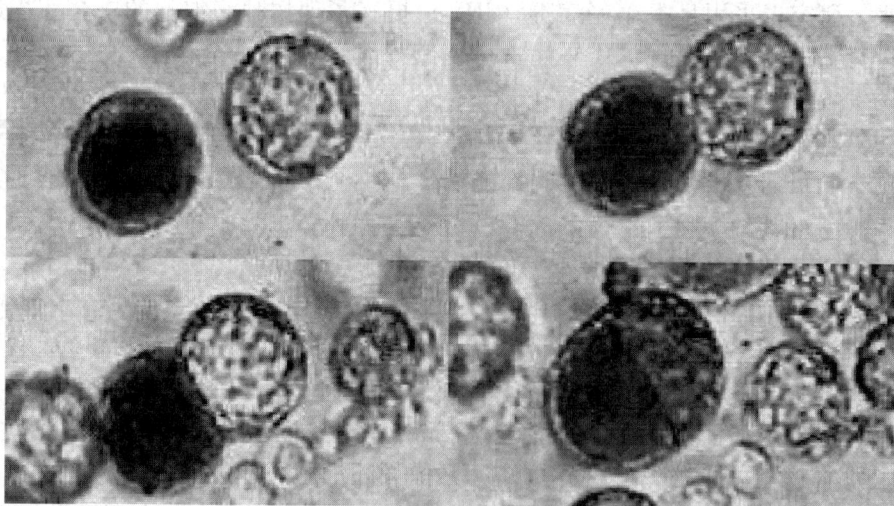

图3-13　动物细胞融合过程

二、动物细胞融合技术的原理和步骤

①取对数生长期、选择性强的亲本细胞，制备细胞悬浮液。②诱导融合：将一定数量（$10^7 \sim 10^8$ cells/ml）的两亲本细胞的悬浮液以 1:1 混合后，加入 37℃ 下的融合诱导剂 PEG，这时细胞膜彼此接触，然后融合成异核体。培养数天后，细胞在分裂过程完成核的融合，这种细胞称杂种细胞。③检查、选择获得杂种细胞。

在细胞融合过程中，开始阶段是来自两个细胞的细胞质先聚集在一起，而细胞核仍保持彼此独立，这种特定阶段的细胞结构称为合胞体。其中含有两个或多个相同细胞核的叫同型合胞体，而含有两个或多个不同细胞核的叫异型合胞体，或称异核体。少数异型合胞体在继续培养和发生有丝分裂的过程中，来自不同细胞核的染色体便有可能合并到一个细胞核内，从而产生出杂种细胞。由于这种杂种细胞的双亲都是体细胞，因此又叫做体细胞杂种。应用克隆的方法，可以从杂种细胞得到杂种细胞系。

三、动物细胞融合的促融因素

动物细胞融合过程及融合率与细胞本身的性质、温度、pH、离子强度、离子种类以及促融因素等均有关系，其中促融因素是非常重要的。它能使细胞膜发生变化，两个或多个细胞发生融合的特殊诱导物质或外力就是促融因素，也称为促融剂或融合剂。促融剂的作用机制是在外界条件作用下，膜蛋白重新分布，此是细胞融合的基础，而脂质分子相互作用及重新排布是实现细胞融合的关键。目前能改变膜蛋白分布状态及膜脂质分子重新排布的促融因素有病毒、PEG 和电场力及离心力等，分别属于生物促融剂、化学促融剂和物理促融剂。

1. **生物促融剂** 病毒是最早发现的促融剂，它可诱导融合，在仙台病毒、流感病毒、新城鸡瘟病毒及疱疹病毒有活力或灭活，甚至病毒外壳或其碎片作用下，使某些不同种属的动物细胞产生融合作用。当两种不同动物细胞混合物中存在大剂量病毒时，细胞周围即布满病毒，病毒或其组分在细胞间起粘连作用，使细胞聚集成团，致使不同细胞的膜蛋白及膜脂质分子重新排布而结合成一个整体，从而完成细胞融合过程。其作用机制是病毒被膜糖蛋白和磷脂使细胞粘连聚集，膜蛋白及膜脂分子重新排布融合。其作用特点是随机的，无法人为控制，融合率很低。目前多不采用。

仙台病毒诱导细胞融合经四个阶段（图 3 - 14）：①选择对数生长期的两种细胞，按照一定数量（$10^7 \sim 10^8$ cells/ml）进行 1:1 混合，在一起培养，加入病毒，在 4℃ 条件下病毒附着在细胞膜上，并使两细胞相互凝聚；②在 37℃ 下，病毒与细胞膜发生反应，细胞膜受到破坏，此时需要 Ca^{2+} 和 Mg^{2+}，最适 pH 为 $8.0 \sim 8.2$；②细胞膜连接部穿通，周边连接部修复，此时需 Ca^{2+} 和 ATP；④融合成异核体巨大细胞，仍需 ATP。数天后，核融合成为杂种细胞。

2. **化学促融剂** PEG 作为化学促融剂具有强烈吸水性及凝聚和沉淀蛋白质作用，对植物及微生物原生质体和动物细胞的融合均有促进作用。当不同种属动物细胞混合液中存在 PEG 时，即产生细胞凝集作用，在稀释和除去 PEG 过程中即产生融合现象。Kao 等认为 PEG 作用机制是由于 PEG 分子具有轻微的负极性，故可以与具有正极性基团的水、蛋白质和糖类等形成氢键，从而在质膜之间形成分子桥，其结果是细胞凝结，破坏互相接触处的细胞膜的磷脂双分子层，促使质膜的融合；另外，PEG 能增加类脂膜的流动性，也使细胞核、细胞器发生融合成为可能。

PEG 目前应用较多，所用 PEG 结构为：HOH_2C $(CH_2OCH_2)_nCH_2OH$，分子量可在 1000～6000 之间进行选择，对不同融合对象需要测试其使用浓度、反应温度及作用时间，一般浓度为 40%～50%，如将 10g PEG 与 10ml Eagle 液混合（假定 1ml 培养液为 1g 重），即成 50%PEG 溶液，通常用分子量低于 1000 的 PEG 作融合剂最好，50%PEG 溶液能产生最多杂交细胞。PEG 溶液在 pH6.0 时细胞融合率最高。在 37℃ 作用 2～3min 效果最佳。但其促融作用也有随机性，无法人为控制。优点是易得，用法简单，融合效果稳定。

PEG 法细胞融合步骤：①将两种不同亲本细胞各 5×10^6 混匀；②离心沉淀，吸去上清液；③加 1ml 50% PEG 溶液，用吸管吹打，使之与细胞接触 1min；④加 9ml 培养液，离心沉淀，吸去上清液；⑤加 5ml 培养液，分别接种 5 个直径 60mm 平皿，每个平皿加培养液至 5ml，37℃ 的二氧化碳培养箱中培养。⑥6～24h 后，换成选择培养液筛选杂交细胞。PEG 诱导融合的特点：其优点是融合成本低，不需特殊设备；融合子产生的异核率较高；融合过程不受物种限制。其缺点是融合过程繁琐，PEG 可能对细胞有毒害。

3. 物理促融剂 电融合法是 20 世纪 80 年代出现的细胞融合技术，在瞬时高强度电脉冲作用下，使细胞极化成珠串状，细胞膜表面的氧化还原电位发生改变，细胞黏合并发生质膜瞬间破裂，进而质膜开始连接，膜蛋白及膜脂分子重新排布，直到形成完整的膜，形成融合体。电融合法的优点：可人为控制，融合率高，达 50%～80%；重复性强，对细胞伤害小，装置精巧，方法简单，结合显微操作可定向诱导，可在显微镜下观察或录像观察融合过程；免去 PEG 诱导后的洗涤过程，诱导过程可控性强。在一定条件下，通过电脉冲作用使细胞融合的过程谓之电场诱导融合作用。将两种细胞混合液经 10～100V/cm 低强度非均匀交变电场作用，细胞紧密接触形成稳定串珠状偶极子排列，细胞之间通过偶极子作用相吸引，此时对该状态细胞施加瞬时高强度电脉冲，一般击穿电压为 0.5～10kV/cm，作用时间为 30～50μs，细胞之间形成稳定的膜连接（可逆性电击穿），导致紧密接触的细胞融合在一起，细胞间膜脂质分子重排而合并成一个双核或多核细胞，完成融合过程（图 3-15）。电场诱导具有不损伤细胞、可人为控制的非随机性、融合率较高等特点。

除上述因素外，聚乙烯醇及离心力也能促进细胞融合，但目前应用甚少。

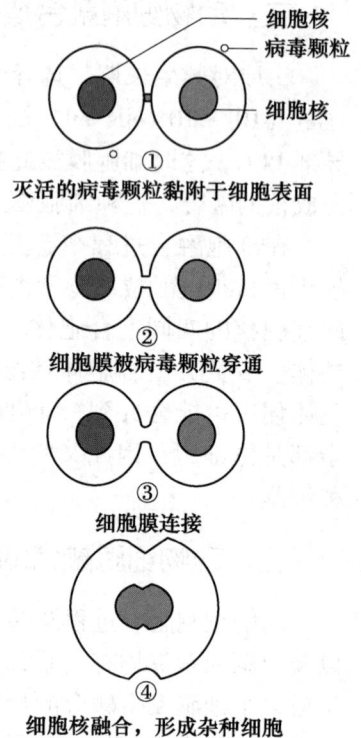

图 3-14 用灭活的病毒诱导的动物细胞融合过程示意

① 灭活的病毒颗粒黏附于细胞表面
② 细胞膜被病毒颗粒穿通
③ 细胞膜连接
④ 细胞核融合，形成杂种细胞

（图中标注：细胞核、病毒颗粒、细胞核）

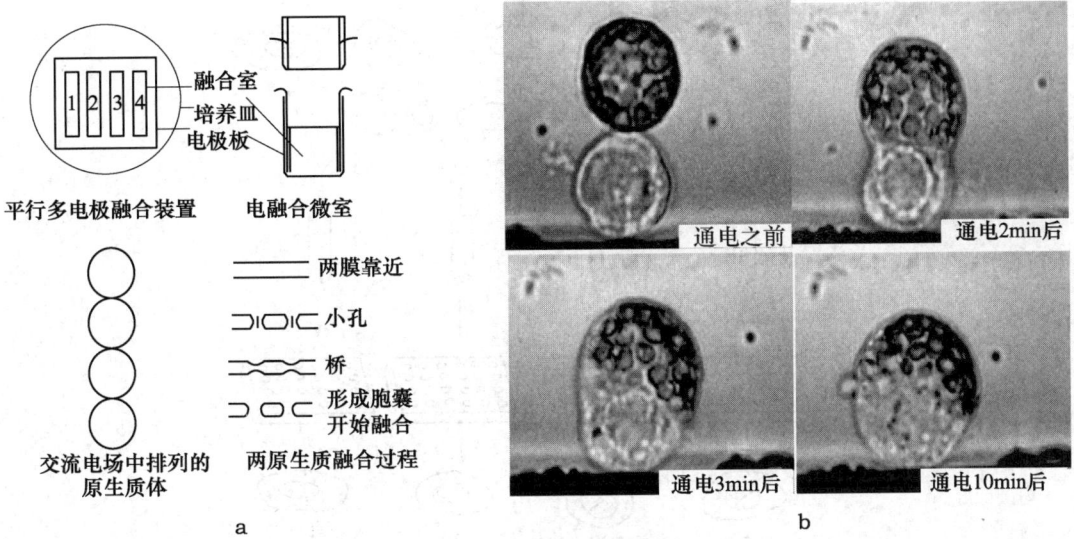

图 3－15　电融合诱导法

a. 原理示意　　b. 电融合过程

四、动物细胞融合及遗传物质转移方式

动物细胞融合及遗传物质转移方式包括完整细胞之间融合作用、细胞核、染色体、细胞质、mRNA 及 DNA 等遗传物质的转移，分述如下（图 3－16）。

1. 完整细胞之间的融合作用　在完整细胞之间融合过程中，首先制备出选择性强的两种亲本细胞，并取其对数生长期细胞为融合材料。融合的基本过程是：取一定数量（$10^7 \sim 10^8$ cells/ml）的两种亲本细胞，充分混合，离心除去上清液，取下层细胞悬液 0.1ml，逐滴加入 0.4ml 37℃ 的 40% PEG 溶液，37℃ 静置 90s，缓慢加入 5～10ml 无血清培养液，轻摇离心管 4～5 次，离心去上清液，按每 0.1ml 融合混合液加 25ml 完全培养基，以每孔 0.1ml 分装于 96 孔培养板及每孔 0.5ml 分装于 24 孔培养板上，于 37℃二氧化碳培养箱中培养之。

两种完整细胞融合时，所转移的遗传物质有整套染色体组、核外 DNA 及胞质因子等。杂种细胞可能保留亲本完整染色体组，亦可能丢失亲本之一的染色体，杂种细胞基因表达形式有多样性，可能出现特殊功能，故完整细胞间的融合是扩大生物变异的有效手段。

2. 核体、胞质体与完整细胞的融合作用　细胞核连同其外表面薄层细胞质构成的颗粒谓之核体，而不具有细胞核的细胞谓之胞质体。核体与胞质体制备过程是将细胞涂于铺有胶原膜的小塑片上培养成单层，浸入 10μg/ml 细胞松弛素 B 的溶液中处理适当时间，移入离心管中，加含松弛素 B 的培养液，15 000r/min 离心 3min，细胞核离开细胞形成核体，再将小塑片取出，浸入普通培养液中 20～30min，胞质体恢复正常细胞状态。因此核体与胞质体得以分离，经此处理后可分别获得高纯度核体和胞质体。

按完整细胞间的融合方式，可将核体与完整细胞或与另一种细胞的胞质体融合构

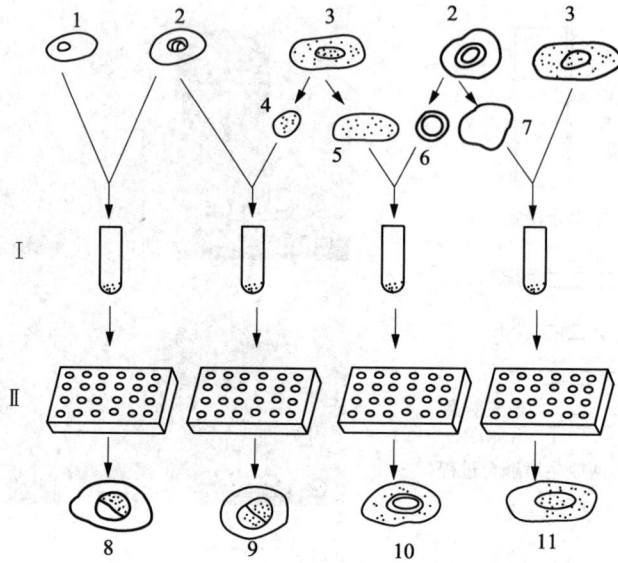

图 3 - 16　细胞融合及遗传物质转移方式

1，2，3. 三种亲本细胞　4，5. 分别为亲本细胞 3 和 2 的核体

5，7. 分别为亲本细胞 3 和 2 的胞质体　8，9. 杂种细胞 10. 重组细胞

11. 胞质杂种细胞　Ⅰ. PEG 诱导融合　Ⅱ. 在 HAT 培养基上筛选细胞

成杂种细胞，后者又称为重组细胞。此外，亦可将胞质体与另一种完整细胞融合，将胞质体中的线粒体及 mRNA 等转移至完整细胞，改变后者的遗传性，传递耐药性及雄性不育等遗传性状。

3. 微细胞与完整细胞的融合作用　一个或几个染色体外包裹一层细胞质的小体称为微细胞。其制备过程是将对数生长期的动物细胞用秋水仙素处理一定时间，以终止细胞分裂，此时细胞核分裂成若干个微核，每个微核由 1 至数个染色体组成，然后用细胞松弛素 B 处理细胞并通过离心使微核脱离细胞而形成微细胞。

按完整细胞间的融合方式，可将微细胞与另一种完整细胞融合，使后者获得另一种细胞中的若干个染色体，所形成的融合子称为微细胞杂种细胞（图 3 - 17）。本技术除可获得具有工业化意义的杂种细胞外，对研究细胞染色体生物学功能也具有重要意义。

4. 脂质体介导的细胞融合作用　动物细胞破碎后，经差分离心分离出线粒体及溶酶体等细胞器，或采用生化技术分离出 DNA、mRNA、逆转录酶及其他生物大分子，并将其包装成脂质体。

按完整细胞间的融合方式，可将脂质体与另一种完整细胞融合，获得杂种细胞。通过转移细胞器所获得的杂种细胞可获得抗药性及抗毒性等遗传性特征。

以上几种不同融合方式中，均有一方为完整细胞，完整细胞相当于活试管或微型反应器，可用于检测另一种细胞、细胞器及生物大分子对其遗传性及表达的影响。

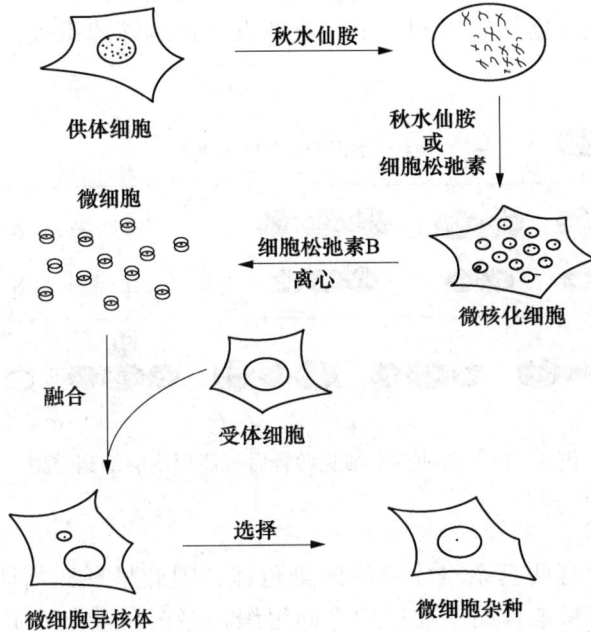

图 3 - 17　微细胞杂种细胞的制作过程

五、动物细胞融合的影响因素

在动物细胞融合过程中，除促融剂外，其他如细胞性质、温度、pH、离子强度及离子种类均影响细胞融合率。首先亲本细胞表面性质影响较大，表面覆盖绒毛而不规则者较易融合，表面规则而光滑者较难融合。此外，腹水癌及株化细胞较易融合，而淋巴细胞或血细胞几乎不融合。细胞融合时尚需适宜温度和运动状态，如仙台病毒诱导欧利希腹水癌细胞融合时，于 37℃ 振摇时易于融合，且融合率与病毒量呈正比，但于 34℃ 振摇则融合率下降；若 37℃ 下不振摇，则几乎不融合。细胞融合过程中，通常耗氧量较大，缺氧时常不融合，空气中含氧量大于 20% 时有一定融合率，但有些细胞在无氧条件下亦可融合。此外，有些细胞融合时需要 Ca^{2+}，否则不融合，细胞性质亦发生变化，实验表明 Sr^{2+}、Ba^{2+}、Mg^{2+} 及 Mn^{2+} 等离子，可替代 Ca^{2+}，但有效浓度较 Ca^{2+} 大得多。其次，融合时最适离子强度一般为 0.10mol/L，最适 pH 为 7.4 ~ 7.8 之间，在此范围之外，融合率均降低。

六、杂种细胞筛选原理及筛选系统

(一) 筛选原理

两种亲本细胞融合后的混合物中至少含有双核或多核异型融合子、双核或多核同型亲本融合子及未融合亲本细胞 5 种类型细胞（图 3 - 18）。筛选的目的是获得性能优良的杂种细胞，故筛选杂种细胞是细胞融合过程的重要环节之一。杂种细胞筛选的原理是将融合混合物于选择性培养基上，终止同型多核、异型多核及未融合亲本细胞的繁殖，而仅允许异型双核细胞繁殖的过程。异型双核融合子可合成 DNA，经核融合后即形成具有生长和繁殖能力的杂种细胞，故在动物细胞融合过程中，需根据筛选系统选择适当亲本细胞或依据细胞生理、生化特性设计特定筛选系统，以便获得具有活力的有益杂种细胞。

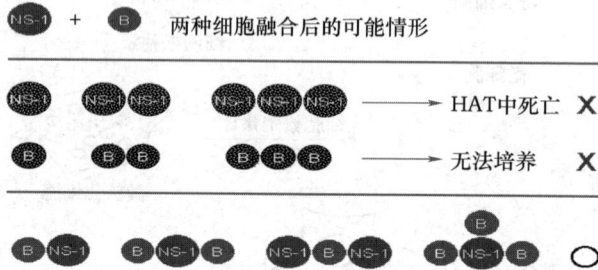

图 3 - 18　两种亲本细胞融合后可能形成的细胞类型

（二）筛选系统

融合细胞至少含有两套亲本体细胞的染色体，因此呈现四倍体或多倍体的特点。如果两个亲本体细胞是来自同一物种的不同组织，那么在融合细胞中，这两套染色体能彼此相容而不发生排斥现象；如果两个亲本体细胞来自不同物种，则将产生排斥现象，其中总有一套亲本染色体被优先排斥，最后只剩下少数几条。由于种间杂种细胞遗传的不稳定性，融合细胞群体总是呈现多种表型特征：有些表现某一亲本特征，有些表现中间型特征，有些同时具备双亲特征，有的会重新出现已经丧失的某一亲本的特征，有的甚至会表现出双亲均不具备的新的遗传特征。当然，融合细胞中两个亲本有时也具有遗传上的互补作用，据此可作为标记来选择融合细胞。

杂种动物细胞筛选系统及方法有 HAT 选择系统、抗药性筛选系统、营养互补筛选系统及原位杂交法及基因探针选择法等。

1. **HAT 选择系统**　此为生物化学选择法。HAT 是含一定浓度的次黄嘌呤（hypoxanthine，H）、氨基蝶呤（aminopterin，A）和胸腺嘧啶（thymidine，T）的一种选择性培养基，3 种成分与细胞 DNA 合成有关。正常动物细胞有 2 条 DNA 合成途径（图 3 - 19a）：一条为全合成途径，是由糖及氨基酸等外源营养物经体内代谢合成 DNA，可为氨基蝶呤所阻断；另一种为补救或清道夫途径，是细胞从培养基或自身代谢产物中吸收游离嘌呤或嘧啶合成 DNA。因此在杂交瘤技术中，当进行动物细胞融合时，选择次黄嘌呤鸟嘌呤磷酸核糖转移酶缺陷型（HGPRT⁻）或胸腺嘧啶核苷激酶缺陷型（TK⁻）骨髓瘤细胞为亲本细胞之一，HGPRT⁻细胞的嘧啶可通过上述两条途径合成，而嘌呤只能由全合成途径产生；TK⁻细胞的嘌呤可由两条途径合成，而嘧啶只能由全合成途径合成。因此，HGPRT⁻或 TK⁻细胞没有嘌呤或嘧啶的补救合成途径，嘌呤或嘧啶需通过全合成途径产生，而氨基蝶呤作为二氢叶酸还原酶的抑制剂，将抑制细胞嘌呤或嘧啶的全合成途径。另一亲本为不能在体外长期分裂繁殖的淋巴细胞，但其具有合成 DNA 的两条途径。HGPRT⁻或 *TK⁻* 骨髓瘤细胞与淋巴细胞融合的杂种细胞，从两种亲本细胞分别获得 HGPRT 或 TK 基因,可应用 HAT 选择培养基中的次黄嘌呤和胸腺嘧啶,通过补救合成途径合成 DNA,杂种细胞存活下来,而 HPRT⁻或 TK⁻亲本细胞在 HAT 培养基中死亡,淋巴细胞亦逐渐死亡(图3-19b)。此即获得淋巴细胞杂交瘤生产 McAb 的依据。

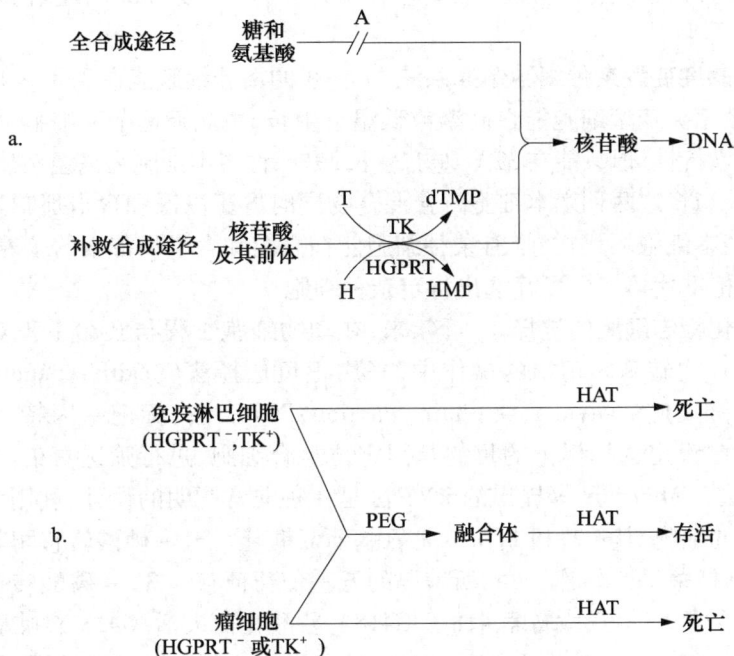

图 3 - 19　HAT 选择系统原理图

a. 正常动物细胞 2 条 DNA 合成途径　　b. 细胞融合物在 HAT 培养基中选择结果

2. 抗药性筛选系统　　利用生物细胞对药物敏感性差异筛选杂种细胞的方法称为抗药性筛选系统。不同细胞具有不同的生理、生化特性,故同一种药物对不同细胞的作用有很大差异,不同药物对同一种细胞作用部位及作用性质亦不相同。选择一种亲本细胞,其生长受到药物 A(如氨苄西林)抑制,而对药物 B(如卡那霉素)不敏感,而另一种亲本细胞受到药物 B 抑制而对药物 A 不敏感,当将这两种亲本细胞的融合混合物同时置于含药物 A 和 B 的培养基中培养时,两种亲本细胞生长均受抑制而死亡,唯有融合子杂种细胞可以在含有两种抗生素的培养基上生长、存活,经反复分离和移植继代培养即可筛选出特定杂种细胞。

在体外培养系统中,细胞偶尔会自发产生抗药性,1962 年 Szybalski 等证明用药物对正常细胞进行处理可得到特定酶缺失的突变细胞,1964~1966 年 Littlefield 发展了这一技术并用于杂交细胞的选择,其基本程序是由诱变剂(紫外线、其他射线、化学药物)处理细胞提高突变率,然后在正选择系统(加抗代谢药物培养基)培养,结果正常细胞死亡,抗药性突变型细胞由于特定基因缺失,细胞不吸收对应药物而存活,反之,在负选择系统(HAT 系统、HAM 系统、氨基酸系统等)中培养,突变细胞死亡,正常细胞存活,动物细胞工程就利用这种系统标志来选出所需的工程细胞。

3. 营养互补选择系统　　在缺乏一种或几种营养成分(如氨基酸、碱基或维生素等)时即不能生长繁殖的生物细胞称为营养缺陷型细胞。利用两种亲本细胞营养互补作用原理筛选杂种细胞的方法谓之营养互补选择法,如一种亲本细胞为色氨酸缺陷型,另一种亲本细胞为苏氨酸缺陷型,将两种亲本细胞融合混合物置于不含色氨酸及苏氨酸的培养基中培养,则两种亲本细胞均死亡,唯有融合子存活,经反复分离克隆培养,即可获得杂种细胞。

4. 温度敏感突变型杂种细胞选择系统   一般的培养细胞能在 32℃~40℃ 的范围内生长,但温度敏感突变型细胞能在高温或低温下生长,由此筛选杂种细胞。如一种亲本细胞具有卡那霉素抗性,但只能在37℃左右生长;另一种亲本细胞为高温敏感突变型,但不能抗卡那霉素。当将这两种亲本细胞融合混合物同时置于高温和含卡那霉素的培养基中培养,则两种亲本细胞均死亡,唯有杂种细胞能在高温和含卡那霉素的培养基上生长。经反复分离和移植继代培养即可筛选出特定杂种细胞。

5. 基因转化标志细胞的选择   近年来,在动物细胞工程与胚胎工程对动物基因组进行人为改造产生转基因动物的操作中,采用正负选择法(positive negative selection,PNS)、聚合酶链反应(polymerase chain reaction,PCR)法、标记基因特异位点表达法等选择方法对已设定选择标记的目的基因定位整合细胞,进行筛选富集。

(1)PNS法   Mansour 等提出的 PNS 法是一种非常聪明的设计,利用双重选择来富集已定位整合的细胞。其选择机制:neo 是氨基葡萄糖苷 − 3′ − 磷酸转移酶基因,简称 neo 基因,来自大肠杆菌 Tn5 转座子,它所编码的氨基葡萄糖苷 − 3′ − 磷酸转移酶能使氨基葡萄糖苷类抗生素 —— 庆大霉素 418 (G418) 磷酸化而失活。G418 对哺乳类细胞具有很强的毒性,在 $400\mu g/ml$ 浓度下,细胞即被毒死,而 neo 基因对 G418 有很强的抗性,导入细胞的 neo 基因能稳定地整合在染色体上,传递 100 代,细胞仍保持对 G418 的拮抗性。因此,Mansour 把外显子插入 neo 基因序列作为正选择标记,在同源区段外插入一段病毒的胸苷激酶的编码序列(HSV2TK)作为负选择标记,凡随机插入者 $tk^+ neo^-$ 在 G418 和 GANC(碱基类似物磷酸化产物对病毒具有毒性)双选择培养基中死亡。而定点整合者 $tk^- neo^+$ 在 G418 中选择存活,再用 GANC 培养基选择,就可获得定位整合细胞的最终富集结果。

(2)PCR法   聚合酶链反应技术是近年发展起来的高效 DNA 扩增技术,只要合成欲扩增的 DNA 片段两端的引物,并加入 TagDNA 聚合酶,就可在短暂时间内将其拷贝数增加上万倍甚至更多,而且专一性极强,因此细胞工程利用这种方法,特异性扩增导入基因的序列,通过检测 DNA 扩增结果确定导入基因片段是否定位整合到受体细胞上。Zimmen 和 Gruss (1989 年) 采用显微注射法把目的基因引入小鼠细胞,然后设计相应引物,PCR 扩增直接进行筛选。Joyner 等人 (1989 年) 也用 PCR 法对小鼠 En − 2 基因定位整合进行筛选,所用的引物分别是 En − 2 基因中一段 20nt 的片段及 En − 2 基因外源靶序列下游的 20nt 长的寡聚片段,凡是发生了预期重组的细胞,均能在 PCR 扩增后发现一个 800bp 的 DNA 片段。经反复传代抽样检测,证明在每 260 个细胞克隆中有一个是发生了同源重组的。

6. 标记基因的特异位点表达法   Sedivg 和 Sharp (1989 年) 建立了该种方法,他们以 neo 基因为标记基因,把 neo 的结构基因接在 pmt 基因内构成融合基因,在 neo 和 pmt 之间加上氯霉素乙酰基转移酶 cam,形成 pmt − cam − neo 三复合体。这样的结构就决定了只有当按照预期方式整合时,neo 才能通过利用受体 pmt 基因的调节序列正确表达,使细胞具有对 G418 抗性。若随机插入,不能保证正确阅读框架,无法进行正常的转录和翻译,neo 基因无法表达,细胞不表现对 G418 的抗性而死亡,即在 G418 培养基中,只有定位整合的细胞可以存活，从而达到筛选富集的目的，他们的工作使富集率提高100 倍。

在细胞融合过程中，亲本细胞如何重组及调控有偶然性，是人工无法控制的，因此如何选择亲本细胞及采用何种选择系统以获得稳定的杂种细胞尚有待深入研究。抗药性细胞的选择方法，由于在细胞培养选择系统中可以用表型表达或表型不表达来选择，无论是正选择还是负选择对细胞都没有有害作用，都能使突变细胞分离出来，是较理想的选择方法，但像 *HGPRT* 基因那样能够直接用药物筛选的基因，已发现的尚为数不多，更多的基因尚未找到合适的药物加以筛选，所以，抗药性细胞选择方法是有局限性的。营养缺陷型和温度敏感型选择方法也同样具有较大局限性。PNS 法与 PCR 法目前使用较多，但也各具优劣，PNS 法应用得当可有良好筛选效果和很高的富集率，特别在同源重组率低的情况下有一定优势，但药物处理可能产生不良影响，如 GANC 这种碱基类似物有可能使细胞发生不良突变。此外，某些基因位点上标记基因或可受宿主抑制而不表达，PNS 法就无法应用。PCR 法可以对少量细胞进行鉴定，不使用药物，避免了意外伤害，其扩增又不受基因表达状况的影响，是比较好的方法；但操作中，必须对每个细胞的 DNA 进行扩增，分别检测，所以筛选工作量太大，只适用于重组率高的实验；而且引物合成，还必须清楚地了解目的基因的核苷酸序列（部分序列）这就限制了其应用。Joyner 等人（1989 年）把药物选择与 PCR 结合起来，部分地弥补了两者的不足，现逐渐被各国实验室所采用，正在发展成为一种更有效、更实用的选择方法。

（三）控制杂种细胞遗传表型的机制

与亲本细胞相比，控制杂种细胞遗传表型的作用机制尚难确知，但从表观上看可分为互补作用、激活作用、消失作用以及激活与消失作用。

1. **互补作用** 系指两种亲本细胞生物学特性在杂种细胞中共同表达的现象，如免疫淋巴细胞可分泌抗体，但体外培养不能长期存活；而小鼠骨髓瘤细胞可体外长期培养和快速生长，但不分泌抗体，两种融合后的杂种细胞既可分泌特定抗体，又能体外长期培养和快速生长，兼备两亲本特性。因此可根据互补作用原理选择特定亲本细胞进行融合，创造生物新品种。

2. **激活作用** 系指一个亲本细胞的非活动基因在杂种细胞中得到表达的现象，如用 HGPRT$^+$ 及 HGPRT$^-$ 型人细胞分别与 HGPRT$^-$ 小鼠细胞融合，结果两种杂种细胞均显示出正常小鼠 HGPRT$^+$ 型，表明人细胞可激活小鼠细胞 *HGPRT* 基因。

3. **消失作用** 系指亲本细胞某些遗传性状在杂种细胞中消失的现象，如金黄色仓鼠黑色素瘤细胞具有很高的多巴氧化酶活性，可催化酪氨酸形成黑色素，但黑色素瘤细胞与不产生黑色素的小鼠成纤维细胞融合的杂种细胞则不产生黑色素，表明多巴氧化酶基因在杂种细胞中被抑制而呈隐性；另外分泌单克隆抗体的淋巴细胞杂交瘤细胞在移植继代培养过程中有可能失去分泌抗体能力，这是由于淋巴细胞染色体丢失的结果，此亦为消失现象之一。

4. **激活与消失作用** 系指在杂种细胞中原亲本非活动基因被激活，而同一亲本某些遗传性状同时消失的现象，如小鼠胚胎早期胸腺细胞表达 t^{12} 抗原，但成年后不表达 t^{12} 抗原而表达 H－2 抗原，说明小鼠胸腺细胞中带有两种抗原基因，只是各自在发育的不同阶段表达而已。但在成年小鼠胸腺细胞与小鼠胚胎性癌细胞融合的杂种细胞中，H－2抗原基因呈隐性，而 t^{12} 抗原基因却为显性，表明杂种细胞中原胚胎性癌细胞的核内外因子对胸腺细胞基因组产生调节作用，抑制了正常活动的 H－2 基因，却激活了非活动的 t^{12} 抗原基因。

综上所述，杂种细胞通过上述四种作用表现其生物学特性，但控制杂种细胞生物学特性的因素究竟是什么？众所周知，生物遗传信息是按照遗传中心法则和反中心法则传递的，凡影响遗传物质结构、复制、转录及翻译过程的因素都将改变杂种细胞生物学特性。在体细胞中，具有未分化细胞的全部基因并存在着已形成的 mRNA，外源性物质所导致的淋巴细胞转化，都是影响杂种细胞遗传性的因素，因此生物大分子及细胞器引入完整细胞以及完整细胞间的融合，均导致杂种细胞产生新的生物学特性。两种亲本细胞融合后，在杂种细胞中有些遗传性状消失，永不出现，有些性状呈显性，有些呈隐性。其原因可能是 DNA 分子上碱基对结构及其顺序改变或染色体缺失和易位而形成新染色体，亦可能是某些基因受细胞质中有关物质的激活或抑制的结果。前者属基因重组，后者属基因调控。因此，杂种细胞生物学特性实质上是通过基因重组与表达调控实现的。但是在细胞融合过程中，亲本基因如何重组与调控有偶然性，是人工无法控制的。因此如何选择亲本细胞及采用何种选择方式以获得稳定的杂种细胞尚有待努力。

七、动物细胞融合技术的应用

1. **染色体的基因定位**　此为细胞融合技术应用的主要成果之一。例如，将人体细胞与小鼠细胞融合，在杂种细胞系中，由于优先排斥的是人染色体，因此，每种细胞系都仅含有一条或若干条特异性的人染色体。通过对这些细胞系生理、生化功能分析，就可以断定特定的人染色体的功能。实验已经证明，仅保留着 1 号人染色体的人－小鼠杂种细胞系，才能合成人尿苷单磷酸激酶，从而证实了编码这种激酶的人基因是定位在 1 号染色体上。

2. **遗传疾病的治疗与基因互补分析**　体细胞遗传学和分子遗传学研究证实，许多种人类疾病都与基因的突变或缺失有关，估计约有 2000 种以上的人类疾病是由单基因缺失引起的。通过细胞融合技术，将不同遗传缺陷的两种突变细胞融合，产生的杂种细胞由于基因的互补作用，便可恢复其正常的表型。细胞融合技术对基因互补分析也十分重要。在选出具有特殊表型的稳定突变体后，必须要成对地将这些突变体细胞互相融合，并对所产生的杂种细胞进行测定，观察是否存在所需研究的遗传性状。如果两个突变体细胞不能互补，表明它们缺失的是同一基因，或同一基因产生了同样的突变；如果两个突变体细胞能够互补，则表明它们缺失不同的基因或同一基因的不同部位发生了突变。应用这种基因互补分析，可以断定突变体所涉及的有关基因数目，可用来分析基因的结构以及剖析遗传疾病的病因等。

3. **特殊活性物质的制备**　如将能分泌胰岛素、生长激素等具有特殊功能的细胞，与在体外能长期传代存活的骨髓瘤细胞融合，就可能选择到既能生产特殊活性物质，又具长寿命的杂种细胞克隆系。因此，应用细胞融合技术，有可能得到生产生长激素、促性腺激素、催乳素、胰岛素等的各种杂种细胞系。

第五节　抗体工程和单克隆抗体技术

一、抗体工程的建立

抗体（antibody，Ab）是高等脊椎生物的免疫系统受到外界抗原刺激后，由成熟的 B 淋巴细胞产生的能够与该抗原发生特异结合的糖蛋白分子。由一个 B 淋巴细胞接受该抗原刺激所产生的抗体称之为单克隆抗体。抗体是机体免疫系统中最重要的效应分子，具有结合抗原、结合补体、中和毒素、介导细胞毒、促进吞噬等功能，从而发挥抗感染、抗肿瘤、免疫调节与监视等作用，因此，抗体又称为免疫球蛋白（immunoglobulin，Ig）。人体内有五种抗体，其结构、存在部位和功能见表 3 – 4 。

表 3 – 4　人体内有五种抗体特性的比较

L链	H链	L链	存在部位	含量（%）	分子量	穿越胎盘	补体结合	功能
IgG	γ	κ 或 λ	体液（血液以外的体液中特多）	70 ~ 80	150 000	+	+ +	初生婴儿前几周的主要防御线，中和细菌素，结合微生物促成吞噬作用，记忆 B 细胞表面受体
IgM	μ	κ 或 λ	主要在血液中	5	900 000		+ + + +	抵御侵入血液的细菌，凝集溶解细菌
IgA	α	κ 或 λ	血清，身体分泌物如泪、唾液、尿、黏液及初乳中	1.5	160 000（血清）370 000（分泌物中）	–	–	保护黏膜表面和体表，并通过初乳使新生儿得到保护
IgD	δ	κ 或 λ	血清，新生儿淋巴细胞表面	<1	180 000		–	调节他种免疫球蛋白的合成，B 细胞表面受体
IgE	ε	κ 或 λ	血清	0.002	185 000		–	过敏反应的"祸首"，可能有防御寄生物的功能

抗体（antibody，Ab）作为疾病预防、诊断和治疗的制剂已有上百年的发展历史，经历了从常规血清抗体又称多克隆抗体的使用，到杂交瘤技术、基因工程抗体技术、抗体库技术的诞生和发展，逐渐完善起来形成了抗体工程，大致可分为 3 个阶段。

（1）早期制备抗体　是将某种天然抗原经各种途径免疫动物，成熟的 B 细胞克隆受到抗原刺激后，便产生抗体并将之分泌到血清和体液中。以 1888 年德国学者 Behring 发现白喉抗毒素为代表，用白喉外毒素免疫家兔，在免疫的血清中发现抗体，其含有多种抗体，为多克隆抗体，是第一代抗体。

（2）以 1975 年 Kohler 创建杂交瘤技术制备单克隆抗体为代表，德国学者 Kohler 和英国学者 Milsteinn 首次将小鼠骨髓瘤细胞和经过绵羊红细胞免疫的小鼠脾 B 淋巴细胞在体外进行两种细胞的融合，形成的杂交细胞即杂交瘤细胞既能继续在体外培养条件下生长繁殖，又能分泌抗体。其产生的均一性抗体识别一种抗原决定簇，称之为单克隆抗体，又称细胞工程抗体。这种杂交瘤技术制备的单克隆抗体为第二代抗体。杂交瘤技术的诞生不仅带来了免疫学领域里的一次革命，也是抗体工程发展的第一次质的飞跃，是现代生物技术发展的一个里程碑。

这种单克隆抗体多具有鼠源性，进入人体会引起机体的排异反应，即有人抗鼠抗体反应（HAMA 反应）；完整抗体分子的分子量较大，在体内穿透血管和肿瘤组织的能力较差，抗体分子不能有效地与肿瘤抗原结合，半衰期短，只有 5～6h，生物活性不理想，生产成本太高，不适合大规模工业化生产。

（3）20 世纪 80 年代初，抗体基因的结构和功能的研究成果与重组 DNA 技术互相结合，产生了基因工程抗体技术，可将抗体的基因进行加工、改造和重新装配，然后再导入到适当的受体细胞内进行表达，产生基因工程抗体，即第二代单克隆抗体（更能与人相容的单克隆抗体或片段），是第三代抗体。1994 年 Winter 创建了噬菌体抗体库技术，这是抗体研究领域出现的又一次技术革命，它不用人工免疫动物和细胞融合技术，完全用 DNA 重组技术制备完全人源化抗体，而且还能利用基因转移和表达技术，通过细菌发酵或转基因动物、植物大规模生产抗体。在此基础上发展形成抗体工程。

二、抗体工程的概念和研究内容

抗体工程是以抗体分子的结构、功能关系知识为基础，通过周密的分子设计以及 DNA 重组技术、细胞融合技术等，工程化地把天然的抗体改造成合乎人类需要的功能抗体的一项技术。其研究内容主要包括：多克隆抗体技术、单克隆抗体技术和基因工程抗体技术。其中基因工程抗体药物以其对人体毒副作用小、人源化和高度特异性的疗效，越来越显示其优势，比天然抗体更具有潜在的应用前景，并且能创造出巨大的社会效益和经济效益。目前获得全人源化抗体的方法有抗体库筛选技术、基因工程小鼠制备全人抗体技术、转染色体牛技术。在噬菌体抗体库的基础上，近几年，又发展了核糖体展示抗体库技术和 SELEX 技术，其代表了抗体工程的将来发展趋势。核酸（脱氧核酸）或将作为抗体分子而替代免疫球蛋白，或将在体外合成抗体分子而改变抗体生产的传统途径，开创抗体工程的新纪元。

三、单克隆抗体技术

（一）单克隆抗体及其特性

当动物细胞受到抗原的刺激作用之后，便会在动物体内引起免疫反应，并形成相应的抗体，抗体结构见图 3－20a。这种抗原－抗体之间的应答反应是一种相当复杂的过程。由于一种抗原往往具有多种不同的抗原决定簇（图 3－20b），而每一种抗原决定簇又可以被许多种不同的抗体所识别，因此事实上每一种抗原都拥有大量的特异性的识别抗体。例如，纯系小鼠中，虽然一种抗原可检测到的识别抗体只有 5～6 种,而它的实际数字可达数千种之多。只针对某一抗原决定簇的抗体分子称为单克隆抗体。

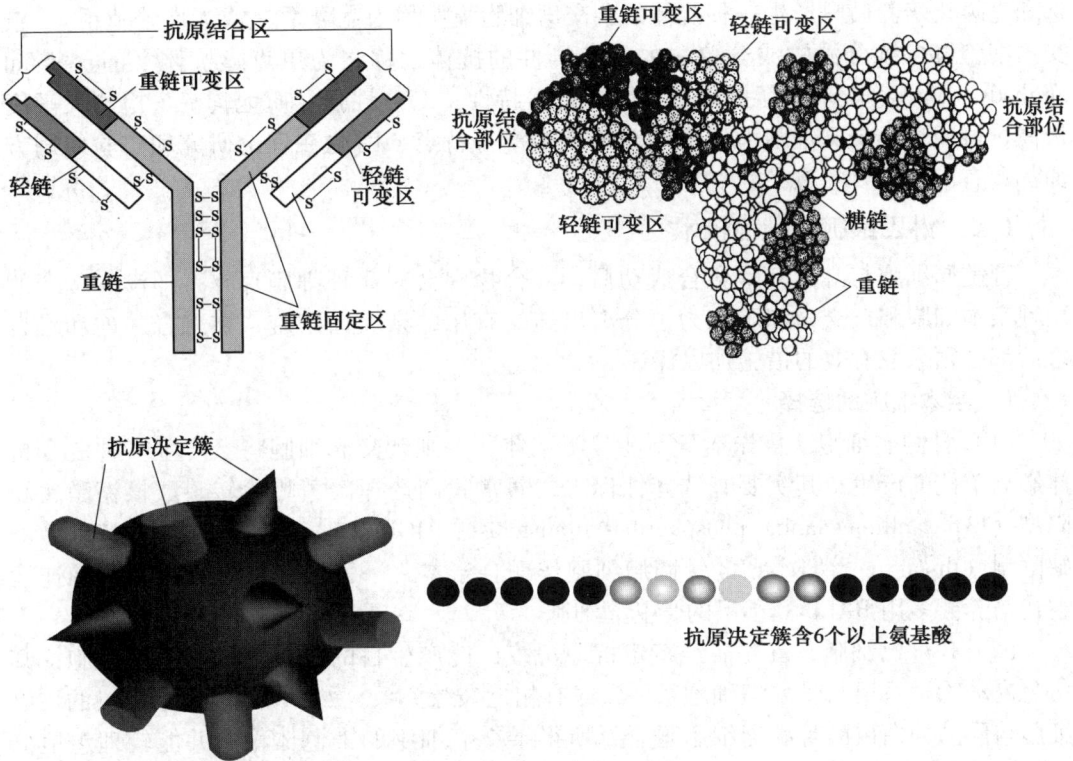

图 3 – 20 抗体和抗原决定簇结构图

动物体内主要有两种淋巴细胞：一种是 T 淋巴细胞；另一种是 B 淋巴细胞，B 淋巴细胞负责体液免疫，能够分泌特异性免疫球蛋白，即抗体。在动物细胞发生免疫反应过程中，B 淋巴细胞群体可产生多达百万种以上的特异性抗体。但研究发现，每一个 B 淋巴细胞都只能分泌一种特异性的抗体蛋白质。显而易见，如果要想获得大量的单一抗体，就必须从一个 B 淋巴细胞出发，使之大量繁殖成无性系细胞群体，即克隆。然而遗憾的是正常的 B 淋巴细胞在一般的体外培养条件下不能进行正常的生长繁殖。1975 年，英国学者 Kohler 和阿根廷学者 Milstein 发现，将能在体外培养生长的小鼠骨髓瘤细胞与经过绵羊红细胞免疫的能产生单一抗体的小鼠 B 脾脏淋巴细胞这两种各具功能的亲本细胞融合得到的杂交细胞既可产生单一抗体，又可在体外无限增殖，从而成功地解决了从一个淋巴细胞制备大量单克隆抗体的技术难题。这项技术的核心是用骨髓瘤细胞（myeloma cell）与经特定抗原免疫刺激的 B 淋巴细胞（antigen stimulated B lymphoblast）融合得到杂交瘤细胞（hybridoma cell），杂交瘤细胞既能像骨髓瘤细胞那样在体外无限增殖，又具有 B 淋巴细胞产生特异性抗体的能力。因此，单克隆抗体技术（monoclonal antibody technology）又称为杂交瘤技术（hybridoma technology）。其为医学基础研究开创了新纪元，也为临床疾病的诊、防、治提供了新的工具。为此，他们荣获了 1984 年度的诺贝尔医学及生理学奖。

通过杂交瘤技术获得的既具有骨髓瘤细胞体外无限增殖能力，又具有免疫淋巴细胞分泌抗体能力的杂种细胞为淋巴细胞称杂交瘤（或杂交瘤细胞）。杂种细胞经分离筛选和克隆化培养后只产生一种抗体的杂交瘤细胞集群称为克隆系（或无性繁殖系）。杂交瘤细胞群持续分泌的成分单一的有特异性的抗体，称之为单克隆抗体（monoclonal antibody，McAb）。单克隆抗体具有以下基本特性：专一性强、质地均一、检测灵敏度极高、可通过杂交瘤细胞大规模培养进行生产等特点，因此在理论研究和实验应用方面都具有十分重要的意义。

（二）淋巴细胞杂交瘤技术

骨髓瘤细胞与淋巴细胞融合成功后，混合物中会有 3 种细胞存在，即没有融合的两种亲本细胞和杂交瘤细胞。为了分离出纯的有用的杂交瘤细胞，在融合之前和融合之后都必须采取有效的措施加以保证。

1. 亲本细胞的选择

（1）骨髓瘤细胞　首先本身不能分泌抗体，否则杂交瘤细胞将会产生多种混合抗体影响单抗的产生；其次要有选择性标志。通常我们选择次黄嘌呤转磷酸核糖激酶缺陷型（hypoxanthineguanine phosphoribosyltransferase，HGPRT⁻）或者胸腺嘧啶核苷激酶缺陷型（thymidine，TK⁻）的骨髓瘤细胞作融合亲本之一；能在体外无限繁殖和连续继代培养。多用 BALB/c 小鼠的骨髓瘤细胞。

（2）B 淋巴细胞　首先需经特定抗原免疫，能产生目的抗体的动物淋巴细胞；其次免疫动物种系要与骨髓瘤细胞系一致或有相近亲缘关系。如 BALB/c 系小白鼠的淋巴细胞与同品种白鼠的骨髓瘤细胞融合，所得杂交瘤细胞的染色体稳定并能较理想地分泌目的抗体。而人鼠或兔鼠所得的杂交瘤细胞染色体很不稳定，分泌单抗的能力会很快消失。

2. 淋巴细胞杂交瘤技术的基本过程　制备单克隆抗体是一项至关重要的工作，它包括细胞融合的准备、细胞融合、杂交瘤选择、单克隆抗体的检测、杂交瘤细胞的克隆化、冻存以及单克隆抗体的大量生产等一系列流程顺序，其基本过程如下（图 3-21）。

（1）细胞融合前的准备

1）免疫方案的确定　对于细胞融合杂交成功和获得高质量的 McAb 至关重要。一般要在融合前两个月左右开始初次免疫，免疫方案应根据抗原的特性不同而定。对于颗粒性抗原，如细胞或微生物抗原，免疫性较强，直接注入小鼠体内，可获得很好的免疫效果。对于可溶性抗原，免疫原性弱，一般要加佐剂，常用佐剂有福氏完全佐剂、福氏不完全佐剂。要求抗原和佐剂等体积混合在一起，研磨成油包水的乳糜状，放一滴在水面上不易马上扩散，呈小滴状，表明已达到油包水的状态。乳化后，注入到动物体内。3~4d 后，在无菌条件下可以取出脾或淋巴结制成悬液，存活率在 95% 以上的可以用于融合。商品化福氏完全佐剂在使用前需振摇，使沉淀的分枝杆菌充分混匀。

2）饲养细胞的选择　在制备单克隆抗体过程中，许多环节需要加饲养细胞，如在杂交瘤细胞筛选、克隆化和扩大培养过程中，加入饲养细胞是十分必要的。常用的饲养细胞有：小鼠腹腔巨噬细胞（较为常用）、小鼠脾脏细胞或小鼠胸腺细胞，也有人用小鼠成纤维细胞系 3T3 经放射线照射后作为饲养细胞，使用比较方便，照射后可放入液氮罐长期保存，随用随复苏。一般饲养细胞在融合前一天制备，一只小鼠可获得 5×10^6 ~ 8×10^6 腹腔巨噬细胞，若用小鼠胸腺细胞作为饲养细胞时，细胞浓度为 5×10^6 cells/ml，小

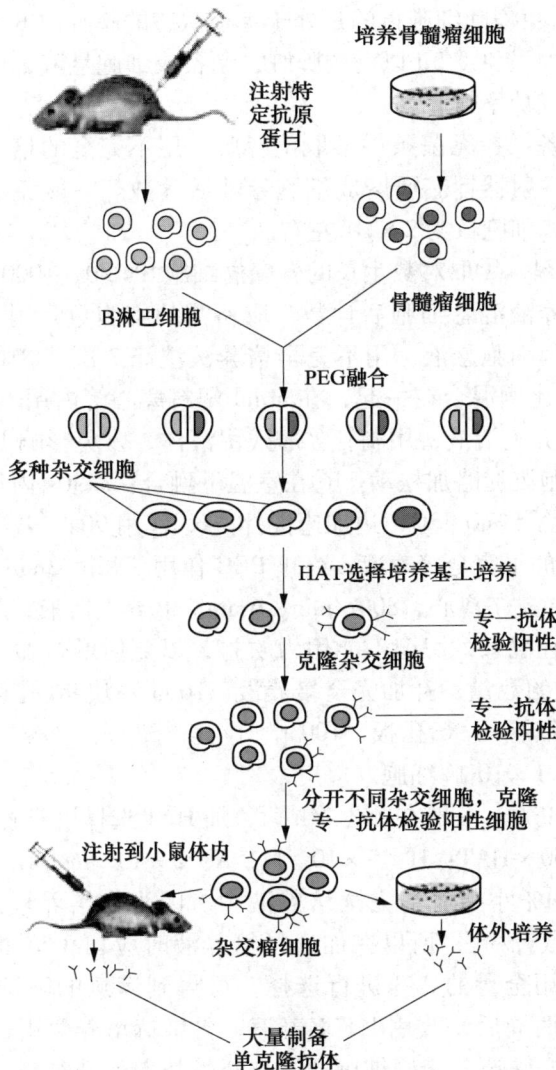

图 3 - 21　单克隆抗体制备程序示意图

鼠脾细胞为 1×10^6 cells/ml，小鼠的成纤维细胞（3T3） 1×10^5 cells/ml，均为 100 微升/孔。

　　3）骨髓瘤细胞　骨髓瘤细胞系应和免疫动物属于同一品系，这样杂交融合率高，也便于接种杂交瘤细胞在同一品系小鼠腹腔内产生大量 McAb。常用骨髓瘤细胞系有：NS1、SP2/0、X63 - Ag8.653 等。骨髓瘤细胞的培养适合于一般的培养液，如 RPMI1640、DMEM 培养基。小牛血清的浓度一般在 10% ~ 20%，细胞的最大密度不得超 10^6 cells/ml，一般扩大培养以 1：10 稀释传代，每 3 ~ 5d 传代一次。细胞的倍增时间为 16 ~ 20h，上述三株骨髓瘤细胞系均为悬浮或轻微贴壁生长，只用弯头滴管轻轻吹打即可悬起细胞。一般在准备融合前的两周就应开始复苏骨髓瘤细胞，为确保该细胞对 HAT 的敏感性，每 3 ~ 6 个月应用 8 - AG（8 - 氮杂鸟嘌呤）筛选一次，以防止细胞的突变。保证骨髓瘤细胞处于对数生长期，良好的形态，活细胞计数高于 95%，也是决定细胞融合的关键。

4）免疫脾细胞 免疫脾细胞指的是处于免疫状态的脾脏中 B 淋巴母细胞、浆母细胞。一般取最后一次加强免疫 3d 以后的脾脏，制备成细胞悬液，由于此时 B 淋巴母细胞比例较大，融合的成功率较高。

脾细胞悬液的制备：在无菌条件下取出脾脏，用不完全的培养液洗一次，置平皿中不锈钢筛网上，用注射器针芯研磨成细胞悬液后计数。一般免疫后脾脏体积约是正常鼠脾脏体积的 2 倍，细胞数为 2×10^8 左右。

（2）细胞融合流程 ①取对数生长的骨髓瘤细胞 SP2/0，1000r/min 离心 5min，弃上清液，用不完全培养液混悬细胞后计数，取所需的细胞数，用不完全培养液洗涤 2 次。②同时制备免疫脾细胞悬液，用不完全培养液洗涤 2 次。③将骨髓瘤细胞与脾细胞按 1：10 或 1：5 的比例混合在一起，在 50ml 塑料离心管内用不完全培养液洗 1 次，1200r/min，8min。④弃上清液，用滴管吸净残留液体，以免影响 PEG 的浓度。⑤轻轻弹击离心管底，使细胞沉淀略加松动。⑥在室温下融合：a. 30s 内加入预热的 1ml 45% PEG（分子量 4000）含 5% DMSO，边加边搅拌。b. 作用 90s，若冬天室温较低时可延长至 120s。c. 加预热的不完全培养液，终止 PEG 作用，每隔 2min 分别加入 1ml，2ml，3ml，4ml，5ml 和 10ml。⑦离心，800r/min，6min。⑧弃上清液，先用 6ml 左右 20% 小牛血清 RPMI 1640 轻轻混悬，切记不能用力吹打，以免使融合在一起的细胞散开。⑨根据所用 96 孔培养板的数量，补加完全培养液，10ml 一块 96 孔板。⑩将融合后的细胞悬液加入含有饲养细胞的 96 孔板，100 微升/孔，37℃、5% 二氧化碳培养箱培养。一般一块 96 孔板含有 1×10^7 脾细胞。

（3）HAT 选择杂交瘤 一般在融合 24h 后，加 HAT 选择培养液。HT 和 HAT 均有商品化试剂 50×贮存（50×HAT：H：5×10^{-3}M，A：2×10^{-5}mol/L，T：8×10^{-4}mol/L），用时 1ml 加入 50ml 20% 小牛血清完全培养液中。因为在培养板内已加入饲养细胞、融合后的细胞，200 微升/孔，所以在加选择培养液时应加 3 倍量的 HAT。一般融合后最初补加的量是采用全量的 2/3 进行选择，可得到满意的筛选结果。在选择 HAT 选择培养液维持培养两周后，改用 HT 培养液，再维持培养两周，改用一般培养液。

（4）抗体的检测 筛选杂交瘤细胞通过选择性培养而获得杂交细胞系中，仅少数能分泌针对免疫原的特异性抗体。一般在杂交瘤细胞布满孔底 1/10 面积时，即可开始检测特异性抗体，筛选出所需要的杂交瘤细胞系。检测抗体的方法很多，如免疫荧光试验、放射免疫试验（RIA）、酶联免疫吸附试验（ELISA）。应根据抗原的性质、抗体的类型不同，在融合前建立可靠的筛选方法，一般以快速、简便、特异、敏感的方法为原则。常用的方法有：①ELISA 用于可溶性抗原（蛋白质）、细胞和病毒等 McAb 的检测。ELISA 对单抗进行检测的过程见图 3 - 22。②RIA 用于可溶性抗原、细胞 McAb 的检测。③FACS（荧光激活细胞分类仪）用于检查细胞表面抗原的 McAb 检测。④IFA 用于细胞和病毒 McAb 的检测。

上述方法均为一般实验室的常规方法。

（5）杂交瘤的克隆化 克隆化一般是指将抗体阳性孔进行克隆化。因为经过 HAT 筛选后的杂交瘤克隆不能保证一个孔内只有一个克隆。在实际工作中，可能会有数个甚至更多的克隆，可能包括抗体分泌细胞、抗体非分泌细胞；所需要的抗体（特异性抗体）分泌细胞和其他无关抗体分泌细胞。要想将这些细胞彼此分开，就需要克隆化。克隆化的原则是，对于检测抗体阳性的杂交克隆应尽早进行克隆化，否则抗体分泌细胞会被抗体非分泌的细胞所抑制，因为抗体非分泌细胞的生长速度比抗体分泌细胞生长速度快，两者竞争的结果会使抗体分泌的细胞丢失。即使克隆化过的杂交瘤细胞也需要定期的再克隆，以防止杂交瘤细胞的突变或染色体丢失，从而丧失产生抗体的能力。可用的克隆化方法很多，而最常用的就是有限稀释和软琼脂平板法。

1）有限稀释法的程序 ①制备饲养细胞悬液（同融合前准备）。②阳性孔细胞的计数，并调细胞数在 $1 \times 10^3 \sim 5 \times 10^3$ cells/ml。③取 130 个细胞放入 6.5ml 含饲养细胞完全培养液，即 20cells/ml，100 微升/孔加 A、B、C 三排，每孔为 2 个细胞。余下 2.9ml 细胞悬液补加 2.9ml 含饲养细胞的完全培养液，细胞数为 10cells/ml，100 微升/孔加 D、E、F 三排，每孔为 1 个细胞。余下 2.2ml 细胞悬液补加 2.2ml 含饲养细胞的完全培养液，细胞数 5cells/ml，100 微升/孔，加 G、H 两排，每孔为 0.5 个细胞。④培养 4~5d 后，在倒置显微镜上可见到小的细胞克隆，补加完全培养液 200 微升/孔。⑤第 8~9 天时，肉眼可见细胞克隆，及时进行抗体检测。此外，对于初次克隆化的杂交瘤细胞需要在完全培养液中加 HT。

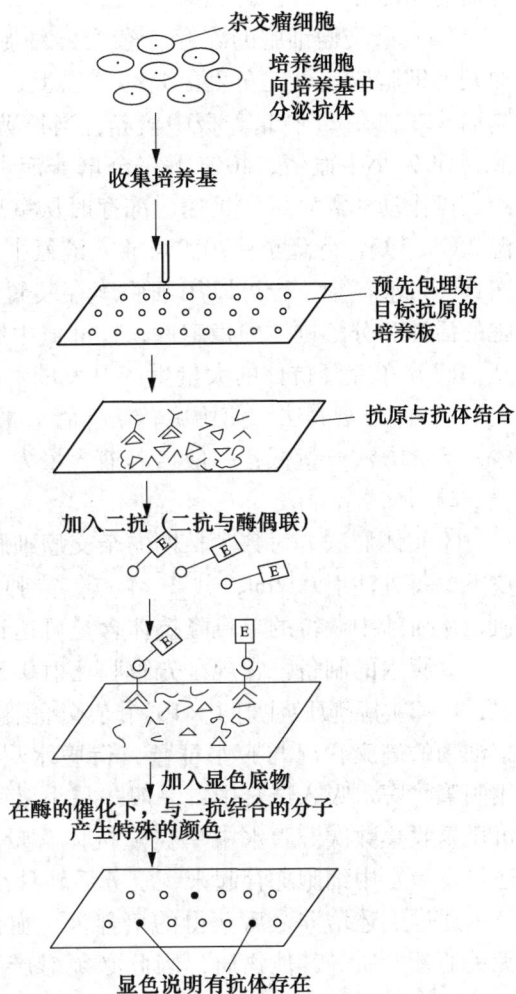

图 3－22 ELISA 对单抗进行鉴定的过程

2）软琼脂法的程序 ①配制软琼脂：含 20% FCS（小牛血清）的 2 倍浓缩的 RPMI 1640，1% 琼脂水溶液，高压灭菌，42℃预热。0.5% 琼脂：由 1 份 1% 琼脂加 1 份含 20% 小牛血清的 2 倍浓缩的 RPMI 1640 配制而成。置 42℃保温。②用上述 0.5% 琼脂液（含有饲养细胞）15ml 倾注于直径为 9cm 的平皿中，在室温中待凝固后作为基底层备用。③按 100cells/ml、500cells/ml 或 5000cells/ml 等浓度配制所需克隆的细胞悬液。④ 1ml 0.5% 琼脂液（42℃预热）在室温中分别与 1ml 不同浓度的细胞悬液相混合。⑤混匀后立即倾注于琼脂基底层上，在室温中 10min，使其凝固，孵育于 37℃，5% 二氧化碳培养箱中。⑥4~5d 后即可见针尖大小白色克隆，7~10d 后，直接移种至含饲养细胞的 24 孔板中进行培养。⑦检测抗体，扩大培养，必要时再克隆化。

及时冻存原始孔的杂交瘤细胞、每次克隆化得到的亚克隆细胞是十分重要的。因为在没有建立一个稳定分泌抗体的细胞系的时候，细胞的培养过程中随时可能发生细胞的污染、分泌抗体能力的丧失等等。如果没有原始细胞的冻存，则可因为上述的意外而前功尽弃。

（6）杂交瘤细胞的冻存　杂交瘤细胞的冻存方法同其他细胞系的冻存方法一样，原则上细胞应在每支安瓿含 1×10^6 以上，但对原始孔的杂交瘤细胞可以因培养环境不同而改变，在 24 孔培养板中培养，当长满孔底时，一孔就可以冻 1 支安瓿。细胞冻存液为 50% 小牛血清、40% 不完全培养液和 10% DMSO（二甲基亚砜）。冻存液最好预冷，操作动作需轻柔、迅速。冻存时从室温可立即降到 0℃，再降温时一般按每分钟降温 2℃ ~ 3℃，待降至 -70℃ 可放入液氮中。或细胞管降至 0℃ 后放 -70℃ 超低温冰箱，次日转入液氮中，也可以用细胞冻存装置进行冻存。冻存的细胞要定期复苏，检查细胞的活性和分泌抗体的稳定性，在液氮中细胞可保存数年或更长时间。

（7）单克隆抗体的大量生产　大量生产单克隆抗体的方法主要有两种。

1）体外培养法　使用旋转培养管大量培养杂交瘤细胞，从上清液中获取单克隆抗体。但此方法产量低，一般培养液含量为 10 ~ 60μg/ml，如果大量生产，费用较高。

2）体内培养法

①实体瘤法　对数生长期的杂交瘤细胞按 1×10^7 ~ 3×10^7 cells/ml 接种于小鼠背部皮下，每处注射 0.2ml，共 2 ~ 4 点。待肿瘤达到一定大小后（一般 10 ~ 20d）则可采血，从血清中获得的单克隆抗体含量可达到 1 ~ 10mg/ml，但采血量有限。

②腹水的制备　常规是先腹腔注射 0.5ml Pristane（降植烷）或液状石蜡于 BALB/c 鼠，1 ~ 2 周后腹腔注射 1×10^6 个杂交瘤细胞，接种细胞 7 ~ 10d 后可产生腹水，密切观察动物的健康状况与腹水征象，待腹水尽可能多，而小鼠濒于死亡之前，处死小鼠，用滴管将腹水吸入试管中，一般一只小鼠可获 1 ~ 10ml 腹水。也可用注射器抽取腹水，可反复收集数次。腹水中单克隆抗体含量可达 5 ~ 20mg/ml，这是目前最常用的方法，还可将腹水中细胞冻存起来，复苏后转种小鼠腹腔则产生腹水快、量多。

通过上述培养之后获得的培养液、血清或腹水，其中除了单克隆抗体之外，还有无关的蛋白质等其他物质，因此必须对产品做分离纯化。目前，常用的方法有硫酸铵沉淀法、超滤法、盐析法等。一般采用几种纯化方法分步进行，如先把培养液或腹水用硫酸铵沉淀法进行初步纯化，把所得的粗制单克隆抗体进一步采用盐析法获得纯度为 95%、不含热原的单克隆抗体精制品，再经鉴定分析合格后供制剂用。

（8）单克隆抗体的鉴定　对制备获得的 McAb 进行系统的鉴定是十分必要的。一般应对其做如下方面的鉴定。

1）抗体特异性的鉴定　除用免疫原（抗原）进行抗体的检测外，还应用与其抗原成分相关的其他抗原进行交叉试验，方法可用 ELISA、IFA 法。例如制备抗黑色素瘤细胞的 McAb，除用黑色素瘤细胞反应外，还应用其他脏器的肿瘤细胞和正常细胞进行交叉反应，以便挑选肿瘤特异性或肿瘤相关抗原的单克隆抗体。

2）McAb 的 Ig 类与亚类的鉴定　一般在用酶标或荧光素标记的第二抗体进行筛选时，已经基本上确定了抗体的 Ig 类型。如果用的是酶标或荧光素标记的兔抗鼠 IgG 或 IgM，则检测出来的抗体一般是 IgG 类或 IgM 类。至于亚类则需要用标准抗亚类血清系统做双扩或夹心 ELISA 来确定 McAb 的亚类。在做双扩试验时，如加入适量的 PEG（3%），将有利于沉淀线的形成。

3）McAb 中和活性的鉴定　用动物的或细胞的保护实验来确定 McAb 的生物学活性。例如如果确定抗病毒 McAb 的中和活性，则可用抗体和病毒同时接种于易感的动物或敏感的细胞，来观察动物或细胞是否得到抗体的保护。

4）McAb 识别抗原决定簇的鉴定　用竞争结合试验测相加指数的方法，测定 McAb 所识别的抗原位点，来确定 McAb 的识别的抗原决定簇是否相同。

5）McAb 亲和力的鉴定　用 ELISA 或 RIA 竞争结合试验来确定 McAb 与相应抗原结合的亲和力。

（三）单克隆抗体的应用

由杂交瘤技术生产的各类单克隆抗体，作为诊断试剂或检测剂，在过去 20 年内已被广泛地用于农业、生物、医药及医疗行业，近年来其作为治疗剂特别用于肿瘤、病毒性感染、类风湿关节炎、心血管疾病以及器官移植中的抗排异反应等疾病的治疗及预防，又再度成为生物技术药物领域最引人注目的研究热点。

1．临床诊断试剂　单克隆抗体技术的应用最成功的领域是医疗诊断。自从单抗问世以来，因其具有特异性强、重复性好、操作简便易行和能够大量生产的特点，所以它已在大部分常规血清学检查中取代了多克隆抗体而广泛地应用于免疫学诊断。主要在以下几方面：体内微量成分和药物的测定（放射免疫测定和酶标免疫测定），癌症诊断，传染病诊断，蛇毒鉴别，体内定位诊断等。纯净的单克隆抗体只能附着在一种抗原上，如果用荧光染色剂等手段对抗体进行标记，就能迅速有效地诊断受试者是否患有某种疾病或怀孕。现在市面上已有商品化的单抗试剂盒出售，可对过敏原、癌症、性病、怀孕、排卵等进行早期诊断。

此外，单克隆抗体能准确识别活细胞正在产生哪些蛋白质，哪些蛋白质正处于激活状态等，有助于科学家深入了解人体发育及工作机制。

2．单抗治疗药物　单克隆抗体作为诊断剂或检测剂，过去 20 年内在医学和生物学领域得到了广泛应用，近年来作为治疗剂，又再度成为生物技术药物领域最引人注目的研究热点。

单克隆抗体药物包括单克隆抗体制品和单克隆抗体偶联物靶向制剂。单克隆抗体能直接识别并摧毁致病抗原。如果将传统疗法比作"常规炸药"，则单克隆抗体疗法就是精确制导、威力超强的"巡航导弹"。若将肺癌单抗与蓖麻毒素、相思豆毒素或抗癌药氨基蝶呤、阿霉素相偶联，制成单抗偶联物，1，4－溴柔红霉素与肿瘤细胞单克隆抗体形成的偶联物，则可有选择的定向抗癌，将克服目前大多数抗癌药物的弊病。

目前全球从事人源化单克隆抗体开发的企业有 260 家左右，研究中的产品达 700 多个，至 1996 年，已上市的单克隆抗体药物有 11 种，正在等待批准上市有 40 多种，正在进行临床研究的有 91 种，它们主要用于治疗风湿性关节炎、多发性硬化症、某些癌症和病毒感染。美国食品药品监督管理局（FDA）批准生产的单克隆抗体有 13 种，如 Muromonab CD3（用于心脏、肝、肾移植时的免疫排斥反应），Daclizumab（预防肾移植时的免疫排斥），Inflixmab（预防节段性回肠炎）等。在肿瘤治疗方面，1998 年 FDA 批准的 Herceptin 为人源化单抗，用于顽固性乳腺癌。1997 年第一个用于治疗非霍奇金淋巴瘤的人－鼠嵌合型单抗 Rituxan 上市，该产品 1998～2000 年的销售额分别是 1.5 亿美元、2.6 亿美元和 4.2 亿美元，增长很快。在国内，单克隆抗体药物研究被列入 863

计划和国家重点攻关计划。到 2000 年底，已有 3 个产品获准生产，6 个产品处在临床试验阶段。但目前我国的产品还是鼠源型或人 – 鼠嵌合型，人源性抗体还处于研究的起步阶段。东莞宏远逸士生物技术药业开发的生物制品国家一类新药"恩博克乳膏"（抗人白细胞介素 – 8 单克隆抗体），用于银屑病（俗称牛皮癣），已于 2001 年 6 月获准生产。上海华晨治癌药业有限公司与美国南加州大学合作开发的碘［^{131}I］人 – 鼠嵌合型肿瘤细胞核单克隆抗体注射液（^{131}I – chTNT），用于多种实体瘤，该药物为国家一类新药，目前已进入Ⅲ期临床阶段。第四军医大学基础部的国家一类新药碘［^{131}I］肝癌单抗放免诊断剂和治疗剂，用于原发性肝癌的体内定向诊断及体内导向治疗，也处于Ⅲ期临床研究中。不过，相对其巨大潜力而言，单克隆抗体用于治疗疾病的研究还远未成熟。

四、基因工程抗体

鼠源性单抗由鼠杂交瘤细胞分泌，免疫原性非常强，可诱导产生人抗鼠抗体反应（HAMA 反应），毒副作用明显，因而大大制约了其临床应用。随着基因工程技术的崛起以及抗体分子遗传学的深入研究，应用基因工程技术改造现有优良的鼠单克隆抗体的基因，其着眼点在于对抗体分子结构和功能的改造，尽量减少抗体中的鼠源成分，但又尽量保留原有的抗体特异性，从而创造出新型抗体——基因工程抗体，尤其是用噬菌体抗体库技术、核糖体展示技术、转基因/转染色体小鼠技术生产人源性单克隆抗体。

（一）基因工程抗体的概念

基因工程抗体又称重组抗体，是指利用重组 DNA 及蛋白质工程技术对编码抗体的基因按不同需要进行加工改造和重新装配，经转染适当的受体细胞所表达的抗体分子。其具有以下特点：①通过基因工程技术改造，可以降低抗体的免疫原性，使抗体人源化，消除人抗鼠抗体反应（HAMA 反应）；② 基因工程抗体的分子量一般较小，更利于穿透血管壁，进入病灶的核心部位，从而改善其体内药代动力学性质；③ 利用抗体库技术，不需用抗原免疫动物便可以获得针对任何一种抗原决定簇的抗体，甚至制备出用单克隆抗体技术无法实现的新型抗体；④ 可以采用原核、真核表达系统以及转基因动、植物生产出大量的基因工程抗体，降低了生产成本。

（二）基因工程抗体的种类与特征

基因工程抗体研究主要包括两大部分：①对已有的单克隆抗体进行改造，包括单克隆抗体的人源化，即大分子抗体（嵌合抗体、重构抗体、全人源性抗体），小分子抗体（单价小分子抗体包括 Fab、单链抗体 ScFv、Fv 片段、二硫键稳定的 Fv 段、单域抗体、超变区多肽；多价小分子抗体包括 F（ab'）$_2$ 片段、双链抗体、三链抗体、微型抗体等）以及特殊类型抗体（双特异性抗体、催化抗体、双功能抗体）和 抗体融合蛋白。早期以嵌合抗体研究的较多，技术也较为成熟。而单链抗体、单域抗体等小分子抗体，具有结构简单、分子小、免疫源性低的优点，虽然技术还不够成熟，但其临床应用前景十分广阔。②人源化抗体技术，主要通过抗体库的构建，使得抗体不需抗原免疫即可筛选并克隆新的单克隆抗体。抗体库技术的出现，从根本上改变了单抗的制备流程，操作简便、成本低、产量大，被称为抗体发展史上的一次革命，此外也可由转基因小鼠技术产生高亲和力的人抗体。

各种基因工程抗体各具特点，以下我们分类加以介绍。

1. 大分子抗体　单抗技术经过 35 年的发展，历经鼠源性（murine）、嵌合（chimeric）、人源化（humanized）和全人源单抗（human monoclonal antibody）四个阶段。在全球单抗市场中，全人源单抗是其未来的发展方向，已在欧美上市的 32 个单抗中，有 9 个是全人源单抗，13 个是人源化单抗。

（1）嵌合抗体　嵌合抗体（chimeric antibodies）是最初出现的基因工程抗体，被认为是第一代基因工程抗体，它由不同种属的抗体功能片段在基因水平上组建而成。可插入表达质粒，构建鼠-人嵌合的重链和轻链基因质粒载体，共同转染宿主细胞（如骨髓瘤细胞），表达鼠-人嵌合抗体，抗体的恒定区 C 区是抗体分子结构中免疫原性最强的部位，而决定抗体特异性的是抗体的可变区 V 区。因此，通过基因工程手段将鼠单克隆抗体可变区与人抗体恒定区拼接形成人-鼠嵌合抗体。例如鼠的 Fab 可变区与人抗体的恒定区结合所形成的人-鼠嵌合抗体（图 3-23）。

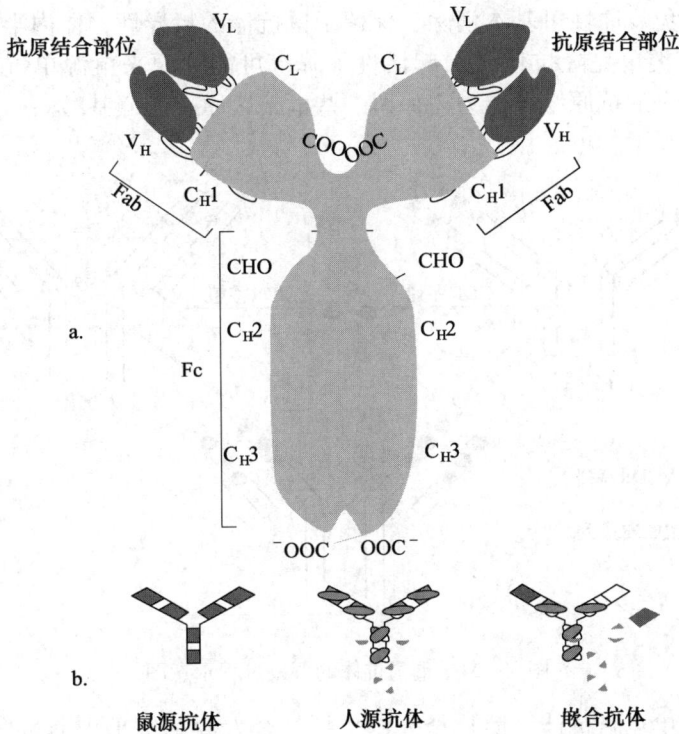

图 3-23　抗体结构和人-鼠嵌合抗体形成示意图
a. 抗体结构图　b. 鼠源 Fab 可变区与人源恒定区结合形成嵌合抗体

人-鼠嵌合抗体的主要特征是：①完整抗体分子中轻、重链的 V 区是鼠源的，而 C 区是人源的，这样整个抗体分子的近 2/3 部分都是人源的，大大降低了原有单克隆抗体中鼠源蛋白的免疫原性。②嵌合抗体保留了原来鼠源单克隆抗体的特异性和亲和力，HAMA 反应也明显减弱，有些已进入临床试用，显示了疗效。③但保留了鼠可变区的异源性，仍可能引起一定程度的 HAMA 反应。目前国外已制备出多种可用于肿瘤导向治疗的嵌合抗体，部分已进入Ⅱ期临床阶段。1998 年 8 月美国 FDA 第一次正式批准了 TNF - α 人 - 鼠嵌合抗体用于炎症性肠病。目前国外已制备出多种可用于肿瘤导向治疗的嵌合抗体，部分已进入Ⅱ期临床阶段。

（2）重构抗体　在轻链和重链 V 区内各有 3 个超变区，它们构成了抗体与抗原决定簇构象互补的空间结构，这就是互补决定区（complementary determining region，CDR）。3 个 CDR 的两侧共有 4 个框架区（fragment region，FR）。重构抗体（reshaped antibody）是设想用互补性决定区移植的方法将鼠源单克隆抗体重新构建为人源单抗（整个抗体分子的近 1/75 部分是鼠源的）。其主要涉及 CDR 的"移植"，又可称为"CDR 移植抗体（CDR grafting antibody）"。其保留了鼠可变区中的抗原结合部位 CDR 区，其余全部替换成人抗体相应部分，这种经过改型的抗体，人源成分近 90%，即通常所指的人源化抗体，被认为是第二代基因工程抗体。重构抗体的结构特点是鼠抗体轻、重链的 3 个 CDR（IgG 可变区中的抗原结合部位，即互补决定区）插入到人抗体的 FR 中（图 3 - 24），另外，还需改变 FR 区上某些关键的氨基酸残基，这只占抗体的极小部分，因此免疫原性可基本消除，保留了鼠抗体的特异性，体内半衰期可延长至 2 周以上。但是该类单克隆抗体常引起活性下降，可能为原来鼠源单抗的 33% ~ 50%。因此，要获得原有的抗原结合能力需保留一些框架区原有的氨基酸。

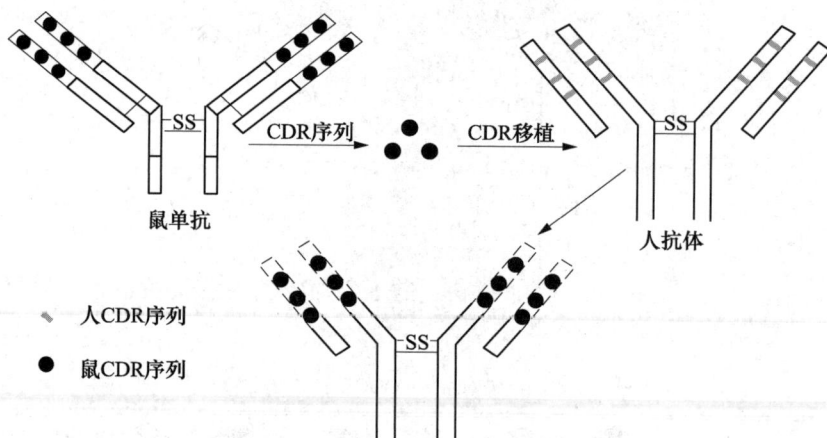

图 3 - 24　重构抗体的形成过程示意图

（3）全人源单克隆抗体　简称全人源单抗。全人源单抗是指通过转基因或转染色体技术，将人类编码抗体的基因全部转移至经基因工程改造的抗体基因缺失动物中，使动物表达人类抗体，达到抗体全人源化的目的，避免了鼠源性单抗不良反应大、半衰期短的问题。目前已建立了多种方法生产全人源单抗，主要有噬菌体展示技术、转基因小鼠技术、核糖体展示技术和核糖核酸 - 多肽技术。目前使用最多的制备技术主要是转基因小鼠技术和抗体库技术。

2. 小分子抗体　也称之为亚单位子抗体，是利用重组 DNA 技术，通过细菌表达决定抗体特异性的结构域所得到的。因其分子量小、穿透性强、抗原性低，可在原核系统表达以及易于进行基因工程操作等优点而倍受重视。根据小分子抗体结构的特点，又可分为以下几种类型。

（1）单价小分子抗体

1）Fab 抗体　当抗体被核蛋白酶消化后，两个独立的 Fab 片段从 Fc 区域分离下来。抗体的 Fab 段主要发挥抗体结合抗原的功能。Fab 抗体是对 Fab 段进行基因改造而获得的基因工程抗体，由轻链的 $V_L - C_L$ 和重链的可变区 V 和稳定区 C_H1（$V_H - C_H1$）组成，是异二聚体，大小为完整抗体的 1/3，较适于分泌表达，不适于通过包涵体大量表达。其特点是结构稳定，制作简便（Pluckthun，1992 年），但其表达有时会比 ScFv 低，可能与两条链在细菌周质腔中的折叠有关。该抗体具有与完整抗体相同的抗原结合能力，因其不含有 Fc 段、分子量小、抗原性低、穿透实体瘤的能力强，且在体内有较高的肿瘤、血液比值，故在肿瘤治疗上有其优越性。

2）单链抗体　单链抗体（single chain antibodies，ScFv）是研究最多的一种小分子抗体，是由抗体重链可变区 V_H 和轻链可变区 V_L 之间通过一段多肽接头（linker）连接而成的 $V_H - Linker - V_L$ 重组蛋白。连接肽是折叠肽链的，一般以 15 个氨基酸为宜，太长所形成的 Fv 不稳定，太短则可能与抗原结合。用人工合成的方法或定点突变的方法，可将人单链抗体 V_H 和 V_L 基因中的 CDR 区置换成鼠源的，则形成 CDR 移植单链抗体（CDR grafting ScFv）。当鼠源 CDR 区与邻近人框架区序列不相适应，而使表达抗体亲和力降低，甚至失活时，可以进行分子设计，同时改造抗体框架区的残基，则形成改形单链抗体（图 3-25）。这样构成的人抗体，具有鼠源单抗同样的抗原性，却基本上消除了不利的人抗鼠抗体反应。

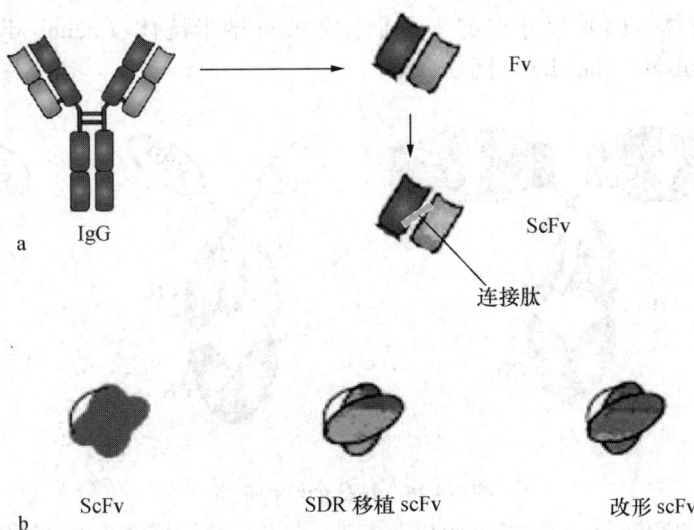

图 3-25　单链抗体形成过程和不同单链抗体结构示意图
a. 单链形成过程　b. 不同单链抗体的结构

单链抗体能折叠成正确的构象，能较好保持抗原亲和活性，稳定性好。其分子小，仅为完整抗体的 1/6，免疫原性低，对组织穿透力强，易与效应分子相连构建多种新功能的抗体分子，是构建免疫毒素和双特异性抗体的理想元件。单链抗体的独特组成是其多肽接头，多肽接头可设计为具有特殊功能的位点，如可与金属螯合、可连接毒素或药物等，以用于影像和临床治疗。因此，ScFv 成为基因工程抗体研究领域中的热点（Cai 等，1995 年）。通过构建双价 ScFv，可改善 ScFv 的亲和活性。与放射性核素或抗癌药融合后可用于肿瘤的诊断和治疗。将噬菌体表面展示技术应用于 ScFv 的筛选，可筛选出高亲和力和特异性更强的 ScFv 等。

3）Fv 片段　Fv 片段是 IgG 和 IgM 类型抗体通过酶法分解后得到的产物中最小的片段。Fv 片段抗原结合区，由 V_H 和 V_L 组成，缺少 C_H1 和 C_L 区域，在 Fv 片段里 V_H 和 V_L 通过非共价键结合在一起。Fv 片段是抗体的抗原结合部位，分子量只有完整分子的 1/6，其分子小，免疫原性弱，能发酵生产，对实体瘤的穿透力强，可作为载体与药物、放射性核素、毒素等相结合，用于肿瘤的诊断和治疗，用于细胞内免疫，可看作是基因治疗的一种方案。

4）二硫键稳定的 Fv 段（disulfide－stabilized Fv，dsFv）　链内二硫键通过联结 V_H 和 V_L 功能区中结构上固定的骨架使 V_H 和 V_L 成一体，链内二硫键远离 CDR3，不干扰抗体与抗原的结合，dsFV 稳定且不影响抗原结合活性。

5）单域抗体（single domain antibody，sdAb）　天然抗体和上述用基因工程原理生产的抗体，其抗原结合部位都是由重链和轻链联合构成的。Ward 等 1989 年发现单独的 V_H 区也具有与抗原结合的能力，且保持了完整抗体的特异性，称其单域抗体。1993年，Hamers－Casterman 等首次报道在骆驼血清中不仅存在由两条重链和两条轻链构成的常规抗体，还存在一种天然缺失轻链的重链抗体，尽管重链抗体缺失轻链，其识别和结合抗原的能力并不受影响，说明该重链抗体的重链可变区（VHH）单独形成了完整的抗原结合位点，克隆该可变区即获得分子量为 15000，短轴为 2.5nm，长轴为 4nm 的椭圆形单域抗体，因其尺寸在纳米级别，故又称纳米抗体（nanobody）或重链抗体（heavy chain antibody，hcAb）（图 3－26）。

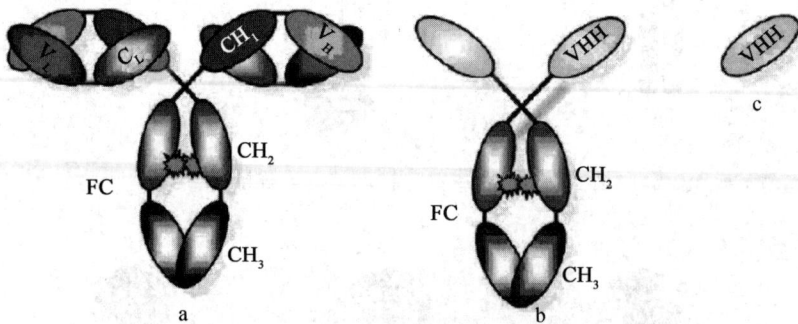

图 3－26　抗体的结构示意

a. 传统四链结构抗体　b. 骆驼血液中的重链抗体　c. 稳定的可结合抗原的最小单位 VHH 即纳米抗体

纳米抗体靠仅有的 3 个 CDRs 就具备了特异的抗原结合能力和高亲和力，而普通抗体则需要 6 个 CDRs。纳米抗体的抗原结合环的结构组成比普通抗体 V_H 更大，其 CDR1 和 CDR3 比 V_H 的更长——人和小鼠 V_H 的平均长度分别只有 14 和 12 个氨基酸，而纳米抗体的 CDR3 长度为 16～18 个氨基酸，加上纳米抗体包含了骨架区 FR2 的氨基酸残基，就决定了纳米抗体能补偿抗原结合位点轻链可变区 V_L 的缺乏。纳米抗体 VHH 表面大概只有 10 个氨基酸和人 V_H 不同，其中在 FR2 位置有四个特异的氨基酸：普通抗体的 FR2 中 V37、G44、L45 和 W47 这 4 个氨基酸残基是在进化中相当保守的疏水性残基；而在 VHH 中，它们突变为亲水性的氨基酸残基 F37、E44、R45、G47（图 3 - 27），增加了 VHH 的溶解性。所以，利用这一特性将人源抗体 V_H 结构域 FR2 中的一些氨基酸进行 VHH 特征性改造，可以获得稳定性好、溶解性好，并且保持原有抗体特异性和亲和力的 V_H 抗体，即纳米抗体的人源化。目前，已有人源化的成功报道。是用 PCR 方法从免疫脾细胞的基因组 DNA 分离出 V_H 区，随后在大肠杆菌中进行表达。这些 V_H 区的表达产物可以在收获脾细胞后几天内获得。另外，纳米抗体大小只有完整 IgG 分子的 1/12，更比较容易穿入细胞，到达完整抗体不能接近的部位，另有研究表明，纳米抗体能够有效地穿透血 - 脑屏障，为脑部供药提供新方法。在将来，这种单域抗体可作为具有抗原特异性的基本单位，用来构建有效应功能和结合亲和性的抗体。

图 3 - 27　V_H 和 VHH 结构示意图

6）超变区多肽（hypervariable region polypeptides，HRP）　是指只含有一个 CDR 多肽的抗体，亦称为最小识别单位（minimal recognition unit，MRU）。CDR 是构成抗体的最小结构单位，根据这一特点，可以设计出那些在抗原识别及亲和力方面有重要意义的 CDR 多肽，直接用于诊断或治疗，可望获得理想的结果。

（2）多价小分子抗体

1）F（ab'）$_2$ 片段　当抗体用胃蛋白酶消化后，一个带有小部分的 Fc 铰链区 F(ab')$_2$ 片段从抗体中分离下来。单价的 Fab 片段只有一个抗原结合区，然而多价的 F(ab')$_2$ 片段有两个抗原结合区，它们通过二硫键结合在一起。F(ab')$_2$ 片段产生 2 个单价的 Fab' 片段和一个游离的巯基，其能够与其他分子的结合。

2）双链抗体、三链抗体和微型抗体　近年来，在 scFv（单链抗体）的基础上，可以把两个或两个以上的 scFv 重组在一起，由此可制备成多价小分子抗体。在制备单链抗体时，当接头的长度为 2 个或 2 个以下氨基酸残基时，或者直接把 V_H 结构域 N 端与 V_L 结构域 C 端相连，通过非共价键而形成三聚体，为三链抗体（triabody）；当接头长度在 3 ~ 12 个氨基酸残基时，则形成双链抗体（diabody）；微型抗体（minibody）是通过基因工程的手段采用不同的接头把单链抗体（V_L - V_H）的 V_H 结构域与 IgG 的 C_H3 结构域融合，形成 scFv - C_H3 的结构，此种抗体通过 C_H3 结构域形成稳定的二聚体形式，发挥其双价微抗的作用。

3. 其他特殊类型的抗体

（1）双特异性抗体　双特异性抗体（bispecific antibody，BsAb）是采用基因工程手段构建的具有两种抗原特异性的抗体片段，是将 2 种不同特异性的可变区基因交叉配对而获得（图 3 - 28）。

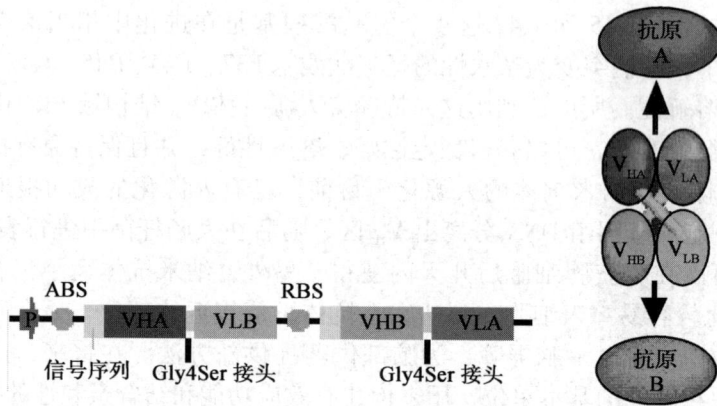

图 3 – 28　双特异性抗体构建和结构示意图

双特异性抗体比单链抗体在抗原识别和结合方面性能更好，能够结合不同的抗原分子。目前它主要集中在抗肿瘤和抗病原体等方面，在免疫治疗和免疫诊断方面有着广阔的应用前景。除可用于将细胞毒细胞导向肿瘤部位杀伤肿瘤细胞外，将其他的细胞，如 T 辅助细胞等导向肿瘤部位，可调节肿瘤局部免疫反应。现在已有至少 9 种双特异性抗体进行了临床试验，在一些病例中已取得效果。

（2）双功能抗体　是将抗体分子片段与其药物如各种毒素、放射性核素、化疗药物进行偶联，从而得到既具有抗体的特异性识别功能，又具有效应分子功能的双功能抗体。如在临床使用的肿瘤治疗药物中多数存在"敌我不分"的问题，即在杀死肿瘤细胞的同时，也破坏了人体正常细胞，如果将抗肿瘤药物与抗肿瘤抗体片段进行偶联后就可以将药物直接导向肿瘤细胞，起到导向杀伤作用，这样既可以增强疗效又减少了药物对机体的毒副作用，这种以抗体为载体的导向性药物也被形象地称为"生物导弹"。

（3）抗体酶　针对某一过渡态的抗体与底物结合后便会形成稳定的过渡态，用其催化生成产物，这样的抗体则既表现出抗体与抗原特异结合的特性，同时又表现出酶的催化活性，被称为抗体酶或催化性抗体（abzyme 或 catalytic antibody）。其本质上是免疫球蛋白，只是人们在其可变区赋予了它酶的催化活性。酶与底物过渡态中间物紧密结合是酶催化过程中的关键，从原理上讲，只要能找到合适的过渡态类似物，几乎可以为任何化学反应提供全新的蛋白质催化剂———抗体酶 。

4．抗体融合蛋白　抗体被广泛用于免疫治疗和免疫分析，为改善抗体在免疫系统的应用效果，抗体融合蛋白正用于生物学研究中，可通过化学交联、杂交瘤细胞融合及基因工程方法构建，但以基因工程的方法较好。20 世纪 90 年代以来噬菌体抗体库技术的发展，使抗体融合蛋白的构建也更加简单（Winter 等，1994 年），可在原核生物、真核生物、哺乳类动物以及植物中有效表达，大规模生产抗体融合蛋白。

抗体融合蛋白是将抗体分子片段与其他蛋白质融合，可得到具有多种生物学功能的融合蛋白，可将其分为两大类：一类是将 Fv 段与其他生物活性蛋白质结合，利用抗体的特异性识别功能将某些生物活性引导于特定部位。免疫导向治疗是其主要应用领域，已经用于杀伤肿瘤细胞、血栓溶解等临床疾病治疗，免疫导向药物可以减少对正常细胞的非特异杀伤，如 B7 - 抗体融合蛋白用于 T 细胞增生的共同刺激，抗 CD20 抗体和人的葡糖醛酸酶融合蛋白用于抗体导向的酶前体药物治疗等（Haisma 等，1998 年；Gerstmayer 等，1997 年）。另一类是含 Fc 段的抗体融合蛋白，利用 Fc 段所特有的生物学功能与某些有黏附或结合功能的蛋白质融合，即免疫黏附素（Chamow 等，1996），这些融合蛋白既保持了功能蛋白的活性，又获得了 Fc 段的活性，可以增加该蛋白质在血液中的半衰期，并发挥 Fc 段的生物学效应功能，如抗体依赖的细胞毒杀伤作用、固定补体及调理作用，通过与抗 Ig 或蛋白 A 结合用于检测或纯化。

（三）基因工程抗体制备技术——噬菌体抗体库技术

基因工程抗体是利用重组 DNA 和蛋白质工程技术，对抗体基因进行加工改造和重新装配，经转染适当的受体细胞所表达的抗体分子。其主要工作包括：一是运用 DNA 重组技术对已有的单克隆抗体进行"人源化"和"小型化"改造；二是用噬菌体抗体库技术克隆筛选新的单克隆抗体，特别是应用噬菌体抗体库技术以及核糖体展示技术、转基因/转染色体小鼠技术等制备人源性单抗最为突出。

1. 噬菌体抗体库技术的诞生 抗体库是近些年出现的一门新技术，抗体库技术的诞生是由于两项关键技术的突破。一是 PCR 技术的应用，使得人们可以利用一组引物扩增出全套免疫球蛋白的可变区基因；从大肠杆菌中直接表达出有功能活性的抗体分子片段。其是抗体工程领域的最重要进展，从根本上改变了单抗的制备流程，不用人工免疫动物和细胞融合技术，完全用基因工程技术制备人源性抗体，使抗体工程进入了一个全新的时期。1989 年英国剑桥 Winter 小组与 Scripps 研究所 Lerner 小组创造性地采用 PCR 方法克隆机体全部抗体基因，并重组于原核表达载体中。二是噬菌体抗体展示技术（phage antibody display technology）的出现，噬菌体抗体展示技术是将编码外源肽或蛋白质的 DNA 片段插入噬菌体或噬菌粒的基因组中，然后以融合的形式与噬菌体的外壳蛋白形成融合蛋白共同表达于噬菌体表面（图 3-29），以利于配体的识别和结合。

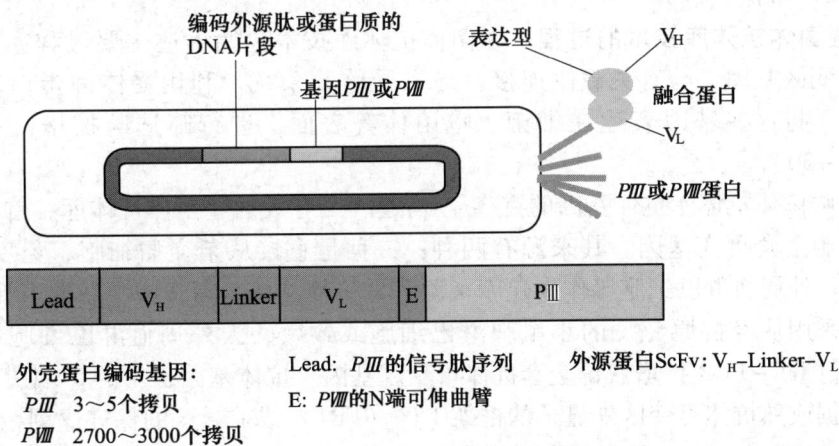

图 3-29 噬菌体展示技术的原理

根据载体和宿主细胞的不同，可将噬菌体展示系统分为丝状噬菌体展示系统、λ 噬菌体展示系统、T7 噬菌体展示系统和 T4 噬菌体展示系统。目前，构建噬菌体展示系统应用最广泛的噬菌体是丝状噬菌体。在丝状噬菌体（M13，Fd）外壳蛋白编码基因 $P\mathrm{III}$ 和 $P\mathrm{VIII}$ 的信号肽序列与编码成熟蛋白序列之间插入外源基因，并不影响其表达系统和噬菌体的生物学特性。

$P\mathrm{III}$ 有两个位点可供外源 DNA 插入，即 N 端和近 N 端可伸屈臂，当外源蛋白融合到 $P\mathrm{III}$ 的 N 端时，噬菌体仍具感染能力。$P\mathrm{VIII}$ 展示与 $P\mathrm{III}$ 类似，但是噬菌体上 $P\mathrm{VIII}$ 递呈的外源蛋白分子数目远远多于 $P\mathrm{III}$，且形成多价抗体，而噬菌体表面却只表达 3~5 个 $P\mathrm{III}$ 分子。

1990 年，McCafferty 等将上述两个技术结合起来，在噬菌体表面成功表达抗体可变区基因，构建了噬菌体抗体库。噬菌体抗体库可以对各种抗原进行高通量筛选，且可快速获得抗体片段，并易于改造，因而获得广泛应用。据统计，应用于临床的单克隆抗体中，约有 30% 来源于噬菌体抗体库技术。

2. 噬菌体抗体库技术的概念　噬菌体抗体库技术是从外周血淋巴细胞或脾细胞中提取 RNA 或基因组 DNA，设计核酸引物，用 PCR 技术扩增出整套的抗体基因片段，如 Fab 或 scFv，通过随机重组，插入噬菌体或噬菌粒表达载体中，与噬菌体外壳蛋白基因 $P\mathrm{III}$ 或 $P\mathrm{VIII}$ 连接，感染大肠杆菌并以融合蛋白的形式使抗体片段表达展示于噬菌体表面，形成含有全套抗体谱（repertoire）的噬菌体抗体库，利用抗原、抗体特异性结合进行筛选、富集，并扩增所需克隆。

3. 噬菌体抗体库技术的特点　①DNA 操作是在细菌中进行，方法简单易行，节省成本和时间。可通过细菌发酵或转基因动、植物生产大量制备。②筛选容量增大，可在数周内筛选 100~1 亿个克隆，可获得高亲和力的人源化抗体。③可直接从未经免疫的人或小鼠的淋巴细胞中得到抗体基因或抗体区基因，从抗体库中筛选得到全新的完全人源化的抗体，克服了人杂交瘤细胞不稳定的缺点。④可模拟动物天然免疫系统产生抗体的过程，不通过动物免疫和细胞融合，可通过链置换、PCR 错配或随机致突变技术改变抗体亲和力，方便地"制造"和克隆针对任何抗原的抗体，提供了不经免疫制备抗体的可能。

4. 噬菌体抗体库技术的过程　噬菌体抗体库技术包括下述主要过程：克隆出抗体全套可变区基因，与有关载体连接，导入受体菌系统，利用受体菌蛋白质合成分泌等条件，将这些基因表达在细菌、噬菌体等表面，进行筛选与扩增，建立抗体库（图 3-30）。

（1）噬菌体抗体库抗体基因的克隆　构建一个有效的噬菌体抗体库，首先要能克隆出 B 细胞全套可变基因。其来源有两种：一种是直接从杂交瘤细胞、免疫脾细胞、淋巴细胞、外周血淋巴细胞等作为建库来源；另一种是从基因文库中获取可变区基因。目前一般采用从经抗原免疫的小鼠脾淋巴细胞或致敏的人外周血淋巴细胞中提取总 RNA，通过 RT-PCR 扩增获得全套抗体可变区基因。抗体基因扩增的 5′端引物的设计通常是根据成熟抗体可变区外显子的框架 1 区（FR1）或前导区的保守序列，3′端主要依据抗体铰链区（J 区）的保守序列，有时还采用简并引物扩增。

（2）表达载体的构建　噬菌体抗体库技术使用的载体都是在已有的噬菌粒基础上进行改建的，pComb3 和 pCANTAB5E 是其常用载体。在构建噬菌体抗体库时，根据所设计的抗体分子（Fab 和单链抗体 scFv）的不同，而选用不同的表达载体。一般对于

外周血淋巴细胞或脾细胞中提取mRNA或基因组DNA

↓

PCR技术扩增出整套的抗体基因片段,如Fab或scFV

| PCR产物的酶切（先平连再消化） | | 载体的酶切 |

| E.Coli 细胞 |

电穿孔导入；加入AMP
抗性；先构建轻链，再
构建重链；加入辅助噬
菌体；加入卡那霉素；
PEG -NaCl收集

库的连接反应

抗体库的构建

包括数轮
识别-洗脱-复制
的过程

● 活性克隆制备
质粒DNA，V_H
和V_L基因重新
克隆于通用载
体，利用通用

筛选

ELISA检测
特异型检测
序列测定
亲和性测定
活性测定

检测

分泌型Fab或ScFv的产生 → 测序

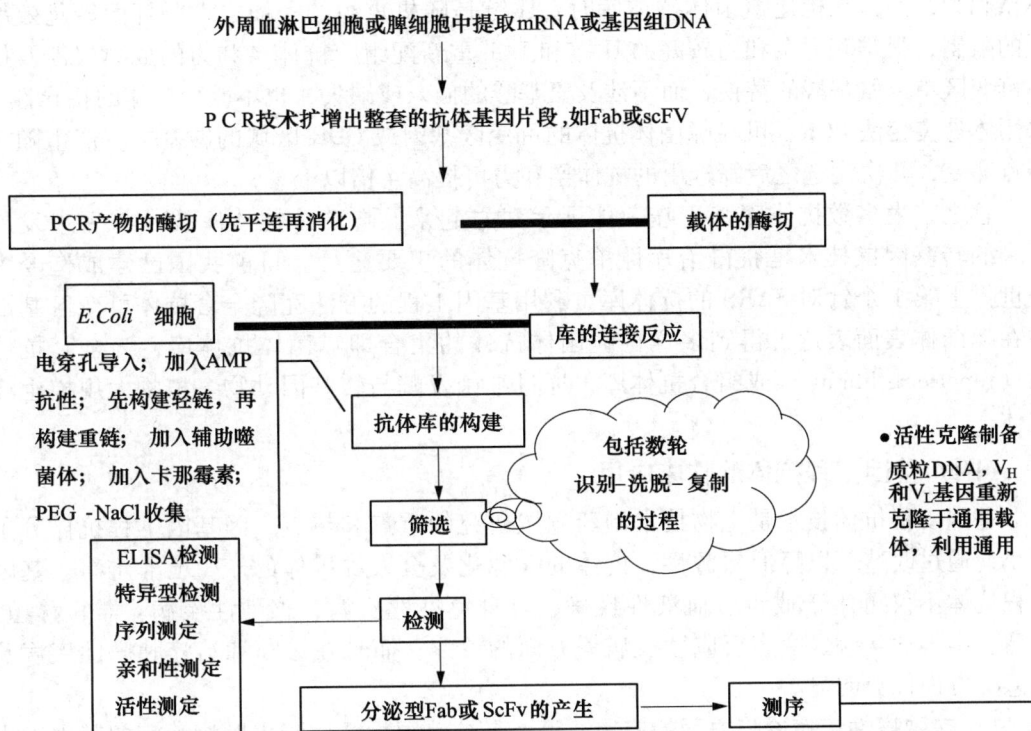

图 3 – 30　抗体库技术示意图

Fab 的噬菌体抗体库来说，多选用噬菌粒表达载体 pComb3。Fab 插入噬菌体或噬菌粒表达载体中与噬菌体外壳蛋白基因 *P*Ⅲ 或 *P*Ⅷ连接，感染大肠杆菌并以融合蛋白的形式使抗体片段表达展示于噬菌体表面。

（3）抗体基因的表达　利用大肠杆菌分泌表达系统表达功能性抗体片段是抗体工程的一项重要内容，除此之外，还可以在真菌、昆虫细胞、酵母、哺乳动物细胞及植物细胞中表达。各种表达系统也各有其特点，可根据不同的需要来选择合适的系统。

（4）噬菌体抗体的筛选　抗体 Fab 片段或 scFv 在噬菌体表面表达以后，即为噬菌体抗体。展示在噬菌体表面的抗体能够在体外用固相淘选（immobilized panning）进行筛选，可有效地从噬菌体抗体库中筛选出特异性抗体的可变区基因。

固相淘选是一种最常用的方法，它是将纯化的抗原固定于免疫管或塑料平皿表面或制成亲和柱进行免疫筛选。在筛选系统中洗去游离噬菌体，再用酸、碱液将结合噬菌体抗体洗脱下来，最后感染宿主菌进行扩增培养，再经下一轮的"吸附—洗脱—扩增"进行筛选。每一轮筛选可使特异性噬菌体富集 20～2000 倍，一般经过 4 轮筛选，可富集 10^7 倍。

除此之外，也有用捕获淘选、完整细胞淘选、组织淘选及器官淘选系统获得结合抗体成功的报道，为噬菌体抗体的淘选增添新的途径。

（5）抗体亲和力体外成熟　亲和力成熟现象是指抗体应答过程中二次应答抗体的

亲和力显著高于初次应答的抗体。噬菌体抗体库需在体外进行亲和力成熟，以提高抗体亲和力，因为在构建噬菌体抗体库时，H 链是随机重组的，加之大肠杆菌转化效率低的限制，很难获得亲和力较高的 H 链和 L 链重新配组。抗体亲和力的成熟仅涉及抗体可变区单个氨基酸的替换，而不涉及氨基酸的插入或缺失，也不改变抗体的特异性。采用体外突变法 PCR，可在噬菌体抗体的可变区基因或 CDR 区域的碱基中，产生随机位点突变，几次淘选之后筛选出的抗体亲和力可提高 4 倍以上。

总之，大多数抗体库基于噬菌体展示建立起来。噬菌体抗体库技术与后来发展起来的转基因鼠技术是获得治疗性单克隆抗体的主要途径。目前我国已建成迄今为止世界上第 1 个针对 SARS 的抗体库。利用基因工程的方法克隆全套抗体可变区基因并在噬菌体表面表达，得到多样性噬菌体抗体的集合即噬菌体抗体库，为全套抗体库（repertoire library）或组合抗体库，通过细菌发酵与转基因动物、植物大规模生产抗体。

（四）基因工程抗体的临床应用

基因工程抗体技术是生物技术制药领域研究的重点和热点。因基因工程抗体分子量小，通过改造可以降低鼠源性，抗体的人源化及全人源抗体的产生已非难事。基因工程抗体不仅可用于戒毒、血液性疾病、自身免疫性疾病、感染性疾病、器官移植、肿瘤、中毒性疾病、变态反应性疾病等方面的诊疗，而且在诊断和治疗肿瘤性疾病及抗感染方面优势明显。

1. **在肿瘤性疾病诊疗方面的应用**　第一个被美国批准用于人肿瘤治疗的基因工程抗体——Rituxan（r）最初被用于非霍奇金淋巴瘤，现正在探索用于治疗艾滋病相关淋巴瘤和中枢神经系统淋巴瘤。HIV 病毒整合菌的单链抗体 ScAb2－19，对 HIV 病毒感染的早期和晚期具有有效的抑制作用，并可望成为 AIDS 基因治疗的有效手段。"生物导弹"解决肿瘤治疗药物"敌我不分"的难题，发挥作用特异杀伤杀死癌细胞，而不杀伤机体的正常细胞。通过重组技术将抗肿瘤相关抗原的抗体，与毒性蛋白如铜绿假单胞菌外毒素、蓖麻毒素及白喉毒素等，或是细胞因子如白介素、肿瘤坏死因子、干扰素等融合形成的重组毒素或免疫毒素可将细胞杀伤效应引导到肿瘤部位，对肿瘤细胞进行直接杀伤或调动机体免疫系统杀伤肿瘤细胞。治疗肿瘤的双特异抗体、三特异抗体及抗体细胞因子融合蛋白的研制开发正在很多国家进行。以标记抗体注入人体内显示肿瘤部位抗原与抗体结合的放射浓集称放射免疫显像，显像效果受抗体亲和力、特异性、半衰期和组织穿透力等因素影响。同时，用鼠源单抗会引起人抗鼠抗体反应，改变抗体药物代谢动力学而导致显像失败，并产生副作用。用基因工程抗体可解决上述问题，而且基因工程抗体中如单链抗体、Fab′等，分子量小，能很快清除，组织穿透力强，显像本底低，更加适合放射免疫显像。

2. **抗感染作用**　预防和治疗感染性疾病常用的药物是疫苗和抗生素，但对于如 SARS、AIDS 等难以获得相应疫苗或疫苗效果不理想的病毒感染，目前仍缺乏有效的治疗方法。在这一方面，基因工程抗体应用前景十分广阔。如在治疗 AIDS 方面，利用抗体工程技术已成功地制备出 HIV 病毒整合菌的单链抗体 ScAb2－19，对 HIV 病毒感染的早期和晚期具有有效的抑制作用，并可望成为 AIDS 基因治疗的有效手段。Seko 等利用抗 CD40L/B7－1 McAb 对急性病毒性心肌炎进行研究，结果表明，该 McAb 能够明显减轻心肌炎症、预防心肌损害。另外，Ryu 等研究表明，抗 HBV 表面抗原的人 - 鼠嵌合抗体能够明显中和乙肝病毒，比人乙肝病毒免疫球蛋白的活性高出 2000 倍。HCV核完全蛋白的噬菌体 ScFv 也能够有效地抑制 HCV 对浆细胞的感染。我国率先建立了针对 SARS 的基因工程抗体库，对于 SARS 的预防、诊断和治疗都将起到重要作用和深远影响。

3. 在器官移植中的应用　移植排斥反应是器官移植的主要障碍之一。T 淋巴细胞和细胞因子在急性排斥反应中所起的核心作用已经被公认。虽然现有的免疫抑制剂能有效地控制 75% ~85% 的急性排斥反应，但随着患者长期存活率的提高，他们将面临真菌感染、病毒感染和肿瘤等危险。基因工程抗体在这一领域也崭露头角，其中抗CD3 及抗 IL - 2 基因工程抗体的研究较为多见。目前，Murmonab CD3 和 Anti - IL - 2R已被 FDA 批准用于预防器官移植排斥反应并取得了较好的疗效。

基因工程抗体技术已深入到生物学和医学的许多领域，并成为一项必不可少的工具，具有非常重要的理论研究价值和实用价值。目前，该技术不仅可用于戒毒、血液性疾病、自身免疫性疾病、感染性疾病、器官移植、肿瘤、中毒性疾病、变态反应性疾病等方面的诊疗，而且在蛋白质纯化工程中也有广阔的应用前景。

第六节　动物细胞大规模培养技术

一、动物细胞大规模培养技术的概念

动物细胞大规模培养技术是指在人工条件下，高密度大量培养基因工程、细胞融合或转化所形成的有用动物细胞，生产珍贵药品的技术，为细胞工程不可缺少的一部分。

动物细胞大规模高效培养技术是生物制药的关键技术，通过动物细胞培养生产生物产品已成为全球生物工业的主要支柱。动物细胞培养开始于 20 世纪初，到 1962 年规模开始扩大，随着基因重组技术和单克隆抗体技术的发展，动物细胞培养展现出越来越可观的工业化前景。动物细胞培养技术不仅在实验室，而且在大规模工业生产中已经逐渐得到应用。如何完善细胞培养技术，提高动物细胞大规模培养的产率，一直是国内外研究的热点之一。利用动物细胞培养生产具有重要医用价值的酶、生长因子、疫苗和单克隆抗体等，已成为医药生物高技术产业的重要部分。利用动物细胞培养技术生产的生物制品已占世界生物高技术产品市场份额的 50%。随着生物制品需求的不断增加，动物细胞的培养技术已向着大型化、自动化、精细化的方向发展。

因实验室采用的细胞培养技术获得的细胞量有限，不能满足生产的需求，必须改用超产培养技术方可获得大量细胞，目前这种技术种类繁多，归纳起来有三大类：①单层静置贴壁培养法；②悬浮培养法；③固定化培养法。这些超产培养技术通常是研究开发机构及生产性企业常采取的方法，在我国已开始进入研究和试生产阶段，各大生物制品研究所及生化制药和生物工程公司的制药企业，根据生产需要而采用了切实可行的不同方法和技术设备。由于动物细胞体外培养的生物学特性、相关产品结构的复杂性和质量以及一致性要求，动物细胞大规模培养技术仍难于满足具有重要医用价值生物制品的规模生产的需求，迫切需要进一步研究和发展细胞培养工艺。目前技术水平的提高主要集中在培养规模的进一步扩大、优化细胞培养环境、改变细胞特性、提高产品的产率与保证其质量上。

二、动物细胞大规模培养的条件

1. **动物细胞的类型**　目前用于生物制药的动物细胞有4类，即原代细胞、二倍体细胞系、融合的或重组的工程细胞系和转化细胞系。

2. **温度**　适宜温度为37℃，通常选择36℃±0.5℃上下波动进行控制，培养液要事先预温，以利细胞适应环境。

3. **pH**　理想的pH值为7.2，开始培养时pH值可略低一些，次日细胞开始快速生长时可将pH值调至7.4已进行控制，常加入HEPES以稳定pH。

4. **细胞生长期的选择**　应选择细胞对数生长期后期的细胞接种培养，以利细胞生长繁殖。

5. **接种细胞密度**　细胞接种密度要根据细胞系种类的特性以及培养基而定，指导浓度为$5 \times 10^4 \sim 2 \times 10^5$cells/ml或$5 \times 10^3 \sim 2 \times 10^4$cells/ml。

6. **搅拌速度**　不同细胞应通过实验找出合适的搅拌速度，对于悬浮细胞可用100～500r/min，通常在200～350r/min之间，而微载体培养细胞通常使用20～100r/min范围之内。

三、动物细胞大规模培养的培养基

常采用无血清培养基。无血清培养基是当今细胞培养领域研究的一大课题。无血清培养基的优势在于避免了血清的批次、质量、成分等对细胞培养造成的污染，毒性作用和不利于产品纯化等不良影响。在生产疫苗、单抗和各种生物活性蛋白质等生物制品的应用领域中，优化无血清培养基的成分可使不同的细胞在最有利于细胞生长和表达目的产物的环境中维持高密度培养，但无血清培养基并不适用于广泛的细胞类型，不同类型的细胞甚至不同的细胞系或细胞株都有可能有各自的无血清培养基构成。在细胞早期培养阶段，细胞对于无血清培养基的适应性往往是克隆特异性的，每个新的克隆常需要重新配制培养基和适应过程。研究表明，先使野生型宿主CHO细胞适应无血清培养基培养，然后转染这些细胞得到的重组克隆在基因扩增后保持了在无血清培养基悬浮培养中的生长能力，其产品在生化和结构上类似于未处理的宿主细胞产物。有些细胞株依赖于血清源性生长因子的特性可通过分子遗传途径予以改变，即导入特异生长因子的基因，使细胞能合成自身的生长因子来满足细胞生长需要，而对细胞生长无副作用。另外，导入一些基因改变细胞生长周期的调控也可使细胞在无血清/蛋白质的培养基中生长。

经过几十年来的研究与实践应用，大规模动物细胞培养技术已日趋完善，要进一步获得高密度、高活力的细胞，开发新的无血清培养基，使生物制品更安全，建立细胞培养与产物分离的耦合系统，降低生产成本等。

四、动物细胞大规模培养的方法

大规模生产细胞的方法多种多样，鉴于细胞的生长特性不同（贴壁或悬浮生长）

和生产的目的不同，常采用 3 种生产方式：① 悬浮培养法；②固定化培养法；③单层静置贴壁培养法。在这 3 种生产方式中，又可采用不同的生物反应器来生产细胞。

在实际生产中一些连续细胞系如 CHO 细胞、BHK21 细胞、杂交瘤细胞、昆虫细胞等往往采用悬浮培养，而一些正常细胞（如人二倍体细胞等）和传代细胞（如 Vero 、C127 细胞等）则常常利用各种载体作为细胞粘贴的支撑进行贴壁方式生长和贴壁 - 悬浮生长。绝大部分哺乳类动物细胞尤其正常细胞均具贴壁依赖性生长的特征，即使肿瘤细胞亦非很易适应悬浮生长的环境。于是，在大量培养哺乳类细胞的技术中引入了两种十分理想的载体：空心纤维和微珠。近 30 年来，各种不同的载体开发成功，为工业化大规模生产重组蛋白和单克隆抗体及疫苗提供了新的方法。

（一）悬浮培养法

悬浮培养法是细胞在培养液中呈悬浮状态生长繁殖的培养方法，类似微生物的深层培养。悬浮培养的特点有：①它适用于一切种类的非贴壁依赖性细胞，也适用于兼性贴壁细胞，如肿瘤细胞、杂交瘤细胞、血液细胞、淋巴细胞。对造血细胞、淋巴细胞、白血病细胞、类淋巴细胞是最适合的，细胞无需适应选择，即可大量生长繁殖，贴壁生长的肿瘤细胞需在悬浮培养中适应一段时间后才能在悬浮状态下增殖。②有利于细胞与培养基中的营养物质和气体充分接触，而且易于控制培养条件（温度、pH、氧分压和 CO_2 等），细胞收率高。③培养条件稳定，可连续测定细胞浓度，便于进行定量研究。④连续收集部分细胞进行移殖继代培养，移殖继代无需消化分散，免受伤害。⑤易于在连续密闭的系统中进行，减少了操作步骤和污染的机会。⑥易于大规模生产，便于过程的控制。⑦悬浮培养的细胞仍保持原先对病毒的敏感性和生物学特性。

由于悬浮培养优越性大而常被人采用。悬浮培养最常用的生物反应器为搅拌式和气升式，有效体积由 10 ~ 10 000L 规模的生物反应器。悬浮培养法已用于重组蛋白和单克隆抗体生产。

1. 静置悬浮培养法　此法较容易掌握，细胞是不贴附于壁上，而是以自然沉于瓶底呈游离状态进行增殖，换液时按半量换液法进行，传代时加入等体积的新鲜培养基混匀后分瓶培养，如淋巴细胞、类淋巴细胞等。

2. 翻滚培养法　此法将试管固定于特别支架的轮面上做翻滚转动，使培养基持续洗刷整个试管壁，从而防止细胞下沉和贴壁，转速为 38r/min。其缺点是：①细胞易于堆集；②有沉淀物产生；③培养容积小；④缺乏工业化生产的实用价值。

3. 旋转培养法　将培养瓶置于旋转鼓上，使其沿瓶的横轴旋转，为防止细胞贴壁，需将液体培养基进行较高速度的旋转。缺点：细胞容易堆集。

4. 旋摇培养法　采用特殊形式将瓶子沿纵轴做来回旋转。缺点：细胞易受机械损伤，发生坏死，也易成团块。

5. 电磁悬搅培养法　采用电磁搅拌器，或包有塑料的磁棒，用不锈钢丝悬挂于瓶内，做细胞悬浮培养，其优点为无泡沫形成，细胞易于适应，无蛋白质沉淀析出。缺点是：易形成细胞团块，易贴壁，培养体积不宜过深，过大。

6. 振荡培养法　将培养瓶放在振荡器上，控制振荡速度，以使细胞在培养基中悬浮生长，而且能用于生产病毒和疫苗。

7. 振动器培养法　这种装置的搅拌器是一块锥形孔的板，这块板在培养液中迅速上下移动时，液体由振动板锥形孔宽的一端流向窄的一端，引起压力差，从而产生液体的连续流动，用这种类型的搅动在 $14 \sim 200L$ 培养器中将哺乳动物细胞的连续流动悬浮培养，结果满意。

8. 滋养器装置　这是一种特殊的连续流动系统，既可用旋转搅拌，也可用振动器，具有温度、pH、氧压、CO_2 压力和流速等控制装置，操作原理是调节细胞密度和流动的营养物质之间的关系，最适条件下可使淋巴细胞在 24h 可产生 2g，可连续供应细胞。

9. 发酵罐培养法　动物细胞培养生物反应器。

（二）固定化培养法

固定化培养法是将细胞限制或固定在特定空间位置的培养技术，是实现动物细胞大规模培养的重要途径，在动物细胞的大规模培养上得到越来越广泛的应用，其优点有：①适于正常组织细胞、二倍体细胞；②细胞生长密度高，细胞损伤低；③易更换培养液；④易分离细胞和培养液；⑤产物浓度高，易分离纯化。

1. 固定化培养法的分类　在动物细胞培养中多使用较温和的固定化方法，主要有吸附法、中空纤维膜、包埋法、微载体及微囊化等。

（1）吸附法　吸附法是将细胞贴附于玻璃板、金属板、塑料膜、陶瓷珠及硅胶颗粒的表面，或附着于中空纤维膜及培养容器的表面。

（2）包埋法　包埋法是将动物细胞包埋在各种多聚物多孔载体中而制成固定化动物细胞进行培养。其优点有：①细胞嵌入在高聚物网格中而受到保护，细胞能抗机械剪切。②易于更换培养，易于进行灌注培养，无需外加细胞滤器。③细胞和培养液易于分离，也易于对细胞进行洗涤处理。④培养的细胞密度大，易于制备高浓度、高效价的细胞工程产品，可大大简化产品分离纯化的操作程序。但该法也有一定缺点，如扩散限制，并非所有细胞都处于最佳营养物浓度。细胞难以传代和进行扩大生产，只能用于一次性产品制备，生产规模受限，难以开展逐级放大，达到工业化生产规模。

包埋法一般适用于非锚地依赖型细胞的固定化。多孔凝胶是最常用的载体，用于动物细胞固定化的凝胶主要有海藻酸钙、琼脂糖、血纤维蛋白等。

海藻酸钙凝胶包埋法是将动物细胞与一定量的海藻酸钠溶液混合均匀，然后滴到一定浓度的氯化钙溶液中形成直径约 1mm 内含动物细胞的海藻酸钙胶珠，分离洗涤后即可用于培养。此法操作时条件温和，对活细胞损伤小，但固定后机械强度不高，为了大量制备海藻酸钙凝胶包埋的固定化细胞，国外已有专门的振动喷嘴设备可供使用。

琼脂糖凝胶可用两相法制得，将含有细胞的琼脂糖溶液分散到一个水不溶相中（如石蜡油），形成直径 0.2mm 凝胶珠，移去石蜡油后，细胞即可进行培养。同海藻钙一样，琼脂糖更适于培养悬浮细胞。尽管凝胶珠形成过程很复杂，目前放大体积不超过 20L，但琼脂糖凝胶无毒性，具有较大的空隙，可以允许大分子物质自由扩散，因此该法特别适用于蛋白质产物的连续生产。Mosbach 等曾用琼脂糖包埋杂交瘤细胞 LS21 和淋巴细胞 MLA144 生产单克隆抗体和白细胞介素。

将动物细胞与血纤维蛋白原混合，然后加入凝血酶，凝血酶将血纤维蛋白原转化为不溶性的血纤维蛋白，将动物细胞固定在其中。血纤维蛋白可以促进细胞贴壁，因此两种类型的细胞都适于培养，而且基质高度多孔，允许大分子物质的自由扩散；但机械强度差，对剪切力很敏感。

（3）微载体细胞培养法 微载体细胞培养法是将细胞吸附于微载体表面，在培养液中进行悬浮培养，使细胞在微载体表面长成单层的培养方法。其由 Van Weze 于 1967 年首创。最早使用离子交换凝胶（DEAE－Sephadex A50）作为载体，轻微搅动即可使微载体悬浮在培养基中。其后 Van Hemert Spier 及 Whiteside 也相继做了培养仓鼠肾细胞（BHK21）等细胞及生产口蹄疫苗的报道。

自问世以来，微载体已成功应用于原代细胞和建立的细胞系的培养，用于生产重组蛋白。用猴肾细胞（Vero 细胞）生产疱疹病毒疫苗和用培养的人二倍体细胞（人胚肺）生产出人干扰素－β。此外还培养了犬肾、兔肾、牛肾细胞，鸡胚纤维母细胞，WI－38，MRC－5，BHK21，IUP－90，F10W，人包皮 FS－4 二倍体细胞、鼠胚、猩猩肝成纤维细胞等传代细胞。国外已有公司以 1000L 规模培养人的二倍体细胞来生产干扰素－β。但其缺点是：搅拌桨及微珠间的碰撞易损伤细胞；接种密度高；微载体吸附力弱，不适合培养悬浮型细胞。

微载体细胞培养法是一种用于培养锚地依赖性细胞的大规模培养技术，既可用于常规量的培养，也可用于大规模培养细胞。其克服了常规贴壁培养方法的缺点，使贴壁细胞的培养具有悬浮培养和固定化培养优点，细胞对载体介质是贴壁静置培养，但载体介质又处于悬浮状态而使细胞处于悬液培养基中，适于正常组织细胞、二倍体细胞。许多淋巴组织细胞和异倍体肿瘤细胞都是贴壁依赖性细胞，所以大规模动物细胞培养都要使用微载体。

采用微载体培养具有以下优点：①比表面积大，单位体积培养液的细胞产率高；②采用均匀悬浮培养，细胞生长均一，能大量培养细胞，无营养物或产物梯度，不干涉代谢产物的合成和分泌；③占用空间小，培养基利用率高；④重复性好，放大易；⑤易收获，易检测，可用简单显微镜观察微载体表面的生长情况；⑥操作简便和不易污染。

微载体选择条件：① 不含有毒害细胞的成分；②有一定亲水性，与细胞相容性好；③相对密度略大于培养基，$1.03 \sim 1.05 g/ml$；④直径 $40 \sim 120 \mu m$，溶 胀 后 $60 \sim 280$，粒度均匀，透明外表，比表面积大；⑤耐高温、高压；⑥不吸附培养基中成分；⑦易收获细胞或产品；⑧价廉，能重复使用。

常用微载体有空心纤维和微珠。空心纤维是一种由醋酸纤维素和硝酸纤维素混合物所织成的可透性滤膜，外径为 $1/3 \sim 1/4 mm$。微珠是直径很小、相对密度稍大于 1 的固体颗粒，通过搅拌可使无悬浮状态细胞在颗粒表面上单层生长。在微珠上培养的细胞，每个细胞产生抗原、干扰素等的能力与常规单层附壁培养的细胞相当。微珠培养法克服了常规培养等方法的缺点，使附壁细胞的培养具有悬浮培养的优点，在培养规模的扩大和系统的检测控制等方面展现出诱人的前景。

后来根据细胞附着生长的特点，对微载体进行改良，获得在其表面带有大量电荷、生长基质物质及有完全连通沟回大孔的大孔微载体（图3－31）。大孔微载体与其他方法相比具有比表面积大，细胞在孔内生长，传氧效果好，细胞三维生长，细胞密度是实心微载体的 10 倍以上，有的可达 10^8 个/毫升等一系列优点，最适合于蛋白质生产和产物分泌。因此有人预言，大孔微载体技术将成为动物细胞大规模培养的一种常用方式。

经过几十年的研究，微载体培养已广泛地应用于动物细胞的培养，其中尤以 Phdrtnaiv 生物技术公司生产的微载体（CykMex、Cytopore 和 Cyllfine 等）使用范围最广。微载体培养是细胞在由葡聚糖制成的小球表面成单层生长，通过轻轻搅拌使细胞维持悬浮状态。这种培养较传统的单层细胞培养，面积大大增加，如 5mg Cylodex 1 表面积能达到 30cm/ml，而传统的单层细胞培养难以达到如此高的表面积 5/体积之比（佩特里培养皿约为 4cm/ml）。如将这种微载体在流化床式、固定床式反应器中进行培养，则可获得比原来多加约 50 倍的高密度细胞，另外，这种培养对劳动力的需求下降，1L 微载体培养生产的细胞相当于

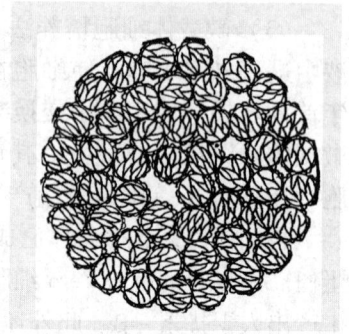

图 3-31　大孔微载体

50 000 转瓶所生产的细胞，省却了玻璃容器等清洗和准备工作；而且细胞与培养液的分离简单，一旦搅拌停止，3min 后细胞即能依靠其重力而沉淀，只要去除上清液，而无需进行离心操作，减少了繁复的操作步骤，降低了污染率。狂犬病病毒精制灭活疫苗就是采用 Cylre 培养细胞而进行大规模生产的。

（4）多空载体培养法　把细胞接种在多空载体上培养是近年来发展起来的一种大规模高密度动物细胞培养方法。多空载体是一种支撑材料，在它的内部有很多网状小孔，细胞可以在里面生长。它既可以用于悬浮细胞的固定化连续灌流培养，又可用于细胞的贴壁培养。由于细胞在载体内部生长，因此可以免受搅拌等造成的机械损伤。因此，使用多空载体培养可以提高搅拌转速和通气量。制备多空载体的材料必须具备生物相容性（即对细胞无毒害）、机械稳定性和热稳定性好，在高温、高压以及搅拌条件下不破碎、不软化、不分解。常用的材料有玻璃、陶瓷、明胶、胶原、海藻酸钠、纤维素及其衍生物、聚苯乙烯和聚乙烯等，其中玻璃和纤维素的生物相容性、机械稳定性和热稳定性最好。

（5）微囊化培养法　20 世纪 80 年代 Lim 和 Sum 利用海藻酸和多聚赖氨酸制成了一种微囊。微囊化培养是借鉴酶的固定化技术，在无菌条件下将拟培养的细胞、生物活性物质及生长介质共同包裹在薄的半透膜中形成微囊，再将微囊放入培养系统内进行培养。由于细胞分散在各自的微小环境中，因此受到微囊外壳的保护，减少了搅拌对细胞的剪切力，细胞可以大量生长，细胞的密度和纯度都得到提高。微囊化培养的优点是：①可防止细胞在培养过程中受到物理损伤；②活性蛋白质不能从囊中自由出入半透膜，从而提高细胞密度和产物含量，并方便分离纯化处理。缺点是：①微囊制作复杂，成功率不高；②微囊内死亡的细胞会污染正常产物；③收集产物必须破壁，不能实现生产连续化。

微囊化培养法已被应用于单克隆抗体、干扰素等生物药物的生产。采用分批式和连续灌注式培养杂交瘤细胞生产单克隆抗体，在 7~27 d 微囊内抗体浓度可达 1250~5300 mg/L。利用微囊包裹具有特定功能的组织细胞，形成免疫隔离的人工细胞，以此植入疾病动物或患者体内。1980 年报道了微囊化胰岛移植治疗大量实验性糖尿病。他们将同种大鼠胰岛用海藻酸 - 聚赖氨酸 - 聚乙烯亚胺包埋后植入链脲霉素诱导的糖

尿病大鼠体内，在未用免疫抑制剂的情况下，控制大鼠血糖正常达1年左右。

（6）中空纤维培养法　动物细胞在体内的生长是以三维空间发展的，在细胞和细胞之间存在着毛细血管，它可以输送细胞生长代谢需要的营养。但是在前面介绍的方法中，细胞都只能在二维空间中生长，一般是沿着支撑材料表面生长，培养细胞的量不能大量增加。中空纤维细胞培养技术就是模拟细胞在体内生长的三维状态，把细胞接种在中空纤维的外腔，利用中空纤维模拟人工毛细血管供给营养可以使细胞高密度的生长。现已开发成功的中空纤维材料有硅胶、聚砜、聚丙烯等。中空纤维培养技术的发展趋势是让细胞在管束外空间生长，以达到更高的细胞培养密度。目前该方法已在生长激素和单克隆抗体的生产中应用。

2. 固定化方法存在的问题

（1）固定化细胞培养的细胞密度较一般悬浮培养高10～100倍，但同时也带来了如何保证足够的营养物质和氧的传递问题。

（2）细胞群体在大规模、长时间培养过程中分泌产物能力的丢失或产物活性的降低依然是细胞培养领域深感棘手的问题。包埋在凝胶或微囊中死亡的细胞会对其他细胞产生污染和毒害作用。

（3）培养基及固定化基质价格昂贵，生产成本高居不下。尤其是高效的微载体细胞培养介质，销售价格一直呈上涨趋势。

（4）目前对细胞代谢和生长动力学的研究以及在线监测水平还远不足以设计出确定的优化培养系统，从而导致昂贵培养基的浪费。

固定化动物细胞培养工程发展的总方向是大型化、自动化、精巧化、低成本、高细胞密度、高目的产品产量。从国际上的发展趋势看，动物细胞培养技术主要有：①开发细胞培养反应器和培养系统；②开发培养贴壁细胞的载体；③开发微囊技术；④开发杂交和重组技术；⑤开发无血清和化学合成的培养基；⑥蛋白质浓缩和提纯技术。

（三）单层静置贴壁培养法

此方法是使细胞静置贴在容器壁表面，并不断地生长繁殖而形成单层。在显微镜下可直接观察到细胞的形态，这样有利于研究形态学的变化，如病毒感染后出现的细胞病理性改变（CPE），放射线或抗癌药物引起的细胞形态变化及细胞诱导分化的形态改变等。几乎各种细胞，包括原代、传代细胞系（株），均能进行培养，其优点为：①单层细胞培养比较容易完全换液，而且细胞清洗方便，无需离心。②便于直接观察细胞的形态和生长状态。③便于采用灌注技术，以达高密度细胞培养的目的，故无需采用细胞过滤系统（为了截留细胞用）。④当细胞贴壁于基质，能有效地表达一种产品。⑤同一装备可使用不同的培养液/细胞的比例，在进行实验期间，这一比例可容易地加以改变。⑥单层细胞培养较易适应环境，可用于培养所有的细胞类型。但单层细胞培养法与悬浮细胞培养法相比，也有以下缺点：①传代、扩大培养比较困难，生产规模受限制。②细胞取样、计数较困难。③在测定和控制pH和O_2以及细胞完全同质性是比较困难的。④占用的空间大。⑤所用培养瓶（管）因瓶（管）口多，传代换液需开口操作，容易发生污染。

五、动物细胞大规模培养系统的操作方式

细胞接种在固定体积的培养液中，由于细胞生长营养物的耗尽和代谢产物的积累，

细胞最终会停止生长繁殖，使细胞的密度受到了限制。为了延长细胞的生长周期，无论是大规模悬浮培养还是贴壁培养，其操作方式与培养微生物一样，采用添加或更换培养液，或扩大培养体积，可增加细胞的产量。一般可分为分批式（batch）操作，补料－分批（fed－batch）操作、半连续式（semi－continuous）操作、连续式（continous）操作和灌流式（perfusion）操作。

（1）逐渐加入新鲜的培养液，故增加培养体积（批量换液）。

（2）使用等量新鲜的培养液间隔地更换部分旧培养液成分（半连续批量培养系统）。保留下来的部分旧液不仅对细胞生长无害，有时还有利于细胞更适应环境。

（3）连续－流动培养系统　这一系统是当接种的细胞在固定体积的培养容器中培养，直至生长到限制营养所能支持的最大数值，即培养至"稳定状态"时（此时细胞数和营养浓度保持恒定），此时将细胞悬液流入恒浊器。恒浊器装有细胞密度（浊度）光电测定仪，当密度低于预定点时，储罐中培养液的供应便停止，细胞不断增殖。当细胞密度高于预定点时，则输入培养液洗出过剩的细胞，这种调控法均在细胞达最大生长率时进行操作，这种连续－流动培养系统可得到真正内环境稳定的条件，而且又没有营养、代谢或细胞数量的波动，可使细胞一直处于对数生长期状态，其生产规模可呈无级连续扩大。

（4）灌注培养技术　常用的动物细胞培养方法有分批培养、补料分批培养、连续培养，但产率一直不高。直到20世纪60年代，灌注培养技术的出现，为动物细胞高密度大规模培养开辟了广阔的前景。在随后的30年中，灌注培养技术得到了迅速地发展，已成为动物细胞大规模培养的主要方法。

在灌注培养中，细胞保留在反应器系统中，收获培养液的同时不断地加入新鲜的培养基。灌注培养的主要优点是连续灌注的培养基可以提供充分的营养成分，并可带走代谢产物，同时，细胞保留在反应器系统中，可以达到很高的细胞密度。同其他方法相比，灌注培养的产率可以提高一个数量级，并可大大降低劳动力消耗。

灌注培养主要可分为两大类：悬浮灌注培养和床层培养。悬浮灌注培养是在普通悬浮培养的基础上，加上一个细胞分离器而成，以微载体悬浮培养加旋转过滤分离器最为常见。床层培养则把细胞直接保留于床层，不需要细胞分离器，其中堆积床和大孔载体培养的应用较广。

在灌注培养前，对动物细胞的生长和生理特性进行充分的考察是十分必要的，能为灌注培养提供有益的参考。以比生长速率为例，大量实验表明，细胞的比生长速率降低时，产物的比生长速率提高，有人控制细胞的比生长速率为最大比生长速率的60%抗体生长速率增加了97%。灌注培养可以从两个方面入手，一是改变动物细胞的培养环境，实行阶段培养；二是进行代谢调控。

灌注培养发展到现在，还有许多急待解决的问题。其最大的缺点是培养基的利用不充分，造成一定的浪费。随着细胞培养技术和产品分离技术的进一步发展，建立细胞培养与产物分离的耦合系统，用连续灌注法加入培养液，将回收使用过的无细胞等量培养旧液先经过第二容器，并在第二容器中经通气和pH校正处理后，形成"再生"的培养液，然后再返回进入原细胞培养器中。能充分利用培养液，降低生产成本。

六、动物细胞生物反应器

动物细胞的大规模培养需要特殊的生物反应器,生物反应器是整个过程的关键设备,它是给动物细胞的生长代谢提供一个优良的环境生长,决定着细胞培养的质量和产量,从而使其在生长代谢过程中产生出大量优质的所需产物。动物细胞培养生物反应器的选择首先决定于给定细胞的生长特性,即贴壁依赖性还是非贴壁依赖性。动物细胞生物反应器使用的材料必须对细胞和培养基无毒,具有良好的传热性,密闭性好,此外最重要的是反应器必须能长期连续运转。早期的培养动物细胞的生物反应器常与微生物发酵通用,现在随着大量培养技术和载体材料的发展,目前用于动物细胞体外培养的生物反应器有机械搅拌式、气升式、中空纤维式、回转式生物反应器等。国外占主流优势的是搅拌式生物反应器悬浮培养,为提高细胞的产率,可采用流加或灌注培养及微载体培养等相关技术。

1. 搅拌式生物反应器 它是根据微生物发酵罐改造的,包括改进供氧方式、搅拌桨的形式及在反应器内加装辅件等。搅拌式反应器靠搅拌桨提供液相搅拌的动力,它有较大的操作范围、良好的混合性和浓度均匀性,因此在生物反应中被广泛使用。反应器的高径比(H/D)一般为 $1:1 \sim 1.5:1$,并且罐底是圆形的,搅拌采用倾斜式浆液搅拌器或船舶推进式浆液搅拌器或笼式通气搅拌器,并且配有进出液体系统。这个反应器具有通气好、搅拌剪切力小等优点,利于动物细胞长时间、高密度培养,它主要用于悬浮细胞培养、微载体培养、微囊培养等。

搅拌式生物反应器用于动物细胞培养存在的最大缺点是剪切力大,容易损伤细胞,虽然经过各种改进,这个问题仍很难避免。相比之下,非搅拌式生物反应器产生的剪切力较小,在动物细胞培养中表现出了较强的优势。

2. 气升式生物反应器 气升式生物反应器(airlift bioreactor)是实现动物细胞高密度培养的常用设备之一,其特点是结构简单,操作方便。该反应器的特点是它没有搅拌,气体通过装在罐底的喷管进入反应器的导流管,这样使罐底部液体的密度小于导流管外部的液体密度,从而使液体形成循环流。它比搅拌式生物反应器剪切力还要小,反应器的高径比一般为 $10:1$ 左右,一般要求气泡直径为 $1 \sim 2mm$,空气流量为 $0.01 \sim 0.06$ [L/(L·min)],它主要用于悬浮细胞的分批培养,也可用于微载体培养。有人在气升式生物反应器中利用微载体培养技术研究了 Vero 细胞高密度培养的工艺条件,证明气升式生物反应器中悬浮微载体培养 Vero 细胞,在加入适量保护剂、营养供应充足的情况下,细胞可以正常生长至长满微载体表面,终密度可达 $1.13 \times 10^6 cells/ml$。

3. 中空纤维式生物反应器 由于剪切力小而广泛用于动物细胞的培养。该反应器是由数百或数千根中空纤维束组成,它可以是垂直的,也可以是平床式的。每根中空纤维管的内径约为 $200\mu m$,壁厚为 $50 \sim 70\mu m$。管壁是多孔膜,O_2 和 CO_2 等小分子可以自由透过膜扩散,动物细胞贴附在中空纤维管外壁生长,可以很方便地获取氧分。主要用于贴壁式细胞培养,也可用于悬浮细胞培养。

John 等报道了一个用于大规模培养动物细胞的径向流中空纤维反应器。该反应器内有一个垂直的中央分配管,外面由中空纤维管与分配管以平行方式组成一个环状床层。培养液由中央分配管径向流过中空纤维床,细胞在中空纤维外壁贴附并生长。空

气和 CO_2 的混合气体在中空纤维间与培养液成错流流过床层，向细胞提供氧分并维持一定的 pH 值环境，细胞的代谢物随气流带出。在这个反应器中细胞生长的表面密度可达 7.3×10^6 个／cm^2。

4. 透析袋式或膜式生物反应器　这是将反应器内设置为双室（培养基和细饱）或三室系统（培养基、细胞、产物），根据需要，室与室之间装有滤膜，这样可以达到保留和浓缩产品或分离提纯产品的目的。

5. 固定床或流化床式生物反应器　这是在反应器内装填了一些对细胞生长无害的而且有利于细胞贴附的载体，如有孔玻璃、陶瓷、塑料等，反应器可以是床式的，当培养液从流化床下往上输送时，微球可在一定范围内旋转，保证微球内细胞获得充分养料和氧气。另一种新型的生物反应器是将通气搅拌与固定床或流化床结合，由于它的特殊的搅拌装置，在搅拌中可产生负压，迫使培养液不断流向黏附有细胞的载体，有利于营养物和氧的输送。

上面所介绍的几类都有各自的特点，但不论是改进的还是新型的，主要解决的共性问题都是要按照动物细胞的生长要求，使反应器具备低的剪切效应、良好的传递效果和流体力学性质。但在实际过程中，这些原则总有一些相互制约的因素，为了强化传递效果需要有一个充分的混合环境（包括气体鼓泡），但动物细胞的脆弱性制约了这个环境的形成；为提高培养介质中的溶解氧浓度需要有较高的氧分压，不过，高的氧分压也影响了代谢物的移出。同时，过高的氧分压也影响细胞的正常生长。如何优化这些制约，是这类反应器开发中要解决的问题。在动物细胞培养中，反应器的改进大多针对搅拌式反应器。虽然这类反应器剪切力大，但由于它混合均匀、结构简单、操作方便以及良好的传递效果和操作弹性，在大规模细胞培养中仍占有重要的位置。

自 20 世纪 70 年代以来，细胞培养用生物反应器有很大的发展，种类越来越多，规模越来越大。种类大致有：塑料袋增殖器、填充增殖器、多板增殖器、螺旋膜增殖器、管式螺旋增殖器、陶质矩形通道蜂窝状增殖器、流化床反应器、中空纤维及其他膜式反应器、搅拌槽反应器、空气提升式反应器等。搅拌槽反应器的搅拌器的种类大致有：桨式搅拌器、棒状搅拌器、船舶推进桨搅拌器、倾斜桨叶搅拌器、船帆形搅拌器、往复振动锥孔筛板搅拌器、笼式通气搅拌器以及原华东化工学院开发的双层笼式通气搅拌器等。随着市场对细胞培养产物需求的增加，国外许多公司设计并生产了许多大型细胞培养反应器，如 Celltech 公司建立了 10000L 规模的生物反应器，培养杂交瘤细胞生产单克隆抗体，Sumitomo 公司建立了 8000L 反应器生产 tPA，Wellcome 公司建立了 8000L 搅拌反应器生产病毒疫苗、干扰素和其他生物制品，加拿大从瑞士 Bioengineering 公司购进 4 台 2000L 反应器生产脊髓灰质炎病毒疫苗。就生产的生物制品价值而言，无疑都是大规模生产。美国 Genentech 公司使用 CHO 细胞以 12000L 搅拌式生物反应器培养槽生产 tPA 重组蛋白以及治疗癌症的生物药物。美国 Gibco 公司建立的流加悬浮培养 rCHO 表达 r βGal 系统，采用化学修饰的无蛋白质 CHO 细胞培养基并增加 TCA 循环，生物反应器中活细胞密度最高可达 10^7 cells/ml。国内第四军医大学采用 5L Celli-Gen 反应器连续灌注培养杂交瘤细胞，培养第 9 天细胞密度达到 8×10^6 个/毫升以上。国内未见有万升级的生物反应器用于生产的报道，同时有关商品化大规模动物细胞反应器产品还处于空白，有待于进一步改进现有生物反应器设计或设计新型的生物反应器。

研究工作应致力于开发高密度细胞培养反应器，提高细胞生产率或生物产物的浓度。组织工程的迅速发展，对动物细胞生物反应器有了不同要求。要保持细胞离体培养时能具有同体内一样的三维异性结构、维持分化细胞的功能并支持细胞的高密度生长，培养过程要考虑种植有细胞的三维基质支架和生物反应器所组成的培养系统。事实上，一种反应器的开发不可能满足动物细胞生长的所有要求，同时也不可能适合所有的细胞培养方式。所以，根据某种细胞的培养过程或细胞的某种培养方式，开发专用反应器也许会比通用反应器有更好的效果。

七、动物细胞大规模培养的影响因素和过程监控

（一）动物细胞大规模培养的影响因素

1. **氨离子** 细胞培养环境中抑制因素的积聚是提高细胞密度的主要限制因素。氨离子的积累是抑制细胞生长的主要因素之一。氨的积聚使细胞内 UDP 氨基己糖（UDP－N－乙酰葡糖胺和 UDP－N－乙酰半乳糖胺）增加，影响细胞的生长及蛋白质的糖基化过程。氨抑制 Gln 代谢途径，使 Asp 和 Glu 消耗增加。细胞消耗 Asp 增加，可能是细胞线粒体膜上苹果酸－天冬氨酸泵转运 NADH 加快，使细胞维持糖酵解途径的需要。Asp 消耗增加可能会从 Gln 代谢多经天冬氨酸氨基转移酶途径而不是丙氨酸氨基转移酶或谷氨酸脱氢酶途径得以补偿。氨来源于两方面：一是直接来源于培养基，一是细胞代谢所产生。但两者都涉及谷氨酰胺，因此需要防止培养基中 Gln 自然分解，限制 Gln 用量，并尽量去除培养基中的氨。

2. **乳酸** 乳酸是细胞糖代谢的产物。高浓度乳酸会抑制乳酸脱氢酶（LDH），从而减少乳酸产生。LDH 受抑制后阻止了 NADH 向 NAD^+ 的再生及其偶联的丙酮酸/乳酸转换，从而导致 NADH 增加。NADH 增加，部分抑制糖酵解。乳酸抑制糖酵解也导致低浓度丙酮酸的生成，从而导致 Gln 消耗减少。由于糖酵解和 Gln 的分解速度降低，能量产生减少，更多的能量用于维持离子浓度梯度，因此高乳酸浓度必将抑制细胞生长。乳酸的降低可更换葡萄糖为己糖，如果糖或半乳糖，还可限制葡萄糖减少乳酸的生成，使初始葡萄糖浓度较低，在培养过程中再添加。在控制葡萄糖浓度培养中，生长期可以使葡萄糖浓度稍高，以促进细胞生长；在产物合成期降低葡萄糖的浓度，降低乳酸的产生速率，避免乳酸的积累，减少毒害，降低死亡速率，维持活细胞数在较高水平；同时还可以降低比生长速率，增加目标蛋白的产生速率。

氨对细胞的毒性比乳酸大得多，表现为降低比生长速率，增加死亡速率。控制谷氨酰胺浓度，可以减少氨的产生。谷氨酰胺要保持在较低水平，因为细胞的生长不依赖糖酵解，即使没有葡萄糖，细胞仍可以通过降解谷氨酰胺获得能量。假如谷氨酰胺的浓度过高，细胞就会偏向谷氨酰胺酵解，从而削弱这种方法的效果。有人详细地研究了动物细胞的代谢过程，采用底物限制补料分批工艺对动物细胞进行代谢控制。采用这一方法，使氨的浓度降低了一半。

在细胞中，葡萄糖代谢和谷氨酰胺代谢密切相关。葡萄糖消耗上升，则谷氨酰胺消耗下降，反之亦然。在相当大的一个范围内，葡萄糖和谷氨酰胺的消耗速率与其浓度成正比。控制葡萄糖和谷氨酰胺法可降低乳酸和氨的产生，还能有效控制比生长速

率。在细胞生长期，提供充分的营养，供细胞的需要；在产物合成期，降低葡萄糖和谷氨酰胺的浓度或流量，降低比生长速率，增加目标蛋白的产率。

不同细胞系对于这两种代谢产物的耐受性差别很大，原因可能是不同细胞系葡萄糖和谷氨酰胺代谢过程中关键酶的敏感性不同，或者在不良生长环境下，细胞转换代谢途径，特别是氨基酸代谢的改变。由于 Gln 和葡萄糖代谢的相互影响，因此降低培养基中葡萄糖浓度以减少乳酸产生的同时，必须平衡葡萄糖和 Gln 的比例。这些代谢改变机制的研究将有利于设计适当的控制方案。

通常使用透析膜、超滤膜或吸附剂选择性去除乳酸、氨或铵离子。有人建议加化学试剂比如钾盐来消除氨的影响，也有人建议可使用有谷氨酰胺合成酶的细胞。

3. 氧气 氧气的供给对细胞培养的理化环境至关重要，氧作为动物细胞培养不可缺少的条件，历来受到重视。Kilb 等早在 1968 年就报道鼠 Ls 细胞在控制与不控制氧分压的情况下出现的不同的细胞生长。当不控制培养基氧分压时，至两天半后进入无氧状态，38d 后培养基中的氧分压才开始上升，因此，在延长的无氧期细胞繁殖受到了限制。对培养基的氧分压进行控制，细胞存活量可获最大。

动物细胞对氧的需求有很大差异。不同细胞和同一细胞在不同生长时期对氧的需求均不相同。静止的单层胞培养处于相对无氧状态，许多建株细胞系的培养与此相似，因而无需很高的氧张力。原代细胞则需在有氧的培养条件下进行，且氧张力与组织中的状态相似：正常二倍体细胞所需的氧张力介于二者之间，适合于二倍体细胞生长的氧分压低于 5%。一般说来，溶解氧主要影响细胞的繁殖，而对产物的生成无直接影响，通过影响细胞生长间接起作用。通常在细胞生长初期控制溶解氧在较低的水平，低氧分压（1%~6%）适合于正常二倍体细胞株和建株细胞系的生长。在对数生长期，当细胞达到较高的浓度时，提高溶解氧水平，适合于细胞生长的氧分压是 9%，因为此时氨的积聚最少；在产物生成期，应控制溶解氧的适当水平。溶解氧过高，细胞就会加速消耗营养物质，产生许多代谢产物。这些代谢产物对细胞有抑制作用，会大大降低细胞的存活率，降低产物的比生成速率。溶解氧过低，细胞过氧的需求得不到满足，依然会降低产物蛋白质的产率。

4. 甲基乙二醛 甲基乙二醛（MG）主要是丙糖磷酸去除磷酸基后的代谢产物，也是脂类、氨基酸代谢的产物，对丁细胞有潜在的损伤作用。MG 能改变氨基酸、蛋白质和核酸的氨基和巯基。细胞内 MG 的水平由乙二醛缩酶和还原酶两种酶的活性来平衡，代谢途径是糖酵解途径。葡萄糖浓度很高（100mmol/L）时，细胞内 MG 几乎是正常培养条件下的两倍。增加培养基中谷氨酰胺浓度也会引起 MG 中度增加。用腐败假单胞菌乙二醛缩酶基因转染的 CHO 细胞中乙二醛缩酶活性增长至 3 倍多，MG 浓度比野生型 CHO 低。然而，MG 浓度降低的细胞与在典型生物反应器培养条件下的细胞的生长活力有何不同尚未确定。通过批次培养中限制葡萄糖用量来降低葡萄糖消耗，由此来确定降低糖酵解代谢是否导致细胞内 MG 浓度降低，从而最终确定 MG 浓度降低是否提高培养活力或影响产品特性的研究具有重要意义。另外，培养基中加入胎牛血清可降低 MG 浓度。

另外，在培养基中加入诸如甘氨酸甜菜碱、三甲基甘氨酸或脯氨酸等渗透压保护剂在一定程度上减轻了高渗透压对细胞的生长抑制作用，但不影响细胞表达目的蛋白的水平，同时可使细胞较长时间地维持高水平表达。

多孔微载体的研制替代了容易使细胞受机械搅拌与喷气损伤的常规载体。为创造更大优势，多孔微载体内部保护空间必须保证细胞能够进入生长。对于有些细胞株尽管能贴在微载体内，但"移动性"很差，因此需要发明一种更好的培养方式，提高微孔的开放性或者改善其表面特性，从而提高细胞贴壁率，同时增加细胞移动性。

5. **细胞凋亡** 大规模细胞培养的后期，维持细胞高的活力是个富有挑战性的课题。最初的研究似乎表明细胞死亡大多由于坏死，而人们逐渐认识到至少是一些细胞系在生物反应器中细胞死亡的主要原因是细胞凋亡。随着细胞凋亡分子机制研究的不断深入，细胞凋亡的发生被认为是大规模细胞培养过程的重要制约环节，预防并控制细胞凋亡也因此成为研究热点。

用基因工程方法将 *bcl−2* 基因这种细胞凋亡抑制基因导入细胞，成为众多研究者的选择。*bcl−2* 基因的过量表达能抑制 Gln 或氧缺乏引起的细胞凋亡，减少细胞特定营养成分的消耗，提高细胞密度和目的蛋白产量，这对于细胞大规模培养具有重大意义。已证实 *bcl2−2* 基因的过度表达可以提高灌流培养中杂交瘤细胞的活性和抗体的生产率。

在大规模动物细胞培养条件下，细胞凋亡/死亡多是在营养成分耗尽，有毒代谢产物增多时发生。因此一种"细胞静止"过程可以有效降低营养成分消耗和代谢毒物产生，提高 CHO 细胞的目的蛋白产率。方法是向 CHO 细胞中导入 *p21*、*p27* 的基因，使细胞周期中 G_1 期延长（细胞静止），改造后，细胞活力正常，外源基因表达的蛋白质量提高。其优点是产品成本降低，产量提高，遗传一致性高。

6. **基因表达** 通过细胞工程方法使细胞高水平表达外源基因并正确加工表达产物，从而提高整个表达系统的产率，也成为应用大规模动物细胞培养生产外源目的蛋白的研究的重要手段。这种潜在的目标便是改变细胞的蛋白质加工能力。tPA 表达水平及分泌效率均和它与内质网膜上的分子伴侣结合蛋白（BiP）的结合程度呈负相关。通过表达反义 BiP 转录物，tPA 突变体与 BiP 的结合减少而分泌增加。在 CHO 细胞中通过稳定转染并过量表达 BiP，阻止了未糖基化 tPA 突变体的分泌。因此，控制细胞中的分子伴侣能够使细胞正确折叠、组装、定位、分泌新合成的重组蛋白，从而提高产量。

另外，控制外源基因表达的启动子的特性是基因表达的基础之一。强的启动子成为众所周知的选择。但是，SV40 早期启动子、巨细胞病毒（CMV）启动子调控基因表达均发生在 S 期，CHO 细胞中腺病毒主要晚期启动子（AMLP）调控外源基因表达是在 G_1 期。对于利用重组动物细胞生产外源蛋白质而言，S 期表达需要提高细胞的生长速率，在批次或灌流培养中会严重降低产量；G_1 期表达将使细胞在高密度培养条件下保持较低生长速率而大量生产蛋白质。构建细胞系时，细胞周期特异表达调控具有重要研究和应用意义。

（二）动物细胞大规模培养过程监控

大规模动物细胞培养中由于大量细胞的代谢，细胞培养环境迅速改变，在线过程监控更为重要。离线取样测定特别是产物浓度测定往往需要一天的时间，因此这种测定结果，不能用来及时指导生物反应器有关参数的控制和细胞培养环境的优化，而且频繁取样容易造成污染，增加费用。因此在线测定生物反应器中培养条件、代谢产物和目的产物浓度等大量数据，并对测定结果进行分析处理，及时对培养系统进行反馈性控制是成功进行大规模动物细胞培养的需要。

在生物反应器中，温度、pH、溶解氧浓度是细胞培养规模放大的早期研究内容。现在，这 3 个参数对细胞的影响已经明确，并在培养过程中实行了有效控制。

近年来有关细胞培养过程监控的研究迅速增多。测量在线氧吸收速率，确定从细胞生长期生产病毒到病毒感染期和细胞死亡后终止感染的转换时间；用在线葡萄糖分析仪的测定调整灌流速度；测定氧消耗估计营养供应率的代谢负荷和控制；测定氧吸收速率估测 ATP 的形成；测量在线氧化还原能力作为活细胞浓度的指标等等众多特定参数均得以测定并加以应用。细胞呼吸商似乎是衡量细胞生理状态的潜在的有用参数，可测定在线氧吸收速率并用质谱仪分析废气中二氧化碳呼出率计算呼吸商。一般来说，呼吸商应接近 1.0，这就要求细胞培养中尽量降低氧消耗和二氧化碳排出。

用亲和色谱与在线取样系统偶联进行在线蛋白质含量测定的方法已经完成。另外，用在线蛋白质分解与反相色谱监测重组蛋白的糖基化以了解产品的一致性也成为一项有应用价值的技术。

可以推断，更多的代谢中间产物对细胞培养的细微影响和机制将逐渐得以充分认识。对这些因素加以调节，可以简化筛选特定克隆的方法。细胞培养营养需要的重点将继续朝着维持或增加产品质量及一致性方面努力。基因改建在筛选、扩增目的基因及控制其表达或增强细胞寿命等方面显示出强大生命力。改善细胞环境是当前众多生物反应器及控制器研究者的不懈努力方向。随着对细胞生长和产物生成之间相关性研究的深入，对生物反应器更多培养状态参数的在线检测以及各种新细胞生物反应器系统的开发利用，新的培养/控制模式将会在现有基础上不断产生。不断成熟的大规模动物细胞培养技术不仅在生产药用蛋白质方面，而且在基因治疗、基因疫苗用的病毒载体的生产、人工器官和组织移植用分化细胞的培养等研究领域都具有广阔的应用前景。

一项新的细胞培养技术的发展成熟需要较长的时间。大规模培养动物细胞是一项复杂而且经验性很强的工作，严格控制细胞培养的环境，防止污染，是进行大规模培养的前提，通过减少培养基中各种不利因素，配置细胞生长的专一性无血清培养基，以及选择条件温和、易操作、气体交换速度快的生物反应器和最适合细胞生长的微载体，可提高细胞的活性和表达水平。

第七节　动物细胞工程的应用

细胞工程作为科学研究的一种手段，已经渗入到生物工程的各个方面，成为必不可少的配套技术。在农林、园艺和医学等领域中，细胞工程正在为人类做出巨大的贡献。20 世纪 90 年代中期以来，抗体工程蓬勃发展，利用传统的免疫方法或通过细胞工程、基因工程等技术制备的多克隆抗体、单克隆抗体、基因工程抗体更是广泛应用在疾病诊断、治疗及科学研究等领域。

一、在临床医学与药物研发中的应用

（一）动物细胞培养

动物细胞培养技术在医药生物技术领域有着广泛的应用。借助于大规模的动物细胞培养获得大量的分泌蛋白。可以生产许多有重要价值的蛋白质生物制品，如病毒疫苗、干扰素、单克隆抗体等，已形成了一定规模的动物细胞工程工业。当前动物细胞工程的工业产品主要是指植物和微生物难以生产的蛋白质类产品，并已实现了工业化和商品化。现已实现商品化的产品有口蹄疫苗、狂犬病病毒疫苗、脊髓灰质炎病毒疫苗、牛白血病病毒疫苗、干扰素 - α 及干扰素 - β、血纤维蛋白溶解酶原激活剂、凝血因子Ⅷ和Ⅸ、蛋白 C、免疫球蛋白、促红细胞生成素、松弛素、激肽释放酶、尿激酶、生长激素、乙型肝炎病毒疫苗、疱疹病毒Ⅰ型及Ⅱ型疫苗、巨细胞病毒疫苗及 HIV 病毒疫苗的抗原、疟疾和血吸虫抗原以及 200 种 McAb 等。其中用无血清培养基培养动物细胞生产 McAb，采用气升式培养罐达到 1000L 规模，生产周期为 260h，抗体浓度达到 50~500mg/L，为实验室浓度的 4~5 倍，产品批量达到 260g；此外，在 1000L 规模上采用微载体培养法培养人二倍体成纤维细胞生产干扰素 - β 获得成功，是动物细胞大规模培养技术领域中的一项重大突破；英国韦尔科母公司采用 8m^3 培养罐培养 Namalwa 细胞生产干扰素 - α 亦为工业化动物细胞培养的典型实例，被称为"超大规模"动物细胞培养技术；近年来采用 100L 培养罐进行灌流式动物细胞连续培养法获得成功，缩小了反应器体积，扩大了培养规模，提高了产品产量，为动物细胞培养提供了新技术，推动了动物细胞工程工业的发展。由此可知，随着技术的不断进步，新的细胞培养设备不断出现，势将形成产值巨大的动物细胞工程工业。

此外，细胞克隆培养建立的纯细胞系的生物学特性较为一致，可用于观察药物对细胞形态及生理特性的影响，从细胞水平上判断药物疗效及其毒性，缩短新药筛选周期。

细胞培养技术也是病毒学研究的重要手段，是病毒的分离和培养中不可缺少的工具。

通过观察病毒对细胞感染作用所引起的标志，如细胞形态变化、噬斑的形成、抗原类型、代谢变化及干扰作用等，可判断病毒生长情况并用于分离病毒。以往不少病毒采用动物或鸡胚培养未能得到分离，只有通过细胞培养才能得到良好分离，如肠道病毒、腺病毒、呼吸道病毒及鼻病毒等。有些病毒，如脊髓灰质炎病毒及麻疹病毒等，仅仅在细胞培养技术诞生之后才得到迅速发展。因为大多数病毒性疾病可以用抗血清来治疗，所以为了病毒的鉴定和疫苗的生产，有必要大量培养病毒。病毒培养还可以用来进行细胞转化。病毒侵入细胞后，其基因组可能整合到细胞染色体上，从而改变细胞的特性。因此可以说动物细胞培养技术推动了病毒学研究工作的进步。

（二）动物细胞融合和单克隆抗体技术

1. **细胞融合技术** 作为细胞工程的核心基础技术之一，不仅在农业、工业的应用领域不断扩大，而且在医药领域也取得了开创性的研究成果，如单克隆抗体、疫苗等生物制品的生产。国内外已培育出了许多具有很高实用价值的杂交瘤细胞株系，它们能分泌用于疾病诊断和治疗的单克隆抗体，如甲肝病毒、抗人 IgM、抗人肝癌和肺癌、抗 M - CSFR（macrophage colony - stimulating factor receptor，巨噬细胞集落刺激因子受体）胞外区的单克隆抗体等。目前单克隆抗体技术已趋成熟，许多产品已经进入产业化的生产阶段。

此外，利用细胞融合技术可以生产各种免疫疫苗，肿瘤细胞 - 树突状细胞融合疫苗是近年来国内外恶性肿瘤免疫治疗研究的热点，在各种动物模型及患者身上观察到肿瘤的消退。Avigan等将乳腺癌或肾癌患者的自体癌细胞与树突状细胞在含有人粒细胞－巨噬细胞集落刺激因子、白介素－4的自体血清中培养，加入聚乙二醇，使两种细胞产生融合，融合细胞疫苗能使肿瘤消退，显示其在肿瘤治疗方面具有良好的应用前景。

细胞融合的技术对医学及生物学理论研究也有重要推动作用，如小鼠骨髓瘤细胞与人淋巴细胞融合后的杂种细胞总是保留着小鼠完整染色体组型，而仅带有一条至数条人染色体。根据染色体分析技术对杂种细胞及亲本瘤细胞生物功能（如酶谱等）分析，说明是由于人染色体整合到瘤细胞染色体中所引起的。同时，细胞融合技术也可用于分析癌基因在染色体中所处的位置，目前已知肿瘤病毒可诱发肿瘤，采用细胞融合及染色体分析技术测定杂种细胞致癌染色体，即可判断致癌基因在染色体上所处位置。因此，细胞融合技术对研究染色体结构，阐明生物变异及肿瘤发生与发展机制有一定指导意义。

2. 单克隆抗体技术　多克隆抗体技术其经过长期的实践已相当的成熟，现在仍然在基础研究和体外免疫学诊断方面进行广泛应用，例如其对血型和组织抗原的鉴定有着非常重要意义。多克隆抗体也可研究与开发成抗体药物，例如，Thymoglobulin是美国Sangstat公司的产品，1999年，美国FDA批准了Thymoglobulin用于治疗肾移植手术的急性排异反应。

单克隆抗体技术诞生以来，已经成为动物细胞工程技术中最成熟技术，对医药领域产生了巨大影响。通过杂交瘤技术可获得几乎所有抗原的单克隆抗体。与多克隆抗体相比，单克隆抗体纯度高、专一性强、重复性好，且能持续地无限量供应，为临床疾病的诊、防、治提供了新的工具。

（1）用单克隆抗体可以检测出多种病毒中非常细微的株间差异，鉴定细菌的种型和亚种。这些都是传统血清法或动物免疫法所做不到的，而且诊断异常准确，误诊率大大降低。例如，抗乙型肝炎病毒表面抗原（HBsAg）的单克隆抗体，其灵敏度比当前最佳的抗血清还要高100倍，能检测出抗血清的60%的假阴性。对艾滋病、乙肝表面抗原的诊断也异常准确。

（2）用单克隆抗体可以检查出某些还尚无临床表现的极小肿瘤病灶，检测心肌梗死的部位和面积，为有效的治疗提供方便。单克隆抗体已成功地应用于临床治疗，主要是针对一些还没有特效药的病毒性疾病，尤其适用于抵抗力差的儿童。其对肿瘤、自身免疫、感染、移植排斥、过敏、心血管和炎症等多种疾病的诊断准确性和治疗效果尤其突出。可检查出某些还尚无临床表现的极小肿瘤病灶，如肾癌、淋巴瘤、白血病、前列腺癌和卵巢癌等。

（3）在生殖健康诊断方面有早早孕检测试纸条、女性排卵检测试纸条。用单克隆抗体可以精确地检测排卵期。新一代免疫避孕药也在研制之中，其基本原理是用精子、卵透明带或早期胚胎来制备单克隆抗体，将它们注入妇女体内，人体就会产生对精子的免疫反应，从而起到避孕作用。人类体外受精技术的日趋成熟，使人类对生育活动有了较大的选择余地，促进了优生优育，提高了人口素质，也为不孕症患者或不宜生育的人带来福音。此外，试管婴儿的诞生，亦为动物细胞工程的重大成就。对于某些患不宜生育而又有生育能力的遗传性疾病患者，亦可采用体外受精法达到生育目的。

日本一位患不育症妇女，经激素处理后怀有四胎，再经停止妊娠手术，令两个胚胎发育，结果成功地生出两个婴儿。由此可知，动物细胞工程对人类优生优育、计划生育及提高人类素质均有重要意义。

（4）单克隆抗体可治疗类风湿关节炎，抗 CD3 单克隆抗体可治疗 1 型糖尿病。世界上第 1 个预防肾移植后急性排斥反应的人源化单克隆抗体——赛尼哌于 2000 年在我国上市。

（5）单克隆抗体技术用于某些肿瘤的治疗，是人类战胜癌症十分有望的潜在技术。"生物导弹"——单克隆抗体作载体携带药物，使药物准确地到达癌细胞，以避免化疗或放射疗法把正常细胞与癌细胞一同杀死的副作用。

全球有超过 200 家公司正在研发治疗用单克隆抗体药物，约有 335 个产品正在研发中，美国 FDA 共批准了 24 个治疗性单克隆抗体药物上市。1999 年全球抗体的销售额仅 12 亿美元，到 2004 年达到 103 亿美元，预计 2010 年全球单克隆抗体药物年销售额可望达到 300 亿美元，单克隆抗体药物居所有医药生物技术产品之首，也是生物医药行业增长最快的领域。单抗治疗剂近年成为生物技术药物领域研究热点，2000 年底，3 个产品获准生产，6 个产品临床试验阶段。

目前我国自行开发上市的几个单抗销售额已达几千万，但如果按照目前全球单抗药物占生物药物 1/3 比例估算，我国的单抗应该有 100 多亿的市场规模，作为生物领域真正的高科技产品，单抗市场未来几年内预计将远远超过医药行 16% 左右的增长率，这必将带动国内的医药经济的快速增长，产生重大的社会效益与经济效益。

（三）动物细胞大规模培养技术大量培养生产次生代谢产物

动物细胞培养技术不仅在实验室，而且在大规模工业生产中已经逐渐得到应用。近来，已经启用了 300L 和 1000L 的培养罐分别用于生产单克隆抗体和脊髓灰质炎疫苗。动物细胞培养的产物有：疫苗（人小儿麻痹症、狂犬病、风疹、脑炎、乙肝表面抗原、疱疹、某些癌症；动物口蹄疫、鸡痘病、猪霍乱、马脑炎、牛痢疾、犬瘟、草鱼出血病）；酶（尿激酶、细胞色素 P－450、胃蛋白酶、胰蛋白酶、纤维蛋白溶解原激活剂）；激素（促红细胞生成素、促间质细胞激素、绒毛膜促性腺激素、促黄体激素）；免疫调节因子（干扰素、白细胞活化因子、转移抑制因子、胸腺素、白细胞介素）。

（四）动物克隆技术、转基因动物和乳腺生物反应器

动物克隆技术至少在以下几个方面具有广阔的应用前景：保存优良的动物品种；拯救濒临灭绝的珍稀动物；利用克隆动物工厂生产蛋白质药物，发展新型的医药工业；利用克隆技术生产人体器官，扩大器官移植所需的器官来源。

将转基因与细胞核移植技术获得的克隆动物工厂相结合，获得转基因动物乳腺反应器，用来生产药用或食品蛋白，在生物制药方面具有巨大的潜在应用价值。从转基因动物的乳汁中获取的目的基因产物，不但产量高、易提纯，而且表达的蛋白质经过了充分的修饰加工，具有稳定的生物活性，因此又被称为动物乳腺生物反应器，所以用乳腺表达人类所需蛋白质基因的羊、牛等产量高的动物就相当于一座药物工厂。20 世纪 80 年代中期，英国科学家克拉克首先在鼠的乳腺组织高效表达了人抗胰蛋白酶因子基因，开创了研制动物乳腺生物反应器的先河。据美国遗传学会预测，到 2010 年，所有基因工程药物中利用动物乳腺生物反应器生产的份额将高达 95%。国外现已有数

十家以动物乳腺反应器为核心技术的公司，可生产 α_1-抗胰蛋白酶、人促红细胞生成素、乳铁蛋白、人血清白蛋白、人血红蛋白及人凝血因子Ⅸ、Ⅷ和抗凝血酶Ⅲ、血纤维蛋白原、tPA 等十余种稀有药品，但只有为数极少的几种药用蛋白上市。2006 年 6 月，由美国 Genzyme 转基因公司研制成功的世界上第一个利用转基因动物乳腺生物反应器生产的基因工程蛋白质药物——重组人抗凝血酶Ⅲ（商品名：ATryn）已经获准上市。

我国自 1998 年在"863"计划中将"转基因动物乳腺生物反应器"作为重大研究项目以来，也取得了一些较好的成绩。1996 年研制成功的能在乳腺中表达人凝血因子、EPO 的转基因羊；1998 年曾溢滔等获得了能表达人血清白蛋白的转基因奶牛；2000 年中国农业大学与北京兴绿原生物技术中心合作，成功获得了我国首例转有人 α_1-抗胰蛋白酶基因的转基因羊。2005 年中国农业大学和北京济普霖生物技术有限公司应用克隆技术和转基因技术获得的人乳铁蛋白和人乳清白蛋白转基因奶牛均获得高效表达，含量分别达到 3.4g/L 和 1.5g/L，标志着我国首次获得可商业化生产的利用动物乳腺生物反应器生产重组人类蛋白质。目前科学家们正在加紧开展重组蛋白纯化、临床前试验和临床试验等研究，力争早日实现我国动物乳腺生物反应器制药技术产业化。

（五）胚胎干细胞技术

胚胎干细胞简称 ES 细胞，是具有形成所有成年细胞类型潜力的全能干细胞。体细胞克隆技术为生产患者自身的 ES 细胞提供了可能，获得的 ES 细胞可定向分化为所需的特定细胞类型（如神经细胞、肌肉细胞和血细胞），用于替代疗法，科学家们称之为"治疗克隆"。因此，ES 细胞系的建立，为动物细胞工程寻找到了一种良好的新实验体系。

二、在畜牧业中的应用

发展畜牧业的目的在于向人类提供更多的营养丰富而品种齐全的肉类、蛋类、奶类及毛皮等产品，要表达到此目的，关键在于培养和推广优良畜禽品种。目前，人工授精、胚胎技术、细胞核移植等技术已广泛应用于畜牧业生产，繁育优良品种。

（1）利用胚胎技术可以以工厂形式大批量生产优质胚胎，从而可以降低胚胎成本，扩大移植胚的来源，使农畜动物胚胎移植的推广应用成为可能。将一个早期胚胎切为数块，再植入母畜子宫培养，可同时发育成数个仔畜，此亦为提高仔畜产量及推广优良牧畜品种的重要技术，国内已将早期奶牛胚胎切为四块后再植入母畜子宫培养，并成功地产出四条奶牛。

（2）可以从优良母畜或公畜中分离出卵细胞与精子，在体外受精，然后再将人工控制的新型受精卵种植到种质较差的母畜子宫内，繁殖优良新个体。精液和胚胎的液氮超低温（-196℃）保存技术的综合使用，突破了动物交配的季节限制，可以准确地确定受精的时间和胚胎发育阶段，因此，利用体外受精技术进行核移植、性别控制和基因导入，可望工厂化生产遗传性稳定、生产性能优良的家畜，以加快农畜良种化。

（3）细胞核移植技术，是指将一个动物细胞的细胞核移植至去核的卵母细胞中，产生与供细胞核动物的遗传成分一样的动物的技术。科学家们已经先后在绵羊、小鼠、牛、猪、山羊等动物上获得胚胎细胞核移植后代。目前，体细胞克隆也在牛、山羊、小鼠等物种上均获得了成功。动物克隆技术至少在以下几个方面具有广阔的应用前景：保存优良的动物品种；拯救濒临灭绝的珍稀动物；利用克隆动物工厂生产蛋白质药物，发展新型的医药工业；利用克隆技术生产人体器官，扩大器官移植所需的器官来源。

综合利用胚胎分割技术、核移植细胞融合技术、显微操作技术等，在细胞水平改造卵细胞，有可能创造出高产奶牛、瘦肉型猪等新品种。特别是干细胞的建立，更展现了美好的前景。

第八节　动物细胞工程的研究进展

一、转基因技术

以基因操作为主的基因工程与细胞工程、微生物工程等结合形成的高新技术产业，已在人类的经济发展与社会进步方面发挥日益重要的作用。始于20世纪80年代初的转基因动物技术打破了自然繁殖中的种间隔离，使基因能在种系关系很远的机体间流动，对整个生命科学产生巨大影响。目前，转基因动物技术已成为生命科学领域十分活跃的研究前沿。转基因动物研究热点包括建疾病动物、基因治疗动物模型、疫苗研究、哺乳动物生物反应器生产药物等。

（一）转基因动物技术和转基因动物的概念

生物体细胞中的DNA能精确合成并防止被DNA酶降解，是由于存在由限制酶与修饰酶组成的生物屏障。一般情况下，限制酶能将外源DNA切割并降解掉，而细胞本身合成的DNA由于修饰酶的甲基化作用而避免了被限制酶降解，从而保持遗传稳定性。但是，偶然也会发生外源DNA幸免降解的情况，使生物体产生小的变异。转基因技术就是利用生物这一特性，把外源基因注入细胞核而获得符合要求的转基因动物。

转基因动物技术是应用基因重组技术和胚胎工程原理，将某种外源基因在体外扩增和加工，再导入到受精卵或胚胎里，与染色体DNA稳定地整合在一起，能稳定地遗传，在体内稳定地表达；当胚胎被移植到代孕动物的子宫后，发育成转基因动物的技术，包括获取基因、重组基因和表达基因的过程。而以此种方法将外源基因导入动物染色体基因组内，稳定整合并表达和稳定遗传给后代的一类动物为转基因动物。通过转基因技术可以人为地改造动物基因组，并在动物整体水平上研究有关基因的功能。

（二）转基因动物技术方法

转基因动物技术主要步骤是：①功能目的基因选择制备，这应视生产目的而定。②进行DNA重组，外源目的基因连到有选择标记的载体上，有效导入单细胞期受精卵或四细胞胚胎或囊胚或原肠胚等（图3-32）。③整合外源基因受精卵/胚胎的检测、筛选，建立ES细胞系，将转入了外源基因的受精卵植入同期发情的受体动物，假孕母体发育。④对出生后基因整合、表达情况进行检测，表型分析。对整合、表达的转基因动物进行育种试验，建立由成功转基因个体或群体组建的转基因系。

DNA
↓ 逆转录病毒感染或DNA转染或电转移
胚胎干细胞
↓ 显微注射
受精卵 → 四细胞胚胎 → 囊胚 → 原肠胚 → 转基因动物
↑ 显微注射　　　　　　　↗　↑　↖　逆转录病毒感染
DNA　　　　　　　　　　　DNA

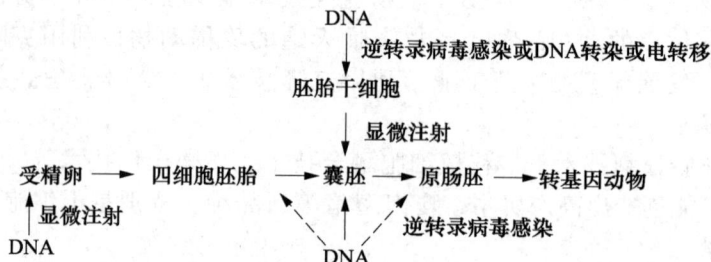

图3-32　转基因导入时机及其与受精卵不同发育阶段关系

转基因动物基因导入方法较多，主要有显微注射法、逆转录病毒感染法、胚胎干细胞法、精子载体法等（表3-5）。

表3-5　转基因动物基因导入方法

1. 细胞融合	$< 10^{-6}$
2. 微细胞介导的基因转移	$\leqslant 10^{-6}$
3. 染色体介导的基因转移	$< 10^{-6}$
4. 脂质体介导的基因转移	$\approx 2 \times 10^{-4}$
5. 磷酸钙沉淀物介导的基因转移	$10^{-3} - 10^{-7}$
6. 显微注射 DNA	$1\% \sim 10\%$
7. 电脉冲介导的基因转移	$10\% \sim 30\%$
8. 激光、超声波介导的基因转移	$10\% \sim 50\%$
9. 重组 RNA 病毒感染	$10\% \sim 100\%$
10. 重组 DNA 病毒感染	$\approx 100\%$

1. DNA 显微注射法　DNA 显微注射法（又称为原核注射法），是20多年来构建转基因动物的最主要、使用最广泛也是最可靠的动物转基因方法，这种方法是指将克隆 DNA 直接注入到受精卵的一个原核中。以制备转基因小鼠为例，由于雄原核较大并且 DNA 处于脱凝集状态，一般将 DNA 注入到雄原核中。其操作程序如下：首先，向供体母鼠注射孕马血清，48h 后再注射人绒毛膜促性腺激素，使其超排卵（排卵数可达25 枚）。然后，将此鼠与雄鼠交配获取受精卵，随后将构建的外源基因在体外用显微注射器注射到受精卵的卵原核中。显微注射完成后，将受精卵移植到代孕母鼠输卵管内，大约3周后，代孕母鼠产下转基因鼠（图3-33）。

显微注射法的优点是：①转移率较高，整合效率达20%；②外源基因长度可达数百 kb；③可得纯系动物；④周期相对较短。缺点：①设备昂贵、操作复杂；②随机整合、首尾相连的多拷贝；③转基因效率较低，成本比较高，小鼠整合成功率平均只有1%左右，家畜及其他动物成功率更低。提高整合效率应注意以下问题：①注射位置，核内注射多为雄前核内注射；②DNA 浓度，$1 \sim 2ng/\mu l$，DNA 拷贝数 $200 \sim 600$ 分子/nl；③缓冲液选择，$MgCl_2$ 1mmol/L EDTA $0.1 \sim 0.3$mmol/L；④不能定点整合，具有随机性，常造成插入位点附近宿主 DNA 大片段缺失、重组等突变，出现动物严重生理缺陷。失活或激活有害基因（如癌基因）。

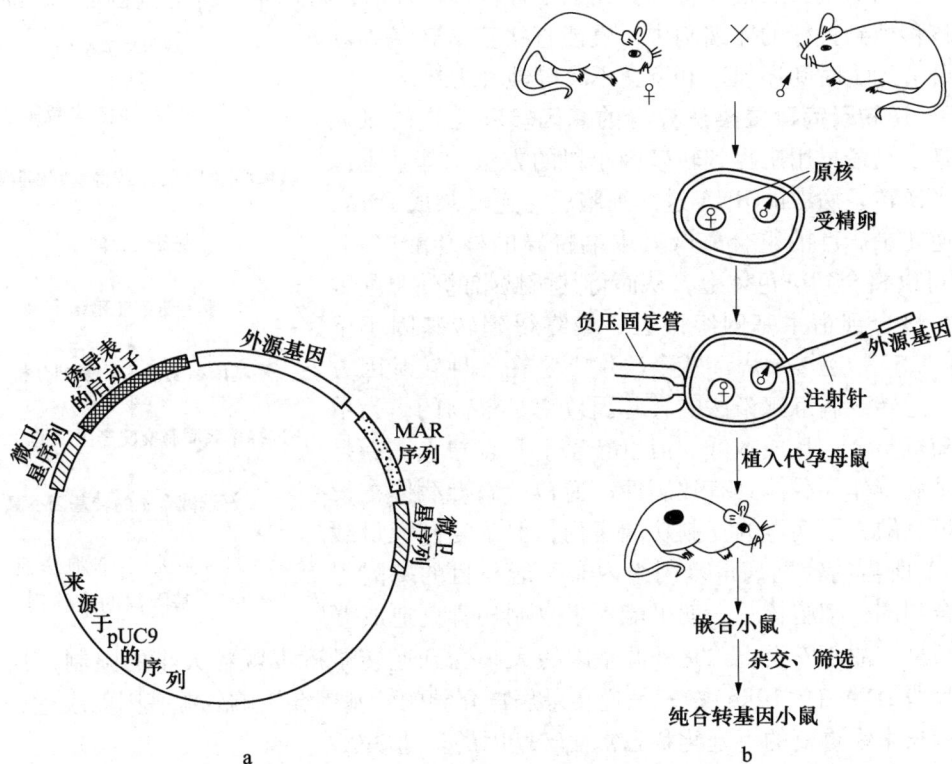

图 3-33 DNA 显微注射法构建转基因动物
a. 一种注入的外源基因序列 b. 构建转基因动物过程

2. 胚胎干细胞技术 基因打靶在细胞水平上实现了基因定位修饰，而胚胎干细胞（embryonic stem cell，ESC）是从早期胚胎的内细胞团经体外培养建立起来的多潜能细胞系，具有胚胎细胞相似的形态特征和分化特征。ES 细胞的应用则将细胞的定位修饰转化为动物个体突变，两者的结合形成了 ES 细胞介导的转基因技术体系。其具体的方法为：体外培养胚胎干细胞（ES 细胞），利用电穿孔等基因转移技术将基因打靶载体 DNA 转入 ES 细胞后，由于载体上靶基因两侧带有与受体动物染色体特定位点的同源序列，通过同源重组就可以将靶基因定点整合到受体细胞的染色体上，该过程也称为基因打靶（gene targeting）。然后经过适当的筛选和鉴定，得到符合设计要求的整合正确的细胞克隆，再将所获得的 ES 细胞经过囊胚腔注射等方法与受体囊胚细胞混合，并移植入假孕母体子宫继续发育产生嵌合体，这样产生的子代其生殖细胞就是由转基因的 ES 细胞形成的，然后在它们间进行杂交繁育得到纯合目的基因的个体，即为转基因动物。这样按照孟德尔遗传定律，就会有 1/4 机会获得纯合的转基因鼠。这种方法的优点在于避免了 DNA 显微注射法与逆转录病毒法中存在的基因随机整合的问题，缺点是由于育种过程中需要经过嵌合体途径，因而实验周期较长，目前只限于小鼠。一般程序见图 3-34。如何在大动物上应用该法得到定点整合转基因动物尚有待探索。

　　胚胎干细胞法必须先获得嵌合体后代才能得到转基因动物，历经至少两代，杂交选育工作繁重，这对大动物如羊、牛等尤其不便，而且后代过度纯合可能导致胚胎早期死亡、畸形或者后代不育等。如果结合核移植技术，将携带有外源基因的 ES 细胞的细胞核移植到去核的卵细胞中，就能直接获得转基因动物，既节约了时间还能避开近交不育等纯种劣势。

3. 逆转录病毒侵染法介导的基因转移　逆转录病毒侵染法是最早用来得到转基因小鼠的方法，其基本原理是当逆转录病毒的 RNA 进入细胞后，逆转录成 DNA，依靠逆转录病毒的整合酶及其末端特异的核苷酸序列，DNA 可以整合到染色体上，从而将其所携带的外源基因插入并整合到宿主基因组中去，最终得到转基因小鼠（图 3-35）。逆转录病毒感染法优点是在各种转基因方法中，逆转录病毒感染法的转基因效率是最高的，为单拷贝随机整合，且成本低。但也有以下几点缺点：一是逆转录病毒作为载体具有致癌性；逆转录病毒载体在设计时虽然缺失了病毒的复制功能序列，但是复制大量载体 DNA 所需的辅助病毒基因组内有可能与目的基因一起整合到同一细胞核中，就可能大量复制病毒，造成严

获得功能基因

↓

构建基因打靶载体

↓

转染胚胎干细胞，获得基因剔除细胞系

↓

制备嵌合体

↓

筛选进入生殖系小鼠

↓

转基因小鼠（F_1）表型分析

↓

选择单系同胞交配产生（F_2）代

↓

筛选纯合子的转基因小鼠

图 3-34　胚胎干细胞法建立转基因鼠的实验程序

重的污染，故不安全；二是外源基因的大小受到逆转录病毒颗粒大小的限制，只能转移小片段 DNA（≤10kb）；三是逆转录病毒介导的转基因会影响外源基因的表达，逆转录病毒长末端重复的甲基化状态常使转基因的表达缺失。

自 1988 年开始在大哺乳动物乳腺生物反应器中表达基因工程药物以来，已在以下动物的乳汁中生产出人类蛋白质药物：牛奶中有抗凝血酶、纤维蛋白原、人血白蛋白、胶原蛋白、生育激素、乳铁蛋白、糖基转移酶、蛋白 C 等；山羊奶中有抗凝血酶原、α-抗胰蛋白酶（α-AT）、生育激素、血清白蛋白、组织型纤溶酶原激活剂（tPA）、单克隆抗体；绵羊奶中有抗胰蛋白酶、凝血因子Ⅸ、纤维蛋白原、蛋白 C；猪奶中亦有蛋白 C、凝血因子Ⅸ、纤维蛋白原、血红蛋白。

虽然动物乳腺生物反应器生产基因工程药物的研究到目前已取得了一些成功经验，但离商业化生产还有距离，至今还没有一例这样的药物成功上市的报道。就转基因动物本身而言也存在着许多问题，如有时转录效率低，不能表达或表达混乱，遗传表型不能遗传给后代，以及转基因动物成活率低，产品的安全性等。

4. 精子介导的基因转移　以精子作为载体，外源 DNA 和精子一起孵育，精子捕获外源 DNA，通过受精导入受精卵。

此外，可以通过基因枪方法，通过高速飞行的金属颗粒将包被其外的目的基因直接导入受体细胞内，1992 年，世界首例转基因小鼠就是通过该法介导基因转移。

（三）转基因动物在医药业的应用

目前转基因动物技术已日趋成熟，并广泛应用于医学和药学领域，其主要应用在以下几个方面：①作为医学研究的疾病动物模型，用于遗传病等疾病的发病机制研究；②研究外源基因在整体动物中的表达调控规律；③作为药理学研究的动物模型，用于寻找新的药物作用靶点和新药筛选试验；利用转基因大动物如牛、羊、猪等的乳腺等组织作为生物反应器——"生物药厂"，生产极具药用价值的稀有生物活性蛋白质；④

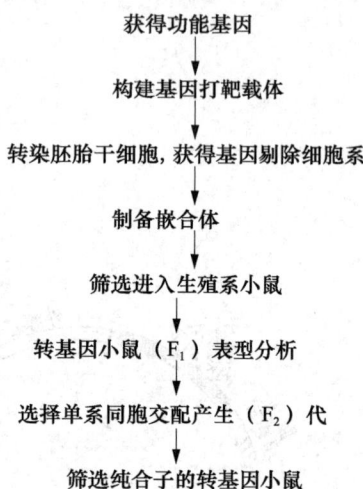

 不重复

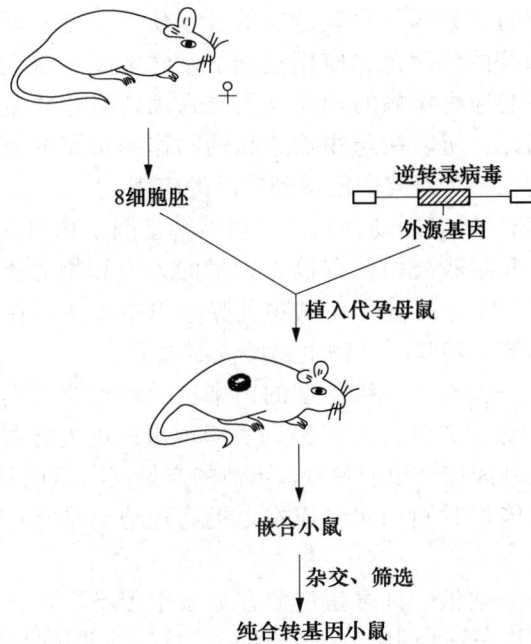

图 3 – 35 逆转录病毒侵染法建立转基因鼠的过程

改良动物品种。

1. **医学研究的疾病动物模型** 人类许多疾病的发生、发展多涉及基因的异常改变，如遗传性疾病、肿瘤等。因此，从基因入手，将疾病相关基因导入动物染色体基因组中，或敲除基因而形成的转基因动物可以很好地研究基因的调控变化与疾病发生、发展的内在关系。目前，转基因动物越来越多地应用到医学研究中，可以用来建立多种疾病的动物模型（表 3 – 6），进而研究这些疾病的发病机制及治疗方法。例如转基因鼠模型可在短时间内模拟人体疾病的发生与发展，同时又能为基因治疗提供试验系统。从转基因鼠体内得到的有关病理学知识，对于了解某些复杂分子病的病理学原理，如阿尔茨海默病、关节炎、肿瘤、高血压、变性神经病、内分泌功能紊乱、心血管冠状动脉疾病等，将起很大作用。

表 3 – 6 已建立的部分人类疾病的转基因动物模型

疾病模型	基因转移方法	转导的基因
阿尔茨海默病	显微注射	β 淀粉样蛋白基因
2 型糖尿病	显微注射	胰岛淀粉样多肽基因
β 地中海贫血症	显微注射	人 β 珠蛋白基因
镰刀细胞贫血症	显微注射	人 α 和 β 珠蛋白基因
唐氏综合征	显微注射	Cu/Zn – SOD 酶基因
卡氏肉瘤	逆转录病毒转染	HIV *tat* 基因
成骨不全症	显微注射	突变的 α_1 胶原蛋白前体基因
自毁容貌症	ES 细胞同源重组	突变 *HGPRT* 基因

2．转基因动物在新药研究中应用 以往在药物研究中所采用的动物模型大多是通过化学损伤等方法形成的。如四氯化碳造成的肝损伤等，这些动物模型从病因学上讲与疾病发生是完全不相符的，因此，应用这样的动物模型筛选药物的成功性很低。而转基因动物是人们有目的地将疾病的相关基因导入动物染色体基因组中形成的动物模型，其模拟了疾病的病证，所以在药物筛选和药物作用机制的研究方面有着独特的作用。目前，转基因动物在新药研究中已得到广泛的应用。

3．转基因动物制药 转基因动物制药是当前转基因动物研究的最受人们关注的热点。国外许多研究机构和制药公司都在投入大量的人力和物力进行研究开发。转基因动物可作为生物反应器。转入的基因在动物乳腺组织中表达，在乳汁中分泌转基因产物，如生物药品、食品等。转基因动物生物反应器如下。

（1）生物反应器——禽卵 一种新型的白来杭鸡年产蛋可达330只，每只蛋约含6.5g蛋白质，其中属于卵清部分的就有3.5g。卵黄蛋白进入卵黄需要特定的内部识别序列，所以对卵清蛋白基因修饰更容易些。蛋清的产量高、蛋白质含量丰富且产物分泌到动物体外，且家禽在传代时间和实验成本上拥有优势。难点：缺少有效的转基因途径，因而进展缓慢。

（2）生物反应器——血液 许多蛋白质在血浆中很不稳定，甚至有些蛋白质对动物的健康不利。血液也许只适合生产人血红蛋白、抗体或非活性状态的融合蛋白。目前研究显示：网织红细胞也许能成为非分泌型重组蛋白的"工厂"。

（3）生物反应器——尿液 特点是收集产物蛋白比较容易，不必对动物造成伤害。从动物一出生就可收集产物，不论动物的性别和是否正处于生殖期。尿液中杂蛋白及脂类含量极低，重组蛋白的分离纯化就简单得多。

（4）生物反应器——乳腺 乳腺生物反应器一直是转基因动物研究的热点。通过家畜乳腺分泌大量人体药用蛋白有如下优点：①产量高，成本低，周期短，效率高，分离纯化十分方便；英国PPL公司转基因羊生产 α_1 - 抗胰蛋白酶，1L羊奶中含蛋白质30g，价值4000英镑，成本0.05美元/克蛋白质，而细胞培养法5~500mg/L，4~10美元/克蛋白质。荷兰PHP公司三头转基因牛生产的EPO可供全球所用。②乳腺表达，不影响动物整体。③能弥补其他表达系统的不足，对蛋白质可进行翻译后修饰加工。④从乳汁中纯化蛋白质技术简单，不污染环境。⑤改变乳汁成分，作为保健食品。

制备乳腺生物反应器过程：①β - 乳球蛋白启动子下游加基因，如组织纤溶酶原激活剂 *tpA*基因；②转基因技术，*tpA* 基因整合到乳腺细胞

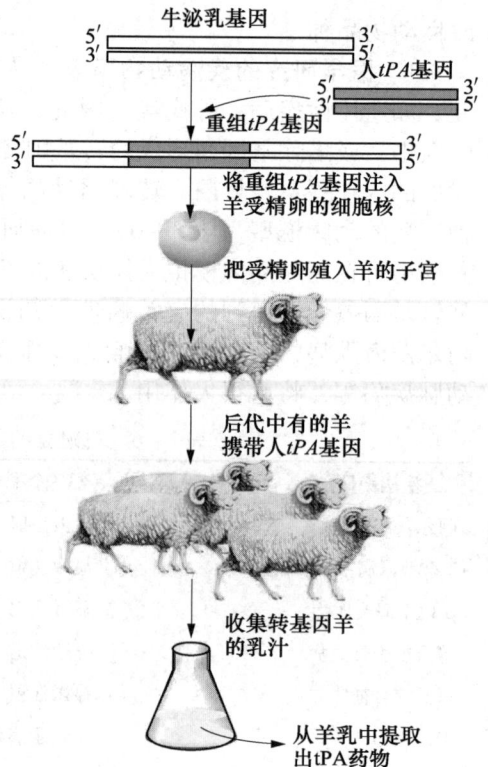

图3-36 制备乳腺生物反应器并在乳腺中表达 TpA 蛋白的过程

基因组；③核移植技术；④繁殖，筛选；只在乳腺中表达，乳汁中含高浓度 TpA 蛋白（图 3 – 36）。

选择的目的基因是生物体含量低不易获取，翻译修饰复杂，其他表达系统难以替代或费用昂贵，临床应用前景广阔的基因。用于乳腺特异性表达的调控序列主要有 β – 乳球蛋白（BLG）、乳清酸蛋白（WAP）、α_1 – 酪蛋白、β – 酪蛋白等基因的启动子（表 3 – 7）以及部分内含子和绝缘子等。

表 3 – 7 几种乳腺反应器的特异性启动子

启动子	蛋白质	DNA	表达	动物
α_1 – 酪蛋白	Hlf	cDNA	3mg/ml	牛
β – 酪蛋白	AT – Ⅲ	N/A	14mg/ml	绵羊
β – 酪蛋白	hAAT	N/A	20mg/ml	绵羊
β – 酪蛋白	hLA – tPA	cDNA	2mg/ml	绵羊
乳清酸蛋白	hLA – tPA	cDNA	3μg/ml	绵羊
β – 乳球蛋白	hAAT	cDNA	5μg/ml	山羊
β – 乳球蛋白	hAAT	minigene	35mg/ml	山羊

受体动物的选择从理论上讲，外源基因可以转导到任何一种动物的生殖系细胞中获得转基因动物，但能否开发成转基因动物生物反应器以生产药物蛋白质，则需考虑技术和经济等因素（表 3 – 8）。至少要重点考虑以下几点：动物世代间隔的长短；窝产数多少；乳腺反应器泌乳量；动物维持成本；抗病毒感染能力。

表 3 – 8 转基因动物生产蛋白质药物的比较

	小鼠	兔	猪	山羊	绵羊	奶牛
每头年产奶量（L）	0.02	50	250	400	500	10 000
生产10kg 药物蛋白所需动物头数	5.8×10^6	200	40	25	20	1
转基因动物首次泌乳所需时间	14 周	17 周	12 个月	18 个月	18 个月	27 个月

从 1987 年 Gordon 等人在转基因小鼠乳汁中得到人组织型纤维蛋白溶酶原激活因子（tPA），到现在已有数十种人体蛋白在家畜乳腺中表达，有药用蛋白、医用疫苗、营养添加剂等。这些蛋白质可以用于治疗人类相关疾病。例如荷兰 PHP 公司培育出乳中含有人乳铁蛋白的转基因牛；英国 Roslin 研究所培育出乳中含治疗血友病成分的转基因羊；美国 GTC 公司培育出可生产血清白蛋白的转基因羊；英国 Poslin 研究所—PPL 药物公司合作培育出转基因绵羊，羊乳中所含的 α – 抗胰蛋白酶可用以治疗肺气肿；此外，还有在羊乳中含抗凝血酶Ⅲ的转基因山羊，含 α – 葡萄糖苷酶的转基因兔，以及牛乳中 k – 酪蛋白的含量提高及牛乳中无乳糖的转基因牛；还有转入相关基因培育出能产生抗菌、抗病毒或抗寄生虫感染的转基因产物的转基因牛、猪、小鼠等。

转基因动物是一种个体表达反应系统，它代表了当今时代药物生产的最新成就，也是最复杂、最具有广阔前景的生物反应系统，与以往的制药技术相比，具有不可比拟的优越性。哺乳动物乳腺生物反应器好比在动物身上建"药厂"，而作为生物反应器的转基因动物又可无限繁殖，因此一旦这个药厂建成，我们就可以从动物的乳汁中源源不断获得目的基因的产品。人们甚至创造了一个新名词"pharming"来表示利用转基因家畜在乳腺中生产蛋白质药物这一想法。至于为什么要选择乳腺来生产药物蛋白，原因很多。首先，乳汁可以由乳腺不断地分泌，而且产量很高，长期收集也不会对动物造成伤害；其次，将新的药物蛋白质限制在乳腺内生产，最后分泌到乳汁中，一般不易对转基因动物的正常生理活动造成影响；再有，乳腺分泌的蛋白质是经过正常的高等哺乳动物的翻译后加工的，这使得生产的药物蛋白质更接近于人类自身的蛋白质；此外，乳汁中含有的其他蛋白质种类有限，药物蛋白质纯化起来相对较为容易。这样，用转基因牛、羊等家畜的乳腺表达人类所需蛋白质基因，就相当于了建了一座大型制药厂，这种药厂显然具有投资少、效益高、无公害等优点。按 Genzyme 转基因发言人汤姆纽伯里的说法，利用动物生产药物只需向动物、畜棚和挤奶装置投资，而不是不锈钢发酵罐。

国外曾有经济学家曾算过一笔账，若用其他生产工艺（如哺乳动物细胞株培养系统）来生产 1g 药物蛋白质，成本需 800～5000 美元，而利用转基因动物只需 0.02～0.5 美元。从药物生产开发周期方面来看，目前一种新药从它的研制开发、药审，直到上市，整个过程需 15～20 年。如果利用转基因动物乳腺生物反应器，新药生产的周期为 5 年左右。如以动物繁殖的周期计算，转基因羊从显微注射到泌乳的周期是 18 个月，而转基因牛也只要 25～29 个月。

4. 改良动物物种，提高动物育种效率　通过改造动物的基因组，使家畜、家禽的经济性状改良更加有效，例如使生长速度加快、瘦肉率提高、肉质改善、饲料利用率提高、抗病力加强等。加上体细胞克隆技术能使优良种畜迅速扩群，可在短时间培育出新品种。例如澳大利亚培育出的转基因山羊，羊毛增产 5%。

5. 转基因动物是对多种生命现象本质深入了解的工具　例如研究基因的结构与功能的关系、细胞发育的潜能性、细胞核与细胞质的相互关系、胚胎发育调控、肿瘤、神经与发育等。在研究中可将报道基因作为转入基因，探测动物基因组中的时空特异性表达调控序列；将反义基因作为转入基因，来灭活相关内源基因，构建基因缺陷——功能失去的模型；将同源基因作为转入基因，改造、取代内源基因，包括灭活内源基因、引入点突变、定位修复、增加内源基因拷贝等。

6. 通过转基因动物可以生产人体或动物进行器官或组织移植时所需的器官和组织　家畜胎儿神经细胞可以替代人类神经细胞用于帕金森病的治疗。猪器官的体积和形状以及 DNA 基本与人类相似，是理想的肾、心、肝等器官供应者，但这种组织器官移植面临的主要问题是免疫排斥。有两种解决办法：一是在移植前去除受体器官的抗体，但它能迅速再生成；另一种较长久的措施是通过转基因技术，特别是基因打靶技术，向器官供体基因组敲入某种调节因子，抑制 α - 半乳糖抗原决定簇基因的表达，或敲除 α - 半乳糖抗原决定簇基因，再结合克隆技术，培育大量不含免疫排斥的转基因克隆猪的器官。

（四）尚待解决的问题

转基因动物的研究发展很快，但仍有许多难题有待解决，诸如基因整合效率不高、生产周期长、生产效率低、成本高、转基因动物死亡率高、常出现不育导致转基因动物难以传代等；成功率低、成活率低是转基因动物技术面临的主要因素，2006 年统计：小鼠成活率 2.6%，大鼠 4.4%，兔 1.5%，羊 0.9%，猪 0.7%，牛 0.7%。此外目的基因定点整合率低，效果不稳定，整合的拷贝数、整合的机制不清，基因易从宿主基因组中消失。遗传表型不能遗传给后代及不能表达或表达混乱问题等。

除了这些技术问题以外，还涉及法律、安全性及产品如何被消费者接受等问题，目前尚无法大规模生产。因为：①基因重组打破了物种间的界限，打乱了自然进化历程，改变了生态系统的结构，这对于人类是福是祸？②转基因生物具有新性状，其适合度和竞争力增加，是否会导致本来就弱的濒危生物更快地从地球上消失？③转基因生物的数目增加，是否会对生物多样性、群落结构形成威胁？④新性状的转基因生物如果大量回归自然界，有可能会影响到生态系统中能量的流动和物质循环，这又会有什么影响？⑤重组微生物降解的产物是否对人类有害，这是否会给人类带来负面效应？⑥转基因食品是否有损于人类健康？

（五）应用

1. 利用转基因动物生产具有生物活性的药用蛋白质 随着转基因技术的快速发展，可以预见，以上问题将会很快得到解决。利用转基因动物生产药用蛋白质的研究也取得了突破性进展。这项技术开创了生物医药产业的新途径，大大地降低了生产成本和投资风险，将成为21世纪生物医药产业新的药物生产模式。表3-9列出了利用转基因动物生产的具有生物活性的药用蛋白质。

表3-9 转基因动物来源的医药产品

产 品	用 途	研发阶段
人源化单克隆抗体 SGl.1	风湿性关节炎、肾炎	注册前
帕尼单抗 ABX-EGF	癌症	上市
人源化抗 IL-8 抗体 ABX-IL8	风湿性关节炎	上市
抗凝血酶Ⅲ（antithrombinⅢ）	血栓	Ⅲ期临床
丁酰胆碱酯酶（butyrylcholinesterase）	生物防御	临床前
C1 抑制剂（C1 inhibitor）	遗传性血管性水肿	Ⅲ期临床
细胞毒性 T 淋巴细胞抗原的抗体 CTLA4Ig	风湿性关节炎	Ⅲ期临床
TNF-α 抑制剂 D2E7	风湿性关节炎	Ⅲ期临床
促红细胞生成素（erythropoietin）	贫血	Ⅲ期临床
乳铁蛋白（lactoferrin）	免疫调节、抗感染	Ⅰ期临床
那他珠单抗（tyssabri）	神经紊乱	Ⅲ期临床
转基因鼠（xenomouse）	多种适应证	多种研究状态

2. 转基因动物作为药物筛选模型 近年来，随着分子遗传学和转基因技术的不断发展和完善，转基因动物与医学及生物制药研究的关系越来越密切，现在，利用转基因动物可以建立敏感动物品系以及与人类有相同疾病的动物模型，用于药物筛选，从而避免了传统动物模型与人类某种症状相似的疾病在致病原理和机制存在差异的不足，其结果准确、经济、试验次数少，大大缩短了实验时间，已成为对药物进行快速筛选的一种有效手段。

人类基因组序列精细图已于2003年完成，而小鼠是继人类之后第二个完成基因组测序工程的哺乳类动物，由于其基因与人类的同源性高达90%以上，因此，在模型动物中，小鼠是最适合作整体研究的材料。小鼠的遗传研究已经成为生命科学的前沿，以小鼠为基本材料的遗传资源的保护和开发，直接影响基因药物产业和相关医疗领域的研究，其经济效益和社会效益不可估量。转基因小鼠模型目前已在病毒性疾病、肿瘤、心血管疾病、遗传性疾病、神经系统疾病等方面开展了研究，同时也已用于药物筛选研究，并已在很多药物的筛选中取得突破性进展。

二、细胞核移植与哺乳动物克隆技术

（一）细胞核移植技术

核移植是一项将外源全能的细胞核移植入去核的卵母细胞中，以产生遗传上同质性状的克隆动物的技术。

1952 年布里格斯等科学家首次对低等动物进行核移植，成功地得到核移植的小蛙，建立了细胞核移植技术，我国著名的胚胎学家童第周教授，把核移植技术应用到蟾蜍和鱼类，取得令人瞩目的成就。继两栖类和鱼类等核移植取得成功之后，科学家们开始把其注意力集中到哺乳动物身上，首例是 1957 年在小鼠上获得成功的，之后进展较快，特别是对哺乳动物的卵子移植技术取得了重大改进。用细胞核移植技术，通过不同细胞质与细胞核之间的配合，可以更明确而深刻地研究不同组织和不同发育时期的细胞核的功能及其与细胞质之间的相互作用，为核质关系的研究开创了新途径。

由于细胞核体积很小，必须在显微镜下才能观察到，同时它又十分脆弱，易受损伤，因此，细胞核移植是一项十分精细、难度很大的显微操作技术。细胞核移植实验包括去核卵的制备、核供细胞的核分离及细胞核移植等 3 个步骤。

核移植方法由核供细胞使用的类型来决定，目前，主要采取两种方法。

（1）分裂到 16～32 细胞期的早期胚胎细胞 利用此方法，日本 1990 年成功地获得首例核移植牛犊，许多研究单位积极发展此项技术，并将其应用到实践。

（2）来自胚胎内细胞群的具有全能性增殖的胚胎干细胞 采用全能性胚胎干细胞的核移植技术仍处于研究之中。以胚胎干细胞作为核供体细胞有两种途径，一种是从内细胞群细胞中提取 1 个细胞，另一种是将内细胞再培养后提取 1 个细胞。据报道，尽管采用前一种方式已获得 1 头核移植牛犊，但成功率极低。为此，现在很多大学和研究部门正研究建立牛胚胎干细胞生产技术，以便将其应用于核移植技术中，然而，至今尚未成功。

（二）哺乳动物克隆技术

克隆一词是英文单词 clone 的音译，作为名词，clone 通常被意译为无性繁殖系。即无性繁殖，是指不通过有性生殖过程由正常的二倍体细胞繁衍后代。同一克隆内所有成员的遗传构成是完全相同的，例外仅见于有突变发生时。自然界早已存在天然植物、动物和微生物的克隆，例如同卵双胞胎实际上就是一种克隆。然而，天然的哺乳动物克隆的发生率极低，成员数目太少（一般为两个），且缺乏目的性，所以很少能够被用来为人类造福，因此，人们开始探索用人工的方法来生产高等动物克隆。

1. 哺乳动物克隆技术的方法 目前，哺乳动物克隆技术（mammalian cloning）的方法主要有胚胎分割和细胞核移植技术两种。

（1）胚胎分割技术 是把一个胚胎的细胞分成 2 组或多组，经过短暂培养使其修复、发育，再一同或分别移到不同的代母中，妊娠产多胎。此技术又称人工同卵多胎技术。

（2）细胞核移植技术　是通过特殊的人工手段（显微镜操作、电融合等）将哺乳动物不同发育时期的胚胎或成体动物的细胞核，移植到相应的核受体（去核的原核胚或成熟的卵母细胞），进行体外重构、体外培养、胚胎移植，从而达到扩繁同基因型哺乳动物种群的目的。采用细胞核移植技术克隆动物的设想最初由汉斯·施佩曼在 1938 年提出，他称之为"奇异的实验"，即从发育到后期的胚胎（成熟或未成熟的胚胎均可）中取出细胞核，将其移植到一个卵子中。这一设想是现在克隆动物的基本途径。克隆羊"多利"，以及其后各国科学家培育的各种克隆动物，采用的都是细胞核移植技术。与胚胎分割技术不同，细胞核移植技术，特别是细胞核连续移植技术可以产生无限个遗传相同的个体，故细胞核移植是产生克隆动物的有效方法。克隆过程如图 3～37 所示：

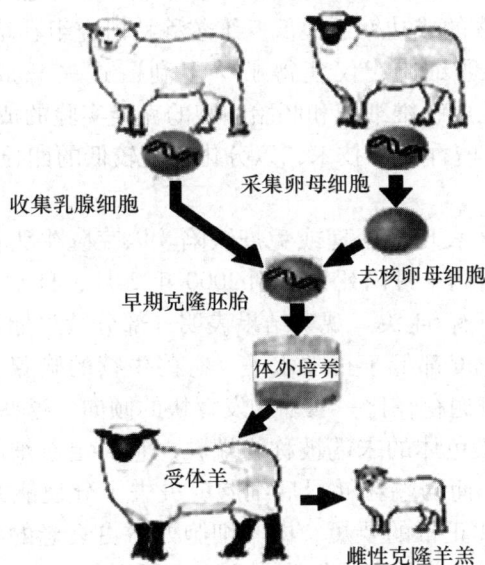

图 3－37　动物克隆过程

2．哺乳动物克隆技术的意义

（1）对医学的意义　利用体细胞克隆技术，可通过建立转基因动物系的方式培养转基因动物。这样可以无限制地克隆出与其同基因型的转基因后代。另外，利用体细胞克隆技术，克隆哺乳动物某些特定发育阶段的胎儿，对人类某些顽症如帕金森病实施细胞治疗，揭开了"治疗型克隆"的广阔前景。

（2）迅速扩繁同基因型的优秀个体，大幅度提高畜产品产量和质量　由 1 枚胚胎反复克隆已得到 190 枚克隆胚胎，母牛繁殖后代数可呈几何级数增长。因此，随着克隆技术的不断完善，在畜牧业上可真正实现家畜胚胎的工厂化生产，迅速扩大同基因型的优良种群，从而大幅度提高现有畜群的生产水平，增加畜产品产量，改善畜产品质量。

（3）克隆技术是培育优良畜种的捷径　动物克隆避免了优良基因组合在有性繁殖过程中的分离和漂变，把核移植、ES 细胞培养与 MOET 育种技术相结合，就能迅速提高优良基因及其组合在群体中的频率，扩大优良母畜的遗传贡献，从而大大加快育种进程，提高育种效率。

（4）动物克隆是复制濒危的动物物种、保存和传播动物物种资源的有力措施。近10年内，我国就有158个固有或培育家畜品种濒临灭绝，32个固有品种已经灭绝。我们已永远地失去了对世界现代肉鸡品种培育做出重要贡献的"九斤黄鸡"这一珍贵的品种资源，但结合利用核移植技术的非原位保种可很大程度上解决以上问题。

3. 克隆技术存在的问题 尽管克隆技术有着广泛的应用前景，但离产业化尚有很大距离，克隆技术在理论和技术上都还很不成熟。在理论上，分化的体细胞克隆对遗传物质重编（细胞核内所有或大部分基因关闭，细胞重新恢复全能性的过程）的机制还不清楚；克隆动物是否会记住供体细胞的年龄，克隆动物的连续后代是否会累积突变基因，以及在克隆过程中胞质线粒体所起的遗传作用等问题还没有解决。

（1）实践中克隆动物的成功率还很低。维尔穆特研究组在培育"多利"的实验中，融合了277枚移植核的卵细胞，仅获得了"多利"这一只成活羔羊，成功率只有0.36%，同时进行的胎儿成纤维细胞和胚胎细胞的克隆实验的成功率也分别只有1.7%和1.1%，即使是使用"檀香山"技术，以分化程度较低的卵丘细胞为核供体，其成功率也只有百分之几。

（2）生出的部分个体表现出生理或免疫缺陷。以克隆牛为例，日本、法国等国培育的许多克隆牛在降生后两个月内死去；到2000年2月，日本全国共有121头体细胞克隆牛诞生，但存活的只有64头。观察结果表明，部分犊牛胎盘功能不完善，其血液中含氧量及生长因子的浓度都低于正常水平；有些牛犊的胸腺、脾和淋巴腺未得到正常发育；克隆动物胎儿普遍存在比一般动物发育快的倾向，这些都可能是死亡的原因。

（3）有早衰迹象。染色体的末端被称为端粒，它决定着细胞能够分裂的次数：每一次分裂端粒都会缩短，而当端粒耗尽后细胞就失去了分裂能力。1998年，科学家发现"多利"的细胞端粒比正常的要短，即其细胞处于更衰老的状态。美国马萨诸塞州的医生罗伯特·兰扎等用培养的衰老细胞克隆牛，得到6头小牛，出生5～10个月后发现这些克隆牛的端粒比普通同龄小牛要长，有的甚至比普通新生小牛的端粒还长。现在还不清楚这一现象的原因，也不清楚为何与"多利"的情况有巨大差别，还有待于进一步观察。

（4）对伦理道德的冲击和公众对此的强烈反应也限制了克隆技术的应用。克隆技术的发展表明，世界各科技大国都不甘落后，谁也没有放弃克隆技术研究。这一点上英国政府的态度非常具有代表性，在1997年2月底宣布中止对"多利"研究小组投资后不到1个月，英国科技委员会就对克隆技术发表专题报告，表明英国政府将重新考虑这一决定，认为盲目禁止这方面的研究并不是明智之举，关键在于建立一定的规范利用它为人类造福。

4. 克隆技术未来发展方向 克隆技术未来发展将集中在五个方面。

（1）克隆基础理论研究 弄清楚为什么克隆动物受孕率、存活率低，流产率、死亡率高等一系列问题。

（2）克隆技术的应用 利用克隆技术"复制"优良品种家畜，并逐步推动其实现产业化，直接为市场和经济发展服务。

（3）拯救濒危动物　为有效保护提供一种新的思路和方法。"条件成熟时甚至还可以将灭绝物种恢复原状，例如取出掩埋于冰川底下已灭绝动物的体细胞，通过克隆让它们再现于地球"。

（4）开展治疗性克隆　以推动人类更好地解决各种疑难疾病，为人类健康造福。

（5）器官移植　也是研究的一个重要方面。

克隆人和器官的技术路线见图 3-38。

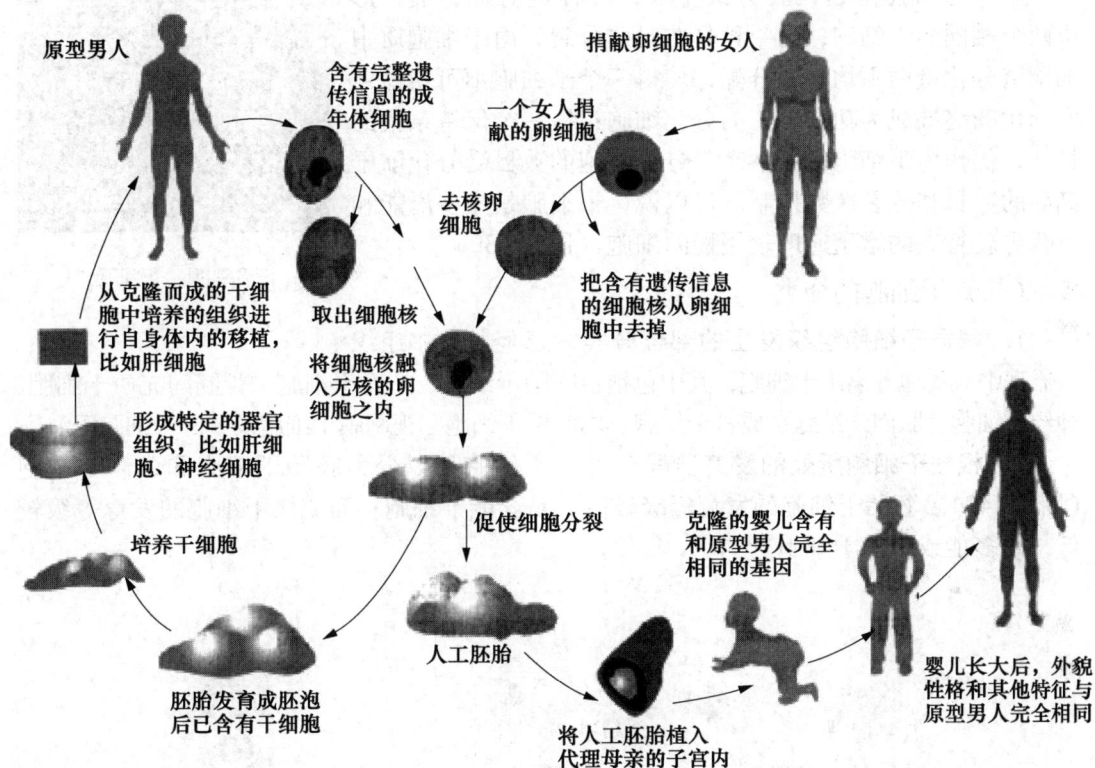

图 3-38　克隆人和器官的技术路线

三、干细胞研究

当人类步入新世纪的门槛时，在生命科学领域中一个倍受人们关注的干细胞的研究已成为热点。美国研究人员发现在胰腺中存在干细胞；加拿大研究人员在人、鼠、牛的视网膜中发现了始终处于"休眠状态的干细胞"，还有的科学家证实脑干细胞可以发育成血细胞。干细胞是在生命的生长和发育中起"主干"作用的原始细胞。为此，美国著名的《科学》杂志在 1999 年和 2000 年均把它列为 21 世纪最重要的 10 项研究之中。当前，干细胞已正在发展成为一门新兴的学科——干细胞生物工程，随着干细胞工程研究的不断深入，生命的奇迹将在 21 世纪上演。

（一）干细胞的概念

干细胞是一类具有自我更新和分化潜能的细胞。干细胞有以下特点：

（1）具有自我维持与自我更新的能力；

（2）具有多方向分化的潜能，即可以发育成为各种胚胎组织的细胞，或可以分化为本系统各谱系的细胞；

（3）干细胞分裂能力可以维持相当长的时间，有的可以保存终生；

（4）既有生理性的更新能力，也具有对损伤与疾病导致的反应与修复能力；

（5）干细胞通过两种方式生长，一种是对称分裂，形成两个相同的干细胞；另一种是非对称分裂，由于细胞质中的调节分化蛋白不均匀地分配，使得一个子细胞不可逆地走向分化的终端成为功能专一的分化细胞；另一个保持亲代的特征，仍作为干细胞保留下来。分化细胞的数目受分化前干细胞的数目和分裂次数控制。可以说，干细胞是具多潜能和自我更新特点的增殖速度较缓慢的细胞（图3–39）。

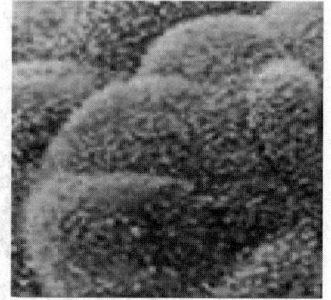

图3–39　干细胞

（二）干细胞的分类

1．根据干细胞组织发生的部位分类　已经从许多组织或器官中成功地分离出干细胞，其中包括：胚胎干细胞、造血干细胞、骨髓间充质干细胞、神经干细胞、肌肉干细胞、成骨干细胞、内胚层干细胞、视网膜干细胞及胰腺干细胞等。

2．根据干细胞所处的发育阶段分类　干细胞可以分为胚胎干细胞和成体干细胞（图3–40）。胚胎干细胞的发育等级较高，是全能干细胞；而成体干细胞的发育等级较低，是多能或单能干细胞。

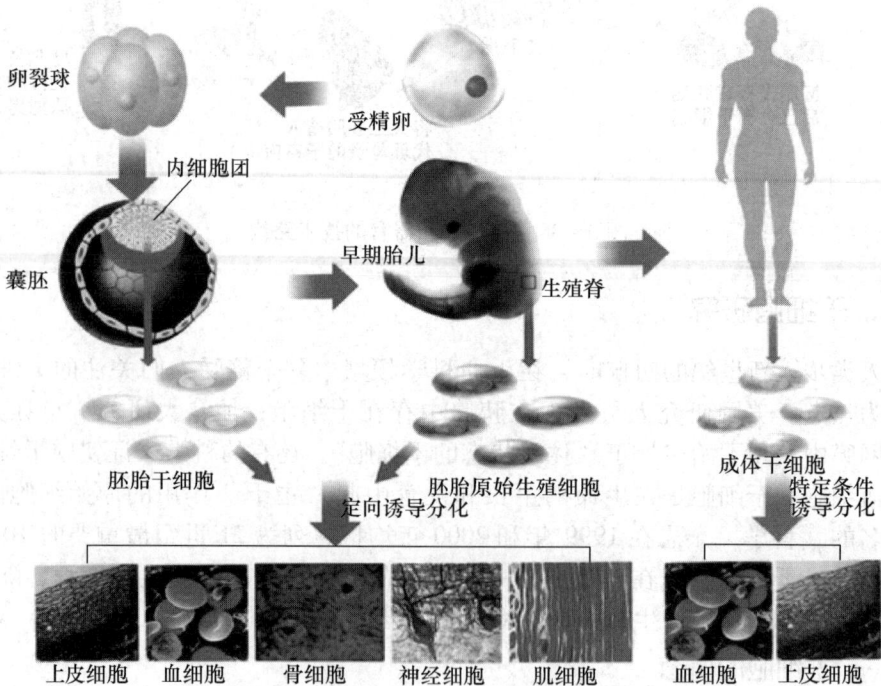

图3–40　干细胞的主要来源和分化

（1）胚胎干细胞　指当受精卵分裂发育成囊胚时，内层细胞团（inner cell mass，ICM）的细胞即为胚胎干细胞，是正常二倍体型。胚胎干细胞具有体外培养无限增殖、自我更新和多向分化的特性。多向分化是指胚胎干细胞可以被诱导分化成机体各种不同的细胞类型包括生殖细胞并参与到发育过程中，一个基本的标准是胚胎干细胞具有向 3 个胚层分化的能力；自我更新是指在长期培养中，胚胎干细胞可以维持自己的多向分化性而不会随着分裂而丧失，这是一个胚胎干细胞系所必须具有的特征。胚胎干细胞是由囊胚的内细胞团分离，并无法单独形成胚胎，由于个体的所有细胞都是由内细胞团发育而来，所以胚胎干细胞理论上也可以发育成个体的所有细胞。

胚胎干细胞在体外可以大量扩增、筛选、冻存和复苏而不会丧失其原有的特性。早在 1970 年 Martin Evans 已从小鼠中分离出胚胎干细胞并在体外进行培养，后相继已在仓鼠、大鼠、兔、猪、牛、绵羊、山羊、水貂、恒河猴、美洲长尾猴以及人类都分离获得了 ES 细胞。人类胚胎干细胞（hESC）主要有 3 个具体来源，从人工授精中捐献的多余胚胎中获取或从死亡胎儿尸体的原始生殖组织中分离出来；或从体细胞核转移（somatic cell nuclear transfer，SCNT）技术所创造的胚胎中分离所得。1998 年，人类胚胎干细胞的体外培养获得成功。全世界实验室中常用涂有 Matrigel（一种从小鼠肿瘤细胞中提取出的凝胶，包含细胞外基质 ECMs）的培养皿来培育人类胚胎干细胞。当少量的人类胚胎干细胞附着其上后，会生长为未分化细胞集落。Matrigel 涂层可被 poly – D – lysine 取代，其是完全非动物的，易操控且质量稳定（图 3 – 41），同时，poly – D – lysine 涂层培养得到的人类胚胎干细胞的多能性几乎没有差别。

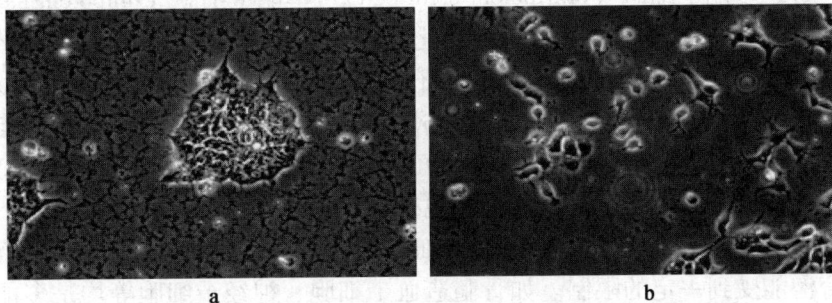

图 3 – 41　人类胚胎干细胞
a. 生长在 Matrigel 涂层　b. 生长在 poly – D – lysine 涂层

ES 细胞具有与早期胚胎细胞相似的形态结构，细胞核大，有一个或几个核仁，胞核中多为常染色质，胞质少，结构简单。体外培养时，细胞排列紧密，呈集落状生长。用碱性磷酸酶染色，ES 细胞呈棕红色，而周围的成纤维细胞呈淡黄色。细胞克隆和周围存在明显界限，形成的克隆细胞彼此界限不清，细胞表面有折光较强的脂状小滴。细胞克隆形态多样，多数呈岛状或巢状。小鼠 ES 细胞的直径 $7 \sim 18\mu m$，猪、牛、羊 ES 细胞的颜色较深，直径 $12 \sim 18\mu m$。

ES 细胞在解除分化抑制的条件下能参与包括生殖腺在内的各种组织的发育潜力，即 ES 细胞具有发育成完整动物体的能力。ES 细胞发育全能性的标志是 ES 细胞表面表达时相专一性胚胎抗原（stage specific embryonic antigen，SSEA），而且可以检查到 *OTC*4 基因的表达，这两种蛋白质是发育全能性的标志。ES 细胞中 AKP 及端粒酶活性较高，可用于 ES 细胞分化与否的鉴定。

ES 细胞具有发育成多种组织的能力，参与部分组织的形成。将 ES 细胞培养在不含分化抑制物的培养基上，可以形成类胚体。将 ES 细胞在特定培养基进行培养，可以定向分化成特定组织，如 ES 细胞在含有白血病抑制因子（LIF）和维生素 A 酸（RA）的培养基上，可以分化形成全壁内胚层，将 ES 细胞与胚胎细胞共培养或将 ES 细胞注入囊胚腔中，ES 细胞就会参与多种组织的发育。

（2）成体干细胞　是指存在于一种已经分化组织中的未分化细胞，这种细胞能够自我更新，并且能够特化形成组成该类型组织的细胞。成体干细胞存在于机体的各种组织器官中。成年个体组织中的成体干细胞在正常情况下大多处于休眠状态，在病理状态或在外因诱导下可以表现出不同程度的再生和更新能力。

成年动物的许多组织和器官，比如表皮和造血系统，具有修复和再生的能力。成体干细胞在其中起着关键作用。在特定条件下，成体干细胞或者产生新的干细胞，或者按一定的程序分化，形成新的功能细胞，从而使组织和器官保持生长和衰退的动态平衡。过去认为成体干细胞主要包括上皮干细胞和造血干细胞。近年研究表明，以往认为不能再生的神经组织仍然包含神经干细胞，说明成体干细胞普遍存在，问题是如何寻找和分离各种组织特异性干细胞。成体干细胞经常位于特定的微环境中。微环境中的间质细胞能够产生一系列生长因子或配体，与干细胞相互作用，控制干细胞的更新和分化。

3. 根据干细胞分化潜能的大小进行分类　干细胞可以被分为全能干细胞（totipotent stem cell）、多能干细胞（pluripotent stem cell）、单能干细胞（unipotent stem cell）。

（1）全能干细胞　具有自我更新和分化形成任何类型细胞的能力，能分化为人体全部 200 多种细胞类型，并可构建成心、肝、肾等各种器官和组织，最后能发展成为一个完整的个体。如人类精子和卵细胞形成的受精卵就是一个最初始的全能干细胞。受精卵继续分化发育成为 32 个细胞的桑椹胚时，其中的每一个细胞都具有发育成为一个胚胎的可能，是全能干细胞。全能干细胞在进一步分化中，形成各种多能干细胞。

（2）多能干细胞　具有产生多种类型细胞的能力，但却失去了发育成完整个体的能力，发育潜能受到一定的限制。如骨髓造血干细胞、神经干细胞等均是多能干细胞。这类组织干细胞，虽非来自胚胎干细胞，但就其潜能而言，在特定的条件下，可以分化为不同功能的细胞，进而形成多种组织和器官。造血干细胞的移植是治疗血液系统疾病、先天性遗传疾病以及多发性和转移性恶性肿瘤疾病的最有效方法。给帕金森病患者的脑内移植含有多巴胺生成细胞的神经干细胞，可治愈部分患者症状。除此之外，神经干细胞的功能还可延伸到药物检测方面，对判断药物有效性、毒性有一定的作用。

目前趋向于将分化潜能更广的干细胞称为多潜能干细胞（pluripotent stem cell），从桑椹胚进展到胚囊或胚泡期，此时胚胎已经成为有腔的实体，细胞也分为两大系列，即内细胞团（ICM）和滋养层细胞。这些 ICM 有分化成为外、中、内胚层的各种组织的潜能，而失去完全发育成胚的能力。骨髓间充质干细胞，可以分化为多种中胚层组织的细胞（如骨、软骨、肌肉、脂肪等）及其他胚层的细胞（如神经元）。多能干细胞进一步分化，又形成单能干细胞。

（3）单能干细胞　也称专能、偏能干细胞，只能向一种类型或密切相关的两种类型的细胞分化。常被用来描述在成体组织、器官中的一类细胞，许多已分化组织中的成体干细胞是典型的单能干细胞，如上皮组织基底层的干细胞、肌肉中的成肌细胞等或叫卫星细胞。在正常的情况下只能产生一种类型的细胞。这种组织是处于一种稳定的自我更新的状态。然而，如果这种组织受到伤害并且需要多种类型的细胞来修复时，则需要激活多潜能干细胞来修复受伤的组织。

目前在各种干细胞的研究应用中，胚胎干细胞（简称 ES 细胞）最引人注目。胚胎的分化形成和成年组织的再生是干细胞进一步分化的结果。干细胞的发育受多种内在机制和微环境因素的影响。美国科学家 Thomson 借助 G_12 和 G_22 培养基，解决了早期胚胎对输卵管环境的依赖性问题，从而将新鲜或冰冻的人体外受精卵由 $4 \sim 8$ 细胞阶段培养至胚泡期，经分离内细胞团后逐渐传代建立了人胚胎干细胞系；与此同时，同为美国科学家 John 从人原始生殖细胞中建立了与人胚胎干细胞功能相似的多能干细胞系——胚胎生殖细胞系，解决了干细胞的来源问题。当前，虽然利用人干细胞系诱导胚胎干细胞为神经干细胞和心肌干细胞获得成功，但这种胚胎干细胞定向诱导分化的机制尚不清楚，还不明白胚胎干细接受何指令可以分化为造血干细胞，而彼时又分化为神经干细胞或别的什么干细胞。这也是干细胞工程进一步研究与应用面临的最大困扰。

ES 细胞被注射到正常动物的胚腔内，能参与宿主内细胞团的发育，广泛地分化成各种组织，并能产生具功能性的生殖细胞。此外，ES 细胞还有一个突出的特点，它可以在体外进行人工培养、扩增，并能以克隆的形式保存。因此，ES 细胞系的建立，为动物细胞工程寻找到了一种良好的新实验体系。

ES 细胞的建立，还为人们从分子水平上对动物进行基因组改造奠定了基础。ES 细胞为核移植技术在体外提供大量的"富能核"，在理论上也可能通过核移植达到控制性别。目前，已能将 ES 细胞诱导为造血细胞，如能导入动物骨髓或诱导分化为淋巴细胞前体，将对基因治疗提供重要途径。而体细胞克隆技术为生产患者自身的 ES 细胞提供了可能。把患者体细胞移植到去核卵母细胞中形成重组胚，把重组胚体外培养到囊胚，然后从囊胚内分离出 ES 细胞，获得的 ES 细胞使之定向分化为所需的特定细胞类型（如神经细胞、肌肉细胞和血细胞），用于替代疗法。这种核移植法的最终目的是用于干细胞治疗，而非得到克隆个体，科学家们称之为"治疗克隆"。

研究表明，利用胚胎干细胞自我更新、高度增殖和多向分化的能力，结合现代生物医学及工程技术，有可能使人类组织或器官的修复和替代的美梦成真。这个领域的研究几乎涉及人体所有重要组织和器官，也涉及到人类面临的大多数医学难题，如成分输血、意外损伤患者的植皮、关节置换、糖尿病患者的胰腺植入、心脏病患者的瓣膜置换、癌症患者的手术切除后组织或器官的替代，大剂量放化疗后的造血与免疫功能重建、肝肾等重要器官功能衰竭后的置换、部分遗传缺陷疾病的治疗等。我国已经掌握了造血干细胞分离、纯化、冷冻保存以及复苏的一整套技术，并完成了首例囊胚期胚胎培养技术。该技术为研究干细胞的分化，"克隆"人体器官创造了条件。密苏里的研究人员通过鼠胚细胞移植技术，使瘫痪的猫恢复了部分肢体活动能力。

然而，人 ES 细胞的研究工作引起了全世界范围内的很大争议，有些国家甚至明令禁止进行人 ES 细胞研究。无论从基础研究角度来讲，还是从临床应用方面来看，人 ES 细胞带给人类的益处远远大于在伦理方面可能造成的负面影响。

目前，干细胞研究中存在的主要问题有：维持胚胎干细胞未分化状态的机制；干细胞定向诱导分化的调控机制；获得高数量和高纯度的分化细胞，如何为组织工程提供种子细胞；虽然人胚胎干细胞可以形成各种类型的细胞和简单的组织，但是其是否具有形成复杂器官的能力目前还远未清楚；来源于胚胎干细胞的细胞应用于细胞和组织替代治疗所面临的移植排斥问题；干细胞用于临床治疗的安全性问题，对于胚胎干细胞而言，在移植前应该保证胚胎干细胞全部被诱导分化，对诱导分化的细胞应该严格纯化；干细胞可塑性的机制是怎样的，干细胞分化时所处微环境中的调控因素是如何起作用的。

（三）干细胞技术原理

生命体是通过干细胞的分裂来实现细胞的更新及保证持续生长。按照一定的目的，在体外人工分离、培养干细胞已成为可能，利用干细胞构建各种细胞、组织、器官作为移植器官的来源，这将成为干细胞应用的主要方向。

干细胞分离纯化的基本思路包括：解离组织制备细胞悬液；利用细胞体积和密度进行分离和纯化；选择性的细胞凝集，形成玫瑰花结；基于不同黏附特性进行细胞分离；利用细胞表面标志分离纯化细胞，如免疫溶解法、流式细胞分选术、平面黏附分离法、磁珠分选法。干细胞表面有许多特殊的标记，以造血系统为例，干细胞的表面标志有 Sca-1 和 c-kit 等。另外各种成体干细胞还有各自独特的标记物，如人造血干细胞表现为 $CD34^+$ 和 Thy^{lo} 而 CD10，CD14，CD15，CD16，CD19，CD20 皆为阴性。这些特异的标记物可能与其分化调控有关，如上皮干细胞有 β_1-整合素的高表达，而 β_1-整合素可介导干细胞与细胞外基质黏附从而抑制其分化的发生。另外，干细胞还有不同于一般分化细胞的物理特性，比如干细胞不被染料 Hoechst33324 和 Rhodamine123 染色。利用这些特性及表面标志，采用荧光细胞分离器从单细胞悬液中即可分离纯化干细胞。

在体外，对干细胞进行非分化性增殖培养需要许多生长因子和间质细胞的共培养。Brustle 等人在体外成功地培养了鼠的 ES 细胞。他们首先把从囊胚（TB）的内细胞团（ICM）分离的 ES 细胞用胰酶消化分散，以源于鼠的成纤维细胞系的 STO 细胞为滋养层细胞，在含有 FGF_2 的培养基中培养，随后加入上皮生长因子（EGF），最后在 FGF_2 和 PDGF 的混合培养基中生长增殖，形成多潜能的 ES 细胞，即 EK 细胞（图 3-42）。在这种培养条件下，ES 细胞可以保持其分化潜能，如停止供给生长因子，ES 细胞会分化为寡树突细胞或星状细胞。

培养 ES 细胞的成功取决于 3 个关键因素：①胚胎发育的精确阶段，最好取 5.5 日龄的胚胎，这时细胞还未分化成体细胞和生殖细胞。但此期胚胎已处于着床后的早期，为分离和培养胚胎多能干细胞，可采取改变母体激素和切除卵巢的方法，人为地延缓囊胚着床。②要从单个胚胎中获得足够数量的具多能干细胞的前体细胞。③培养条件和培养方式要适于多能干细胞的生长。然而，哺乳动物的胚胎必须种植在母体子宫内，从母体获得营养才能正常地生长与发育。但并不是所有种植在子宫里的细胞都具有这种功能，只有发育到特定的胚胎滋胎层细胞才有这种功能。因此，ES 细胞要变成动物

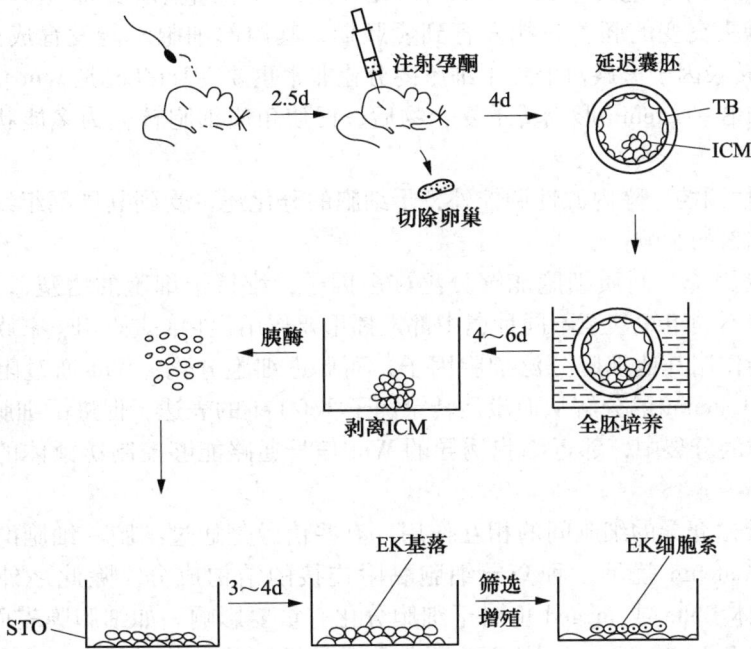

图 3 – 42　小鼠胚胎干细胞的培养过程

个体有两种途径：①把 ES 细胞与 8 ~ 10 细胞时期的胚胎聚集，或通过胚腔注射构成嵌合体。ES 细胞在嵌合体里经过细胞增殖而分化成各种组织并形成有功能的生殖细胞，也就是 ES 细胞通过嵌合体的子代变成动物个体。②通过核移植（或细胞融合）把 ES 细胞导入去核的卵母细胞，然后转移到寄母输卵管种植到子宫而发育成个体。由此可见，ES 细胞系的建立为动物育种奠定了基础。

不同组织来源的干细胞的培养条件不尽相同。在应用前还需依据靶组织类型对培养干细胞进行定向分化诱导。准确的分化诱导是应用干细胞治疗的基础。这需要对与干细胞发育有关的信号调节及微环境的影响进行详细研究。

（四）干细胞调控

干细胞的调控是指给出适当的因子条件，对干细胞的增殖和分化进行调控，使之向指定的方向发展。

1. 内源性调控　干细胞自身有许多调控因子可对外界信号起反应，从而调节其增殖和分化，包括调节细胞不对称分裂的蛋白质，控制基因表达的核因子等。

（1）细胞内蛋白对干细胞分裂的调控　干细胞分裂可能产生新的干细胞或分化的功能细胞。这种分化的不对称是由于细胞本身成分的不均等分配和周围环境的作用造成的。如在果蝇卵巢中，调控干细胞不对称分裂的收缩体细胞器，包含有许多调节蛋白，如膜收缩蛋白和细胞周期素 A。收缩体与纺锤体的结合决定了干细胞分裂的部位，从而把维持干细胞性状所必需的成分保留在子代干细胞中。

（2）转录因子的调控　在脊椎动物中，转录因子对干细胞分化的调节非常重要。比如在胚胎干细胞的发生中，转录因子 Oct4 是必需的。它诱导表达的靶基因产物是

FGF-4 等生长因子，通过生长因子的旁分泌作用调节干细胞以及周围滋养层的进一步分化。Oct4 缺失突变的胚胎只能发育到囊胚期，其内部细胞不能发育成内层细胞团。又如 Tcf/Lef 转录因子家族对上皮干细胞的分化非常重要。Tcf/Lef 是 Wnt 信号通路的中间介质，当与 β-Catenin 形成转录复合物后，促使角质细胞转化为多能状态并分化为毛囊。

2. 外源性调控 除内源性调控外，干细胞的分化还可受到其周围组织及细胞外基质等外源性因素的影响。

（1）分泌因子 间质细胞能够分泌许多因子，维持干细胞的增殖、分化和存活。有两类因子在不同组织甚至不同种属中都发挥重要作用，它们是 TGF_β 家族和 Wnt 信号通路。TGF 会作用其他细胞分泌细胞因子，而促进细胞分化；Wnt 通过阻止一种细胞黏附分子 β-Catenin 的分解从而激活转录因子 Tcf/Lef 的表达，促进干细胞分化。比如在线虫卵裂球的分裂中，邻近细胞诱导的 Wnt 信号通路能够控制纺锤体的起始点和内胚层的分化。

（2）膜蛋白介导的细胞间的相互作用 有些信号是通过细胞-细胞的直接接触起作用的。β-Catenin 就是一种介导细胞黏附连接的结构成分。除此之外，穿膜蛋白 Notch 及其配体 Delta 或 Jagged 也对干细胞分化有重要影响。如细胞膜表面的 Notch 通过结合其配体 Delta 或 Jagged，从而在干细胞和周围细胞间传递信息。当 Notch 与其配体结合时，干细胞进行非分化性增殖；当 Notch 活性被抑制时，干细胞进入分化程序，发育为功能细胞。

（3）整合素与细胞外基质 整合素（integrin）家族是介导干细胞与细胞外基质黏附的最主要的分子。它通过直接激活多种生长因子受体为干细胞的非分化增殖提供了适当的微环境。比如当 β_1-整合素丧失功能时，上皮干细胞逃脱了微环境的制约，分化成角质细胞。此外，细胞外基质通过调节 β_1-整合素的表达和激活，从而影响干细胞的分布和分化方向

3. 干细胞的可塑性 当成体干细胞被移植入受体中，它们表现出很强的可塑性。通常情况下，供体的干细胞在受体中分化为与其组织来源一致的细胞。而在某些情况下干细胞的分化并不遵循这种规律。1999 年 Goodell 等人分离出小鼠的肌肉干细胞，体外培养 5d 后，与少量的骨髓间质细胞一起移植入接受致死量辐射的小鼠中，结果发现肌肉干细胞会分化为各种血细胞系。这种现象被称为干细胞的横向分化（trans-differentiation）。大多数观点认为干细胞的分化与微环境密切相关。可能的机制是，干细胞进入新的微环境后，对分化信号的反应受到周围正在进行分化的细胞的影响，从而对新的微环境中的调节信号做出反应。

（五）干细胞技术的市场前景

研究干细胞增殖和分化机制的最终目的是应用干细胞治疗疾病。理论上讲，干细胞可以用于各种疾病的治疗，但其最适合的疾病主要是组织坏死性疾病如缺血引起的心肌坏死，退行性病变如帕金森综合征，自体免疫性疾病如胰岛素依赖型糖尿病等。

1. 应用干细胞治疗疾病较传统方法具有的优点 低毒性（或无毒性），一次药有效；不需要完全了解疾病发病的确切机制；还可能应用自身干细胞移植，避免产生免疫排斥反应。

2．革命性的机制转变 利用胚胎干细胞治疗疾病有广泛的应用前景，但是干细胞应用在欧美却受到社会伦理学的制约，并且在实际应用中还不能避免免疫排斥。因此横向分化的发现在干细胞研究中具有革命性意义。它打破了用于临床治疗的干细胞只能来源于胚胎或受精卵的限制，为干细胞治疗疾病提供了新途径。人们可望从自体中分离出成体干细胞，在体外定向诱导分化为靶组织细胞并保持增殖能力，将这些细胞回输入体内，从而达到长期治疗的目的。

3．体外制造人体器官 干细胞的医学应用还包括体外制造人体器官，然而这比体内移植干细胞要复杂得多。干细胞和动物工程的结合将有可能解决这一问题。比如通过形成嵌合体，在严格的控制下，使动物的某些器官来源于人体干细胞。这些来自人体干细胞的器官可应用于临床移植治疗。干细胞的医学应用无疑是对传统治疗方式的一场革命。正因为如此，以干细胞应用为主体的众多生物技术公司在西方国家迅速成立并得到人们的普遍关注。可以预测在不久将来，我们的干细胞研究和应用也会得到迅速的发展并在国际舞台上占有一席之地。

4．长生不老的希望 科学家已能在体外以干细胞为种子培育成功一些组织器官，来替代病变或衰老的组织器官。假如在年老时能使用上自己或他人婴幼儿或青年时期采集保存的干细胞及其衍生组织，那么人类长期追求的长生不老和幻想就有可能成为现实。造血干细胞移植是目前治愈白血病和某些遗传性血液病的惟一希望，在肿瘤和难治性免疫疾病的治疗中也有其独特的作用。

四、组织工程

组织工程（tissue engineering）是一门新兴的交叉学科，涉及到的研究领域包括细胞生物学、免疫学、材料科学等，是一个规模庞大的世纪工程。组织工程一词最早是在 1987 年美国科学基金会在华盛顿举办的生物工程小组会上提出，1988 年美国麻州总医院的外科医师 Joseph Vacanti 与麻省理工学院的化工系教授 Robert Langer 结合了医学、工程与材料，希望能研发出人类组织器官的零件，这就是组织工程的开始。组织工程是继 20 世纪科学家们继细胞生物学和分子生物学之后，生命科学发展史上又一新的里程碑，也是一场意义深远的医学革命。

组织工程虽然研究历史不太长，但进展迅速。其发展关键在于：与组织工程相关的技术能够将细胞、支架材料和调节因子三位一体。波士顿麻省理工学院医院，由 J. P. Vacanti 首先创制了应用组织工程技术生产的软骨细胞系。我国青年学者曹谊林博士在 Vacanti 的实验室，于 1996 年在世界上第一个成功地在裸鼠身上培养制成了人形耳郭软骨支架。尽管组织工程还有大量的科学问题需要研究解决，但其发展和应用前景非常乐观。据统计，美国每年花费在器官及组织损害患者身上的资金高达 4000 亿美元，几乎占了美国医疗费用一半。我国残疾人中肢体伤残者达 755 万人，无论何种损伤及残疾，均需进行组织修复及功能重建，有如此众多的伤、病、残需要治疗，而组织工程可能是最好的治疗方法之一。

作为一种新兴产业，组织工程具有良好的发展前景和广阔的应用市场，其商业利润非常诱人。很多国家都把组织工程研究作为新的经济增长点来培育。我国的组织工程学在起步时间上与国外差别不大，由于政府的重视及广大科学工作者的努力，在某些领域已有优于国外的研究成果。在世界各国竞相攀登组织工程这一高峰的形势下，如何加快我国的研究步伐，走有中国特色的研究道路，是我们需要考虑的主要问题。如果政府大力支持，企业家适时地介入，组织工程领域将为我国的经济发展形成支柱性产业创造条件。

（一）组织工程的概念和研究内容

1988 年正式定义组织工程为：应用生命科学与工程学的原理与技术，在正确认识哺乳动物的正常及病理两种状态下的组织结构与功能关系的基础上，研究、开发用于修复、维护、促进人体各种组织或器官损伤后的功能和形态的生物替代物的一门新兴学科。

组织工程研究最基本的思路是在体外分离、培养细胞，将一定量的细胞接种到具有一定空间结构、生物相容性良好并可被机体吸收的支架上形成复合物，然后将细胞－生物材料复合物植入机体组织、器官的病损部分，细胞在生物材料逐渐被机体降解吸收的过程中形成新的在形态和功能方面与相应器官、组织相一致的组织，而达到修复创伤和重建功能的目的。

组织工程的核心是活的细胞、可供细胞进行生命活动的生物支架材料以及细胞与生物支架材料的相互作用构成的三维空间复合体，其最大优点是可形成具有生命力的活体组织，对病损组织进行形态、结构和功能的重建并达到永久性替代；可按组织器官缺损情况任意塑形，如耳朵的塑形支架（图 3 - 43a），再接种组织细胞于支架上，在体外培养扩增，在支架上形成复合物（图 3 - 43b），再逐渐成功地制造出"组织"或"器官"，通过医生的创造性劳动，将"组织""器官"植入人体，完成复制或修补人体组织、器官的任务。

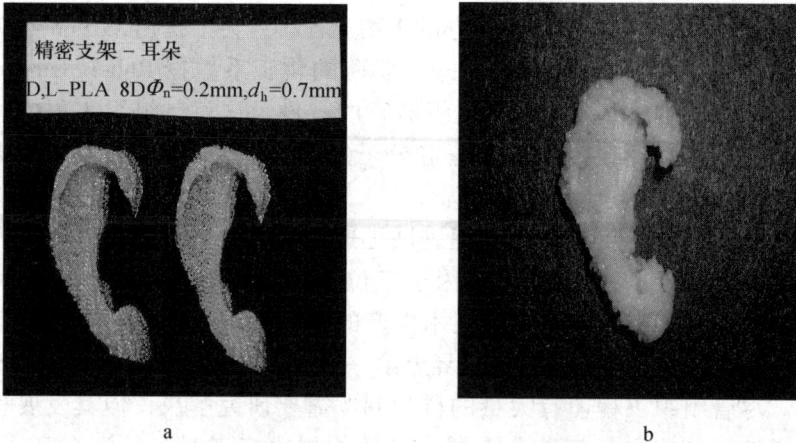

图 3 - 43　耳朵的组织工程示意图
a. 耳朵的塑形支架　b. 接种的细胞在支架上形成复合物

组织工程研究主要包括四个方面：种子细胞、支架材料、构建组织和器官的方法、技术以及组织工程的临床应用。

1. 种子细胞的研究　种子细胞的培养是组织工程的基本要素，是组织工程研究中的一个关键问题。组织工程的种子细胞主要来源于自体细胞、异源细胞、异种细胞、干细胞、遗传工程细胞和通过免疫操作的细胞等。自体组织细胞应为首选。成体干细胞的转分化能力的发现为组织工程提供了光明的前景。例如人们将来可以从脂肪组织中提取脂肪干细胞诱导成为所需种子细胞。

2. 支架材料的研究　在组织工程中，可降解支架材料作为组织工程研究的人工细胞外基质，为细胞的停泊、生长、获取营养、繁殖、进行新陈代谢、形成新组织提供支持，在支架材料降解的同时，细胞所分泌的基质逐渐取代支架材料，完成组织的修复过程。对于不同的组织应选用不同的生物支架材料。组织工程所应用的支架材料有：天然胶原、人工聚乳酸、聚羟基乙酸、PGA－PLA 共聚物、聚 ρ－羟基丁酯（PHB）；聚乳酸－己内酯的共聚物（PLC）、聚原酸酯、聚磷本酯、聚酸酐、胶原－PCA 的复合物及有机材料同无机材料的复合物，如羟基磷灰石－甲壳素的复合物，羟基磷灰石－PLA 的复合物等。几种自然来源的动物产物如基于胶原蛋白的生物支架，它们的衍生物和生物相容性同聚物已用于细胞吸附的支架。对再生骨所需的生物支架材料，运用了天然去有机质的矿质骨；对软组织的构建，运用了胶原为基质的生物支架材料。

理想的生物支架材料应具备以下特点：①生物相容性好；②可降解，其降解产物对人体无害；③有一定的力学强度；④有可塑形；⑤降解速率可根据不同细胞的组织再生速率而进行调整；⑥材料表面化学特性和表面微结构利于细胞的黏附、生长或诱导组织再生。

理想的人工神经是一种特定的三维结构支架的神经导管，可接纳再生轴突长入，对轴突起机械引导作用，在神经膜细胞支架内有序地分布，分泌 NTFs 等发挥神经营养作用，并表达 CAM、分泌 ECM，支持引导轴突再生。以往用于桥接神经缺损的神经套管材料有硅胶管、聚四氟乙烯、聚交酯、壳聚糖等。目前用于人工神经导管研究的可降解吸收材料有聚乙醇酸（PGA）、聚乳酸（PLA）及它们的共聚物等。

血管组织工程支架材料结构上分为双层：内层是与血液相容性好的生物活性材料，该类材料要求不仅具有生物活性，同时还要具有抗凝血和抗溶血作用。最早的外层材料一般为尼龙、聚酯等无纺布或无纺网等。目前，该类材料应用较多的为胶原或明胶蛋白包埋的或表面处理的可降解材料的无纺网，例如聚乳酸、聚羟基酸和多肽等的无纺布或无纺网等。

肌腱与韧带组织中的功能细胞分别是肌腱细胞和成纤维细胞，二者在组织来源上均属成纤维细胞型，但肌腱细胞分泌Ⅰ型胶原，而成纤维细胞分泌Ⅰ、Ⅱ型胶原。因此，肌腱组织支架材料必须可降解，但一定是降解时间较长的材料。20 世纪 70 年代肌腱支架材料一般使用硅橡胶、尼龙聚酯、碳纤维等，目前使用的多是聚酯聚二氧杂环烷等。人工角膜材料要求具有透明、吸水、有一定的机械强度、屈光性好等特点，同时，要求可降解。以前常用的材料为 HAMA、PMMA，近来多采用胶原和聚醇酸等材料。

肝、胰、肾、泌尿系统使用的组织工程支架材料多为可降解材料，目前这方面研究和使用的材料，主要以天然蛋白、多糖与合成高聚物杂化的可降解材料。例如用于肝组织工程支架的血纤维和聚乳酸，用于泌尿系统的聚乙醇酸等。

应用于组织工程的大多数载体材料可以归纳为合成性材料和天然材料。从仿生学角度分析，目前无论合成性材料，亦或天然材料均不具备细胞外基质的功能和作用，因此，研制新型仿生支架材料是组织工程支架材料的发展趋势之一。

现在生物支架材料的研究主要包括设计新型的在形成功能组织过程中，可以指导细胞组织、生长和分化的生物材料。目前研究较多的有可降解高分子材料、陶瓷类材料、复合材料和生物衍生材料等。未来在合成支架材料的工作将注重具有更复杂的材料几何构象和诸如更强的抗拉能力的生物材料的设计。将生物活性基序插入肽生物材料中将刺激编织这些材料成良好结构的处理过程的发展。例如，一些研究人员正在构建含有模拟特定天然支架材料活性区域的生物材料。研究证实，包含 RGD 的聚合物可能为细胞提供一个更为自然的环境。另外，一些科学家则正在试图研制含有导电性的聚合物，这种材料可能在组织工程神经生长方面非常有用，或者研制能够快速胶化的聚合物。

3. 构建组织和器官的方法和技术　组织和器官的构建应用于不同的方面，方法也不相同，但其本质都是把种子细胞与支架材料结合得到设计的组织或器官。细胞与支架材料的相互作用不仅是评价材料的细胞毒性，更重要的是研究在降解过程中，细胞功能的发挥与材料的降解速度相匹配，即形成新组织的能力，使新形成的组织更接近于人体组织的结构和功能。

构建组织工程骨的方式有几种：①支架材料与成骨细胞；②支架材料与生长因子；③支架材料与成骨细胞加生长因子。生长因子通过调节细胞增殖、分化过程并改变细胞产物的合成而作用于成骨过程。

血管构建方式是血管壁中切取弹性基膜，并在其上培养鼠动脉平滑肌细胞；或用Ⅰ型胶原制备基质材料与各型血管壁细胞成分合成血管模型。

4. 组织工程的临床应用　组织工程中临床应用是在组织构建完成了动物试验之后，在人体上的应用，这也是组织工程的最后一步。目前，组织工程的研究只有活性皮肤达到了这一步。组织工程将成为治疗组织、器官衰竭的有效疗法和辅助手段。

除了以上研究领域外，组织工程还包括工程设计方面，例如二维细胞扩展、三维组织生长、反应器、生物组织运输和储存等方面。

（二）组织工程研究面临的问题

尽管国内外组织工程研究已经取得令人瞩目的阶段性研究成果，但目前利用细胞和可降解聚合物再造人体组织和器官的组织工程研究仍面临众多艰巨挑战，包括移植细胞来源以及实现细胞的商业化。研制具有完全仿生的人工支架材料。组织工程化产品体外培育条件的优化。为建造大的组织或器官提供血运保障。建立组织工程产品的质量控制体系。

目前，实验室条件下进行组织工程产品体外培育存在许多问题。在这种条件下产生的组织片常常比需要的薄，所建造的组织无论是在质上或量上均难以完全满足临床实际需要，更无法进行大规模商业化生产。国内外研究人员已经对此有了清醒的认识，目前正在研制、开发能够为体外生长的人体组织提供最佳条件的装置，其中，已经研制的旋转生物反应器即是进行细胞、组织体外培育的先进装置。随着培育组织在生物反应器内生长，使其机械性能达到最佳是非常关键的问题，因为组织在受到扩展、拉动或压缩作用时会做出反应，进行重构或改变其整体结构。美国的研究人员通过实验证实：如果让组织工程小动脉的培养基产生脉动（类似于波动心脏所产生的血压），那么这些由内皮细胞（血管衬里）和平滑肌细胞组成的管状组织工程小动脉就能展现更接近于自然管的机械特性。

已经取得明显进展的组织工程研究领域主要集中在人工皮肤、软骨、血管等研究领域，这些组织由于具有较薄的厚度，不存在血运障碍的困扰，因此进行再造研究更易获得成功。而对大的人体器官或组织来说，若不能解决其血运供给难题，将根本无法进行再造研究。已有研究人员在实验室条件下，通过利用促进血管形成的生长因子包裹在多聚物载体中，成功地促进了再造组织的血管生成。今后的研究必须考察释放生长因子和控制它们活性的最好方式，以便只在需要的时候以及需要的地点处形成血管。

建立严格的组织工程产品的质量控制体系，将决定组织工程产品临床应用的进程。存活的人的细胞被应用于支架材料上，以修复结构性组织损伤。这些材料需要在优良制造实践环境下（GMP）进行生产和细胞培养，以满足 FDA 标准。为此，组织工程产品产业化过程中，尚需及时制定切实可行的质量控制标准，以对产品进行评价。

卫生主管部门制定对组织工程产品的审批程序也是一个棘手的问题，组织工程化人工组织和器官几乎跨越了 FDA 所管辖的所有领域：它们基本上是医疗器械，但由于它们含有活的细胞，因此它们也产生生物活性物质，其作用又类似于药物。相应地，FDA 已经对第一个组织工程产品——人工皮肤的两种方案寻求检验标准的制定，并将组织工程作为优先领域，正在制定清晰的政策。需研究标准化批量生产的工艺、包装、贮存、运输、人体植入前处理、植入后监测等产业化过程，同时研究审批程序、机构，以及制定相应的政策法规。在这些科学问题解决之后，组织工程产品将会被推向市场。对市场前景的预测又将是政府及企业界投入组织工程研究的动力。因此在某种意义上，对未来市场的预测将会推动组织工程学的开发与研究。

（三）组织工程前景展望

尽管至目前为止，更多的挑战依然存在，但是相信，人类终有一天会实现自己的梦想：医院像零部件工厂一样，为受损的组织或器官轻易更换再造的各种组织或器官。据 Vacanti 及 Ianger 的一项调查表明，美国每年花在有器官及组织损害患者身上的资金高达 4000 多亿美元，几乎占全美国医疗费用的一半。美国的医院每年要为这些患者做800 万例次手术，然而并不能挽救每一个人的生命或避免残废。每年约有 4000 人在等待器官移植时死亡，还有约 10 万人在未被列入等待器官移植时就已死亡。用于骨缺损修复的骨移植手术在美国医院是仅次于输血的组织移植手术。约有 1000 万人因尿道功能失调、尿失禁或尿液反流，等待组织工程产品植入治疗；约有 100 万个膝关节半月软骨等待替代；每年有 1000 万例牙科手术，其中需新放入 9 000 万个充填物，另有 2亿个过去放入的充填物需要更换。每年约有 200 万例以上的皮肤慢性溃疡，其中 50 万例系糖尿病性肢体缺血，需要组织工程化皮肤移植治疗。

第九节　动物细胞工程在制药工业上的应用实例

一、利用动物细胞培养大规模生产蛋白质和疫苗

生物医药产业发展初期都是表达一些分子量较小、结构简单的蛋白质，诸如干扰

素、胰岛素、集落刺激因子等200个氨基酸残基以下，一般只有1~2对二硫键甚至没有二硫键的蛋白质。这样的蛋白质药物采用大肠杆菌表达系统具有经济、简单和易操作的优点，然而，在开发一些大分子量、结构复杂的功能性蛋白质时，例如分子量在50 000~200 000的糖蛋白抗体和酶时，由于这些蛋白质结构复杂，二硫键多，并且需要翻译后的糖基化过程，利用大肠杆菌原核表达系统通常已不能满足蛋白质表达的需要。采用哺乳动物细胞表达系统既能保证目的蛋白二硫键的正确配对和蛋白质的折叠，又能使得蛋白质进行正确的糖基化，也就是说，哺乳动物细胞是表达具有天然活性蛋白的最佳宿主，其优势在于能正确有效地识别真核蛋白质的合成、加工和分泌信号，识别和去除基因中的内含子，再经剪切加工成为成熟的mRNA。能准确地完成糖基化和磷酸化，形成链内和链间二硫键及蛋白质水解等翻译后加工过程，因而表达产物在分子结构、理化特性和生物学功能方面最接近于天然的高等生物蛋白质。利用哺乳动物细胞表达蛋白质产物已广泛应用于生物制药工业，如病毒疫苗、抗原、抗体、干扰素、免疫调节剂、重组激素以及生长因子等。目前在动物细胞中表达基因工程重组蛋白是当前大规模制备生物技术药物的主要方法。它可以获得上千克甚至上吨的产物，以满足药物的需求。大多数重组动物细胞是黏附细胞，为了给细胞培养基质提供大的表面积，生产时往往需加入表面支持物，并且在转瓶中培养，也可以在大的发酵罐里加入支持物培养。发酵罐和转瓶都能以批式、批式－补料、恒流以及灌注等四种不同方式进行。利用动物细胞培养大规模生产重组药物操作中的一个重要环节是在最佳的细胞生长和生存能力下收获细胞，以确保每单位细胞培养基获得最高产量，另一个重要环节则是必须规划重组蛋白质的分离纯化，以获得符合药品规格的产品。

实例一　组织纤溶酶原激活剂的生产

组织纤溶酶原激活剂（tissue－type plasminogen activator，tPA）是一种丝氨酸蛋白酶，它与纤溶酶原亲和力较低，而与纤维蛋白亲和力较大，后二者结合后形成的复合物可提高其与tPA的亲和力，使纤溶酶原活化为纤溶酶，后者可水解纤维蛋白，导致血栓溶解，故对血栓性疾病有较好疗效。人黑色素瘤细胞株培养后可产生大量的tPA，其培养液中tPA浓度可达到1mg/L。

以下介绍Bowes人黑色素瘤细胞培养法生产tPA的工艺。

（一）工艺流程

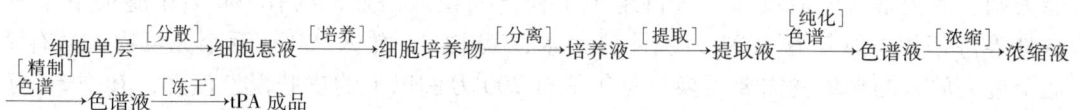

细胞单层 ——[分散]→ 细胞悬液 ——[培养]→ 细胞培养物 ——[分离]→ 培养液 ——[提取]→ 提取液 ——[纯化]色谱→ 色谱液 ——[浓缩]→ 浓缩液 ——[精制]色谱→ 色谱液 ——[冻干]→ tPA成品

（二）工艺过程

1. 培养基　主要为Eagle培养基，其主要成分（mg/L）为L－盐酸精氨酸21，L－胱氨酸12，L－谷氨酰胺292，L－盐酸组氨酸9.5，L－异亮氨酸26，L－亮氨酸26，L－盐酸赖氨酸36，L－甲硫氨酸7.5，L－苯丙氨酸18，L－苏氨酸24，L－色氨酸4，L－酪氨酸18，L－缬氨酸24，氯化胆碱1，叶酸1，肌醇2，烟酸1，泛酸钙1，盐酸吡哆醛1，核黄素0.1，硫胺素1，生物素1，氯化钠6800，氯化钾400，氯化钙

200，MgSO4·7H$_2$O 200，NaH$_2$PO$_4$·2H$_2$O 150，NaHCO$_3$ 2000，葡萄糖 1000 。此外尚加入青霉素 100U/ml，链霉素 100U/ml 及 10% 小牛血清。

2. tPA 抗体制备　取人 tPA 或猪心 tPA 免疫家兔，按每只家兔 200～30μg 计，用福氏完全佐剂充分乳化注入家兔皮下，每隔两周再用 100μg tPA 加强免疫，共加强两次。然后取家兔血清，用 50% 硫酸铵盐析，沉淀于 0℃后对生理盐水透析及进行 Sephadex G-75 柱色谱，得抗 tPA 的免疫球蛋白 G（IgG）。

3. 抗 tPA 亲和吸附剂制备　取 Sepharose 4B 用 10 倍体积（V/V）蒸馏水分多次漂洗，布氏漏斗抽滤，称取 20g 湿凝胶于 500ml，三颈烧瓶中，加蒸馏水 30ml，搅匀后，用 2mol/L NaOH 溶液调 pH 11，降温至 18℃ 。在通风橱中另取溴化氰 1.5g 于乳钵中，用 30～40ml 蒸馏水分多次研磨溶解，将溴化氰溶液倾入三颈烧瓶中，升温至 20℃～22℃，反应同时滴加 2mol/L NaOH 溶液维持 pH 11～12，待反应液 pH 值不变时，继续反应 5min，整个操作在 15min 内完成，取出烧瓶，向其中投入小冰块降温，用 3$^#$垂熔漏斗抽滤，然后用 300ml 4℃ 的 0.1mol/L NaHCO$_3$ 溶液洗涤，再用 500ml pH10.2、0.025mol/L 硼酸缓冲液分 3～4 次抽滤洗涤，最后转移至 250ml 烧杯中，加 50～60ml 上述硼酸缓冲液，即得活化的 Sepharose 4B，备用。

另取 70～80mg 上述抗 tPA IgG 溶于 20ml 硼酸缓冲液中，过滤，滤液加至上述活化的 Sepharose 4B 中，10℃ 搅拌反应 16～18h，次日装柱，用 10 倍柱床体积（V/V）pH 10.2 硼酸缓冲液以 5～6ml/min 流速洗涤柱床，收集流出液，并测定 A_{280}，然后再依次用 5 倍柱床体积（V/V）的 pH 10.0、0.1mol/L 乙醇胺溶液及 pH8.0、0.1mol/L 硼酸缓冲液充分洗涤，最后用 pH 7.4、0.1mol/L 磷酸缓冲液洗涤平衡，直至流出液 A_{280} < 0.01，所得固定化抗 tPA 的 IgG 即为 tPA 的亲和吸附剂，将其转移至含 0.01% NaN$_3$ 的 pH 7.4，0.1mol/L 磷酸缓冲液中，于 4℃ 贮存，备用。

4. 细胞培养　将人黑色素瘤种质细胞按常规方法消化分散后，洗涤及计数，稀释成细胞悬浮液，备用。另取 5L 玻璃转瓶，按每 1m^2 表面积 2.5L 比例加入细胞培养基，然后将上述细胞悬浮液接种至转瓶中，接种浓度为 10^3～3×10^{3}cells/ml，然后置于 37℃ 二氧化碳培养箱中，通入含 5% CO$_2$ 的无菌空气培养至长成致密单层后，弃去培养液，再用 pH 7.4、0.1mol/L 磷酸缓冲液洗涤细胞单层 2～3 次，再换入无血清 Eagle 培养液继续培养，然后每隔 3～4d 即收获一次培养液，用于制备 tPA，同时向转瓶中加入新鲜培养液继续培养，如此往复进行再培养，即可获得大量 tPA 。

5. tPA 的分离　向上述收集的细胞培养液中加入抑肽酶（蛋白酶抑制剂）至 50kIU/ml 及聚山梨酯 80 至 0.01%，滤除沉淀，滤液稀释 3 倍，每 10L 培养液以 5ml/min 流速进入 tPA IgG-Sepharose 4B 亲和柱（φ 4cm×40cm），然后用含 0.01% 聚山梨酯 80，25kIU/ml 抑肽酶及 0.25mol/L KSCN 的 pH 7.4、0.1mol/L 磷酸缓冲液以同样流速洗涤亲和柱，以除去未吸附的杂蛋白及非特异性吸附的杂蛋白，最后用 3mol/L KSCN 溶液洗脱亲和柱，并以每管 10～15ml 体积分部收集，合并 tPA 洗脱峰，装入透析袋内埋，入 PEG 20 000 中浓缩至原体积 1/10～1/5，备用。

6. 精制　将上述 tPA 浓缩液进 Sephadex G-150 柱（φ 2cm×100cm），然后用含 0.01 % 聚山梨酯 80 的 1mol/L NH$_4$HCO$_3$ 溶液以 2～3ml/min 的流速进行洗脱，并以每管 10ml 体积分部收集，合并 tPA 洗脱峰，于冻干机中冻干，即为 tPA 精品。

实例二 抗 HBsAg 单克隆抗体的生产

抗乙型肝炎表面抗原（HBsAg）单克隆抗体是专一性识别 HBsAg 的单一抗体，能与 HBsAg 产生免疫反应。临床上用于检测乙型肝炎病毒的感染并用于生产预防乙肝的免疫制剂。日前生产抗 HBsAg 单克隆抗体技术有基因工程与细胞工程。下面免疫大鼠脾淋巴细胞与大鼠骨髓瘤细胞的 IR983F 细胞融合技术制造抗 HBsAg 单克隆抗体的工艺。

（一）工艺流程

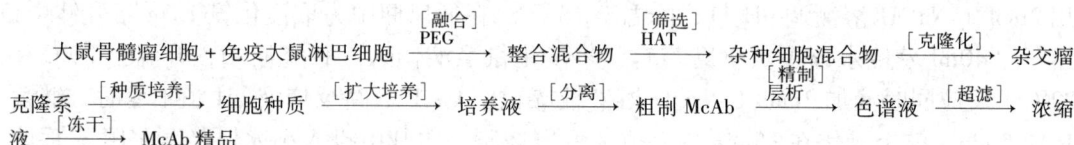

（二）工艺过程

1. 培养基 大鼠骨髓瘤 IR983F 细胞系的培养基为改良的 Dulbecc′s（DMEM）培养基。它是使 Eagle 培养基中 15 种氨基酸浓度增加 1 倍，8 种维生素浓度增加 3 倍而成，用于细胞培养，提高了细胞生长效果。其中尚需 10% 灭活小牛血清、1% 非必需氨基酸、0.1mol/L 丙酮酸钠、1% 谷氨酰胺及 50mg/ml 庆大霉素；杂交瘤细胞筛选系统用含 HAT 的 DMEM 培养基。

2. 饲养细胞制备 在细胞融合前 2～3d，取健康大鼠处死，向腹腔内注入 10ml DMEM 培养液，轻压腹腔使细胞悬浮，打开腹壁皮肤，暴露腹膜，提起腹膜中心，插入射针头，吸出全部细胞悬液，$500 \times g$ 离心 5min，用 pH 7.4、0.1mol/L 磷酸缓冲液洗涤 2～3 次，收集细胞，用含 10% 小牛血清、100u/ml 青霉素和链霉素及 HAT 的 DMEM 培养液制成 10^6cells/ml 悬浮液，使用 24 孔板时，每孔加 0.1ml，当使用 96 孔板时，则制成 2×10^5cells/ml 的悬浮液，每孔加 0.1ml，然后置 37℃ 的二氧化碳培养箱中温育，备用。

3. 亲本细胞准备 取对 8-氮鸟嘌呤抗性的 Lou/c 大鼠非分泌型浆细胞瘤 IR983F 细胞，用常规方法制成细胞悬浮液，按 1.5×10^5cells/ml 接种量接种于 DMEM 培养液中，于 37℃ 二氧化碳培养箱中培养至对数生长期，经常规消化分散法用 DMEM 培养液制成细胞悬浮液，即为待融合用骨髓瘤细胞亲本，备用；另取 HBsAg 用 pH7.4、0.1mol/L 磷酸缓冲液溶解并稀释成 20μg/ml 的溶液，加等体积福氏完全佐剂充分乳化后，取 2ml 注入 Lou/c 大鼠腹腔，2 周后进行第二次免疫，3 个月后于融合前 3～4d 进行加强免疫，3 次免疫的剂量和注射途径均相同，唯第 3 次免疫时不加福氏佐剂，于细胞融合前处死大鼠，用碘酒棉球及乙醇棉球先后对右上腹部消毒，剖开腹部，用无菌剪刀与镊子取出脾脏，用 pH 7.4、0.1mol/L 磷酸缓冲液洗去血液，在无菌烧杯或培养皿中切成 1mm³ 小块，再用磷酸缓冲液洗涤 3～4 次，直至澄清，倾去洗涤液，加入组织块 5～6 倍体积（W/V）0.25% 肠胰蛋白酶溶液（pH7.6～7.8），于 37℃ 保温。消化 20～40min，每 10min 轻摇消化瓶 1 次，直至组织块松软为止，倾去胰蛋白酶溶液，再用上述磷酸缓冲液洗涤 3～5 次，然后加入少量磷酸缓冲液用 10ml 吸管吹打分散，至大部分组织块分散为细胞，用两层无菌纱布过滤，未分散的组织块再加少量磷酸缓冲液吹打和分散，合并细胞滤液，离心收集细胞并用磷酸缓冲液洗净 2～3 次，用无血清的 DMEM 培养液稀释制成细胞悬浮液，即为免疫大鼠脾淋巴细胞亲本，备用。

4. 固定化抗大鼠 κ 轻链单抗的制备　本法所用载体亦为 Sepharose 4B，其活化方法与制备固定化 tPA 相同。取 30g 活化的 Sepharose 4B 悬浮于 100ml，pH 10.2、0.025mol/L 硼酸缓冲液中，另取 1g 抗大鼠 κ 轻链的 McAb（MARK-1）溶于 25ml 硼酸缓冲液，然后加至上述已活化的 Sepharose 4B 悬浮物中，于 10℃ 搅拌反应 16～20h，将其装柱（$\phi 2cm \times 50cm$）并用 10 倍柱床体积（V/V）的上述硼酸缓冲液以 5～6ml/min 流速洗涤柱床，收集流出液，测 A_{280} 并根据流出液体积计算偶联效率。然后依次用 5 倍柱床体积（V/V）的 pH 10、0.1mol/L 乙醇胺溶液及 pH8.0、0.1mol/L 硼酸缓冲液充分洗涤。最后用 pH7.4、0.1mol/L 磷酸缓冲液洗至流出液 A_{280} 小于 0.01，即得抗 HBsAg McAb 的亲和吸附剂，将其转移至含 0.01% NaN_3 的 pH7.4、0.1mol/L 磷酸缓冲液中，于 4℃ 贮存，备用。

5. 细胞融合　取 10^7 个 IR983F 细胞与 10^8 个免疫大鼠脾淋巴细胞于 50ml 离心管中，混匀，在 4℃ 下，1500r/min 离心 8～10min，用巴斯德吸管小心吸去上清液，轻弹管底使沉淀的细胞松动，于 37℃ 水浴中保温，并于 1min 内轻轻滴加 0.8ml 50% PEG 4000，同时用吸管尖轻轻搅动 60～90s，于 2min 内缓慢滴加 20ml DMEM 培养液，1500r/min 离心 8～10min，吸去上清液，然后再用含 20% 小牛血清的 DMEM 培养液稀释至 50ml 制成细胞悬浮液，得细胞融合混合物。取 25ml 融合混合物加至两块含饲养细胞的 24 孔微量培养板中，每孔加 0.5ml；余下 25ml 细胞融合混合物再用含 20% 小牛血清的 DMEM 培养液稀释至 50ml，依上法再接种两块 24 孔培养板。依此类推，每次融合混合物可接种 8～10 块 24 孔培养板。按 IR983F 计，每孔接种细胞数约为 10^5 个，剩余融合物弃去。若用 96 孔板，则每孔接种细胞数约为 10^4 个，然后于 37℃ 二氧化碳培养箱中培养至 2～4d，每天从各孔中吸去 1ml 原培养液，替换成含 20% 小牛血清及 HAT 的 DMEM 培养液，继续培养至第 5～6 天，可见小克隆，至 9～10d 可见大克隆，中途不换 HT 培养液。若培养液出现淡黄色，可取出一部分培养液进行抗体检测。培养 10d 后改换含 HT 的培养液，继续培养两周后改用常规 DMEM 培养液培养。

6. 杂交瘤细胞的筛选　筛选产生抗 HBsAg 单抗的杂交瘤细胞的方法是用 AUSAB 酶联免疫试剂盒测定表达抗体的细胞，即将包被了人 HBsAg 的聚苯乙烯珠与待测杂交瘤培养上清液培育，然后用磷酸缓冲液洗涤 3～4 次，加入用生物素偶联的 HBsAg 培育后洗涤，再加过氧化物酶标记的亲和素培育，最后用邻苯二胺（OPD）显色，经酶标仪定量测定，以确定产生抗 HBsAg 单抗的阳性孔。

经检测确定为产生抗 HBsAg 单抗的阳性孔细胞需进行克隆和再克隆，并经全面鉴定与分析，最后才能获得产生抗 HBsAg 单抗的杂交瘤克隆系，其过程如下。

将阳性孔中的培养细胞经常规消化分散法制成细胞悬浮液，计数，用含 20% 小牛血清的 DMEM 培养液依次稀释成 5×10^4 cells/ml、5×10^3 cells/ml、5×10^2 cells/ml 及 5×10 cells/ml 细胞悬液，然后在已有饲养细胞的 96 孔培养板的第 1～3 行中，每孔接种 5×10 cells/ml 细胞悬液 0.1ml，每孔细胞数平均为 5 个；余下细胞悬液再稀释成 10cells/ml，在 4～6 行孔中每孔接种 0.1ml，平均每孔细胞数为 1 个；余下细胞悬液再稀释成 2cells/ml，在 7～8 行孔中每孔接种 0.1ml，平均每孔 0.2 个细胞，然后于 37℃ 后二氧化碳培养箱中通入含5% CO_2的无菌空气培养至第5~6天，镜检，记下单克隆孔，补加0.1ml培养液。在生长良好的情况下，第1~3行难有单克隆，第4~6行偶有单克隆，第7~8行多为单克隆。培养至9~10d后有部分孔中培养液上清液变淡黄色，可能已有抗体产生，然后将阳性孔内细胞分散接种至另外的24孔板中培养，并在原板的各孔中替换另一批培养液，以防污染及细胞死亡。当新的24孔板中细胞生长良好时，即进行消化分散转移至小方瓶中扩大培养，同时将种质进行保存。所获的阳性培养物需按上述方法反复再克隆和全面鉴定，直至确证为阳性单克隆为止。

7. 抗 HBsAg 单克隆抗体的腹水瘤生产技术　抗 HBsAg 的单克隆抗体可采用人工生物反应器培养杂交瘤细胞进行生产，亦可采用动物体作为生物反应器进行生产，后者又可通过诱发实体瘤及腹水瘤进行生产，以下介绍腹水瘤生产技术，其过程如下。

向健康的Lou/c大鼠腹腔注射1ml降植烷（pristane），饲养1~2周后，向大鼠腹腔接种5×10^6个杂交瘤细胞，饲养9~11d后即可明显产生腹水，待腹水量达到最大限度而大鼠又濒于死亡之前，处死动物，用毛细管抽取腹水，一般可得50ml左右。同时亦可取其血清分离抗体，此外，也可不处死动物，而是每1~3d抽取1次腹水，通常每只动物可抽取10次以上，从而获得更多单克隆抗体。

8. 抗 HBsAg 单克隆抗体的分离纯化　将固定化抗大鼠κ轻链的Sepharose 4B亲和吸附剂装柱（$\phi 4cm \times 20cm$），用5倍柱床体积（V/V）的pH 7.4，0.1mol/L磷酸缓冲液以2~3ml/min流速洗涤和平衡柱床，然后将100ml含抗 HBsAg 单克隆抗体的腹水用生理盐水稀释5倍（V/V），以2ml/min流速进柱，然后用pH 7.4、0.1mol/L磷酸缓冲液洗涤柱床，同时测定A_{280}，等第一个杂蛋白峰洗出后，改用含2.5mol/L NaCl的上述磷酸缓冲液洗涤，除去非特异性吸附的杂蛋白，然后用pH 2.8的甘氨酸-HCl缓冲液洗脱，同时分部收集洗脱液，合并含单抗的洗脱液，立即用pH 8.0、0.1mol/L Tris-HCl缓冲液中和至pH 7.0，经超滤，浓缩及冻干后即得抗 HBsAg 的单克隆抗体精品。

实例三　哺乳动物细胞系统表达基因工程乙型肝炎病毒疫苗

利用乙型肝炎病毒的S抗原作为疫苗是目前最常用的疫苗。基因工程乙肝病毒疫苗的制备方法可以用酵母表达系统、哺乳动物细胞系统及痘苗病毒载体系统。酵母表达系统一般HBsAg的表达量多于5μg/ml，但不能分泌到细胞外，必须将细胞破碎后才能得到HBsAg。痘苗病毒载体系统表达的HBsAg与血源疫苗完全一致，但该系统因用鸡胚细胞培养，较一般工艺复杂，而且表达量不够高。由于哺乳动物细胞系统表达的乙型肝炎表面抗原更接近天然形式，而且可以连续收获，因此更适合大规模生产，从而使其成为生产基因工程乙肝疫苗的一个重要系统。1981年法国巴斯德研究所的Tiollal和美国西奈山医学中心Chrsman在哺乳动物细胞中成功表达了乙型肝炎表面抗原。巴斯德研究所研制的CHO细胞重组乙肝疫苗含两种抗原。1991年中国预防医学科学院病毒学研究所联合长春、兰州、武汉和成都生物制品研究所等单位研制成功了中国地鼠卵巢细胞（CHO）表达的基因工程乙肝疫苗，它只含乙肝病毒的S抗原。

1. 细胞株和生产工艺　细胞株是由中国预防科学院病毒所提供的第19代HBsAg高产的CHO-C28。将冻存的细胞复苏，在克氏瓶中培养扩大到足够数量，经胰酶消化，转入 4L 瓶中，转速 8～16r/h，装液量为 500ml 瓶，所用培养基为 Gibco 的 DMEM 培养基。观察细胞生长情况，隔日收换液，测定收获液中 HBsAg 滴度。

2. **纯化方法**　细胞培养液进行连续高速离心，硫酸铵盐析，进行 2～3 次 KBr 等密度区带超速离心，经 Sepharose CL－4B 柱色谱，根据紫外检测峰及 RPHA 检测滴度收集样品。

3. **检测方法**

（1）蛋白质含量测定　用 Lowry 改良法。

（2）HBsAg 滴度测定　采用反向血凝（RPHA）法。

（3）SDS－PAGE 及 PAGE 鉴定　标准分子量蛋白质及标准牛血清白蛋白作对照。

（4）小牛血清残余量测定　用 RPHA 法。

（5）残余细胞 DNA 检测　用地高辛标记 CHO－C 细胞 DNA 作探针，斑点杂交法检测。

（6）高效液相色谱法（HPLC）　检测半成品的纯度。

（7）电镜检查　用磷钨酸负染法。

（8）HBsAg 免疫原性检测　用固相放射免疫试剂盒检测 NIH 小鼠的抗体水平。

4. **结果**

（1）细胞培养 CHO－C28 系在转瓶培养中细胞分泌 HBsAg 的动态　采用 4L 转瓶培养，细胞可维持两个月之久，收换液达 30 次之多，细胞形态完整，界限分明。在转瓶培养细胞期间，最先的 1～3 次收获液的 RPHA 滴度较低，随后细胞就能持续稳定地保持一个较高的分泌 HBsAg 的水平。此时细胞维持在生长、繁殖、分泌的平衡状态，收获液到 30 次左右，细胞衰老，滴度呈下降趋势，平均滴度是 1:128，时间长达 60d。又对静止培养方瓶和转瓶进行比较，转瓶培养的收获液 RPHA 滴度明显高于方瓶培养，方瓶静止培养，细胞生长周期短，易衰老，并且收获液 RPHA 滴度也低，最高只能达到 1:32，而且比较双层瓶培养和单层瓶培养的区别，结果显示双层瓶增加了细胞培养的表面积，从而在加入同样体积的培养液后，有更多的细胞分泌 HBsAg，最后的收率也有较大的提高。采用双层瓶培养是降低消耗，提高收率的一个行之有效的方法。

（2）关于细胞表达的 HBsAg 理化和生物学性状及质量控制　细胞分泌的 HBsAg 与血源 HBsAg 有许多相同之处，电镜上呈现 22nm 的 HBsAg 颗粒，PAGE 检测结果显示细胞分泌的 HBsAg 同血源 HBsAg 纯品一样，均聚集在浓缩胶内，分离胶内无任何条带；在 SDS－PAGE 上基因工程产品除与血源疫苗相同的 GP23、GP27 多肽外，另有 GP30 及 GP45 的多肽，均为 HBsAg 带。在动物体内相同剂量免疫，细胞分泌的 HBsAg 具有较血源 HBsAg 更强的免疫原性。残余 DNA 含量和残余牛血清含量是关系到乙肝基因疫苗纯度和安全性的关键，测得的细胞分泌的 HBsAg 纯品的牛血清含量 <1μg/dose、残余细胞 DNA 含量 <100pg/dose，均符合世界卫生组织的规定，HPLC 检测结果也符合检定所的要求，纯度 ≥95%，说明基因疫苗是安全的。

二、转基因动物生产药物

实例　利用大鼠乳腺反应器特异性表达人促红细胞生成素

人促红细胞生成素（human erythropoietin，hEPO）是由 193 个氨基酸组成的高度糖基化蛋白质，天然的 hEPO 主要由肾脏产生，其主要的功能是刺激造血祖细胞的分化、增殖和保持外周血的正常红细胞水平。临床上 hEPO 用于治疗肾衰性贫血疗效显著，也可以用于治疗一些非肾性原因导致的贫血，如慢性感染、炎症、放化疗等导致的贫血。但天然 hEPO 来源十分匮乏，远远不能满足临床需求，应用基因工程技术来生产 hEPO 是一种比较有效的手段，其中动物生物反应器以其生产成本低、产量高且表达产物接近天然产物受到人们重视。目前国内外学者正在积极探索用乳腺生物反应器方法来生产 hEPO。

1. **材料的准备** pEPO 为含 2.4kb hEPO 基因组 DNA minigene 的质粒；pWAP 为含 1.0kb 大鼠乳清酸蛋白（WAP）基因的质粒；pWAP3 为含 0.85kb 大鼠乳清酸蛋白基因 3 非翻译区（UTR）的质粒。假孕大鼠的制备：取动情期雌性大鼠 3 只与 1 只性成熟雄性大鼠合笼，每日检查雌鼠，查到阴栓者取出单笼饲养。

2. **表达载体的构建** 将 1.0kb WAP 调控序列、2.4kb EPO 基因片段和 0.85kb WAP3 UTR 基因经黏端连接和定向连接得到乳腺特异性表达载体 pWAP——EPO-WAP3。表达载体调控基因选用了 WAP 5′调控序列与其 3′ UTR 序列共同调控 EPO 表达。

3. **表达质粒导入大鼠乳腺** 将大鼠麻醉，采用两种乳腺导入方法：其一为乳头管导入法，用自制的显微注射针吸取脂质体-DNA 混合物，在解剖镜下，将针插入大鼠乳头管内，靠外力将混合物注入乳腺；其二为乳腺直接导入法，用微量注射器吸取混合物，在乳腺外部不同部位将转染混合物导入乳腺。空白对照导入 PBS 脂质体混合，导入剂量为每个乳头 50μl（10pgDNA）/次，分别在妊娠 16d、18d、28d 进行导入。

4. **pWAP-hEPO-WAP3 在大鼠乳腺中表达** 收集大鼠分娩后 48h、72h 乳汁，用 ELISA 方法测定乳汁中 hEPO 含量，结果乳头管导入法大鼠乳汁中均有 hEPO 表达，且 72h 表达量高于 48h，而乳腺直接导入法乳汁中 hEPO 表达量与对照组相比差异不显著。

三、转基因动物作为药物筛选模型

实例 HCV5′ NCR 转基因小鼠模型的建立

HCV5′ NCR 及翻译起始区对 HCV RNA 的翻译及复制具有重要调控作用，因此该区域成为抗病毒药物研究的靶标，在体外试验中已证明针对该区域的反义药物对 HCV 基因有明显的抑制作用。为了体内评价抗 HCV 药物活性，王小红、王升启等选择 HCV 5′NCR 及翻译区作为转基因小鼠模型的目的基因，为了检测方便，应用荧光素酶报道基因来反映目的基因状态，构建了 HCV5′ NCR 转基因小鼠模型，操作如下。

1. **转基因片段的制备** 这构建含 HCV5′ NCR 基因与荧光素酶基因的表达载体 pHCV-neo，由 CMV 启动子启动转录。经 *BamH* I 和 *Bgl* Ⅱ 酶切，获得 5.4kb 的转基因片段。

2. **转基因小鼠** ICR，1~3 月龄，清洁级。

3. **基因导入** 利用显微注射法，将基因导入小鼠受精卵雄原核内，移入受体，获得仔鼠 68 只。

4. **转基因小鼠的鉴定** 利用 PCR 扩增，进行 DNA 整合鉴定；采用 Gibcobrl 的

TRIzol 试剂在 G_0 代整合鼠的子代去阳性整合鼠提取 RNA，进行 RT – PCR 扩增，进行 mRNA 表达鉴定；在 G_0 代整合鼠的子代肝肾组织中进行荧光素酶表达活性鉴定。结果：通过 PCR，获得 13 只阳性整合鼠，整合率为 19.2 % 。通过阳性整合鼠肝肾组中外源基因 mRNA 表达检测和荧光素酶活性检测，获得了 HCV5′NCR 调控荧光素酶基因表达的转基因小鼠。通过荧光素酶活性的表达量，对特异性反义寡核苷酸体内抑制 HCV 基因表达活性进行了有效的评价。

（李泰明）

第四章 | 植物细胞工程

植物细胞工程（plant cell engineering）是细胞工程学的一个重要分支学科。随着现代生物技术的发展，植物细胞工程已经涉及到了生物技术的各个领域，比如植物细胞融合工程、植物细胞质工程、植物染色体工程、植物基因工程、植物转基因技术等，但它们都是以植物细胞工程为基础进行的。具体地说，植物细胞工程是一门以植物组织和细胞的离体操作为基础的实验性学科。它是以植物组织细胞为基本单位，根据生物学原理及工程学原理，在离体条件下定向改造植物细胞遗传性，利用植物细胞为人类生产名贵药品及提供服务的技术。其内容有植物细胞及其原生质体的培养、植物原生体融合、植物细胞反应器及其反应动力学、细胞大规模培养及次生代谢物的生产、转基因植物技术等。目前植物细胞及其原生质体培养、原生质体融合、细胞大规模培养、次生代谢物生产及植物细胞反应器等为植物细胞工程的核心内容。

第一节 概 述

植物细胞工程是在植物组织培养的基础上发展起来的，因此，植物细胞工程亦是广义概念上的植物组织培养。

植物组织培养的历史可以追溯到 20 世纪初。1902 年，德国植物学家 Haber landt 依据细胞学说预言"植物细胞具全能性"，即高等植物的器官和组织可分离成单个细胞，而每一个分离出来的细胞都具有进一步分裂和发育的能力。为此，他进行了高等植物离体细胞的培养，但由于技术上的限制，他的离体培养细胞未能分裂，但开辟了植物组织和细胞培养的新领域。1904 年，Hanning 成功地进行了离体胚培养，他在培养基上培育出能正常发育的萝卜和辣根菜的胚，到了 30 年代，植物组织培养取得了长足的进展。我国植物生理学创始人之一李继侗和罗宗洛、罗士韦等教授发现，胚乳提取液能分别促进离体银杏胚和玉米根的生长，为把维生素和其他有机物作为培养基中不可缺少的成分提供了重要的依据。1934 年，美国人 White 以番茄根为材料，建立了第一个无性繁殖系。随后，学者 Gautheret 发现了 B 族维生素和吲哚乙酸（IAA）等物质对植物培养细胞的生长发育有促进作用。1948 年，Skoog 和崔徵通过对烟草茎切段和髓组织培养的研究，确定了腺嘌呤/生长素的比例是控制芽和根形成的主要条件之一。1956 年 Miller 等发现了激动素。控制器官分化的激素模式变为激动素/生长素的比例关系，促进了组织培养发展。1958 年，英国科学家 Steward 等用胡萝卜根的愈伤组织细胞进行悬浮培养，成功诱导出胚状体并分化为完整的小植株，首次获得植株再生成功，使细胞全能性理论得到证实，这是植物组织培养的第一次突破。1960 年，Cocking 等用真菌纤维素酶分离植物原生质体获得成功，这是植物组织培养的第二次突破。1962 年 Marshing 和 Skoog 在烟草培养中筛选出至今仍被广泛使用的 MS 培养基。

到 20 世纪 70 年代，科学工作者建立了植物原生质体培养和融合技术。此后植物细胞培养和组织培养被广泛展开和应用，各种细胞培养和组织培养技术也日益完善。各种植物细胞培养基的设计、生物反应器的研制、培养动力学的研究以及植物细胞培养、生产次生代谢产物的调控等方面的研究都取得了显著的进展，这些都为植物细胞工程的应用奠定了基础。20 世纪 80 年代以来，植物细胞工程进入了高速发展阶段，随着植物细胞大规模培养的广泛实施，利用生物反应器生产各种有用的植物代谢化合物。此外，分子生物学技术突飞猛进，使植物细胞水平的遗传操作广泛应用，通过植株再生，细胞水平的遗传修饰就改变了整个植物的遗传特性，这样植物细胞和组织培养与细胞的遗传操作相结合，发展成为现代的植物细胞工程。这不仅推动了植物科学的发展，而且对农林业和医药工业的发展都产生了重要的影响。多年来通过组织培养方法培育完整植株的探索蓬勃发展，现在已有 1000 多种植物能够借助组织培养的手段进行快速繁殖，多种具有重要经济价值的粮食作物、蔬菜、花卉、果树、药用植物等实现了大规模的工业化、商品化生产。利用植物细胞培养技术进行有药用价值的天然产物的工业化生产和直接生产次生代谢产物已成了植物细胞工程的主流，是药用植物资源开发和保护的一种新手段。

目前已发现的植物天然代谢物已超过 2 万种，而且还在以每年新发现 1600 种的速度递增。人类迄今通过植物细胞培养获得的生物碱、维生素、色素、抗生素以及抗肿瘤药物等不下 60 多个大类，其中绝大多数次生物质的含量在人工培养时已达到或超过亲本植物的水平，通过培养植物细胞，工厂化生产生物天然次级代谢产物的美好前景已经十分清楚地展现在人们面前。对于那些化学结构清楚、药效明确、临床效果显著、需求量大，但在原植物中含量很低的药用次生代谢产物的生产，原植物引种栽培困难甚至原植物资源匮乏的珍稀植物的繁殖，以及利用化学合成或酶法转化难以得到的有效药物成分的获得，更能显示出植物细胞工程的优越性。我国已经采用生物技术对药用植物人参、西洋参、洋地黄、三七、雷公藤、甘草、红豆杉、紫草、红景天、水母雪莲等进行细胞大规模培养获得成功。深入发掘我国特有的巨大中草药宝库，加大国家对植物生物技术的资金投入，目前我国植物细胞工程的研究已在国际上处于相对领先的地位，紫草、三七、人参等药用植物细胞均实现了大规模的培养，结合现代细胞培养技术生产某些药物以及利用转基因植物生产蛋白质类药物均已成为可能。

第二节　植物细胞培养的理论基础

一、植物细胞的全能性

植物细胞全能性（totipotency）是指植物体的每一个活细胞具有发育成完整个体的潜在能力。即植物体的每个细胞都具有该植物的全部遗传信息，在适当的内、外条件下，一个细胞分裂增殖发育有可能形成一完整的新个体。

从理论上讲，任何一个生活细胞都有发育成完整生物个体的能力，但生活细胞要表达全能性必须首先回复到分生状态或胚性细胞状态，而这种回复能力在不同类型细胞间具有相当大的差异。在植物的生长发育中，从一个受精卵可产生具有完整形态和结构功能的植株，这是细胞全能性，是该受精卵具有该物种全部遗传信息的表现。同样，植物的体细胞，是从合子有丝分裂产生的，也应具有像合子一样的全能性。但在完整植株上，某部分的体细胞只表现特定的形态和局部的功能，这是由于它们受到具体器官或组织所在环境的束缚，但细胞内固有的遗传信息并没有丧失。因此，在植物组织培养中，被培养的细胞、组织或器官，由于离开了整体，再加上切伤的作用以及培养基中激素等的影响，就可能表现全能性，生长发育成完整植株。

二、植物细胞的脱分化和再分化

通常，我们用于组织培养的植物材料，大多是已分化了的细胞。离体培养条件下，细胞全能性的表达是通过细胞脱分化和再分化实现的。一个已分化有一定结构和功能的细胞要表现它的全能性，首先要经过一个脱分化的过程。

1. **脱分化** 脱分化（dedifferentiation）是指已分化的细胞在一定因素作用下，失去它原有的结构和功能，重新恢复分裂功能。细胞脱分化的结构通常形成愈伤组织。从外植体形成愈伤组织的过程，根据其群体细胞的形态、细胞分裂、生长活动和 RNA 相对含量的变动，大致可分启动期、分裂期和形成期 3 个时期。启动期是细胞准备进行分裂时期。外植体在外观上虽看不到多大变化，但代谢活化了，细胞内的合成代谢迅速进行，RNA 的含量急剧上升，细胞核和核仁增大。分裂期的主要特征是被启动细胞进行活跃的细胞分裂。这时细胞比启动的细胞更小，核和核仁更大，RNA 含量继续上升，出现高峰。由于细胞分裂活跃，细胞数目迅速增加，开始出现可见的愈伤组织球体，紧接着进入形成期。愈伤组织进一步发展，细胞分裂较多地出现在愈伤组织的周缘近表面部分，且分割面较多的是平周的，因此构成一个所谓愈伤形成层，相应的内部细胞显著增大，核和核仁变小，RNA 含量急剧下降。这时愈伤组织迅速长大，同时有薄壁组织分化。愈伤形成层的出现和薄壁组织的分化是愈伤组织建成的特征。

用组织培养方法获得的愈伤组织，其质地有的疏松，有的致密。颜色也有不同，它们可以是无色、黄色（含有类胡萝卜素或黄酮类化合物）、淡绿色（含有少量叶绿素）、紫红色（含有花青苷）。显微镜下的观察表明：由完全一致的薄壁细胞组成的愈伤组织甚少。愈伤组织通常是由许多异质细胞集合而成的积聚体。生长旺盛的愈伤组织含有高比例的类似分生组织状的细胞群。高度液泡化的细胞可有各种形状，从圆形到细长形等。

2. **再分化** 再分化（redifferentiation）是通过脱分化形成的愈伤组织，在一定的培养条件下，脱分化细胞可分化成不同的组织、器官，并经器官发生或胚状体发生进而发育成完整的植株。由于这是由原来分化状态的细胞脱分化培养后，再次分化，所以称为再分化。

（1）器官发生（organogenesis） 是指植物组织培养中经培养形成芽或根的现象。器官发生可通过愈伤组织，并在愈伤组织中形成一些分生细胞团，随后由其分化成不同的器官原基；也可不通过愈伤组织，由最初的外植体产生器官或由最初外植体通过拟分生组织产生器官。

在组织培养中通过形成芽或根而再生植株的方式大致有以下 3 种：先产生芽，于芽伸长形成茎的基部长根而形成小植物；先长根，在根上长出芽来；在愈伤组织不同部位分别形成芽和根，通过形成连接两者的维管束组织而形成一个轴，从而形成小植株。

　　大量的研究结果表明：植物组织培养中如先形成芽者，其基部多易生根。反之，如先形成根，则往往会抑制芽的形成。

　　（2）体细胞胚胎发生（embryogenesis）　胚状体是指在培养过程中由外植体或愈伤组织产生的与合子胚发育方式类似的胚状结构。它的发生和器官发生一样是从离体组织或细胞的脱分化开始，但以后的一些过程则与单极器官（如芽和根）的发育不同。胚状体的发生过程一般由单个细胞（胚状体原始细胞）进行一次不均等分裂产生两个大小不等的细胞，然后由较小的细胞进行连续分裂产生原胚，而较大的细胞也进行 1 ~ 2 次分裂构成胚柄。胚状体的一个主要特点是两极性，即在其发生的最早阶段就具有了根端和茎端。因此，胚状体一旦形成，即可长出小植株。

三、植物激素的调控

　　大量研究表明：在调节控制脱分化和再分化的过程中，除了植物材料本身的特性以及营养、光照、温度等条件外，植物激素起着十分重要的作用。其中影响最显著的是生长素和细胞分裂素。植物组织培养中常用的生长素类有吲哚乙酸（IAA）、萘乙酸（NAA）、2，4 - 二氯苯氧乙酸（2，4 - D）等；细胞分裂素类有激动素（KT）、6 - 苄基嘌呤（6 - BA）、玉米素（ZT）等。

　　通常，在外植体经脱分化形成愈伤组织的过程中，生长素和细胞分裂素是必要的，但由于植物种类及所取部分的不同，诱导其形成愈伤组织所需的激素浓度和组合不同。双子叶植物一般采用生长素/细胞分裂素比例高的配方；单子叶植物的细胞增殖比双子叶植物要求较高的生长素浓度，而对细胞分裂素无明显反应。在大多数情况下，只用 2，4 - D 就可以成功地诱导愈伤组织。

　　在再分化的过程中，激素的种类和浓度对培养中的再生方式和器官发生的类型可产生不同的影响。例如在矮牵牛茎、叶组织切块的培养中，用同一浓度（1mg/L）不同种类的生长素（IAA、NAA、2，4 - D）处理，可得到不同的结构。IAA 只引起愈伤组织的有限生长；NAA 可引起根的大量形成；2，4 - D 则促进愈伤组织产生，培养两周后还有胚状体发生。用 2，4 - D 做进一步浓度实验，发现 0.1 ~ 0.5mg/L 的浓度，可诱导材料形成胚状体，提高 2，4 - D 浓度（2mg/L），促进愈伤组织生长，但抑制胚状体形成。

　　生长素，特别是 2，4 - D 是控制体细胞胚状体发生的重要因素。在不少材料中均可看到，2，4 - D 对促进胚状体的发生虽有良好效果，但对胚状体的形成和发育有抑制倾向。所以，为了促进培养物分化，应及时除去或减少培养基中 2，4 - D。

　　激素的调控作用不但决定于激素的种类和浓度，而且还决定于激素的相互之间的配比和绝对用量。20 世纪 50 年代，F. Skoog 和 C. O. Miller 在烟草茎髓愈伤组织中发现激动素/生长素的比例高时，利于芽的分化；比例低时，利于根的分化；两者比例适中水平时，愈伤组织占优势。激动素/生长素的比例控制器官发生的这种模式，经以后大量的实验结果表明，它在组织培养中（特别对双子叶植物的器官发生）具有较普遍意义，但激素之间的配比控制器官发生的类型还受激素绝对用量的影响。例如在番茄叶愈伤组织培养中，用 2mg/L IAA + 2mg/L KT，发生根；茎芽则仅在用 4mg/L IAA +

4mg/L KT 时发生。

第三节　植物细胞工程一般培养技术

一、植物组织培养的概念

植物组织培养是指在无菌条件下，将离体的植物器官（如根尖、茎尖、叶、花、未成熟的果实、种子等）、组织（如形成层、花药组织、胚乳、皮层等）、细胞（如体细胞、生殖细胞等）、胚胎（如成熟和未成熟的胚）、原生质体（如脱壁后仍具有生活力的原生质体），培养在人工配制的培养基上，给予适宜的培养条件，诱发产生愈伤组织，或潜伏芽等，或长成完整的植株。由于是在试管内培养，而且培养的是脱离植物母体培养物，因此也称离体培养和试管培养，根据外植体来源和培养对象的不同，又分为植株培养、胚胎培养、器官培养、组织培养、原生质体培养等。

二、植物细胞培养的特性

植物细胞培养的特性有：①植物细胞较微生物细胞大得多，有纤维素细胞壁，细胞耐拉不耐扭，抵抗剪切力差；②培养过程生长速度缓慢，易受微生物污染，需用抗生素；③细胞生长的中期及对数期，易凝聚为直径达 $350 \sim 400 \mu m$ 的团块，悬浮培养较难；④培养时需供养，培养液黏度大，不能耐受强力通风搅拌；⑤具有群体效应、无锚定依赖性及接触抑制性；⑥培养细胞产物滞留于细胞内，且产量较低；⑦培养过程具有结构与功能全能性。

三、植物组织培养的培养基及配制

（一）培养基的成分

培养基是植物组织培养中离体植物材料赖以生存、生长发育的基地。培养基的合适与否是培养能否成功的关键因素之一。培养基的成分是根据被培养植物材料的生长发育所需要的营养而设计的。目前在植物组织培养中所采用的培养基成分除水（用蒸馏水）外，一般包括以下五大类。

1. 无机营养物　培养的植物组织、器官、细胞或者原生质体需要连续的供给某些无机化学物质，称无机营养物。无机营养物主要由大量元素和微量元素两部分组成，除了 C、H、O 之外，需要量比较多的元素叫宏量元素；需要量比较少的元素叫微量营养元素。宏量元素中，氮源通常有硝态氮或铵态氮，但在培养基中用硝态氮的较多，也有将硝态氮和铵态氮混合使用的。磷和硫则常用磷酸盐和硫酸盐来提供。钾是培养基中主要的阳离子，在培养基中，其数量有逐渐提高的趋势。而钙、钠、镁的需要则较少。培养基所需的钠和氯化物，由钙盐、磷酸盐或微量营养物提供。微量元素包括碘、锰、锌、钼、铜、钴和铁。培养基中的铁离子，大多以螯合铁的形式存在，即 $FeSO_4$ 与 Na_2-EDTA（螯合剂）的混合。

2. 碳源　培养的植物组织或细胞，它们的光合作用较弱。因此，需要在培养基中附加一些糖类以供需要。培养基中的糖类通常是蔗糖。蔗糖除作为培养基内的碳源和能源外，对维持培养基的渗透压也起重要作用。

3. 维生素 在培养基中加入维生素，常有利于外植体的发育。培养基中的维生素属于 B 族维生素，其中效果最佳的有维生素 B_1、维生素 B_6、生物素、泛酸钙和肌醇等。

4. 有机附加物 包括人工合成或天然的有机附加物。最常用的有酪蛋白水解物、酵母提取物、椰子汁及各种氨基酸等。另外，琼脂也是最常用的有机附加物，它主要是作为培养基的支持物，使培养基呈固体状态，以利于各种外植体的培养。

5. 植物激素 植物激素（plant hormones）又称为植物生长调节剂（plant growth regulators），是人工合成培养基中必不可少的物质，是调节植物生长与分化的重要因子，对离体植物细胞的分裂、分化以及根、芽的形成起着积极的作用。植物细胞工程的重要内容之一就是要借助植物生长激素的合理使用来控制各类植物组织和细胞的生长、分化以及器官的发生和胚胎的发生以及进一步的完整植株的再生。另外，在进行细胞大量培养时，也需要利用植物激素来获得最大的细胞量和次生代谢产物的产量。

常用的生长调节物质主要有生长素（auxin）、细胞分裂素（cytokinin）、赤霉素（gibberellins）、脱落酸（abscisic acid）和乙烯（ethylene）五大类。

植物生长素类如吲哚乙酸（lndole acetic acid，IAA）、萘乙酸（naphthalene acetic acid，NAA）、2，4-二氯苯氧乙酸（dichlorophenoxyacetic acid，2，4-D）。

细胞分裂素如玉米素（zeatin，ZT）、6-苄氨基嘌呤（6-benzylaminopurine，6-BA）和激动素（kinetin，KT）。

赤霉素：组织培养中使用的赤霉素只有一种，即赤霉酸（GA3）。

生长素和细胞分裂素是植物细胞工程制药技术中最常用的植物生长激素。它们的种类、比例及含量都对植物细胞的生长、繁殖、分化、发育和新陈代谢起着重要的调控作用。一般来说，当培养基中细胞分裂素与生长素的比例高的时候，细胞容易分化出芽，当比例低的时候，细胞容易分化生根，在比例适当的时候，细胞可以维持生长和繁殖而不分化。

6. 诱导子 诱导子（elicitor）根据性质可分为非生物诱导子和生物诱导子两类。非生物诱导子是指非细胞天然成分，但又能触发形成植保素的信号因子，主要有水杨酸（salicylic acid，SA）、茉莉酸（jasmonic acid，JA）与茉莉酸甲酯（methyl jasmonate，MJ），其次是稀土元素以及重金属盐类。生物诱导子主要是指微生物类诱导子，如真菌孢子、菌丝体、真菌细胞壁成分、真菌培养物滤液等。诱导子活化植物次生代谢途径时具有种属专一性、快速性、时间效应、浓度效应及协同效应等明显特点。在适宜条件下，利用诱导子来调节药用植物的次生代谢途径，可明显提高植物细胞中有用的植物次生代谢产物的含量。

（二）常用培养基的配方及其特点

在长期的组织培养中，根据不同的植物材料和不同培养目的对各种营养成分的不同要求，人们已设计出不同的培养基（表4-1）。不同培养基的特点不尽相同，一般无机盐的变化较大，在氮的运用上，有的只用硝酸盐，也有硝酸盐和铵盐混用的。

例如 MS 培养基是最广泛应用的培养基，其内无机盐的用量较合适，足以满足很多培养材料在营养和生理上的要求。一般情况下，不必加入蛋白质水解物、酵母提取物等有机附加物。MS 培养基中硝酸盐、铵和钾的含量比其他培养基高，这是它的明显特点。

LS 培养基或称为 RM – 1965 培养基，是在 MS 培养基的基础上修改而来的，只是去掉了甘氨酸、盐酸吡哆酸、烟酸，硫胺素提高为 0.4mg/L。

White 培养基与 MS 培养基相比，则是一个具有较低浓度无机盐的培养基。它的使用也较广泛，在根培养、胚胎培养及木本植物的组织培养上效果较好。

B_5 培养基是 O. L. Gamborg 等 1968 年为培养大豆的细胞而设计的。它的主要特点是含有低浓度的铵。而铵这一营养成分对有些培养物可能有抑制生长的作用。

N_6 培养基适用于禾谷类植物的花药、花粉培养及某些植物的组织培养上。

表 4 – 1　几种常用植物组织培养培养基配方（单位：mg/L）

化合物	培养基			
	MS（1962）	White（1963）	B5（1968）	N6（1974）
KCl		65		
$MgSO_4 \cdot 7H_2O$	370	720	250	185
NH_4NO_3	1650			
$(NH_4)_2SO_4$			134	463
KNO_3	1900	80	2500	2830
$CaCl_2 \cdot 2H_2O$	370	720	250	185
KCl		65		
$Ca(NO_3)_2 \cdot 4H_2O$		300		
Na_2SO_4		200		
$NaH_2PO_4 \cdot H_2O$		16.5	150	
KI	0.83	0.75	0.73	0.8
H_3BO_3	6.2	1.5	3	1.6
$MnSO_4 \cdot 4H_2O$	22.3	7		4.4
$MnSO_4 \cdot H_2O$			10	
$ZnSO_4 \cdot 7H_2O$		3	2	1.5
$ZnSO_4 \cdot 4H_2O$	8.6			
$Na_2MoO_4 \cdot 2H_2O$	0.25		0.25	
$CuSO_4 \cdot 5H_2O$	0.025		0.025	
$CoCl_2 \cdot 6H_2O$	0.025		0.025	
$Na_2 – EDTA$	37.3		37.3	37.3
$FeSO_4 \cdot 7H_2O$	27.8		27.8	27.8
$Fe(SO_4)_2$		2.5		
肌醇	100		100	
烟酸	0.5	0.5	1	0.5
盐酸硫胺素	0.1	0.1	10	1
盐酸吡哆醛	0.5	0.1	1	0.5
甘氨酸	2	3		2
蔗糖	30000	20000	20000	50000
pH	5.8	5.6	5.5	5.8

近年来，培养基都倾向于采用高浓度的无机盐。高浓度的无机盐能较好地保证组织生长所需的矿质营养，由于离子浓度高，在配制、贮存和消毒过程中，即使某种成分稍有出入，也不至于影响培养基的离子平衡。

（三）培养基的配制方法

1. 制备母液 为了避免每次配制培养基都要对几十种化学药品进行称量，应该将培养基中的各种成分，按原量 10 倍、100 倍或 1000 倍称量，配成浓缩液，这种浓缩液叫做母液。这样，每次配制培养基时，取其总量的 1/10、1/100、1/1000，加以稀释，即成培养液。现将培养液中各类物质制备母液的方法说明如下。

（1）宏量元素 宏量元素包括硝酸铵等用量较大的几种化合物。制备时，按表中排列的顺序，以其 10 倍的用量，分别称出并进行溶解，以后按顺序混在一起，最后加蒸馏水，使其总量达到 1L，此即宏量元素母液。

（2）微量元素 因用量少，为称量方便和精确起见，应配成 100 倍或 1000 倍的母液。配制时，每种化合物的量加大 100 倍或 1000 倍，逐次溶解并混在一起，制成微量元素母液。

（3）铁盐 铁盐要单独配制。由硫酸亚铁（$FeSO_4 \cdot 7H_2O$）5.57g 和乙二胺四乙酸二钠（$Na_2 - EDTA$）7.45g 溶于 1L 水中配成。每配 1L 培养基，加铁盐 5ml。

（4）有机物质 主要指氨基酸和维生素类物质。它们都是分别称量，分别配成所需的浓度（0.1～1.0mg/ml），用时按培养基配方中要求的量分别加入。

（5）植物激素 最常用的有生长素和细胞分裂素。这类物质使用浓度很低，一般为 0.01～10mg/L。可按用量的 100 倍或 1000 倍配制母液，配制时要单个称量，分别贮藏。

配制植物生长素时，应先按要求浓度称好药品，置于小烧杯或量瓶中，用 1～2ml 0.1mol/L 氢氧化钠溶解，再加蒸馏水稀释至所需浓度。配制细胞分裂素时，应先用少量 0.5 或 1mol/L 的盐酸溶解，然后加蒸馏水至所需量。

以上各种混合液（母液）或单独配制药品，均应放入冰箱中保存，以免变质、长霉。至于蔗糖、琼脂等，可按配方中要求，随称随用。

2. 配制培养基的具体操作

（1）根据配方要求，用量筒或移液管从每种母液中分别取出所需的用量，放入同一烧杯中，并用粗天平称取蔗糖、琼脂放在一边备用。

（2）将（1）中称好的琼脂加蒸馏水 300～400ml，加热并不断搅拌，直至煮沸溶解呈透明状，再停止加热。

（3）将（1）中所取的各种物质（包括蔗糖），加入煮好的琼脂中，再加水至 1000ml，搅拌均匀，配成培养基。

（4）用 1mol/L 的氢氧化钠或盐酸，滴入（3）中的培养基里，每次只滴几滴，滴后搅拌均匀，并用 pH 试纸测其 pH 值，直到将培养基的 pH 值调到 5.8。

（5）将配好的培养基，用漏斗分装到锥形瓶（或试管）中，并用棉塞塞紧瓶口，瓶壁写上号码。瓶中培养基的量约为容量的 1/4 或 1/5。

培养基的成分比较复杂，为避免配制时忙乱而将一些成分漏掉，可以准备一份配制培养基的成分单，将培养基的全部成分和用量填写清楚。配制时，按表列内容顺序，按项按量称取，就不会出现差错。

3. 培养基的灭菌与保存 培养基配制完毕后，应立即灭菌。培养基通常应在高压蒸汽灭菌锅内，120℃灭菌20min。如果没有高压蒸汽灭菌锅，也可采用间歇灭菌法进行灭菌，即将培养基煮沸10min，24h后再煮沸20min，如此连续灭菌3次，即可达到完全灭菌的目的。

经过灭菌的培养基应置于10℃下保存，特别是含有生长调节物质的培养基，在4℃~5℃低温下保存要更好些。含吲哚乙酸或赤霉素的培养基，要在配制后的1周内使用完，其他培养基最多也不应超过1个月。在多数情况下，应在消毒后两周内用完。

四、植物细胞的培养方法

在一定条件下，通过人工供给营养物质及生长因子，使离体植物细胞生长繁殖的方法称为植物细胞培养技术，通常有悬浮、微室、平板、看护、悬滴、微滴及单花粉培养等多种培养方式。

1. 细胞悬浮培养法 细胞悬浮培养法（cell suspension culture method）指游离植物细胞悬浮于液体培养基中培养的方法。其基本过程是将愈伤组织、无菌苗、吸涨胚胎或外植体芽尖、根尖及叶肉组织，经匀浆器破碎、纱布或不锈钢网过滤，获得单细胞滤液作为接种材料，接种于试管或培养瓶等器皿中振荡培养，并可采用日光灯照射，以促进生长。悬浮培养的特点是培养过程中，细胞总数不断增加，一定时间后产量达最高点，生长趋于停止；然后进行移植继代培养，其过程表现出严格可重复周期性变化，细胞增长规律与微生物相同，有延迟期、对数生长期、减慢期及静止期等阶段。植物细胞接种时要达到一定细胞浓度，通常为 $0.25 \times 10^5 \sim 0.5 \times 10^5$ cells/ml，若太低，则细胞不能生长。人们认为在临界培养基中，每个细胞均可合成本身生长和分裂所需代谢物，细胞不断释放同时亦吸收这类物质，若细胞浓度低则释放多于吸收，细胞内有关代谢物浓度低于分裂所需临界浓度，细胞不分裂；反之细胞正常生长。此理论对正确设计动、植物细胞培养方案具有指导意义，如在植物细胞培养基中加入细胞分裂素、赤霉素和氨基酸，采用看护培养法，应用条件培养基或用含叶绿体细胞进行光照培养以及减少细胞内代谢物释放的方法，均为保证低密度植物细胞正常生长繁殖的有效措施，从而提高细胞培养成功率。

2. 平板培养法 平板培养法（plate cultivation method）是将制备好的单细胞悬浮液，按照一定的细胞密度，与融化的琼脂培养基均匀混合，并平铺一薄层在培养皿底上的培养方法称为平板培养法。该方法是 Bergmann（1960年）首创。为单个细胞培养技术之一，也称为单细胞培养。其方法是将种质经机械破碎过筛或酶（纤维素酶及果胶酶等）消化分散，洗涤离心除酶，细胞浓缩物经计数及稀释，接种到加热熔化而刚冷却至35℃左右的固体培养基中充分混匀，倾入培养皿中，石蜡密封，于25℃含5%CO_2空气的培养箱中培养，细胞即可生长成团。单细胞或原生质体培养时，多以植板率表示细胞生长比例，即：

$$植板率（\%）= \frac{每个平板上形成的细胞团数}{该平板上接种的细胞数} \times 100\%$$

每平板上接种细胞数由接种细胞浓度与接种体积求出；而每平板上形成的细胞团数通过直接计数求得。平板培养法是为了分离单细胞无性系，研究其生理、生化遗传差异而设计的一种单细胞培养技术。广泛应用于细胞、原生质体及融合产物的培养。

3. 微室培养法　微室培养法（microchamber cultivation method）是人工制造一个小室（如凹玻片与盖玻片组成的微室），将单细胞培养在小室中的少量培养基上，使其分裂增殖形成细胞团的方法。

其操作方法如图 4 - 1 所示，在一小盖玻片上加一滴琼脂培养基，其四周接种单细胞，中间置一块与单细胞来源相同的愈伤组织块，小盖玻片再贴于大盖玻片上，反扣于载玻片的凹孔内，则琼脂滴悬于凹孔内，盖玻片四周以石蜡或凡士林密封后，置二氧化碳培养箱中培养，维持 26℃ ~ 28℃，细胞即可生长。此亦为单细胞培养技术之一，微室培养主要用来观察细胞生长、分裂、形成细胞团的过程。De Ropp（1955 年）首先在微室中用悬滴试图培养单细胞，结果未见单细胞分裂，只见有丝分裂。以后 Torrey（1957 年）和 Jones（1960 年）等都由愈伤组织分离出的单细胞采用微室培养成功观察到单细胞的分裂。其优点是可直接观察细胞分裂繁殖及分化、胞质环流规律及线粒体生长与分裂活动。亦可进行连续观察原生质体融合、细胞壁再生及融合后细胞分裂活动，同时可进行显微摄像，将一个细胞的生长、分裂和增殖的全部过程记录下来。

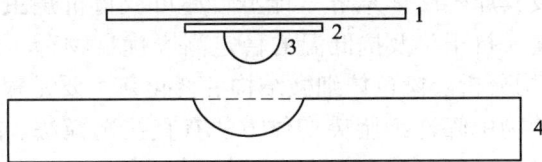

图 4 - 1　植物细胞的微室培养法
1. 大盖玻片　2. 小盖玻片　3. 琼脂滴　4. 凹载玻片

4. 看护培养法　看护培养法（nurse cultivation method）是用一块愈伤组织或植物离体组织看护单细胞，使其生长增殖的一种单细胞培养方法叫看护培养法。亦为单细胞培养方法之一，其过程是先于锥形瓶中加入固体培养基，其上置一直径为几毫米的愈伤组织，再于组织块上置一张已灭菌的滤纸，次日滤纸即吸收组织块渗出的培养基成分，将细胞接种于滤纸上，置二氧化碳培养箱内于 26℃ ~ 28℃ 培养之，细胞即可生长，见图 4 - 2。

本法操作简便，可为单细胞生长提供良好环境，培养时间较微室培养长，但不能直接进行显微观察，需预先对种质细胞进行显微检查，以确保培养者为单细胞。看护培养主要用于诱导形成单细胞系，Muir（1954 年）首先用此法培养出烟草单细胞株。Sharp（1972 年）成功将此法用于番茄的花粉培养，诱导花粉形成单倍体细

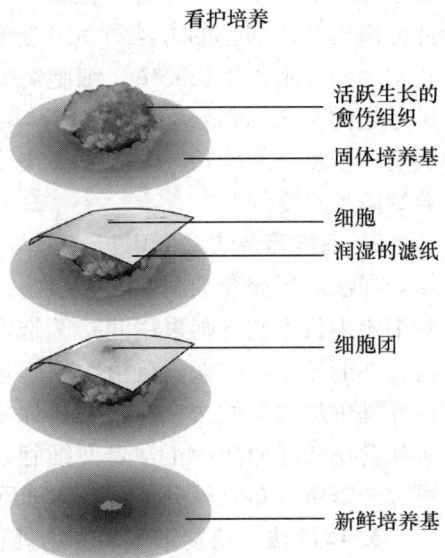

图 4 - 2　看护培养法示意图

胞系。

　　5. 饲养层培养法　将饲养细胞先用射线辐射处理，然后将饲养细胞和培养细胞混合植板，经过照射的细胞对于培养细胞起到一个饲养作用。饲养层细胞是活细胞但不能分裂，可以提供细胞生长过程中的许多活性因子，被称为饲养层。

五、细胞突变体筛选技术

　　细胞突变通常系指其遗传物质（DNA）在一级结构上发生永久而能够遗传的变化，其主要原因是由于染色体缺失、重复、倒位、异位、碱基顺序转换、颠换及移码而引起。实践证明植物细胞培养物易产生自发突变，悬浮培养时其自发突变频率在 $10^{-7} \sim 10^{-6}$ 之间，远超过高等植物自发突变频率；此外，亦可采用人工方法处理植物培养细胞使其产生突变，称为人工诱变。诱变因素分为物理因素和化学因素。物理因素主要为紫外线、γ 射线及 X 射线等。化学因素主要有碱基类似物如 5 - 溴尿嘧啶、2 - 氨基嘌呤及马来酰肼等。利用植物细胞及其原生质体培养技术筛选突变细胞或突变细胞无性系，目的在于获得某些药物高产细胞株或某些物质转化的高产酶细胞株。在中草药、园艺及农业方面，利用植物细胞及其原生质体培养全能型，亦可获得抗病虫害、抗除草剂、耐盐碱、耐酸壤、耐重金属、抗干旱及抗低温的稳定高产优良物种。但筛选细胞突变体时不是依据 DNA 一级结构分析及染色体细微结构的变化，主要是根据细胞表型变化。目前自离体植物细胞培养物中筛选细胞突变体方法有直接选择法、间接选择法及"绿岛法"等。

　　1. 直接筛选法　利用选择性条件下细胞突变体可优于生长的新表型或感观上出现可测定的差异进行选择的方法称为直接选择法，其又有正选择与负选择之分。离体植物细胞培养物在含特定物质（如病原病毒、盐类、抗生素、代谢抑制物及除草剂等）的选择性培养基中培养时，正常表型细胞死亡，唯突变体细胞方能正常分裂繁殖，藉此分离突变体细胞的方法称为正选择法；但离体植物细胞培养物在特定培养基中时，正常表型细胞可生长繁殖，细胞突变体却呈休眠状态，然后用含淘汰剂（如常用者为砷酸氢钠及 5 - 溴脱氧尿嘧啶等）培养基培养，令正常表型细胞死亡，而未中毒的细胞突变体恢复正常生长，藉此分离突变体细胞的技术谓之负选择法，此法多用于分离营养缺陷型突变细胞。

　　2. 间接筛选法　应用与突变表现型具有某种相关的特性为指标的筛选技术谓之间接选择法。当突变细胞缺乏直接选择表型指标或利用有关表现型进行直接选择的条件对细胞生长不利时则采用间接筛选法。植物细胞中含有硝酸还原酶，其既能还原硝酸盐，亦能还原氯酸盐。自植物细胞培养物中筛选硝酸还原酶缺陷型细胞突变体时，在培养基中加入氯酸盐，在硝酸还原酶作用下产生次氯酸，后者对细胞有毒害作用，可杀死含硝酸还原酶的正常表型细胞，只有能利用有机氮的硝酸还原酶缺陷型突变细胞可分裂繁殖，藉此可分离突变体细胞。

　　3. 绿岛法　植物细胞培养物处于无组织及无器官分化的分散状态，许多重要基因并不表达，无法根据某些表型进行识别和筛选。如许多除草剂只有在光合细胞中才起作用，而在无叶绿体分化的培养细胞中是否存在抗除草剂的突变细胞则无法借助除草剂进行筛选，故需在植株上使叶面细胞产生突变并创造选择压力，令抗性突变细胞正常生长形成绿色斑点，此斑点谓之"绿岛"。切下绿岛即是突变细胞，经分散和培养后即可分化为完整突变植株，如在筛选抗病毒细胞时，通过接种病毒可令不抗病毒细胞失绿，留下抗病毒细胞的"绿岛"，再进行分离培养即得抗病毒细胞或植株。

六、植物细胞种质保存

（一）种质保存的意义

种质保存的意义有：①植物组织及细胞移植继代培养过程可能导致染色体及基因型变异，致使培养细胞失去全能性及某些有益性状，且基因工程与细胞工程的发展，亦需收集与贮存各种植物基因型，有必要保存种质；②森林及土地无止境地被开发利用，自然种质库被破坏，多种植物濒于灭绝，需建立人工种质库；③细胞工程获得的中草药及农作物优良品种的特殊变异细胞及杂种细胞，常规保存法易于变异，需进行种质资源广泛收集与长期保存；④细胞培养建立的人工种质库可节省土地与劳务，排除某些作物营养体繁殖方式，防止种苗遗传变异与退化，并可长期保存无病毒的原种，有重要的经济价值。

目前已建立的植物细胞种质最简单的保存法有：干燥保存法、液状石蜡覆盖法、低温保存法及低压、低氧保存法等，主要通过脱水、减少氧供应及降低温度，抑制细胞生理活动，延缓衰老，延长保存时间。但上述简单保存法均难以完全抑制细胞生命活动，仍将产生种质遗传性变异，最佳保存法乃为超低温深冻保存法。

（二）超低温深冻保存法

1. 超低温深冻保存法的概念 本法系指植物种质于 -196℃的液氮中保存法，该温度下细胞代谢与生长完全停止，不致引起遗传性变异。目前愈伤组织、悬浮培养细胞、原生质体、花粉、花粉胚、体细胞胚状体、茎尖分生组织、小植株及茎芽等保存均获得成功。

2. 超低温保存过程影响细胞生长的因素

（1）冰冻保护剂 本法温度极低，损伤细胞，降低生存率，种质细胞中加冰冻保护剂对细胞有保护作用，常用保存剂有二甲基亚砜（DMSO）、甘油、聚乙二醇（PEG）、葡萄糖、山梨糖及蔗糖等，且用复合成分较单一成分效果为佳，若单用5% ~ 10% DMSO 保存长春花培养细胞存活率为5% ~8%，而用5% DMSO 和 1mol/L 山梨醇复合物则存活率为 61.6%。脯氨酸在冷冻条件下是酶和细胞结构的一种天然保护剂，也能起到较好的冷冻保护作用。

（2）材料的选择和预处理 为提高存活力，应选择抗冻力强的幼龄培养细胞，且取材时间应为冬季或将材料进行低温预处理，如将材料于含山梨糖醇及脱落酸培养基中预培养，以诱导抗寒能力，或将细胞放在5% ~10% DMSO 中，于0℃预处理1h，均可提高细胞存活率。

从理论上讲，植物材料在液氮中可以无限期贮存，融化后多数细胞或器官能恢复生活能力，在培养条件下可以重新生长和分化。对植物活细胞组织进行冷冻保存的技术要求高，一般包括四步：降温冷冻、贮存、细胞解冻复苏及再培养和繁殖。

1）降温与冻结方法 降温冰冻过程有快速法、慢速法及两步法 3 种。①快速：法系将 -3℃ ~ -10℃预处理20d 的细胞培养物或其他材料直接投入液氮中，令细胞迅速

过 −10℃ ~ −140℃的危险温度，成玻璃态，冰晶不再增长，细胞结构不破坏，此法适于保存种子、花粉、球茎及块根等高度脱水材料和冬芽。②慢速冰冻法：系将材料按0.1~10℃/min 的降温速度进行慢速冰冻的方法，适用于不耐寒植物细胞保存。③两步冰冻法，系将植物细胞先慢速降温至 −30℃ ~ −50℃，达到一定程度保护性脱水后再投入液氮迅速冰冻，该法适用于长春花、人参、烟草及胡萝卜等悬浮培养细胞及愈伤组织的保存。

2）贮存　贮存温度应保持在 −196℃。贮存期间温度若高于 −130℃时，细胞内的冰晶就可能生长，将导致细胞活力的下降。因此植物材料要长期贮存在液氮罐中，一个大约能装 4000 个安瓿瓶的液氮罐，每周消耗 20 ~25L 液氮。理论上只要能保证不断补充液氮，就可以长期保存冷冻的材料。

3）细胞解冻复苏　深冬冷藏细胞经化冻再培养工程谓之复苏，化冻方式有 35℃ ~40℃快速化冻及室温慢速化冻两种。深冻法保存的大多数材料采用快速化冻、液泡小、含水量少的细胞（如茎尖分生组织），可采用快速化冻的方法。液泡大、含水量高的细胞则一般需要采用慢速化冻法。生长季节中的材料，一般在 37℃ ~40℃温水浴中快速化冻比在室温下慢速化冻要好。木本植物的冬芽，在超低温保存后，必须在 0℃ 低温下进行慢速化冻才能达到良好的效果。玻璃化冻存的材料在保存终止后，要求快速化冻，以防止由于次生结冰对组织细胞造成的伤害。

4）再培养　经冻存的材料会不可避免地受到不同程度的伤害。为了减少再培养中的光抑制，利于离体材料恢复生长，冻存的材料一般在黑暗或弱光下培养 1 ~2 周，再转入正常光下培养。再培养所用的培养基一般是与保存前的相同，但有时需将宏量元素或琼脂含量减半，有时则在培养基中附加一定量的 PVP、水解酪蛋白等成分，以利于生长的恢复。

5）深冻细胞活力及存活率测定　欲知细胞深冻保存效果，复苏后需测其生命活力与存活率，测定方法有三：①再培养法系将复苏后细胞立即接种于新鲜培养基上再培养，同时测定细胞增殖量、愈伤组织形成情况及分化为新植株能力。本法为检查细胞活力的根本方法。②二醋酸荧光素染色法系用 1 滴 0.1% 荧光素染料溶液与 1 滴化冻后细胞悬浮液混合，活细胞染色，死细胞不着色，故用普通显微镜观察计数得细胞总数，用紫外显微镜观察计数得活细胞数，据此可计算出冻存细胞存活率。③氯化三苯四氮唑还原法（TTC 法）系根据活细胞内脱氢酶可将氯化三苯四氮唑还原为红色甲䐶（formazan），后者溶于乙醇而不溶于水，故前者与冻存细胞保温反应后用乙醇抽提，再用分光光度法测定吸收度，用以判断细胞存活率及活力。但后两种方法只能作为生活力预测指标而不能代替再培养法。

无论哪种种质资源的保存方法都是以保持物种原有的遗传特性为出发点。在超低温保存过程中，植物材料是否发生变异是育种工作者十分关心的问题。在超低温保存之前，外植体材料、培养继代时间、培养基成分以及自然突变等因素都可能影响到保存材料的遗传稳定性。为了掌握超低温保存材料的遗传变异情况，有必要在保存材料的恢复和再生阶段建立有效的检测体系。目前，形态学观察、细胞学方法、同工酶、分子标记如 RFLP 和 RAPD 等检测方法常常单独或被结合起来用于遗传变异分析。

第四节　植物原生质体培养技术

除去纤维素外壁且具有生活力的裸体植物细胞称为植物原生质体。其亦可培养且有结构与功能全能性，亦可通过自发突变及人工诱变而筛选出功能特异的突变细胞和植株。人们可以利用它研究植物细胞壁的形成，还可以实现细胞融合和细胞杂交，以及细胞对外源基因、DNA 片段、细胞器、染色体的捕获，因此原生质体为植物遗传工程研究提供了一个方便的遗传操作实验系统。

一、植物原生质体制备

植物细胞外面包有一层细胞壁，壁的主要成分为纤维素、半纤维素、果胶质和少量蛋白质等。在细胞分化过程中细胞壁的各种成分的比例发生改变，而且还逐渐增加木质素等次生物质，细胞壁的强度增加，破坏细胞壁的难度也随之增加。最初人们用机械法获得原生质体，方法是将叶肉细胞或其他类型的植物细胞放在高渗的蔗糖溶液中，使细胞发生质壁分离，原生质体收缩成球形，最后完全与细胞壁脱离，这是用剪刀剪碎组织，损坏一些细胞的细胞壁，使少量原生质体释放出来。机械法制备原生质体的缺点是产量低，而且无法从分生组织中分离得到原生质体，因为分生组织细胞的细胞质稠密，液泡少而小，很难发生质壁分离。1960 年 Cocking 采用酶法分离原生质体获得成功，从而提供了一种大量制备有活力的原生质体的方法，开辟了植物原生质体培养和细胞杂交的研究领域。

（一）材料来源及预处理

1. 材料来源　植物体各组织与器官几乎均可作为制取原生质体的材料，应用较多者为叶片、愈伤组织及悬浮培养细胞，次之为茎尖、根尖、子叶及胚性组织细胞等幼嫩部分。叶片取材方便，易于分离，细胞遗传性较为一致，但培养条件苛刻。愈伤组织、悬浮培养细胞及胚性细胞的原生质体培养条件易控制，分辨频率高，不受季节影响，实验重复性好，但长期培养易产生染色体倍性改变，影响分辨率。各种材料性质不同，故需根据具体要求及培养条件选择适当材料。

2. 预处理方法　为减轻原生质体膜损伤，获得优质原生质体，提高原生质体产率，制备原生质体材料有时需预处理，以改变细胞生理状态及细胞壁化学成分，预处理方法如下。

（1）预制壁分离　将愈伤组织或悬浮培养细胞置于 17℃~20℃酶液中静置半小时，再于 28℃~34℃保温，或将材料置于与酶液中糖浓度相同的溶液中预培养 1h 左右，再浸于酶液中消化即可达到质壁分离的目的。

（2）预培养　将除去下表皮的叶片愈伤组织在组织培养基上培养 7d，再用酶消化脱壁，所得原生质体分裂频率较高。

（3）暗处理　将室温下生长 5~7 个星期的植物材料于黑暗中放置 30h 以上，取其叶片制备的原生质体有活力。

（4）光处理　将叶片于日光或灯光下照射 2~6h 让其萎蔫，利于撕去下表皮与原生质体分离。

（5）低温处理　夏季应用的实验材料，其萌动种子应于4℃过夜后再播种，从其植株叶片上分离的原生质体培养效果较佳。由此可知，制备原生质体材料的预处理无特定的规律可循，需根据具体材料和经验进行摸索。但除无菌培养物外，所选材料均需用漂白粉、次氯酸或升汞作表面消毒，其后操作亦均于无菌条件下进行。

（二）制备原生质体的酶类

高等植物细胞壁主要成分为 α-纤维素，其次为半纤维素、果胶质及蛋白质。细胞生长的不同阶段及不同物种的细胞壁组成亦异，木质化及次生加厚的细胞壁不被酶消化，故选择消化细胞壁的酶类是制备原生质体关键。常用的酶类如下。

（1）纤维素酶　如 Onozuka R-10 及 RS，国内常用者为 E-867，其中含少量果胶酶。

（2）果胶酶　如 Macerozyme R-10，又叫离析酶，主要含果胶酶，活力较高，其含杂酶较多，用量不超过2%，作用时间长有毒害作用；此外，亦用 Pectalyase Y-23，也叫离析软化酶，活力极高，叶片用量一般为0.1%，悬浮细胞为0.05%。

（3）崩溃酶（driselase）　为一种粗酶制剂，主要含纤维素酶和果胶酶。

（4）半纤维素酶　如 Rhozyme HP150，用于悬浮细胞、豆科根瘤、幼苗子叶及根细胞原生质体分离。

（5）蜗牛酶　是从蜗牛胃液中分离的粗酶制剂，含有多种解离酶，主要用于体细胞原生质体分离。

在配制酶液时，需加甘露醇、山梨醇、蔗糖、葡萄糖、葡萄糖硫酸酯、$CaCl_2 \cdot 2H_2O$（0.1~10mmol/L）及 KH_2PO_4（0.75mmol/L）等渗透稳定剂，以维持原生质体完整性。酶液 pH 值亦相当重要，纤维素酶及果胶酶单独使用时，其 pH 分别以5.4及5.8为宜；混合使用时 pH5.4~5.6为宜，降至4.8以下则原生质体破裂。酶液配制后需以0.45μm 微孔滤膜过滤除菌，而不可采用加热灭菌法。

（三）原生质体分离及纯化

原生质体分离有机械法和酶消化法，前者产量极低而不多用，后者又分一步法及二步法。一步法系将材料在21℃~28℃用纤维素酶及果胶酶混合液一次性处理2~24h，二步法系将材料先用果胶酶降解胞间胶层得细胞，再用纤维素酶脱壁而释放原生质体。

酶消化后的原生质体混合液含多种杂物，如以叶片为材料时，混有叶脉、表皮、细胞碎片及细胞器等，需用不锈钢网或尼龙网（100~400目）滤除较大杂物后再洗涤纯化。纯化方法如下。

1. **离心法**　原生质体混合物于500~1000r/min（<100×g）离心5min，吸去上层液，沉淀再用不具有相同糖浓度的溶液反复洗涤3~4次，最后用原生质体培养液洗涤，备用。

2. **漂浮法**　离心法纯化的原生质体若含较多碎片极少量老细胞时，可用20%蔗糖离心，原生质体浮于液面，碎片及老细胞沉降而得以纯化，但产量低，有时对原生质体造成损伤。

3. **界面法**　利用高分子聚合物混合液产生两相水溶液的原理，将原生质体混合物置于葡萄糖及 PEG 混合液中离心，即可从两相界面获得高纯度原生质体。

4. **洗涤法**　原生质体混合物置于孔径8μm 滤器中，用洗液以1~2滴/秒速度自然过滤洗涤，其过程勿使滤干，洗至一定程度后，用原生质体培养液混合备用。此法原生质体碎率小。

（四）原生质体活力测定

纯化的原生质体需经活力测定后方可用于培养，测定方法如下。

（1）根据形态特征判断其活力，来源于叶片者，呈绿色及圆而鼓者为活原生质体；来源于愈伤组织及悬浮细胞者，胞质内原生质及布朗运动活跃者活力较高。

（2）活体染色法，用0.1%酚番红及伊文思蓝染色，不着色者为活原生质体，染色者为无活力原生质体。

（3）荧光染料活体染色法，用双醋酸荧光素染色，染料可自由透过细胞膜，在细胞内被酯酶水解为荧光素，后者不能自由透过细胞膜而滞留于细胞内，在荧光显微镜下根据荧光强度即可判断原生质体活力。

二、植物原生质体培养

（一）植物原生质体培养的培养基

不同来源的原生质体有不同的营养需求。一般来说原生质体培养基的基本成分与培养细胞的培养基成分相似，只是添加了渗透压稳定剂。常用的基本培养基是 MS 培养基。但 MS 培养基配方里的铵态氮含量对许多植物的原生质体来说显得太高，甚至有毒害作用，可以降低其至 1/2 或 1/4 强度，另加氨基酸类。

（二）植物原生质体培养方法

各种培养单细胞的方法均适用于原生质体的培养。由于原生质体的产率往往较高，故常用液体浅层培养和平板培养这两种方法，而不需用其他更为复杂的方法。但后来发展起来的一种固体和液体相结合的方法效果似乎特别好。这种方法是将原生质体混于琼脂糖中制成平板，把平板切成小块，转移到液体培养基中，在振荡器上混合振荡培养。此法兼具固体培养和液体培养的优点。对此法再加改进，将原生质体悬液与琼脂糖培养基混合后，逐滴地滴在平皿底面上，待凝固后在其周围加入液体培养基，还可在液体培养基中加入经辐射的细胞，兼具有饲养层方法的特点。原生质体的培养密度可为 10^5 个/毫升左右。通常用直径 6cm 的培养皿，每皿培养量以 3ml 为适宜，太多通气差，太少液体易挥发。尽管在培养皿上下盖之间加石蜡膜或用透明胶封住，但由于培养室温度比较高，即使每皿装 3ml 培养基的情况下，挥发仍快，故最好把培养皿放入能较好保持湿度的有机玻璃等盒子中。

由于原生质体培养再生植株难度比较大，在培养某种植物原生质体时，不但需要借鉴前人的经验，也需自己根据研究对象的培养中出现的情况探索出有效的办法。

（三）植物原生质体培养后的再生植株过程

1. 细胞壁再生及细胞分裂　大多数原生质体培养 1~3d 即再生新细胞壁，表现为原生质体体积增大、膨胀，再由圆变椭圆。此可用质壁分离法或在稍微低渗溶液中出芽现象证实之。亦可用 0.1% ST 或 WBL 型荧光增白剂染色，经前者染色，有细胞壁者在荧光显微镜下呈蓝色荧光。无细胞壁者不发射荧光；经后者染色，有细胞壁者发射绿色荧光，否则无荧光。在原生质体培养过程中，在胞壁形成同时，胞质增加，液泡减少，叶绿体或颗粒内含物质分散于胞质中或围绕于胞核周围，常在 1～2 周内发生第一次分裂。不同细胞分裂频率不同，常在 1%～9% 之间。

2. 愈伤组织再生及胚状体形成　原生质体再生的细胞一旦分裂，有可能继续生长，结果是：①形成细胞团，发育成愈伤组织；②形成胚状体，再产生植株；③形成愈伤组织，再形成胚状体。随着细胞再生及细胞团形成，已与细胞和组织培养相同，故培养 3～4 周需加含一定量低渗稳定剂的新培养基，以满足细胞的培养，亦利于细胞团及小愈伤组织的生长。

3. 植株再生　是指除极少数植物通过胚状体直接发育成完整植株外，大多经愈伤组织诱导分化形成芽以及根，再生为完整植株的过程。当愈伤组织达到 1～5mm 时，转移至分化培养基上诱导器官分化。分化培养基与原生质体培养基差别在于：①只用蔗糖为碳源，不加渗透稳定剂；②与原生质体培养基相反，细胞分裂素浓度高于生长素。在诱导器官分化过程中，一般需采用 1500lx 左右的光照强度，也有更高者。诱导器官分化的温度与原生质体培养基本相同，单昼夜间有一定温差更为有利。

4. 根的形成　分化培养基上形成的苗通常为无根苗，需取下转移至诱导生根的培养基上培养，其中只含低浓度生长素，不含分裂素。无根苗一旦生根即可发育成完整植株。

三、原生质体培养的意义

原生质体培养技术包括原生质体制备及其培养。细胞壁是植物外表面特有的一层疏松网状结构，既维持细胞呈一定形状，亦保护着原生质体。植物细胞原生质体制备技术为实现植物细胞超性杂交，创造世间新物种提供了有力手段。在基因工程中，将外源基因与 Ti 质粒构建成重组质粒，以原生质体为宿主，重组质粒更易于转化，经培养、选择与分化，最终获得基因工程植物细胞与植株，扩大了遗传操作范围。此外，原生质体培养过程可发生频率更高的自发突变和人工诱变，如烟草原生质体培养过程自发突变率可达 4‰。另外，原生质体对外界理化因素更为敏感，未处理的原生质体数量大，体积小，培养后分裂频率高，不易为正常细胞生长所掩盖。若以半倍体原生质体为材料，则因不存在隐性基因，产生的突变体当代即可鉴别，筛选出的突变体很快可应用于生产，因此原生质体培养技术是很有希望的育种技术。

此外，原生质体培养技术在理论研究中亦有重要意义。采用原生质体培养技术，可通过电镜及冰冻蚀刻观察细胞壁形成全过程，为研究质膜的结构、功能及表面特性提供了方便；另外，植物原生质体亦是研究病毒浸染及复制机制良好的材料，在病毒感染过程，用原生质体为宿主时，病毒感染率可提高到 80%～100%，且可产生同步感染。因此，原生质体培养技术，可为了解病毒与宿主关系及探讨防治病毒感染新途径及新方法提供实验依据。目前，原生质体培养技术还用作研究细胞核与细胞质关系。小分子物质、生物大分子、病毒 DNA、细菌 DNA、植物细胞核、叶绿体及线粒体等皆可转移至原生质体内，也可通过两个不同亲本原生质体融合，观察杂种细胞遗传性状，细胞核及其他成分与细胞质间关系，从而扩大了遗传操作范围，缩短研究时间，为创造新物种奠定理论基础。

第五节　植物细胞融合技术

在外界因素作用下，令两个或两个以上植物细胞合并成一个多核细胞的过程叫植物细胞融合（cell fusion），亦曰植物体细胞杂交（somatic hybridization）。但植物与微生物一样，其细胞皆有坚硬细胞壁，不能直接融合，需经酶消化除去细胞壁释放出原生质体，后者生理、生化及遗传学特性与完整细胞基本相同。在适当条件下来源不同的植物原生质体可产生融合作用，并可再生细胞壁，恢复成完整细胞。因此植物细胞融合实质是其原生质体融合，其特点是：①可实现远源杂交，获得种间杂种，克服有性杂交配子不亲和性；②可获得含另一亲本非整倍体杂种或胞质杂种，且获得种间杂种，且获得的遗传变异范围极广；③一次操作可实现两个以上亲本的融合作用；④可获得呈现双亲个体基因型总和的杂种；⑤可形成有性增殖障碍植物种间杂种；⑥获得具有不同后生遗传变化亲本的杂种。

一、诱导融合的方法

在体细胞杂交中，彼此融合的原生质体应有不同的来源。不同来源的原生质体的融合需要用一种适当的融合剂来诱导。

（一）化学法诱导融合

化学法诱导融合无需贵重仪器，试剂易于得到，因此一直是细胞融合的主要方法。首先被用作融合剂的无机盐是硝酸钠溶液。1972 年用它融合烟草的原生质体，首次获得了种间体细胞杂种。硝酸钠的作用是中和了质膜的负电荷，使原生质体间不再彼此相互排斥，而紧密地结合在一起。但硝酸钠作融合剂所需要的浓度（0.25mol/L）对原生质体有毒害作用，且诱导频率比自然融合频率高不了多少，所以此后很少有人采用。此外，还有高 pH - 高浓度钙离子法及聚乙二醇（PEG）法。

目前聚乙二醇（PEG）结合高 pH - 高浓度钙离子诱导融合法已成为化学法诱导细胞融合的主流。以下简介此方法（在无菌条件下进行）：制备原生质体→按比例混合双亲原生质体→滴加 PEG 溶液，摇匀，静置→滴加高钙高 pH 值溶液，摇匀，静置→滴加原生质体培养液洗涤数次→离心获得原生质体细胞团→筛选、再生杂合细胞。（图 4 - 3）

通常，在 PEG 处理阶段，原生质体间只发生凝集现象。加入高钙 - 高 pH 值溶液稀释后，紧挨着的原生质体间才出现大量的细胞融合。其融合率可达到 10% ~ 50%。这是一种非选择性的融合，既可发生于同种细胞之间，也可能在异种细胞中出现。有些融合是两个原生质体的融合，但也经常可见两个以上的原生质体聚合成团，不过此类融合往往不大可能成功。应当指出，高浓度的 PEG 结合高钙 - 高 pH 值溶液对原生质体是有一定毒性的，因此进行诱导融合的时间要适中。处理时间过短，融合频率降低；处理时间过长，则因原生质体活力明显下降而导致融合失败。Jelodar 近年介绍，以丙酸钙取代氯化钙作为助融合剂，细胞融合频率和植板率都有明显提高，甚至超过了电击融合法。

P1　　融合液　　P2

↓ 混合静止1min

P1 P2

选择杂合细胞

↓ 加入PEG及高钙–高pH值溶液

融合

培养

↓ 加入稀释液

加入培养基

稀释　　　　　　　　→　　　洗涤

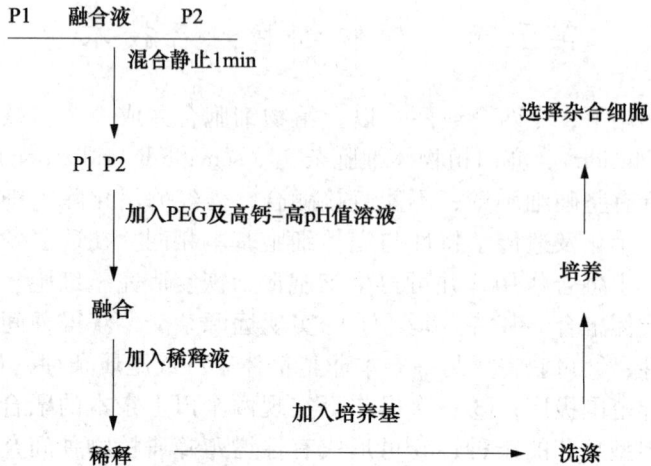

图 4 - 3　PEG 诱导细胞融合示意图

（二）物理法诱导融合

电融合技术优点在于避免了 PEG、高钙、高 pH 强加于原生质体的生理非常条件，同时融合的条件更加数据化，便于控制和相互比较。

1979 年 Senda 等发明了微电极法诱导细胞融合。1981 年 Zimmermann 等提出了改进的平行电极法，现简介如下。

电融合通常是在特制的融合板上进行，两个平行电极之间的距离一般 1 ~ 2mm，将双亲本原生质体以适当的溶液悬浮混合后，悬液中除了含有保持渗透压的甘露醇外，尚需加入少量的 $CaCl_2$（约 0.1mol/L），使溶液保持一定的导电率。插入微电极，接通一定的交变电场。原生质体极化后顺着电场排列成紧密接触的珍珠串状。此时瞬间施以适当强度的电脉冲，则使原生质体质膜被击穿而发生融合（图 4 - 4）。电击融合不使用有毒害作用的试剂，作用条件比较温和，而且基本上是同步发生融合。只要条件摸索适当，亦可获得较高的融合率。交变电流的强弱、处理时间的长短、电脉冲的大小等因素对融合的效果都有明显的影响。融合效果也因原生质体的来源不同而异。所以，在研究每一种新材料时，对上述诸因素都需要一个探索过程。

上述操作实际上是供体与受体原生质体对等融合的方法。由于双方各具几万对基因，要筛选得到符合需要且能稳定传代的杂合细胞是相当困难的。有人提出以 X 射线、γ 射线、纺锤体毒素或染色体浓缩剂等对供体原生质体进行前处理。轻剂量处理可造成染色体不同程度的丢失、失活、断裂和损伤，融合后实现仅有少数染色体甚至是 DNA 片段的转移；致死量处理后融合则可能产生没有供体方染色体的细胞质杂种。利用这种所谓的不对称融合方法，大大提高了融合体的生存率和可利用率。

经过上述融合处理后再生的细胞株将可能出现以下几种类型：①亲本双方的细胞核和细胞质能融洽地合为一体，发育成为完全的杂合植株。这种例子不多。②融合细胞由一方细胞核与另一方细胞质构成，可能发育为核质异源的植株。亲缘关系越远的物种，某个亲本的染色体被丢失的现象就越严重。③融合细胞由双方胞质及一方核或再附加少量他方染色体或 DNA 片段构成。④原生质体融合后两个细胞核尚未融合时就

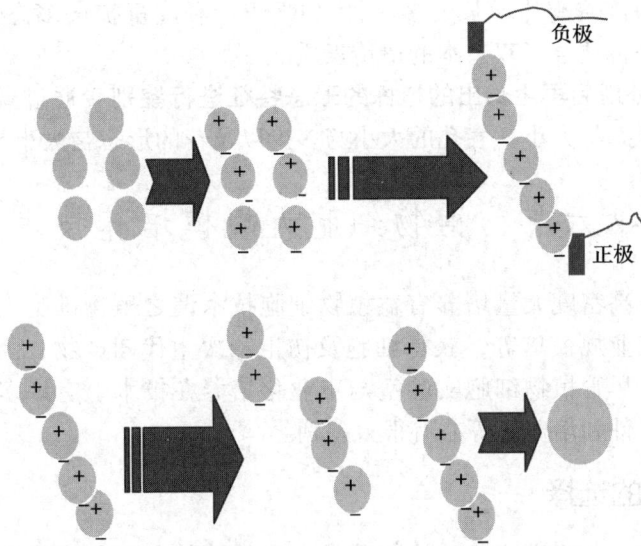

图 4 - 4　电融合原理示意图

过早地被新出现的细胞壁分开。以后它们各自分生长成嵌合植株。

二、杂合体的鉴别与筛选

融合处理后，原生质体在培养基中再生细胞壁，产生了由亲本细胞、同源融合细胞和杂种细胞组成的混合群体。尽管为增加原生质体的融合频率作了不少努力，但真正的异源融合体的比例仍不会很高。所以必须通过一定的方法从混合群体中把杂种细胞分拣出来加以培养，使之形成体细胞杂种，并对是否为杂合细胞或植株进行鉴别与筛选。

1. **杂合细胞的显微镜鉴别**　根据以下特征可以在显微镜下直接识别杂合细胞：若一方细胞大，另一方细胞小，则大、小细胞融合的就是杂合细胞；若一方细胞基本无色，另一方为绿色，则白绿色结合的细胞是杂合细胞；如果双方原生质体在特殊显微镜下或双方经不同染料着色后可见不同的特征，则可作为识别杂合的标志；发现上述杂合细胞后可借助显微操作仪在显微镜下直接取出，移至再生培养基培养。

2. **互补法筛选杂合细胞**　显微鉴别法虽然比较可信，但实验者有时会受到仪器的限制，工作进度慢且不知其能否存活与生长。遗传互补法则可弥补以上不足。

遗传互补法的前提是获得各种遗传突变细胞株系。如不同基因型的白化突变株 aB×Ab，可互补为绿色细胞株 AaBb，这叫做白化互补。甲细胞株缺外源激素 A 不能生长，乙细胞株需要提供外源激素 B 才能生长，则甲株与乙株融合，杂合细胞在不含激素 A、B 的选择培养基上可能生长。这种选择类型称生长互补。假如某个细胞株具某种抗性（如抗青霉素），另一个细胞株具另一种抗性（如抗卡那霉素），则它们的杂合株将可在含上述两种抗生素的培养基上再生与分裂。这种筛选方式即所谓的抗性互补筛选。

3. **采用细胞与分子生物学的方法鉴别杂合体**　经细胞融合后长出的愈伤组织或植

株，可进行染色体核型分析、染色体显带分析、同工酶分析以及更为精细的核酸分子杂交、限制性内切核酸酶片段长度多态性（RFLP）和随机扩增多态性 DNA（RAPD）分析，以确定其是否结合了双亲本的遗传素质。

4. 根据融合处理后再生长出的植株的形态特征进行鉴别 通过观察再生植株的株高、株型、叶片形态与大小、气孔的大小与多少以及花的形态与大小等来鉴别。

第六节 植物细胞大规模培养技术

在人工控制下高密度大量培养有益植物细胞技术谓之植物细胞大规模培养，其目的在于通过细胞工业规模培养，获得细胞及初生和次生代谢产物，为药品、食品及化工行业提供服务。尽管植物细胞实验室与工业化培养在技术上有许多相似之处，但培养方式、设备及条件和培养基等亦有很大差别。

一、培养基的选择

确定植物细胞工业规模培养的培养基是个重要而复杂问题。首先植物细胞培养基较微生物培养基复杂得多，且工业化培养基又不同于实验室用培养基，即便是工业化培养基本身，甚至因培养目的及培养阶段不同而采用不同培养基。植物细胞大规模培养的养目的是生产细胞、初生代谢产物、次生代谢产物、种苗或用于生物转化，迄今虽有几种已知成分培养基为人们普遍采用，但不同培养基培养结果不同。因此，需根据不同培养对象、培养目的及培养条件探索适宜培养基。选择培养基的基本原则是培养过程使细胞总体积倍增时间 1d 左右为宜，但适宜于细胞生长的培养基，不一定适合于生产次生代谢产物及其他目的，通常需根据培养目标设计相应培养基，如需生产次生代谢产物时，除选用促进细胞生长培养基外，尚需设计提高自身代谢产物产率的培养基，待细胞生长至静止期时用以生产次生代谢产物，Morris 在长春花细胞悬浮培养过程，对培养基进行组合研究并考察其蛇根碱、阿玛碱及其他生物碱产量的变化，发现细胞生长阶段和产物生产阶段采用不同培养基，各种产物均有不同程度增加，说明不同培养阶段必须采用不同培养基；又如在锦紫苏悬浮细胞培养时，首先从 15 种培养基中筛选出迷失香酸产率高的 B5 培养基，经试验又向其中添加 2，4–二甲基苯氧乙酸作为激素，再用于培养锦紫苏细胞，产物生成量提高 40%；又将蔗糖浓度由 2% 提高到7%，产物量又增加 13%；若迷失香酸合成前体 L–苯丙氨酸浓度达到 500mg/L，则产物量又明显提高，且产物累积量可达到干细胞量 13%～15%；因此，在培养的不同阶段采用不同培养基以促进细胞生长及其他培养目的，是十分重要的。

二、培养方式

植物细胞大规模培养方式主要是悬浮培养法，其次是固定化培养法，前者又有分批培养法、半连续培养法及连续培养法。培养设备有桨式搅拌罐、多孔板式搅拌罐、卡普兰式螺旋桨搅拌罐及空气提升式培养罐等。

1. 分批培养法 培养基一次性加入反应器后于适当条件下接种，并培养一定时间将反应体系一次性取出的操作方式谓之为分批培养法。以往曾采用平叶轮式培养器，通过搅拌使细胞转动，但细胞易破碎，通气受限制，易受污染，经济效益差。目前主要采用气升式反应器，其培养过程用通气代替搅拌，细胞产量高于平叶轮培养器。本培养方法中植物细胞生长规律与微生物相似，随着细胞增长，培养液营养物质不断下降。细胞增长过程也分为延迟期、对数生长期、转换期、静止期及衰减期等阶段。

研究证实，次生物质累积量最大时间在细胞生长后期，此时称为生产期。基于此，对分批培养法进行了改进，建立了二阶段培养法，即使用两个培养器，第一反应器使用适合于细胞生长的培养基以繁殖细胞，第二个反应器采用适合于产生次生物质的培养基生产有用物质，如采用二阶段培养法生产紫草素时，在第二反应器中用提高 Ca^{2+} 浓度的培养基培养紫草细胞，培养液中紫草素含量达到 1.5g/L，从而使紫草素生产实现商品化。

2. 半连续培养法 在反应器中投料和接种培养一段时间后，将部分培养液和新鲜培养液进行交换的培养方法谓之为半连续培养法。反应过程通常以一定时间间隔进行数次反复操作，以达到培养细胞与生产有用物质的目的。此法可不断补充培养液中营养成分，减少接种次数，使培养细胞所处环境与分批培养法一样，随时间而变化。工业生产中为简化操作过程，确保细胞增殖量，常采用半连续培养法，有些植物细胞及其他物质产量，用半连续培养法较分批法为高。

3. 连续培养法 采用连续培养反应器，在投料和接种培养一段时间后，以一定速度连续采集细胞与培养液，并以同样速度供给新鲜培养基，此种培养方式可使细胞生长环境长期维持恒定，如烟草 BY-2 细胞曾采用连续培养达 66d，培养规模达 $20m^3$。连续培养法细胞生产能力一般较分批法高，但因细胞生长缓慢，培养时间长，要维持系统无菌状态，技术条件要求相当苛刻，故在培养特定细胞或生产次生物质时，单罐连续培养法不一定是最适宜方式。鉴于此，现又设计出二阶段连续培养法，其过程是于第一罐中投入适于细胞增长培养基并连续流入培养基，而于第二罐中投入适于产生次生物质的培养基，同时连续流入培养基。第一、二罐间通过管道连接，第一罐培养液不断流入第二罐，同时第二罐培养液连续放出，如曾用二阶段连续法生产烟草细胞，于第一罐中投入适于细胞增殖的培养基，第二罐投入低氮源培养基，则细胞生长速度可达 $6.3g/(L \cdot h)$。

4. 固定化培养法 植物细胞生长后期，生长速度降低，有利于细胞分化及次生物质积累，如许多生物碱通常在细胞培养物致密及生长缓慢时积累最多，表明细胞成块而趋于分化时，细胞块中各个细胞处于一定理化梯度之下，细胞功能产生明显而微妙的变化，有利于次生物质累积，此现象与完整植株相似，因此提出植物细胞固定化培养技术，固定化培养采用固定化反应器，这类反应器有网状多孔板、尼龙网套及中空纤维膜等形式，将细胞固定于尼龙网套内装入填充床，或固定于中空纤维反应器的膜表面，或固定于网状多孔板上，使细胞处于既有梯度分布又有多个生长点的反应器中，投入培养液循环培养，或连续流入新鲜培养液实现连续培养和连续收集培养产物，必要时也通入净化空气而代替搅拌的培养方式。固定化培养法优点在于细胞位置固定，易于获得高密度细胞群体及建立细胞间物理学和化学联系，维持细胞间物理化学梯度，利于细胞组织化，易于控制培养条件及获得次生产物。如将辣椒细胞固定于聚氨基甲酸乙酯泡沫中，生命力维持在 23d 以上，辣椒素生成量较悬浮培养细胞高 1000 倍，其中第五天及第十天分别达 1.589 和 3.184mg/(g·L)，若加入苯丙氨酸及异构辣椒素等前体物，则辣椒素产量可增加 50~60 倍。此外，利用固定化培养技术亦可进行生物转化及探索原生质体固定化培养最佳条件。

三、影响细胞培养因素

（一）细胞种质的影响

植物细胞具有完整植株全部遗传信息，单个细胞具有结构与功能全能性，故外植体来源并不影响细胞生长规律及次生物质种类，但一定培养条件下不同植物细胞及同一植株不同部位细胞生长速度不同，次生物质产率也不同，故细胞种质是影响细胞培养之重要因素。研究表明，培养细胞次生产物产率与母体植株遗传性有关，因之应选择生长速度快及次生物产率高的细胞为培养材料。此外，次生物质含量高的部位不一定是其产生部位，如尼古丁是在烟草根部细胞内合成后输送到叶部细胞内的，另外有些次生产物在植物某一部位形成中间体，然后再转移至另一部位经酶转化而成。因此，细胞培养时应选择合成次生物质部位的细胞为培养对象。

（二）外界因素的影响

植物细胞中不同物质产生于代谢过程不同阶段，故用植物细胞培养生产次生物质时受到多种外界因素影响，其中主要表现在以下方面。

1. **光照影响**　植物细胞培养中，光照时间长短、光质及光的强度对次生物产率有不同影响，如在连续红光或远红光作用下，玫瑰细胞培养物形成的挥发油成分与连续黑暗培养者相似，而用蓝光和白色荧光照射 15h 或 24h 所形成的成分相似，但不同于暗培养者；此外，有时光照对某些次生物质的合成亦有抑制作用，如烟草 NC2512 细胞培养物连续暗处理，其尼古丁含量高于连续光照处理；有些植物细胞次生物产率不受光照影响，如橙叶鸡血藤细胞培养物的蒽醌产率及烟草细胞培养物的泛醌产率均不受光照影响。由此可知，植物细胞培养过程，光照影响是复杂的，故需根据不同培养对象，采取不同光处理措施。

2. **温度影响**　研究表明，温度对植物细胞培养有一定影响，如烟草 NC2512 细胞分别于 20℃、25℃ 及 30℃ 培养时，发现 20℃ 及 25℃ 时细胞生长速度均良好，但 25℃ 时尼古丁产率最高；又如甘薯悬浮细胞培养物从 30℃ 和 32℃ 向 25℃ 转移后，对培养基中蔗糖及氨利用率下降，细胞生长速度减慢。由此可知，温度对植物细胞培养有影响，但无一定规律可循。

3. **培养基成分的影响**　培养基中无机物、碳源、生长调节物质及 pH 的改变对细胞生物量的增长率及次生物产率均有很大影响，如适当增加培养基中氮、磷及钾含量通常可提高细胞生物量增长率，2，4－D 可抑制烟草细胞尼古丁产量，NAA 却可提高橙叶鸡血藤悬浮细胞培养物中蒽醌产量；一般植物细胞培养基 pH5~6 为宜，如甘薯细胞培养时，维持其 pH 为 6.3，次生物产量较不控制 pH 高 1 倍，当 pH 降至 4.8 时，其色氨酸积累完全抑制；此外，植物细胞内的复杂酶系可催化多种反应，故在植物细胞培养基中添加某些前体物可提高次生物产率，如在紫草细胞培养基中添加 L－苯丙氨酸可使紫草素产量提高 3 倍，又如在辣椒细胞培养基中添加香草胺及异构辣椒素等前体，可使辣椒素产量提高 100 倍。由此可知，改变培养基成分对植物细胞培养有较大影响，工业上应根据培养对象的具体情况改变培养基组成。

4. 搅拌与通气的影响 细胞生长过程需维持其正常呼吸作用，悬浮细胞及固定化细胞培养时供氧方式有不同，前者可采用搅拌和通气方式，后者仅能采用通气方式，搅拌速度通常为 150r/min，过快则易破坏细胞；通气过程，一般用含 5% CO_2 的洁净空气为佳，通气量应适当，供氧量过多或过少均影响细胞生长及次生物产量。

总之，植物细胞培养过程影响细胞生物量及次生物产量的因素很多，有时不同因素之间尚有相互制约作用，且无一定规律可循，需根据具体培养材料进行反复实验，摸索出最适宜培养条件。

第七节 植物转基因技术

转基因植物（transgenic plant）是指利用植物遗传工程进行 DNA 重组，将优良的目的基因稳定地整合到植物的基因组中，并在子代中得到有效的表达，获得具有新的遗传性状的植物体。

植物细胞具有全能性。如果能够将外源基因整合到植物细胞中，再通过细胞和组织培养，就能获得再生的转基因植株。转基因植物操作的内容也包括基因的获得、载体系统、基因转化、基因的表达与分析等。将外源基因导入细胞的过程也叫做细胞的转化。转化的方法有两大类，第一类是农杆菌转化技术，第二类是直接转化技术。农杆菌转化是利用农杆菌的 Ti 质粒将外源基因转入植物细胞，这是一种自然的转化系统，也叫做间接转化。目前所获得的转基因植物中的约 80% 是利用农杆菌转化系统而来的。直接转化是利用将外源基因直接导入植物细胞，直接转化的方法包括基因枪法、电击法、原生质体转化法、碳化硅纤维介导法和花粉管通道法等多种方法。

一、细胞转化方式

（一）农杆菌转化法

农杆菌转化系统与 DNA 直接转化方法不同，它是一种生物转化系统，因而具有主动性。农杆菌在 VirD2 蛋白的帮助下，选择性地将 Ti 质粒上以两个 25bp 重复序列为两端的 T-DNA（转移 DNA）转移到植物染色体上，并且通过农杆菌转化系统获得的转基因植株还具有基因拷贝数低（一般 1~3 拷贝）、转基因较少沉默以及可转移基因片段较长等优点。由于农杆菌转化系统具有以上优点，所以在已有的转基因技术中农杆菌介导的遗传转化占据主导地位，已经在 100 余种双子叶植物中实现了农杆菌介导的基因转化，农杆菌虽然不是大多数单子叶植物的宿主，但是由于技术的改进，近年来农杆菌转化在单子叶植物上取得了显著的进展，农杆菌转化成功的单子叶植物包括石蒜科、百合科、鸢尾科、薯蓣科和禾本科的 20 多个物种。农杆菌转化禾本科作物的成功是近年来植物基因工程技术的一项重要的突破，为粮食作物的基因工程育种开辟了广阔的前景。禾本科作物的成功转化从水稻开始。Hiei 等（1994 年）首先建立了农杆菌转化水稻的技术，以粳稻品种 *Tsukinohikari* 的盾片愈伤组织为转基因受体，获得了 28.6% 的高转化率。此后籼稻、玉米、大麦和小麦的农杆菌转化陆续获得成功。目前已有 50 个水稻品种被农杆菌成功转化。携带有用基因的转基因水稻已经被用来培育新品种，而且转基因的水稻插入突变体也已成为研究水稻功能基因组的重要材料。

1. 自然界农杆菌的基因转化 农杆菌属（*Agrobacterium*）是一类土壤杆菌。该属中的根癌农杆菌（*A. tumefeciens*）侵染植物细胞后可以引发植物组织产生冠瘿瘤，称为根癌。另一种发根农杆菌（*A. rhizogenes*）能够诱导植物产生毛状根。在冠瘿瘤和毛状根中，有一类是受感染的植物细胞产生的精氨酸衍生物，叫做冠瘿碱，它被农杆菌用作代谢过程的氮源和碳源。

有人对于根癌农杆菌致瘤的机制进行过多年的研究，直到1974年才发现，在根癌农杆菌的染色体DNA之外有一种叫做Ti质粒的环形DNA分子，它是诱导植物产生根癌的直接原因。冠瘿瘤和毛状根分别是由位于农杆菌内的Ti质粒（Tumor inducing）和Ri质粒（Root inducing）引起的。Ti质粒和Ri质粒是农杆菌染色体外的遗传物质，在Ti或Ri质粒上存在一特定的被称为T-DNA（Transferred DNA）的DNA片段。根癌农杆菌通过侵染植物伤口进入细胞后，可将T-DNA插入到植物基因组中。因此，农杆菌是一种天然的植物遗传转化体系。植物细胞工程即指人们将目的基因插入到经过改造的T-DNA区，借助农杆菌的感染实现外源基因向植物细胞的转移与整合，然后通过细胞和组织培养技术再生出转基因植株。

图4-5表示根癌农杆菌诱导根癌的过程。在土壤中的根癌农杆菌通过根表面的伤口侵入植物组织（图4-5a），黏附在植物细胞的表面，但是并不进入细胞。农杆菌中的Ti质粒上有一段包含生长素和细胞分裂素基因的T-DNA，它可以自发地转移到植物细胞的染色体中（图4-5b、图4-5c），并在植物细胞中进行表达，产生过量的植物激素，诱导植物细胞产生根癌（图4-5d）。因此Ti质粒就像一个天生的遗传工程师，可以高效地将外源基因转移到植物细胞中去。

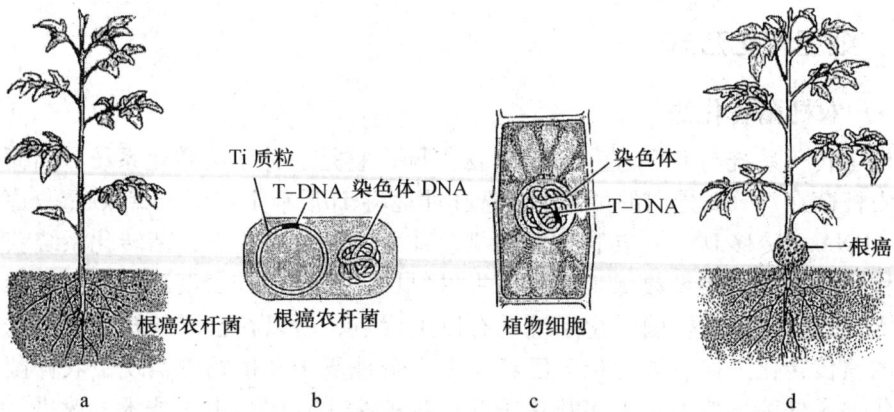

图4-5 根癌农杆菌诱导根癌的过程

发根农杆菌的转化机制与根癌农杆菌类似，只是其中含有的质粒是根诱导质粒（Ri质粒），其T-DNA区同样含有植物激素的合成基因及冠瘿碱合成基因。与Ti质粒不同的是，Ri质粒并不诱导根癌，而是诱导植物根组织产生丛生的细根，叫做发根。

2. 野生型Ti质粒的结构与功能 Ti质粒在160kb～240kb之间，为双链共价闭合的环状DNA分子，其中T-DNA在15kb～30kb。Ti质粒又可划分为章鱼碱型、胭脂碱型、农杆碱型，其中章鱼碱型和胭脂碱型Ti质粒较常见。研究发现，天然的野生型Ti

质粒包括 3 个功能区（图 4 - 6）。

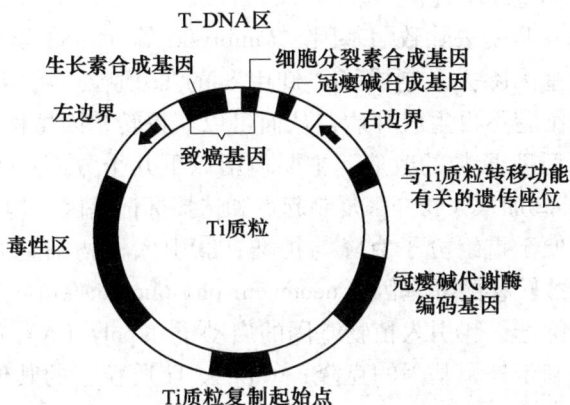

图 4 - 6　章鱼碱型 Ti 质粒的遗传图谱

（1）转移 DNA 区（T - DNA 区）　　T - DNA 的两端是两个 25bp 的重复序列，分别称为左边界和右边界，两个边界序列之间是生长素和细胞分裂素合成基因以及冠瘿碱合成基因，包含生长和细胞分裂素合成酶基因和冠瘿碱合成酶基因。

（2）毒性区（Vir 区）　　包含多个基因段，如 *VirA*、*VirB*、*VirC*、*VirD*、*VirE*、*VirG*、*VirH* 等，每个基因段都含有多个基因。

（3）冠瘿碱代谢基因的编码区　这些基因的功能是帮助农杆菌利用冠瘿碱作为氮源和碳源进行生长和增殖。在 Vir 区和 T - DNA 区的基因的协同作用下，农杆菌完成侵染植物细胞和转移 T - DNA 的过程。当植物受到伤害时，植物细胞分泌含有酚类的化合物，这些酚类化合物诱导农杆菌染色体毒性基因（*chUA*、*chUB* 等）表达，促使农杆菌附着于植物细胞表面。同时酚类化合物可以被 Ti 质粒上由 *VirA* 和 *VirG* 组成的双组分调节系统识别，从而诱导其他 *Vir* 的表达。在 *VirD1* 和 *VirD2* 共同作用下，由 T - DNA 右边界开始向左边界切割产生一条 T - DNA 单链（T - 链），T - 链 5′端与一个分子的 *VirD2* 结合，其余部分与 *VirE2* 结合，组成 T - 复合体。T - 复合体被转移到农杆菌外，通过植物细胞壁上由 VirB 蛋白组成的通道进入到植物细胞内。*VirD2* 和 *VirE2* 上的核定位信号被植物细胞的转运蛋白识别，经过主动运输过程通过核孔进入细胞核内，在 *VirD2* 的帮助下，插入到植物核染色体中，完成 T - DNA 由农杆菌向植物细胞的转移及整合。T - DNA 区内的基因表达调控序列与真核生物类似，因而可以不在农杆菌中表达，而在植物中表达。T - DNA 整合进植物细胞染色体后，其中的生长素和细胞分裂素合成基因表达，导致植物细胞大量增殖，形成肿瘤。

3. Ti 质粒的改造　当人们试图利用天然 Ti 质粒进行基因工程操作时，发现它有许多缺陷。首先，由于 T - DNA 区存在生长素和细胞分裂素基因，它们在植物细胞中的过量表达诱导肿瘤，使植物细胞不能再生植株，因此不可能获得转基因植株，其次，Ti 质粒分子量较大，其限制性内切核酸酶图谱很复杂，用一种限制性内切核酸酶进行酶切时往往有几十个切点，这样一来不仅在酶切后外源基因插入的位点不能确定，而且酶切的片段也很难按原来的顺序回接。第三，插入外源 DNA 的 Ti 质粒不能在大肠杆菌中复制，也很难再转化农杆菌。这一切都限制了 Ti 质粒在植物基因工程中的应用，因此必须对其进行改造和重新构建。

Ti 质粒改造的第一步是去除致瘤基因。Zambryski 等（1983 年）将 Ti 质粒 T – DNA 区中导致肿瘤生成的基因除去，制成了"卸甲"的 Ti 质粒。利用"卸甲"的 Ti 质粒可以使被转化的植物细胞不再生成肿瘤，从而可以获得转基因植株。

归纳起来对野生型 Ti 质粒的改造，主要包括以下几个方面：①删除 T – DNA 上的 tms、tar 和 tmt 基因；②加入大肠杆菌复制起点和选择标记基因，构建根癌农杆根瘤菌 – 大肠杆菌穿梭质粒，便于重组分子克隆与扩增；③引入植物细胞的筛选标记基因，如细菌来源的新霉素磷酸转移酶Ⅱ基因（neomycin phosphotransferase Ⅱ，NPTⅡ）等，便于转基因植物细胞的筛选；④引入植物基因的启动子和 poly（A）化信号序列；⑤插入人工多克隆位点，以利于外源基因的克隆；⑥除去 Ti 质粒上的其他非必需序列，最大限度地缩短载体的长度。

目前已根据需要构建了改造过的植物转化载体（plant transformation vector，PTV）Ti 质粒，其具有如下特点：①质粒载体分子量低，一般只有几个或十几个 kb，操作简单方便，有利于大的外源基因的插入。②它具有 2 个 DNA 复制位点，一个为大肠杆菌的复制位点，允许重组载体能在大肠杆菌中复制，另一个为农杆菌的复制位点，以保证该载体能在农杆菌中复制。③它又具有 2 个选择标记，一个植物选择标记基因，如新霉素磷酸转移酶基因，它使得被转化的植物细胞对卡那霉素具有抗性。由于新霉素磷酸转移酶来源于原核生物，因此，必须将它置于植物转录调控序列之下，才可以保证它在植物细胞中能表达，另一个是细菌选择标记基因，如大观霉素（spectinomycin）抗性基因，它是用来在大肠杆菌中筛选重组载体的。④改造过的 Ti 质粒还带有报道基因，它是通过基因融合技术将指示基因（即报道基因）与目的基因融合，形成一个嵌合基因，由于这两个基因受共同的启动子调节，并且报道基因位于目的基因的上游。这样，只要报道基因能表达，目的基因必然能表达。一旦外源基因被整合进入植物的染色体组中，就能通过报告基因来检测和确定该基因的表达及其表达水平。

改造过的 Ti 质粒去除了致瘤基因和编码冠瘿碱合成的基因，保留了转移、加工和整合所必不可少的 T – DNA 的左右边界序列和 T – DNA 的毒性基因。根据毒性基因与 T – DNA 边界序列的作用关系，目前构建了两种类型的载体：一种为共整合载体系统（conintegration vector system），或二次整合载体，又称为顺式系统（cis system）；另一种为双元载体系统（binary vector system），又称为反式系统（trans system）。

近年来农杆菌转化已经很少使用共整合质粒，大量的试验应用双元载体系统。由于 vir 区和 T – DNA 是反式作用的，vir 区基因表达产生的蛋白质通过扩散过程到达 T – DNA 区并与之发生相互作用。因此，可以将 vir 区与 T – DNA 区分别置于不同的质粒上而不影响两者的相互作用。根据这一原理，人们构建了双元载体系统。双元载体由两个质粒组成：一个叫做辅助 Ti 质粒，含有 vir 区，放置在农杆菌中；另一个 10kb 左右的质粒是含 T – DNA 的穿梭质粒，也叫做表达载体。穿梭质粒主要由两部分组成，第一部分是 T – DNA 区段（图 4 – 7），准备插入植物细胞的目的基因和便于选择和筛选转化植物的选择标记基因和细菌选择标记基因，以及便于外源 DNA 在大肠杆菌中操作的细菌克隆序列；第二部分是在用于转化植物之前在大肠杆菌和农杆菌中操作的基因，包括能使质粒在大肠杆菌和农杆菌之间顺利接合转移。

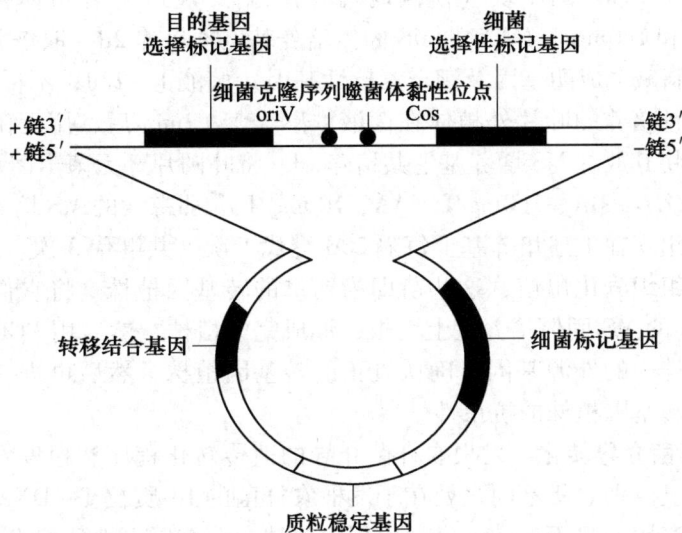

图 4 - 7　农杆菌双元载体的穿梭质粒图解

4. 农杆菌叶盘转化法的操作　农杆菌转化的效率与许多因素有关，植物品种和起始材料、农杆菌的菌株、载体的结构、处理材料所用的菌浓度、共培养条件（温度、时间、光照、培养基成分）以及共培养之后的筛选方式都会影响转化的成功率。目前已建立了多种根癌农杆菌 Ti 质粒介导的植物基因转化方法，其基本程序包括：含重组 Ti 质粒的根癌农杆菌的培养，选择合适的外植体，根癌农杆菌与外植体共培养，外植体脱毒及筛选培养，转化植株再生等步骤。常用的转化方法有叶盘转化法、原生质体共培养转化法、整株感染法等。

叶片外植体转化法也叫叶盘转化法，是双子叶植物常用的农杆菌转化方法，以烟草为模式植物建立起来。农杆菌转化导入豇豆胰蛋白酶抑制剂基因的研究结果如下 0。

（1）菌株和表达载体　用于转化的农杆菌菌株为 LBA4404，携带辅助质粒 pAI4404。表达载体为 pRok/CpTIL27，包含豇豆胰蛋白酶基因 *CpTIL*27，*CaMV*35*S* 启动子和 Nos 3′端，以及在植物细胞中表达的选择标记基因 *NPT II* 基因（新霉素磷酸转移酶基因）在细菌中表达的选择标记抗卡那霉素基因 km^r。

（2）农杆菌 LBA4404 的转化　采用冻融法可以将 pRok/CpTIL27 导入农杆菌 LBA4404。方法是取过夜培养的 LBA4404 菌液转接到 5ml 的 LB 培养液中，28℃振荡培养 5～6h，离心收集菌体，溶于 1ml 的 20mol/L $CaCl_2$ 中，取 0.1ml 加 1μg 质粒 DNA，于液氮中速冻 5min，37℃热激 5min，加 1ml LB 培养液在 28℃轻轻振荡培养 2～4h，将菌体浓缩至 0.1ml 涂平板，以 50μg/ml 卡那霉素 100μg/ml 利福平筛选，菌落 2～3d 长出，即为包含豇豆胰蛋白酶基因的农杆菌株 LBA4404/pRok/CpTIL27，这是用于转化烟草产生抗虫的转基因植物。

（3）共培养及转基因植株再生　烟草，品种"SR1"的种子用 70% 乙醇浸泡 30s，然后用 0.1% $HgCl_2$ 表面消毒 8min，无菌水洗 3 遍后接种在大量元素减半的 MS 基本培养基上。2～3个月后从无菌苗上取叶片外植体与农杆菌共培养。方法是用锋利的手术刀片将叶片切成 0.5cm³ 的小块（使四周均有伤口），将叶片外植体接种于 MS 附加 1.0mg/L 6－BA 和 1.0mg/L NAA 的 MS 固体培养基上预培养 2d。取培养过夜的农杆菌 LBA4404（含胭脂碱合成酶基因及潮霉素抗性基因）菌液 1～2ml，不稀释或稀释数倍。将预培养或未经预培养的叶片外植体在菌液中感染 1～2min 后，用无菌滤纸吸干外植体表面的菌液，将其放在 MS 增养基上共培养 2d。将叶圆片经无菌蒸馏水洗 3 次或直接接种于含 1.0mg/L 6－BA、1.0mg/L NAA、100mg/L 卡那霉素的 MS 培养基上选择抗性愈伤组织。愈伤组织在上述培养基上每隔 20d 继代 1 次，共继代 3 次。在继代 2～3 个月后，抗性愈伤组织分化出苗，这些苗即为初选的转基因植株。将它们切下来接种于含 1.0mg/L NAA 的 MS 固体培养基上生根，形成完整植株，然后用 PCR 和 Southern 印迹法检测再生植株中的外源基因，确认真正的转基因植株，然后再进一步检测胰蛋白酶基因的表达和转基因植株的抗虫性。

5. 发根农杆菌介导转化　发根农杆菌介导的遗传转化程序和根癌农杆菌介导的遗传转化程序无明显区别。所不同之处在于发根农杆菌的 Ri 质粒 T－DNA 上所含基因与 Ti－DNA 上所含基因明显不一致。发根农杆菌菌株中含有侵入性致根 Ri 质粒，Ri 质粒约 250kb，其上有复制起始区（ori 区）、转移区（T－DNA 区）和侵入区（vir 区）。发根农杆菌对植物细胞的转化和致根能力与其所具有的 Ri 质粒的类型有关。根据发根农杆菌转化植物组织合成冠瘿碱的类型不同，发根农杆菌 Ri 质粒可分为 3 种类型，即甘露碱型、黄瓜碱型和农杆碱型，其中农杆碱型 Ri 质粒上存在与根的形态有关的位点，所以许多植物受到发根农杆菌感染后产生毛状根，但是目前这也仅仅在双子叶植物中发生。

（二）基因直接导入法

农杆菌侵染双子叶植物获得转基因植株是非常成功的，但自然界中的农杆菌只侵染双子叶植物，对单子叶植物不敏感。1984 年科学家发现，超螺旋结构的细菌质粒，虽然不能在植物细胞中复制，但可以重组整合到植物染色体内。因为细菌质粒与植物 DNA 之间没有同源性。事实上整合是随机地发生在植物染色体的任何位点。受这一现象的启发产生了基因直接转化技术。

1. DNA 直接吸收到植物细胞法　DNA 直接吸收进入植物细胞方法的最大优点是它不受农杆菌或病毒宿主范围的限制，不受植物种类限制，它们不但可以转化双子叶植物，还可以转化单子叶植物，因而有一定的应用潜力。但外源 DNA 难以稳定地整合进宿主细胞染色体组中。原生质体是没有细胞壁的裸露细胞，由于它能够吸收各种大小的分子进入细胞内，又由于植物细胞具有全能性，它能发育成一个完整的植株，因而原生质体成为植物遗传工程的理想受体材料。DNA 直接吸收进入原生质体的方法分为物理法和化学法两大类。其中，物理法主要是电穿孔法，化学法主要是聚乙二醇法。

2. 显微注射法　显微注射技术在 20 世纪 80 年代被用于转化植物细胞。该技术是直接将外源 DNA 注射进入细胞核中而不降低 DNA 的活力。目前它已变成直接引入外源小分子、大分子、细胞器和病毒粒子进入动植物细胞的技术。其采用一根极细的毛细玻璃管，直径为 0.5μm 到几个微米，将 DNA 等注射到原生质体或细胞的细胞质或细胞核中。外源 DNA 被注射后有可能被整合到受体细胞的染色体组中，从而实现有效的基因转移。微注射技术的优点是转化频率非常高，可以把大分子直接转移到细胞质或细胞核中，能控制被用于转移的供体分子或细胞器的类型和大小，可应用于原生质体，单个植物细胞和多细胞组织器官。由于该技术不要求去除细胞壁，因此能广泛用于不能从原生质体再生植株的植物种类。但它的成本较高，要求的技术和经验也较高，另外经微注射后存活率只有 10% ~ 20%，在所形成的克隆中，也只有 60% 的细胞显示暂时基因表达。此外，通过 Southern 印迹法可检测外源 DNA 是否整合进受体细胞的基因组中，但使用显微注射法至今还没有获得转基因植株。

3. 脂质体介导的 DNA 转移法 脂质体系统被认为是最有潜力的外源基因导入方法。脂质体可将核酸转移到原生质体，也可将核酸等导入具有细胞壁的完整植物细胞，但是其机制目前尚不很清楚，融合可能是一种方式。另外，电子显微镜观察表明，DNA 也可能通过细胞的吸收，如胞吞作用和胞间连丝的方式进入细胞。脂质体介导基因转移有它的优点和缺点，它的优点为：促进整合的 DNA 转移、保护被包裹的 DNA、不被核酸酶水解、通过调整脂质体可使其以某一特定的细胞作为靶细胞提高 DNA 的转移率，除了原生质体以外，脂质体可转移核酸到各种类型的细胞中。

4. 微弹轰击（粒子介导）基因转移法 是把一种高速的、携带有 DNA 分子的粒子射向靶细胞，它穿过细胞壁和细胞膜，释放所携带的 DNA 进入细胞内，在一定的条件下，可使靶细胞得到转化。这种微弹的直径一般为 $0.4 \sim 2.0 \mu m$，由钨或金制成。由于它是一个非常简单的过程，因此该方法目前应用非常广泛。它的主要优点是它可转化所有的植物种类，对被转化的组织类型没有要求，它可转化于叶、下胚轴、分生组织、胚、花粉、胚性悬浮培养细胞，它还可以转化细胞中的细胞器，如线粒体和叶绿体。但该方法需要一套仪器设备，在技术和方法上仍处于研究的阶段，还存在转移率不高、外源 DNA 整合的随机性以及得到的转基因植株可能是嵌合体等问题。

（三）种质系统法

以植物自身的种质细胞为媒介，特别使植物的生殖系统细胞（花粉、卵细胞、子房和幼胚等）以及细胞的结构，将外源 DNA 导入完整植物细胞，实现遗传转化的技术称为种质转化系统（germ line transformation）。该技术也称为生物媒体转化系统或整株活体转化（in planta transformation）。常用的方法有花粉管通道法、浸泡转化法和胚囊、子房注射法。在此主要介绍花粉管通道法。花粉管通道转化法是利用植物在受精和胚发育初期接受外源 DNA 的敏感性，使外源 DNA 能较容易地进入萌发的花粉并整合到精核基因组中或者外源 DNA 通过花粉受精后尚存的花粉管通道直接进入受精卵。目前主要采用两种操作法：一是先用外源 DNA 转化花粉，其可以借助其他转化方法转化花粉，如显微注射基因枪法等；二是在受体植物白花授粉后一定时间内剪下柱头，将外源 DNA 滴在剪开的柱头上，使其能够沿着尚存的花粉管通道进入胚囊，转化受精前后的卵细胞。花粉管通道转化法可以不经组织培养，转化受体直接得到种子，没有原生质体再生或细胞再生的障碍，也不需要仪器设备，操作简便快速。但花粉萌发时柱头释放的核酸酶往往会破坏外源 DNA，同时由于花粉管进入合子时还需通过重重屏障，因而转化频率较低。

二、植物基因转化的受体系统

选择和建立良好的植物受体系统也是基因转化成功的关键因素。植物基因转化受体系统是指用于基因转化的外植体通过细胞或组织培养途径高效、稳定地再生无性系，并能接受外源 DNA 整合。

1. 原生质体受体系统 植物原生质体是去除细胞壁后的"裸露"细胞，又具有全能性，能在适宜的培养条件下诱导出再生植株。可利用物理或化学方法改变细胞膜的通透性，使外源 DNA 进入细胞并整合到染色体上且进行表达，从而实现植物基因转化。迄今已有烟草、番茄、水稻、小麦和玉米等 250 多种高等植物原生质体培养获得成功，但由于相当多的植物原生质体尚未培养成功，应用于植物基因转化有一定的局限性。

2. 愈伤组织受体系统 外植体经组织培养所产生的愈伤组织，是植物基因转化常用的受体系统之一。由于愈伤组织是由脱分化的分生细胞组成，易接受外源 DNA，转化率较高。又由于愈伤组织可以继代扩大培养，因而由转化愈伤组织可培养获得大量的转化植株。目前，多种外植体都可经组织培养诱导产生愈伤组织，因此愈伤组织受体系统应用面比较广，转化的目的基因遗传稳定性较差。

3. 种质系统 以植物的生殖细胞如花粉粒、卵细胞为受体细胞进行基因转化的系统称为种质系统。现已建立了多种直接利用花粉和卵细胞受精过程进行基因转化的方法，由于生殖细胞不仅具有全能性，而且是单倍体细胞，其接受外源遗传物质的能力强，导入外源基因成功率高，转化的基因无显、隐性影响，通过加倍后可成为纯合的双倍体新品种。

4. 胚状体再生系统 该系统是最理想的基因转化受体系统，体细胞胚是由具有卵细胞特性的胚性细胞发育而来，接受外源 DNA 的能力强，是理想的基因转化感受态细胞。体胚发生多为单细胞起源，转基因植株嵌合体少。体胚具有两极性，在发育过程中可同时分化出芽和根，形成完整植株。体细胞胚个体间遗传背景一致，无性系变异小。体胚发生繁殖效率高，可通过生物反应器进行大规模生产。

5. 直接分化芽受体系统 这是由未分化的细胞直接分化形成，体细胞元件系变异小，因此导入的外源目的基因可稳定遗传。该系统应用于基因转化，操作简单、周期短。不定芽的再生常起源于多细胞，所形成的再生植株也可出现较多的嵌合体。另外由于不定芽较难诱导，因此，基因转化频率低于其他几种受体系统。

三、转入基因的表达和分析

目的基因被导入植物细胞后，除了有些转化植株出现肉眼可见的形态变化外，通常需要检测所克隆的基因是否整合进入受体植物材料的基因，是否能够表达等。

基因水平的检测，包括限制性内切核酸酶分析、DNA 序列分析、聚合酶链式反应（polymerase chain reaction，PCR）、Southern 印迹法、Northern 印迹法、原位杂交等。在植物遗传工程研究中还采用一些新的分析手段和方法，如限制性片段长度多态性（restriction fragment length polymorphism，RFLP）分析、随机扩增多态性 DNA（random amplified polymorphic DNA，RAPD）分析、DNA 指纹（DNA fingerprinting）技术、核酶

（ribozyme）分析、基因标签（gene tagging）、连接酶链式反应（ligase chain reaction，LCR）等。

翻译水平的检测，主要有酶联免疫吸附法（enzyme linked immunoadsorption assay，ELISA）和 Western 杂交。表达水平的检测常采用报道基因检测法。这里只侧重介绍基于选择标记基因和报道基因的筛选和鉴定方法。

1. 选择标记基因检测法 选择标记基因简称为标记基因（marker gene），是指其编码产物能够使转化的细胞、组织具有对抗生素或除草剂的抗性，或者使转化细胞、组织具有代谢的优越性。其主要功能是使该基因的表达产物赋予转化的植物细胞具有一种选择压力，而使未转化的细胞在施用选择压力下不能生长、发育和分化。而转化细胞对该选择剂具有抗性，可以继续存活，因而有利于从大量的细胞或组织中筛选出转化细胞及植株。该方法已成为植物遗传转化一种较为方便、快捷的转基因植物的鉴定方法。日前，常用的选择标记基因主要有两大类：一类是编码抗生素的抗性基因，例如新霉素磷酸转移酶（neomycin phosphotransferase）基因 *NPT* Ⅱ、潮霉素磷酸转移酶（hygromycin phosphotransferase）基因 *HPT* 和二氢叶酸还原酶（dihydrofolate reductase）基因 *DHFR*；另一类是编码除草剂抗性基因，例如草丁膦乙酰转移酶（phosphinothricin acetyl transferase）基因 *BAR*、5 - 烯醇丙酮酰草酸 - 3 - 磷酸合成酶（5 - enoylpyruvate shikimatr - 3 - phosphate）基因 *EPSPS*。

2. 报道基因检测法 报道基因（reporter gene）是指其编码产物能够被快速地测定，常用来判断外源基因是否已经成功地导入受体细胞、组织或器官，并检测其表达活性的一类特殊用途的基因。可见报道基因实质是起到了判断目的基因是否已经成功地导入到受体细胞并且表达的标记基因的作用。作为理想的植物报道基因应具备以下特征：①编码的产物是唯一的，并且对受体细胞无毒；②表达产物及产物的类似功能在未转化的细胞内不存在，即无背景；③产物表达水平稳定，便于检测等。转基因植物常用的报道基因主要有胭脂碱合成酶（nopaline synthase）基因 *NOS*、章鱼碱合成酶（octopine synthase）基因 *OCS*、荧光素酶（luciferase）基因 *LUC* 和绿色荧光蛋白（green fluorescent protein）基因 *GFP* 等。

目前常用的植物转基因表达分析的方法有 β - D - 葡糖醛酸糖苷酶的组织化学定位分析、β - D - 葡糖醛酸糖苷酶的荧光分析、β - D - 葡糖醛酸糖苷酶的化学发光分析和荧光素酶分析。近年来发展起来的定量实时 PCR（quantitative real - time PCR）技术通过荧光报告物对 PCR 反应进行实时检测，可准确、方便地检测出每一转基因植株中所含的拷贝数。荧光报告物可以是特异性的和非特异性的，PCR 产物量与起始模板量成正比。因此选取基因组中的某个单拷贝基因作为对照，就可以快速、准确、高效地检测到转基因的拷贝数。

第八节 植物细胞工程在制药工业上的应用实例

植物不仅为我们人类的生存和发展提供了必要的食物、纤维和建筑材料，同时也是香料、色素、医药及农用化学品等天然产物的重要来源。人类从植物中获得药物已有悠久的历史，植物天然产物的开发一直是人们研究的热点。植物体中一些有机物如类萜、生物碱和酚类等，是由糖类、脂肪和氨基酸等初生代谢产物衍生出来，称为次生产物。植物次生代谢物质中含有许多药用成分，现代药物中大约有 25% 来自于植物。已知的植物次生代谢产物大约有 10 万种，并且每年大约还有 4000 种新的化合物被发现，其中最大的类群是萜类，在已知的化合物中超过 1/3，第二大类群是生物碱。然而这些物质在植物体中的含量一般很少，直接从植物中提取不但浪费大量的植物材料，而且还可能造成一些珍贵的植物种类的灭绝。用化学合成途径来获得这些化合物往往十分困难，或者具有可行的合成技术但工艺水平难以达到商业生产的要求，耗资巨大。但随着植物细胞培养、植物基因工程等生物技术的发展，利用植物生产药物被赋予了新的内容和广阔的发展前景。

一、利用植物细胞培养生产天然药物

植物细胞的大量培养是利用植物细胞体系，通过现代生物工程手段进行工业化规模生产，以获得各种产品的一门新兴的跨学科技术。20 世纪中期至今，大规模植物细胞培养技术经过几十年的努力研究，利用植物细胞工程进行药物的生产进入了一个新的发展阶段，在高产细胞株选育方法、悬浮培养技术、多级培养和固定化细胞技术、培养工艺优化控制、生物反应器研制、下游纯化技术等方面的研究取得了较大进步。有些药用植物种类已实现工业化生产，如从希腊洋地黄（digitalis lanata）细胞培养物通过生物转化生产地高辛（digoxin）、从人参根细胞中生产人参皂苷（ginsenoside）、从日本黄连（coptis japonica）细胞培养物中生产黄连碱（coptisine）等；相当种类的药用植物细胞大量培养已达到中试水平，如红豆杉生产紫杉醇、长春花生产吲哚生物碱、丹参生产丹参酮、紫草生产萘醌、青蒿生产青蒿素等等。

实例一　人参细胞培养

人参性甘、温，归脾、肺经，是我国珍贵的补益强壮养生佳品。传统中医学认为人参具有大补元气、补脾益肺、生津止渴、安神益智、补气生血的作用。近代研究证明人参有滋补、强壮、抗疲劳、扩血管甚至抗癌等多方面的药理和生物活性。人参中含有人参皂苷、人参多糖、多肽、麦芽醇及某些氨基酸等多种活性物质，其中人参皂苷是其主要药理活性成分，图 4-8 是人参皂苷的生物合成途径。到目前为止人们已经对四种主要的人参种类，包括高丽人参（*P. ginseng* C. A. Mayer），三七人参（*P. notoginseng* Burk），西洋人参（*P. quinguefolius* L）和日本人参（*P. japanicuw* C. A. Mayer）建立了完整的细胞培养技术。早在 1972 年，Yasuda 就报道了大规模人参细胞悬浮培养技术，但工作体积只有 600L。到 20 世纪 90 年代，日本成功进行了人参细胞商业化大规模生产，反应器体积达到了 20 000~25 000L，细胞干重达到 20g/L，发酵周期为 28d。此后，俄罗斯和我国也相继报道了运用生物反应器进行大规模人参细胞培养的消息。进行人参细胞培养的培养基一般是 MS 培养基，并添加 20~30g/L 蔗糖。当碳源浓度过高（>60g/L）时会抑制人参细胞的生长，却有利于细胞中人参皂苷的合成，所以可采用生长初期保持低糖浓度，促进细胞生长，后期补糖提高人参皂苷产量的方法。在各种营养物质中，氮源对人参培养细胞中人参皂苷和人参多糖产量的影响最大，低 NH_4^+/NO_3^- 比值有利于人参细胞生长。无机磷酸盐对人参细胞生长以及人参皂苷、人参多糖产量也有着显著影响，当无机磷酸盐的浓度为 1.25～3.75 mmol/L 时，人参细胞生长和皂苷产量都比较高，但当磷的浓度达到 3.75～11mmol/L 时，人参皂苷产量会明显下降。植物生长激素 2，4 - D 在合成人参皂苷时浓度需控制在 0.1mg/L 以下。对于人参、西洋参和三七来说，pH 控制在 5.8 左右时，有利于细胞的生长和人参皂苷产量的提高。其他因素如金属离子、温度、发酵密度、氧分压及光照等都会对人参皂苷和人参多糖产量产生影响，而且合用植物激素，如添加适量激动素可大大促进细胞生长和产物积累。

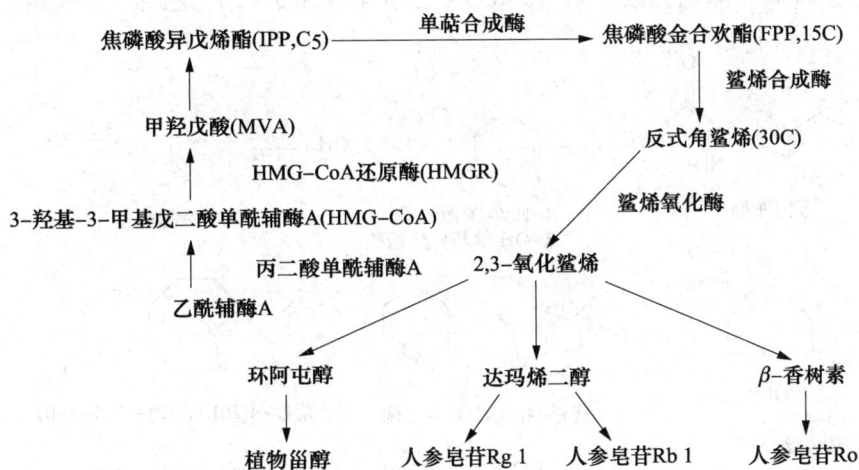

图 4 - 8　人参皂苷的生物合成途径

对于人参属药用植物来说，常用的生物反应器有机械搅拌式和空气提升式。现在有一种新型的搅拌反应器——离心叶轮式生物反应器已用于三七细胞的高密度培养，其细胞产量和人参皂苷的产量比传统的涡轮式反应器明显提高。华东理工大学生物反应器工程国家重点实验钟建江课题组利用 17L 空气提升式生物反应器进行了三七的悬浮细胞高密度培养的系统研究，对影响细胞生长及皂苷含量的因素进行了深入的探讨。他们采用 MS 培养基，并添加 50g/L 蔗糖，1μmol/L Cu^{2+} 和 3.75mmol/L 磷酸盐，25℃ 培养 15d 后，细胞干重、人参皂苷和人参多糖分别达到了 24g/L、1.7g/L 和 2.8g/L，并且当在培养 13d 氧分压快速下降时，及时补加蔗糖，可明显提高细胞密度，以上 3 个指标分别提高到了 30g/L、2.3g/L 和 3.2g/L。而且他们发现在补加蔗糖时，同时添加 200μmol/L 次生代谢诱导剂甲基茉莉酮酸后，可大大提高培养细胞中人参皂苷 Rg1、Re、Rb1 和 Rd 的含量。

实例二　红豆杉细胞培养

紫杉醇是 20 世纪 70 年代首次从短叶红豆杉（*Taxus brevifolia*）树皮中分离到的具有抗癌活性的二萜烯类化合物。目前已有 9 种红豆杉植物（短叶红豆杉、南方红豆杉、欧洲红豆杉、东北红豆杉、中国红豆杉、云南红豆杉、*T. media*、加拿大红豆杉、佛罗里达红豆杉）建立了细胞悬浮培养系统，培养技术的研究取得了很大的进展。对于细胞悬浮培养而言，大多使用 B5 培养基，碳源大多为蔗糖，半乳糖对促进细胞生长作用也比较显著，果糖对紫杉醇含量的提高有一定的作用。与高起始糖浓度培养的细胞相比，采用补糖的方法，紫杉醇产量在静止期可显著增加。在氮源组成中，较低的 NH_4^+/NO_3^- 比值有利于细胞的快速生长。使用低浓度的 2，4 - D、KT、BA 及 NAA 等植物生长激素可有效改善细胞生长状态和提高紫杉醇产量，这些与人参细胞的悬浮培养相似。在红豆杉细胞生长和紫杉醇合成过程中，适宜的温度和 pH 与紫杉醇合成途径之间有明显的相关性，选择性比较强，而且暗培养比白光培养更适合细胞中紫杉醇的积累。气体组合也会较大地影响紫杉醇的含量，根据紫杉醇的产量，最为有效的气体混合组成是 10%（体积分数）氧气、0.5% 二氧化碳和 5×10^{-6} 乙烯。

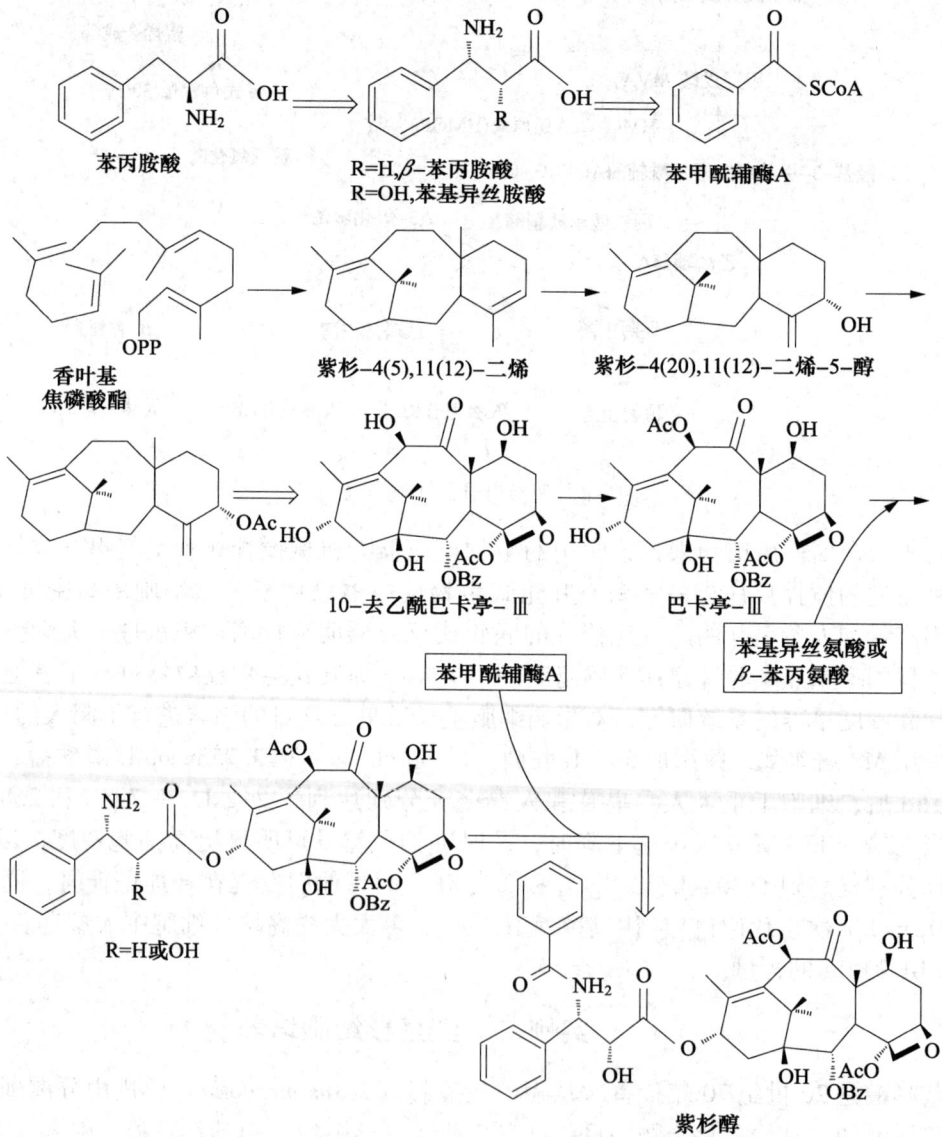

图 4 - 9　紫杉醇的生物合成途径

紫杉醇（taxol）是二萜类化合物，与红豆杉植物防卫系统中对抗病原菌和昆虫侵袭产生植保素的合成途径有部分重叠（图4-9），所以生物或非生物诱导子既能刺激植物防卫系统产生植保素，也能刺激紫杉醇的形成，同时促进产物分泌到培养基中。研究表明，茉莉酸、茉莉酸甲酯、水杨酸、花生四烯酸及寡糖等都是较好的诱导子。紫杉醇的四环二萜骨架来自经甲基戊酸，C-10位的酰基来自乙酸，C-13位酰基侧链来自苯丙氨酸，因此向培养基中添加这些前体可提高紫杉醇含量。加入甲瓦龙酸、牻牛儿醇及蒎烯等中间代谢产物，亦可增加紫杉醇含量。在培养基中加入氨基酸或芳香羧酸能增加紫杉醇含量，其中苯丙氨酸效果最为明显。在红豆杉悬浮培养细胞中添加单萜合成抑制剂：松油醇、樟脑、α-蒎烯，对紫杉醇的生物合成都有促进作用。三者同时添加将全面阻止能量和物流过多流向单萜3个旁路途径，使更多的能量和物流集中到由单萜合成二萜的途径中来，从而提高了紫杉醇的产量。通过筛选高产细胞系、优化培养条件，设计合适的生物反应器和发展新的培养技术等综合性的研究，紫杉醇含量已在近两年迅速提高。Chuangui Wang等从中国红豆杉的树皮中分离到了一黑曲霉，并在红豆杉细胞培养的指数生长期（15d）加入该真菌的发酵菌体，诱导6d，结果使紫杉醇的产量提高了2倍，产量达到了0.04g/L。Jie Luo等发现，将诱导子和前体进行最佳组合共同使用时，可使紫杉醇的产量显著提高。在细胞培养的第12天加入0.01g/L硝酸银、0.006g/L脱落酸、0.015g/L苯丙氨酸、0.031g/L茉莉酸甲酯、0.023g/L壳聚糖、0.03g/L乙酸和0.03g/L安息香酸钠，随之在第16天加入0.02g/L蔗糖，结果紫杉醇的产量达到了0.054g/L，这比单独使用诱导子或前体所得紫杉醇产量的2倍还要多。Bringi等通过优化培养基、加入诱导子、两步培养及延长培养时间（42d）等综合措施，使中国红豆杉（*T. chinensis*）细胞中紫杉醇含量达到0.153g/L，并获得专利。

实例三　其他细胞培养

1. 银杏　银杏（*Ginkgo biloba* L.）是重要的药源植物，其药用成分包括萜内酯、黄酮类、聚戊烯醇类和多糖等，其中萜内酯和黄酮两类生理活性物质，在保护中枢神经系统和防治老年性心脑血管疾病方面有特殊功效。对银杏细胞培养的主要目的是提高培养细胞的生长速率，增加银杏内酯和黄酮的含量。适于银杏细胞培养的培养基有多种，一般来说MS培养基能获得较多的银杏内酯；SH培养基利于细胞生长；White培养基对愈伤组织培养不利，但有利于黄酮物质的产生和积累。悬浮培养的最佳pH为5.7，最佳碳源为蔗糖30g/L，温度一般控制在25℃。众多研究表明，光照利于银杏愈伤组织生长，能促进银杏细胞继代培养和悬浮培养中代谢产物的含量。对于细胞生长来说，在培养基中加入适量浓度的激素，如2,4-D、BA、NAA、KT等，或者添加不同组合的激素，均可大大促进银杏细胞生长速率。在次生代谢产物生产方面，适当添加前体物质是一个行之有效的方法。如在利用银杏细胞培养获得银杏内酯时，在培养基中加入银杏内酯的前体GGPP（geranylgeranyl pyrophosphate），并加入异戊烯焦磷酸监测培养周期，可取得良好的培养效果；或添加低浓度的牻龙牛儿醇及异戊二烯亦能提高银杏内酯B的产量。对于细胞培养中黄酮类化合物的积累，可在培养基中加入乙酸和苯丙氨酸等前体物质，在光照培养下，能显著提高黄酮产量。

2. 紫草　紫草为药用多年生草本植物，以清热解毒、解表凉血、活血化瘀等广谱疗效被列为上品。紫草根中的多种萘醌类色素（紫草宁及其衍生物）作为其有效成分，具有抗肿瘤、抗菌、抗病毒、消炎等功能。外用可以治疗红斑狼疮、带状疱疹、皮肤癌、湿疹和烧烫伤；内服可用于病毒性肝炎、绒毛膜上皮癌、肺癌及肝癌放化疗的辅助治疗。早在 20 世纪七八十年代，日本学者 Tabata 等最早成功诱导出硬紫草（*Lithospermum erythrorhizon*）的愈伤组织，并对影响紫草宁及其衍生物产量的条件进行了研究。新疆紫草 [*Arnebia euchroma*（Royle）*Johnst.*] 习称软紫草，生长于海拔 2500 ~ 4200m 高山丛林中或向阳坡地，分布于新疆。因为新疆紫草色素的色价高、附着力强并具有较强的吸收紫外辐射的功能，被国际上誉为红色素之王。新疆紫草愈伤组织可在 B5、N6、MG5、IS 和改良 MS 几种培养基中生长，LS 培养基适于愈伤组织的继代与保存，以改良 MS 培养基更适合愈伤组织生长和色素的产生。培养基中加入 0.0002g/L IBA 与 0.0005g/L KT 组合，紫草细胞生长效果最好。最利于愈伤组织生长和色素形成的合适温度是 25℃，过高或过低都严重影响愈伤组织的生长，而且特别不利于紫草宁衍生物的合成。培养基 pH 值的最适范围在 5.3 ~ 5.8。白光不仅抑制愈伤组织的生长，而且几乎完全抑制愈伤组织中的紫草宁及其衍生物的形成。添加促进剂 Gu^{2+} 的新疆紫草细胞在培养 15d 时形成的色素颗粒（紫草宁及其衍生物最多），在该时期对色素进行收集为最佳时间。细胞悬浮培养过程主要分两步，第一步为细胞的生长培养，第二步为合成色素的生产培养。细胞生长动态为：接种后 0 ~ 3d 为延迟期，3 ~ 12d 为对数生长期，12 ~ 15d 进入静止期。细胞转入生产培养基以后的 0 ~ 25d 内色素含量增加，其中 15 ~ 25d 为合成的高峰期。在生产培养基中附加 0.0001g/L KT 和 0.00075 ~ 0.001g/L IAA，有利于紫草宁及其衍生物含量及产量的提高。细胞指数生长期末或静止期初期加入黑曲霉（*Aspergillus niger*）及米根霉（*Rhizopus oryzae*）等生物诱导子，对新疆紫草细胞紫草素的合成有促进作用。

　　3. **丹参**　丹参为唇形科鼠尾草属植物丹参（*Salvia miltiorrhiza* Bunge）的干燥根及根茎，主要含两类成分：一为脂溶性的二萜类化合物，如丹参酮 I、丹参酮 II A、丹参酮 II B 等；二为水溶性的多聚酚酸类成分，如原儿茶醛、迷迭香酸、丹酚酸等。其具有活血通络，祛瘀止痛，清心除烦之功效。临床上用于月经不调，经闭痛经，胸腹刺痛，心烦不眠，肝脾肿大，心绞痛。丹参原来主要依靠野生，随着需求的增加和生态环境的改变及连年大量采挖，其资源逐渐减少，已远远不能满足需求。采用植物细胞培养技术进行有用次生代谢物的生产为丹参资源可持续利用提供了新的有效途径。经根癌农杆菌（*Agrobacterium tumefaciens* C58）诱导产生并已稳定的丹参冠瘿组织培养可在含有 3.0% 蔗糖、不加激素的 MS 培养基中生长，培养温度为 26℃，暗培养，刚开始每隔 5d 换 1 次培养基，待其生长稳定后每隔 15d 继代 1 次。丹参冠瘿组织悬浮培养系主要由直径 5 ~ 10mm 的黄色颗粒组成，颗粒基本呈圆形。培养前 3d 为生长延迟期，之后细胞进入对数生长期。生物量（CX）在 3 ~ 15d 内增长最快，15d 后开始减慢，21d 左右 $CX_{max} = 10.9g/L$，其后又呈下降趋势。在指数生长期，丹参酮合成缓慢，在进入稳定期后，合成明显加快，约有 10% 的丹参酮分泌到培养基中。胞内外总丹参酮含量随培养时间的变化，在 24d 达到最大值，后由于死亡细胞释放的降解酶的作用而使丹参酮含量逐渐降低。

实例四　利用植物细胞培养进行生物转化

　　植物培养细胞具有诸如酯化、乙酸化、氧化、甲基化、还原化和羟基化等在内的多种生物转化能力。可以专一性地转化廉价易得的底物，生成稀有昂贵的活性化合物。利用其对已有药物进行生物转化修饰来获得活性更高、毒性更低或生物利用度更高的化合物也已成为研究热点。利用植物培养细胞进行生物催化有以下优点：①细胞培养可在实验室进行，可不间断进行转化反应；②培养细胞可大量积累目标化合物；③生长周期短；④可进行高密度培养；所以植物培养细胞是一个很好的催化工具，可像微生物细胞一样广泛应用于有机反应中。植物细胞催化可以进行：①区域和立体选择性羟化，如 Digitarlis lanata 培养细胞可选择性羟化转化洋地黄毒苷的 C-12 位，活性更高的强心药地高辛；②羟基氧化，如 Dendrobium phalaenopsis 和 M. polymorpha 细胞可使玉米秸、稻梗等农作物废料中广泛存在的甾醇转化为利用价值极高的前体化合物 4-AD；③糖基化，*Gardenia jasminoides* 可对局麻药水杨醇的芳羟基进行葡萄糖基化，生成具有镇痛效果的水杨苷。除此之外，各种植物细胞还可完成其他各种化学方法无法完成的有机反应，为新药开发提供了一有效工具。如韩建等利用长春花及银杏植物细胞悬浮培养细胞进行生物转化，将青蒿素转化成 3α-羟基去氧青蒿素（图 4-10）。

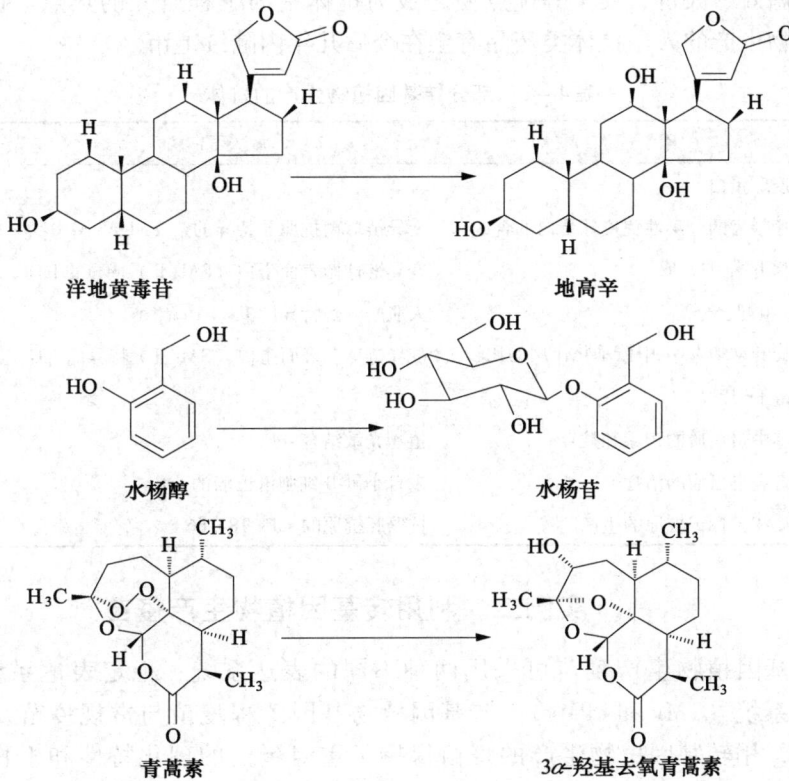

洋地黄毒苷 　　　　　地高辛

水杨醇 　　　　　水杨苷

青蒿素 　　　　　3α-羟基去氧青蒿素

图 4-10　植物细胞选择性生物催化

二、转基因植物生产抗体、重组疫苗和多肽类药物

随着生物技术的发展，过去只能从稀有植物乃至其他生物体才能够获得，或者收

获量甚微的一些具有药用业价值的物质，现在已有可能利用栽培转基因作物来进行生产了。与利用微生物作为生物反应器生产药物相比，转基因植物具有上游生产成本低、获得的新遗传性状稳定、在正常自然条件下易于生长和管理等优势，如把药物作为食物则可进一步省去下游提取，还可大规模、廉价地生产蛋白质类药物等。而且利用植物生产的各种蛋白质，多数能够正确地加工和折叠，从而保证了生物活性的稳定。利用转基因植物作为生物反应器系统大规模地生产各种蛋白质和多肽等药物的梦想，随着转基因植物的快速发展已逐渐变成现实。

据不完全统计，迄今为止，国外已经有几十种药用蛋白质或多肽在植物中得到成功表达，其中包括了人的细胞因子、人促红细胞生成素、表皮生长因子、生长激素、单克隆抗体、干扰素和可作为疫苗用的抗原蛋白等。

实例一　利用转基因植物生产抗体

利用转基因植物生产抗体，即将编码全抗体或抗体片段的基因导入植物，在植物中表达出具有功能性识别抗原及结合特性的全抗体或部分抗体片段（表4-2、图4-11）。植物抗体的高效、廉价、安全等优点使之成为抗体基因工程研究的热点。据估计，利用转基因植物生产的人用抗体类药品有望在今后几年内陆续上市。

表4-2　部分转基因植物生产的抗体

植物	用　　途	表达蛋白	表达系统
	免疫球蛋白		
烟草	治疗龋齿的分泌性免疫球蛋白的合成	变异链球菌抗原II特异的杂交 sIgA-G	AMT
烟草	全长 IgG_1 的合成	变异链球菌表面蛋白（SAI/II）特异的 IgG	AMT
烟草	IgG 组配合分泌	人肌酸激酶特异的 IgG	AMT
烟草	植物和动物 IgG_1 中糖基化作用的比较	变异链球菌表面蛋白（SAI/II）特异的 IgG	AMT
	单链 Fv 片段		AMT
马铃薯	块茎中蛋白质的积累和贮存	植物光敏结合 scFv	AMT
烟草	霍奇金淋巴瘤的治疗	来自小鼠 B 细胞淋巴瘤的 scFv	AMT
谷物	肿瘤相关标记抗原的生产	抗癌胚抗原的 scFv T84.66	粒子轰击

实例二　利用转基因植物生产疫苗

利用转基因植物生产疫苗可采用两种不同的表达系统：稳定表达系统（caMv）和暂态表达系统（TMv 和 cPMv）。转基因植物基因工程疫苗与常规疫苗及其他新技术疫苗相比，用转基因植物生产的疫苗保持了重组蛋白的理化特性和生物活性，有的经纯化后做疫苗，有的则不经提纯就能作为一种食品疫苗被使用。因此，转基因植物作为廉价的疫苗生产系统，它有可能代替发酵系统生产疫苗产品。当植物表达基因编码的细菌或病毒病原体的抗原时，所表达的抗原蛋白保留自然状态的免疫原性，这为转基因植物生产重组疫苗提供了理论依据（表4-3）。但是仍有许多有待解决的问题，如提高转基因植物的抗原蛋白表达量、避免本来应该增强免疫应答的疫苗发生免疫抑制、出现免疫耐受以及潜在危害性等等，最大限度地发挥抗原激活

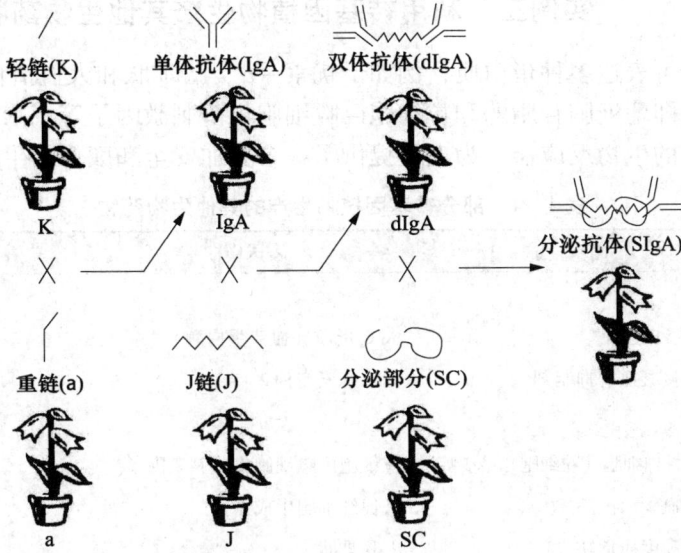

图 4 – 11　分泌型 IgA 在植物中的组装示意图

免疫系统的能力。

表 4 – 3　部分转基因植物生产的疫苗

植物	疫苗	表达蛋白	表达系统
烟草	乙型肝炎疫苗	重组 HBsAg	AMT
烟草	乙型肝炎疫苗	鼠肝炎抗原决定簇	TMV
烟草	龋齿疫苗	变异链球菌表面蛋白 SpaA	AMT
马铃薯	自体免疫糖尿病疫苗	霍乱弧菌毒素 B 亚单位 – 人胰岛素融合	AMT
马铃薯	自体免疫糖尿病疫苗	谷氨酸脱羧酶	AMT
烟草/马铃薯	霍乱和大肠杆菌腹泻疫苗	霍乱弧菌毒素 CtoxA 和 CtoxB 亚单位	AMT
豇豆	不需要佐剂的黏膜疫苗	金黄色葡萄球菌结合纤粘连蛋白 B 单位 D2 肽	CPMV
烟草/马铃薯	诺沃克病毒腹泻疫苗	诺沃克病毒衣壳蛋白	AMT
烟草/菠菜	狂犬病疫苗	狂犬病病毒糖蛋白	AMT
烟草/黑眼豆	艾滋病疫苗	艾滋病疫苗病毒抗原决定簇（gp120）	CPMV/AMT
豇豆	艾滋病疫苗	艾滋病疫苗病毒抗原决定簇（gp41）	CPMV
黑眼豆	鼻病毒疫苗	人鼻病毒抗原决定簇（HR14）	CPMV
黑眼豆	口蹄疫疫苗	口蹄疫病毒抗原决定簇（VP1）	CPMV
黑眼豆	美洲水貂肠炎病毒和犬细小病毒疫苗	美洲水貂肠炎病毒抗原决定簇（VP2）	CPMV
烟草	疟疾疫苗	疟疾 B 细胞抗原决定簇	TMV
烟草	流感疫苗	血细胞凝集素	TMV
烟草	癌症疫苗	c – Myc	TMV

实例三　利用转基因植物生产其他生物药物

转基因植物可表达多种蛋白质，例如干扰素－α、脑啡肽和人血清白蛋白以及两种最昂贵的药物，即葡糖脑苷脂酶和粒细胞巨噬细胞集落刺激因子等（表4-4）。植物作为生产药用蛋白的生物反应器，为人类提供了一个更加安全和廉价的生产体系。

表4-4　部分转基因植物生产的其他生物药物

植物	用途	表达蛋白	表达系统
抗凝血剂			
烟草	C蛋白途径	人C蛋白（血清蛋白酶）	AMT
烟草、菠菜	间接凝血酶抑制剂	人水蛭素变种2	AMT
重组激素蛋白			
烟草	中性白细胞（粒细胞）减少症	粒细胞巨噬细胞集落刺激因子	AMT
烟草	贫血	人促红细胞生成素	AMT
独行菜、油菜	抗高度痛觉缺失	人脑啡肽	AMT
烟草	创伤修复/细胞增殖调控	人表皮生长因子	AMT
水稻、羌菁	丙型肝炎和乙型肝炎	人干扰素－α	AMT
马铃薯、烟草	肝病变	人血清白蛋白	AMT
烟草	血液代用品	人血红蛋白	AMT
烟草	胶原蛋白	人高三聚胶原蛋白I	AMT
蛋白质/肽抑制物			
水稻	囊性纤维变性、肝病和出血	人α-1-抗胰蛋白酶	AMT
玉米	移植手术胰蛋白酶抑制物	人抑肽酶或抑胰肽酶	粒子轰击
烟草、番茄	高血压	血管紧张肽-I-转化酶抑制物	粒子轰击
烟草	艾滋病	来自TMVU1亚基因组衣壳蛋白的α-天花粉蛋白	AMT
重组酶			
烟草	戈谢病	葡糖脑苷脂酶	AMT
营养保健品			
水稻	维生素A原缺乏症	黄水仙八氢番茄红素合酶	粒子轰击
马铃薯	氨基酸缺乏症	硬穗苋Amal种子清蛋白	AMT

从商业的角度来看，植物是生产药物诱惑力最大的系统之一，尽管开发这个系统仍然受到诸多因素的限制，但最近国外公布的植物生物技术或种子公司与药物或酶工业企业之间的合作，明确表现出人们对该系统的日益增长的商业兴趣。随着人们生活水平的提高，由于膳食不均衡带来的人类疾病如肥胖、糖尿病、高血脂和癌症等会越来越严重。如果在植物中导入这些疾病的抑制蛋白基因，将来人们只需简单地食用这些植物或由这些植物制成的某种口服液，便可获得抗疾病的能力。

（李　谦）

第五章 | 酶工程

第一节 概 述

酶工程（enzyme engineering）是飞速发展的现代生物技术的主要内容之一，是随着酶学研究的迅速发展特别是酶的推广应用，使酶学和工程学相互渗透而发展起来的一门新的技术学科，是从应用的目的出发研究酶，通过化学方法、酶学方法和 DNA 重组技术提取纯化酶分子或改善自然酶的组成、结构和性质，提高酶的催化效率、降低成本并在大规模工业化生产中应用，主要包括酶的生产、改性和应用等诸多方面。

一、酶的定义与性质

酶（enzyme）是由生物体内活细胞产生的一种生物催化剂。其化学组成主要是蛋白质和核糖核酸（RNA）。按其化学组成的不同，酶有两大类：化学组成主要为蛋白质的酶，称为蛋白类酶（P 酶）；化学组成为核糖核酸的酶，称为核酸酶（R 酶）。与化学催化剂一样，酶可催化相应化合物产生化学反应，但仅能改变化学反应速度而不改变化学平衡，且反应前后其本身数量和性质不变。与化学催化剂相比，酶具有专一性强、反应条件温和及催化效率高的特点。

二、酶的分类与命名

（一）习惯命名法

早期酶类均按习惯命名法命名，其中有根据其底物命名，如淀粉酶及蛋白酶等；有根据催化反应性质命名，如氧化酶及氨基转移酶等；亦有采用上述两种方法相结合的方式命名者，如胆固醇氧化酶及醇脱氢酶等；在此基础上，有的还加上其来源或其他特点命名，如心肌黄酶及含铁酶等。

习惯命名法使用起来较简单明了且延用已久，但无系统性，常出现一酶数名或一名数酶的混乱现象。故国际生化联合会（I. U. B）酶学委员会于 1961 年规定了酶的系统命名法及分类原则，同时将当时承认的酶列成表格，并建议各国生化工作者依此方案统一酶的命名及分类。

（二）系统命名法及分类

1. 系统命名法 依本法每个酶名称由底物及反应类型两部分组成，如醇脱氢酶催化的反应为：

$$CH_3CH_2OH + NAD^+ \rightleftharpoons CH_3CHO + NAD^+ + H^+$$

底物为乙醇和 NAD^+，反应类型为氧化还原类，故该酶称为醇：NAD^+ 氧化还原酶。若底物之一为水时，水字从略，如乙酰辅酶 A 水解酶等。但亦有例外，有些已广泛采用且得到公认而又不致引起混乱者，仍可采用习惯名称，如肽－肽水解酶等。系统命名法很明确，既知道底物，亦知其反应类型，但酶的名称复杂，不便使用。故酶学委员会对每个酶推荐一个习惯名称，置于括号［　］内。如醇：NAD^+氧化还原酶［醇脱氢酶］。

系统命名法中每个酶分类编号由4个数字组成，其前冠以"EC"（Enzyme Commission——酶学委员会）。编号中第一个数字表示酶的类别，第二个数字表示类别中的大组，如为氧化还原酶时，该数字表示电子供体基团类型；为转移酶时，表示被转移基团的性质；为水解酶时则表示被水解的化学键类型；为裂解酶时表示被裂解的化学键类型；为异构酶时表示异构作用类型；为连接酶时表示生成键的类型。第3个数字表示每大组中各个小组编号，每个数字于不同类别不同大组中有不同含义。第四个数字为各小组中各种酶的流水编号。如编号为EC1.1.1.1者，表示该酶为氧化还原酶类，电子供体为CH－OH，受体为NAD^+，流水号为1，即乙醇脱氢酶；又如EC3.4.4.4（胰蛋白酶）中"3"表示水解酶类，第二个数字"4"表示该酶作用于肽键，第3个数字"4"表示该酶作用于肽－肽键而不是肽链两端肽键。酶学委员会规定在以酶为主的论文中，应将其编号、系统名称及来源在第一次叙述时写出，其后则按各人习惯，采用习惯名称或系统名称。

2. **分类**　1961年国际生物化学联合会酶学委员会（The Commission on Enzyme of the International Union of Biochemistry）根据反应类型，将酶类分成六大类，其下再分小类，并给每个酶以系统序号。

（1）氧化－还原酶　氧化－还原酶（oxido－reductase）催化底物的氢原子转移、电子转移、加氧或引入羟基的反应，其包括氧化酶、脱氢酶、还原酶、过氧化物酶、加氧酶及羟化酶等。

（2）转移酶　转移酶（transferases）可将某些原子团由一种底物转移至另一底物上，被转移的基团有氨基、羧基、甲基、酰基及磷酸基等。

（3）水解酶　水解酶（hydrolases）催化底物分子产生水解反应，水解的化学键有酯键、糖苷键、醚键及肽键等。

（4）裂合酶　裂合酶（lyases）催化底物中化学基团的移去和加入的反应，包括双键形成及其加成反应。

（5）异构酶　异构酶（isomerases）催化底物分子的空间异构化反应。

（6）连接酶　连接酶（ligases）催化ATP及其他高能磷酸键断裂的同时，使另外两种物质分子产生缩合作用，故又称为合成酶。

三、酶的结构与特性

绝大部分酶的化学本质为蛋白质（现已发现少数核酸也具有催化活性，称之为核酶）。因此，酶具有蛋白质的基本性质，具有一、二、三、四级结构，是两性电解质，易产生变性作用而使酶活性丧失，注入动物体内会诱导产生抗体。

根据酶的组成部分不同，酶可分为简单蛋白质和结合蛋白质两类。前一类分子中除蛋白质外不含其他成分，如胃蛋白酶、核糖核酸酶、脲酶、淀粉酶等。后一类分子组成成分中除蛋白质（称为酶蛋白）外，还含其他一些对热稳定的非蛋白质小分子物质（称为辅因子），酶蛋白与辅因子结合后形成的复合物称为全酶，只有全酶才具有酶活性。全酶中酶蛋白决定酶的专一性和高效率，而辅因子则负责对电子、原子或某些化学基团起传递作用。辅因子一般为有机化合物或金属离子。辅因子与酶蛋白的结合牢固程度有不同，结合牢固的叫辅基，结合疏松的叫辅酶。

酶的活性中心：酶是生物大分子，一般由数百个氨基酸组成。而其中只有少数一些特异的氨基酸残基和酶的催化活性直接有关。这些特异的氨基酸残基在空间结构上比较集中的区域，即与酶活力显示有关的区域称为酶的活性中心。实际上，参与活性中心的化学基团就是酶蛋白中某些氨基酸残基的侧链或肽链的末端氨基或羧基，这些基团一般不集中在肽链的某一区域，更不相互毗邻，而往往分散在肽链中相距较远的氨基酸顺序中，有的甚至可分散在不同肽链上。主要依靠酶分子的二级和三级结构的形成，即肽链的盘曲和折叠，才使这些互相远离的基团靠近，集中在分子表面的某一特定区域，即某一个小的空间区域，故有些作者将"活性中心"称为"活性部位"，以表示其占有一定的体积。对于需要辅酶的酶，辅酶则是活性中心的重要组成部分。某些含金属的酶，其中的金属也属于活性中心的一部分。

酶活性中心的一些化学基团是酶发挥催化作用所必需的，故称为必需基团。但在活性中心以外的区域，尚有不与底物直接作用的必需基团，称为活性中心外的必需基团，这些基团与维持整个酶分子的空间构象有关，可使活性中心中的各个有关基团保持最适的空间位置，间接地对酶的催化活性发挥其必不可少的作用。

从功能上讲，活性部位的基团，又可分为底物结合部位和催化部位。底物结合部位是与底物特异结合的有关部位，因此也叫特异性决定部位。催化部位直接参与催化反应。底物的敏感键在此部位被切断或形成新键，并生成产物。

虽然从功能上可以把活性中心分成催化部位和底物结合部位，但是，这两个部位并不是各自独立存在的，而是相互关联的整体。往往催化效率能否充分发挥，在很大程度上，取决于底物结合的位置是否合适。也就是说，底物结合部位的作用，不仅是固定底物，而且要使底物处于被催化的最优位置。

酶催化反应具有以下特点：①专一性强，化学催化剂对反应物专一性较差，无严格要求，如金属镍和铂即可催化许多有机化合物的还原反应。而酶对底物却有严格要求，一种酶通常只催化一类物质或一种物质产生的化学反应，或引起特定的化学键变化，生成特定产物；②催化效率高，酶促反应活化能很低，反应速度大，其催化效率通常为化学催化剂的 $10^6 \sim 10^{13}$ 倍。例如 1mol 马肝过氧化氢酶可使 5×10^6 mol 过氧化氢分解为水和氧，而同样条件下 1mol Fe 只能分解 6×10^{-4} mol 的过氧化氢，即酶的催化效率为铁的 10^{10} 倍；③反应条件温和，化学催化剂反应条件通常是高温、高压、强酸或强碱，而酶促反应条件通常是常温、常压及中性 pH；④酶活性的调控机制复杂，生物体内酶的活性存在多种多样调节与控制方式，首先酶的生成量与降解过程存在着不同水平上的调节与控制作用，有的是通过酶原激活作用调节，有的是通过激素作用调节，亦有的通过共价修饰或变构作用调节，在多酶反应体系中调控机制更为复杂。所以，工业化过程需视具体反应情况加以控制，以期获得最佳转化效果。

四、酶的来源

迄今从生物界已发现 3000 多种酶，已有百多种用于工业生产。早期多从动、植物组织提取，如胰蛋白酶及菠萝蛋白酶等，目前大多来自微生物及其发酵液，如葡萄糖异构酶及枯草杆菌蛋白酶等。通过微生物的诱变筛选，可以获得高产酶的菌株，提高酶的生产量。近年来，基因工程技术的飞速发展，使人们可以通过克隆酶的基因，在基因重组的基础上，获得高产酶的菌株，大量生产酶制剂。

第二节　酶工程技术

现代生物工程要求酶能具备长期稳定性和活性，能适用于水及非水相环境，能接受不同的底物甚至是自然界不存在的合成底物，能够在特殊环境中合成和拆分制作新药物或药物的原材料。而天然酶催化的精确性和有效性常常不能很好地满足酶学研究和工业化应用的要求，而且天然酶的稳定性差、活性低使催化效率很低，一旦离开特定的作用环境则活性大大降低甚至完全失活，不适应大批量生产的需要，这些都限制了酶的进一步开发利用。

利用相对简单的方法，对天然酶进行改造或构建新的非天然酶，或者以高效率完成酶的提取纯化并利用酶生产高附加值的产品，是酶工程的重要内容。对酶分子的改造工作可以归纳为以下两个方面：一是利用化学工程技术对天然酶分子进行加工改造，如进行酶分子的固定化或化学修饰，以及研究酶分子在有机介质系统中作用性质的非水相酶学等；二是利用生物工程技术对酶分子的结构基因等进行改造，生产出具有新的或改良性质和功能的酶蛋白。

一、化学酶工程技术

化学酶工程技术（chemical enzyme engineering）是指采用化学方法对天然酶进行修饰、改造和模拟，使其更适合生产的需要，主要包括酶的固定化、酶分子的化学修饰、模拟酶和酶在非水介质中的酶反应的研究和应用等。

（一）酶的固定化技术

酶具有专一性强、催化效率高和作用条件温和等显著特点，但酶的一些不足之处限制了酶在实际生产中的使用。如酶的稳定性差，易于变性失活；酶在反应后不能回收使用且与产物混合在一起造成产物分离纯化困难；酶的催化效率仍不足以满足特殊条件下的使用要求等。为此，人们针对酶的不足之处开发使用了固定化技术，使固定化之后的酶可以像一般反应的固体催化剂一样，既具有酶的催化特性，又具有一般化学催化剂能回收、反复使用等优点，并且实现了生产工艺的连续化和自动化。固定化技术不但可以固定酶，也可以固定生物细胞、原生质体或细胞器，这些固定物可以统称为固定化生物催化剂。

1. **固定化酶的概念和优点**　固定化酶（immobilized enzyme）是指借助于物理和化学的方法把酶束缚在一定空间内呈闭锁状态并仍具有催化活性的酶，是近代酶工程技术的主要研究领域。广义的固定化酶又包括固定化酶和固定化细胞两类。固定化酶的固定化对象是酶，而固定化细胞的固定化对象则是细胞或细胞器。

固定化酶与游离酶相比具有如下优点：①酶经固定化后，稳定性有了提高；②可反复使用，提高了使用效率，降低了成本；③有一定机械强度，可进行柱式反应或分批反应，使反应连续化、自动化，适合于现代化规模的工业生产；④极易和产物分离，酶不混入产物中，简化了产品的纯化工艺。

与此同时，固定化酶也存在一些缺点：①固定化时，酶活力有损失；②增加了生产的成本，工厂初始投资大；③只能用于可溶性底物尤其是小分子底物，不适用于大分子底物；④不适用于多酶反应，特别是需要辅因子的反应；⑤胞内酶必须经过酶的分离纯化过程。

2. 酶的固定化方法 酶的固定化方法很多，有物理吸附法、离子结合法、共价结合法、交联法及包埋法等方法（图5-1），各种方法各有特点。

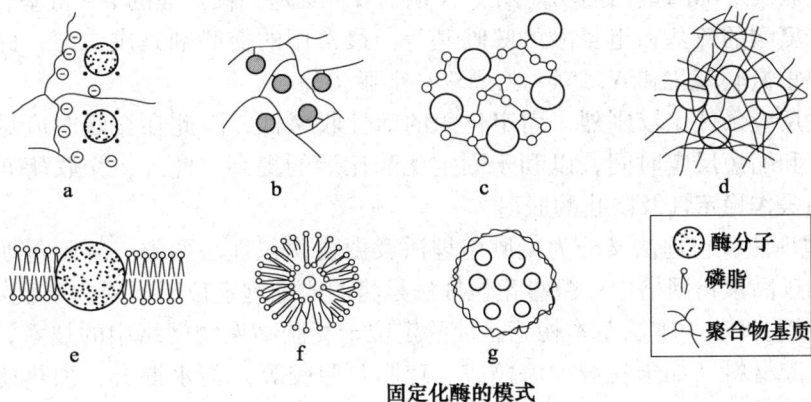

固定化酶的模式

图5-1 酶的固定化方法

a. 离子结合 b. 共价结合 c. 交联 d. 聚合物包埋 e. 疏水相互作用 f. 脂质体包埋 g. 微胶囊

（1）**物理吸附法** 物理吸附法是使酶分子吸附于水不溶性的载体上的一种固定化方法。用于物理吸附法的载体有高岭土、磷酸钙凝胶、多孔玻璃、氧化铝、硅胶、羟基磷灰石、纤维素、胶原、淀粉等。

物理吸附法的优点在于操作简单，可选用带不同电荷和不同形状的载体，固定化过程可能与纯化过程同时实现，酶失活后载体仍可再生；其缺点在于最适吸附酶量无规律遵循，对不同载体和不同酶的吸附条件不同，吸附量与酶活力不一定呈平行关系，同时酶与载体之间结合力不强，酶易于脱落，导致酶活力下降而污染产物。

（2）**离子结合法** 离子结合法是通过离子键将酶结合于具有离子交换基团的水不溶性载体的固定化方法。用于离子交换法的载体有多糖类离子交换剂和合成高分子离子交换树脂，如DEAE-纤维素（或葡聚糖凝胶）、CM-纤维素、AmberliteCG-50、Dowex-50等。

离子结合法的优点是操作简单，处理条件温和，酶的高级结构和活性中心的氨基酸残基不易被破坏，酶的回收率较高等；但是载体和酶的结合力比较弱，易受缓冲液或pH的影响而使酶从载体上脱落。

（3）**共价结合法** 酶分子的活性基团与载体表面活泼基团之间经化学反应形成共价键的连接法称为共价结合法，是研究最广泛而内容最丰富的固定化方法。主要有两种操作方法：一是将载体有关基团活化，然后与酶的有关基团发生偶联反应；二是在载体上连接一个双功能试剂，然后将酶偶联上去。

共价结合法优点是酶与载体结合牢固，操作稳定性良好；缺点是载体需活化，固定化操作复杂，反应条件较剧烈，酶易失活并产生空间位阻效应。因此，在进行共价结合法操作之前应充了解相应酶的氨基酸组成及其活性中心氨基酸组成，选择适当的化学试剂及抑制剂，掌握化学修饰对酶性质的影响以及酶构象等有关信息，以便严格控制反应条件，提高固定化酶活力回收率及其相对活力。

（4）交联法　交联法是用双功能或多功能试剂使酶分子内或分子间彼此连接成网络结构而使酶固定化的技术。此法与共价结合法一样使用共价键进行酶的固定，不同之处在于此方法不使用载体。

参与交联反应的酶蛋白的功能团有 N 端的 α - 氨基、赖氨酸的 ε - 氨基、酪氨酸的酚基、半胱氨酸的巯基和组氨酸的咪唑基等。最常用的交联剂是戊二醛，此外还有异氰酸酯、双重氮联苯胺和 N, N' - 乙烯双马来亚胺等。

交联法反应条件比较剧烈，固定化酶的活性收率低，因此在交联时应尽可能降低交联剂浓度和缩短反应时间，以利于固定化酶比活的提高。此外，交联酶亦可再用包埋法以提高操作稳定性及防止酶脱落。

（5）包埋法　包埋法又分为凝胶包埋法及微囊化包埋法两类。凝胶包埋法是将酶或细胞限制于高聚物网格中；微囊化包埋法是将酶或细胞定位于不同构型膜外壳内。

1）凝胶包埋法　本法基本构思是使酶定位于凝胶高聚物网络中的技术，其基本过程是先将凝胶材料（如卡拉胶、海藻胶、琼脂及明胶等）与水混合，加热使溶解，再降温至其凝固点以下，然后加入预保温的酶液，混合均匀，再冷却凝固成型和破碎即成固定化酶；此外，亦可在聚合单体产生聚合反应同时实现包埋法固定化（如聚丙烯酰胺包埋法），其过程是向酶、混合单体及交联剂缓冲液中加入催化剂，在单体产生聚合反应形成凝胶的同时，将酶限制于网格中，经破碎后即成固定化酶。

2）微囊化包埋法　将酶定位于具有半透性膜的微小囊内的技术称为微囊化包埋法，用此方法包埋后的固定化酶通常为直径几微米到几百微米的球状体，颗粒比网格型要小得多，其表面积与体积比很大，包埋酶量也多，有利于底物和产物的扩散，但是反应条件要求高，制备成本也高。

包埋法制备固定化酶的操作条件温和，不改变酶的结构，操作时保护剂及稳定剂均不影响酶的包埋率，适用于多种酶、粗酶制剂、细胞器及细胞的固定化。但包埋的固定化酶只适用于小分子底物及小分子产物的转化反应，不适用于催化大分子底物或产物的反应，且因扩散阻力将导致酶动力学行为改变而降低活力。

3. 固定化酶的评价指标　酶经过固定化后，催化反应由原来的液态均相体系反应变为固 - 液相不均一反应，酶的催化性质会发生变化，因此必须考察其性质后才能使用。常用的评价指标有固定化酶的活力、偶联效率及半衰期。

（1）固定化酶的活力　固定化酶的活力是指固定化酶催化某一特定化学反应的能力，可用其在一定条件下催化该反应的初速度来表示。固定化酶即以每 1mg 干重固定化酶每 1min 转化的底物量为单位 $[\mu mol/(min \cdot mg)]$。对于酶膜、酶板及酶管等，则以单位面积的固定化酶反应初速度 $[\mu mol/(min \cdot cm^2)]$ 来表示，并应注明反应条件：反应温度、搅拌或振荡速度、固定化酶的干燥条件、固定化酶的酶含量或蛋白质含量、用于固定化酶的原始酶比活等。

固定化酶通常为颗粒状，与传统的天然酶的溶液状态有一定差异，测定时也需作一些改进。常用的固定化酶反应系统为填充床反应系统和悬浮搅拌反应系统，针对这样的反应系统，其活力测定可分为分批测定法和连续测定法两种。

1) 分批测定法　本方法是固定化酶在搅拌或振荡情况下进行测定。其方法与测定天然酶活性基本一致，即间隔一定时间取样，过滤后按常规测定。此法虽方法简便，但测定结果与其形状、大小及反应液数量有关，同时也与搅拌和振荡速度有关。速度加快，活力上升，达到一定程度后不再改变。若搅拌过快会使固定化酶破碎成更小颗粒而使酶的表观活力升高而影响测定结果。因此，测定过程应严格控制反应条件。

2) 连续测定法　无论是分批反应器、连续搅拌反应器或填充床反应器，均可将其中引出的反应液放至流动比色杯中进行测定。在连续流反应器中，可以根据底物流入速度和反应速度之间的关系计算酶活力。除了分光光度法外，也可在缓冲能力弱的情况下用自动 pH 滴定仪测定质子产生与消耗过程，或者通过测定反应过程中氧气、NH_4^+、电导及旋光的变化来确定酶活力。

实际应用中，固定化酶未必要在底物饱和的条件下反应，而且影响酶活力测定的因素较多，如测定环境、pH、温度、离子强度、酶浓度、激活剂、振荡及搅拌速度以及固定化酶颗粒大小的变化都会影响酶活力的测定。此外，由带电载体制备的固定化酶及反应过程中发生质子变化的固定化酶、静电作用等也会影响酶活力。为抵消这些影响，测定系统需有较高的离子强度。因此，为了确保可比性，必须控制酶活力测定过程反应条件的一致性。故而测定条件应尽可能与实际工艺相同，才能适用于对整个工艺过程进行评价。

(2) 偶联效率及相对活力　影响酶固有性质诸因素的综合效应及固定化期间引起的酶失活，可用偶联效率或相对活力来表示。

固定化反应过程中载体结合蛋白质的能力称为偶联效率。偶联效率直接影响固定化酶的实用性。偶联效率可用经过固定化后，结合到载体上的酶蛋白（或酶活力）与加入的酶蛋白（或酶活力）的比值来表示。

$$偶联效率（\%）\frac{加入蛋白质量-上清液蛋白质量}{加入蛋白质量}\times100\%$$

偶联反应后，固定化酶所显示的活力与加入偶联液中酶的总活力的比值称为固定化反应的酶活力回收率。活力回收率可按下列公式计算：

$$活力回收率（\%）=\frac{固定化酶总活力}{加入偶联液总酶活力}\times100\%$$

已被固定化的酶活力与同样蛋白质量的天然酶活力的比值称为相对活力。假定在偶联反应中不引起酶失活的的情况下，固定化酶相对活力为：

$$相对活力（\%）=\frac{固定化酶总活力}{加入酶总活力-上清液中未偶联酶总活力}\times100\%$$

固定化酶相对活力与单位载体上偶联酶量有关，偶联量少，相对活力高，反之亦然。蛋白酶固定化后，由于空间位阻的影响，水解大分子蛋白质的相对活力减少，通常仅为水解小分子蛋白质的1/5。相对活力常因载体而异，具有较大开放结构的载体如 Sepharose 比之 Sephadex 和纤维素更易获得相对活力高的固定化酶。此外，固定化酶的颗粒大小与扩散限制有关,通常颗粒较小者相对活力较高。

(3) 固定化酶的半衰期　固定化酶的操作稳定性是影响其实用的关键因素,半衰期是衡量稳定性的重要指标。固定化酶的半衰期是指在连续测定条件下,固定化酶的活力下降为最初活力一半时所经历的连续工作时间,以 $t_{1/2}$ 表示。

在没有扩散限制时,固定化酶的活力随时间呈指数关系。

$$t_{1/2} = 0.693/K_D$$

式中, $K_D = -2.303/t \times \lg (E/E_0)$, K_D 称为衰减常数,其中 E/E_0 是时间 t 后酶活力残留的百分数。

4. 固定化方法与载体的选择

(1) 固定化方法的选择　酶及细胞固定化的方法很多,不同的固定化方法,不同的使用条件,不同的应用范围都会影响其优劣的评判。这些复杂的影响因素给固定化方法的选择带来一定的困难。因此,需要根据具体情况和试验摸索出具体的方法。

食品药品安全事关民众生命健康,因此,首先应考虑固定化过程和固定化酶应用的安全性。切不可片面认为固定化酶较化学催化剂更为安全,而疏忽了按药品及食品领域的检验标准进行的必要检查。在固定化过程中,除了吸附和几种包埋方法外,大多数固定化操作都涉及化学反应,所用试剂的毒性和残留必须引起高度关注。在选择固定化方法时应尽可能采用无毒试剂参与固定化反应。

固定化酶操作的稳定性是固定化方法能否实施工业化的重要依据。固定化酶操作过程越稳定,越能长期反复使用,工业使用价值则越高。反之,固定化的意义则越低。要综合考虑酶的存在形式、载体的类型、固定化方式等诸方面的因素,选择最佳的固定化方法,以求制备出高稳定性的、适合工业化使用的固定化酶。

此外,固定化方法的成本也是决定是否能工业化的考虑因素之一。固定化成本包括酶、载体及试剂费用,也包括水、电、气、设备及人力成本。有时尽管酶、载体及试剂价格较高,但由于固定化酶可以反复长期使用,提高了酶的利用效率,仍可以有效降低成本。亦有时,即便固定化成本不低于原工艺,但因采用固定化技术后能简化后处理工艺,提高产品质量和收率,节省劳力,有利调度,仍有实用价值。再则,固定化酶技术由于可以减少三废排放,利于清洁生产,可以大大减少三废处理量,节约成本。

(2) 载体的类型和选择　固定化载体的类型有很多,传统的载体有聚乙烯醇、卡拉胶、海藻胶、离子交换树脂、金属氧化物和不锈钢碎屑等。近年来随着固定化技术应用的普及和提高,新型的固定化载体不断出现,如甲壳素和壳聚糖及其衍生物、纤维素及其衍生物、合成的有机高分子载体材料、复合载体材料等,为酶和细胞固定化不断增添了新的内容。

尽管载体上带电基团及溶液中带电分子的静电作用对固定化酶最适 pH 和表观米氏常数均有影响,但在工业化反应中,往往采用高浓度底物并生成高浓度产物,从而使表观米氏常数变化不大。同时,高离子强度消除了带电载体对 pH 的影响。因而,在工业化过程中,带电载体对固定化酶最适 pH 及表观米氏常数的影响可以忽略。

此外,载体的选择还需考虑底物性质。当底物为大分子时,不适合选用包埋型载体，只能用可溶性固定化酶。若底物不完全溶解且黏度大时，则宜采用密度高的不锈钢屑或陶瓷等材料制备的吸附型固定化酶，以便实现转化反应并回收固定化酶。

表 5－1　固定化方法及特性比较

特征	离子吸附	吸附法物理吸附	包埋法	交联法	共价法
制备	易	易	难	易	难
结合力	中	弱	强	强	强
酶活力	高	中	高	低	高
载体再生	能	能	不能	不能	极少用
底物专一性	不变	不变	不变	变	变
稳定性	中	低	高	高	高
固定化成本	低	低	中	中	高
应用性	有	有	有	无	无
抗微生物能力	无	无	有	可能	无

5. 固定化酶的应用　固定化酶和固定化细胞依其原有的生物学功能可用于大分子的固相合成和序列分析、亲和分离、固相免疫分析、载体药物与试剂、生物反应器及生物传感器等诸多领域。

（1）生物化学与分子生物学基础研究　固定化酶反应可操作性强，可用于酶的结构与功能研究，阐明酶反应机制及酶原激活机制，诠释酶亚基结构与性质，分析蛋白质、核酸分子结构等；同时，生物活性蛋白质的定向固定可使活性结合部分更易接近，稳定性也得以提高，因此采用合适的抗体、糖蛋白中的糖组分、硼酸盐亲和凝胶、亲和素－生物素系统或定点诱变等实现蛋白质的定向固定，作为揭示蛋白质内部反应和功能的工具。

（2）亲和分离系统　生物亲和技术的基础就是生物活性化合物生物特异性信息的综合，因此这一技术不但是测定、分离和利用多种生物活性大分子的有效方法，对于研究超分子结构与它们所在的微环境的关系方面也有应用。将许多亲和配体定向固定到固相支持物上，不仅能够提供高效专一的吸附剂，而且能够用于活细胞体内化学过程的研究。

（3）药物控释载体　近年来，药物新剂型发展迅速，已经建立了基于药物理化性质及作用特点的合理给药体系，其核心特点是从时间和空间上控制药物的释放。目前较为重要的几种控释体系由聚合物修饰、凝胶包埋、微球、脂质体及免疫导向等，这几种控释体系都涉及到将药物与聚合物载体偶联或固定于某种聚合物载体上，因此也成为载体药物。

（4）生物传感器　生物传感器是以固定化的生物成分（如酶、蛋白质、DNA、抗体、抗原）或生物体本身（如细胞、微生物、组织等）为敏感材料，与适当的化学换能器相结合，用于快速检测物理、化学、生物量的新型器件，通常由感受器、换能器和电子线路三部分组成。当待测物质通过具有分子识别功能的感受器时，固定在感受器上的亲和配基与待测生物分子相互作用的瞬间发生能量的转移，经过换能器，这种能量会以电或光等物理讯号的方式输出，经过电子系统的放大和处理，就可以推算出被测物质的量。

　　根据敏感物质的不同，生物传感器可分酶传感器、微生物传感器、组织传感器、细胞器传感器、免疫传感器等。其中酶生物传感器是将酶作为生物敏感基元，通过各种物理、化学信号转换器捕捉目标物与敏感基元之间的反应所产生的与目标物浓度成比例关系的可测信号，实现对目标物定量测定的分析仪器。酶生物传感器的基本结构单元由物质识别元件固定化酶膜和信号转换器基体电极组成，当酶膜上发生酶促反应时，产生的电活性物质由基体电极对其响应。基体电极的作用是使化学信号转变为电信号，从而加以检测，基体电极可采用碳质电极、Pt 电极及相应的修饰电极。

　　与传统分析方法相比，酶生物传感器是由固定化的生物敏感膜和与之密切结合的换能系统组成，它把固化酶和电化学传感器结合在一起，因而具有独特的优点。它既有不溶性酶体系的优点，又具有电化学电极的高灵敏度；由于酶的专属反应性，使其具有高的选择性，能够直接在复杂试样中进行测定。因此，在最初 15 年里，生物传感器主要以酶作为敏感材料，酶生物传感器在生物传感器领域中占有非常重要的地位。

（二）酶分子的化学修饰

　　1. 酶分子的化学修饰的概念及其作用　酶分子的化学修饰，就是在分子水平上对酶的化学结构进行改变，以达到改构和改性的目的。即在体外将酶分子通过人工的方法与一些化学基团（物质），特别是具有生物相容性的物质进行共价连接，从而改变酶的结构与性质。在此所述的主要是对蛋白类酶分子的化学修饰。通过酶分子的化学修饰，可以进一步研究其结构与功能的关系，对酶的化学结构进行改造，以达到增强酶的活力，提高酶的稳定性，改造酶的作用特性，扩大酶的应用范围，用化学方法与分子生物学方法合成新的酶等目的。

　　2. 酶分子的化学修饰的基本要求及原理　在进行酶的修饰反应之前，对酶的性质需要有一定的了解，主要包括酶的活性中心状况，酶的稳定条件，酶的反应条件（温度、pH 等），酶蛋白水解部位，抑制剂的性质等。对于修饰剂，则需要了解：修饰剂的物理化学性质，对酶的吸附的生物相容性，反应活性基团的数目以及修饰剂的活化方法与条件等。修饰反应一般要在酶稳定的条件下进行，尽量不要破坏酶活性功能的必需基团，从而得到理想的修饰率与酶活力的回收率。因此，需要通过大量的试验谨慎地确定反映的 pH、离子强度、反应的温度与时间以及反应体系中酶与修饰剂的比例等。有时，一些试剂在水溶液中的溶解度较差，需要使用一些有机溶剂进行助溶。

　　3. 酶分子的化学修饰的具体方法

　　（1）酶分子的主链修饰　酶分子的主链修饰是指将酶分子的主链切断或连接，从而使酶分子的化学结构及其空间结构发生改变，进而改变酶的特性和功能的方法。

　　1）主链的切断修饰　通过比较主链被切断前后酶活性的变化，从而探索酶活性中心的位置以及主链不同位置对酶活性的影响。

　　2）主链的连接修饰　通过基因融合技术将两种或两种以上酶基因融合在一起，从而形成融合基因，经过克隆、表达，一个酶分子可以同时具有两种或两种以上催化活性，即形成了多酶融合体。

　　（2）酶分子的侧链基团修饰　采用人工方法使酶蛋白的氨基酸残基的侧链基团与修饰剂发生化学反应，从而改变酶分子的性质和功能的修饰方法称为侧链基团修饰。酶蛋白分子中经常被修饰的氨基酸残基侧链基团有：巯基、氨基、羧基、咪唑基、羟基、酚基、胍基、吲哚基、二硫键以及硫醚基等。

1）巯基的化学修饰　酶蛋白分子中半胱氨酸残基的侧链含有巯基，巯基是许多酶的活性中心的催化基团。巯基具有很强的亲核性，是酶蛋白分子中最容易反应的侧链基团。巯基可以与巯基修饰剂发生烷基化、氧化等反应，从而改变酶的空间构象、性质和功能。常用的巯基修饰剂有：5，5′－二硫－2－硝基苯甲酸（DTNB），二硫苏糖醇，巯基乙醇，硫代硫酸盐，硼氢化钠等还原剂以及各种酰化剂、烷基化剂等。

2）氨基的化学修饰　氨基修饰剂可以使酶蛋白侧链上的氨基发生改变，从而改变酶蛋白的空间结构，主要的修饰剂包括：三硝基苯磺酸、亚硝酸、二硝基氟苯、醋酸酐、琥珀酸酐、二硫化碳、乙亚胺甲酯、O－甲基异脲、顺丁烯二酸酐等。这些修饰剂与酶蛋白侧链上的氨基发生作用，可以产生脱氨作用或屏蔽氨基作用。

3）羧基的化学修饰　羧基修饰剂可以与酶蛋白分子中的谷氨酸和门冬氨酸的羧基进行反应，产物一般为酯类或酰胺类。几种常见的修饰剂为：碳二亚胺、异噁唑盐、硼氟化三钾锌盐、乙醇－盐酸试剂等。

4）咪唑基的化学修饰　咪唑基修饰剂可以与酶蛋白分子中的组氨酸残基的咪唑基通过氮原子的烷基化或碳原子的亲和取代发生反应。常见的修饰剂包括：焦碳酸二乙酯、碱性亚甲蓝以及玫瑰红等。

5）酚和脂肪族羟基的化学修饰　酚基修饰剂通常与酶蛋白酪氨酸残基的酚基发生反应，反应既可以是酚羟基的修饰，也可以是芳香环上的取代反应。酚基修饰的方法主要有：碘化法、琥珀酰化法、硝化法等。常用修饰剂为四硝基甲烷。脂肪族羟基修饰剂通常与苏氨酸和丝氨酸残基上的羟基进行反应，但脂肪族羟基修饰剂研究得相对较少，苏氨酸和丝氨酸残基上的羟基一般都可被酚基修饰剂所修饰，只是反应条件要求更严格，反应产物比酚基的修饰产物更稳定。

6）胍基的化学修饰　胍基修饰剂主要与酶蛋白分子中精氨酸残基上的胍基反应，胍基修饰剂主要为二羟基化合物，它们可以与胍基反应生成稳定的杂环，用作胍基修饰剂的二羟基化合物有：苯乙二醛、丙二醛、环己二酮、丁二酮等。

7）吲哚基的化学修饰　吲哚基修饰剂通常与酶蛋白色氨酸残基上的吲哚基发生取代反应或氧化裂解反应。常用的修饰剂有：N－溴代琥珀酰亚胺、2－羟基－5－硝基苄溴、2－硝基－4－叠氮苯基硫氯等。

8）二硫键的化学修饰　二硫键修饰剂通常与酶蛋白侧链上的二硫键发生还原反应，进行特异的修饰。常用的反应试剂包括：二硫苏糖醇、二硫赤藓糖醇等。

（3）酶分子的化学交联修饰　酶分子的化学交联修饰是指发生于酶分子内的亚基与亚基之间、分子与分子之间的化学交联反应。化学交联反应可发生于酶蛋白质分子内部的亚基之间，也可以发生于两个甚至多个蛋白分子之间。根据交联修饰剂上的两个功能基团相同与否可分为同型双功能试剂与杂型双功能试剂；根据交联剂可切断与否可分为可切断与不可切断交联剂。常用的不可切断交联剂是戊二醛，常用的可切断交联剂是3，3′－二硫双（丙酸－N－羟基琥珀酰亚胺酯）。进行交联反应时，需要根据酶蛋白交联的不同需求，有针对性地选择不同分子链长度、氨基酸专一性、交联速率的交联剂。

将酶蛋白分子相互交联形成不溶于水的酶或将蛋白质分子化学偶联到一个水不溶

性的载体上，即酶蛋白分子的化学固定化。常用的固定化酶的交联剂主要有：戊二醛、二重氮联苯胺-2，2′-二磺酸、酚-2，4-二磺酰氯等。常用的酶固定化载体有：多孔玻璃、聚丙烯酰胺、尼龙、葡聚糖等。

（4）酶分子的大分子修饰　对于酶蛋白分子的大分子修饰反应，常用的修饰剂有聚乙二醇、右旋糖酐、糖肽、大分子多聚物、具有生物活性的大分子物质（如肝素）等，根据反应要求不同，选择不同类型、不同分子量大小、不同链长度的修饰剂，从而达到增强酶的活力，提高酶的稳定性的目的。常用的修饰方法有：叠氮法、琥珀酸酐法、三氯均嗪法、碳二亚胺法、重氮法、溴化氰法、高碘酸氧化法等。

（5）酶分子的亲和标记修饰　酶分子的亲和标记是指可以与酶分子的活性部位发生特异性结合，并且修饰剂的活性基团可以与酶分子活性部位的侧链基团发生化学反应，形成共价键。也可以称为酶分子的亲和标记，修饰剂可以专一性地标记于酶分子的活性部位上，使酶不可逆的失活。属于亲和标记的修饰剂可以分为两类：一类是 K_S 型不可逆抑制剂，一类是 K_{cat} 型不可逆抑制剂。K_S 型不可逆抑制剂具有和底物类似的结构，它们能与特定的酶结合，它们的结构中还带有一个活泼的化学基团，可以与酶分子中的必需基团起反应，使酶活力受到抑制。K_S 型不可逆抑制剂的结构中潜藏着一种化学活性基团，当酶把它们作为一种底物来结合并在这一酶促催化作用进行到一定阶段以后，潜在的化学基团能被活化，成为有活性的化学基团并和酶蛋白活性中心发生共价结合，使酶失活。这种过程称为酶的"自杀"或酶的自杀失活作用，K_{cat} 型不可逆抑制剂也称为"自杀底物"。

（6）酶分子的基因修饰　酶分子的基本组成单位是氨基酸和核苷酸，它们是酶分子结构和功能的基础。酶分子的氨基酸和核苷酸的改变将引发酶分子结构和功能的改变。因此，通过对编码酶分子的 DNA 序列进行定点突变，特异地改变酶分子的氨基酸序列（即定点诱变），有目的地对酶分子的结构和功能进行改造，从而达到对酶分子进行修饰的目的。定点诱变主要包括以下几类：①简单的缺失和插入；②系统的缺失和插入；③单个碱基的置换。

（7）与辅因子相关的修饰

1）对依赖辅因子的酶的修饰　对依赖辅因子的酶分子的修饰主要有两种方法，第一种方法是改变辅因子与酶分子的结合方式，从而对酶进行修饰；第二种方法是引入新的辅因子，对酶分子进行修饰。

2）金属酶的金属取代　有些酶分子中含有金属离子，这些金属离子往往是酶活性中心的组成部分，对酶的催化功能具有重要的影响。通过对酶分子中金属离子的置换，可能会提高酶的活力，增强酶的稳定性。一般用于金属离子置换修饰的金属离子，都是二价金属离子，如 Ca^{2+}、Mg^{2+}、Mn^{2+}、Zn^{2+}、Fe^{2+} 等。

4. 修饰酶的性质　经过修饰，酶分子的性质会发生变化，可能会产生的变化主要包括：稳定性的变化、体内半衰期的变化、抗原性的变化、最适 pH 值的变化、酶学性质的变化等。

综上所述，酶分子的化学修饰技术可以极大地改善酶分子的不足之处，被广泛地应用于基础性研究和实际应用。我们相信，酶分子化学修饰技术在科研和应用中将发挥日益重要的作用。

（三）酶的非水相催化

酶在非水介质中的催化作用称为酶的非水相催化（enzyme non-aqueous catalysis, enzyme catalysis in non-aqueous phase）。酶的非水相催化是通过改变反应介质，影响酶的表面结构和活性中心，从而改进酶的催化特性。

1984 年，美国麻省理工学院的 Klibanov 和 Zaks 在《Science》上发表了一篇文章，将猪胰脂肪酶应用于有机溶剂中进行催化反应，结果发现其具有较高的催化活性和极高的热稳定性，从而彻底突破了酶只能在单一的水溶液介质中应用的局限，开辟了一个全新的分支学科——非水酶学，随后越来越多的注意力转向非水介质的酶反应行为。研究发现，酶在非水相（也称为非水介质）中也具有催化活性，可以在含有多种有机溶剂和微量水分的非水介质中发挥催化作用，并且在催化活力、选择性和稳定性上表现出与常规水溶液介质中截然不同的催化性能。通过改变溶剂，可以显著地改变酶的底物选择性、立体选择性、区域选择性和化学选择性，而专一性和选择性正是生物催化剂相对于普通化学合成的一个独特优势。

在有机介质中应用酶较在水溶液中具有许多潜在的优点：有机底物在有机溶剂中有较大的溶解度；在有机溶剂中酶的热稳定性与储存稳定性比在水中明显提高；有些反应过程的热力学平衡向期望的方向移动，如水解酶用于合成反应；抑制了水参与的副反应，如酰卤或酸酐的水解等；产物的分离与纯化比在水中容易；抑制微生物的污染；酶不溶于有机溶剂，因此有利于酶的回收与再利用。利用酶在非水相中的催化活性目前已经成为一种重要的酶技术，它大大扩展了酶的工业应用领域。

1. 非水介质中酶的结构与性质　酶分子不能直接溶于有机溶剂，酶在有机溶剂中的存在状态有多种形式，主要分为两大类。

（1）固态酶　包括冻干的酶粉或固定化酶，以固体形式存在于有机溶液中。近来还有结晶酶进行有机介质中催化反应和酶结构的研究，结晶酶的结构更接近于水溶液中酶的结构，其催化效率也高于其他类型的固态酶。

（2）可溶解酶　主要包括水溶性大分子共价修饰酶和非共价修饰的高分子 – 酶复合物、表面活性剂 – 酶复合物以及微乳液中的酶等。

酶在有机相中能够保持其整体结构的完整性，有机溶剂中酶的结构至少是酶活性部位的结构与水溶液中的结构是相同的，因此能够发挥催化功能。但有机溶剂的存在在很大程度上会影响酶的稳定性和酶的底物特异性。同时，有机溶液的存在改变了疏水相互作用的精细平衡，从而影响到酶的结合部位，有机溶剂还会改变底物的存在状态，因此，酶和底物相结合的自由能受到影响，从而进一步影响到有机溶液中酶的底物特异性、立体选择性、区域选择性等酶学性质。

2. 酶反应体系的选择　非水相酶的反应体系，最先采用的是有机溶剂或有机溶剂与水的混合物。研究表明，酶的结构在水相和有机相中并没有显著的变化，然而适当的水对酶的催化作用是必需的，且不同酶的必需含水量不同，在非水相酶反应体系中存在最适水含量。

有机溶剂主要是通过酶分子周围的水来影响酶的催化活性：溶解于酶周围水分子层的有机溶剂与酶直接结合导致酶受抑制或失活；有机溶剂夺去酶分子表面的必需水分，导致酶活下降；有机溶剂与水的两相界面与酶的直接接触，可能导致酶失活。因此，溶剂的疏水性越强，对酶活的影响越小。

在近年的研究中，采用了多种酶反应体系，它们具有各自的优越性。

（1）反胶束体系　在水/有机溶剂两相体系和微水有机溶剂单相体系中，仅有少数的酶能保持催化活性。由于反胶束体系能较好地模拟酶的天然环境，因而在反胶束体系中，大多数酶能够保持活性和稳定性，甚至表现出"超活性"。表面活性剂溶解于有机溶剂，能够增溶一定量的水，随水/表面活性剂/有机溶剂三相浓度不同，形成圆球状或圆柱状反胶束微粒，形成所谓"油包水"的结构。由于反胶束酶反应体系的特殊优点，以及特有的"超活性"现象，进一步的研究将促进它在有机合成方面的工业应用。

（2）超临界流体　有机溶剂酶反应产物中，不可避免地残留了部分有机溶剂，对食品和医药造成污染，限制了有机相酶反应的应用。超临界流体是一种超过临界温度和临界压力的特殊物质，物理性质介于液体和气体之间。超临界流体作为酶反应中间介质，具有明显的特点和优点：①有似液体的密度，似气体的扩散性和黏度，因此显示出较大的溶解能力和较高传递特性，从而大大降低酶反应的传质阻力，提高酶反应速率；②反应底物的溶解性对超临界的操作条件（如温度、压力）特别敏感，通过简单改变操作条件或附加其他设备，就可达到反应物和底物分离的目的；③无毒、不可燃、化学惰性、易与反应物底物分离、价格便宜等。这些优点和特点使其在工业上，尤其是在食品与发酵行业上的应用，具有广阔的发展前景。

通常用作超临界流体的有：CO_2、SO_2、C_2H_4、C_2H_6、C_3H_8、C_4H_{10}、C_5H_{12}、$CClF_6$、SF_6等，最常用的是CO_2。目前研究的超临界流体中的酶反应主要是酯化、酯交换、醇解、水解、氧化等反应，研究最多的是脂肪酶。另外，通过消旋混合物的拆分或手性合成来生产纯的旋光异构体，也是超临界流体酶反应具有的一个诱人的应用前景。

（3）无溶剂系统　一般来说，酶反应都是在溶有底物的溶剂中进行的均相反应，选择对底物溶解性好又不使酶失活的合适溶剂比较困难。无溶剂系统是指反应体系中没有附加的溶剂，只含有反应物和酶。无溶剂系统具有突出的优点：可避免有机溶剂引起的毒性及易燃问题，这对于食品、化妆品、药物的生产尤为重要；增大了底物浓度，减少了反应的体积，提高了产物的浓度；终产物易于分离纯化。

目前，采用无溶剂系统进行酯的合成很普遍，如甘油酯、糖酯、丁酸香叶酯的合成以及橄榄油的内酯化反应等。

无溶剂系统包含底物的液相和含有酶的固相，因此反应速度受到内、外传质的限制。而且固定化酶的载体也会影响传质过程，同时反应体系黏度大、底物浓度大，也会影响传质过程，从而降低产物得率。但因为无溶剂系统有它的独特优点，仍然是非水相酶良好的反应体系。

（4）低共熔多相体系　无溶剂系统只适合于底物为液体的反应。Gill 等首先采用低共熔多相体系进行酶促肽合成。低共熔混合物，是指两种或两种以上的混合物，在一定组分比率下会表现出比纯组分熔点低的低共熔点，并且多相共存。一定组分比率的底物以及适量的水，有时还要加入一定量的辅助剂，就形成酶反应的低共熔多相体系。这一体系的酶反应具有避免使用有机溶剂；适于进行食品、药物、化妆品等的生产，并且环境友好；能获得高浓度的产物；酶易于回收再利用等优点。

目前低共熔多相体系主要用于生物活性肽、调味肽的合成。应用低共熔多相体系，在调节酶的催化特性上受到限制。因为对于特定的反应底物，只能选择辅助剂来调控，并且调控的弹性有限，产量的提高是以损失酶的选择性为代价的。

3. 非水相催化的应用与展望　非水相酶学已经成为生物催化的一门新的分支学科，非水相生物催化技术的发展极大地扩展了生物催化剂的应用范围。通过非水相中的酶催化可以完成多种化学反应，如氧化、脱氢、还原、脱氨、羟基化、甲基化、环氧化、酯化、酰胺化、开环反应、聚合反应等。非水相中的酶催化已被应用于许多方面，如内外消旋体的拆分、区域选择性转化、酶催化聚合、肽合成、酶法分析等，尤其是在不对称合成方面显示了其独特的优势，非水相酶反应在工业方面也得到了应用（如油脂改良等）。

具有应用潜力的另一重要领域是药物的手性合成。目前，手性药物的研制已成为国内外药物研究的新方向之一。利用酶的高效性和高立体选择性合成和制备手性化合物，是非水介质中酶催化的新应用，它将成为非水相催化最具有潜力和发展前景的领域之一。

酶在非水体系中的反应无论对酶学家还是对化学家来说都是一个具有魅力的新领域。目前，酶的非水相催化正在由研究阶段向实际应用阶段过渡，它使酶的应用领域由"生物圈"扩展到了非生物领域（化学、物理、电子、材料等学科）。随着非水酶学的进一步发展，新的研究方向将不断地被发现，它将极大地扩展生物技术在化学工业、聚合物工业和医药工业的应用。

（四）模拟酶

模拟酶（enzyme mimics）又称人工合成酶（synzyme）或酶模型（enzyme model），是研究酶中起主导作用的因素。利用有机化学、生物化学的方法设计和合成一些比天然酶简单的非蛋白质分子或蛋白质分子，以这些分子作为模型来模拟酶对其作用底物的结合和催化过程。也就是说，模拟酶是在分子水平上模拟酶活性部位的形状、大小及微环境等结构特征、作用机制和立体化学等特性的一门科学。

目前对天然酶的模拟工作主要从 3 个层次进行：合成有类似酶活性的简单络合物；酶活性中心模拟，即在天然或人工合成的化合物中引入某些化学基团，使其具备酶的催化能力；整体模拟，即包括微环境在内的整个酶活性部位的模拟。

（五）印迹酶

自然界中，分子识别在酶与底物、抗原与抗体以及配体与受体之间的选择性方面发挥重要作用，这种高选择性来源于与底物相匹配的结合部位的高度特异性。分子印迹技术的设想起源于 20 世纪 40 年代。人们设想以一种分子充当模板，在其周围用聚合物交联，当除去该分子时，聚合物中间留下与该分子形状相同的空穴，因此可能具有特异性识别该分子的能力。如果构建合适，这种聚合物就可以像"锁"对钥匙具有识别能力一样用于识别特定的模板分子。这种技术被称为分子印迹（molecular imprinting）技术，其中的化合物称为印迹分子（print molecular，P）或模板分子（template，T），通常作为模板的印迹分子被恰当地包围在印迹空穴中。

分子印迹技术也就是制备对某一化合物具有特异性选择性的聚合物的过程，其目的是为了获得在空间和结合位点上与印迹分子完全匹配的印迹聚合物。其具体过程如下：①在某一介质中具有合适功能基团的功能单体通过与模板分子间的相互作用聚集在模板分子周围，形成单体－模板分子复合物；②加入交联剂使复合物聚合，从而使单体上的功能基团在特定的空间取向上固定下来；③通过物理或化学手段抽提出印迹分子，于是所形成的聚合物内保留了与印迹分子的形状、大小完全一致的空穴。印迹技术目前已在生物活性大分子的分离纯化、免疫分析尤其是人工模拟等方面显示出良好的应用前景。

1. 分子印迹酶　选择酶的底物、底物类似物、酶抑制剂、过渡态类似物及产物为印迹分子，通过分子印迹技术在高聚物中产生类似于酶活性中心的空穴，对底物产生有效的结合，并在结合部位的空穴中诱导产生催化基团，与底物定向排列，从而制备出人工模拟酶。

2. 生物印迹酶　生物印迹是分子印迹的一种形式，是以天然生物材料（如蛋白质、糖类物质）为骨架，对一些酶的配体（如底物、抑制剂、过渡态类似物等）进行分子印迹，从而产生对印迹分子具有特异性识别空腔的过程。生物印迹原理与分子印迹相同，但是用生物大分子取代聚合物骨架，使生物印迹酶更接近于天然酶，且在非水相中有较好的应用。

二、生物酶工程技术

（一）酶的蛋白质工程

　　酶的蛋白质工程是蛋白质工程在酶学领域的具体应用，是指利用基因工程技术改造酶的结构基因，生产出具有新性状或改良性质和功能的酶蛋白，使其更适应工业化应用的反应条件。目前使用的具体方法主要有四种。

1. 定点突变　利用定点突变技术来改造酶蛋白。首先需要得到酶蛋白的三维结构信息和编码序列，同时应了解相应蛋白质结构和功能的关系，然后根据所希望得到的特性分析定位目标氨基酸残基，进而在 DNA 水平上对目标位点进行定点突变并对突变后的基因进行克隆表达，最后导入适当的宿主表达突变蛋白质。这是酶的蛋白质工程早期的主要改造方法，因为只能对天然酶蛋白中的个别氨基酸位点进行替换，而无法影响蛋白质的高级结构，因此对酶功能的改造有限。

2. 二级结构工程　很多实验表明，蛋白质多肽片段在水溶液中具有与原同源肽段不一定相同的二级结构；同一片段在不同的溶剂环境中能进行二级结构的转换，甚至同一肽段在不同的蛋白质中的二级结构也不一样，这就是结构转换。利用活性部位二级结构转换的特性，进行蛋白质活性调节，是蛋白质工程的重要内容。如体内新合成的或体外再折叠复性的纤溶酶原激活物抑制剂具有蛋白酶抑制剂活性（active-form，A型），其活性部位是一段 loop 区域，此结构可直接插入蛋白酶的活性部位，形成复合物从而抑制蛋白酶活性。A 型抑制剂能够慢慢转化为无活性的潜伏型（latent-form，L型），此 loop 区域则转换为 β 折叠加入至抑制剂蛋白的 β 片层中，因此导致抑制剂活性部位有关的残基被包埋而丧失活性。

3. 活性部位工程　活性部位工程主要包括活性部位模板和活性部位嫁接两种方法。

（1）活性部位模板　是指对现有蛋白质骨架进行修饰，从而获得新酶的方法。具有公共折叠的酶家族，往往具有相似的催化作用，这表明活性部位的结构可以修饰，以拓展催化转化的范围。

（2）活性部位嫁接　是指将一个蛋白质的活性部位嫁接到另一个结构稳定、分子量较小和抗突变性的蛋白质骨架上，从而形成新的蛋白质。

4. 从头设计酶　定点突变对于酶分子的改进只是分子中少量氨基酸残基的更换，酶的空间结构基本保持不变，因此突变体功能的改善是非常有限的。而从头设计酶则是研究出全新构建的酶的方法。具体来说，就是从一级结构出发，设计制造出自然界并不存在的新酶，使其具有特定的结构和功能。这只有在完全了解一级结构，了解环境决定高级结构的规律以及结构、运动与功能相互关系的基础上才能进行。

（二）酶分子定向进化

利用各种生物化学、晶体学、光谱学等方法对天然酶或其突变体进行研究，获得酶分子特征、空间结构、构效关系及氨基酸残基功能等方面的信息，以此为依据对酶分子进行改造，称为酶分子的合理设计（rational design），如酶的化学修饰、定点突变等；与此相对应的，利用基因的可操作性，不需要准确的酶分子结构信息，而是模拟自然界的演化进程，通过随机突变、基因重组、定向筛选等方法对其进行改造，称为酶分子的非合理化设计（irrational design），其中定向进化（directed evolution）是应用最为广泛的非合理设计方法。

1993 年，美国科学家 Arnold F H 首先提出酶分子的定向进化的概念，并用于天然酶的改造或构建新的非天然酶。所谓酶的体外定向进化，又称实验分子进化，属于蛋白质的非合理设计，它不需事先了解酶的空间结构和催化机制，而是从一个或多个已经存在的亲本酶出发，在实验室中模仿自然进化的关键步骤——突变、重组和筛选，构建人工突变酶库，通过筛选最终获得预先希望的具有某些特性的进化酶，在较短时间内完成漫长的自然进化过程。与自然进化不同的是，这种策略具有明确的人为设定的目标，只针对特定蛋白质的特定性质，有效地改造蛋白质。

1. 酶分子定向进化的基本原理　在待进化酶基因的 PCR 扩增反应中，利用 *Taq* DNA 聚合酶不具有 $3' \rightarrow 5'$ 校对功能的性质，配合适当条件，以很低的比率向目的基因中随机引入突变，构建突变库，凭借定向的选择方法，选出所需性质的优化酶（或蛋白质），从而排除其他突变体。

定向进化的基本规则是"获取你所筛选的突变体"。定向进化 = 随机突变 + 选择。前者是人为引发的，后者虽相当于环境，但只作用于突变后的分子群，起着选择某一方向的进化而排除其他方向突变的作用，整个进化过程完全是在人为控制下进行的。

2. 酶的定向进化的策略

（1）随机突变　易错 PCR（error prone PCR）指通过改变 PCR 的反应条件，如调整反应体系中 4 种 dNTP 的浓度、增加 Mg^{2+} 的浓度、加入 Mn^{2+} 或使用低保真度的 *Taq* 酶等，使碱基在一定程度上随机错配而引入多点突变，构建突变库，筛选出所需的突变体。在该方法中，遗传变化只发生在单一分子内部，所以属于无性进化（asexual evolution）。由于它较为费力、耗时，一般多用于较小基因片段（<800bp）的改造。在通常情况下，经一轮的易错 PCR、定向筛选，很难获得令人满意的结果，由此发展了连续易错 PCR（sequential error prone PCR）。该方法是将一次 PCR 扩增得到的有益突变

基因作为下一次 PCR 扩增的模板，连续反复进行随机诱变，使得每一次获得的少量突变累积而产生重要的有益突变。

（2）同源混编　DNA 混编（DNA shuffling）又称为有性 PCR（sexual PCR）。当以单一的酶分子基因进行定向进化时，基因的多样化起源于易错 PCR 等反应中产生的随机突变，所以采用这种过程累积有益突变的速度比较慢。从自然界中存在的基因家族出发，利用它们之间的同源序列进行 DNA 混编称为同源混编。1994 年，Stemmer 等人首先使用 DNA 改组完成蛋白质的体外重组。其目的是创造将亲本基因群中的突变尽可能组合的机会，以导致更大的变异，最终获得具有最佳突变组合的酶。基本操作过程如下：靶基因经随机突变产生含不同突变类型的亲本基因群，用 DNaseI 随机切割；得到的片段经过不加引物的多次 PCR 循环，在该过程中，这些片段之间互为引物和模板进行扩增，直至获得全长基因；再加入基因的两端引物进行常规 PCR，最终获得发生改组的基因库。该技术不仅可加速积累，有益突变，而且可实现目的蛋白多种特性的共进化，当同源基因重组产生嵌合体时，可以出现新功能，所以无论在理论上还是在实际应用中，均优于连续易错 PCR。

在自然界中，不同分子的内含子间发生同源重组，导致不同外显子的结合，是产生新蛋白质的有效途径之一。最早被发现有外显子混编（exon shuffling）现象的是脂蛋白受体，据此，Kolkman 和 Stemmer 开发了体外形式的外显子混编技术，并把该技术应用于人类药物蛋白质定向进化的基因文库构建。外显子混编尤其适用于真核生物，与 DNA 混编不同，外显子混编是靠同一种分子间内含子的同源性带动，而 DNA 混编不受任何限制，发生在整个基因片段上。

此外，还有 I 型内含子、交错延伸重组、体外随机引发重组（random priming *in vitro* recombination，RPR）等。由于同源混编只能对同源性程度较高的（70% 以上）一组序列进行混编，在此思想基础上又出现了一些改进的方法。例如利用临时 DNA 模板的临时模板随机嵌合技术（random chimeragenesis on transient templates，RACHITT）可以明显提高重组的频率和密度。

（3）非同源混编　渐进式切割杂和酶法（incremental truncation for the creation of hybrid enzymes，ITCHY）通过核酸外切酶对两个亲本基因分别进行消化，产生一系列相差单碱基的基因片段，再将两组片段化基因互相连接产生杂合基因库。该技术的优点是可以在无同源性或低同源性的两个基因间产生重组，缺点是重组一定是在两个不同的父本之间产生，并且子代中功能杂合子的比率很低。

（4）其他技术　随着分子生物学技术的发展，产生了越来越多的分析方法，如退火低核苷酸基因混编（degenerate oligonucleotide gene shuffling，DOGS）、酵母细胞中重组增强的组合文库（combinatorial libraries enhanced by recombination in Yeast，CLERY）等。这其中最有前景的是随机片段交换法。随机片段交换法是 2006 年 Ryota 等开发的新的突变文库构建方法，该方法主要由基因破碎、添加随机短序列、重新组装 3 个步骤组成。该方法除了在自身引物 PCR 步骤之前的加尾一步，其余均与 DNA 混编类似，但与 DNA 混编相比，它无需从一组含点突变的基因或基因家族出发，可直接以单个基因为父本，而且它产生的突变强度大于 DNA 改组，除包含点突变、区域交换外，还可产生随机序列的插入或删除等，从而提高突变文库的多样性。

随机片段交换法方法的新颖之处在于它汇集了多种 DNA 序列的突变形式，各种突变形式可以单独发生，也可以同时发生，这是以往的突变方法所不能满足的，这就意味着它在简化了实验步骤的同时又增强了突变文库的多样性。因此，该方法将会在蛋白质定向进化领域被越来越广泛地应用。

3. 酶分子定向进化的筛选策略　突变基因文库构建之后，文库筛选方法的确定决定了酶体外定向进化的方向和成功与否。由于突变基因文库往往被亚克隆并在微生物中表达，因此对大量微生物细胞的筛选首先要用物理手段分离各个细胞，以便有效地检测到单个细胞或单个细胞的克隆。然后，用酶检测技术或其他信号探测技术进行检测。筛选的有效性在很大程度上取决于酶检测技术的水平和各种信号探测技术的应用。目前的突变体分离方法主要有琼脂板涂布法、微孔板悬浮法、微球细胞固定化法和流式细胞计数仪法等。在大多数筛选中，酶的浓度低，反应能力相对很弱，所以最好通过其特异的酶促反应进行检验。通过观察酶促反应时的现象或检测释放的能量、中间产物、抑制剂等，可以用来筛选高活力的目的酶。常用的筛选方法有：利用底物显色反应，改变培养条件（如逐步提高培养温度，或改变培养基的 pH 等），利用某些蛋白质的固有性质，如产生绿色荧光，或高通量筛选（high throughout screening, HTS），该技术可以根据待测样品的合成路线分为液相和固相筛选，也可以根据筛选目标物分为纯蛋白受体亲和性筛选、酶活性筛选、细胞活性筛选等。HTS 现有的方法有：固相筛选、使用放射性染料筛选、荧光筛选、闪烁接近化验、ELISA、利用细胞的功能筛选和利用小鼠显性的表型遗传学筛选等。

随着定向进化技术的发展，如何快速从突变体库中筛选出我们所需要的基因是最关键的问题。因此，定向进化技术把筛选方法放在首位。从选择突变方法到构建突变文库、加入底物培养反应、根据信号分析处理、选择最接近于理想状态的突变体进行下一轮突变和筛选，直到最后获得具有新性能或功能的基因和酶，这是一个系统工程。每一步的选择都会对后续工作产生影响。所以在实验之前，应该考虑到酶的类型、性能、产物类型、操作条件甚至胞内物质以及所加介质对过程的影响，从而制定有效且灵敏的筛选手段和设备。

酶分子体外定向进化使在自然界中需要上千百万年的进化过程，缩短至在实验室内几个月或更短的时间内完成，这无疑是酶工程发展史上的又一里程碑。定向进化技术由于其强大的功能和广泛的适用性已成为当前酶工程领域研究的热点。到目前为止，已有许多学者运用这项技术成功地改造了各种各样的酶，并且其数量和形式仍在迅速增加。这些定向进化的方法不仅成功地应用于多种酶的改造，还成功地应用于 DNA 的进化，如 DNA 疫苗、疫苗载体、表达载体及基因转移载体的构建；酶分子以外的蛋白质进化，如提高抗体的表达水平、改变抗体的亲和性以及对细胞因子、生长因子的改造；和一些生物体的进化，如植物体、科研用生物体、疫苗有机体及环保用生物等，这些定向进化的方法几乎可以应用到生命科学研究的各个领域。目前，在已经建立了酶的体外定向进化的方法的基础上，还应进一步探索定向进化的最佳途径和提高对突变的控制能力。同时要重视筛选方法的建立和完善，特别是对那些无明显可借鉴表型的突变体筛选，可能是该领域工作者今后的工作侧重点。

（三）抗体酶

抗体酶（abzyme），又称催化抗体（catalytic antibody），是一类既具有抗体的高度特异性又有酶的高效催化活性的蛋白质分子。抗体酶的结构与抗体分子相似，其不同之处在于抗体酶的可变区除了具有与抗原特异的结合能力外，还被赋予了酶的催化活性，因此本质上抗体酶是一类具有催化活性的免疫球蛋白。抗体酶的研究是酶工程的一个全新领域。

抗体酶和天然酶相比，除具有天然酶高效性、专一性、反应条件温和的特点外，它们还有天然酶无法比拟的优点：

（1）对天然酶来说，如果不能催化某底物的转化反应，则通过修饰突变也很困难，而抗体酶则可以经过精确的设计，专一性地催化某一底物转化的反应。

（2）抗体酶能催化那些理论上认为非常不利的反应。

（3）抗体酶能催化那些天然酶不能催化的反应，如 Diels – Alder 反应。

迄今为止，科学家们已成功开发出能催化所有六大类酶促反应的抗体酶，包括氧化还原反应、酰基转移反应、水解反应、重排反应、Diels – Alder 反应、消除反应、金属螯合反应、光分解和聚合反应等。这些抗体酶催化的反应专一性相当于或超过酶反应的专一性，催化速度有的可达到酶催化的水平。但一般来讲，抗体酶催化反应的速度比非催化反应速度快 $10^2 \sim 10^6$ 倍，但比天然酶催化的反应速度慢，仅为酶催化反应的 $10^{-4} \sim 10^{-2}$。

1. 抗体酶的制备

（1）**诱导法**　利用反应过渡态类似物为半抗原制备单克隆抗体，筛选出具有高催化活性的单抗即抗体酶。因为过渡态极不稳定，其寿命约为 10^{-13}s，因此不可能用它对动物进行免疫。用 1 个或几个其他原子或原子团取代过渡态的特定原子或原子团获得在形状、电性、酸碱性等诸方面与过渡态相似的稳定物质，即过渡态类似物，然后用它作为半抗原和载体蛋白（例如牛血清白蛋白等）一起对动物进行免疫，获得单克隆抗体，经筛选和纯化，可得抗体酶（图 5 – 2）。

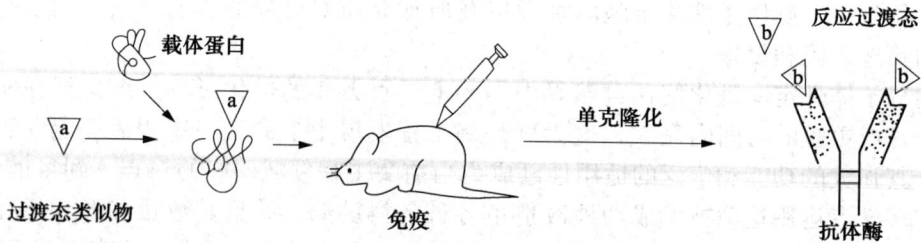

图 5 – 2　诱导法制备抗体酶示意图

（2）**引入法**　对抗体进行化学修饰，引入酶的催化基团或辅因子，如果引入的催化基团与底物结合部位取向正确、空间排布恰到好处，就能产生高活力抗体酶。Schultz 小组使用可裂解亲和标记物，将含巯基的亲核基团引入到 2，4 – 二硝基苯酚（DNP）的单克隆抗体 MOPC315 的抗原结合位点上得到了抗体酶，而这个含巯基的亲核基团本身就是一种催化基团（图 5 – 3）。

（3）**拷贝法**　用已知的酶作为抗原免疫动物，通过单克隆技术，制得该种酶的抗体。再以此种抗体免疫动物，再次采用单克隆技术，经筛选与纯化，就可获得具有原

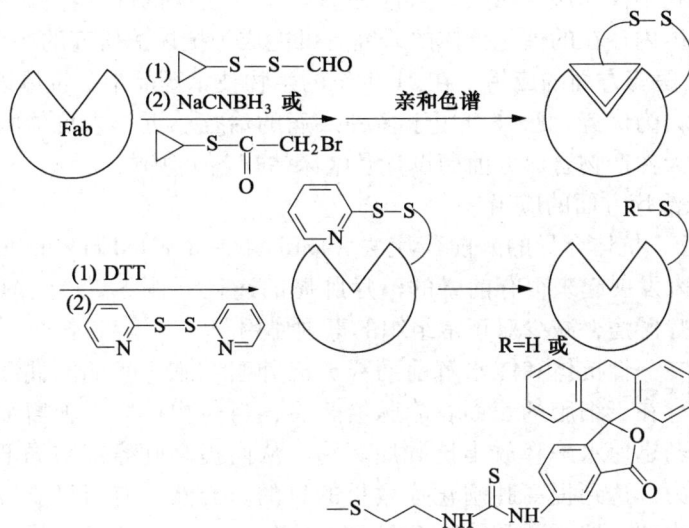

图 5 – 3　Schultz 小组采用引入法制备抗体酶示意图

来酶活性的抗体酶。因为抗原与该抗原产生的抗体具有互补性，经过上述两次拷贝，就把酶的活性部位的信息翻录到抗体酶上，使该抗体酶能高选择性地催化原酶所催化的反应（图 5 – 4）。

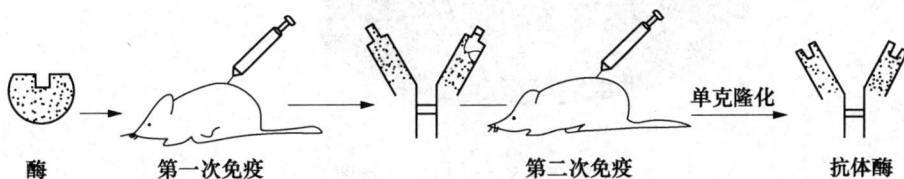

图 5 – 4　拷贝法制备抗体酶示意图

　　拷贝法虽然不能产生新的催化反应，但对自然界来源稀少的紧缺酶，不失为一种有价值有潜力的方法。

　　（4）抗体库法　用基因克隆技术将全套抗体重链和轻链可变区克隆出来，重组到原核表达载体，通过大肠杆菌直接表达有功能的抗体分子片段，从中筛选特异性的可变区基因。该技术的基础在于两项试验技术的突破：一是 PCR 技术的发展使人们可能用一组引物克隆出全套免疫球蛋白的可变区基因；另一个是从大肠杆菌分泌有结合功能的抗体分子片段的成功。

　　目前组合抗体库技术和噬菌体展示技术的发展，将组建亿万种不同特异性抗体可变区基因库和抗体在大肠杆菌功能性表达与高效快速的筛选手段结合起来，彻底改变了抗体的传统途径，使抗体酶的制备和性能的改良进入了新的阶段。随着技术的不断完善，在将来也许有可能绕过免疫，产生完全由基因工程构建的全新抗体酶。

　　抗体酶的另一来源为天然抗体酶。近年来已从多种自身免疫病患者的血清中得到了能催化 DNA 断裂的自身抗体酶。这类在体内自发存在的催化抗体的发现具有十分重要的意义，因为它不仅和疾病相关，可能还参与了生物体内的某些重要或基本的生物学反应，这些在体内存在的催化抗体的研究有可能成为抗体酶研究的一个新的生长点。

2. 抗体酶在医药方面的应用　在21世纪的生物技术药品中，抗体以它具有高度特异性和高度亲和力为优势，已被应用于多种疾病的治疗。近年来抗体酶技术也广泛应用于有机合成、天然产物合成、前药设计及临床治疗各个领域。

（1）在临床治疗方面的应用

1）肿瘤治疗　抗体介导的酶前药疗法（antibody - directed enzyme prodrug therapy，ADEPT）是近年来发展起来很有前景的治疗肿瘤的途径（图5-5）。ADEPT 的显著优势是可以靶向治疗肿瘤，减少对正常组织的毒副作用。

该法将肿瘤专一性抗体和能水解前药释放出肿瘤细胞毒素的酶偶联，酶通过和肿瘤结合的抗体而存在于细胞的表面。静脉给药后，当药物扩散至肿瘤细胞的表面或附近，抗体酶将前药迅速水解释放出抗肿瘤药物，从而提高肿瘤细胞局部药物浓度，增强对肿瘤的杀伤力，达到提高肿瘤化疗效果的目的。当然，前药只能被抗体酶水解而不能被内源性酶水解，抗原还要尽量减少免疫原性。

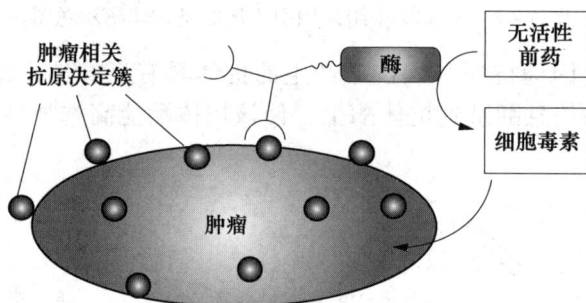

图5-5　ADEPT 示意图

2）治疗艾滋病　研究表明，HIV 病毒表面蛋白 gp120 与 CD4 分子结合是 HIV 感染靶细胞的基本步骤，且不同变种的 HIV 病毒 CD4 结合区域相对保守，因此针对 gp120 CD4 结合区域的抗体酶可望用于艾滋病的治疗。一种能与丝氨酸蛋白酶活性位点共价结合的新型磷酸酯被用于诱导和分离 gp120 的抗体酶，3 株单克隆抗体和 1 株 ScFv 已经被证明能特异性地裂解 gp120，并能在体外中和 AIDS 病毒的活性，显示出抗体酶在艾滋病治疗方面的应用前景。

3）治疗甲状腺疾病　甲状腺激素是维持正常代谢和生长发育所必需的激素，包含两种含碘氨基酸：T_3（三碘甲状腺原氨酸）和 T_4（四碘甲状腺原氨酸），T_4 脱碘转化为 T_3 后具有生物学活性，反应由含硒的碘甲状腺原氨酸脱碘酶催化，缺乏该酶可导致体内 T_3 含量不足，引起严重的甲状腺疾病。中国科学院长春应用化学研究所研究人员以 T_4 为半抗原合成了抗体酶 Se-4C5，该酶具有很高的脱碘酶活性，因而对治疗甲状腺疾病有很高的应用价值。由于 Se-4C5 能选择性脱碘，它也有希望在有机合成中得到广泛的应用。

4）预防心脑血管疾病　谷胱甘肽过氧化物酶（GPX）是抗氧化酶系的重要成员之一，能有效清除自由基，对防治心脑血管疾病、肿瘤等具有潜在的应用价值。研究人员采用 RT–PCR 的方法从杂交瘤细胞株 2F3 中扩增出单克隆抗体的重链和轻链可变区基因，构建表达载体，在大肠埃希菌中表达、纯化、硒化得到含硒单链抗体酶。测定其活力与天然 GPX 活力接近，且具有分子量小、免疫原性低等优点，为其临床应用奠定了基础。

5）治疗可卡因成瘾 用可卡因水解的过渡态类似物——磷酸单酯为半抗原，产生的单克隆抗体能催化可卡因的分解，其催化活性和血液中催化可卡因的丁酰胆碱酯酶差不多，水解后的可卡因片段失去了可卡因刺激功能（图 5–6）。因此，用人工抗体酶的被动免疫也许能阻断可卡因上瘾，达到戒毒目的。

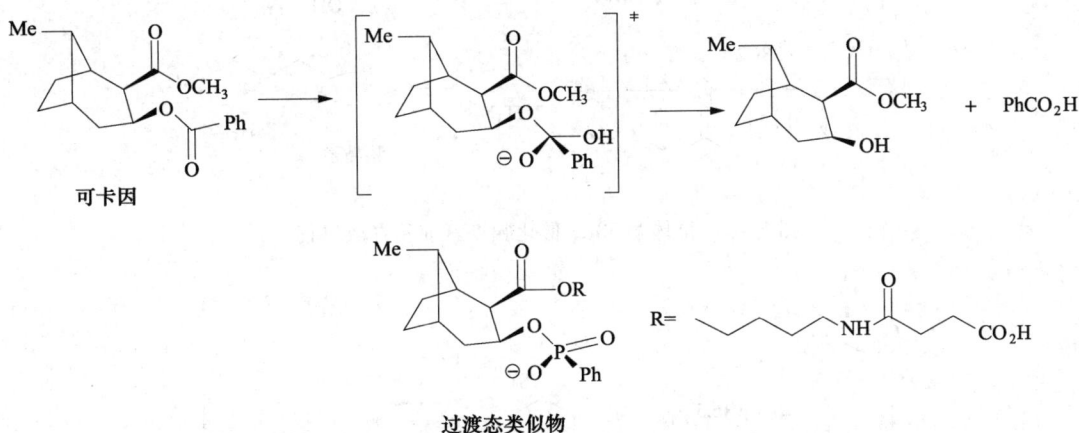

图 5–6 抗体酶催化可卡因分解原理

（2）在前药设计中的应用 前药是指由具有生物活性的药物经化学修饰后转变为体外无活性的化合物。这种化合物在体内经酶或非酶作用，脱去保护基，释放出母体药物而发挥治疗作用。抗体酶的制备原理可用于前体药物的设计和活化。

一些研究用抗体酶 38C2 作为前药的激活剂，已成功地在体内实现了一些抗肿瘤药物前体的设计和活化，包括喜树碱、阿霉素、依托泊苷等。这些前药都有一段修饰基序，并能在抗体酶 38C2 的催化下发生串联的逆醇醛和逆 Michael 反应，除去保护基，释放出活性药物（图 5–7）。由于在体内没有天然酶能催化以上的反应，背景干扰被消除。

（3）在天然产物合成中的应用 复杂天然产物的合成一直是有机合成中的热点之一。第一次把抗体酶用于天然产物的合成是（–）–α–Multistriatin 的合成。（–）–α–Multistriatin 含有四个不对称中心（1S 2R 4R 5S），抗体酶 14D9 能对映选择性地水解反应物生成含有绝对构型（S）的酮，取得合成成功关键性的第一步（图 5–8）。所有四个不对称中心都来源于抗体酶催化烯醇醚的反应，并且尚未发现天然酶能催化此反应。

（四）杂合酶

近年来，杂合酶（hybrid enzyme）的研究日益受到重视，已成为酶工程研究的重要领域，但杂合酶至今仍然是一个非常模糊的概念，没有统一的准确定义。一般认为，杂合酶是由两种以上酶成分构成的，把来自不同酶分子中的结构单元（单个功能基、

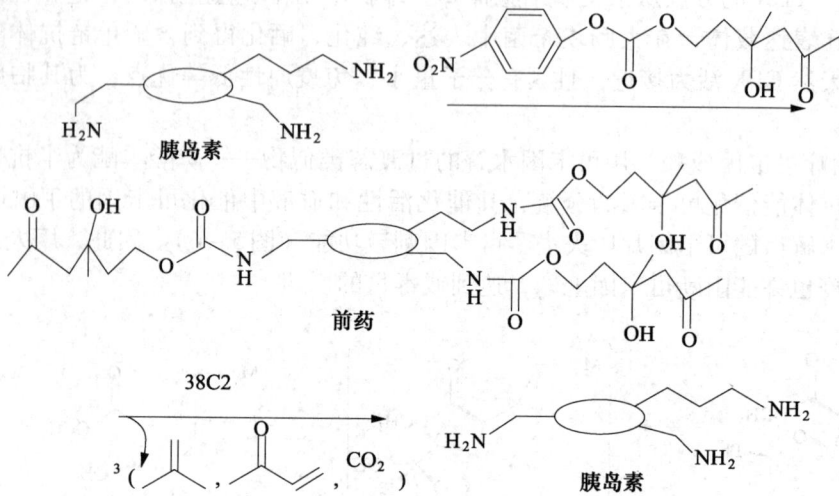

图 5-7　抗体酶 38C2 催化胰岛素前药释放过程

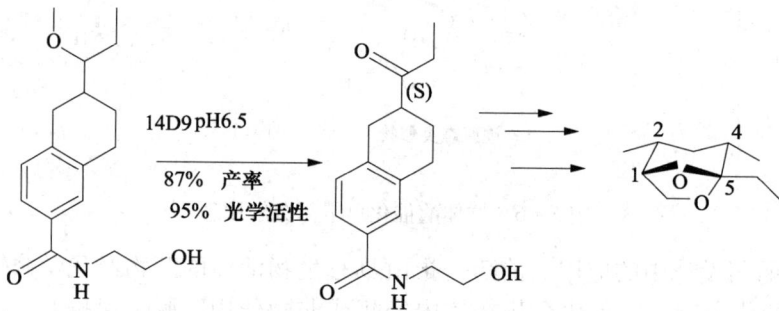

图 5-8　抗体酶 14D9 催化合成（-）-α-Multistriatin

二级结构、三级结构或功能域）或是整个酶分子进行组合和交换，产生具有新酶活性的杂合体。

　　杂合酶技术在改变酶的酶学或非酶学特性、研究结构与功能的关系方面具有重要作用，而且杂合酶的应用扩大了天然酶的理论应用，允许用酶或酶的片段构建新的生物催化剂去催化天然酶无法催化的反应。杂合酶的出现是酶学发展的必然结果，其产生利用了自然界中进化的各种酶的性质以及自然界用于进化酶的各种策略，因此正在成为人们获取具有更高活力和更多性质的新酶的重要方法。

　　构建杂合酶的方法很多，如 DNA 改组，不同分子间结构功能域交换，甚至两个酶分子的融合等，或者把不同来源的酶分子的（亚）结构域进行重组成为一个新的单一结构域，或者把不同来源的酶分子中本身没有活性的模块重新组装，同时在一个进化体系中进行筛选，就有可能获得比亲本催化效率高，或者衍生出新功能的杂合酶。构建杂合酶的几种基本方法如下。

　　（1）基因随机缺失法　利用工具酶将不同来源的酶分子进行随机缺失，并构建随机缺失文库，然后将这两个库连接成为杂合基因库，在特定的选择压力下，筛选出进化的杂合酶。这是构建无同源序列多亚基酶和单链酶的杂合酶的有效方法。

（2）同源基因混编　将几个同源酶基因应用 PCR 扩增，然后用内切核酸酶分裂，不同的分裂产物混合并一起复性，不同基因的同源区组合，用 *Taq*DNA 聚合酶扩增，含有同源酶的基因片段组合成新基因——杂合基因，进而克隆和表达产生杂合酶。

（3）非同源基因混编　这种方法适用于很少或没有 DNA 同源性，但可能有蛋白质结构同源性的酶分子。它是根据在两个目标基因片段之间产生单一碱基缺失库，继而将两个片段随机融合。

（4）应用蛋白质内含子构建杂合酶　蛋白质内含子是蛋白质中的一段多肽链，靠自我剪切的方式从前体蛋白质分离出来，同时两端的蛋白质外显子部分以肽键的形式相连。序列和结构分析表明，蛋白质内含子的 N 端大约 100 个氨基酸残基和 C 端大约 50 个氨基酸残基对自我剪接至关重要，其间由一个连接区序列分开。

蛋白质自我剪接是蛋白质在后翻译水平上的加工过程，即蛋白质内含子从前体蛋白质中被剪下，其两侧的蛋白质外显子的 C 端区和 N 端区连接，产生两个新的蛋白质。也就是说，由一个基因阅读框产生两个以上蛋白质，而且其中一个蛋白质的基因编码和最初的开放阅读框不成线性关系，从而开辟了构建杂合酶的新方法。

三、酶的分离、提纯及活性测定

（一）酶的分离、提纯

生物细胞产生的酶有两类，一类由细胞内产生后分泌到细胞外进行作用的酶，称为细胞外酶。这类酶大都是水解酶，如胃蛋白酶、胰蛋白酶就是由胃黏膜细胞和胰腺细胞所分泌的。这类酶一般含量较高，容易得到；另一类酶在细胞内产生后并不分泌到细胞外，而在细胞内起催化作用，称为细胞内酶，这类酶在细胞内往往与细胞结构结合，有一定的分布区域，催化的反应具有一定的顺序性，使许多反应能有条不紊地进行。如氧化还原酶在线粒体上，蛋白质合成的酶存在于微粒体上。

酶的来源不外乎动物、植物和微生物。生物细胞内产生的总酶量是很高的，但每一种酶的含量却很低，如胰腺中起消化作用的水解酶种类虽多，但各种酶的含量却差别很大。如 1000g 湿胰腺中含胰蛋白酶 0.65g，而含 DNA 酶仅有 0.0005g。因此，在提取某一酶时，首先应当根据需要，选择含此酶最丰富的材料。由于从动物或植物中提取酶制剂会受到原料限制，目前工业上大多采用微生物发酵的方法来获得大量的酶制剂。

鉴于在生物组织细胞中，除了我们所需要的某一种酶之外，往往还有许多其他酶、一般蛋白质以及其他杂质，因此制取某酶制剂时必须经过分离和纯化的步骤。

酶是蛋白质，故蛋白质分离纯化的方法也是分离、纯化酶的常用方法。蛋白质很易变性，因此在酶提纯过程中，应避免用强酸、强碱，并保持在较低的温度下操作。

酶是具有催化活性的蛋白质，通过测定催化活性，可以比较容易地追踪酶在分离提纯过程中的去向，酶的催化活性又可以作为选择分离纯化方法和操作条件的指标，在整个酶的分离纯化过程的每一步骤，始终要测定酶的总活力和比活力，这样才能知道经过某一步骤回收多少酶，纯度提高了多少，从而决定这一步骤的取舍。

酶的分离纯化基本步骤如下。

（1）破碎细胞膜　对细胞外酶只要用水或缓冲液浸泡，滤去不溶物，就可得到粗抽提液，不必破碎细胞膜。对于细胞内酶，则必须先使细胞膜破裂后才能释放出来。动物细胞较易破碎，通过一般的研磨器、匀浆器、捣碎机等就可达到目的。细菌细胞具有较厚的细胞壁，较难破碎，需要用超声波、溶菌酶、某些化学溶剂（如甲苯、去氧胆酸钠）在适宜的 pH 和温度下保温一定时间，使菌体自溶，或也可采用反复冻融等处理加以破碎。

（2）抽提　由于大多数酶属于清蛋白或球蛋白类，因此一般的酶都可以用稀盐、稀酸或稀碱的水溶液抽提出来。抽提液和抽提条件的选择取决于酶的溶解度、稳定性等。

抽提液的 pH 选择应该在酶的 pH 稳定范围内，并且最好能远离其等电点。关于盐的选择，由于大多数蛋白质在低浓度的盐溶液中较易溶解，故一般用等渗盐溶液，最常用的有 0.02 ~ 0.05mol/L 磷酸缓冲液、0.15mol/L 氯化钠和枸橼酸（柠檬酸）缓冲液等。抽提温度通常都控制在 0℃ ~ 4℃。

（3）纯化　抽提液中除了含有所需要的酶以外，还杂有其他小分子和大分子物质。小分子物质在纯化过程中会自然地除去，大分子物质包括核酸、黏多糖和杂蛋白等往往干扰纯化。核酸一般可用鱼精蛋白或氯化锰使之沉淀去除，黏多糖可用醋酸铅处理，剩下就是杂蛋白，因此纯化的主要工作就是将酶从杂蛋白中分离出来。

分离纯化的方法很多，常用的有盐析法、有机溶剂沉淀法、等电点沉淀法及吸附分离法等。

根据酶和杂蛋白带电性质的差异进行分离的方法有离子交换法和电泳法，前者用于大体积制备，应用很广，分辨力也高，电泳法主要作为分析鉴定的工具或用于少量分离。

选择性变性法在酶的纯化工作中是常采用的简便而有效的方法。主要是根据酶和杂蛋白在某些条件下的稳定性差别，使某些杂蛋白变性而达到除去大量杂蛋白的目的，常用的除选择性热变性外，还有酸碱变性等。有些酶相当耐热，如胰蛋白酶、RNA 酶加热到 90℃ 也不破坏，因此在一定条件下将酶液迅速升温到一定温度（50℃ ~ 70℃），经一定时间后（5 ~ 15min）迅速冷却，可使大多数杂蛋白变性沉淀，应用得当，酶纯度可大大提高。

酶是生物催化剂，在提纯时必须尽量减少酶活力的损失，因此全部操作需在低温下进行。一般在 0℃ ~ 5℃ 之间进行，用有机溶剂分级分离时必须在零下 15℃ 进行。为防止重金属使酶失活，有时需在抽提溶剂中加入少量 EDTA 螯合剂，有时为了防止酶蛋白中的巯基被氧化失活，需要在抽提溶剂中加少量巯基乙醇。在整个分离提纯过程中不能过度搅拌，以免产生大量泡沫，而使酶变性。

为了达到比较理想的纯化结果，往往需要几种方法配合使用，主要根据酶本身的性质来决定所选择的方法。

（二）酶的活力测定

酶的活力测定，是指酶的定量测定。检查酶的含量及存在，不能直接用重量或体积来表示，而用酶的活力来表示，这是因为酶的高级结构的改变会影响酶的催化活性。酶活力的高低是研究酶的特性，进行酶的生产及应用时的一项必不可少的指标。

活力就是酶催化一定化学反应的能力。酶的活力大小，可以用在一定条件下它所催化的某一化学反应的速度来表示。酶催化的反应速度愈大，则酶的活力也愈大。所以测定酶的活力就是测定酶促反应的速度。

按米氏公式可知反应初速度与酶浓度成正比，即 $V = K'[E_0]$。这是定量测定酶浓度的理论基础，酶反应速度可用单位时间内、单位体积中底物的减少量或产物的增加量来表示，通常测产物的增加量，所以反应速度的单位是：浓度/单位时间。

在实验中必须确保所测定的是初速度，即底物消耗的百分比很低，此时产物浓度 − 时间 $(p-t)$ 呈直线关系。否则，由于底物的消耗，反应速度变慢或者由于产物的积累逆反应明显地影响正向反应速度，使得 $p-t$ 作图逐渐偏离直线。所以测定酶浓度首先要确定 $p-t$ 的直线范围。在酶催化反应中如果其他条件选择好后，决定 p-t 关系的主要因素是底物浓度、酶浓度和反应时间。一般采用高底物浓度 $[S]>100K_m$（零级反应）测定反应初速度，以定量酶浓度。

酶活力的高低以酶活力单位（U）表示。酶活力单位的含义是指酶在最适条件下，单位时间内，酶催化底物的减少量或产物的生成量，1961 年国际酶学会议规定：1 个酶活力国际单位（International Unit，IU）指在特定条件下，1 分钟内生成 1 微摩尔（$1\mu mol$）产物的酶量（或转化 1mol 底物的酶量）。1972 年国际酶学委员会又推荐一个新的酶活力国际单位，即 Katal（Kat）单位，1Kat 单位定义为"在最适条件下，每秒钟可使 1 摩尔（1mol/L）底物转化的酶量。"$1Kat = 6\times10^7 IU$。

酶的比活力或称比活性是指每毫克酶蛋白所含的酶活力单位数。它是表示酶制剂纯度的一个指标，比活力愈高，表明酶纯度愈高。

$$酶的比活力 = 酶活力单位数/毫克酶蛋白$$

四、酶工程研究中的热点问题

1. 组合生物催化　组合生物催化（combinatorial biocatalysis）是酶催化、化学催化和微生物转化在组合化学中的应用，即通过对先导化合物的生物转化，模拟自然界进化形式，创建先导化合物分子库。组合生物催化技术的应用大大加快了产生新兴化合物的速度，经过良好设计的组合化学库还可以大大提高化合物结构的多样性。

2. 生物催化及酶法拆分　手性化合物中存在一个甚至多个不对称碳原子，这种不对称碳原子其互为镜像的立体结构分子之间具有不同的理化性质，有时同一药物的不同对映体在药效和毒性方面可能相差几十到几百倍。1992 年美国 FDA 发布了手性药物的指导原则，明确要求消旋药物不得作为单一化合物对待，新药上市应尽可能以单一手性异构体形式出售。这一政策极大地刺激了手性药物的发展，当今世界常用的化学药物约为 1850 种，其中 1045 种具有手性，蕴藏着巨大的经济效益。

生物催化（biocatalysis），有时也称生物转化（biotransformation，bioconversion）是指利用酶或有机体（细胞、细胞器等）作为催化剂实现化学转化的过程，生物转化反应本质上其实也是一种酶反应。由于酶对底物作用的高度立体异构选择性，生物催化反应在手性物质的合成和手性拆分方面具有得天独厚的优越条件。根据 FDA 规定，进入临床阶段的对映体纯度要达到 99.5% 以上，这只能由生物催化过程完成，其他方法即使要达到 95% 以上的光学纯度都是非常困难的。

3. 开发酶生物转化新途径　酶法合成的专一性和选择性较化学合成有明显的优势，

是有机合成化学领域的一项重大进展。酶或微生物催化的立体特异性，使得一些很难用化学法完成的反应成为可能，如羟化、环氧化、水解、对映体拆分等。目前已有一些产品实现了工业化或准工业化水平的酶法或微生物法的生产，包括：类固醇、类萜、生物碱、半合成抗生素、核苷酸类、胺及日用品化学等。此外，酶法修饰的蛋白质、多肽、脂蛋白、多糖、糖脂及多核苷酸等药用大分子具有很好的医疗保健价值。

4. 极端酶　极端环境是指普通微生物不能生存的环境，如高温、低温、低 pH、高 pH、高盐度、高辐射、含抗代谢物、有机溶剂、低营养、重金属及有毒有害物等环境条件。能在这种极端环境中生长的微生物叫做极端微生物或嗜极菌。极端微生物长期生活在极端的环境条件下，为适应环境，在其细胞内形成了多种具有特殊功能的酶，即极端酶。极端微生物是天然极端酶的主要来源。根据极端酶所耐受的环境条件不同，可分为嗜热酶、嗜冷酶、嗜盐酶、嗜碱酶、嗜酸酶、嗜压酶、耐有机溶剂酶、抗代谢物酶及耐重金属酶等。对这些极端环境下的微生物进行筛选和培养，为开发新的酶反应及酶功能提供了广阔的空间。

第三节　酶反应器与酶反应动力学

一、酶反应器的概念

以酶（游离酶或固定化酶）作为催化剂进行酶促反应所需的容器及其附属设备称为酶反应器（enzyme reactor）。酶反应器处于酶催化反应过程的中心地位，是连接原料和产物的桥梁。它为酶提供适宜环境，以达到生物化学目的，使底物成为所需要的中间产物或最终产品。

二、酶反应器的类型

酶反应器有多种类型，如图 5 - 9 所示，根据不同的分类依据可划分为不同的类型，具体如下。

1. 按几何形状分类　可分为罐形反应器、塔形反应器（柱形、管形）、膜式反应器（平板、螺旋卷、中空纤维、圆盘）。

2. 按流体流动特性分类　可分为理想流动反应器［包括 PFR（活塞流）、CSTR（全混流）酶反应器］和非理想流动反应器。

3. 按操作方式分类　可分为间歇式反应器、半连续式反应器及连续式反应器。其中间歇式反应器是指先把酶和底物一次性装入反应器，在适当温度、pH 下反应，经一定时间后将全部反应物取出，此法灵活性大，适合小批量、多品种的生产，并且由于充分搅拌，使反应罐内底物和产物浓度、温度、pH 处处相等且底物和产物浓度随反应时间而变化。半连续式反应器是指将底物溶液缓慢加入反应器而非一次性加入，此法可以避免酶反应过程的底物抑制现象。而连续式反应器是指一边连续地将底物溶液加入反应器中，一边连续地使反应液以相同流量排出反应器，此法便于自动控制、反应条件恒定、产品质量稳定，所以适用于连续的大规模生产，但处理杂菌污染比较困难。

4. 按酶是否重复利用分类　可分为开式反应器及闭式反应器，其中开式反应器即

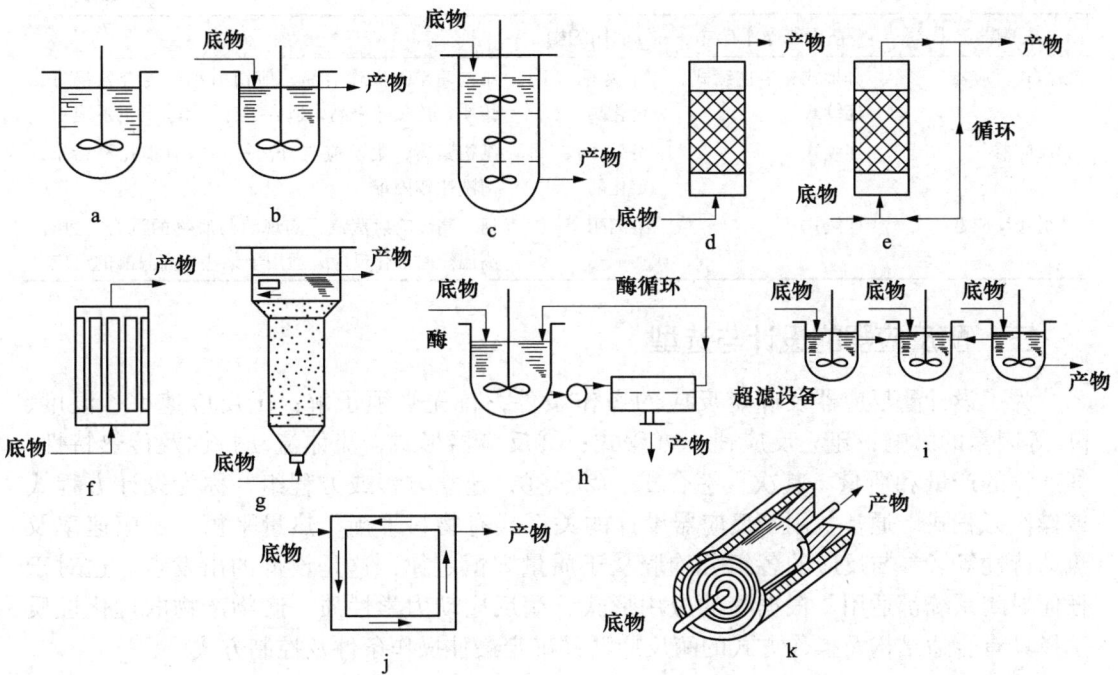

图 5-9　不同类型的酶反应器

a. 间歇式搅拌罐　b. 连续式搅拌罐　c. 多级连续式搅拌罐　d. 填料床（固定床）　e. 带循环的固定床　f. 列管式固定床　g. 流化床　h. 搅拌罐-超滤器联合装置　i. 多釜串联半连续操作　j. 环流反应器　k. 螺旋卷式生物膜反应器

催化剂随着产物排出而流失；闭式反应器即催化剂保留在反应器中循环利用，当酶本身价格比较昂贵且循环操作过程中比较稳定时采用闭式反应器才有意义。

常用酶反应器类型、操作方式及特点见表 5-2。

表 5-2　常用的酶反应器

反应器类型	适用的操作方式	适用的酶	特点
搅拌罐式反应器	分批式、半连续式、连续式	游离酶、固定化酶	设备简单、操作容易，酶与底物混合较均匀，传质阻力较小，反应较完全，反应条件容易调节控制
填充床式反应器	连续式	固定化酶	设备简单、操作方便，单位体积反应床的酶密度大，可以提高酶催化反应的速度，在工业生产中普遍使用
流化床反应器	分批式、半连续式、连续式	固定化酶	混合均匀，传质传热效果好，温度和 pH 值的调节控制比较容易，不易堵塞，对黏度较大反应液也可进行催化反应

续表

反应器类型	适用的操作方式	适用的酶	特点
鼓泡式反应器	分批式、半连续式、连续式	游离酶、固定化酶	结构简单、操作容易，剪切力小，混合效果好，传质、传热效率高，适合于有气体参与的反应
膜反应器	连续式	游离酶、固定化酶	结构紧凑，集反应与分离一体，但膜孔易堵塞，清洗比较困难
喷射式反应器	连续式	游离酶	通入高压喷射蒸汽，实现酶与底物的混合，进行高温短时催化反应，适用于某些耐高温酶的反应

三、酶反应器的设计与选型

为了设计酶反应器及确定反应的操作条件，首先必须了解：①反应速率、温度、pH 等因素的影响，建立反应速率方程式；②反应器形式、流体流动特性及传热特性；③产物的产量和质量。其次，综合①、②、③，建立方程或方程组，称为设计方程式或操作方程式。通常，用于反应器设计的关系式有物料平衡、热量平衡、反应速率及流动特性等。参与反应的各组分均服从于质量守恒定律，这是设计的出发点。这对于任何封闭系统都适用。根据酶的应用形式、酶反应动力学性质、底物产物的理化性质选择具有合适结构及操作方式的酶反应器并确定最佳操作条件及控制方式。

选择酶反应器形式时所考虑的因素主要有以下几个方面：①催化剂的形状和大小，如颗粒状、膜状还是纤维状；②催化剂的机械强度、密度；③反应操作的要求（如 pH 是否可以控制）；④对付杂菌污染的措施；⑤反应速率方程式的类型；⑥底物溶液的性质：可溶性、细粒状还是胶体状；⑦催化剂的再生、更换难易程度；⑧反应器内催化表面积与反应器体积之比；⑨传质特性：微环境与大环境内的扩散效能；⑩反应器制造成本、运行成本。

反应器的形状大致可根据催化剂的形状及大小来确定，例如颗粒状催化剂可采用搅拌罐、固定床、流化床和鼓泡塔，若催化剂为膜状则可采用螺旋卷式、转盘式、平板式、酶管等膜式反应器。另外，固定化酶机械强度希望越高越好，对于凝胶包埋法或微囊法所制备的催化剂，其机械强度要比单纯用固定为载体的催化剂差得多。对于搅拌罐来说，要注意催化剂颗粒被搅拌桨叶的剪切力损伤。对于填充凝胶颗粒的固定床反应器来说，如塔比较高则因凝胶本身重量而产生压缩变形，即会增加其压力降，为了克服上述问题，可以想办法用多孔板等将塔身部分适当隔成多层。除此之外，长时间连续操作过程中会不断受到杂菌污染的威胁，由于不可能把装有催化剂的反应器进行全部灭菌，所以反应器须具备容易清洗的结构。为了能在高温条件下反应最好使用耐热酶。

综上所述，要选择何种最适合的酶反应器并没有明确的规则，必须综合各种因素后加以确定，选用的酶反应器应尽可能结构简单、操作方便、制造运行成本低等，在反应操作过程中，还应注意保持操作的稳定性，特别注意防止酶的变性与失活等。

四、酶反应动力学与固定化酶反应动力学

对于特定的酶催化反应体系，表征反应快慢的动力学特征是反应器设计选型的基础，因此十分有必要研究酶反应动力学。

（一）酶反应动力学

酶反应动力学是研究酶反应速度及其影响因素的科学。这些因素主要包括酶的浓度、底物的浓度、pH、温度、抑制剂和激活剂等。

1. 单底物酶促反应动力学　在单底物酶促反应中，根据 Henri 的"酶－底物中间复合体"学说，酶先与底物形成中间复合物，再转变成产物，并重新释放出游离的酶。

$$S + E \Longleftrightarrow ES \longrightarrow E + P$$

在酶浓度恒定的条件下，当底物浓度很小时，酶未被底物饱和，这时反应速度取决于底物的浓度，底物浓度越大，单位时间内 ES 生成也越多，而反应速度取决于 ES 的浓度，故反应速度也随之增高。当底物浓度加大后，酶逐渐被底物饱和，反应速度的增加和底物的浓度就不成正比，继而底物增加至极大值，所有酶分子均被底物饱和，所有的 E 均转变成 ES，此时的反应速度不会进一步增高。因此，当 [S] 对 V 作图时，就形成一条双曲线（图 5 - 10）。

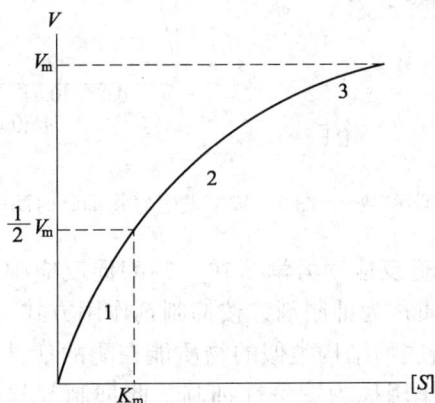

图 5 - 10　底物浓度和酶反应速度的关系

图 5 - 10 的曲线可分为三段：

第一段：反应速度与底物浓度呈正比关系，表现为一级反应；

第二段：为介于零级及一级之间的混合级反应；

第三段：已接近于零级反应，当底物浓度远远超过酶浓度（[S] > [E]）时，反应速度也达极限值，即 $V = V_{max}$（最大速度）。

根据中间复合物理论，Michaelis 和 Menten 对图 5 - 10 的曲线加以数学处理，提出酶促反应动力学的基本原理，即米氏方程：

$$\nu = \frac{V_{max} \, [S]}{K_m + [S]}$$

式中，V_{max} 表示最大反应速度；[S] 为底物浓度；K_m 为米氏常数，为酶促反应速率达到最大反应速率一半时的底物浓度，v 为底物浓度不足以产生最大速率时的酶促反应的速率。

单底物酶促反应的反应速度与底物浓度呈双曲线关系，因此通常用双倒数法求 V_{max}

和 K_m。将米氏方程线性化，通过作图法直接求取动力学参数，将米氏方程 $\nu = \dfrac{V_{max}[S]}{[S]+K_m}$ 变换为 $\dfrac{1}{\nu}=\dfrac{1}{V_{max}}+\dfrac{K_m}{V_{max}}\dfrac{1}{[S]}$，将 $1/\nu$ 对 $1/[S]$ 作图，所得直线在纵轴上截距为 $1/V_{max}$，在横轴上截距为 $-1/K_m$，斜率为 K_m/V_{max}，见图 5-11。

2. 底物抑制的酶促反应动力学 单底物酶促反应的反应速度会随底物浓度的增加而下降，这种现象称为底物抑制，见图 5-12。对于发生底物抑制的酶促反应，酶与底物的复合物又和底物生成不能分解为产物的复合物 ES_2，此时反应速率

$$v = \frac{V_m[S]}{[S]+K+[S]^2/K_s}，其中 K_s 为 ES_2 的解离常数，K=\frac{k-1}{k+1}。$$

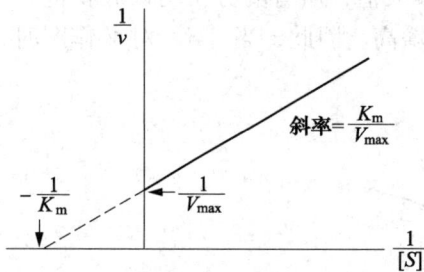

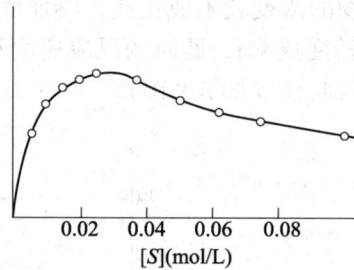

图 5-11　作图法直接求取动力学参数　图 5-12　发生底物抑制时酶促反应速度与底物浓度的关系

3. 存在抑制剂时的酶促反应动力学 在一些酶促反应中，由于某种物质的存在而使反应速度下降，这些物质称为抑制剂，按抑制剂作用方式可分为以下几类。

（1）竞争性抑制　与底物结构类似的物质能在酶的活性部位与酶结合，使酶促反应的速度下降，这种抑制作用称为竞争性抑制，此抑制剂与底物有竞争关系，随着底物浓度增大，抑制作用减弱。

（2）非竞争性抑制　抑制剂可在酶的活性部位以外与酶结合，其结合与底物没有竞争关系，即使底物浓度增大也不能消除抑制作用。

（3）反竞争性抑制　抑制剂 I 仅与复合物 ES 作用生成底物-酶-抑制剂复合物 SEI。

对于以上 3 种酶促反应，如果抑制剂浓度保持恒定，运用双倒数法作图，都可得到直线关系（图 5-13），引入表观最大反应速率及表观米氏常数，存在不同抑制方式时的酶反应速率方程都可表示为米氏方程的形式，表 5-3 列出了有抑制剂时的酶促反应动力学参数，其中 C_i 表示抑制剂浓度，K_i 表示酶与抑制剂的复合物 EI 的解离常数。

表 5-3　有抑制剂时的动力学参数

抑制形式	表观最大反应速率	表观米氏常数
竞争性抑制	V_{max}	$K_m(1+C_i/K_i)$
非竞争性抑制	$V_{max}/(1+C_i/K_i)$	K_m
反竞争性抑制	$V_{max}/(1+C_i/K_i)$	$K_m/(1+C_i/K_i)$

a. 竞争性抑制　　　　　　b. 非竞争性抑制　　　　　　c. 反竞争性抑制

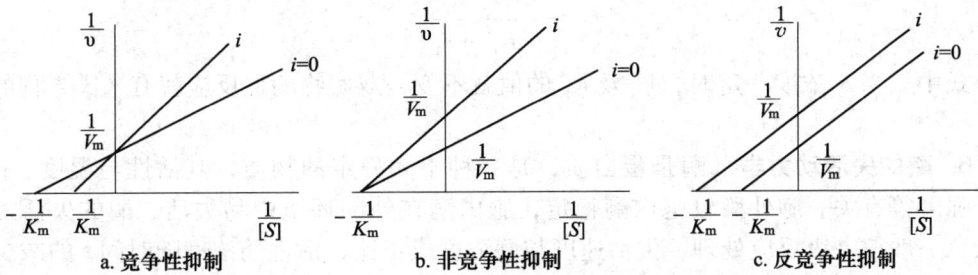

图 5 – 13　存在抑制剂时的双倒数图解

4. 可逆反应动力学　有些酶促反应的逆反应相当显著，反应达到一定程度后即达到平衡状态，这种酶反应过程可用下式表示：

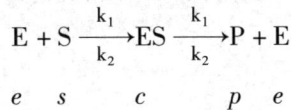

$$E + S \xrightleftharpoons[k_2]{k_1} ES \xrightleftharpoons[k_2]{k_1} P + E$$

$$e \quad\quad s \quad\quad c \quad\quad p \quad\quad e$$

总酶浓度 $e_0 = e + c$

利用拟稳态法，可以求出产物生成速率

$$v = \frac{V_{\max}s - V_p K_{mp}/K_p}{K_m + s + K_{mp}/K_p}$$

式中，$V_p = k_{-1}e_0$，$K_p = (k_{-1} + k_{+2})/k_{-1}$。

5. 双底物酶促反应动力学　对于有两种底物 S_1、S_2 参加的酶促反应，ES_1 可与 S_2 形成 ES_1S_2，ES_2 可与 S_1 形成 ES_1S_2，ES_1S_2 可分解为 P 与 E，具体如下。

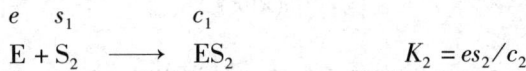

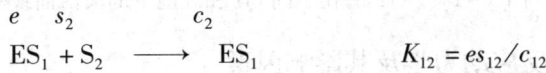

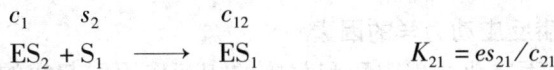

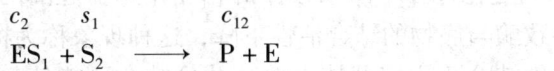

$$E + S_1 \longrightarrow ES_1 \quad\quad\quad K_1 = es_1/c_1$$
$$e \quad\quad s_1 \quad\quad c_1$$
$$E + S_2 \longrightarrow ES_2 \quad\quad\quad K_2 = es_2/c_2$$
$$e \quad\quad s_2 \quad\quad c_2$$
$$ES_1 + S_2 \longrightarrow ES_1 \quad\quad\quad K_{12} = es_{12}/c_{12}$$
$$c_1 \quad\quad s_2 \quad\quad c_{12}$$
$$ES_2 + S_1 \longrightarrow ES_1 \quad\quad\quad K_{21} = es_{21}/c_{21}$$
$$c_2 \quad\quad s_1 \quad\quad c_{12}$$
$$ES_1 + S_2 \longrightarrow P + E$$
$$c_{12} \quad\quad p \quad\quad c$$

总酶浓度 $e_0 = e + c_1 + c_2 + c_{12}$

产物的生成速率

$$v = \frac{ke_0 s_1 s_2}{K_1 K_{12} + K_{21} s_2 + K_{12} s_1 + s_1 s_2}$$

此式可改写为

$$v = \frac{V_m^* s_1}{K_1^* + s_1}$$

$$K_1^* = \frac{K_{21} s_2 + K_1 K_{12}}{K_{12} + s_2} \quad\quad\quad V_m^* = \frac{Ke_0 s_2}{K_{12} + s_2}$$

$$v = \frac{V_m^* s_1}{K_1^* + s_1}$$

式中，当 S_2 浓度一定时，V_m^* 及 K_1^* 的值就不变，双底物酶促反应就有米氏方程的形式。

6. 酶的失活动力学 酶是蛋白质，是一种不太稳定的物质，其活性与温度、pH、离子强度等有关。胞外酶较胞内酶稳定，胞内酶在外部环境中易失活。酶的失活机制复杂，一般按一级反应处理，失活速度与酶浓度成正比，活性酶浓度随时间 t 的减少速率方程为

$$\frac{de}{dt} = -k_d e \quad 积分得 \; e = e_0 exp\,(-k_d t),$$

式中，K_d 为酶的失活常数，K_d 越大越容易失活，e 为酶浓度，e_0 为酶的初始浓度。图 5-14 为 ATP 酶在不同 pH 和温度下的失活曲线。如果酶失活较快，则在进行酶促反应时就要考虑到酶失活的影响。

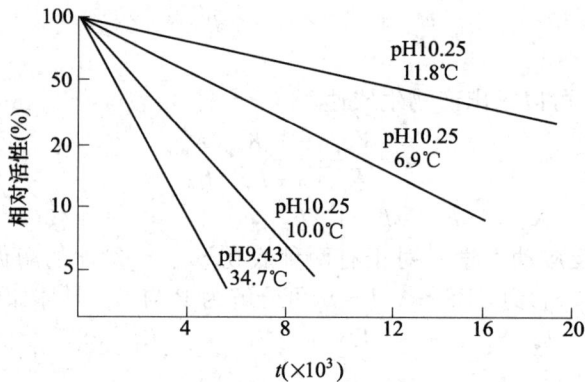

图 5-14 ATP 酶在不同 pH 和温度下的失活曲线

（二）固定化酶反应动力学及其影响因素

1. 影响固定化酶反应动力学的因素

（1）构象效应 固定化过程中酶和载体的相互作用引起酶的活性部位或受构部位的构象发生变化，导致酶与底物的结合活性下降，这种现象称为构象效应（图 5-15）。酶分子被吸附或者共价结合于固定载体上时，共价结合可能使整个酶分子拉长，改变酶活性部位的三维结构，从而改变酶的活性。

（2）屏蔽效应（或称位阻效应） 载体的存在对酶分子的活性部位造成了空间障碍，使酶不易与底物接触，从而带来酶的活性下降（图 5-15）。例如，在葡聚糖凝胶上，共价交联胰蛋白酶和木瓜蛋白酶的活性低于结合于琼脂糖时的活性，这是因为葡聚糖凝胶的空间屏蔽大于琼脂糖的空间屏蔽。

（3）微环境效应（或称分配效应） 固定化酶附近的环境称微环境，主体溶液称大环境，由于固定化酶所用载体和底物的疏水性、亲水性、静电作用等因素，引起微环境与大环境之间不同的性质而形成底物和各种效应物的不均匀分布，这种现象称为分配效应。底物浓度在两个环境中出现差别，影响酶的催化反应速率也有所不同。

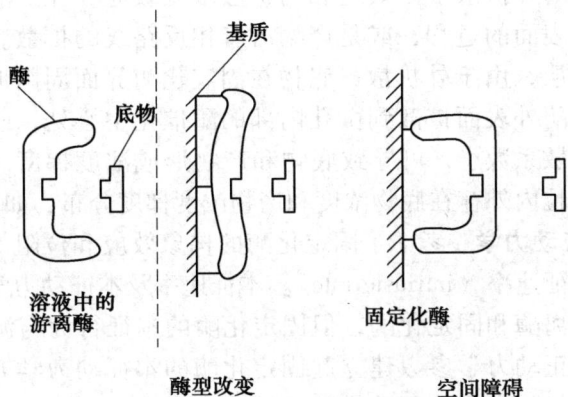

图 5-15　固定化酶构象效应及屏蔽效应示意图

（4）扩散效应　固定化酶对底物进行催化反应时，底物必须从主体溶液传递到固定化酶内部的催化活性中心处，反应所得产物则沿相反路线从酶的催化部位传递到主体溶液。这种扩散过程的速率在某些情况下可能会对反应速率产生限制作用，特别是酶的催化活性很高而物质的扩散速率缓慢时，这种扩散限制效应的影响会相当显著。

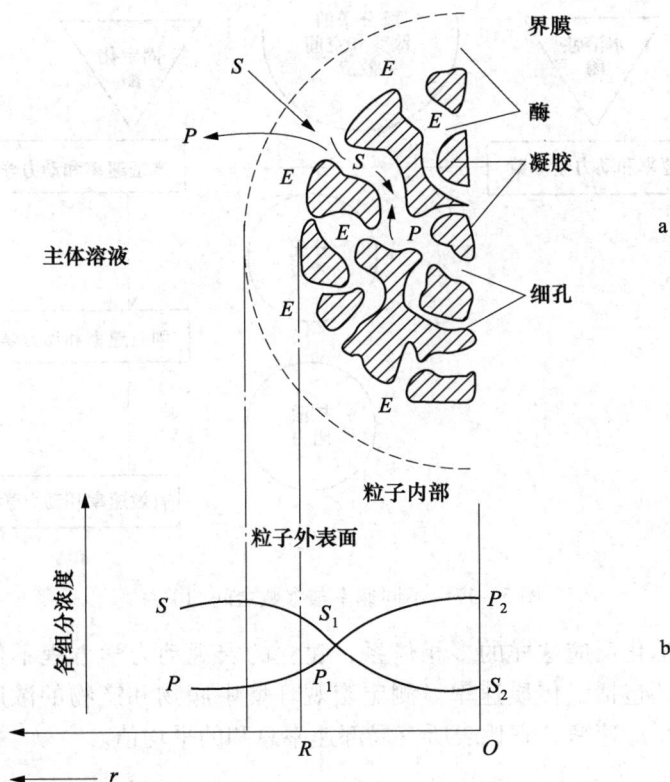

图 5-16　固定化酶剖面及浓度分布图
a. 固定化酶剖面　b. 浓度分布

生物工程

扩散限制效应分为外扩散限制效应和内扩散限制效应。外扩散是指底物从液相主体扩散至固定化酶外表面的过程，或是产物沿着相反路线的扩散。固定化酶界面周围形成 Nernst（液膜）层，由于外扩散，底物在固定化酶界面周围形成浓度梯度。内扩散是指底物从固定化酶外表面扩散到微孔内部的酶催化中心处，或是产物沿反方向的扩散。大分子物质扩散系数小，可导致底物和产物形成浓度梯度。因此，由于扩散限制效应，固定化酶颗粒内外存在底物浓度和产物浓度梯度分布，如图 5-16 所示。

2. 固定化酶反应动力学 考虑了固定化酶的构象效应和位阻效应的影响，固定化酶的反应速率称为本征速率（intrinsic rate）。本征速率及本征动力学参数是指酶的真实动力学行为，包括游离酶和固定化酶，但固定化酶的本征行为与游离酶的本征行为是有差别的，可通过校正动力学参数建立起固定化酶的本征动力学方程。在上述本征动力学基础上，再考虑仅仅由于分配效应造成的浓度梯度差异，这时建立的动力学称为固有动力学。

无论是否存在分配效应，由于受扩散限制，所得到的反应速率称为有效反应速率，或称为宏观反应速率，此时建立的宏观动力学方程不完全服从 M-M 方程形式。图 5-17 表示了不同动力学之间的关系。

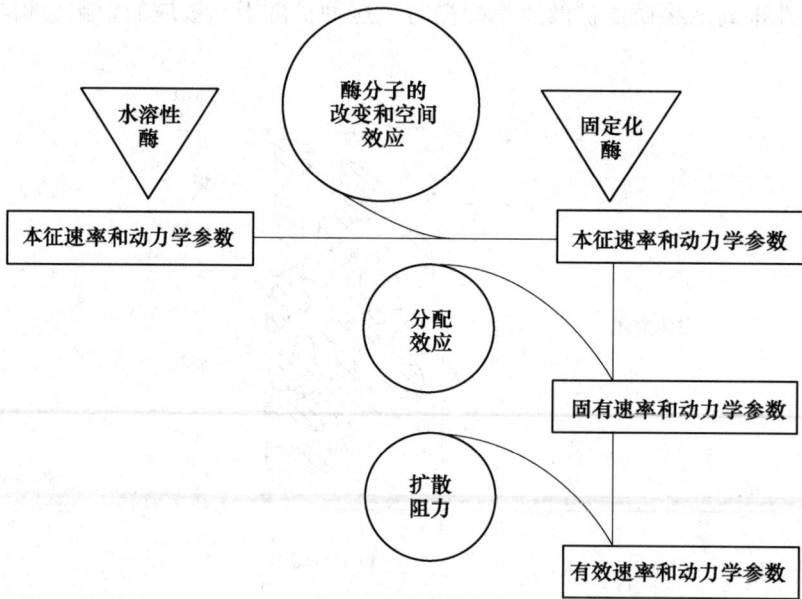

图 5-17 不同速率与参数之间的关系

对固定化酶催化反应这样的多相体系，建立的宏观动力学方程不仅包括酶的催化反应速率，而且还包括了传质速率。测定宏观环境中底物和产物的浓度变化，得到固定化酶催化宏观反应速率，它代表所有局部速率总和的平均值。

290

第五节　固定化酶技术在制药工业上的应用实例

一、聚丙烯酰胺凝胶包埋法制备固定化大肠杆菌（含门冬氨酸酶）

1. 材料　①*E. coli* ATCC 11303 悬浮液制备：1kg *E. coli* 湿菌体悬浮于 2L 生理盐水中，冷却至 8℃ 备用；②单体溶液制备：750g 丙烯酰胺和 40g Bis 溶于 2.4L 水中，冷却至 8℃ 备用。

2. 固定化　将 *E. coli* 悬浮液与单体溶液混合，加入 100ml 25%（*V/V*）β-二甲氨基丙腈和 500ml 1% 过硫酸钾，混匀后于 20℃ ~ 25℃ 放置 5min 即开始聚合，当温度升至 30℃ 时，冷却，直至完全聚合。然后将凝胶切成 3 ~ 4mm² 小块，用水洗涤，10ml 固定化 *E. coli*（相当于 1g 湿细胞）的门冬氨酸酶活力通常在 1300 ~ 1800μmol/h 之间。

3. 固定化 *E. coil* 活化　上述固定化细胞在 1mol/L 延胡索酸溶液（pH8.5，1mmol/L MgSO₄）中，于 37℃ 保温 24 ~ 28h，使细胞自溶，提高了底物与产物渗透和扩散作用，门冬氨酸酶活力提高了 9 ~ 10 倍（10ml 固定化细胞的酶活力在 12 000 ~ 17 000μmol/h 之间）。

4. 固定化 *E. coli* 反应堆制备　将规格为 440cm × 200cm 的填充床式反应器安装于可保持 37℃ 的转化室内，再将充分洗涤后的固定化 *E. coli* 细胞块装填于反应器内，即成固定化门冬氨酸酶反应堆。反应堆可分层填装，也可不分层填装。

5. 转化反应　取延胡索酸及 MgCl₂ 于保温配料罐中，加水溶解，搅拌下用浓氨水调 pH8.5，并使延胡索酸和 MgCl₂ 浓度分别为 1mol/L 和 0.1mmol/L，即成底物溶液，经澄清过滤后送入保温罐中并维持 37℃，然后按一定空间速度（SV）连续流过固定化 *E. coli* 反应堆，同时以控制转化率达到最大（ > 95%）为度，收集转化液用于分离纯化 L - ASP。

6. L - ASP 的分离与精制　上述转化液经过滤澄清后，搅拌下用 1mol/L HCl 调 pH2.8，5℃ 结晶过夜，滤取结晶，用少量冷水洗涤结晶，抽干，于 105℃ 烘干 2 ~ 3h，得 L - ASP 粗品。将粗品 L - ASP 用稀氨水溶解（pH5.0）成 15% 溶液，加 1%（*W/V*）药用活性炭，于 70℃ 搅拌脱色 1h，滤除活性炭，滤液用 1mol/L HCl 调 pH2.8，于 5℃ 结晶过夜，滤取结晶，用冷水洗涤，滤干，于 85℃ 真空干燥得药用 L - ASP。

二、包埋法固定化假单胞菌（含 L - 门冬氨酸 - β - 脱羧酶）生产 L - 丙氨酸

（1）假单胞菌体的固定　取湿菌体 20kg，加生理盐水搅匀并稀释至 40L，另取溶于生理盐水的 5% 角叉菜胶溶液 85L，两液均保温至 45℃ 后混合，冷却至 5℃ 成胶。浸于 600L 2% KCl 和 0.2mol/L 己二胺的 0.5mol/L pH7.0 的磷酸缓冲液中，5℃ 下搅拌 10min，加戊二醛至 0.6mol/L 浓度，5℃ 搅拌 30min，取出切成 3 ~ 5mm³ 小块，用 2% KCl 溶液充分洗涤后，滤去洗涤液，即得含 L - 门冬氨酸 - β - 脱羧酶的固定化细胞。

（2）50kg 固定化细胞，装于 Φ300cm × 2000cm 酶柱，料液浸泡后占柱体积的 2/3，形成固定化酶柱。

（3）55kg L - 门冬氨酸，加去离子水 350L，滴加氨水（28%）使溶液 pH5.0 ~ 6.8，

补加去离子水至400L，加入磷酸吡哆醛（PLP）0.1mmol/L，37℃保温，上行法通过酶柱，反应时有大量气泡产生，系L-门冬氨酸β-脱羧产生的二氧化碳，控制产物的流出速度，使pH≥7.0，流出液中产物转化率达98%。产物先通过732强酸性阳离子交换树脂，除去金属离子后，调pH=4.0沉淀除去未反应的L-Asp；加入5%的活性炭脱色，再通过330树脂后，置浓缩罐中浓缩至80L左右。冷却后适量乙醇，结晶过夜，离心收集结晶，干燥即得成品L-丙氨酸。

三、卡拉胶包埋法制备固定化黄色短杆菌（含延胡索酸酶）生产L-苹果酸

将8kg黄色短杆菌悬浮于8L 45℃生理盐水中；另取1.6kg卡拉胶溶于34L生理盐水中，两者于50℃混匀，再加1.9%聚乙烯酰亚胺4L，混匀，分装于搪瓷盘中使成3~4cm厚度，冷却至10℃30min，浸泡于0.3mol/L KCl溶液中4h，切成0.5cm²小块，于0.3%猪胆汁酸溶液中（pH7.5，含1mol/L富马酸）浸泡18~20h，即得延胡索酸酶块，活力回收率70%左右。

该固定化酶可用于生产L-苹果酸，在使用得当情况下，可连续使用半年以上。

四、固定化氨基酰化酶拆分DL-苯丙氨酸

1. **固定化氨基酰化酶的制备** 取DEAE-Sephadex A-50于去离子水中充分浸泡后，依次用10倍量0.5mol/L HCl和0.5mol/L NaOH溶液搅拌处理30min，再用去离子水洗至中性，然后依次用0.1mol/L及0.01mol/L的pH7.0磷酸缓冲液处理1~2h，滤干备用。

另取培养40~50h的米曲（*Aspergillus oryzae*）3042扩大曲用6倍量去离子水分两次抽提，滤去残渣。滤液用2mol/L NaOH溶液调pH6.7~7.0，按100L酶液加1kg已处理的湿DEAE-Sephadex A-50的比例混合，于0℃~4℃搅拌吸附4~5h，滤取DEAE-Sephadex A-50，依次用去离子水、0.1mol/L醋酸钠、0.01mol/L的pH7.0磷酸缓冲液洗涤3~4次，滤干得固定化氨基酰化酶，加1%甲苯后于冷库中贮存，备用。

2. **Ac-DL-Phe的制备** 将DL-Phe、冰醋酸及醋酸酐按1:7:1（W/V/V）的比例加入反应釜中，90℃反应4~5h，回收醋酸，浓缩液加一定量去离子水，再浓缩至一定体积，冷却结晶，滤取结晶于60℃真空干燥得Ac-DL-Phe。

3. **酶水解** 在1000L反应罐中加700L 0.1mol/L Ac-DL-Phe钠盐溶液，搅拌下滴加6mol/L HCl至pH6.7~7.0，加15~20kg固定化氨基酰化酶，50℃反应4~5h，过滤，滤液待分离L-Phe，固定化酶再用于转化。

4. **分离纯化** 上述滤液用6mol/L HCl调至pH4.8~5.1，减压浓缩至35L左右，浓缩液于0℃结晶过夜，滤取结晶并用10L冷乙醇洗涤3次，抽干，于80℃烘3~4h，得L-Phe粗品。滤液和洗涤液合并后减压浓缩至20L左右，得Ac-D-Phe溶液，待消旋和再转化。

5. **精制** 取50L去离子水于100L反应罐中，加热至95℃~100℃，投入5kg L-Phe粗品，搅拌溶解，加药用活性炭0.25kg，搅拌脱色3min。趁热过滤，滤液转移至200L结晶罐中，冷却至40℃，加50L 40℃95%乙醇，用6mol/L HCl调pH5.5，于0℃结晶过夜，滤取结晶，用10L冷乙醇洗涤3~4次，抽干，于80℃干燥3~4h。母液浓缩回

收 L-Phe 结晶，所得结晶如上法重结晶 1 次，得药用 L-Phe。结晶母液及洗涤液合并，减压浓缩后转入粗品母液，待消旋。

6. **Ac-D-Phe 的消旋**　上述粗品及精品 L-Phe 母液及洗涤液合并后浓缩至 60L，于 100L 反应罐中在搅拌下缓缓加入醋酸酐 18.5L，在 25℃~45℃ 搅拌反应 30min，冷却至室温，放置 6h，用浓盐酸调 pH1.5~2.0，5℃ 结晶过夜，滤取结晶，用去离子水洗涤 3~5 次，每次 20L，抽干，于 40℃ 真空干燥得 Ac-DL-Phe。

再如前述，用固定化氨基酰化酶水解，如此反复操作，直至全部 Ac-D-Phe 均转化为 L-Phe 为止。

五、固定化酵母细胞生产果糖 -1,6- 二磷酸

果糖 -1,6- 二磷酸（FDP）是治疗急性心肌梗死、心肌缺血发作、休克急救的新药。可以采用酵母细胞固定化技术生产，工艺如下。

1. **酵母细胞固定化**　称取聚乙烯醇（PVA）40kg，悬浮于 10 倍水中，置于 1000L 反应罐中。蒸气加热至 95℃，搅拌至 PVA 完全溶解，冷却至室温。另称取酵母细胞 100kg，加入 100L 底物溶液（含 8% 蔗糖，4% $NaH_2PO_4 \cdot 2H_2O$，4mmol/L $MgCl_2 \cdot 6H_2O$ 和 4.5% 甲苯），混合均匀后，倒入 PVA 溶液中，继续搅拌 20min 后，从罐底部放出，-15℃ 冷冻过夜，次日制成 0.5cm×0.5cm×0.5cm 方块备用。

2. **固定化酵母细胞活化**　将切好的固定化酵母细胞转移至 1000kg 反应罐中，加入 280L 麦芽汁，30℃ 搅拌 12h，得活化的固定化酵母细胞。

3. **酵母提取液制备**　称取 10kg 干面包酵母，加入底物溶液 200L，30℃ 搅拌 30h，蒸汽加热至 95℃ 后保温 10min，离心过滤，收集滤液，即为酵母提取液。

4. **固定化酵母细胞转化 FDP 的批式反应**　将 500kg 固定化酵母细胞装入 2000kg 反应罐中，加入 925L 底物溶液，75L 酵母提取液及 2mg/ml 氯丙嗪。30℃ 缓慢搅拌，反应 12h，每小时间隔取样测定反应液中 FDP 含量。

5. **阴离子交换树脂纯化 FDP**　阴离子交换柱 5 根（30cm×220cm），用 2mol/L NaOH 和 HCl 处理后，去离子水洗至中性，加入 FDP 转化液，上样量为每柱 100L 左右，速度为 50L/h。上样完毕后用 NaCl 梯度洗脱，用硫酸蒽酮法检测洗脱情况，收集 FDP 馏分。用 4mol/L NaOH 调至 pH7.0 测定 FDP 含量。

6. **FDP 钙盐制备**　按以上洗脱液 FDP 测定值计算 FDP 总量，再以 FDP：Ca=1：2 的摩尔比加入无水 $CaCl_2$，搅拌均匀后加入不同量的药用乙醇，沉淀静置过夜，次日虹吸去上清液，离心过滤，收集沉淀，再用浓乙醇洗涤 4 次，除去氯离子。

7. **转型、冻干**　向 pH3.0 的 0.4mol/L 草酸溶液中，加入 $FDPCa_2$ 盐，形成 $FDPNa_3H$，抽滤，用 1% 活性炭脱色后超滤，冻干，即得 FDP 成品。

六、固定化大肠杆菌生产 γ- 氨基丁酸

1. **培养基**　*E. coli* 培养基组成（%）为牛肉膏 5.0，蛋白胨 3.0，K_2HPO_4 0.1，$MgSO_4$ 0.02，玉米浆 0.3，$FeSO_4$ $5×10^{-6}$，pH7.0。

2. **_E. coli_ 培养**　取 100ml 锥形瓶，培养基装量为 20ml，120℃ 灭菌 30min，冷却后接种含 L- 谷氨酸脱羧酶的 *E. coli* 斜面菌种，于 37℃ 振荡培养 20h，再取 2L 三角烧瓶，

培养基装量为 250ml，接种上述液体培养基中的 *E. coli* 培养物，接种量为 1% ~ 2%，37℃培养 20h 后，转入 100L 培养罐，接种量 1%，搅拌及通气培养 20 ~ 24h，直至扩大到 1000L 培养罐。培养结束后，用高速离心机离心收集菌体，备用。

3. *E. coli* 固定化　取 10kg 上述 *E. coli* 湿菌体，加入 10L 生理盐水或离心收集菌体后的培养液，搅拌均匀制成 *E. coli* 细胞悬液。另取 4kg 海藻酸钠加热水 100L，80℃搅拌溶解后冷却至 30℃，加入上述 *E. coli* 细胞悬浮液，通过喷珠设备喷入搅拌下的 5℃ 10% $CaCl_2$ 溶液中，即形成直径 3 ~ 5mm 的珠状颗粒，搅拌 30min 后，滤取固体颗粒，用蒸馏水洗涤一次，投入 400L 含 0.05mol/L $CaCl_2$ 的 0.05% 戊二醛溶液中搅拌 2h，滤干后用蒸馏水充分洗涤，除去戊二醛，滤干后浸入 pH4.4、0.1mol/L 醋酸 – 醋酸钠缓冲液中，即为含 L – 谷氨酸脱羧酶的固定化 *E. coli*，备用。

4. 转化反应　取 L – 谷氨酸 15kg，加 pH4.4、0.1mol/L 醋酸 – 醋酸钠缓冲液至 1500L，搅拌溶解后，过滤澄清，滤液转移至 2000L 搅拌罐反应器中，升温至 37℃，加入 20kg 上述固定化 *E. coli*，维持反应器 37℃，以 120r/min 速度搅拌反应 6 ~ 7h，控制转化率接近 100%，然后滤出转化液待分离 γ – 氨基丁酸。固定化 *E. coli* 再转入另一批反应，如此反复进行反应。

5. 辅酶再生　固定化 *E. coli* 经多次转化反应后，由于辅酶的流失，致使转化率下降，因此为恢复转化率，需进行辅酶再生。其过程是将含 2.5mmol/L L – 谷氨酸、0.05mmol/L 磷酸吡哆醛或盐酸吡哆辛的 pH6.0、0.05mol/L $CaCl_2$ 溶液于 37℃保温 15 ~ 20min 后，加入已多次使用过的固定化细胞，于 37℃保温搅拌 2 ~ 3h，滤出固定化细胞，用蒸馏水洗涤 1 ~ 2 次，固定化细胞的辅酶即已再生，且转化率又可恢复到原来水平，可继续用于转化。

6. 离子交换色谱　取新的 732 阳离子交换树脂，用 3 倍体积（*W/V*）工业乙醇搅拌浸泡 2h，滤出树脂，用蒸馏水洗涤 2 ~ 3 次，再依次用 2mol/L HCl、2mol/L NaCl 及 2mol/L HCl 溶液浸泡、洗涤，最后装柱（460cm × 150cm），用蒸馏水洗涤至流出液 pH 至 5 ~ 6，然后将上述 1500L 转化液滤清，滤液以 5L/min 流速进柱，再用蒸馏水以同样流速洗涤柱床，待流出液 pH 值至 5 ~ 6 时，改用 1mol/L 氨水并以 2L/min 的流速进行洗脱，同时按每桶 10L 体积进行分部收集，直至全部 γ – 氨基丁酸洗出为止。

7. 精制　合并上述含 γ – 氨基丁酸的洗脱液，加 0.5%（*W/V*）药用活性炭于 70℃搅拌脱色 30min，滤去活性炭，滤液经薄膜浓缩器减压浓缩至析出结晶为止，浓缩液于 5℃结晶过夜，次日滤取结晶，用少量冷水及乙醇先后洗涤，抽干，于 80℃真空干燥，粉碎过筛得 γ – 氨基丁酸精品。

七、明胶 – 戊二醛包埋法制备固定化链霉菌细胞（含葡萄糖异构酶）

向 10g 玫瑰暗黄链霉菌湿菌体中加入 0.1ml 25% 戊二醛，搅匀；另取 1g 照相明胶溶于 8ml 水中，然后与上述菌体混匀，铺于玻板上使成 2 ~ 3mm 厚薄膜，于 0℃ ~ 5℃冰箱内放置 1h，再投入 75ml 0.25% 戊二醛溶液中浸泡 24 ~ 48h，机械破碎成 10 目颗粒，蒸馏水洗涤后即得固定化细胞，葡萄糖异构酶活力回收率为 40%。

该固定化酶可用于工业化生产高果糖浆。

（王　旻　张　芳）

第六章 微生物工程

第一节 概　述

一、微生物工程的概念及发展

微生物工程（microbial engineering）又称发酵工程，是一门利用微生物的生长和代谢活动来生产各种有用物质的工程技术，是生物工程的重要组成部分。早在数千年之前，人们就已经开始利用微生物进行酿酒、制曲、制奶酪等生产活动，然而当时并不知道这是微生物发酵作用的结果，也没有形成系统的微生物工程理论，这种发酵可称为传统发酵技术，其特点是混合菌发酵，且发酵过程完全凭经验控制；而近代发酵技术始自 19 世纪末，其特征为微生物纯培养：1872 年布雷费尔德（Brefeld）进行了霉菌的纯种分离与培养；1878 年英国医生利斯特成功地纯化培养乳酸菌并测定了菌数，随后德国细菌学家柯赫（Koch）发明了用明胶斜面分离培养菌种和鉴定菌种的纯培养技术，1886 年，丹麦的汉森（Hansen）采用液滴培养法分离纯种啤酒酵母，由此揭开了人类有目的地分离有益微生物来生产所需产品的序幕。微生物纯培养技术的建立，开创了人为控制微生物的时代，促进了近代微生物发酵工业的形成。在此技术的基础上，人们改进了发酵管理工程技术，发明了简便的密闭式发酵罐，初步建立了人工控制环境条件的发酵系统，使啤酒、葡萄酒、酱油等生产的腐败现象大大减少，生产规模和发酵效率不断提高，逐渐由手工作坊向大型工业化生产转变。

1929 年英国学者 Fleming 发现青霉素，1941 年用于临床。青霉素显著的临床效果和工业化生产带来的巨大效益，推动了发酵工业快速发展，促进了抗生素工业的兴起和迅速发展，也带动了现代微生物工程技术的发展和变革。在青霉素工业生产过程中，人们设计和建立了深层液体通气培养技术，奠定了现代发酵工业的基础，随之而来的是抗生素、氨基酸、有机酸、酶制剂等众多发酵产业的迅速崛起；20 世纪 60 年代代谢调控及诱变育种技术的应用，使人们可以有目的地改良和筛选微生物菌种，以获得较高产量，是现代微生物工程技术的第二次变革；20 世纪 70 年代基因工程技术的出现和应用，为发酵工业带来了第 3 次重大变革，它使得人们可以按照自己的意志，改造或创建新的微生物物种，以生产特定的微生物产品，或提高现有微生物产品的产量，极大地拓宽了微生物工程的研究和应用领域。概括起来，微生物工程技术变革及发酵工业的发展如图 6－1。

时间	微生物工程技术	代表性产物
公元前3世纪前	天然发酵(酿造)	酿酒、制酱、制醋、奶酪
19世纪末	微生物的发现 →	
	无菌操作技术 →	
	纯培养发酵技术	乙醇、丙酮、丁醇发酵
20世纪40年代	化学工程的进步 →	
	深层培养发酵技术	抗生素、有机酸
20世纪50~60年代	酶化学的进步 →	
	微生物转换技术	固醇类激素
	生物化学的进步 →	
	微生物遗传学的发展 →	
	代谢控制发酵技术	氨基酸、核苷酸等
	烃资源菌的发现 →	
	利用非糖类的发酵	蛋白质和烃为原料的化工产品
20世纪70年代	分子生物学，细胞工程酶工程 →	
	生物工程，新生物技术	
	1.基因工程	人生长激素、胰岛素
	2.细胞大量培养,细胞融合	高特异性抗体
	3.生物反应器	范围广泛的生理活性物质

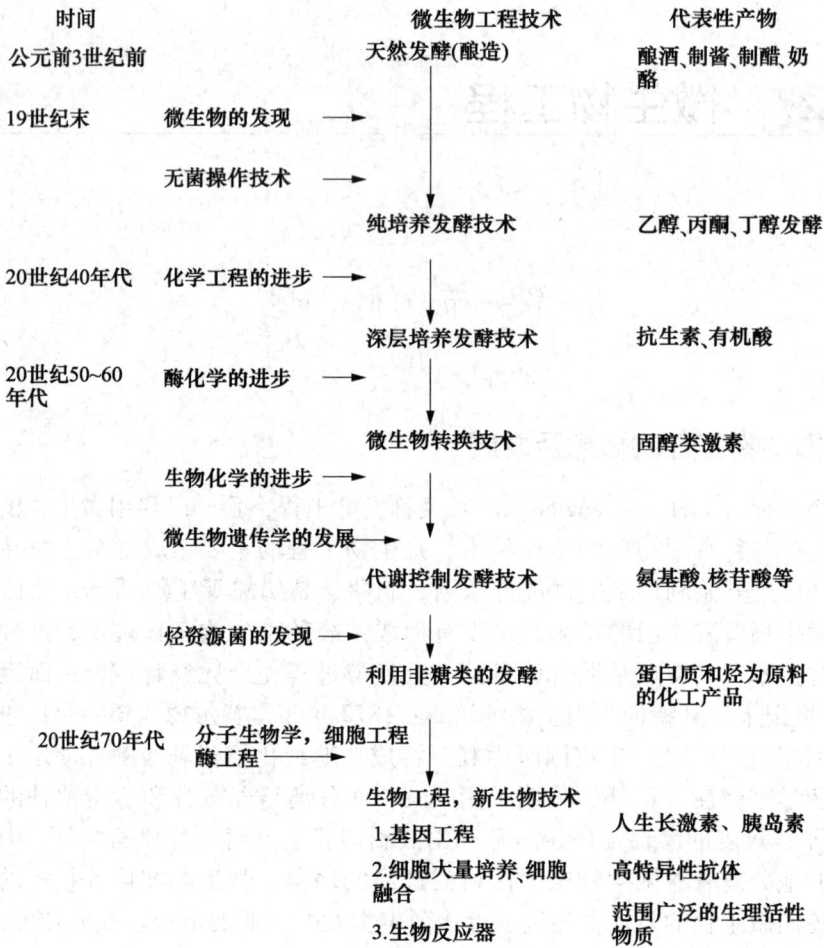

图 6-1　微生物工程的发展

二、微生物工程的一般过程

利用微生物工程技术生产目的产品，主要流程如下：

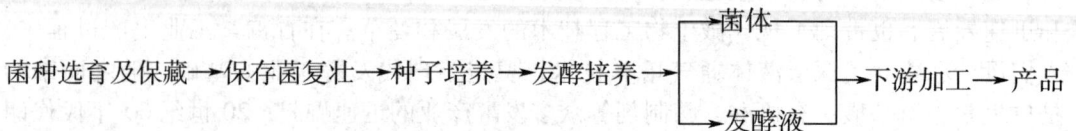

菌种选育及保藏 → 保存菌复壮 → 种子培养 → 发酵培养 → ┌ 菌体 ┐ → 下游加工 → 产品
└ 发酵液 ┘

（一）菌种的选育与菌种保藏

1. **菌种的分离**　根据微生物的生态特点，从自然界取样，分离所需菌种。如果收集到的样品中所需要的菌较多，可直接分离，若含所需要菌很少，就需要经过富集培养，使所需的菌大量生长，以利筛选。采用一般稀释分离法或划线分离法将不同类型的菌种分开，获得单菌落，通过菌种鉴定及检测目的产物等方法获得所需菌种。

2. **菌种的筛选**　从自然界获得的野生菌通常积累目的产物的量较低，不能满足实际生产需要，因此需通过诱变选育的方法，以获得高产、稳产、对培养要求较低的生产菌种。在菌种选育过程中可以使用自然选育或诱变育种等方法，自然选育是利用微生物在一定条件下自发突变的原理，通过分离、筛选排除衰变型菌落，从中选择维持原有生产水平的菌株，能达到纯化、复壮菌种，稳定生产的目的；诱变育种则是有意识地将生物体暴露在物理的、化学的或生物的诱变因子中，促使生物体发生突变，进而从突变体中筛选具有优良性状的突变株的过程。

3. 菌种保藏　经筛选得到的菌种还要通过适当的方法保藏，以保证获得的优良性状不丢失，同时要避免保存过程中菌株死亡或染上杂菌。常用的菌种保藏方法有：

（1）斜面低温保藏法　将菌种在斜面培养基上培养得到健壮的菌体后，放在4℃左右保藏，通常细菌每月需移植一次，放线菌每3个月移植一次，酵母菌每4～6个月移植一次，丝状真菌每4个月移植一次。保存期间应注意冰箱的温度，不能波动太大，切忌保存在0℃以下。

（2）甘油冷冻保藏法　将对数生长期的菌体悬浮于无菌水中，加入80%无菌甘油，使甘油终浓度为15%，混匀速冻，冻存于−70℃～−80℃，可保存3～5年。

（3）冷冻干燥保藏法　是将细胞悬浮在保护剂中（常用脱脂消毒牛奶），在较低的温度下（−15℃以下）快速地将细胞冻结，并保持细胞完整，然后在真空中使水分升华，待干燥后封口，冷冻保藏，使菌体维持在真空低温环境中，代谢活动处于极低水平，因此菌种可保存很长时间，一般5～10年，最多可达15年之久，是目前保存菌种的一种比较好的方法。

（4）液氮超低温保藏法　微生物在−130℃以下的低温时，所有代谢活动暂时停止而生命延续，微生物菌种得以长期保存，为减少冰晶对细胞的伤害，通常需加入甘油等保护剂。

（5）其他干燥保藏法　如用沙、土或沙土混合，明胶、硅胶、滤纸、麸皮、陶瓷玻璃珠等作附着剂或载体粘连上细胞干燥后保存。

（二）培养发酵

培养发酵操作的基本原则是按照特定微生物发酵的要求，保证和控制各种环境条件，如营养物浓度、温度、pH、压力、溶解氧浓度等，以促进微生物的新陈代谢，使之能在低消耗下获得较高的产量。对于不同的发酵生产，所要求的环境条件各不相同。如乙醇、丙酮、丁醇、乳酸等的发酵生产为厌氧发酵，氨基酸、抗生素、单细胞蛋白等大多数发酵产品的生产为好氧发酵。因此，必须根据具体微生物的特性、代谢规律和产品特点，来选择合适的发酵设备和发酵条件。

（三）发酵产品下游加工过程

从微生物发酵液中分离、精制生物产品的过程常称为下游加工过程（down stream processing）。一般说来，下游加工过程可分为发酵液预处理、初步纯化、高度纯化（精制）和成品加工四部分，所用单元操作包括絮凝、固液分离、细胞破碎、沉淀、吸附、膜分离、萃取、离子交换、电泳、结晶、色层分离、浓缩、干燥、包装等。

（四）微生物发酵过程废弃物的处理

微生物发酵工业的废弃物包括三部分：原料处理过程中剩下的废渣，产品分离与提取过程剩下的细胞、废渣和废母液，以及生产过程中的各种洗涤水、冷却水。发酵废弃物一般不含有毒物质，但BOD（生化需氧量）和COD（化学需氧量）含量很高，其中不乏许多有用物质。如果直接排放，不仅会造成严重的环境污染，而且是资源的浪费。综合利用发酵液废弃物，发展高效、低能耗的废水处理技术，以实现发酵过程的清洁生产，是近年来微生物工程研究的重点之一。

三、微生物工程的特点

微生物工程与化学工程有一些相似之处，化学工程中许多单元操作在微生物工业中得到应用，但由于微生物工业是培养和处理活的有机体，所以除了与化学工程有共性外还有它的特殊性。例如在细胞培养发酵过程必须严格防止染菌，空气除菌系统、培养基灭菌系统等都是微生物工业中所特有的；而提取部分的单元操作虽然与化工中的单元操作无明显区别，但为适应菌体与微生物产物的特点，还要采取一些特殊措施并选用合适的设备。

1. 与化学工程相比，微生物反应过程的特点

（1）微生物种类繁多，世代周期短，通过选育可以获得高性能菌种，大幅度提高产能。

（2）反应条件温和，通常在常温、常压进行。原料以淀粉等糖类为主，无需精制。

（3）能够进行复杂的反应过程，且多个反应可同时进行，反应过程由生命体自动调节控制，可生产复杂的高分子化合物，并可进行手性合成单一的光学异构体。

（4）发酵产物通常为可降解的有机物质，含维生素、蛋白质、酶等有用物质，除特殊情况外，发酵产物一般对生物体无害。

2. 微生物反应过程的问题　微生物反应过程的这些特征决定了微生物工程的种种优点，使得微生物工程成为生物技术的核心之一而受到广泛重视，但其中尚有一些问题应该引起注意。

（1）底物不可能完全转化成目的产物，相对化学反应而言，反应器效率低。而且不可避免产生各种副产物，因而造成提取精制困难，这是目前发酵行业下游操作落后的原因之一。

（2）微生物反应是活细胞的反应，产物的获得除受环境因素影响外，也受细胞内因素的影响，并且菌体易发生变异，实际控制相当困难。同时由于原料是农副产品，虽然价廉，但质量波动较大，也使得发酵过程的控制复杂化。

（3）与化工相比，虽然设备简单，能耗也低，但由于细胞生长密度以及产物、产量的限制，常需要使用大体积的反应器，并且要在无杂菌污染情况下进行操作。

（4）发酵废水常具有较高的 COD 和 BOD，需要进行处理。

第二节　微生物细胞培养技术

工业微生物绝大部分都是异养型微生物，在其生长和繁殖过程中需要添加按一定比例组成的外源营养物质，诸如糖类、蛋白质等，以提供能量和构成特定产物需要的成分。这种人工配制的适合于不同微生物生长、繁殖和积累代谢产物的营养基质称为培养基。

一、培养基的组成

培养基的原材料归纳起来有碳源、氮源、无机盐、微量元素、水和前体等。

1. 碳源　碳源是组成培养基的主要成分之一。它可为微生物菌种的生长繁殖提供能源和合成菌体细胞所必需的碳成分；还为菌体合成目的产物提供所需的碳成分，常用的碳源有糖类、油脂和有机酸等。

单糖特别是葡萄糖极易被利用，几乎所有的微生物都能利用葡萄糖。葡萄糖可作为加速微生物生长的一种有效的糖，但是过多的葡萄糖会加重菌体的呼吸，使一些中间代谢物不能完全氧化而积累在菌体或培养基中，如丙酮酸、乳酸、乙酸等导致 pH 下降，影响某些酶的活性，从而抑制微生物的生长和产物的合成。另外，有些葡萄糖的分解产物，虽然不导致 pH 下降，但它能阻遏或抑制某些产物合成所必需的酶的形成或酶的活性，即发生葡萄糖效应；蔗糖、乳糖也被用作碳源，蔗糖多数以糖蜜的形式供应，乳糖因其利用较为缓慢，对产物生物合成抑制或阻遏作用弱，在青霉素发酵中被广泛应用；淀粉、糊精等多糖也是常用的碳源，这些多糖一般都要经菌体产生的胞外酶水解成单糖后再被吸收利用。

油和脂肪也能被许多微生物用作碳源和能源。这些微生物都具有比较活跃的脂肪酶。在脂肪酶作用下，油或脂肪被水解成甘油和脂肪酸，在溶解氧的参与下，进一步氧化成 CO_2 和 H_2O，并释放大量的能量。因此，当微生物利用脂肪作为碳源时，要供给比糖代谢更多的氧，不然大量脂肪酸和代谢中的有机酸积累，会引起发酵液 pH 下降及影响微生物酶系统的作用。脂肪酸被氧化成短链形式时也可直接参与微生物目的产物的合成。

2. 氮源　氮源主要用于构成菌体细胞物质，如氨基酸、蛋白质、核酸等和含氮的目的产物如抗生素。常用的氮源可分为有机氮源和无机氮源两大类。

常用的有机氮源有花生粉、黄豆饼粉、玉米浆、玉米蛋白粉（即玉米麸质粉）、蛋白胨、酵母粉、鱼粉、蚕蛹粉、尿素、废菌丝体等。它们在微生物分泌的蛋白酶作用下，水解成氨基酸，被菌体吸收后再进一步分解代谢，最终用于合成菌体细胞物质和含氮的目的产物。有机氮源除含有丰富的蛋白质、多肽和游离氨基酸外，往往还含有少量糖类、脂肪、无机盐、维生素及某些生长因子，因而微生物在含有机氮源的培养基中常表现出生长旺盛、菌丝浓度增长迅速。

常用的无机氮源有铵盐（如氯化铵、硫酸铵、硝酸铵、磷酸铵），硝酸盐（如硝酸钠、硝酸钾）和氨水等。微生物对它们的吸收利用一般比有机氮源快，所以也称为迅速利用的氮源。这种氮源在抗生素发酵工业中也会出现类似于葡萄糖效应的现象，使产量大幅度下降。

培养基中的无机氮源被微生物迅速利用后的另一个特点是常会引起 pH 的变化，如用（NH_4）$_2SO_4$ 或 $NaNO_3$ 作为氮源时，其反应式如下：

$$(NH_4)_2SO_4 \longrightarrow 2NH_3 + H_2SO_4$$

$$NaNO_3 + 4H_2 \longrightarrow NH_3 + 2H_2O + NaOH$$

反应中所产生的 NH_3 被菌体作为氮源利用后，培养液中就留下了酸性或碱性物质，这种经微生物生理作用（代谢）后能形成酸性物质的无机氮源（如硫酸铵）称为生理酸性物质；经菌体代谢后能产生碱性物质的无机氮源（如硝酸钠）称为生理碱性物质。正确使用生理酸、碱性物质，对稳定和调节发酵过程的 pH 有积极作用。

氨水在发酵过程常作为 pH 调节剂，它也是一种容易被利用的氮源，在许多发酵过程中都采用通氨工艺。在采用通氨工艺时应注意加强搅拌，以防止局部过碱，同时氨水中含有多种嗜碱性微生物，在使用前应用石棉等过滤介质进行除菌过滤，或将氨水贮放一段时间，使用时吸取清液部分，因为大多数微生物吸附在尘埃上面沉降在容器的底部。

3. 无机盐和微量元素　微生物在生长繁殖和合成目的产物的过程中，需要某些无机盐和微量元素作为其生理活性物质的组成或代谢的调节物。如磷、硫可构成细胞物质，镁、铁可作为酶的组成成分或维持酶活性，钠、钾可调节细胞渗透压。这些物质一般在低浓度时对微生物生长和目的产物合成有促进作用，在高浓度时常表现出明显的抑制作用。而各种不同的微生物及同一微生物在不同的生长阶段对这些物质的最适浓度需求均不相同，因此，在生产中要通过试验才能了解菌种对无机盐和微量元素的最适需求量。

在制备培养基时，镁、磷、钾、硫、钙和氯等以盐的形式（$MgSO_4$、KH_2PO_4、K_2HPO_4、$CaCO_3$、KCl 等）加入，而钴、铜、铁、锰、锌、钼等缺少了对微生物生长繁殖及目的产物合成固然不利，但因需要量很少，除了合成培养基外，一般在复合培养基中不再另外单独加入。因为复合培养基中的许多动、植物原料如花生粉、黄豆粉、蛋白胨等都含有这些微量元素。有些发酵产品对铁很敏感，如青霉素发酵要求的最适铁含量在 $20\mu g/ml$ 以下，否则发酵单位将大幅度降低，若用铁罐进行发酵，必须对罐进行处理，可用硫酸铵溶液洗涤或在铁罐内涂油防止氧化。

常用的碳酸钙本身不溶于水，几乎是中性，但它能与代谢过程中产生的酸起反应，形成中性化合物和二氧化碳，后者从培养基中逸出。因此碳酸钙对培养液的 pH 有一定的调节作用。在配制培养基时应注意两点：一是由于培养基中钙盐过多会形成磷酸钙沉淀而降低培养基中可溶性磷的含量，因此当培养基中磷和钙均要求较高浓度时，可将两者分别消毒或逐步补加；二是先将配好的培养基（除 $CaCO_3$ 外）用碱调到 pH 接近中性，再将 $CaCO_3$ 加入培养基中，这样可防止 $CaCO_3$ 在酸性培养基中被分解而失去其在发酵过程中的缓冲能力。另外，要严格控制所使用的 $CaCO_3$ 中的 CaO 等杂质的含量。

4. 生长因素和发酵刺激物　有些微生物即使在具有合适的水分、碳源、氮源、无机盐等的条件下，还不能生长或生长不好，但如果加入少量酵母粉或动物肝脏的浸出液，则生长良好。这是由于酵母粉及动物肝脏中存在某些微生物生长所必需的有机物质，但其需要量不大，通常把这些特殊的营养物称为生长因素。常用的生长因素主要有维生素、氨基酸和嘌呤、嘧啶。

在微生物代谢调控研究中人们发现某些物质能够刺激抗生素等次生代谢物的生物合成。如甲硫氨酸或亮氨酸对头孢菌素 C 生物合成的刺激作用，推测其能诱导产生、参与头孢菌素 C 生物合成的酶。还有一些化合物能被微生物直接利用来构成产物分子结构的一部分，而化合物本身的结构没有大的变化，这些物质被称为前体。前体最早是从青霉素生产中发现的，当在青霉素发酵培养时添加玉米浆后，青霉素单位可从 $20u/ml$ 增加到 $100u/ml$。进一步研究表明，发酵单位增长的主要原因是玉米浆中含有苯乙胺，它能被优先结合到青霉素分子中去，从而提高了青霉素 G 的产量。在以后的有关青霉素生物合成的研究结果表明，青霉素合成的能力决定于其侧链的合成，即侧链的合成是整个青霉素生物合成过程中的限速步骤；另外发现，加入不同的侧链能够得到一系列青霉素产物。因此，通过在基础培养基中加入中间补料苯乙酸的方法来制备青霉素 G，加入苯氧乙酸来生产青霉素 V。很多前体物质如苯乙酸等浓度过高时对菌体会产生毒性，菌体还具有将前体氧化分解的能力，因此在生产中为了减少毒性和提高前体的利用率，常采用少量多次的流加工艺。

5. 水　水是所有培养基的重要组成部分，也是微生物机体必不可少的组成成分。因此，水在微生物代谢过程中占有极其重要的地位。它除直接参加一些代谢反应外，又是进行代谢反应的内部介质。此外，微生物特别是单细胞微生物由于没有特殊的摄食及排泄器官，它的营养物、代谢物、氧气等必须溶解于水后才能通过细胞表面进行正常的活动。另外，由于水的比热较高，能有效地吸收代谢过程中所放出的热，使细胞内温度不致骤然上升。同时水又是一种热的良导体，有利于散热，可调节细胞温度。由此可见，水的功能是多方面的，它为微生物生长繁殖和合成目的产物提供了必需的生理环境。

二、培养基的种类

1. 培养基按组成物质的来源分类　可分为合成培养基和天然培养基，前者所用原料的化学成分明确、稳定，但营养单一且价格昂贵，用这种培养基进行实验重现性好、低泡、呈半透明，适用于研究菌种基本代谢和过程的物质变化，但由于成本较高而不适用于大规模工业生产。发酵工业普遍使用天然培养基，它的原料是一些天然的动植物产品，如花生粉、酵母膏、蛋白胨等，营养丰富，适合于微生物的生长繁殖和目的产物的合成。一般天然培养基中不需要另加微量元素、维生素等物质，且组成培养基的原料来源丰富，价格低廉，适用于工业生产。但由于天然培养基的组分复杂，不易重复，故若对原料质量等方面不加控制会严重影响生产的稳定性。

2. 培养基按状态分类　可分为液体培养基、固体培养基和半固体培养基。液体培养基中的 80%～90% 是水，其中配有可溶性的或不溶性的营养成分，是发酵工业大规模常使用的培养基，发酵方式上通常采用液体深层发酵的方法。除了液体发酵法外，工业上有一些产品使用固体发酵的方法，常在液体培养基中加入麸皮、稻壳等，使培养基呈疏松固状，以利于微生物生长。此外，固体培养基还适用于菌种的分离和保存。半固体培养基是在配好的液体培养基中加入少量琼脂，一般用量为 0.5%～0.8%，培养基即呈半固体状态，主要用于鉴定菌种、观察细菌运动特征及噬菌体的效价测定等。

3. 培养基按其用途分类　一般可分为孢子培养基、种子培养基和发酵培养基。孢子培养基是供菌种繁殖孢子的一种常用的固体培养基，能使菌体迅速生长，产生较多优质孢子并不易引起菌种发生变异；种子培养基一般指一、二级种子罐的培养基和摇瓶培养基，这种培养基主要含有容易被利用的碳源、氮源、无机盐等，使孢子很快发芽、生长以及大量繁殖菌丝体，并使菌体长得粗壮、各种有关的初生代谢酶的活力提高；发酵培养基可供菌种生长、繁殖和合成产物，它既要使种子接种后能迅速生长达到一定的菌丝浓度，又要使长好的菌体能迅速合成所需的产物，因此，发酵培养基的组成除有菌体生长所必需的元素和化合物外，还要有产物所需的特定元素、前体和促进剂等。由于各种培养基的用途不同，其培养基的组成差异也可能很大。

三、灭菌

1. 加热灭菌 这是发酵工业中最常用的灭菌方法，影响该法灭菌效果的因素包括待杀灭微生物的种类、培养基组成、pH以及培养基中颗粒成分的粒度等。通常生物的营养体在较低温度下很快就可被杀灭，而要杀死微生物的孢子，则需要至少121℃的高温。在所有的微生物孢子中，因热脂肪芽孢杆菌的孢子对热的耐受性最强，因此，人们常常用它作为检验灭菌是否彻底的指标。表6-1给出了湿热灭菌法杀死某些微生物所需的灭菌时间和温度。

表6-1 不同微生物的灭菌时间和温度

细胞	灭菌时间（min）	灭菌温度（℃）
营养体细胞	5~10	60
真菌孢子/酵母孢子	15	80
链霉菌孢子	5~10	60~80
普通细菌孢子	5	121
嗜热脂肪芽孢杆菌芽孢	15	121

常用的加热灭菌方式有高温蒸汽湿热灭菌法和干热灭菌法。湿热灭菌比干热灭菌更为有效，因蒸汽在冷凝时要释放大量的潜能，且蒸汽有强大的穿透力，易于传热，用蒸汽将物料升温至115℃~140℃保持一定时间，可杀死各种微生物。这种方法普遍被用来对培养基和设备容器进行灭菌。干热灭菌的效果不如湿热灭菌，它只适用于工业要求为灭菌后能保持干燥状态的物料灭菌。实验室规模的玻璃器皿等器具常采用干热灭菌。一般干热灭菌的条件是160℃、120min。

2. 辐射灭菌 辐射灭菌即利用紫外线、高能量的电磁波或粒子辐射灭菌，其中以紫外线最常用。低压水银电弧发射的紫外线，对微生物有杀灭作用，常用的有效波长为253.7nm，与微生物体内核酸的吸收光谱相一致，引起DNA结构的变化，如DNA链的断裂、DNA分子内和分子间的交联、嘧啶二聚体的形成等。紫外线对芽孢和营养细胞都能起作用，但其穿透力极低，只能用于表面灭菌，它对真菌孢子的杀灭能力不大。在发酵生产和实验室规模，紫外线主要用来进行一定空间内空气的灭菌（如无菌室等）。

用于灭菌的射线还有X射线、γ射线等，它们含的能量提高（波长0.01~0.14nm），被菌体吸收后，使菌体内的水和有机物产生强烈的离子化反应，形成过氧化氢和有机过氧化物等，阻碍微生物的代谢活动，导致菌体迅速死亡。

3. 介质过滤除菌 对培养液中某些不耐热的成分可采用过滤除菌法，例如可用滤膜过滤装置、烧结玻璃滤板过滤器、石棉板过滤器、素烧瓷过滤器以及硅藻土过滤器等。发酵过程中所用的大量无菌空气也是采用过滤除菌法，传统的过滤介质有棉花、玻璃纤维、活性炭、石棉滤板和活性炭纤维素等，靠多种物理因素的共同作用来完成除菌效果，但传统介质使用寿命短、更换较麻烦。为克服这些缺点并进一步降低工业使用成本，人们又开发了一些新的过滤介质，如烧结金属板、烧结金属管、烧结玻璃纤维以及硝酸纤维酯、聚砜、聚四氟乙烯、尼龙微孔滤膜等。这些过滤介质具有与传统介质相同的过滤除菌效果，使用寿命较长，更换起来要方便得多。

4. 化学灭菌　化学药剂灭菌法是通过药剂与微生物细胞接触而发生诸如蛋白质变性等作用而达到杀灭微生物的目的。常用的化学药剂包括乙醇、甲醛、苯扎溴铵（新洁尔灭）、戊二醛、环氧乙烷、含氯石灰（漂白粉）和苯酚（石炭酸）等。化学灭菌主要用来进行皮肤表面、器具及无菌区域的灭菌，不能用于培养基的灭菌。

四、微生物的培养方法

将微生物接种于培养基中，在一定的温度、通气、pH 和营养条件下使其增殖的过程称为培养。培养方法主要有固体培养法和液体培养法。

（一）固体培养法

1. 斜面培养法　斜面培养常用于菌种的复壮和暂时保存。对于细菌、酵母，用接种针在斜面培养上划一条直线或全面涂抹；对于霉菌，可取一部分孢子或菌丝体放在斜面上或划成弯曲状，然后进行培养。

2. 平板培养法　常用于菌种的分纯，如使用平板划线或稀释涂平板的方法获得单菌落。对于细菌、酵母，可在平板培养基上适当涂抹；对于霉菌，接种时要将平板反过来，从下轻轻一点即可，然后再翻过来培养。

3. 穿刺培养法　常用于嫌气菌（乳酸菌等）的保藏或明胶的液化试验等。它是用接种针对深层培养基穿刺接种后进行培养，若是产生气体的菌会发生龟裂现象。

4. 其他固体培养法　此类培养为用米曲、曲、马铃薯和面包进行的培养，可用于霉菌产孢子，然后干燥保存。工业上也使用固体培养发酵的方法生产一些微生物药物，如两性霉素 B 等。

（二）液体培养法

1. 静止培养法　一般用于酵母、需氧细菌、兼性厌氧细菌的培养以及各种生理试验等。对于霉菌也可在液体培养基中使用称作表面培养的静置培养法。

2. 振荡培养法　这是实验室最常使用的需氧菌、兼性菌的液体培养法。将接种后的液体培养基置于振荡培养器（摇床）上，控制一定的温度和转速进行培养。工业上也使用振荡培养制备摇瓶种子。

3. 通气搅拌培养法　在发泡塔、发酵桶、发酵罐等容器内的培养，均采用通气搅拌式的大规模培养，是工业上液体发酵最常用的方法。

五、发酵过程的控制

（一）物理参数

1. 温度（℃）　指发酵整个过程或不同阶段所维持的温度。它的高低与发酵中的酶反应速率，氧在培养液中的溶解度和传递速率、菌体生长速率和产物结合速率等有密切关系。最适发酵温度是既适合菌体的生长、又适合代谢产物合成的温度，但最适生长温度与最适生产温度往往是不一致的。如初生代谢产物乳酸的发酵，乳酸链球菌的最适生长温度为 34℃，产酸最多的温度为 30℃，但发酵速度最高的温度达 40℃，因此需要选择一个最适的发酵温度。

最适发酵温度还随菌种、培养基成分、培养条件和菌体生长阶段而改变。例如，在较差的通气条件下，由于氧的溶解度是随温度下降而升高，因此降低发酵温度是对发酵有利的，因为低温可以提高氧的溶解度、降低菌体生长速率、减少氧的消耗量，从而可弥补通气条件差所带来的不足。培养基的成分差异和浓度大小对培养温度的确定也有影响，在使用易利用或较稀薄的培养基时，如果在高温发酵，营养物质往往代谢快，耗竭过早，最终导致菌体自溶，使代谢产物的产量下降。因此发酵温度的确定还与培养基的成分有密切的关系。

在理论上，整个发酵过程中不应只选一个培养温度，而应该根据发酵的不同阶段，选择不同的培养温度。在生长阶段，应选择最适生长温度，在产物分泌阶段，应选择最适生产温度。据报道，青霉素变温发酵，起初 5h 温度维持在 30℃，以后降到 25℃ 培养 35h，再降到 20℃ 培养 85h，最后又提高到 25℃，培养 40h，放罐，在这样条件下所得青霉素产量比在 25℃ 恒温培养条件提高 14.7%；又如四环素发酵，在中、后期保持稍低的温度，可延长分泌期，放罐前的 24h，培养温度提高 2℃ ~ 3℃，就能使最后这天的发酵单位增加率提高 50% 以上，这些都说明变温发酵产生的良好结果。但在工业发酵中，由于发酵液的体积很大，升降温度都比较困难，所以在整个发酵过程中，往往采用一个比较适合的培养温度，使得到的产物产量最高，或者在可能条件下进行适当的调整。

工业生产上所用的大发酵罐在发酵过程中一般不需要加热，因发酵中释放了大量的发酵热，需要冷却的情况较多。利用自动控制或手动调整的阀门，将冷却水通入发酵罐的夹层或蛇形管中，通过热交换来降温，保持恒温发酵。如果气温较高（特别是我国南方的夏季气温），冷却水的温度又高，致使冷却效果很差，达不到预定的温度，就可采用冷冻盐水进行循环式降温，以迅速降到恒温。因此大工厂需要建立冷冻站，提高冷却能力，以保证在正常温度下进行发酵。

2. 压力（Pa）　这是发酵过程中发酵罐维持的压力。罐内维持正压可以防止外界空气中的杂菌侵入而避免污染，以保证纯种培养；同时罐压的高低还和 O_2 与 CO_2 在培养液中的溶解度有关，间接影响菌体代谢。罐压一般维持在 $0.2 \times 10^5 \sim 0.5 \times 10^5 Pa$。

3. 搅拌转速（r/min）　指搅拌器在发酵过程中的转动速度，通常以每分钟的转速来表示，它的大小与氧容量传递速率与发酵液的均匀性有关。

4. 搅拌功率（kW）　指搅拌器搅拌时所消耗的功率，常指每 $1m^3$ 发酵液所有消耗的功率（kW）。它的大小与氧容量传递系数 K_{La} 有关。

5. 空气流量 [L/(L·min)]　空气流量是每 1 分钟内每单位体积发酵液通入空气的体积，也是需氧发酵的控制参数。它的大小与氧的传递和其他控制参数有关。一般控制在 $0.5 \sim 1.0 L/(L·min)$ 范围内。

6. 黏度（Pa·s）　黏度大小可以作为细胞生长或细胞形态的一项标志，也能反映发酵罐中菌丝分裂过程的情况。通常以表观黏度表示。它的大小可改变氧传递的阻力，又可表示相对菌体浓度。

7. 浊度（%）　浊度能及时反应单细胞生长状况的参数，对某些产品的生产是极其重要的。

8. 料液流量（L/min）　料液流量是控制流体进料的参数。在工业发酵过程中，常会采用流加葡萄糖、前体或调节物质等补料发酵的方法，浓度过高的葡萄糖或前体等，会对产物的生物合成产生抑制，或影响菌株生长状况，因而对其浓度和流加的速度都需要严格的控制。

（二）化学参数

1. pH（酸碱度）　发酵培养基的 pH，对微生物生长具有非常明显的影响，也是影响发酵过程中各种酶活的重要因素。大多数微生物生长的 pH 范围是 5～8，最大生长速率的 pH 值变化范围为 0.5～1.0。pH 对产物的合成也有明显的影响，因为菌体生长和产物合成都是酶反应的结果，仅仅是酶的种类不同而已，因此代谢产物的合成也有自己最适的 pH 范围，如合成青霉素的最适 pH 范围为 6.5～6.8，这两种 pH 范围对发酵控制来说都是很重要的参数。合适 pH 是根据实验结果来确定的。同一产品的合适pH，与所用的菌种、培养基组成和培养条件有关。

在了解发酵过程中合适 pH 的要求之后，就要采用各种方法来控制。首先需要考虑和试验发酵培养基的基础配方，使它们有个适当的配比，使发酵过程中的 pH 变化在合适的范围内。因为培养基中含有代谢产酸（如葡萄糖产生酮酸）和产碱（如 $NaNO_3$、尿素）的物质以及缓冲剂（如 $CaCO_3$）等成分，它们在发酵过程中要影响 pH 的变化，特别是 $CaCO_3$ 能与酮酸等反应，而起到缓冲作用，所以它的用量比较重要。在分批发酵中，常采用这种方法来控制 pH 的变化。

利用上述方法调节 pH 的能力是有限的，如果达不到要求，就可在发酵过程中直接补加酸或碱和补料的方式来控制，特别是补料的方法，效果比较明显。过去是直接加入酸（如 H_2SO_4）或碱（如 NaOH）来控制，但现在常用的是以生理酸性物质 $(NH_4)_2SO_4$ 和碱性物质氨水来控制。它们不仅可以调节 pH，还可以补充氮源。当发酵的 pH 和氨氮含量都低时，补加氨水，就可达到调节 pH 和补充氨氮的目的；反之，pH 较高，氨氮含量又低时，就补加 $(NH_4)_2SO_4$。在加了消沫油的个别情况下，还可采用提高空气流量来加速脂肪酸的代谢，以补偿 pH 的调节。通氨一般是使用压缩氨气或工业用氨水（浓度 20% 左右），采用少量间歇添加或少量自动流加，可避免一次加入过多造成局部偏碱。氨极易和铜反应产生毒性物质，对发酵产生影响，故须避免使用铜制的通氨设备。

2. 基质浓度（g/100ml 或 mg/100ml）　指发酵液中糖、氮、磷等重要营养物质的浓度。它的变化对产生菌的生长和产物的合成有重要的影响，也是提高代谢产物产量的重要控制手段。因此，在发酵过程中，必须定时测定糖（还原糖和总糖）、氮（氨基氮和铵盐）等基质的浓度，并可通过补料的方式添加合适的碳源或氮源，促进产物的合成。

3. 溶解氧浓度 [10^{-6}]（ppm）或饱和度（%）　溶解氧是需氧菌发酵的必备条件。利用溶解氧浓度的变化，可了解产生菌对氧利用的规律，反映发酵的异常情况，也可作为发酵中间控制的参数及设备供氧能力的指标。溶解氧浓度一般用绝对含量（10^{-6}）来表示，有时也用在相同条件下，氧在培养液中饱和度的百分数（%）来表示。

　　氧在水中的溶解度很小，需要不断通气和搅拌才能满足溶解氧的要求。溶解氧的大小对菌体生长和产物的性质及产量都会产生不同的影响。如谷氨酸发酵，供氧不足时，谷氨酸积累就会明显降低，产生大量乳酸和琥珀酸；又如薛氏丙酸菌发酵生产维生素 B_{12} 时，维生素 B_{12} 的组成部分咕啉醇酰胺（cobinamide，又称 B 因子）的生物合成前期两种主要酶就受到氧的阻遏，限制氧的供给，才能积累大量的 B 因子。B 因子又在供氧的条件下才转变成维生素 B_{12}。因而采用厌氧和供氧相结合的方法，有利于维生素 B_{12} 的合成。因此，溶解氧对菌体代谢和产物合成都有影响。溶解氧高虽然有利于菌体生长和产物合成，但溶解氧太大有时反而抑制产物的形成。

　　在发酵过程中，有时出现溶解氧浓度明显降低或明显升高的异常变化，引起溶解氧异常下降的原因可能有：①污染需氧杂菌，大量的溶解氧被消耗掉，可能使溶解氧在较短时间内下降到零附近，如果杂菌本身耗氧能力不强，溶解氧变化就可能不明显；②菌体代谢发生异常现象，需氧要求增加，使溶解氧下降；③某些设备或工艺控制发生故障或变化，也可能引起溶解氧下降，如搅拌功率消耗变小或搅拌速度变慢，影响供氧能力，使溶解氧降低。又如消沫油因自动加油器失灵或人为加量太多，也会引起溶解氧迅速下降。从发酵液中的溶解氧浓度的变化，可以了解微生物生长代谢是否正常，工艺控制是否合理，设备供氧能力是否充足等问题，帮助查找发酵不正常的原因和控制好发酵生产。

　　4. 氧化还原电位（mV）　培养基的氧化还原电位是影响微生物生长及其生化活性的因素之一。对各种微生物而言，培养基最适宜的与所允许的最大电位值，应与微生物本身的种类和生理状态有关。氧化还原电位常作为控制发酵过程的参数之一，特别是某些氨基酸发酵是在限氧条件下进行的，氧电极已不能精确地使用，这时用氧化还原参数控制则较为理想。

　　5. 产物的浓度（μg/ml 或 U/ml）　这是发酵产物产量高低或合成代谢正常与否的重要参数，也是决定发酵周期长短的根据。在发酵过程中产物的形成，有的是随菌体生长而产生，如初生代谢产物氨基酸等；有的代谢产物的产生与菌体生长无明显的关系，生长阶段不产生产物，直到生长末期，才进入产物分泌期，如抗生素的合成就是如此。但是无论是初生代谢产物还是次生代谢产物发酵，到了末期，菌体的分泌能力都要下降，使产物的生产能力下降或停止。有的产生菌在发酵末期，营养耗尽，菌体衰老而进入自溶，释放出体内的分解酶会破坏已形成的产物。因此，需根据产物的生成情况、产品的生产成本以及后提纯工艺要求等确定适宜的放罐时间。

　　6. 废气中的氧浓度（Pa）　废气中氧含量与产生菌的摄氧率和 K_{La} 有关。从废气中的 O_2 与 CO_2 的含量可以算出产生菌的摄氧率、呼吸商和发酵罐的供氧能力。

　　7. 废气中的 CO_2 浓度（%）　测定废气中的 CO_2 可以算出产生菌的呼吸熵，从而了解产生菌的呼吸代谢规律。

　　CO_2 是微生物在生长繁殖过程中的代谢产物，也是某些合成代谢的基质，对微生物生长和发酵具有刺激或抑制作用，如环状芽孢杆菌（*B. circulus*）等的发芽孢子在开始生长（并非孢子发芽）时，就需要 CO_2，并将此现象称为 CO_2 效应。CO_2 对一些菌体生长具有抑制作用，排气中 CO_2 浓度高于 4% 时，菌体的糖代谢和呼吸速率都下降，发酵

液中的 CO_2 浓度达 1.6×10^{-2} mol/L 时，酵母菌生长就受到严重抑制。用扫描电子显微镜观察 CO_2 对产黄青霉生长形态的影响，发现菌丝形态随 CO_2 含量不同而改变，当 CO_2 含量在 $0 \sim 8\%$ 时，菌丝主要呈丝状，上升到 $15\% \sim 22\%$ 时则呈膨胀、粗短的菌丝，CO_2 分压再提高到 0.08×10^6 Pa 时，则出现球状或酵母状细胞，使青霉素合成受阻。

CO_2 在发酵液中的浓度变化不像溶解氧那样，没有一定的规律。它的大小受到许多因素的影响，如菌体的呼吸强度、发酵液流变学特性、通气搅拌程度和外界压力大小等因素。设备规模大小也有影响，由于 CO_2 的溶解度随压力增加而增大，大发酵罐中的发酵液的静压可达 1×10^6 Pa 以上，又处在正压发酵，致使罐底部压强可达 1.5×10^6 Pa，因此 CO_2 浓度增大，通气搅拌如不变，CO_2 就不易排出，在罐底形成碳酸，进而影响菌体的呼吸和产物的合成。为了控制 CO_2 的影响，必须考虑 CO_2 在培养液中的溶解度、温度和通气情况。通气和搅拌速率的大小，不但能调节发酵液中的溶解氧，还能调节 CO_2 的溶解度、CO_2 形成的碳酸，还可用碱来中和。罐压的调节，也影响 CO_2 的浓度，对菌体代谢和其他参数也产生影响。

CO_2 的产生与补料工艺控制密切相关，如在青霉素发酵中，补糖会增加排气中 CO_2 的浓度和降低培养液的 pH。因为补加的糖用于菌体生长、菌体维持和青霉素合成三方面，它们都产生 CO_2，使 CO_2 产量增加。溶解的 CO_2 和代谢产生的有机酸，又使培养液 pH 下降。因此，补糖、CO_2、pH 三者具有相关性，被用于青霉素补料工艺的控制参数，其中以排气中的 CO_2 量的变化比 pH 变化更为敏感，所以，采用 CO_2 释放率作为控制补糖参数。

（三）生物参数

1. 菌丝形态 丝状菌发酵过程中菌丝形态的改变是生化代谢变化的反映。一般都以菌丝形态作为衡量种子质量、区分发酵阶段、控制发酵过程的代谢变化和决定发酵周期的依据之一。

2. 菌体浓度 菌体浓度是控制微生物发酵的重要参数之一，特别是对抗生素次生代谢产物的发酵。它的大小和变化速度对菌体的生化反应都有影响，因此测定菌体浓度具有重要意义。菌体浓度与培养基的表观黏度有关，间接影响发酵液的溶解氧浓度。在生产上，常根据菌体浓度来决定适合补料量和供氧量，以保证生产达到预期的水平。

根据发酵液的菌体量和单位时间的菌浓、溶解氧浓度、糖浓度、氮浓度和产物浓度的变化值，即可分别算出菌体的比生长速率、氧化消耗速率、糖比消耗速率、氮比消耗速率和产物比生长速率。这些参数也是控制产生菌代谢、决定补料和供氧条件的主要依据，多应用于发酵动力学的研究。

（四）泡沫的影响与控制

在大多数微生物发酵过程中，由于培养基中有蛋白质类表面活性剂存在，在通气条件下，培养液中就形成了泡沫。起泡会带来许多不利因素，如发酵罐的装料系数减少，氧传递系数减小等。泡沫过多时，影响更为严重，可能会造成大量逃液，发酵液从排气管路或轴封逃出而增加染菌机会等，严重时通气搅拌也无法进行，菌体呼吸受到阻碍，导致代谢异常或菌体自溶。所以，控制泡沫乃是正常发酵的基本条件。

泡沫的控制，可采用调整培养基成分、改变某些物理化学参数或者改变发酵工艺来控制，但这些方法的效果有一定限度。采用消沫的方法是公认的比较好的方法。消沫可采用机械消沫和消沫剂消沫两大类方法：机械消沫是利用机械强烈振动或压力变化而使泡沫破裂，常用在罐内靠消沫浆转动打碎泡沫，优点是节省原料，染菌机会小，但消沫效果不理想，仅可作为消沫的辅助方法；另一种消沫的方法是采用外加消沫剂，使泡沫破裂。常用的消沫剂主要有天然油脂类、高碳醇、脂肪酸和酯类、聚醚类、硅酮类等，其中以天然油脂类和聚醚类在微生物发酵中最为常用。天然油脂中有豆油、玉米油、棉籽油、菜籽油和猪油等。油不仅可作消沫剂，还可作为碳源和发酵控制的手段。它们的消沫能力和对产物合成的影响也不相同。油脂的质量和新鲜程度对发酵及消沫也有影响。聚醚类消沫剂的品种很多，它们是氧化丙烯或氧化丙烯和环氧乙烷与甘油聚合而成的聚合物，消沫能力一般相当于豆油的 10～20 倍。消沫剂的使用应结合生产实际加以选择。

第三节　微生物菌种选育及原生质体技术

菌种选育的最初目的是为改良菌种的特性，使其符合工业生产的要求。随着这门技术的不断深入及相关学科的发展，菌种选育的目的已不仅仅局限于提高产量、改进质量，而且可用来开发新抗生素品种。如果以科研为目的，则通过菌种选育可了解菌种遗传背景、增加菌种遗传标记、分析生物合成机制和提供分子遗传学研究材料。菌种选育的这些目的可用图 6-2 加以概括。

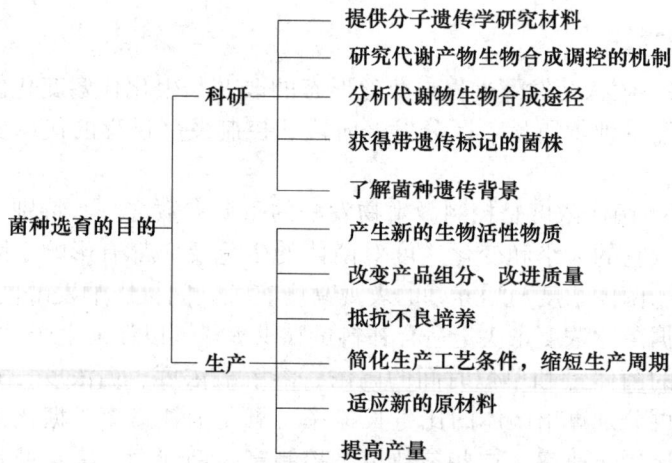

图 6-2　菌种选育的目的

一、菌种选育的理论基础

微生物的变异性一般可分为遗传型变异和表型变异，在遗传物质水平上发生了改变从而引起某些相应性状发生改变的特性称为遗传型变异。所谓表型变异是指微生物在生活条件发生改变时，发生暂时的形态、生理等特性的改变，但随着环境条件的复原，它们又恢复了原有的特性，如赤霉素产生菌，在见光培养时呈橘红色，在黑暗条件下培养时则呈白色，当把白色的菌丝接种在新鲜的培养基上，放回到见光处培养时，则又出现橘红色，因为这种变异没有使遗传物质发生任何变化，而仅是表型的改变，所以是不可遗传的变异。我们主要研究的是遗传型变异，引起这种变异的途径有两种，即基因突变和基因重组。

1. **基因突变**　突变（mutation）是指遗传物质（DNA 或 RNA）中的核苷酸顺序突然发生了稳定的可遗传的变化。突变主要包括基因突变（又称点突变）和染色体畸变（chromosomal aberration）两大类，基因突变是由于 DNA 链上的一对或少数几对碱基发生改变引起的，而染色体畸变是指 DNA 大段变化（损伤）现象。

2. **基因重组**　基因重组（gene recombination）是指两个不同性状个体的遗传基因转移到一个个体细胞内，并经过基因的重新组合后，造成菌种变异，形成新的遗传型个体的方式。重组分体内重组和体外重组。体内重组又分为 DNA 转化、噬菌体转导、体细胞接合和原生质体融合等方法。体外重组是以离体质粒 DNA 或噬菌体作外源、DNA 基因的载体，或运载 DNA 脂质体在细胞外进行基因重组，然后，通过转化或转染使这些载体进入受体细胞或原生质体内。当重组 DNA 进入受体细胞后，可独立地进行复制，或者插入宿主 DNA 中随宿主 DNA 一起进行复制，扩增有益基因，增加产物的产量或产生新物质。

二、菌种选育的经典方法

（一）自然选育

自然选育是一种纯种选育的方法。它利用微生物在一定条件下产生自发突变的原理，通过分离，筛选排除衰变型菌落，从中选择维持原有生产水平的变株。因此，它能达到纯化、复壮菌种、稳定生产的目的。自然选育有时也可用来选育高产量突变株，但这种正突变的几率很低，通常难以依赖自然选育来获得高产突变株。

自然选育一般包括单孢子悬浮液的制备、分离及单菌落培养、筛选等操作过程，为保持生产菌种的稳定性，自然选育是日常工作的一部分。

（二）诱变育种

诱变育种是指有意识地将生物体暴露于物理的、化学的或生物的一种或多种诱变因子，促使生物体发生突变，进而从突变体中筛选具有优良性状的突变株的过程。诱变育种主要包括出发菌株的选择、诱变处理和突变株的筛选 3 个部分。

1. **出发菌株的选择**　出发菌株是用于诱变的原始菌株，挑选合适的出发菌株对提高育种效率有重要意义。选择出发菌株时，应考虑以下问题：①出发菌株的稳定性，尽量挑选纯系菌株，以排除异核体系与异质体菌株，因此对选定的出发菌株常需通过自然选育进一步纯化；②选用具备某种优良特性的菌株，如土霉素、四环素的通氨补料工艺的成功，是因为选育了一系列能把较高的糖、氨通过合成途径转化成抗生素的新菌株；③挑选对诱变剂敏感的菌株，以提高突变频率；④菌种的生理状态及生长发育时间，因为诱变剂对处于转录状态或翻译状态的菌种效应要比静止状态或休眠状态的菌种敏感得多。一般细菌处于营养体，比处于对数生长期的菌体为佳。真菌和放线菌则以它们的孢子，或处于刚开始萌发状态的孢子为佳。为了保证菌体和诱变剂均匀接触，出发菌株都必须制备成单细胞（孢子）悬浮液，严格控制单孢子的分散度在 95% 以上。

2. 诱变处理 能够提高生物体突变频率的物质称为诱变剂。大多数诱变剂在诱发生物体发生突变的同时造成生物体的大量死亡。目前使用的诱变方法可分为物理诱变因子、化学诱变剂和生物诱变因子三大类。在选择诱变剂时，应考虑试验菌株的遗传背景，因为各种诱变剂有不同的作用机制，一种诱变剂的作用常主要集中在 DNA 的某些特异部位上，多次反复用同一种诱变因子处理易出现"饱和"或回复突变现象，因此常采用多种不同的诱变因子或复合因子诱变。

(1) 诱变类型

1) 物理诱变 物理诱变因子主要包括紫外线（UV）、X 射线（X－ray）、γ 射线（γ－ray）、快中子（FN）、β 射线、超声波、激光等，其中以紫外线辐照使用最为普遍，其他物理诱变因子则受设备条件的限制，难以普及。近年来用离子束注入细胞技术进行诱变育种，取得了一些可喜的成果。

紫外线之所以能杀菌或引起微生物细胞产生变异，主要是它的作用光谱与核酸的吸收光谱相一致，因而 DNA 最易受损伤。紫外线引起 DNA 结构变化的形式很多，如 DNA 链断裂、DNA 分子内和分子间的交联、核酸和蛋白质的交联、胞嘧啶水合作用以及胸腺嘧啶二聚体的形成等。紫外线引起的突变主要可能是 G:C→A:T 的转换。

2) 化学诱变 化学诱变剂是一些能和 DNA 起作用，改变其结构，并引起遗传变异的化学物质。根据其与 DNA 作用方式不同可分为 3 类：①烷化剂，如氮芥（NM）、乙烯亚胺（EI）、硫酸二乙酯（DES）、甲基磺酸乙酯（EMS）、亚硝基脲（NIG）、亚硝酸（HNO₂）等，它们与 DNA 碱基起反应，引起碱基配对的转换而发生遗传变异；②碱基类似物，它们掺入到 DNA 分子中，而导致遗传变异，如 5－溴尿嘧啶（5－BU）、5－氟尿嘧啶（5－FU）等；③移码诱变剂，如吖啶黄、吖啶橙等。它们可插入 DNA 双螺旋的邻近碱基对之间，造成碱基的插入或缺失，导致转录和翻译的移码突变。化学诱变剂的稳定性与温度、光照、pH、化合物的半衰期以及与溶剂是否起反应等因素有关。

3) 生物诱变 噬菌体可作为诱变剂应用于抗噬菌体菌种的选育，其作用原理可能与传递遗传信息，诱发抗性突变有关。

(2) 诱变剂量的选择 能够提高正变株获得率的诱变剂量即为最适剂量，剂量大小一般是以诱变后的死亡率、形态变异率、营养缺陷型出现率来确定的。任何诱变剂都有杀菌和诱变两方面的作用，一般情况下，诱变处理后的细胞死亡率越高，活下来的细胞的突变率也越高，故可用死亡率作为相对剂量。在自动化程度高的大规模筛选中，常采用死亡率在 90%～99.9% 的高剂量；小规模的人工筛选，一般采用死亡率 70%～90% 的低剂量，也有报道采用死亡率 40%～60% 的更低剂量。

(3) 增变剂的使用 氯化锂本身并无诱变作用，但在抗生素产生菌的诱变育种中表明氯化锂与一些诱变因子具有协同作用。如在土霉素产生菌育种中，用氯化锂与紫外线，乙烯亚胺等诱变因子复合处理或分代累积处理，曾多次选育得到高产变株。氯化锂使用剂量一般为 0.5%，处理方法多是后处理，即加在平板培养基中，在菌种的生长发育过程中发生作用。

3. 突变株的筛选

(1) 随机筛选 随机筛选指菌种经诱变处理后，凭经验随机选择一定数量的菌落，其中包括未发生突变的野生型菌株和发生突变后的正向及负向突变株，再进行摇瓶培养，根据产物产量情况进行筛选。

（2）半理性化筛选 近年来，随着遗传学、生物化学知识的积累，人们对多种微生物代谢物生物合成途径及代谢调控机制的了解不断深入，推理选育技术应运而生，即根据已知的或可能的生物合成途径、代谢调控机制和产物分子结构来设计筛选方法，可打破微生物原有的代谢调控机制，获得能大量形成产物的高产突变株。根据这种推理性设计，人们得到了多种类型的突变株，诸如去代谢物调节突变株、抗生素酶缺失突变株、形态突变株、耐前体及结构类似物突变株、膜渗透性突变株等等，并得到了满意的结果。

三、原生质体融合

用脱壁酶处理将微生物细胞壁除去，制成原生质体，再用聚乙二醇（PEG）促进原生质体发生融合，从而获得融合子，这一技术叫原生质体融合。原生质体融合的重组频率高于普通杂交方法，并实现了种间、属间的融合，为亲缘关系较远的、性能差异较大的菌株实现杂交，开辟了一条有效途径。这在工业应用上，可选择具有某种特性的高产菌株。其实验的一般程序见图6-3。

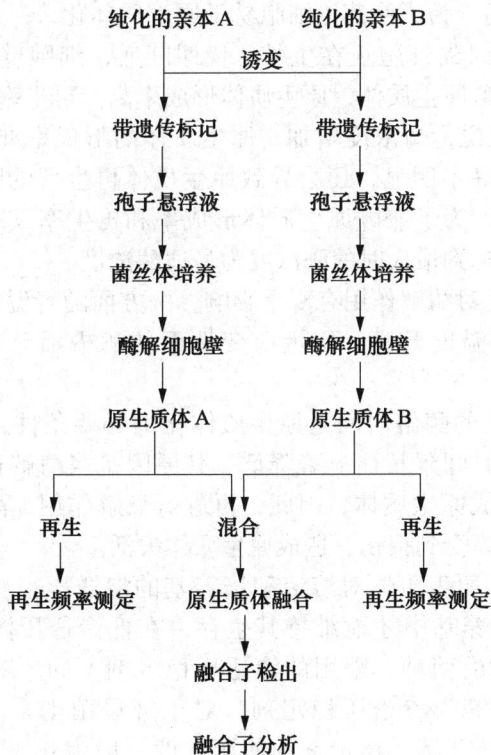

图6-3 原生质体融合的一般步骤

（一）标记菌株的筛选

原生质体融合需要两株亲本，亲本必须带有遗传标记，两亲本的遗传标记必须各不相同，以利于融合子的选择。常用的遗传标记有营养缺陷型、抗药性、形态特征等等。在以提高抗生素产量为目的的融合实验中，用营养缺陷作标记，往往会影响产量。同时，筛选营养缺陷型费时费力，因此，在实际操作中应尽可能采用其他标记。

（二）原生质体的制备

获得有活力、去壁较为完全的原生质体对于随后的原生质体融合和原生质体再生是非常重要的。对于细菌和放线菌，制备原生质体主要采用溶菌酶；对于酵母菌和霉菌，则一般采用蜗牛酶和纤维素酶，有时还需用其他的酶类。影响原生质体制备的因素有许多，主要有以下几个方面。

1. 菌体的预处理　在使用脱壁酶处理菌体以前，可先用某些化合物对菌体进行预处理，有利于原生质体制备。例如用 EDTA（乙二胺四乙酸）、甘氨酸、青霉素或 D - 环丝氨酸等处理细菌，可使菌体的细胞壁对酶的敏感性增加。EDTA 能与多种金属离子形成络合物，避免金属离子对酶的抑制作用而提高酶的脱壁效果。甘氨酸可以代替丙氨酸参与细胞壁肽聚糖的合成，其结果干扰了细胞壁肽聚糖的相互交联，便于原生质体化。

2. 菌体的培养时间　为了使菌体细胞易于原生质体化，一般选择对数生长期后期的菌体进行酶处理。这时的细胞正在生长、代谢旺盛，细胞壁对酶解作用最为敏感。采用这个时期的菌体制备原生质体，原生质体形成率高，再生率亦很高。

3. 酶浓度　一般地说，酶浓度增加，原生质体的形成率亦增大，超过一定范围，则原生质体形成率的提高不明显，还会导致原生质体再生率的降低。酶浓度过低，则不利于原生质体的形成。为了兼顾原生质体形成率和再生率，有人建议以使原生质体形成率和再生率之乘积达到最大时的酶浓度为最适酶浓度。

4. 酶解温度　温度对酶解作用有双重影响，一方面随着温度升高，酶解反应速度加快；另一方面，随着温度升高，酶蛋白变性而使酶失活 。一般酶解温度控制在 $20℃ \sim 40℃$。

5. 酶解时间　充足的酶解时间是原生质体化的必要条件，但是如果酶解时间过长，则再生率随酶解的时间延长而显著降低。其原因是当酶解达到一定时间后，绝大多数的菌体细胞均已形成原生质体，因此，再进行酶解作用，酶便会进一步对原生质体发生作用而使细胞质膜受到损伤，造成原生质体失活。

6. 渗透压稳定剂　原生质体对溶液和培养基的渗透压很敏感，必须在高渗透压或等渗透压的溶液或培养基中才能维持其生存，在低渗透压溶液中，原生质体将会破裂而死亡。对于不同的菌种，采用的渗透压稳定剂不同。对于细菌或放线菌，一般采用蔗糖、丁二酸钠等为渗透压稳定剂；对于酵母菌则采用山梨醇、甘露醇等；对于霉菌采用 KCl 和 NaCl 等。稳定剂的使用浓度一般为 $0.3 \sim 0.8$mol/L。一定浓度的 Ca^{2+}、Mg^{2+} 等二价阳离子可增加原生质膜的稳定性，所以是高渗培养基中不可缺少的成分。

（三）原生质体的融合

融合是把两个亲株的原生质体混合在一起，在融合剂 PEG 和 Ca^{2+} 作用下，发生原生质体的融合。关于 PEG 诱导融合的机制，有人认为，PEG 可以使原生质体的膜电位下降，然后，原生质体通过 Ca^{2+} 离子交联而促进凝集。另外，由于 PEG 的脱水作用，扰乱了分散在原生质膜表面的蛋白质和脂质的排列，提高了脂质胶粒的流动性，从而促进原生质体融合。一般原生质体融合选用 PEG 的分子量以 4000～6000 为好，融合时 PEG 的最终浓度为 30%～40%，$CaCl_2$ 的浓度为 0.05mol/L 左右。为了提高融合频率，正在研究各种措施，例如，采用电诱导原生质体融合，利用紫外线照射原生质体再进行融合等，也有人用激光辐射促进原生质体融合。

（四）原生质体的再生

原生质体失去了细胞壁，便失去了原有细胞形态而成为球状体。因此，尽管它们具有生物活性，但它们毕竟不是正常的细胞，在普通培养基平板上不能正常地生长、繁殖。为此，必须想办法使其细胞壁再生长出来，以恢复细胞原有形态和功能。原生质体的再生，必须使用再生培养基，再生培养基由渗透压稳定剂和各种营养成分组成。影响原生质体再生的因素主要有菌种的特性、原生质体制备条件、再生培养基成分、再生培养条件等。

（五）融合子的选择

融合子的选择主要依靠两个亲本的选择性遗传标记，在选择性培养基上，通过两个亲本的遗传标记互补而挑选出融合子。但是，由于原生质体融合后会产生两种情况：一种是真正的融合，即产生杂合二倍体或单倍重组体；另一种是暂时的融合，形成异核体。两者均可以在选择培养基上生长，一般前者较稳定，而后者不稳定，会分离成亲本类型，有的甚至可以异核状态移接几代。因此，必须在融合体再生后，进行几代自然分离、选择，才能确定是否获得了真正融合子。

第四节　代谢工程

一、代谢工程的概念

代谢工程（metabolic engineering），亦称途径工程（pathway engineering）和代谢设计（metabolic design），是一门利用分子生物学原理系统分析细胞代谢网络，并通过 DNA 重组技术合理设计细胞代谢途径及遗传修饰，进而完成细胞特性改造的应用性学科。

微生物细胞在代谢繁殖过程中，经济合理地利用和合成自身所需的各种物质和能量，使细胞处于平衡生长状态。为了大量积累某种代谢产物，就必须打破微生物原有的平衡状态。代谢工程的基本理论及其应用就是在这一发展背景下形成的。1974 年，Chakrabarty 在假单孢菌 *P. putide* 和 *P. aeruginosa* 中分别引入几个稳定的重组质粒，增加了两者对樟脑和萘的降解催化活性。这是代谢工程的第一个应用实例，标志着代谢工程的起始。但在发展早期，人们注重的是对特定的代谢途径进行改造，未形成基本理论体系。1991 年，Bailey 在《Science》上发表的题为 "Toward a Science of Metabolic Engineering" 的文章，被认为是代谢工程向一门系统的学科发展的转折点，他将代谢工程定义为 "采用重组 DNA 技术，操纵细胞的酶、运输及调节功能，达到提高或改善细胞活性的目的"，并论述了代谢工程的应用、潜力和设计。同年，Stephanopoulos 也在 Science 杂志上论述了有关"过量生产代谢产物时的代谢工程""代谢网络刚性、《微生物基因》调控、代谢调控及代谢流的分配、关键分叉点及速率限制步骤"等内容。随着代谢工程研究应用的深入，现在将其定义为利用基因工程技术，有目的地对细胞代谢途径进行精确的修饰、改造或扩展、构建新的代谢途径，以改变微生物原有代谢特性，并与微生物基因调控、代谢调控及生化工程相结合，提高目的代谢产物活性或产量或合成新的代谢产物的工程技术科学。代谢工程注重以酶学、化学计量学、分子反应动力学及现代数学的理论及技术为研究手段，在细胞水平阐明代谢途径与代谢网络之间局部与整体的关系、胞内代谢过程与胞外物质运输之间的偶联以及代谢流流向与控制的机制，并在此基础上通过工程和工艺操作达到优化细胞性能的目的。

二、代谢网络理论

代谢工程引入了代谢网络理论，将细胞的生化反应以网络整体来考虑，而不是孤立地来考虑，从而对细胞进行代谢流分析（metabolic flux analysis，MFA）。细胞代谢的网络由上万种酶催化的系列反应系统、膜传递系统、信号传递系统组成，并且既受精密调节，又互相协调。各种代谢都不是孤立地进行的，而是相互作用、相互转化、相互制约的一套完整、统一、灵敏的调节系统。代谢网络分流处的代谢产物称为节点，其中对终产物起决定作用的少数节点称为主节点。根据节点下游分支的可变程度，节点分为柔性、刚性及半柔性节点三类。

1. **柔性节点**　由节点流向各分支的代谢流分率随代谢要求发生相应的变化，去除产物的反馈抑制后，该分支的代谢流分率大大增加。

2. **刚性节点**　由节点流向某一分支或某些分支的代谢流分率是难以改变的，这是由产物的反馈抑制及对另一分支酶的激活的相互作用所致的。

3. **半柔性节点**　介于前两者之间，由该节点流向各分支的代谢流中有一个是占主导地位的，其酶活较高或对节点代谢的亲和力较大，且无反馈抑制，通过削弱主导分支的酶量或酶活可增加产物的产率。

一般地，柔性及半柔性节点是代谢工程设计的主要对象，节点的刚性程度必须在代谢改造策略之前进行分析判断。

三、代谢工程的研究方法

1. **代谢通量分析（MFA）**　这一方法根据代谢路径中各反应的计量关系以及实验的某些底物、产物的通量及细胞组成等确定整个代谢网络的通量分布。其出发点就是由基质到各代谢产物，包括生物量的生化反应网络的化学平衡。每一中间产物的胞内浓度都是取决于该中间产物合成的量及其被随后的反应所消耗的量，以及因细胞的生长而被稀释的程度即稀释效应，三者达成的平衡。依此平衡，在每一特定时刻，每一中间产物对应有一个微分方程，从而得到一组微分方程，它们描述的是中间产物的浓度变化对时间的函数：

$$\frac{dC_i}{dt} = \sum_{i=1}^{k} a_{ij}\gamma_j - \mu C_i \quad i = 1, 2, \cdots, n$$

式中，C_i 为中间反应产物 i 的胞内浓度，n 为反应体系中中间产物的个数，γ_j 为催化反应的酶的活力，k 为体系中的反应数，α_{ij} 为化学计量系数，而 μ 为比生长速率。一般认为，大多数代谢产物都很快被转化，因此各种中间代谢产物库的浓度可很快调整到新的水平，故可假定途径中间产物处于稳态，即中间产物在胞内并不积累，则：

$$0 = \sum_{i=1}^{k} a_{ij}\gamma_j - \mu C_i \quad i = 1, 2, \cdots, n$$

MFA 的基础是准稳态假设，即假设细胞内的中间代谢物均处于准稳态，其浓度变化速率为 0，样由 n 个中间代谢物即可得到 n 个关于速率的约束条件（由计量关系确定），若待定的速率的总数目为 J，则待解问题的自由度为 $F = J - n$。这样通过实验测出 F 个不相关速率即可确定整体通量分布。要得到正确的通量分布必须对细胞内代谢路径有清楚的了解，尤其是必须明确各个分支点，缺少某一重要的分支或增加某一根本不存在的分支都可能使求得的通量分布有很大变化。实际分析过程中需测定的变量个数常大于网络的自由度，当涉及到细胞生长过程中大分子的合成时还要对细胞组成进行测定，在此基础上采用最小二乘法确定通量分布。MFA 还可用于实验，数据的校验以减少测量数据的误差。

2. 代谢控制的动力学分析　微生物代谢物的生物合成途径一般包含大量的酶促反应，生物合成体系的动力学模型有助于理解途径的动力学，进而识别限速步骤。前述 MFA 方法适用于研究不同代谢途径之间的相互关系和代谢分支点（即代谢网络上的节点）处流量的分配情况，但并不能对流量的控制进行定量的描述。运用灵敏度分析（sensitivity analysis），或称为代谢控制分析（metabolic control analysis，MCA），则可以确定对生物合成总体速率施加最大影响的步骤，即限速步骤。

用微分方程组来描述产物合成的动力学和相关的酶动力学参数，做出拟稳态假定后，求出产物的比生成速率。一般来说，酶活力的过程曲线会随着发酵的进行而发生改变，因此在不同时间点上都应进行拟稳态计算。理想情况下，所计算出的产物生成率的过程曲线至少应该可以定性地与实验结果相吻合。此处的模拟方法可用来检验各种假设，比如，关于辅因子及辅底物浓度的作用的假设。借助动力学模型，计算出控制系数（control coefficient），就可以通过 MCA 来确定可能的限速步骤。所谓控制系数，本质上是指由特定的酶或前体物浓度的微小改变所引起的产物形成速率的微小改变：

$$\xi_i^p = \frac{E_i}{P}\frac{aP}{aE_i}$$

式中，ξ_i^p 表示流量控制系数，E_i 表示所评价的酶的浓度，P 则表示稳态产物流量。

所有酶促反应的控制系数的总和为 1。控制系数越大，表明该酶或前体物对流量的影响也越大，而控制系数最大的步骤则被认为是限速步骤。在识别限速步骤的基础上，就可以根据代谢工程的思路确定进行遗传操作的首选酶。

四、代谢工程的应用

代谢工程研究的目的在于构建具有新的代谢途径、能生产特定目的的代谢产物或将具有过量生产能力的工程菌应用于工业生产。根据微生物不同代谢特性，常采用改变代谢流、扩展代谢途径和构建新的代谢途径 3 种方法。

（一）改变代谢途径

1. 加速限速反应　将编码限速酶的基因通过基因扩增，增加拷贝数，在宿主中表达以实现目的产物产率的上升。该方法首先必须确定代谢途径中的限速反应及其关键酶，然后将编码限速酶的基因通过酶切等手段，制得特定片段，连接在高拷贝数的载体上，再导入宿主中去表达。如在头孢菌素 C 的发酵过程中，青霉素 N 的积累表明下一步酶反应是头孢菌素合成代谢中的限速步骤，通过克隆编码限速酶脱乙酰基头孢菌素合成酶基因 *cef EF*，再将该重组质粒导入头孢菌素 C 生产菌株顶头孢（*Cephalosporium acremonium*）中，所得工程菌株的头孢菌素 C 的产量提高了 25 %，而青霉素 N 的积累量减少了 1/15 倍。

但是，增加限速酶拷贝有时并不有效。通过控制整个调节途径中酶活性于一定水平来增加所需要的代谢流量，而保持其他代谢流量不变，往往更加有效。因为代谢是一个整体，限速反应流量的改变也许会对整个代谢途径造成严重影响，使得目的代谢产物的产量更低。

2. 改变分支代谢途径流向　提高代谢分支点某一分支代谢途径酶活力，使其在与另外的分支代谢途径的竞争中占据优势，可以提高目的代谢产物产量。按这种思路，构建氨基酸工程菌有许多成功的实例。例如，芳香族氨基酸合成中，色氨酸、酪氨酸和苯丙氨酸三条支路上的任一条支路的酶活性被加强，其与另两条支路的竞争将占据优势。日本 Katsumata Ryoichi 等人从谷氨酸棒杆菌 K86 中提取质粒 pCDtrp157，该质粒带有 DAHP 合成酶基因和色氨酸合成酶基因。将该质粒转化至谷氨酸棒杆菌 KY9182（Phe⁻），使该菌可产色氨酸 1.1g/L。若将苯丙氨酸合成相关的酶基因如 *pheA* 基因克隆，则可使色氨酸生产菌转化为苯丙氨酸生产菌。

3. 构建代谢旁路　例如为实现大肠埃希菌的高密度培养，必须阻断或降低对细胞生长有抑制作用的有毒物的产生。大肠埃希菌糖代谢末端产物乙酸达到一定浓度后明显造成细胞生长受抑制，人们应用代谢工程的方法，将枯草杆菌的乙酰乳酸合成酶基因克隆到大肠埃希菌中，构建新的代谢支路，结果明显改变细胞糖代谢流，使乙酸处于较低水平，以实现高密度培养目的。

4. 改变能量代谢途径　除了通过相关代谢途径的基因操作改变代谢流这种直接方法外，改变能量代谢途径或电子传递系统也可以有效改变代谢流。如将血红蛋白基因导入大肠埃希菌或链霉菌中，不仅在限氧条件下可以提高宿主细胞的生长速率，也可以促进蛋白质和抗生素合成，这里表达的血红蛋白不是直接作用于生物合成途径，而是在限氧条件下提高了 ATP 的产生效率。

（二）扩展代谢途径

在宿主菌中克隆、表达特定外源基因可以延长代谢途径，生产新的代谢产物，提高产率。例如在维生素 C 合成中，2 - 酮基古龙酸为维生素 C 的前体。已知草生欧文菌（*Erwinca herbicola*）可将葡萄糖转化为 2，5 - 二酮基 - D - 葡糖酸（2，5 - DKG），但缺少进一步将 2，5 - DKG 转化为 2 - KLG 的 2，5 - DKG 还原酶。Andson 等将棒状杆菌（*Corynebacterium* sp. 31090）的 2，5 - DKG 还原酶基因导入草生欧文菌中，使它能从葡萄糖直接转化为 2-KLG。

（三）转移或构建新的代谢途径

1. 转移代谢途径　真氧产碱菌（*Alcaligenes eutrphus*）等一些细菌中在限制生长和碳源过量条件下，细胞内能大量积累聚羟基丁酸（PHB）或聚羟基烷酸（PHA），这些聚合物都具有生物降解性能。为了利用大肠埃希菌生产 PHB，有人将真氧产碱菌的 PHB 操纵子（包括编码 PGB 多聚酶、硫解酶和还原酶的基因）克隆到大肠杆菌中，所构建的工程菌和真氧产碱菌一样，当 N 源耗空时能积累大量 PHB，可达细胞总量的 50%。

2. 构建新的代谢途径　克隆异于自身次生代谢产物的基因可生产具新结构的代谢产物。Hopwood 等将放线菌红素（actinorhodin）的生物合成基因导入榴菌素（granaticin）和美达霉素（medermycin）产生菌中，所构建的工程菌可积累具有新结构的抗生素双氢石榴紫红素（dihydrogranatirhodin）和美达紫红素（mederrhodins）。同样方法将碳霉素生物合成基因转入螺旋霉素生产菌二素链霉菌（*Streptomyces ambofacians*）中，可以生成杂合抗生素 4″-异戊酰螺旋霉素。这些先导研究开辟了一条产生新抗生素的途径。

第五节　微生物工程的应用与发展前景

一、微生物工程产品的主要类型

微生物具有代谢速度快、菌体繁殖迅速及代谢类型多、对外界环境易于适应等特点。利用传统微生物技术及现代微生物工程所生产的产品很多，可以认为绝大多数有机化合物理论上都有可能使用微生物技术生产。因此，微生物工程产品种类极多，根据产物的性质可分为微生物菌体、初生代谢产物、次生代谢产物、生物大分子及微生物转化药物等。

1. 微生物菌体药物　微生物菌体含有氨基酸、蛋白质、酶和一些独特的组分，这些成分中有的对人有保健治疗作用。例如传统的菌体药物有酵母菌体、单细胞蛋白等，它们主要利用菌体中的酶或蛋白质；药用真菌如寄生于蝙蝠蛾幼虫体上的冬虫夏草菌、灵芝、茯苓、猴头菇等也作为中药而广被采用，它们具体的有益组分包括多糖等是当前开发的热点；一些活菌菌体也被人们应用于食品或保健品中，如益生菌中的乳酸杆菌、双歧杆菌等，这些都可以通过发酵进行生产。此外，有一些微生物菌体药物在农业上得到广泛应用，如苏云金芽孢杆菌、蜡样芽孢杆菌等细胞中的伴胞晶体可毒杀鳞翅目、双翅目等害虫，丝状真菌白僵菌、绿僵菌其发酵菌体可以杀死松毛虫等农业害虫等。

2. 微生物初生代谢产物　微生物代谢过程中所形成的产物为自身生长繁殖所必需的营养物质称为初生代谢产物，其中许多产品都是重要药品。利用发酵法或微生物转化法制备的药物有氨基酸、维生素、核苷酸、酶等。

3. 微生物次生代谢产物　微生物代谢过程中所产生的产物是其自身生长所不需要的物质称为刺激代谢产物。微生物种类繁多，代谢类型多种多样，从微生物的次生代谢产物中，人们已发现了抗生素、酶抑制剂、免疫调节剂、神经营养因子等药物，开发前景广阔。

4. 生物活性大分子　微生物细胞代谢过程中所产生的生物活性大分子有酶类、活性蛋白质、蛋白质激素、核酸及多糖等。由于基因工程及细胞融合技术的诞生，本来由动物细胞生产的许多酶、活性蛋白质及多肽激素等，亦可由微生物细胞来生产。微生物细胞生产的活性大分子中，许多产品都是重要药物，如真菌多糖、门冬酰胺酶、DNA、透明质酸、右旋糖酐、人脑激素、干扰素、胰岛素等。

5. 微生物转化药物　通过微生物转化使分子含有多个反应活性取代基的化合物，不需引入与消除保护基，可一步完成转化，如维生素 C 可用 1 步微生物转化与 4 步化学反应，或 2 步微生物转化与 1 步化学反应制造；甾体激素中氢化或脱氢等反应也常使用微生物转化法，如醋酸可的松、氢化可的松、醋酸泼尼松等药物的生产。

二、微生物工程在医药工业中的应用

微生物工程可生产许多有治疗作用的药物，是药品生产的重要途径之一，应用十分广泛，在此仅列举主要产品和一些研发中的新品种。

1. 抗生素类　抗生素是生物（微生物、植物、动物）在其生命活动中产生的，具有抗感染和抗肿瘤作用，在低浓度下能选择性地抑制多种生物功能的有机化学物质。还发现有杀虫、除草及抑制某些酶类的作用，有些抗生素还有特殊的药理活性，如强力霉素有镇咳作用，新霉素有降低胆固醇作用。

目前上市的抗生素类药物已有上百种，通常人们按照其化学结构分为 β - 内酰胺类、氨基糖苷类、大环内酯类、四环类、多肽类、多烯类、蒽环类、苯烃基胺类、环桥类等，其中以 β - 内酰胺类、大环内酯类和氨基糖苷类上市品种最多，临床应用最广泛。然而，由于这三大类抗生素的广泛应用，细菌对它们的耐药性越来越严重，因而近年来研究方向集中在抗耐药菌抗生素的研发上。一些肽类抗生素因为副作用相对较大，以前在临床上并没有像其他类别的抗生素那样受重视，但近年来随着链阳性菌素、达托霉素等具有环肽结构的抗生素的上市并对耐药菌显示的良好疗效，肽类抗生素又被重新评估，并成为新抗生素研究的热点方向之一。

（1）β - 内酰胺类抗生素　这类抗生素的化学结构含有一个四元内酰胺坏，有青霉素、头孢菌素等。

（2）氨基糖苷类抗生素　此类抗生素结构中有氨基糖苷，还含有氨基环醇，主要品种有链霉素、卡那霉素、庆大霉素等。

（3）大环内酯类抗生素　它们含有一个大环内酯作为配糖体，以糖苷键连接 1～3 个单糖分子。其中有红霉素、麦迪霉素、阿奇霉素等。

（4）四环类抗生素　这类抗生素是以氢化骈四苯为母核，包括四环素、金霉素、土霉素等。

（5）多肽类抗生素　由多种氨基酸经肽键缩合成线状、环状或带侧链的环状多肽类化合物，其中有多黏菌素、放线菌素和杆菌肽（bacitracin）等。

（6）多烯类抗生素　结构中含有大环内酯而且内酯中有共轭双键，属于这类抗生素有制霉菌素、两性霉素 B 等。

（7）苯烃基胺类抗生素　属于这类抗生素的有氯霉素、甲砜霉素等。

（8）蒽环类抗生素　属于这类抗生素有阿霉素、柔红霉素等。

（9）环桥类抗生素　它们含有一个脂肪链桥经酰胺键与平面的芳香基团的两个不相邻位置相连接的环桥式化合物，如利福霉素、利福平等。

（10）其他抗生素　除上述 9 类抗生素外，均归属其他类抗生素，如磷霉素、创新霉素等。

2. 维生素类药物　目前采用微生物技术生产的维生素类药物及其中间体有维生素 B_2（核黄素）、维生素 B_{12}（氰钴胺素）、β – 胡萝卜素（维生素 A 前体）、麦角甾醇（维生素 D 前体）和 2 – 酮基 – L – 古龙酸（维生素 C 原料）等。

3. 氨基酸类药物　氨基酸主要用于生产大输液及口服液，有些氨基酸尚有其特殊用途。如精氨酸盐及谷氨酸钠亦用于肝性昏迷的临床抢救，解除氨毒。L – 谷氨酰胺用于治疗消化道溃疡，L – 组氨酸亦为治疗消化道溃疡辅助药等。

首先采用微生物发酵生产氨基酸的是日本科学家木下祝郎，他于 1956 年首创利用谷氨酸棒状杆菌生产谷氨酸。以后，随着氨基酸生物合成代谢及其调节机制的深入研究，人们进而采用人工诱发缺陷型和代谢调节型突变株，使氨基酸发酵生产的品种不断增多和产量迅速增加；利用微生物细胞内酶将底物转化为氨基酸也是一种重要的生产方法，这种方法随着固定化酶技术的兴起而得以迅速发展和广泛应用。目前，用微生物野生菌株发酵生产的氨基酸有 L – 谷氨酸、L – 缬氨酸、L – 丙氨酸、DL – 丙氨酸；采用营养缺陷型突变菌株发酵的氨基酸有 L – 赖氨酸、L – 苏氨酸、L – 缬氨酸、L – 亮氨酸、L – 脯氨酸、L – 鸟氨酸、L – 瓜氨酸、L – 高丝氨酸等；采用前体发酵的氨基酸有 L – 异亮氨酸、L – 色氨酸、L – 丝氨酸、L – 苏氨酸，L – 苯丙氨酸等。

4. 核苷酸类药物　这类药物一旦缺乏会使机体代谢造成障碍，提供这类药物，有助于改善机体的物质代谢和能量平衡，加速受损组织的修复，促使缺氧组织恢复正常生理功能。临床上广泛用于血小板减少症、白细胞减少症、急慢性肝炎、心血管疾病等代谢障碍，其中直接用微生物发酵法制取的有 DNA、肌苷酸（5' – AMP）、黄苷酸（XMP）、肌苷、黄苷、鸟苷、腺苷、腺嘌呤等；通过前体发酵制备的有腺苷酸（AMP）、腺苷三磷酸（ATP）、辅酶 A（CoA）、胞二磷胆碱等；通过酶转化法生产的有腺苷酸、肌苷酸、鸟苷酸等。

5. 酶与辅酶类药物　以微生物作为酶源具有生产周期短、成本低的优点。通过环境改变或遗传变异，有可能大大提高酶的活性和产量。基因工程技术、蛋白质工程技术的发展，使得微生物体可生产其自身没有的，甚至是自然界不存在的特殊蛋白质和酶，大大扩展了微生物发酵技术的应用领域。酶工程技术的迅速发展和应用，也极大地促进了对微生物酶的研究和开发。目前可用发酵法生产的酶包括：①心血管疾病治疗酶，如链激酶、双链酶、纳豆激酶与葡激酶；②抗肿瘤酶，如 L – 门冬酰胺酶、核糖核酸酶；③消化或水解酶，脂肪酶、纤维素酶、α – 淀粉酶、酸性蛋白酶等；④辅酶类药物，如辅酶 I（NAD）、辅酶 II（NADP）、辅酶 A 等。

6. 酶抑制剂　日本梅泽滨夫等率先在微生物发酵液中探索有价值的酶抑制剂方面进行了研究，他们从 1956 年起，至少发现了 50 多种酶抑制剂。临床上应用较早的酶抑制剂是由棒状链霉菌产生的 β – 内酰胺酶抑制剂。β – 内酰胺酶能水解青霉素等 β – 内酰胺类抗生素中的酰胺键，从而使这类抗生素失活，这是细菌对这类抗生素产生耐药性的主要原因。棒酸等 β – 内酰胺酶抑制剂自身抗菌活性不强，但它们与 β – 内酰胺类抗生素联合使用时，却能显著地增强后者的治疗效果。目前两者的复方制剂已广泛应用于临床。

临床上获得巨大成功的另一类由微生物产生的酶抑制剂是 β – 羟基 – β – 甲基 – 戊二酰辅酶 A（HMG – CoA）还原酶抑制剂。1976 年日本远藤等报道从橘青霉的代谢产物中发现一个具有抑制 HMG – CoA 还原酶活性的物质 ML – 236B（compactin）。此后，在红色红曲霉、土曲霉中相继发现活性更强 HMG – CoA 还原酶抑制剂，后证实其主要成分为同一物质，即洛伐他汀。1983 年 Serizawa 等报道，通过微生物转化 ML – 236B 而获得一个新的羟基化的化合物，称为普伐他汀，临床上用于降低血脂。这类药物针对性强、疗效显著、毒副作用少、耐受性好而受到广泛重视和好评。

目前开发中的微生物来源的酶抑制剂已涉及降血脂、降血压、抗血栓、抗肿瘤、抗病毒、抗炎症等各种药物领域，这也是当前微生物药学研究中的热门方向。

7. 免疫调节剂　免疫调节剂包括免疫抑制剂及免疫增强剂。从微生物中最早分离出来的免疫抑制剂是 1968 年 Lazary 等人由真菌 *Pseudeurotium ovalis* 产生的倍半萜烯化合物叫卵假散囊菌素（ovalicin），它是增殖淋巴细胞和淋巴瘤细胞 DNA 合成的很强抑制剂。由于毒性问题这种药物至今并没在临床上应用，但是它促进了环孢素的发现。在器官移植中第一个真正有选择性的免疫抑制剂是 1983 年广泛应用于临床的环孢素。自从这种微生物代谢产物引入临床后，器官移植发生了一场革命，极大地提高了肾、肝、胰和骨髓在常规基础上移植的成功率，与此同时也拉开了人们从微生物中寻找强效、低毒的新型免疫抑制剂的帷幕。到目前为止，已有近 30 个属于不同化学类型和不同微生物来源的免疫抑制剂。从微生物来源看，真菌、链霉菌、稀有放线菌和细菌均能产生不同化学结构类型的免疫抑制剂（从海绵中也已分离出免疫抑制剂）。

尽管从微生物次生代谢产物中发现免疫增强剂的机会比免疫抑制剂要少，但在 20 世纪 70 年代末发现的抑氨肽酶（bestatin）具有较强的免疫增强作用。其被应用于临床研究后，发现它对多种肿瘤患者有免疫治疗作用。这也促进人们从微生物代谢产物中寻找新的免疫增强剂。

有免疫增强作用的免疫调节剂有 picibanil（OK – 432）和 krestin（PSK）；免疫抑制有环孢素（cyclosporin）、FK506 已在抗器官移植排斥反应的治疗中取得成功，西罗莫司（rapamycin）比环孢素和 FK506 疗效更好。

8. 受体拮抗剂　从洋葱曲霉中得到的阿司利辛（asperlicin）是缩胆囊肽（CCK）受体拮抗剂，它对受体的亲和力比丙谷胺大 300 倍，以它为先导物合成的 MR329 活力比阿司利辛强 1000 倍，由链霉菌产生的催产素受体拮抗剂 L – 156373 是一环状六肽可能用于延缓早产。

此外，还可应用微生物转化法生产甾体激素衍生物，如进行羟基与酮基的转化，以及氢化与脱氢反应等，属于微生物转化生产的甾体激素如醋酸可的松、氢化可的松、醋酸泼尼松等。

三、微生物工程的发展前景

作为生物资源三支柱，微生物是一类与动、植物资源不同的，开发前景广阔的生物资源。微生物种类繁多，很难用多少属、多少种、"蕴藏量"来估价微生物的资源量，现在人们还不知道微生物的种类究竟有多少。根据估计，目前所知道的放线菌

（约3000种）仅占实有数的10%～20%。真菌可能有150万种，描述的也不过5%。而且微生物有代谢类型极其多样、生长繁殖快、变异性大等特点，因而其代谢产物尤其是次生代谢产物结构类型多样，生理活性和功能也众多，如前所述从20世纪40年代掀起从微生物代谢产物中寻找新的抗生素热潮后，当前微生物技术药物的研发热点已经从寻找新的抗细菌、抗真菌物质转向了具备广泛活性的生理活性物质，其产生菌也从放线菌占绝对主导到放线菌与真菌并重的状况。当前人们从微生物资源中寻找获得所需要的微生物药物或其他生物活性的物质主要有以下几个方面。

1. 扩大微生物来源，寻找新的生理活性物质　在微生物资源上，除了主要的抗生素产生菌放线菌外，人们也越来越关注稀有放线菌及细菌、真菌等种类，而在来源上也扩展到海洋微生物、极端环境下生长的微生物等，从它们的代谢产物中筛选新的生理活性物质。

2. 建立新的筛选模型，寻找各种生理活性物质　微生物能产生结构多样的各种代谢产物，对之的筛选和发现首先是确定合适的筛选模型。除了抗菌活性外，人们还建立了抗肿瘤、酶抑制剂、免疫调节剂、受体拮抗剂或激活剂等多种生物活性检测筛选方法，从已知或新发现的微生物资源中筛选新的活性物质，其中有一部分为旧有抗生素品种的重新评估及改变疗效等。

3. 对已知化合物进行化学改造来寻找效果更好的生理活性物质　根据药物的构效关系，通过对已知生物活性产物进行结构改造来筛选的新物质具有如下特点：扩大抗菌谱、克服细菌的耐药性、改进对细胞的通透性、改善化学和代谢的稳定性、提高血浆和组织浓度、增强与宿主免疫系统的协调作用、达到一天给药一次的临床效果及减少副作用。这是多年来发现新微生物药物成绩斐然的重要途径。

4. 应用定向生物合成和突变生物合成的原理来寻找新的次生代谢产物　定向生物合成方法是根据已知抗生素的生物合成原理，通过改变培养基成分，控制发酵条件进行定向生物合成来寻找新的次生代谢产物；突变生物合成是通过对已知抗生素产生菌进行诱变处理，一些原先沉默的基因得以激活而产生新的生理活性物质，或应用诱变技术获得负突变株或不产素突变株，这些菌株中缺少了合成过程的某些酶，然后在突变株发酵中加入某一中间代谢物作为前体，往往能提高目的物产量或获得新的微生物生理活性物质。

5. 利用代谢工程、组合生物合成技术等构建能产生新的次生代谢产物的菌种或改善原有菌种的生产性能　组合生物合成是当前国际化学与生物学交叉学科研究的热点之一，也正发展成为药物创新超常规的重要手段。所谓组合生物合成，就是通过基因工程等相关技术人为地对产生抗生素等微生物次生代谢产物合成途径进行合理的改造，由此产生非天然的杂合基因或基因簇，从而形成新的非天然化合物，与传统组合化学的主要区别是它是在基因水平上由微生物来合成自然界原本并不存在的新化合物，而且这种化合物的数量是惊人的。如红霉素这个典型的包含6个模块的PKS基因簇，若含有3种类型的AT（识别加载丙二酰CoA、甲基丙二酰CoA、乙基丙二酰CoA），那么可能形成的聚酮化合物的理论值就接近1000万，这就为组合聚酮库的建立奠定了坚实的理论基础，从中有望筛选到大量新的生理活性物质。

第六节　微生物工程在制药工业上的应用实例

一、青霉素的生产工艺

（一）青霉素的结构和性质

青霉素的基本母核为 β - 内酰胺环和噻唑烷环并联组成的 N - 酰基 - 6 - 氨基青霉烷酸，其侧链上的 R 基可为不同基团取代（图 6 - 4）。由于青霉素等 β - 内酰胺类抗生素毒性小，且容易通过化学改造获得一系列高效、广谱、抗耐药菌的半合成抗生素，因而受到人们的高度重视，是目前品种最多、使用最广的一类抗生素。青霉素是弱酸性物质，易溶于醇类、酮类、醚类和酯类溶剂中，其游离酸在水中的溶解度很小，但其金属盐类易溶于水，而几乎不溶于乙醚、三氯甲烷和乙酸丁酯。工业上利用此原理，通过将青霉素 G 游离酸与乙酸钾反应生成钾盐，使之从醋酸丁酯相中结晶析出，可得到高纯度的青霉素 G 钾盐。

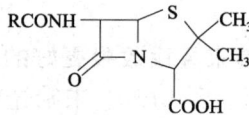

（此处为青霉素结构式图）

RCONH...S...CH₃...CH₃...N...O...COOH

图 6 - 4　青霉素

青霉素是一种不稳定的化合物，它在水溶液中极易被破坏而失活，温度升高或在酸性、碱性条件下分解更快。例如在 24℃下，青霉素 G 溶液 pH 6 时相对较稳定，半衰期为 14d；当 pH 为 11 时，半衰期为 1.7h；当 pH 为 2.0 时，半衰期仅为 20min，因此在制备时尤其要考虑其稳定性，在低温下进行提取，以减少破坏。

（二）工艺流程

砂土管 ——→ 斜面母瓶 —[孢子培养]→ 大米孢子 —[孢子培养]→ 种子罐 —[种子培养]→ 繁殖罐
　　　　　　　　25℃，6~7d　　　　　　25℃，6~7d　　　　25℃，40~45h，
　　　　　　　　　　　　　　　　　　　　　　　　　　　1:2.0 L/(L·min)

—[种子培养]→ 发酵罐 —[发酵]→ 放罐 —[冷至15℃]→ 发酵液
25℃，13~15h，　　　　25℃，6~7d，
1:1.5 L/(L·min)　　　1:1.0 L/(L·min)

—[板框过滤或鼓式过滤]→ 滤洗液 —[结晶]→ 丁酯萃取液
冷却至10℃下，过滤，用10%　　　　　加1/3BA，加PPB，10% H₂SO₄
H₂SO₄调 pH5.0±0.1，加PPB　　　　　调 pH2.0~2.5 逆流萃取
溶液，冲水量20%~30%

—[板框过滤或鼓式过滤]→ BA液 —[结晶]→ 湿晶体
加0.3%活性炭搅拌10min后压　　　　加温至15℃左右，加KAc—
滤，冷冻脱水（-10℃下），水　　　　C₂H₅OH溶液适当搅拌，结
分在0.9%以下过滤得BA清液　　　　晶后静置1h以上，甩滤

—[分离，洗涤，干燥]→ 青霉素 G 钾盐成品
挖出湿晶体放入洗涤罐，用丁醇（4~6L/10亿）洗涤，用乙酸乙酯

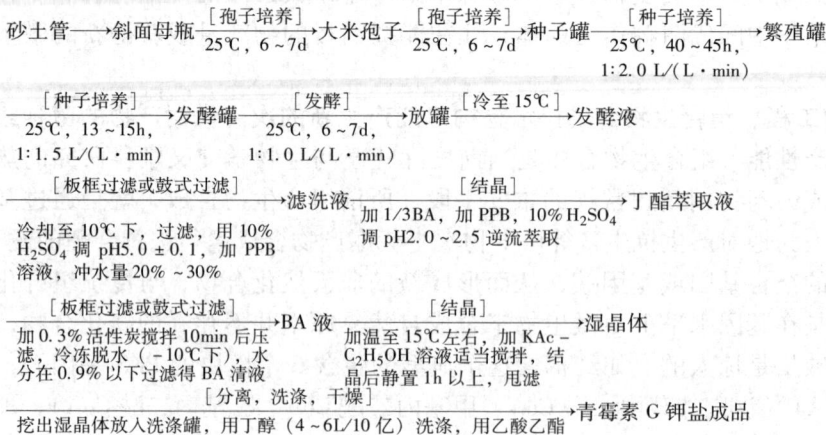

（三）工艺过程及要点

1. 菌种　最早的原始菌种是点青霉菌（*Penicillium notatum*），生产能力很低，表面培养只有几个单位，远不能满足工业生产的要求。后找到适合于深层培养的产黄青霉

菌（*Pen. chrysogenum*），经一系列诱变、杂交、育种，新的高产菌种不断取代旧的菌种。现国内青霉素的生产菌种按菌丝的形态分为丝状菌和球状菌两种。丝状菌根据孢子颜色又分为黄孢子丝状菌及绿孢子丝状菌，目前生产上用产黄青霉菌的变种，是绿色丝状菌；球状菌根据孢子颜色分为绿孢子球状菌和白孢子球状菌，目前生产上多用白孢子球状菌。丝状菌和球状菌对原材料、培养条件有一定差别，产生青霉素的能力也有差距。下面以丝状菌发酵为例，介绍青霉素的生产工艺。

2. **种子**　丝状菌的生产菌种保藏在砂土管内。由砂土孢子接入母瓶斜面上，经25℃培养6～7d，长成绿色孢子，制成悬液，接入大米茄子瓶内，经25℃相对湿度50%，培养6～7d，制成大米孢子，真空干燥保存备用。

生产时按接种量移入种子罐，25℃培养40～45h，菌丝浓度达40%以上，菌丝形态正常，即移入繁殖罐内。经25℃培养13～15h，菌丝体积40%以上，残糖在1.0%左右，无菌检查合格便可作为种子，按30%接种量移入发酵罐。

3. **培养基**

（1）碳源　目前生产上用的碳源是葡萄糖母液和工业用葡萄糖。

（2）氮源　花生饼粉、麸质、玉米胚芽粉及尿素等。

（3）前体　国内外作为苄青霉素生物合成的前体有苯乙酸、苯乙酰胺等。这些前体对青霉菌都有一定的毒性，加入量不能大于0.1%。加入硫代硫酸钠能减少它们的毒性。

（4）无机盐　①硫和磷：青霉素的生物合成需要硫。国外报道，硫浓度降低时青霉素产量减少为原来的1/4，磷浓度降低时青霉素产量减少为原来的1/2。②钙、镁和钾：青霉素的生物合成中合适的阳离子比例以钾30%、钙20%、镁41%为宜。如镁离子少、钾离子多时，菌丝细胞将培养基中氮源转化成各种氨基酸的能力强。钙离子影响细胞的生长和培养基的pH。③铁离子：铁易渗入菌丝内，它对青霉素发酵有毒害作用。发酵液中铁含量6μg/ml时无影响；60μg/ml时降低产量30%；300μg/ml时降低产量90%。

4. **培养条件控制**　产黄青霉菌分3个不同代谢时期。①菌丝生长繁殖期：培养基中糖及含氮物质被迅速利用。以球状菌而言，孢子发芽后菌丝生长逐步发育成球状，菌体浓度迅速增加。对丝状菌而言，孢子发芽长出菌丝，分枝旺盛，菌丝浓度增加很快。此时青霉素分泌量很少。②青霉素分泌期：菌丝生长趋势减弱，间隙添加葡萄糖作碳源和间隙加入花生饼粉、尿素作氮源，并间隙加入前体，此期间球状菌pH要求6.6～6.9，丝状菌pH要求6.2～6.4，青霉素分泌旺盛。③菌丝自溶期：以球状菌而言，破裂的球体比例迅速增加；以丝状菌而言，大型空泡增加并逐渐扩大自溶。

5. **纯化与精制**　由于青霉素性质很不稳定，整个纯化过程应在低温、快速、严格控制pH值下进行，注意对设备清洗消毒，减少污染，尽量避免或减少青霉素效价的破坏损失。

（1）发酵液预处理和过滤　发酵液放罐后，首先要冷却。青霉素菌丝较粗，一般过滤较容易，目前采用鼓式过滤及板框过滤。为了加快滤速，可利用菌体作为板框压滤机中的助滤剂。必要时在过滤前用硅藻土等介质做预铺层，再加些絮凝剂如十五烷基溴代吡啶（PPB）等，进行二次过滤。

（2）萃取　在酸性pH2左右时青霉素是游离酸溶于有机溶剂，在中性pH7左右时青霉素是盐而溶于水，一般从滤液萃取到乙酸丁酯时，pH 选择 2.0～2.5，而从丁酯反萃取到水相时，pH 选择 6.8～7.2 之间。萃取需在低温（10℃以下）条件下进行，在设备上常用冷盐水（夹层或蛇管）进行冷却，以降低温度，同时加入 PPB 破乳化。

（3）脱色和脱水　用水洗涤，以除去无机酸和硫酸根，再用活性炭脱色。丁酯萃取液中残留水分会降低成品收率，用 -18℃～-20℃冷盐水冷却，使水成为冰而析出，水分可降至 1.0% 以下。

（4）结晶　青霉素游离酸在有机溶剂中的溶解度是很大的，当它与某些金属或有机胺结合成盐之后，由于极性增大溶解度大大减小而自溶剂中析出。

（5）洗涤干燥　用丁醇和乙酸乙酯分别洗涤晶体，真空干燥。

二、L-赖氨酸生产工艺

（一）L-赖氨酸的结构与性质

L-赖氨酸存在于所有蛋白质中，为人体必需氨基酸之一，是氨基酸类药物，也是复合氨基酸注射液的重要成分之一。其化学名称为 2,6-二氨基己酸或 α,ε-二氨基己酸，分子式为 $C_6H_{14}N_2O_2$，分子量为 146.20，结构为：

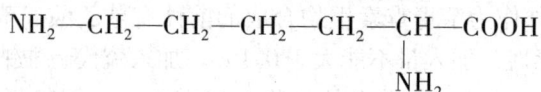

$$NH_2—CH_2—CH_2—CH_2—CH_2—CH—COOH$$
$$|$$
$$NH_2$$

L-Lys 自乙醇水溶液中得针状结晶，其盐酸盐为单斜晶系白色粉末，无臭、味苦，熔点 263℃～264℃，易溶于水，几乎不溶于乙醇和乙醚。pI 为 10.56，$[\alpha]_D^{20}$ 为 20.2°～+21.5°。

（二）工艺流程

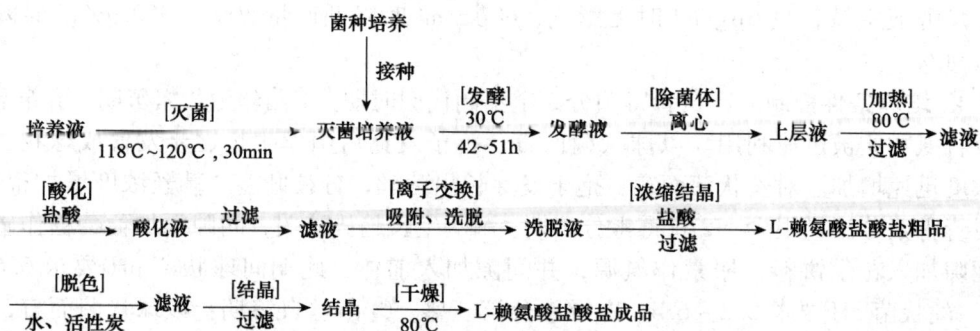

（三）工艺过程及要点

1. 菌种培养　菌种为北京棒状杆菌（*Corynebacterium perkinense*）AS1.563。斜面培养基成分（%）为葡萄糖 0.5，牛肉膏 1.0，蛋白胨 0.5，琼脂 2.0，pH7.0。种子培养基成分（%）为葡萄糖 2.0，磷酸氢二钾 0.1，硫酸镁 0.05，硫酸铵 0.4，玉米浆 2.0，毛发水解废液 1.0，pH6.8～7.0，CaCO₃0.5。

1000ml 锥形瓶中种子培养基装量 200ml，接种一环斜面培养菌种，30℃振摇（冲程 7.6cm，频率108 次/分钟），培养 16h。二级种子培养接种量 2.5%，培养 48h。如此逐级扩大培养。

2. 发酵　发酵培养液成分（%）为淀粉水解糖 13.5，磷酸二氢钾 0.1，硫酸镁 0.05，硫酸铵 1.2，尿素 0.4，玉米浆 1.0，毛发水解废液 1.0，甘蔗糖蜜 2.0，pH6.7，灭菌前加甘油聚醚 1L（指 5m³ 发酵罐）。在 5m³ 发酵罐中投入培养液 3000kg，在 1.01×10^5 Pa 压力下，加热至 118℃ ~ 120℃ 灭菌 30min，立即通入冰盐水冷却至 30℃，按 10%（V/V）比例接种，以 1：0.6（V/V）通气量于 30℃ 发酵 42 ~ 51h，搅拌速度为 180r/min。

3. 发酵液处理　发酵结束后，离心除菌体，滤液加热至 80℃，滤除沉淀，收集滤液，经 HCl 酸化过滤后，取清液备用。

4. 离子交换　上述滤液以 10L/min 的流速进铵型 732 离子交换柱（φ60cm×200cm 两根，不锈钢柱 φ40cm×190cm 一根，三柱依次串接），至流出液 pH 值为 5.0，表明 L - 赖氨酸已吸附至饱和。将三柱分开后分别以去离子水按正反两个方向冲洗至流出液澄清为止，然后用 2mol/L 氨水以 6L/min 流速洗脱，分部收集洗脱液。

5. 浓缩结晶　将含 L - 赖氨酸的 pH8.0 ~ 14.0 的洗脱液减压浓缩至溶液达到 12 ~ 14 波美度，用盐酸调 pH4.9，再减压浓缩至溶液相对密度为 22 ~ 23 波美度，5℃ 放置结晶过夜，滤取结晶得 L - 赖氨酸盐酸盐。

6. 精制　将上述 L - 赖氨酸盐酸盐粗品加至 1 体积的（W/V）去离子水中，于 50℃ 搅拌溶解，加适量活性炭于 60℃ 保温脱色 1h，趁热过滤，滤液冷却后于 5℃ 结晶过夜，滤取结晶于 80℃ 烘干，得 L - 赖氨酸盐酸盐成品。

（四）检验

应为白色或类白色结晶粉末，无臭，含量应在 98.5% ~ 101.5% 之间，$[\alpha]_D^{20}$ 为 + 20.4° ~ +21.4°，干燥失重不超过 0.4%，炽灼残渣不超过 0.1%，氯含量应在 19.0% ~ 19.69% 之间，硫酸盐不超过 0.03%，砷盐应不超过 1.5ppm，铁盐不超过 0.003%，重金属应不超过 0.0015%。

含量测定：本品干燥后，精确称取 100mg，移置 125ml 的小三角烧瓶中，以甲酸 3ml、冰醋酸 50ml 的混合液溶解，采用电位滴定法，用 0.1mol/L 的高氯酸溶液滴定至终点，滴定结果以空白试验校正即得。1ml 0.1mol/L 高氯酸溶液相当于 9.133mg $C_6H_{14}N_2O_2 \cdot HCl$。

三、L - 门冬酰胺酶的生产工艺

（一）化学组成和性质

L - 门冬酰胺酶是酰氨基水解酶，是大肠埃希菌菌体中提取分离的酶类药物，用于治疗白血病。1922 年 Clementi 发现豚鼠血清中存在门冬酰胺酶，1953 年 Kidd 发现豚鼠血清中有抑癌作用的物质，其活性成分是蛋白质，1961 年 Broome 确定了其有效成分是门冬酰胺酶。后来，Mashburn 等报告指出从大肠埃希菌中分离出门冬酰胺酶，具有同样抗癌活性。

门冬酰胺酶呈白色粉末状，微有湿性，溶于水，不溶于丙酮、三氯甲烷、乙醚和甲醇。水溶液 20℃ 贮存 7d，5℃ 贮存 14d 均不减少酶的活力。干品 50℃、15min 酶活力降低 30%，60℃ 1h 内失活。最适 pH8.5，最适温度 37℃。

（二）工艺流程

大肠埃希菌 $\xrightarrow[\text{肉汤培养基}]{[\text{菌种培养}]}$ 肉汤菌种 $\xrightarrow[\text{玉米浆培养基}]{[\text{种子培养}]}$ 种子菌种 $\xrightarrow[\text{玉米浆培养基}]{[\text{发酵}]}$ 发酵液 $\xrightarrow{[\text{离心}]}$
37℃、48h   37℃、4~8h   37℃、6~8h

菌体 $\xrightarrow[\text{pH7.5、30℃}]{[\text{提取}]}$ 提取液 $\xrightarrow[\text{55\%饱和度、pH7.0}]{[\text{分级沉淀}]}$ 上清液 $\xrightarrow[\text{90\%饱和度}]{[\text{分级沉淀}]}$ 沉淀 $\xrightarrow[\text{DAE-纤维素（DE52）}]{[\text{离子交换}]}$
蔗糖抽提液 $(NH_4)_2SO_4$ $(NH_4)_2SO_4$

洗脱液 $\xrightarrow[\text{CM-纤维素（CM52）}]{[\text{离子交换}]}$ 洗脱液 $\longrightarrow$ 冻干 $\longrightarrow$ L-门冬酰胺酶

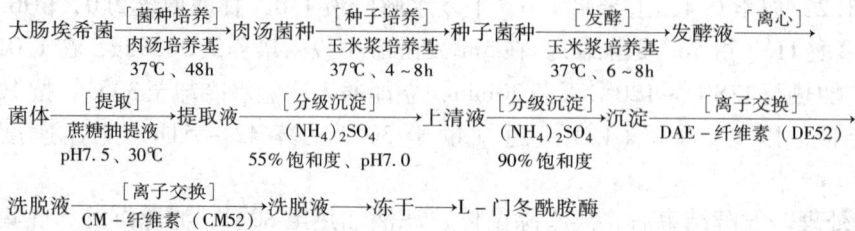

（三）工艺过程及要点

1. 菌种培养　采用大肠埃希菌 *Escherichia Coli* A. S. 1. 357，培养基为牛肉汁 100ml 蛋白胨 1g，氯化钠 0.5g，琼脂 2~2.5g，37℃，在试管中培养 24h，茄瓶培养 8h，锥形瓶培养 16h。

2. 种子培养　培养基用玉米浆 30kg，加水至 300kg，接种量 1%~1.5%，37℃，通气搅拌培养 4~8h。

3. 发酵罐培养　取玉米浆 100kg 加水至 1000kg，接种量 8%，37℃，通气搅拌培养 6~8h，离心分离发酵液，得菌体，加 2 倍量丙酮搅拌，压滤，滤饼过筛，自然风干成菌体干粉。

4. 蔗糖溶液抽提　将菌体细胞中加入 5 倍体积的蔗糖溶液（蔗糖 40%，溶菌酶 200mg/L，EDTA 10mmol/L，pH7.5），在 30℃振荡 2h，8000r/min 离心 30min，收取上层酶液。

5. 硫酸铵分级沉淀　取上述酶液，加入 $(NH_4)_2SO_4$，至 55% 饱和度，调 pH 至 7.0，室温搅拌 1h，离心除去沉淀。取上清液加入 $(NH_4)_2SO_4$ 到 90% 饱和度，离心收集沉淀。

6. 纯化　将沉淀用 50mmol/L、pH7.0 磷酸缓冲液溶解并透析。透析后的酶液，通过预先用 10mmol/L、pH7.6 的磷酸缓冲液平衡的 DEAE-纤维素色谱柱（1cm×30cm），用 30mmol/L 磷酸缓冲液洗脱，流速为 40ml/h，收集门冬酰胺酶活性组分，再调整 pH4.8，通过预先用 50mmol/L pH4.9 的磷酸缓冲液平衡的 CM-纤维素色谱柱（1cm×8cm），用 50mmol/L、pH5.2 的磷酸缓冲液洗脱，收集酶活性组分，冷冻干燥，即得 L-门冬酰胺酶冻干粉。总收率为 31%，比活为 220U/mg 蛋白。

（郑　珩）

参考文献

[1] 吴梧桐. 实用生物制药学 [M]. 北京：人民卫生出版社, 2007.

[2] 司玉清. 生物工程制药 [M]. 哈尔滨：黑龙江科学技术出版社, 2007.

[3] 窦骏. 疫苗工程学 [M]. 南京：东南大学出版社, 2007.

[4] 陈惠鹏. 医药生物工程进展 [M]. 北京：人民军医出版社, 2004.

[5] 孙树汉. 核酸疫苗 [M]. 上海：第二军医大学出版社, 2000.

[6] 吴梧桐. 生物技术药物学 [M]. 北京：高等教育出版社, 2003.

[7] 谢小冬. 现代生物技术概论 [M]. 北京：军事医学科学出版社, 2005.

[8] Green LL. Antibody engineering via genetic engineering of the mouse：Xenomouse strains are a vehicle for the facile generation of therapeutic human monoclonal antibodies [J]. Immunol Methods, 1999, 231：11.

[9] Abraham K, Alla D, Barbara H, et al. A human myeloma cellline suitable for the generation of human monoclonal antibodies [J]. Proc Natl Acad Sci USA, 2001, 98：1799.

[10] Scott KD, Sharad PA, Jennifer BS, et al. High efficiency creation of human monoclonal antibody-producing hybridomas [J]. J Immunol Methods, 2004, 291：109.

[11] 潘明. 反义核酸技术应用及研究进展 [J]. 生物技术通报, 2006, 6：68.

[12] 付洁, 宋海峰, 钱小红. siRNA 作为基因治疗药物的研究难题 [J]. 中国新药杂志, 2007, 6 (7)：506.

[13] 秦玉新, 蒙凌华, 丁健. RNA 干扰技术的研究进展 [J]. 中国药理学通报, 2007, 23 (4)：421.

[14] 钱倩, 王晓通, 谢玉波, 等. *Cdx2* 基因 RNA 干扰慢病毒载体的构建与鉴定 [J]. 世界华人消化杂志, 2010, 18 (3)：245－249.

[15] 解增言, 林俊华, 谭军, 等. DNA 测序技术的发展历史与最新进展 [J]. 生物技术通报, 2010, 8：64－70.

[16] 邓树轩, 程安春, 汪铭书. DNA 疫苗研究进展 [J]. 安徽农业科学, 2007, 35 (8)：2249－2250.

[17] 遇玲, 李名扬, 郭余龙. RNA 干扰机制与应用 [J]. 安徽农业科学, 2009, 37 (7)：2870－2872.

[18] 韩继波, 陈晨, 陈始明, 等. RNA 干扰非特异性研究进展 [J]. 生物技术通报, 2009, 7：27－30.

[19] 孙明伟, 李寅, 高福. 从人类基因组到人造生命：克雷格·文特尔领路生命科学 [J]. 生物工程学报, 2010, 26 (6)：697－706.

[20] 黄春洪, 孔毅, 段涛, 等. 蛋白质组学技术与药物作用新靶点研究进展 [J].

中国药学杂志，2005，4：8.

[21] 夏新，张小敏，宋鹏飞，等.反义寡核苷酸介导的 miRNA 沉默研究 [J].
安徽农业科学，2011，39 (24)：14545－14547.

[22] 林静.反义核酸技术及其应用 [J].黄石理工学院学报，2010，26 (2)：46－48.

[23] 王建章，王士礼，蔡昌枰.杆状病毒在基因治疗中的应用进展 [J].国际
病毒学杂志，2013，20 (1)：41－43.

[24] 杨红芹，李学军.化学蛋白质组学与药物靶点的发现 [J].药学学报，
2011，46 (8)：877－882.

[25] 李菁，林彤，宋帅，等.基因工程抗体研究进展 [J].生物技术通报，
2009 (10)：40－44.

[26] 毛建平.基因治疗 20 年 [J].中国生物工程杂志，2010，30 (9)：124－129.

[27] 须苏菊，孔祥东，赵瑞波，等.新型基因治疗载体——纳米羟基磷灰石 [J].
材料科学，2013，3：11.

[28] 李婷婷，王君伟.口蹄疫合成肽疫苗研究进展 [J].动物医学进展，2012，
33 (4)：76－79.

[29] 王黎，袁红霞，曾家豫，等.酶分子定向进化的最新研究进展及应用 [J].
甘肃医药，2009，28 (1)：24－27.

[30] 韩建文，张学军.全基因组关联研究现状 [J].遗传，2011，1.

[31] 柳永清，旷红伟，彭楠，等.人类基因组计划和人类基因组单体型图计划：口
腔医学的机遇，挑战与对策思考 [J].地质论评，2010，56 (4)：457－468.

[32] 刘要南，王文.抗体药物的发展现状及展望 [J].药物资讯，2013，2；37－41.

[33] 李心，龚珉，徐为人，等.抗体药物的国内外市场动态 [J].现代药物与
临床，2012，27 (3)：185－191.

[34] 王骅.浅谈核酸疫苗的研究进展及其存在的问题 [J].当代医药论丛，
2014，12 (11)：17－18.

[35] 邱春红，陈开廷，王永堂，等.核酸疫苗安全性及其优化策略研究[J].生
命科学，2013，25 (9)：858－864.

[36] 王凯.动物核酸疫苗的研究现状及发展前景 [J].中国畜牧兽医，2010，
37 (8)：186－188.

[37] 刘美君，高向东.Fab 类抗体的研究进展 [J].国际药学研究杂志，2014，
41 (3)：318－347.

[38] 刘瀛，汤仁仙，付琳琳，等.McAb 制备及其表达系统的研究进展[J].医学
综述，2013，19 (1)：26－29.

[39] 邢海权，闫梦菲，赫晓燕，等.单克隆抗体的研究进展 [J].畜牧兽医科
技信息，2011，7：1－2.

[40] 魏婷婷，胡海峰.几种基因工程药物的研究现状 [J].世界临床药物，
2013.34 (9)：544－549.

[41] 吴炜霖.人源化抗体的演进发展及应用现状 [J].现代免疫学，2009.29
(40)：337－340.

［42］刘伯宁．治疗性单抗与抗体产业关键技术［J］．中国生物工程杂志，2013，33（5）：132－138．

［43］张庆娟．治疗性抗体制备的研究进展［J］．海南医学，2013，24（22）：3354－3356．

［44］沈倍奋．抗体药物研发概况［J］．海南大学学报，2012，31（4）：249－253．

［45］韩迎．生物技术药物的优势与前景展望［M］．中国医院药学杂志，2013，33（13）：1083－1085．

［46］王志明，杨立霞，贾寅星，等．基于新兴技术的单克隆抗体药物的研究进展［J］．生物医药前沿，2012，21（18）：2149－2155．

［47］安娜，王彦忠．基因治疗的伦理问题及对策探讨［J］．医学与哲学，2012，33（448）：23－25．

［48］赵铁军，倪伟海，郑有芳，等．慢病毒载体及其介导的RNA干扰在基因治疗中的应用研究［J］．浙江师范大学学报，2014，37（2）：206－211．

［49］陈代杰，朱宝泉．工业微生物菌种选育与发酵控制技术［M］．上海：上海科学技术文献出版社，1995．

［50］熊宗贵．发酵工艺原理［M］．北京：中国医药科技出版社，1995．

［51］李继珩．生物工程［M］．北京：中国医药科技出版社，1995．

［52］顾觉奋．抗生素［M］．上海：上海科学技术出版社，2002．

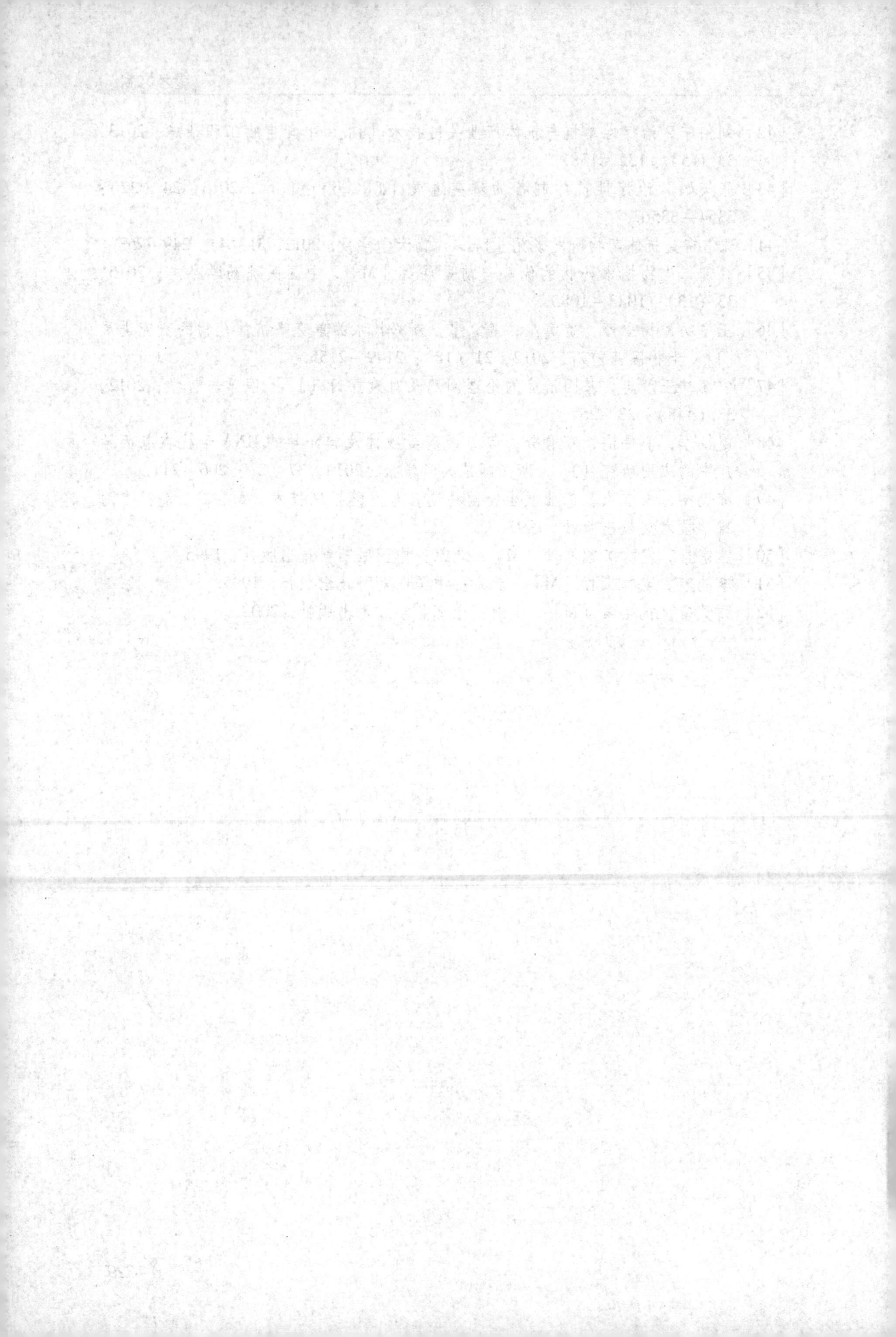